23.06.92

Müseler/Schneider · Elektronik

Das Fachwissen der Technik

Carl Hanser Verlag München Wien

Elektronik

Bauelemente und Schaltungen

von Horst Müseler und Thomas Schneider

Mit 539 Bildern und 27 Tabellen

3., bearbeitete Auflage

Carl Hanser Verlag München Wien

Dipl.-Ing. Horst Müseler war Studiendirektor an der Staatlichen Technikerschule Berlin

Dipl.-Ing. Thomas Schneider ist Studiendirektor an der Staatlichen Technikerschule Berlin

CIP-Kurztitelaufnahme der Deutschen Bibliothek

Müseler, Horst:
Elektronik: Bauelemente und Schaltungen / von Horst Müseler
u. Thomas Schneider. – 3., bearbeitete Aufl. – München, Wien:
Hanser 1989
(Das Fachwissen der Technik)
ISBN 3-446-15578-3
NE: Schneider, Thomas

Alle Rechte vorbehalten

© 1989 Carl Hanser Verlag München Wien
Satz und Druck: Courier Druckhaus Ingolstadt
Printed in Germany

Vorwort zur ersten Auflage

Die Elektronik, und hier insbesondere Halbleiterbauelemente, hat in den vergangenen zwei Jahrzehnten eine stille technische Revolution herbeigeführt.

Dieses Buch soll eine Einführung in den Aufbau, die Wirkungsweise und das Zusammenwirken von elektronischen Bauelementen geben. Es werden Schaltungsbeispiele aus der Regelungs-, Steuerungs- und Meßtechnik mit linearen (analogen) und digitalen Schaltungen behandelt. Es ist zur Unterstützung des Unterrichts an Technikerschulen gedacht und sollte auch dem darüber hinaus interessierten Leser eine wertvolle Hilfe sein. Soweit möglich, wurde auf die Anwendung der höheren Mathematik verzichtet. Grafische Methoden wurden bevorzugt.

Auch im Zeitalter der integrierten Schaltungen mit sehr hoher Integrationsdichte erscheint uns das Wissen um die Funktion des einzelnen Bauelementes wichtig. Die Praxis zeigt, daß die integrierten Schaltkreise vielfach komplexe schwarze Kästen sind. Die Leistungsfähigkeit dieser Schaltungen kann nur voll ausgenutzt werden, wenn das Prinzip der Schaltung bekannt ist.

Wenn wir das Verständnis für das Zusammenwirken elektronischer Bauelemente wekken können, haben wir unser Ziel erreicht.

Für Anregungen und Verbesserungsvorschläge sind wir jederzeit dankbar.

Allen, die am Zustandekommen dieses Buches beteiligt waren, u. a. dem Lektor, Herrn Dr.-Ing. Horst Schiffelgen, und Herrn Dr. Wolfgang Huber, möchten wir für die wertvollen Anregungen danken.

Berlin, März 1975 *Horst Müseler, Thomas Schneider*

Vorwort zur zweiten Auflage

Seit dem ersten Erscheinen dieses Buches hat sich der Umfang an elektronischen Bauelementen, besonders auf dem Gebiet der Mikroelektronik, erheblich vergrößert. Man bedenke die Zunahme an Taschenrechnern, Mikroprozessoren und Mini-Computern. Wir haben uns bemüht, den Aufbau und die Zielrichtung des Buches zu erhalten. Neue Bauelemente wurden aufgenommen, ohne den äußeren Rahmen des Buches zu sprengen.

Entsprechend der großen Bedeutung der Bauelemente wurden die Kapitel Dioden, Transistoren einschließlich Feldeffekt-Transistoren, Optoelektronische Bauelemente, Operations-Verstärker und aktive Filterschaltungen völlig überarbeitet und z. T. erheblich erweitert.

Dem Wunsch aus dem Leserkreis nach mehr Beispielen und Schaltungen haben wir im Rahmen des möglichen Umfanges des Buches entsprochen. Die meisten Schaltungen sind mit den Daten konkreter Bauelemente versehen und im Labor-Unterricht erprobt.

An dieser Stelle möchten wir uns für die vielen Zuschriften aus dem Leserkreis und die Anregungen aus dem Kollegenkreis und nicht zuletzt aus dem Kreis der Studierenden bedanken. Mögen diese Anregungen wie in einem Regelkreis zur Verbesserung des Buches beitragen.

Berlin, Frühjahr 1981 *Horst Müseler, Thomas Schneider*

Vorwort zur dritten Auflage

Die Elektronik ist in ständigem Wandel begriffen. Die Digitalisierung nimmt stärker zu als die Entwicklung in der analogen Technik. Einzelne Bauelemente, wie Transistoren, weichen den integrierten Schaltungen. Datenblätter von Einzelhalbleitern werden immer weiter „abgemagert". Trotz dieser Tendenz sind wir der Meinung, daß aus didaktischen Gründen nicht auf die ausführliche Erklärung der Bauelemente verzichtet werden kann. Unter diesen Gesichtspunkten haben wir die Struktur des Buches beibehalten und teilweise alte Daten von Bauelementen durch neue ersetzt.

Gegenüber der letzten Auflage werden Gegenkopplungsschaltungen von Verstärkern und Fehler von Operationsverstärkern eingehender behandelt. Zusätzlich werden neue Bauelemente der Leistungselektronik beschrieben. Die Kurzzeichen der Norm DIN 41 785 wurden weitgehend übernommen.

Für die Anregungen und die Kritik von Kollegen und Studierenden möchten wir uns bedanken und zugleich unsere Dialogbereitschaft bekunden.

Berlin, Frühjahr 1989 *Horst Müseler, Thomas Schneider*

Inhaltsverzeichnis

1 Halbleiter 13

  1.1 **Halbleiterphysik** 13

    1.1.1 Unterscheidung zwischen Leitern und Isolatoren 13
    1.1.2 Leitfähigkeit von Metallen 15
    1.1.3 Leitfähigkeit von reinen Halbleitern (Eigenleitung) 16
    1.1.4 Störstellenleitung in Halbleitern 18
    1.1.5 pn-Übergang 21
    1.1.6 pn-Übergang in Sperrichtung 24
    1.1.7 pn-Übergang in Durchlaßrichtung 25
    1.1.8 Gleichung für die Kennlinie des pn-Übergangs 26

2 Bauelemente 28

  2.1 **Dioden** 28

    2.1.1 Eigenschaften von Halbleiter-Dioden 28
    2.1.2 Kennlinien und Begriffe 29
    2.1.3 Dynamisches Verhalten von Dioden 38
    2.1.4 Angaben in Datenblättern 39
    2.1.5 Belastbarkeit und thermisches Verhalten 43
    2.1.6 Gleichrichter-Dioden 46
    2.1.7 Z-Dioden 51
    2.1.8 Richt-Dioden (Hf-Dioden) 62
    2.1.9 Schalt-Dioden 69
    2.1.10 Kapazitäts-Dioden 72
    2.1.11 Sperrschicht Varaktor und Speicher Varaktor 77
    2.1.12 Tunnel-Dioden 77
    2.1.13 Backward-Dioden 79
    2.1.14 PIN-Dioden 80
    2.1.15 Gunn-Dioden 81
    2.1.16 Impatt-Dioden 82
    2.1.17 Mehrschicht-Dioden 82
    2.1.18 Foto-Dioden 83
    2.1.19 Lumineszenz-Dioden 83

  2.2 **Transistoren** 83

    2.2.1 Wirkungsweise 83
    2.2.2 Der Transistor als verstärkendes Bauelement 87
    2.2.3 Transistorkennlinien und Vierpolparameter 89
    2.2.4 Angaben in Datenblättern von Transistoren 104
    2.2.5 Grundschaltungen des Transistors 120
    2.2.6 Betriebsverhalten der Emitterschaltung 122
    2.2.7 Betriebsverhalten der Kollektorschaltung 148
    2.2.8 Betriebsverhalten der Basisschaltung 152
    2.2.9 Betriebsverhalten von Konstantstromquellen 155
    2.2.10 Betriebsverhalten von Differenzverstärkern 157
    2.2.11 Koppelstufen 165
    2.2.12 Gegentaktschaltung 166
    2.2.13 Darlingtonschaltung 168
    2.2.14 Der Transistor als Schalter 170
    2.2.15 Transistoren mit speziellen Eigenschaften 178

2.3. Bauelemente der Leistungselektronik ... 196

    2.3.1 Methoden zur Leistungssteuerung, Übersicht über Bauelemente ... 196
    2.3.2 Leistungstransistoren ... 198
    2.3.3 Aufbau und Wirkungsweise des symmetrisch sperrenden Thyristors (SCR) 202
    2.3.4 Übersicht über weitere Thyristor-Bauelemente ... 209

2.4 Bauelemente der Optoelektronik ... 212

    2.4.1 Fotozellen ... 213
    2.4.2 Fotovervielfacher (Fotomultiplier) ... 214
    2.4.3 Fotowiderstände (LDR-Widerstand) ... 215
    2.4.4 Fotodioden und Fotoelemente ... 217
    2.4.5 Solarzellen und Solarbatterien ... 226
    2.4.6 Fototransistoren ... 228
    2.4.7 Fotothyristor ... 230
    2.4.8 Lumineszenzdioden ... 232
    2.4.9 Optoelektronische Koppler ... 238
    2.4.10 Flüssigkristallanzeigen LCD ... 240

2.5 Widerstände ... 242

    2.5.1 Allgemeine Betrachtung über Widerstände ... 242
    2.5.2 Bauformen und Widerstandsmaterial ... 243
    2.5.3 Nennwert, Kennzeichnung, Abstufung von Widerständen ... 247
    2.5.4 Änderung des Widerstandswertes ... 251
    2.5.5 Güte von Widerständen ... 252
    2.5.6 Grenzwerte für Widerstände ... 252
    2.5.7 Frequenzabhängigkeit und Rauschen von Widerständen ... 253
    2.5.8 Veränderbare Widerstände ... 255
    2.5.9 Besonderheiten von veränderbaren Widerständen ... 256
    2.5.10 Widerstände mit physikalisch abhängigen Werten ... 257
    2.5.11 Heißleiter, NTC-Widerstände ... 257
    2.5.12 Kaltleiter, PTC-Widerstände ... 263
    2.5.13 Spannungsabhängige Widerstände, VDR-Widerstände ... 270
    2.5.14 Magnetisch abhängige Widerstände ... 272
    2.5.15 Dehnungsmeßstreifen ... 273
    2.5.16 Fotowiderstände ... 277

2.6 Kondensatoren ... 277

    2.6.1 Allgemeine Betrachtung über Kondensatoren ... 277
    2.6.2 Dielektrika ... 278
    2.6.3 Verluste und Güte von Kondensatoren ... 279
    2.6.4 Temperatur- und Frequenzabhängigkeit, Abstufung und Kennzeichnung von Kondensatoren ... 282
    2.6.5 Bauformen von Kondensatoren und Verwendungszweck ... 283
    2.6.6 Keramik-Kondensatoren ... 284
    2.6.7 Wickelkondensatoren ... 285
    2.6.8 Glimmer-Kondensatoren ... 285
    2.6.9 Elektrolyt-Kondensatoren ... 286
    2.6.10 Sperrschicht-Kondensatoren ... 287
    2.6.11 Anwendungsgebiete ... 291

2.7 Hallgeneratoren ... 291

3 Lineare (analoge) Schaltungen mit elektronischen Bauelementen ... 296

3.1 Transistorverstärker, Operationsverstärker ... 296

- 3.1.1 Allgemeine Betrachtung ... 296
- 3.1.2 Anpassung ... 296
- 3.1.3 Kopplung von Transistorstufen ... 298
- 3.1.4 Übertragerkopplung ... 299
- 3.1.5 *RC*-Kopplung ... 299
- 3.1.6 Galvanische Kopplung ... 301
- 3.1.7 Lage des Betriebspunktes von Verstärkern ... 302
- 3.1.8 Prinzipieller Aufbau eines Nf-Leistungsverstärkers ... 303
- 3.1.9 Gegenkopplung von Verstärkern ... 308
- 3.1.10 Mitkopplung ... 322

3.2 Operationsverstärker ... 322

- 3.2.1 Begriffe und Daten von Operationsverstärkern ... 322
- 3.2.2 Fehler von Operationsverstärkern ... 324
- 3.2.3 Dynamische Fehler ... 329

3.3 Schaltungen mit Operationsverstärkern ... 336

- 3.3.1 Nichtinvertierender Verstärker, Elektrometerverstärker (Operationsverstärker mit Spannungsgegenkopplung) ... 337
- 3.3.2 Invertierender Verstärker, Inverter, Umkehrverstärker (Operationsverstärker mit spannungsgesteuerter Stromgegenkopplung) ... 339
- 3.3.3 Addition und Subtraktion von Signalen ... 343
- 3.3.4 Integrator ... 348
- 3.3.5 Differentiator ... 354
- 3.3.6 *PI*-Schaltung ... 356
- 3.3.7 *PD*-Schaltung ... 358
- 3.3.8 *PID*-Schaltung ... 360
- 3.3.9 Verstärker mit Tiefpaßfilter (Glättungsglied) ... 361
- 3.3.10 Verstärker mit Hochpaßfilter ... 368
- 3.3.11 Aktive selektive Filter ... 369
- 3.3.12 Komparator ... 372

3.4 Ausgangsleistung von Operationsverstärkern ... 374

3.5 Transistorverstärker für kleine Gleichspannungen ... 378

- 3.5.1 Zerhacker-Verstärker ... 378
- 3.5.2 Diodenmodulierte Verstärker ... 380

3.6 Gleichrichterschaltungen ... 381

- 3.6.1 Einwegschaltung ... 382
- 3.6.2 Mittelpunktschaltungen (M und S) ... 389
- 3.6.3 Brückenschaltungen (B und DB; Graetz-Schaltungen) ... 391
- 3.6.4 Glättung der Gleichspannung bzw. des Gleichstromes ... 395
- 3.6.5 Gleichrichterschaltungen mit Spannungsvervielfachung ... 403
- 3.6.6 Präzisions-Gleichrichter mit Operationsverstärkern ... 406

3.7 Schaltungen mit Thyristorbauelementen ... 408

- 3.7.1 Thyristor und Triac im Wechselstromkreis ... 408
- 3.7.2 Wechselstrombrückenschaltung ... 410
- 3.7.3 Drehstrombrückenschaltung ... 413
- 3.7.4 Thyristoren und Leistungstransistoren in Gleichstromkreisen ... 416
- 3.7.5 Zündgeräte (Steuergeräte) für Thyristor-Bauelemente ... 422

3.8 Netzgeräte 430

    3.8.1 Netzgeräte mit Wechselspannungsausgang 431
    3.8.2 Netzgeräte mit Gleichspannungsausgang 432
    3.8.3 Netzgeräte mit Z-Dioden-Stabilisierung 433
    3.8.4 Netzgeräte mit Transistoren als Regelverstärker 437
    3.8.5 Netzgeräte mit Operationsverstärker und integrierten Spannungsreglern 440

3.9 Oszillatoren (Sinusoszillatoren) 448

    3.9.1 LC-Oszillatoren 451
    3.9.2 Quarzoszillatoren 452
    3.9.3 RC-Oszillatoren 454

4 Digitale Schaltungen mit elektronischen Bauelementen 462

4.1 Digitale Signalgeber 464

    4.1.1 Kontakt- und berührungslose induktive Geber 465
    4.1.2 Kontakt- und berührungslose Geber mit Magnetbetätigung 466
    4.1.3 Induktive Impulsgeber 469
    4.1.4 Kapazitive Signalgeber 470
    4.1.5 Optoelektronische Signalgeber 470
    4.1.6 Signalgeber mit Dehnungsmeßstreifen, Heißleitern, Kaltleiter oder Feldplatte 476

4.2 Signalformung und Signalanpassung 476

4.3 Verknüpfungsglieder 481

    4.3.1 Die Transistorschaltstufe als Grundbaustein digitaler Steuerungen und als NICHT-Glied 483
    4.3.2 UND-Verknüpfung (Konjunktion), UND-Vorsatz, UND-Glied 485
    4.3.3 ODER-Verknüpfung (Disjunktion), ODER-Vorsatz, ODER-Glied 488
    4.3.4 NAND-Verknüpfung, NAND-Glied 489
    4.3.5 NOR-Verknüpfung, NOR-Glied 490
    4.3.6 Zusammenstellung der Verknüpfungsglieder 491
    4.3.7 Parallelschalten von Verknüpfungsgliedern (Phantom-Verknüpfungen WIRED-AND-, WIRED-OR-Verknüpfung) 493
    4.3.8 Antivalenz oder exklusives ODER 494
    4.3.9 Äquivalenz-Funktion 494
    4.3.10 Rechenregeln für logische Verknüpfungen 495

4.4 Digitalbausteine unterschiedlicher Schaltungstechnik (Schaltkreisfamilien) ... 497

    4.4.1 DTL-Technik 498
    4.4.2 DTLZ-Technik 499
    4.4.3 TTL-Technik 499
    4.4.4 ECL-Technik 500
    4.4.5 HLL-Technik 501
    4.4.6 MOS-Technik (NMOS- und CMOS-Technik) 502
    4.4.7 Vergleich der Logiktechniken 504
    4.4.8 Pegelumsetzer 506

4.5 Speicherbausteine 506

    4.5.1 Speicher (Flipflop) 507
    4.5.2 Flipfloparten 510

4.5.3	*RS*-Flipflop	510
4.5.4	Flipflops mit Taktflankensteuerung	511
4.5.5	Master-Slave-Flipflop (MS-Flipflop)	512

4.6 Analog-Digital-Umsetzer (ADU) 514

4.6.1	Umsetzung einer Analoggröße in eine Frequenz	514
4.6.2	Analog-Digital-Umsetzer nach dem Zeitverfahren	516
4.6.3	Analog-Digital-Umsetzer nach dem Doppelintegrationsverfahren	518
4.6.4	Analog-Digital-Umsetzer mit schrittweiser Annäherung (Sukzessiv. Approximations-Wandler)	521

4.7 Digital-Analog-Umsetzer (DAU) 522

4.8 Multivibrator (Astabile Kippstufe, Impulsgenerator) 527

4.9 Monostabile Kippstufe (Univibrator, *Oneshot*) 532

Literaturverzeichnis 539

Sachwortregister 540

1 Halbleiter

1.1 Halbleiterphysik

Es gibt nur wenige Bausteine der Elektrotechnik, die, wie der Transistor, zu einer technischen Revolution geführt haben. Der Transistor ist zu einem Begriff geworden, mit dem der Laie das Radio oder das Fernsehgerät verbindet. Tatsächlich ist der Transistor jedoch *ein* elektronisches Bauelement von vielen, das aus halbleitendem Material hergestellt wird. Aus der Elektronik und der Regelungstechnik sind die Halbleiterbauelemente nicht mehr wegzudenken, und eine Steuerungstechnik, wie sie in modernen Rechenanlagen angewendet wird, wäre nicht ohne sie durchführbar.

1.1.1 Unterscheidung zwischen Leitern und Isolatoren

Es soll zur Einführung auf die Grundlagen des Leitungsmechanismus allgemein und insbesondere auf die Eigenheit von Halbleitern eingegangen werden.
Man unterscheidet in der Elektrotechnik zwischen Leitern und Isolatoren. Zu den Leitern gehören u. a. die Metalle, zu den Isolatoren Porzellan und verschiedene Kunststoffe. Auch Isolatoren weisen eine kleine vernachlässigbare Leitfähigkeit auf. Die Grenze zwischen leitenden und nichtleitenden Stoffen ist willkürlich gezogen worden und gilt im allgemeinen für eine Temperatur von 293 K = 20 °C. So zählt man willkürlich alle Stoffe mit einer Leitfähigkeit von mehr als 10^5 S/m entsprechend $\gamma = 0{,}1$ S m/mm^2 zu den Leitern und alle Stoffe mit einer Leitfähigkeit von weniger als 10^{-4} S/m entsprechend $\gamma = 10^{-10}$ S m/mm^2 zu den Isolatoren (Bild 1.1 – 1). Halbleiter nehmen eine Zwitterstellung ein. Bei 0 K ist die Leitfähigkeit von absolut reinem Material null. Mit steigender Temperatur wächst sie exponentiell. Bei normaler Raumtemperatur von 300 K liegt die Leitfähigkeit von Halbleitern zwischen der von Isolatoren und Leitern.
Sobald eine Spannung an einen Festkörper angelegt wird, kommt ein elektrischer Strom zum Fließen, dessen Höhe unter anderem von der Leitfähigkeit abhängt. Als Ladungsträger dienen sogenannte quasi freie Elektronen. Das sind Elektronen, die nicht fest an einen Atomkern gebunden sind. Im Atomverband befinden sich diese Elektronen auf dem äußersten nicht voll besetzten Energieband. Die energetischen Verhältnisse werden häufig im Bändermodell, einer Art Energieleiter, dargestellt.
In Bild 1.1 – 2 ist ein Bändermodell mit drei Energiebändern dargestellt. Üblicherweise verzichtet man auf die kernnahen Energiebänder, da sie voll besetzt sind und an der elektrischen Leitfähigkeit keinen Anteil haben. Von Bedeutung sind das letzte voll oder teilweise besetzte Band (Valenzband) und das nächsthöhere Band, in das unter gewissen Umständen Elektronen gelangen können (Leitungsband). Zwischen Valenzband und Leitungsband liegt ein für Elektronen verbotenes Energieband. Die Energiezustände der verbotenen Bänder können von Elektronen nicht besetzt werden. Der Energieabstand ΔW zwischen Valenzband und Leitungsband entscheidet darüber, ob ein Stoff zu den Metallen, Halbleitern oder zu den Isolatoren zu zählen ist. Wie in Bild 1.1 – 3 dargestellt, unterscheiden sich Valenz- und Leitungsband bei Metallen nicht, da das letzte, teilweise besetzte Band hier gleichzeitig Valenz- und Leitungsband ist. Wurde zu Anfang eine Grenze für die Leitfähigkeit der Isolatoren von 10^{-4} S/m angegeben, so kann jetzt

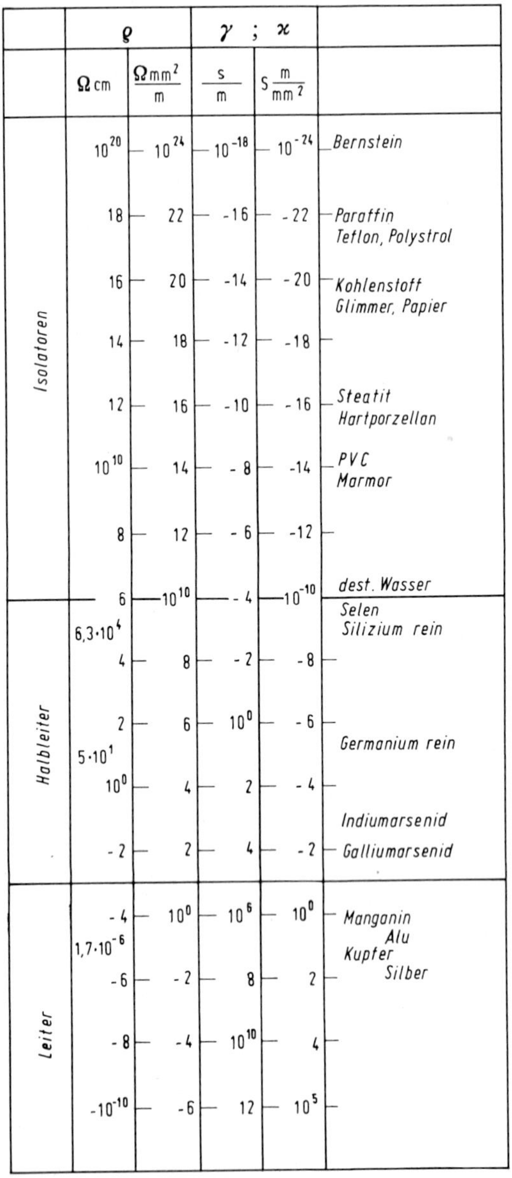

	ϱ		γ ; $\varkappa$		
	Ω cm	$\dfrac{\Omega\,mm^2}{m}$	$\dfrac{s}{m}$	$S\dfrac{m}{mm^2}$	
Isolatoren	10^{20}	10^{24}	10^{-18}	10^{-24}	Bernstein
	18	22	-16	-22	Paraffin Teflon, Polystrol
	16	20	-14	-20	Kohlenstoff Glimmer, Papier
	14	18	-12	-18	
	12	16	-10	-16	Steatit Hartporzellan
	10^{10}	14	-8	-14	PVC Marmor
	8	12	-6	-12	
Halbleiter	6	10^{10}	-4	10^{-10}	dest. Wasser Selen Silizium rein
	$6{,}3\cdot 10^4$				
	4	8	-2	-8	
	2	6	10^0	-6	Germanium rein
	$5\cdot 10^1$				
	10^0	4	2	-4	
	-2	2	4	-2	Indiumarsenid Galliumarsenid
Leiter	-4	10^0	10^6	10^0	Manganin Alu Kupfer Silber
	$1{,}7\cdot 10^{-6}$				
	-6	-2	8	2	
	-8	-4	10^{10}	4	
	-10^{-10}	-6	12	10^5	

Bild 1.1–1. Leitfähigkeit verschiedener Stoffe und deren Einteilung in Leiter, Halbleiter und Isolatoren

im Bändermodell eine Mindestbreite des verbotenen Bandes von 3 eV (Energiemaßstab) als Kennzeichen für Isolatoren genannt werden. Silizium hat zum Vergleich ein verbotenes Band von 1,12 eV und Germanium von 0,72 eV.

1.1 Halbleiterphysik

Die Angabe der Arbeit W in eV ist in der Atomphysik üblich. Die Arbeit kann auch in Ws angegeben werden. Die Umrechnung erfolgt mit der Elementarladung des Elektrons $e = 1,6 \cdot 10^{-19}$As. Es gilt: 1 eV = $1,602 \cdot 10^{-19}$Ws.

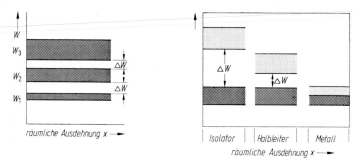

Bild 1.1–2.
Bändermodell mit drei Energiebändern

Bild 1.1–3.
Valenzband und Leitungsband im Bändermodell eines Isolators, eines Halbleiters und eines Metalls

1.1.2 Leitfähigkeit von Metallen

Zum Verständnis des unterschiedlichen Leitungsmechanismus in Metallen und Halbleitern soll zunächst die Leitfähigkeit γ von Metallen betrachtet werden. Sie ist von der Elektronenkonzentration n (Anzahl von Elektronen/Volumen) und der Beweglichkeit μ_n der Elektronen abhängig.

$$\gamma = n e \mu_n \tag{1.1-1}$$

Die Zahl der quasi freien Elektronen in Kupfer beträgt pro Atom 1 und die Konzentration $5 \cdot 10^{22}$ cm^{-3}. Bei dieser sehr hohen Dichte von quasi freien Elektronen führen bereits kleine Spannungen zu großen Strömen. Die Konzentration in Metallen ist weitgehend *temperaturunabhängig*. Dagegen unterliegt die Elektronenbeweglichkeit in Metallen und Metall-Legierungen dem Temperatureinfluß. Mit steigender Temperatur nimmt die Beweglichkeit und die Leitfähigkeit von reinen Metallen über einen großen Bereich linear ab. Schuld daran ist die Zunahme der Zusammenstöße zwischen thermisch angeregten Elektronen und anderen Gitterbausteinen. Mit der mittleren Stoßzeit τ_S zwischen zwei Zusammenstößen ergibt sich für die Beweglichkeit

$$\mu = \tau_S \frac{e}{2 m_e} \tag{1.1-2}$$

e Elementarladung $\quad e = 1,6 \cdot 10^{-19}$As
m_e Masse des Elektrons

Man sieht, die Zusammenstöße sind für die temperaturbedingten Eigenschaften der Leitfähigkeit von Metallen ausschlaggebend. Für Kupfer ergibt sich beispielsweise eine Widerstandszunahme von rd. 0,4 %/K. Der sog. Temperaturkoeffizient (TK) ist bei Metallen positiv.

1.1.3 Leitfähigkeit von reinen Halbleitern (Eigenleitung)

Halbleiter verhalten sich im Gegensatz zu Metallen bei Temperaturen in der Nähe des absoluten Nullpunktes wie Isolatoren. Das Valenzband ist nahezu besetzt und das Leitungsband weist keinerlei Ladungsträger auf. Elektronen können sich nur dann von den Bindekräften an die Atomkerne befreien bzw. vom Valenzband in das Leitungsband gelangen, wenn ihnen Energie zugeführt wird, die ausreicht, um das verbotene Band zu überspringen. Diese Energie kann *thermisch*, durch ein *elektrisches Feld*, durch *elektromagnetische Wellen* oder *kinetisch* zugeführt werden. Die Zufuhr thermischer Energie hat zunächst die größte Bedeutung, da bereits bei Zimmertemperatur (300 K) einige Elektronen die notwendige Energie zum Überspringen des verbotenen Bandes erhalten. Die Anzahl der Ladungsträger, die in das Leitungsband gelangen, steigt exponentiell mit der Temperatur. Bezüglich der Art des Transportes in Halbleitern kann ein Unterschied bestehen. Einerseits betätigen sich die Elektronen im Leitungsband als Transporteure und andererseits werden die Fehlstellen von Elektronen im Valenzband von einem Atom zum anderen weitergegeben. Die Fehlstellen oder Löcher entstehen, wenn Elektronen aus dem Valenzband in das Leitungsband angehoben werden. Es entstehen also immer paarweise Ladungsträger. Diesen Vorgang bezeichnet man mit *Generation* oder Paarbildung. Die Löcher verhalten sich wie positive Ladungsträger.

Im Durchschnitt kann sich ein Elektron nur für eine bestimmte Zeit, die sog. Lebensdauer, im Leitungsband halten, bis es eingefangen wird. Dieser Vorgang heißt *Rekombination*. Ständig werden Ladungsträger erzeugt und andere Ladungsträger rekombinieren. Die Energie beim Rekombinationsvorgang wird vom Gitter aufgenommen oder abgestrahlt. Bei einer bestimmten Temperatur ist eine bestimmte Anzahl von Ladungsträ-

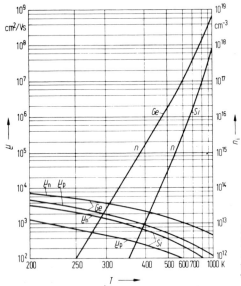

Bild 1.1–4.
Ladungsträgerkonzentration und Beweglichkeit μ von Germanium und Silizium als Funktion der Temperatur T

1.1 Halbleiterphysik

gern vorhanden. Wie bereits erwähnt, ist die Ladungsträgerkonzentration n exponentiell von der Temperatur abhängig, dagegen ist die Beweglichkeit μ verhältnismäßig unabhängig von der Temperatur. Die Temperaturabhängigkeit der Ladungsträgerkonzentration und der Beweglichkeit zeigt Bild 1.1 – 4 für Germanium und Silizium. Zum Vergleich beträgt die Elektronenbeweglichkeit in Kupfer $\mu_n = 30$ cm^2/Vs. Es mag verwundern, daß die Leitfähigkeit von Kupfer wesentlich besser ist als die von eigenleitendem Halbleitermaterial, obwohl die Beweglichkeit sehr viel kleiner ist. Man muß jedoch hierbei bedenken, daß die Ladungsträgerkonzentration um Zehnerpotenzen höher liegt.

Aus der Konzentration der Ladungsträger und einer mittleren Beweglichkeit beider Ladungsträgerarten ergeben sich die Eigenleitfähigkeiten von reinem Germanium und reinem Silizium bei 300 K zu

$$\gamma = e(n_n\mu_n + n_p\mu_p) \approx 2{,}2 \quad \text{S/m (Ge)} \qquad (1.1-3)$$
$$\gamma \approx 1{,}6 \cdot 10^{-3} \quad \text{S/m (Si)}$$

Diese Leitfähigkeit ist im Vergleich zu Kupfer mit $56 \cdot 10^6$ S/m außerordentlich klein. Trägt man den Logarithmus des Kehrwertes der Leitfähigkeit als Funktion der Temperatur auf, so ergibt sich eine Gerade, deren Steigung und Lage vom Material abhängig ist, wie in Bild 1.1–5 gezeigt.

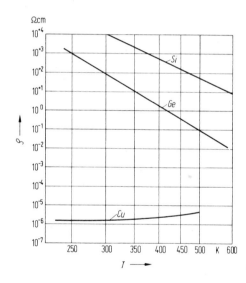

Bild 1.1–5. Spezifischer Widerstand von Silizium, Germanium und Kupfer als Funktion der Temperatur

Die starke Zunahme der Leitfähigkeit bei Temperaturerhöhung macht man sich technisch in Heißleitern zunutze, die in Kapitel 2.5.11 beschrieben werden.
Ist bis jetzt die Leitfähigkeit durch thermische Anregung behandelt worden, so soll nunmehr kurz auf die übrigen Möglichkeiten der Energiezufuhr eingegangen werden. Setzt man Halbleitermaterial elektromagnetischen Wellen aus, so nimmt die Leitfähigkeit des Materials unter bestimmten Umständen mit zunehmender Strahlungsintensität zu. Zu den elektromagnetischen Wellen gehören u. a. Gammastrahlen, Röntgenstrahlen, Licht- und Wärmestrahlen. Für den Menschen sind elektromagnetische Wellen mit

Wellenlängen von 0,4 μm bis 0,75 μm sichtbar. Das Licht besitzt eine Energie, die unter bestimmten Voraussetzungen an die Elektronen im Valenzband abgegeben werden kann. Die Elektronen gelangen in das Leitungsband (innerer Fotoeffekt) und vergrößern durch Erhöhung der Ladungsträgerdichte die Leitfähigkeit. Bauelemente, deren Leitfähigkeit sich unter Lichteinwirkung verändert, nennt man Fotowiderstände. Große Verbreitung in der Fotoindustrie hat der wegen seiner großen Empfindlichkeit verwendete CdS-Widerstand (Cadmiumsulfid-Widerstand) gefunden.

Die Energiezufuhr durch hohe elektrische Feldstärke und in Form kinetischer Energie hat bei einem speziellen Halbleiterbauelement, der Zener- oder Z-Diode, große Bedeutung. Hohe elektrische Feldstärke führt zur Bildung von Ladungsträgerpaaren, d. h., es gelangen Elektronen aus dem Valenzband in das Leitungsband, in dem sie frei beweglich sind. In der Sperrschicht von Z-Dioden mit Durchbruchspannungen von mehr als 6 V tritt der sogenannte Lawineneffekt auf. Hierbei erhalten Elektronen durch eine angelegte Spannung eine so hohe Energie, daß sie bei einem Zusammenstoß mit einem Valenzelektron dieses aus dem Gitterverband herausreißen können. Das losgelöste Elektron ist seinerseits wiederum in der Lage, ein weiteres Gitterelektron von den Kernkräften zu lösen. Die Zahl der Ladungsträger steigt damit lawinenartig an. Man spricht von Stoßionisation.

1.1.4 Störstellenleitung in Halbleitern

Fügt man reinem halbleitendem Material Fremdatome zu, so erhöht sich die Leitfähigkeit relativ stark. Hierin unterscheidet sich der Halbleiter von Metallen, wie bei Widerstandslegierungen (z. B. Manganin) zu erkennen ist. Soll eine bestimmte Leitfähigkeit im Halbleiter erreicht werden, so kann dies geschehen, indem man eine bestimmte Menge Fremdatome zusetzt, sog. Störstellen. Diese genaue Dosierung hat lange Zeit große Schwierigkeiten bereitet, da große Reinheit des Ausgangsmaterials Voraussetzung ist. Die Halbleiter haben erst ihre große Bedeutung erlangt, seit man in der Lage ist, den Reinheitsgrad von etwa 10^{10} zu erreichen. Das bedeutet, daß auf 10^{10} Germaniumatome nur ein Fremdatom entfallen darf. Chemische Reinigungsverfahren versagen bei diesem Versuch. Allgemein wird heute das Zonenschmelzverfahren angewendet.

Welche Stoffe eignen sich nun zum Dotieren von Germanium und Silizium? Hierüber gibt das periodische System der Elemente Auskunft. Aus Tabelle 1.1 – 1 ist ersichtlich, daß sowohl Germanium als auch Silizium 4wertig ist, d. h. daß im Valenzverband vier Elektronen vorhanden sind. Beide Stoffe bilden Kristalle ähnlich dem Diamant. Zwischen den Atomen im Kristallgitter bestehen Bindekräfte, die durch Wechselwirkung der Valenzelektronen zustandekommen. Alle Valenzelektronen werden durch elektromagnetische Kräfte, die größer als die abstoßenden Kräfte der gleichnamig geladenen Elektronen sind, wechselseitig gebunden.

Zum Dotieren von Germanium und Silizium eignen sich Stoffe, die entweder ein *Valenzelektron mehr* oder eines *weniger* besitzen. Aus dem periodischen System geht hervor, daß sich für 4wertige Stoffe einerseits Stickstoff, Phosphor, Arsen und Antimon, andererseits Bor, Aluminium, Gallium sowie Indium eignen. Erstere besitzen fünf Valenzelektronen, also ein Elektron mehr als Germanium und Silizium, letztere haben drei Valenzelektronen, also ein Elektron weniger. 5wertige Stoffe nennt man *Donatoren* oder Elektronenspender, 3wertige Stoffe *Akzeptoren*.

Betrachtet man das Verhalten eines 5wertigen Atoms innerhalb des Diamantgitters, so wird man feststellen, daß vier der Valenzelektronen wiederum eine wechselseitige Bin-

1.1 Halbleiterphysik

Tabelle 1.1 – 1. Ausschnitt aus dem periodischen System der Elemente

Elektronen-Schalen	(Gruppe) Zahl der Valenzelektronen			
	II	III	IV	V
KL	4 Be	Bor 5 B	6 C	Stickst. 7 N
KLM	12 Mg	Aluminium 13 Al	Silizium 14 Si	Phosphor 15 P
KLMN	20 Ca	21 SC	22 Ti	23 V
KLMN	30 Zn	Gallium 31 Ga	Germanium 32 Ge	Arsen 33 As
KLMNO	38 Sr	39 Y	40 Zr	41 Nb
KLMNO	48 Cd	Indium 49 In	50 Sn	Antimon 51 Sb

dung zu vier anderen Nachbaratomen eingehen können, das fünfte Elektron jedoch keinen Partner findet. Dieses fünfte Elektron ist unter Aufwendung verhältnismäßig geringer Energie von den Bindekräften des eigenen Atoms zu lösen und steht dann zur Elektronenleitung zur Verfügung. Temperaturen, die weit unter der Raumtemperatur liegen, reichen aus, um die thermisch notwendige Energie zum Loslösen dieser Elektronen aufzubringen. Man kann also voraussetzen, daß bei Zimmertemperatur jedes fünfte Elektron der Donatoratome für die Leitung zur Verfügung steht. Energetisch gesehen, liegen die Donatoren zwischem dem Valenzband und dem Leitungsband, d. h. in der verbotenen Zone. Es ist eine Energie von etwa 0,01 bis 0,1 eV notwendig, um die Elektronen in das Leitungsband anzuheben. Die verbotene Zone ist also streng genommen nur für die Elektronen des Kristallgitters eine Zone nichtmöglicher Energiezustände. Das Donatorniveau ist unterhalb des Leitungsbandes im Bändermodell einzuzeichnen (Bild 1.1.–6).

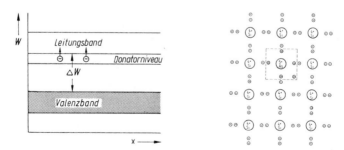

Bild 1.1–6. Bändermodell und schematischer Kristallaufbau von n-leitfähigem Silizium

In einem mit Donatoren dotierten Material werden Elektronen durch thermische Anregung in das Leitungsband gehoben. Es bleiben Löcher zurück, die fest an die Fremdato-

me gebunden sind. Zum Ladungstransport stehen fast nur die Elektronen zur Verfügung. Man nennt deshalb Material, das mit *Donatoren* dotiert ist, *n-leitendes Material* (negativ leitend).
Bei der Herstellung von Dioden und Transistoren wird Germanium oder Silizium verwendet, dem Donatoratome in der Größenordnung von 10^{15} bis 10^{19} pro cm^3 zugeführt werden. Germanium hat $4,4 \cdot 10^{22}$ Atome/cm^3, Silizium $5 \cdot 10^{22}$ Atome/cm^3.
Fügt man anstelle von 5wertigen Atomen 3wertige Atome zu, so wird eine Bindung freibleiben. Es bleibt also ein Loch, das nur von einem benachbarten Elektron aufgefüllt werden kann. Dieses Elektron hinterläßt dann wiederum ein Loch. Auf diese Weise ist es möglich, den Ionisierungszustand weiterzugeben bzw. positive Elementarladungen zu bewegen. Der Vorgang der Löcherleitung spielt sich im Valenzband ab. Das Akzeptorniveau liegt im Bändermodell (Bild 1.1 – 7) in einem Abstand von 0,01 bis 0,1 eV oberhalb des Valenzbandes, d. h., es ist nur eine geringe Energie notwendig, um ein Elektron von einem Nachbaratom in die Elektronenfehlstelle zu befördern. Material, das mit *Akzeptoren* dotiert ist, nennt man wegen seiner positiven Leitfähigkeit (Löcherleitung) *p-leitendes Material*. Hier sind hauptsächlich Löcher am Ladungstransport beteiligt.

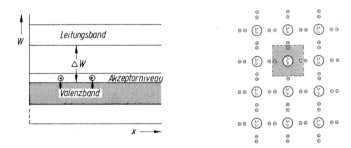

Bild 1.1–7. Bändermodell und schematischer Kristallaufbau von p-leitfähigem Silizium

In den meisten technischen Anwendungsfällen enthält das halbleitende Ausgangsmaterial sowohl Donator- als auch Akeptoratome. In einem n-dotierten Germaniummaterial befinden sich außer einer großen Zahl von Elektronenspendern auch noch einige Akzeptoratome. Die hierdurch entstehenden Löcher werden jedoch von freien Donatorelektronen aufgefüllt. Da die Donatoratome in großer Überzahl vorhanden sind, bleiben immer noch genügend freie Elektronen, die den Leitfähigkeitscharakter bestimmen. In p-leitendem Material sind die Akzeptoren in der Überzahl.
Über die Leitfähigkeit kann man somit aussagen:
Ein Halbleiter ist eigenleitend, wenn die Zahl der freien Elektronen gleich der Zahl der Löcher ist,

$$n = p = n_i. \qquad (1.1-4)$$

Ein Halbleiter hat n-Leitfähigkeit (Elementarleitfähigkeit), wenn die Zahl der freien Elektronen größer ist als die der Löcher,

$$n > p. \qquad (1.1-5)$$

1.1 Halbleiterphysik

Ein Halbleiter hat p-Leitfähigkeit (Löcherleitfähigkeit), wenn die Zahl der Löcher größer ist als die der freien Elektronen,

$$p > n. \tag{1.1-6}$$

Die jeweils überwiegende Art von Ladungsträgern nennt man Majoritätsträger, die Minderheit Minoritätsträger.
Die Zahl der Ladungsträgerpaare ist vom Material und von der Umgebungstemperatur abhängig. Für Silizium ist die sog. *Intrinsiczahl* bei 300 K $n_i = 1{,}5 \cdot 10^{10}$ cm^3. In Silizium befinden sich also im Eigenleitungsfall durchschnittlich $1{,}5 \cdot 10^{10}$ freie Elektronen und $1{,}5 \cdot 10^{10}$ Löcher. Wird z. B. Silizium mit Donatoratomen dotiert, der Kristall also mit Elektronenspendern angereichert, so nimmt die Anzahl der Löcher ab. Das Produkt aus freien Elektronen und Löchern ist theoretisch immer konstant und unabhängig vom Grad der Dotierung. Es gilt

$$\boxed{n \cdot p = n_i^2.} \tag{1.1-7}$$

Werden eigenleitendem Silizium 10^{16} Donatoren pro cm^3 zugeführt, so stellt sich eine Löcherzahl ein von

$$p = \frac{n_i^2}{n} = \frac{(1{,}5 \cdot 10^{10}\ \text{cm}^{-3})^2}{10^{16}\ \text{cm}^{-3}} = 2{,}25 \cdot 10^4\ \text{cm}^{-3}. \tag{1.1-8}$$

Das bedeutet, in n-leitendem Silizium befinden sich 10^{16} Majoritätsträger (freie Elektronen) und $2{,}25 \cdot 10^4$ Minoritätsträger (Löcher). Die Majoritätsträger verhalten sich zu den Minoritätsträgern wie

$$440 \cdot 10^9 : 1.$$

1.1.5 pn-Übergang

Bei Halbleiterbauelementen wie Transistoren und Dioden läßt man p-dotierte und n-dotierte Schichten aneinanderstoßen. Die Dotierung kann auf unterschiedliche Weise vorgenommen werden, u. a. durch Diffusion im Diffusionsofen. Man spricht hier von pn-Übergängen.
Durch die Grenzschicht zwischen dem p-Material und dem n-Material wandern aufgrund der thermischen Bewegung und des Konzentrationsgefälles Elektronen in die p-Schicht und in umgekehrter Richtung Löcher in die n-Schicht. Den Vorgang der Ausbreitung nennt man Diffusion.
Wie groß die Bereitschaft von Ladungsträgern zu diffundieren ist, hängt im wesentlichen vom Material ab. Sie schlägt sich im Diffusionskoeffizienten D nieder. Der Diffusionskoeffizient D ist ein Proportionalitätsfaktor. Die Stromdichte S ist proportional dem Anstieg der Elektronenkonzentration dn/dx.

$$S = -D \cdot \frac{dn}{dx} \tag{1.1-9}$$

Diffusionskoeffizient und Beweglichkeit sind über die *Einsteinsche Beziehung* miteinander verknüpft:

$$eD = \mu k T;\qquad (1.1-10)$$

k = 1,38 · 10⁻²³ Ws/K (Boltzmannsche Konstante)
e = 1,6 · 10⁻¹⁹ As (Elementarladung)

Mit der Temperaturspannung $U_T = k \cdot T/e$ ergibt sich

$$\boxed{D = \mu U_T \text{ in cm}^2/\text{s.}} \qquad \text{Si}: D = 31 \text{ cm}^2/\text{s} \qquad (1.1-11)$$

Die Temperaturspannung U_T gibt an, welche Spannung ein Elektron mittlerer Energie aufgrund der ihm innewohnenden thermischen Energie überwinden kann. Die Temperaturspannung beträgt bei 300 K 26 mV.
Für die Herstellung von Dioden und insbesondere von Transistoren interessiert, wie groß die mittlere Entfernung (Diffusionslänge L) ist, die Ladungsträger während ihrer Lebensdauer τ zwischen Generation und Rekombination aufgrund der Diffusion zurücklegen können. Für Elektronen in Silizium ergibt sich eine Diffusionslänge von

$$\boxed{L = \sqrt{D \cdot \tau} \approx \sqrt{31 \text{ cm}^2\text{s}^{-1} \cdot 2,4 \cdot 10^{-6}\text{s}} \approx 8,6 \cdot 10^{-3} \text{ cm.}} \qquad (1.1-12)$$

Offensichtlich ist die unterschiedliche Ladungsträgerkonzentration zwischen der n-Schicht und der p-Schicht für die Diffusion der Elektronen in die p-Schicht und der Löcher in die n-Schicht verantwortlich. In der n-Schicht rekombinieren Löcher mit Elektronen und in der p-Schicht Elektronen mit Löchern. In der Grenzschicht nimmt die Zahl der freien Ladungsträger sehr stark ab, so daß dieses Gebiet einen sehr hohen Widerstand annimmt. Die Schicht hohen Widerstandes wird vielfach *Sperrschicht* genannt. Die durch Diffusion aus der n-Schicht abgewanderten Elektronen hinterlassen in der Grenzschicht positive Donatoratome und die Löcher in der p-Schicht negative Akzeptoratome. Die dadurch entstehende Raumladung und die hieraus resultierenden Gegenkräfte verhindern einen weiteren Austausch von Ladungsträgern. Es stellt sich ein dynamischer Gleichgewichtszustand ein.
Die Kraft der elektrischen Feldstärke, die auf die Ladungsträger einwirkt, muß im thermischen Gleichgewichtszustand entgegengesetzt gleich groß der Diffusionskraft sein. Die so entstehende Sperrschichtdicke ist entscheidend von der Höhe der Dotierung abhängig. Sie wächst bei homogener Dotierung mit der Wurzel der Diffusionsspannung. Bei üblichen Dotierungen beträgt die Dicke rd. 10 µm. Feldstärkewerte von 500 V/cm und mehr treten in den Sperrschichten auf.
Die Zusammenhänge zwischen der Raumladungsdichte, der Feldstärke und der Konzentration der Ladungsträger zeigt Bild 1.1–8. In Bild 1.1–8 ist ein pn-Übergang dargestellt, an den keine äußere Spannung angelegt ist. In der Grenzschicht mit der Dicke d sind nahezu alle Ladungsträger abgewandert. Es verbleiben die ionisierten Donator- und Akzeptoratome, die fest im Gitter eingebaut sind.
In einer p-dotierten oder n-dotierten Schicht sind, wie in Bild 1.1–8 a dargestellt, die frei beweglichen Ladungsträger gleichmäßig verteilt. Wird dagegen in einem Kristallplättchen ein abrupter Übergang von einem p-dotierten zu einem n-dotierten Material erzeugt, dann fließt ein Diffusionsstrom, und als Folge entsteht eine ladungsträgerarme Sperrschicht, wie in Bild 1.1–8 b dargestellt. Das Bild 1.1–8 c zeigt die Konzentrations-

1.1 Halbleiterphysik

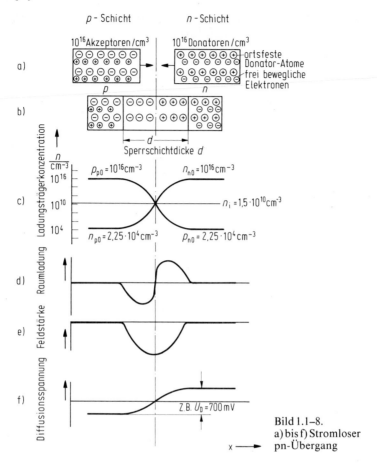

Bild 1.1-8.
a) bis f) Stromloser pn-Übergang

verteilung von Ladungsträgern in einem abrupten pn-Übergang ohne äußere Spannung. Bei gleicher Dotierung der beiden Schichten ist das Gebiet in der Grenzschichtmitte eigenleitend. Die Dichte von Elektronen und Löchern ist gerade gleich groß und gleich der Intrinsicdichte. Sie beträgt für Silizium $n_i = 1{,}5 \cdot 10^{10}\,\text{cm}^{-3}$.
Die in der Grenzschicht verbleibenden Akzeptor- und Donatoratome führen zu einer Raumladung, deren Dichte in Bild 1.1 – 8 d wiedergegeben ist. Die unterschiedliche Raumladungsdichte hat eine elektrische Feldstärke zur Folge, deren Maximum in der Berührungsstelle zwischen p- und n-Zone liegt. Da die Sperrschicht eine gewisse Ausdehnung hat, in der die Feldstärke wirksam ist, muß ein Potentialunterschied zwischen der p- und der n-Schicht auftreten. Den Verlauf des Potentials in Abhängigkeit von der Entfernung x zeigt Bild 1.1 – 8 f. Die Spannung wird allgemein als *Diffusionsspannung* U_D bezeichnet. Diffusionsspannungen treten immer dann auf, wenn zwei Medien mit unterschiedlichen Ladungsträgerkonzentrationen aneinanderstoßen. Die Diffusionsspannung in pn-Übergängen ist außen nicht meßbar. Sind die Ladungsträgerkonzentra-

tionen und die Umgebungstemperatur bekannt, so kann die Diffusionsspannung U_D berechnet werden. Dotiert man einen pn-Übergang z. B. mit 10^{16} Akzeptoren und 10^{16} Donatoren, wie in Bild 1.1 – 8 gezeigt, dann kann die Diffusionsspannung aus dem Verhältnis der Ladungsträgerkonzentration errechnet werden. Die Elektronenkonzentration (Minoritätsträger) in der p-Schicht ergibt sich zu

$$n_{p0} = \frac{n_i^2}{p_{p0}} = \frac{(1{,}5 \cdot 10^{10} \text{ cm}^{-3})^2}{10^{16} \text{ cm}^{-3}} = 2{,}25 \cdot 10^4 \text{cm}^{-3}. \tag{1.1-13}$$

Das Konzentrationsverhältnis der Elektronen in der n-Schicht zu denen in der p-Schicht ergibt sich zu

$$\frac{n_{n0}}{n_{p0}} = \frac{10^{16} \text{ cm}^{-3}}{2{,}25 \cdot 10^4 \text{ cm}^{-3}} = 440 \cdot 10^9. \tag{1.1-14}$$

Mit diesen Konzentrationsverhältnissen läßt sich jetzt die Diffusionsspannung errechnen:

$$U_D = \frac{kT}{e} \ln \frac{n_1}{n_2} = U_T \ln \frac{p_{p0}}{p_{n0}} = U_T \ln \left(\frac{p_{p0} \cdot n_{n0}}{n_i^2} \right)$$

$$U_D = 0{,}026 \text{V} \cdot \ln 440 \cdot 10^9 = 0{,}697 \text{V} = 697 \text{ mV}$$

(1.1-15)

In pn-Übergängen der Praxis treten Diffusionsspannungen von etwa 50 bis 700 mV auf.

1.1.6 pn-Übergang in Sperrichtung

Werden die p-Schicht und die n-Schicht jeweils mit metallischen Kontakten versehen, so kann man eine äußere Spannungsquelle anschließen. Es sind zwei Schaltungsmöglichkeiten gegeben. Schließt man den positiven Pol an die n-Schicht und den negativen Pol an die p-Schicht, dann wird der pn-Übergang in Sperrichtung betrieben. Dies zeigt Bild 1.1 – 9 a. Hier werden die Majoritätsträger (Elektronen in der n-Schicht, Löcher in der p-Schicht) aus den beiden Grenzzonen angesaugt. Die hochohmige Schicht wird damit dicker. Die Ladungsträgerkonzentrationen in der Sperrschicht verändern sich, wie Bild 1.1 – 9 b zeigt, gegenüber dem stromlosen Zustand. Diffusionsspannung und angelegte Spannung weisen dieselbe Richtung auf; die Potentialdifferenz wird größer (Bild 1.1 – 9 c). Mit dem Abwandern der Majoritätsträger wird gleichzeitig die Raumladungszone ausgedehnt. Zwischen der Raumladung bzw. der dadurch bedingten Feldstärke und der außen angelegten Spannung stellt sich ein Gleichgewichtszustand ein. Die an freien Ladungsträgern arme, eigenleitende Übergangszone verhindert so, daß ein großer Strom fließt.

Für die Minoritätsträger stellt der pn-Übergang dagegen kein Hindernis dar. Die Elektronen in der p-Zone und die Löcher in der n-Zone können ungehindert durch die Sperrschicht wandern und verursachen einen Strom, den man *Sperrstrom* nennt.

Zahlenmäßig sind die Minoritätsträger vom Dotierungsgrad und der Intrinsiczahl und somit von der Temperatur abhängig. Wird das n-Gebiet z. B. nur mit 10^{13} cm^{-3} Donato-

1.1 Halbleiterphysik

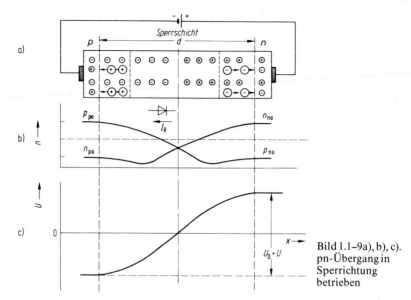

Bild 1.1-9a), b), c).
pn-Übergang in Sperrichtung betrieben

ren dotiert, dann erhöht sich die Zahl der Minoritätsträger pro cm^3 – in diesem Falle Löcher – auf $2{,}25 \cdot 10^7$ cm^{-3} (siehe Gleichung 1.1 – 15). Vorausgesetzt wird, daß alle Donatoratome ihre Elektronen in das Leitungsband abgeben. Diese Voraussetzung ist bei 300 K aufgrund der geringen Bindungsenergie gegeben. In der Paxis heißt das, der pn-Übergang führt einen höheren Sperrstrom.

Erhöht sich die Kristalltemperatur durch Belastung oder höhere Umgebungstemperatur, dann erhöht sich die Intrinsicdichte exponentiell, und die Minoritätsträgerdichte sowie der Sperrstrom erhöhen sich ebenfalls. Die Anzahl von Minoritätsträgern, die durch die Grenzschicht als Sperrstrom wandert, ist theoretisch unabhängig von der angelegten Spannung in Sperrichtung. Der sog. Sperrstrom weist daher Sättigungscharakter auf. Beliebig groß darf die angelegte Spannung nicht werden, da bei sehr großen Feldstärken die zugeführte Energie ausreicht, um Elektronen aus dem Gitterverband direkt herauszureißen. Es werden dann bei Überschreiten der kritischen Feldstärke augenblicklich große Mengen von Ladungsträgern frei. Man nennt die Spannung, bei der dieser Effekt auftritt, nach ihrem Entdecker *Zenerspannung* oder auch *Abbruchspannung*.

1.1.7 pn-Übergang in Durchlaßrichtung

Schließt man den positiven Pol einer Spannungsquelle an die p-Schicht und den negativen an die n-Schicht an, so ergeben sich völlig andere Verhältnisse im Grenzgebiet (Bild 1.1 – 10 a). Von diesen Veränderungen bleiben die Schichten, die weiter entfernt von der Grenzschicht sind, unberührt. Hier herrscht nach wie vor elektrische Neutralität, wie sie in p- oder n-dotierten Halbleitern anzutreffen ist. Bei der beschriebenen Polung der Spannungsquelle wandern Elektronen der n-Schicht (Majoritätsträger) in Richtung der p-Schicht und überschwemmen die Grenzschicht mit Ladungsträgern. Die Ladungsträ-

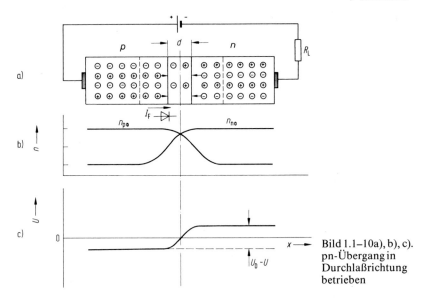

Bild 1.1-10a), b), c).
pn-Übergang in Durchlaßrichtung betrieben

gerkonzentration in der Grenzschicht nimmt zu, wie Bild 1.1–10 b veranschaulicht. Die angelegte Spannung ist der Potentialschwelle U_D entgegengerichtet und baut diese ab. Die Potentialdifferenz wird kleiner, wie in Bild 1.1–10 c zu erkennen ist. Auch von der p-Schicht wandern Löcher in die Grenzschicht und überschwemmen diese ebenfalls. Die Konzentrationen werden auf beiden Seiten der angrenzenden Schichten beträchtlich erhöht. Hierdurch entsteht ein Konzentrationsgefälle und als Folge davon ein Diffusionsstrom. Elektronen wandern von der n-dotierten Schicht in die p-dotierte Schicht und erhöhen dort die Konzentration der Minoritätsträger, da ja Elektronen in der p-Schicht Minoritätsträger sind. Man sollte nun annehmen, daß bereits in der Grenzschicht eine große Anzahl Ladungsträger beider Art rekombinieren. Dies ist jedoch nicht der Fall, da die Dicke der Grenzschicht im Verhältnis zur Diffusionslänge der Ladungsträger sehr viel kleiner ist. Die Rekombination tritt also erst in Gebieten ein, die weit von der Grenzschicht selbst entfernt sind. Anschließend fließt der Durchlaßstrom als Löcherstrom durch Diffusion weiter. Die Dichte der Minoritätsträger sinkt ab der Grenzschicht nach einer e-Funktion. Der entsprechende Vorgang spielt sich in der p-Schicht ab. Hier wandern Löcher in die n-Schicht und erhöhen dort die Konzentration der Minoritätsträger. In der n-dotierten Schicht fließt in größerem Abstand von der Grenzschicht ein Elektronenstrom. Nach etwa fünf Diffusionslängen L des betreffenden Materials ist der Anteil des Löcherstromes etwa null, da die Konzentration nach einer e-Funktion abnimmt.

1.1.8 Gleichung für die Kennlinie des pn-Übergangs

Unter der Voraussetzung, daß die Diffusionslänge L sehr viel größer ist als die Grenzschichtdicke, in dieser also nur eine unbedeutende Anzahl Ladungsträger rekombinieren, können die Ströme in Durchlaß- und in Sperrichtung mathematisch beschrieben

1.1 Halbleiterphysik

werden. W. *Shockley* hat die mathematische Beziehung für den pn-Übergang aufgestellt.
Führt man den Sättigungsstrom I_S ein, so ergibt sich die Gleichung für die Durchlaßkennlinie in guter Näherung

$$I_F = I_S(e^{U_F/U_T} - 1); \qquad (1.1-16)$$

entsprechend läßt sich für die Sperrichtung ableiten

$$-I_R = I_S(1 - e^{-U_R/U_T}). \qquad (1.1-17)$$

Der Sperrsättigungsstrom I_S ist von der Fläche A des pn-Überganges, von den Materialkonstanten Diffusionslänge L, Diffusionskonstante D und von den Minoritätsträgerdichten n_{p0} und p_{n0} abhängig. Der Sperrsättigungsstrom wird besonders durch die Temperaturabhängigkeit der Minoritätsträgerdichte beeinflußt. Für den idealen pn-Übergang läßt sich der Sperrsättigungsstrom ermitteln:

$$I_S = A \cdot e(p_{n0}\frac{D_p}{L_p} + n_{p0}\frac{D_n}{L_n}) \qquad (1.1-18)$$

Für Silizium bei Raumtemperatur steigt der Sperrsättigungsstrom etwa mit dem Faktor $e^{0,14/K \cdot \Delta T}$. Eine Temperaturerhöhung von beispielsweise 10 K führt zu einer Sperrstromerhöhung um den Faktor 4.
Ausgeführte pn-Übergänge von Dioden, Transistoren u. a. Bauelementen weichen, je nach Dotierung und Ausgangsmaterial, von der theoretischen Kennlinie ab. Gründe hierfür sind Verunreinigungen des Ausgangsmaterials, Unregelmäßigkeiten an der Kristalloberfläche und ohmsche Widerstände des dotierten, halbleitenden Materials. Die Widerstände bezeichnet man als Bahnwiderstände. Bild 1.1 – 11 zeigt eine reale Durchlaßkennlinie einer Silizium-Diode, zusammengesetzt aus der Kennlinie des Bahnwiderstandes und der theoretischen Diodenkennlinie.

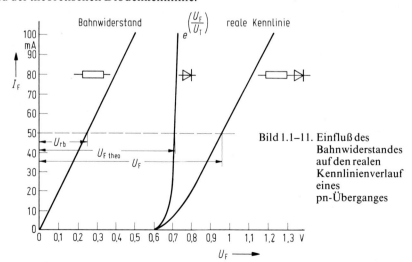

Bild 1.1–11. Einfluß des Bahnwiderstandes auf den realen Kennlinienverlauf eines pn-Überganges

2 Bauelemente

2.1 Dioden

2.1.1 Eigenschaften von Halbleiter-Dioden

Unter Diode versteht man ein Bauelement mit zwei Anschlüssen und stromrichtungsabhängigem Widerstand (Bild 2.1 – 1). Wird eine Spannung an eine Reihenschaltung aus einer Diode und einem ohmschen Widerstand geschaltet, so fließt in Durchlaßrichtung ein Strom, der im wesentlichen durch die Höhe der angelegten Spannung U_B und den Widerstand R_L bestimmt ist. Der Widerstand der Diode in Durchlaßrichtung ist klein.

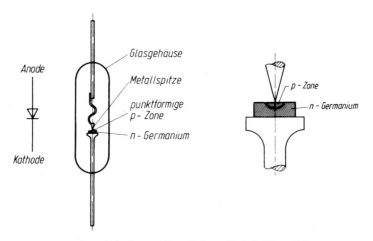

Bild 2.1–1. Aufbau einer Germanium-Spitzendiode in Glasgehäuse

Wird dagegen die Polarität der Spannung umgekehrt, dann ist der Widerstand der Diode sehr groß und es fließt ein Strom, der in den meisten Anwendungsfällen vernachlässigbar klein ist. Im idealisierten Falle kann man die Diode mit einem geöffneten bzw. geschlossenen Schalter, wie in Bild 2.1 – 2 dargestellt, vergleichen.
In Halbleiter-Dioden wird der Leitungsmechanismus von unterschiedlich dotierten Halbleiterschichten ausgenutzt. Die physikalischen Vorgänge in sog. pn-Übergängen sind in Kapitel 1 beschrieben. Das Verhalten des pn-Überganges kommt der Vorstellung einer idealen Diode sehr nahe. Es können mit den heutigen modernen Herstellungsverfahren bestimmte Eigenschaften von Halbleiter-Dioden gezielt beeinflußt werden. Solche typischen Eigenschaften sind:
   Sperrspannung bzw. Durchbruchspannung
   Durchlaßspannung als Funktion des Durchlaßstromes
   Schleusenspannung und Diffusionsspannung
   Durchlaßstrom
   Belastbarkeit
   Strom in Sperrichtung

2.1 Dioden

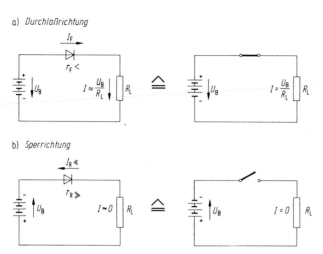

Bild 2.1–2. Vergleich der Diode mit einem Schalter in Durchlaß- und Sperrichtung
a) Durchlaßrichtung, b) Sperrichtung

Sperrschichtkapazität
Erholzeit
Durchlaßwiderstand und differentieller Widerstand
Geometrische Abmessungen.
Diese typischen Eigenschaften können u. a. durch den Dotierungsgrad und die Schichtdicke beeinflußt werden. Verbessert man eine der Eigenschaften, so ergibt sich meist eine Verschlechterung der anderen. Alle guten Eigenschaften lassen sich nicht gleichzeitig in einer Diode vereinigen. Es gibt deshalb eine große Zahl von Dioden, die für spezielle Anwendungen optimal ausgelegt sind. Dioden werden in verschiedenen Gehäuseformen untergebracht, von denen Bild 2.1 – 3 einige zeigt.

2.1.2 Kennlinien und Begriffe

Bild 2.1 – 4 zeigt Kennlinien von Dioden aus unterschiedlichem Material. An Hand dieser Kennlinien sollen einige Begriffe erläutert werden.
Als *Sperrspannung* U_R bezeichnet man die in Richtung des hohen Widerstandes der Diode liegende Spannung, bei der ein bestimmter Strom I_R in Sperrichtung nicht überschritten wird. Erhöht man die Spannung U_R weiter, dann steigt der Sperrstrom I_R lawinenartig an. Man spricht vom Durchbruch der Diode und der *Durchbruchspannung* U_{BR}. Es gibt einen physikalisch bedingten Durchbruch infolge lawinenartig ansteigender Ladungsträgerzahl, der ungefährlich ist, solange die thermischen Grenzdaten und der zulässige Strom der Diode nicht überschritten werden. Dieser theoretisch bedingte Durchbruch führt zur idealen Abbruchkennlinie. Tatsächlich ausgeführte Dioden weisen aber eine verschliffene Kennlinie auf. Der Sperrstrom steigt langsamer an. Dieser langsame Anstieg ist auf Verunreinigung im Kristall und Unregelmäßigkeiten an der Oberfläche des Kristalls zurückzuführen. Die Hersteller sind bemüht, die Ursachen für

Durchbrüche an der Oberfläche zu vermeiden, da sie zur Zerstörung der Diode führen. Der Strom I_R in Sperrichtung wird meistens vom Hersteller in einem Diagramm als Funktion der Spannung angegeben. Bild 2.1 – 5 zeigt den Verlauf des Sperrstromes für eine Germanium-Spitzen-Diode.

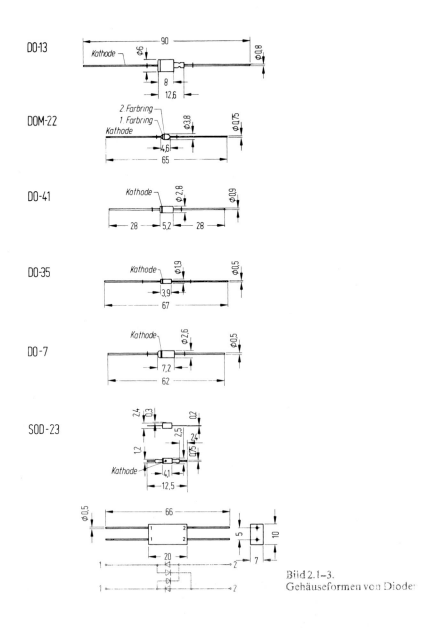

Bild 2.1–3.
Gehäuseformen von Dioden

2.1 Dioden

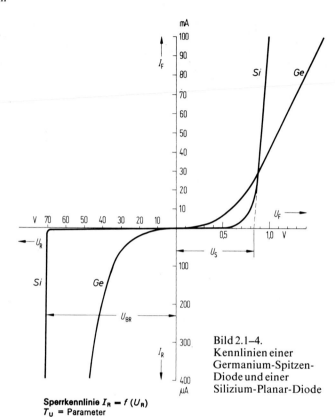

Bild 2.1–4. Kennlinien einer Germanium-Spitzen-Diode und einer Silizium-Planar-Diode

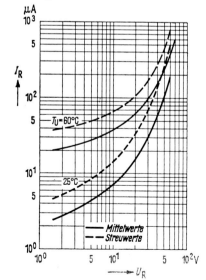

Bild 2.1–5. Sperrkennlinien einer Germanium-Spitzen-Diode

Der Strom in Richtung des kleinen Widerstandes der Diode heißt *Durchlaßstrom* I_F. Der max. *Durchlaßspitzenstrom* I_{FM} wird für eine Betriebsfrequenz von mind. 20 Hz und Sinusform angegeben. Unter *Durchlaßspannung* U_F versteht man die Spannung in Durchlaßrichtung an der Diode. Sie ist sehr stark vom Ausgangsmaterial, von der Dotierung und vom Durchlaßstrom I_F abhängig. Theoretisch steigt der Durchlaßstrom exponentiell mit der Durchlaßspannung an. In Diagrammen mit logarithmischem Maßstab ergibt sich annähernd eine Gerade, wie Bild 2.1 – 6 für eine Silizium-Planar-Diode zeigt.

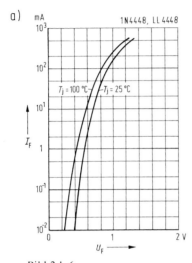
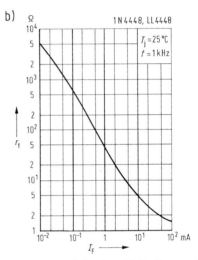

Bild 2.1–6.
a) Durchlaßkennlinien einer Silizium-Planar-Diode 1 N 4448

b) Differentieller Durchlaßwiderstand in Abhängigkeit vom Durchlaßstrom. (INTERMETALL)

Abweichungen von der Geraden sind bei höheren Strömen zu erkennen und auf den Bahnwiderstand zurückzuführen. Nahezu idealen Verlauf weisen die pn-Übergänge von Kleinsignal-Transistoren, wie z. B. der Typ BC 107, zwischen Basis und Emitter auf. Die Höhe der Durchlaßspannung U_F wird von der Temperatur der Kristallschicht beeinflußt. Die Durchlaßspannung nimmt mit steigender Temperatur ab. Der Temperaturkoeffizient liegt etwa zwischen –1,8 mV/K und –2,5 mV/K, wie aus Bild 2.1 – 6 zu entnehmen ist. Bei einem Durchlaßstrom von 10 mA beträgt die Spannungsdifferenz der Kennlinien für 20 °C und 100 °C etwa 160 mV. Der Quotient aus Spannungsdifferenz und Temperaturdifferenz ergibt den Temperatur-Koeffizienten von –160 mV/80 K = –2 mV/K. Mit diesem Wert wird bei Transistoren und Dioden in der Praxis gerechnet. Zur Beurteilung des Durchlaßverhaltens einer Diode wird häufig die sogen. *Schleusenspannung* U_S angegeben. Sie kann näherungsweise durch Anlegen einer Tangente an den ungefähr linearen Teil der Durchlaßkennlinie bestimmt werden. Genauere Werte erhält man mit einem Verfahren, das für Leistungsdioden vorgeschlagen wird. Hiernach wird so vorgegangen, daß man eine Gerade durch die Kennlinienpunkte 0,5 I_{FM} und 1,5 I_{FM} legt, die auf der X-Achse die Schleusenspannung U_S abschneidet. Die Schleusenspannung liegt bei Germanium-Dioden in der Größenordnung von 0,5 V und bei Silizium-Dioden von 0,7 V.

2.1 Dioden

Zur Dimensionierung von Schaltungen wird häufig der Durchlaßwiderstand benötigt. Hier muß man zwei Werte unterscheiden:
a) den Widerstand, der sich aus der Durchlaßspannung U_F und dem Durchlaßstrom I_F ergibt, bezeichnet mit Gleichstromwiderstand r_F, und
b) den differentiellen Widerstandswert r_f, der sich für kleine Änderungen in einem Betriebspunkt bzw. aus der Steigung ergibt.

Der differentielle Widerstand wird im allgemeinen mit $r_f = \Delta U_F / \Delta I_F$ bezeichnet. Da die Widerstandswerte nicht gleich groß sind, sondern von der Höhe des Durchlaßstromes abhängen, müssen diese Werte aus der Durchlaßkennlinie oder durch Messung ermittelt werden.

Der Begriff des differentiellen Widerstandes läßt sich an Hand einer vereinfachten Ersatzschaltung, bestehend aus einer Batterie in Reihe mit einem Widerstand, erklären (Bild 2.1 – 7). In der Ersatzschaltung ebenso wie in der Diode fließt erst dann ein Strom

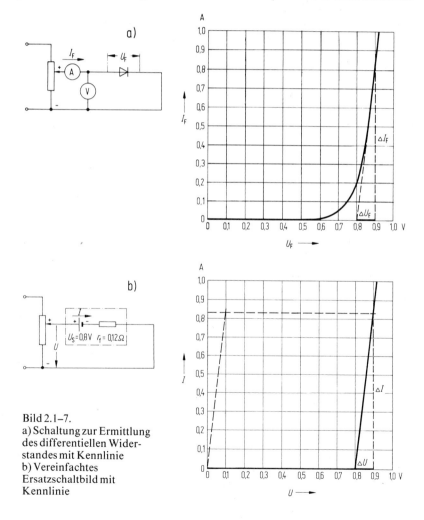

Bild 2.1–7.
a) Schaltung zur Ermittlung des differentiellen Widerstandes mit Kennlinie
b) Vereinfachtes Ersatzschaltbild mit Kennlinie

in Pfeilrichtung, wenn eine bestimmte Spannung überschritten wird. Im Batteriekreis ist dies die Spannung von 0,8 V, im Diodenkreis die Schleusenspannung. Bei Erhöhung der Spannung über die Batterie- bzw. Schleusenspannung hinaus fließt ein Strom, dessen Steigung von der Größe des differentiellen Widerstandes abhängt. Im Batteriestromkreis muß man sich die Widerstandskennlinie um die Batteriespannung aus dem Nulldurchgang der Spannung parallel verschoben denken, wie in Bild 2.1–7 angedeutet. Erhöht man die Spannung von 0,8 V auf 0,9 V, so fließt ein Strom von 0 A bei 0,8 V und ein solcher von 0,83 A bei 0,9 V. Die Änderung der Spannung im Verhältnis zur Änderung des Stromes ergibt einen Widerstandswert, den sog. differentiellen Widerstand r_f.

$$r_f = \frac{U_2 - U_1}{I_2 - I_1} = \frac{\Delta U}{\Delta I} = \frac{0,1 \text{ V}}{0,83 \text{ A}} = 0,12 \, \Omega.$$

Der Widerstand wird differentieller Widerstand genannt, weil er sich aus dem Differenzenquotienten bzw. der Steigung der Kennlinie ergibt. Für gekrümmte Kennlinien gilt der differentielle Widerstand nur für einen Kennlinienpunkt oder bei leichter Krümmung für ein Kennlinienstück. Bei Dioden wird vielfach ein mittlerer differentieller Widerstand angegeben, der sich aus der Steigung der Geraden zur Ermittlung der Schleusenspannung ergibt.

Für den in Gleichung 1.1–16 angegebenen theoretischen Kennlinienverlauf des pn-Überganges ergibt sich eine Steigung und damit der differentielle Widerstand $r_{f\,\text{theor.}}$ mit z. B. $I_F = 0,5$ A und $U_T = 0,026$ V ($T_U = 300$ K):

$$r_{f\,\text{theor.}} = \frac{U_T}{I_F} = \frac{0,026 \text{ V}}{0,5 \text{ A}} = 0,052 \, \Omega \qquad (2.1-1)$$

In der Praxis und in der Fertigungskontrolle wird der differentielle Widerstand durch Messung bestimmt. Hierzu wird die Diode mit einem Gleichstrom und einem kleinen überlagerten Wechselstrom belastet. Bild 2.1–8 zeigt eine Schaltung, mit der man den differentiellen Widerstand näherungsweise messen kann. Bei der Messung ist unbedingt darauf zu achten, daß die Wechselspannung an der Diode noch sinusförmig bleibt. Zur

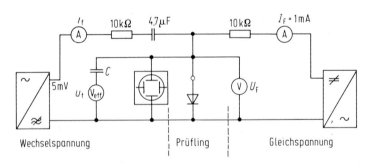

Bild 2.1-8. Schaltung zur Aufnahme des differentiellen Widerstandes für einen Betriebspunkt von beispielsweise $I_F = 1$ mA
Kondensator C kann entfallen, wenn das Instrument mit Kondensator ausgerüstet ist.

2.1 Dioden

Beurteilung der Kurvenform und zur Messung kann, falls kein empfindliches Effektivwert-Instrument zur Verfügung steht, ein Oszilloskop verwendet werden. In Bild 2.1–9 sind die Spannungsverhältnisse an der Diode dargestellt. Es bedeuten:

I_{Fl} Vorstrom zur Einstellung des Gleichstrom-Betriebspunktes, bei dem der differentielle Widerstand aufgenommen werden soll.
i_f überlagerter Wechselstrom $f = 1$ kHz (sinusförmig) zur Bestimmung von r_f.
U_{Fl} Gleichspannungsfall an der Diode.
u_f Wechselspannungsanteil des Spannungsfalles an der Diode.

Der Quotient aus Wechselspannung und Wechselstrom ergibt den differentiellen Widerstand im Bereich des voreingestellten Betriebspunktes.

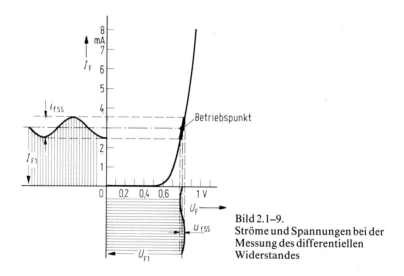

Bild 2.1–9.
Ströme und Spannungen bei der Messung des differentiellen Widerstandes

Spannungs- und Stromaufteilung in Stromkreisen mit Dioden.

Dioden richten Wechselspannungen bzw. allgemein Signalspannungen gleich oder sperren eine der beiden möglichen Stromrichtungen. Hierzu liegen Dioden in Reihe mit einzelnen Widerständen, Induktivitäten und Kondensatoren oder mit Netzwerken aus diesen Widerständen. Die angelegte Spannung teilt sich auf. Ein Teil fällt unerwünscht an der nichtidealen Diode ab, der Rest am Lastwiderstand. Ist die angelegte Spannung hoch, wie beispielsweise in der Stromrichtertechnik, dann kann die Durchlaßspannung vernachlässigt werden. Ist dagegen die angelegte Spannung klein, wie vielfach in der Hf-Technik und in der allgemeinen Elektronik, dann muß die Durchlaßspannung berücksichtigt werden.
Mit Hilfe des mittleren differentiellen Widerstandes und der Schleusenspannung einer Diode kann die Spannungsaufteilung in einem Stromkreis berechnet werden. Das Ergebnis ist jedoch mit einem Fehler behaftet, da die Gerade des differentiellen Wider-

standes eine Näherung der Diodenkennlinie darstellt. In einem Diodenstromkreis nach Bild 2.1 – 10 ergibt sich die Spannungssumme zu

$$U_B = U_S + I_F r_f + R_L I_F$$
$$= U_S + I_F (r_f + R_L)$$

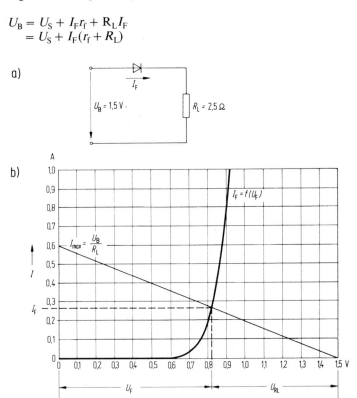

Bild 2.1–10. a) Reihenschaltung einer Diode mit einem Lastwiderstand
b) Graphische Ermittlung der Spannungsaufteilung

Bei Anschluß an Wechselspannung muß mit den Augenblickswerten der Spannung gerechnet werden.
Ist die Diodenkennlinie bekannt und die Speisespannung nur geringfügig größer als die Durchlaßspannung, dann kann die Spannungsaufteilung graphisch im Diagramm der Durchlaßkennlinie wie in Bild 2.1 – 10 ermittelt werden. Zur Konstruktion der Widerstandsgeraden errechnet man den Höchstwert des Stromes, ohne den Durchlaßwiderstand der Diode zu berücksichtigen, und verbindet diesen Punkt mit der Speisespannung, die auf der Abszisse abgetragen wird. Der Schnittpunkt der Widerstandsgeraden mit der Diodendurchlaßkennlinie ergibt die Spannungsaufteilung.
Die Durchlaßspannungen von in Reihe geschalteten Dioden addieren sich. Wie in Bild 2.1 – 11 angedeutet, kann die Addition grafisch vorgenommen werden. Sie erfolgt punktweise für beliebige Ströme durch Addition der Teilspannungen.

2.1 Dioden

Reihenschaltungen von Dioden dienen zur Erhöhung der zulässigen Betriebsspannung in Sperrichtung und zur Erzeugung von Vergleichsspannungen (Referenzspannungen) für Stromquellenschaltungen mit Transistoren.

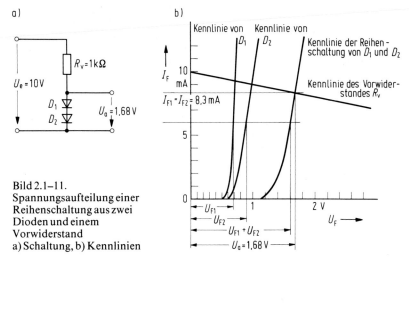

Bild 2.1-11. Spannungsaufteilung einer Reihenschaltung aus zwei Dioden und einem Vorwiderstand
a) Schaltung, b) Kennlinien

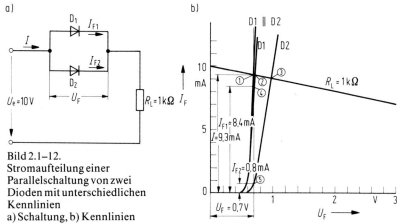

Bild 2.1-12. Stromaufteilung einer Parallelschaltung von zwei Dioden mit unterschiedlichen Kennlinien
a) Schaltung, b) Kennlinien

Zur Erhöhung des möglichen Betriebsstromes werden Dioden parallelgeschaltet. Der Gesamtstrom I teilt sich wie in der Schaltung gemäß den Kennlinien in Bild 2.1-12 in die Diodenströme I_{F1} und I_{F2} auf.

Die gemeinsame Kennlinie der parallelgeschalteten Dioden D_1 und D_2 ergibt sich grafisch durch punktweise Addition der Teilströme. Wie aus der Kennlinie von Bild 2.1–12 zu erkennen ist, unterscheidet sich die Kennlinie der Parallelschaltung nur unwesentlich von der Kennlinie der Diode D_1 mit der geringeren Durchlaßspannung. Die Stromaufteilung der beiden Dioden ist sehr unterschiedlich. Während die Diode D_1 im Beispiel 8,4 mA aufnimmt, fließt durch die Diode D_2 nur ein Strom von 0,8 mA. Eine Erhöhung des Gesamtstromes auf zweifachen Nennstrom würde zwangsläufig zur Überlastung von Diode D_1 führen. In der Praxis werden deshalb meistens Dioden mit nahezu gleichen Durchlaßspannungen bzw. Durchlaßkennlinien ausgesucht.

2.1.3 Dynamisches Verhalten von Dioden

Werden Dioden mit Signalspannungen hoher Frequenz oder als kontaktlose Schalter betrieben, ist die vereinfachte Betrachtungsweise von Kapitel 2.1.1 nicht zutreffend. Zwei Kapazitäten, die Kapazität C_s der gesperrten Diode und die Diffusionskapazität C_d der leitenden Diode bestimmen das Betriebsverhalten mit. Die Platten bzw. Beläge der Sperrschichtkapazität C_s werden von den p- und n-dotierten Silizium- oder Germanium-Schichten gebildet, und die ladungsträgerarme Sperrschicht ist Dielektrikum. Die Kapazitäten von ausgeführten Dioden liegen in einer Größenordnung von pF bis nF. Wie in Kapitel 1.1.6 beschrieben, ändert sich die Sperrschichtkapazität mit der Dicke d der Sperrschicht und dadurch mit der Sperrspannung. Je größer die Sperrspannung ist, desto kleiner wird die Kapazität C_s.

$$C_s = \varepsilon_o \cdot \varepsilon_r \cdot A/d$$

Die Kapazitätsänderung durch Spannungsänderung wird in Kapazitäts-Dioden ausgenutzt.

Wird eine Diode vom gesperrten in den leitenden Zustand geschaltet oder der Durchlaßstrom sehr schnell erhöht, steigt die Ladungsträgerdichte in der Grenzschicht an. Hierbei wird eine Ladungsträgermenge gespeichert wie in einer Kapazität. Die Ladungsmenge nimmt mit dem Durchlaßstrom zu. Das Vermögen, Ladungsmengen zu speichern, und das damit verbundene Betriebsverhalten führten zur Einführung des Begriffes der Diffusions-Kapazität C_d. Die Diffusionskapazität nimmt die Größenordnung von einigen nF an und liegt im Ersatzbild der Diode parallel zum differentiellen Widerstand der Diode.

Werden Dioden in Durchlaßrichtung geschaltet, so ergeben sich Verzögerungszeiten durch die Zeitkonstante aus der Diffusionskapazität und dem differentiellen Widerstand. Umschaltvorgänge von Durchlaßrichtung in Sperrichtung haben Rückwärtsströme zur Folge, die abklingen, sobald die Ladungsträger aus der Grenzschicht ausgeräumt sind. Der Sperrsättigungsstrom bleibt bestehen. Zur Beurteilung der Schnelligkeit und des Schaltverhaltens von Dioden werden in den Datenblättern meistens die Sperrschicht-Kapazität und die Rückwärtserholzeit t_{rr} angegeben. Die Definition der Schaltzeiten ist dem Bild 2.1–13 mit dem prinzipiellen zeitlichen Verlauf von Spannungen und Strömen einer Diode während eines Umschaltvorganges zu entnehmen.

Wie sich Rückwärtsströme bei der Gleichrichtung einer sinusförmigen Signalspannung hoher Frequenz auswirken können, soll das Bild 2.1–14 im Prinzip verdeutlichen. Ausschnitte der negativen Halbwelle gelangen an den Verbraucher. Die Gleichrichtung ist nicht vollkommen.

2.1 Dioden

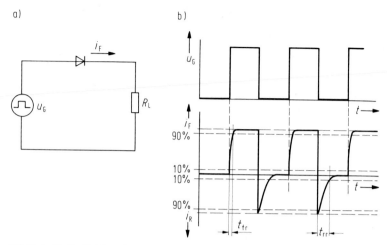

Bild 2.1-13. Definition der Schaltzeiten einer Diode t_{fr} rise time (Anstiegszeit), t_{rr} reverse recovery time (Rückwärtserholzeit)
a) Schaltung, b) Generatorspannung $u_G = f(t)$ und Diodenströme $i_F = f(t)$ sowie $i_R = f(t)$

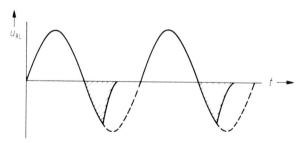

Bild 2.1-14. Unvollkommene Gleichrichtung einer Signalspannung infolge von Rückstrom i_R einer Diode

2.1.4 Angaben in Datenblättern

Nachfolgend sollen die typischen Daten einer Diode am Beispiel einer universell verwendbaren Silizium-Diode für kleine Ströme erläutert werden. Die Tabelle von Bild 2.1-15a zeigt die Daten und die Bilder 2.1-15b, c, d die Kennlinien der Diode 1N 4148. Begriffe und Erklärungen von Daten sind in der Tabelle von Bild 2.1-16 wiedergegeben.

Kennzeichnung

Dioden werden in Schaltbildern mit einem Symbol gekennzeichnet, dessen Keilform die Richtung des Durchlaßstromes angibt, siehe Bild 2.1-17. Der Anschluß, an dem der

Bild 2.1–15a). Daten der Diode 1 N 4148

Abmessungen in mm

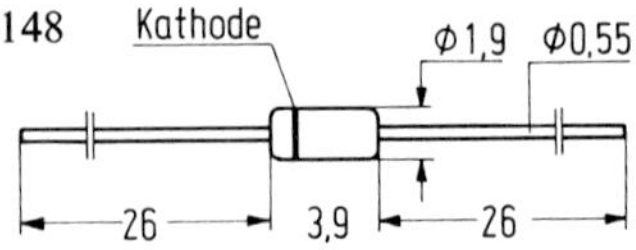

Normgehäuse
54 A 2 DIN 41 880
JEDEC DO 35
Gewicht max. 0,15 g

Absolute Grenzdaten			
Periodische Spitzensperrspannung	U_{RRM}	100	V
Sperrspannung	U_R	75	V
Stoßdurchlaßstrom $t_p \leqq 1\,\mu s$	I_{FSM}	2000	mA
Periodischer Durchlaßspitzenstrom	I_{FRM}	450	mA
Durchlaßstrom	I_F	200	mA
Durchlaßstrom, Mittelwert $U_R = 0$	I_{FAV}	150	mA
Verlustleistung $l = 4\,mm, t_L = 45\,°C$	P_V	440	mW
$t_L \leqq 25\,°C$	P_V	500	mW
Sperrschichttemperatur	t_j	200	°C
Lagerungstemperaturbereich	t_{stg}	–65...+200	°C

Wärmewiderstand

		Min.	Typ.	Max.	
Sperrschicht-Umgebung $l = 4\,mm, t_L = $ konstant	R_{thJA}			350	K/W

Kenngrößen
$t_j = 25\,°C$, falls nicht anders angegeben

Durchlaßspannung						
$I_F = 5\,mA$	1 N 4448	U_F		0,62	0,72	V
$I_F = 10\,mA$	1 N 4148,	U_F			1	V
$I_F = 20\,mA$		U_F			1	V
$I_F = 30\,mA$		U_F			1	V
$I_F = 100\,mA$	1 N 4448	U_F			1	V
Sperrstrom						
$U_R = 20\,V$		I_R			25	nA
$U_R = 20\,V, t_j = 150\,°C$		I_r			50	µA
$U_R = 75\,V$		I_R			5	µA
Durchbruchspannung $I_R = 100\,µA$		$U_{(BR)}$		100		V
Diodenkapazität $U_R = 0, f = 1\,MHz, U_{HF} = 50\,mV$		C_D			4	pF
Richtwirkungsgrad $U_{HF} = 2\,V, f = 100\,MHz$		η_r		45		%
Rückwärtserholzeit $I_f = I_R = 10\,mA, i_R = 1\,mA$		t_{rr}			8	ns
$I_F = 10\,mA, U_R = 6\,V,$ $i_R = 1\,mA, R_L = 100\,\Omega$		t_{rr}			4	ns

2.1 Dioden

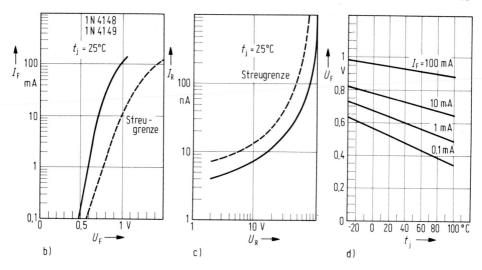

Bild 2.1–15. Kennlinien der Diode 1 N 4148
b) Durchlaßkennlinie $I_F = f(U_f)$
c) Sperrkennlinie $I_R = f(U_R)$
d) Durchlaßkennlinie als Funktion der Temperatur
$U_F = f(t_j) I_{F = \text{konstant}}$.

Strom I_F austritt, heißt in Anlehnung an die Röhrentechnik *Katode,* der zweite Anschluß *Anode.* Das Diodensymbol wird häufig auf das Gehäuse der Diode aufgedruckt und damit Katode und Anode festgelegt. Diese Kennzeichnung wird besonders bei Gleichrichter-Dioden vorgenommen. Bei Dioden kleinerer Bauart wird die Katodenseite mit einem, z. B. schwarzen, Farbring gekennzeichnet oder mit mehreren, die gleichzeitig die verschlüsselte Typenbezeichnung enthalten. Die Bedeutung der Farbringe muß Datenblättern entnommen werden, da sie nicht einheitlich ist. Meistens ist die Zahlenangabe der Typenbezeichnung im *IEC-Code* verschlüsselt. Weitere Farbringe mit anderer Breite können Informationen über das Ausgangsmaterial (Germanium oder Silizium) und die Verwendbarkeit enthalten. Bei der Bezeichnung im Klartext gibt der erste große Buchstabe das Halbleitermaterial an, wobei *A* Germanium und *B* Silizium bedeutet. Die amerikanische Bezeichnung 1N.... steht allgemein für Diode; es geht aber nicht hervor, um welches Halbleitermaterial es sich handelt. Der zweite Buchstabe wird von den meisten Herstellern zur Angabe der Art des Bauelementes verwendet. Dioden erhalten als zweiten Buchstaben ein *A*. Der dritte Buchstabe wird häufig bei Industrietypen verwendet. Eine Diode *AAY* 27 ist eine Germanium-Diode für industrielle Anforderungen, und die Diode *BAY* 60 ist eine Silizium-Diode. Z-Dioden erhalten als zweiten Buchstaben an Stelle des *A* ein *Z*. Die Bezeichnung lautet dann *BZY...* Z-Dioden werden aus Silizium hergestellt (siehe auch Tabelle 2.2–2 Bezeichnungsschema für Halbleiterbauelemente).

Bild 2.1-16. Begriffe und Erklärungen für Dioden

Grenzdaten		Grenzdaten bestimmen die maximal zulässigen Betriebs- und Umgebungsbedingungen und beziehen sich im allgemeinen auf eine Umgebungstemperatur von 25 °C
Rückwärtsspannung Sperrspannung	U_R	Gleichwert der Rückwärtsspannung zwischen Katode und Anode einer Diode; der vom Hersteller mit Rücksicht auf betriebsmäßig auftretende Überspannung empfohlene dauernd zulässige Scheitelwert der Sperrspannung bei sinusförmiger oder rechteckförmiger Anschlußspannung
Spitzenrückwärtsspannung	U_{RM}	Sperrspannung für anzugebende Pulsbedingungen (Schaltdioden)
Periodische Spitzenrückwärtsspannung	U_{RRM}	Der höchste periodisch auftretende Augenblickswert der Sperrspannung einschließlich aller periodischen, aber ausschließlich aller nichtperiodischen Spitzen
Stoßrückwärtsspannung	U_{RSM}	Höchstzulässiger Überlastungs-Spannungsstoß in Sperrichtung. Dieser Wert darf betriebsmäßig nicht ohne Schaden für das Bauelement wiederholt werden
Durchlaßstrom	I_F	Gleichstrom in Vorwärtsrichtung; da der Formfaktor $F = I_{FRMS}/I_{FAV}$ für „glatten" Gleichstrom eins ist, ist I_F dem Effektivwert in Durchlaßrichtung gleich
Mittelwert des Vorwärtsstromes, Richtstrom	I_{FAV}	Arithmetischer Mittelwert des Durchlaßstromes bei Verwendung als Gleichrichter. Der maximal zulässige Richtstrom hängt u. a. von der Spannung in Rückwärtsrichtung während der stromfreien Pausen ab
Spitzenvorwärtsstrom	I_{FM}	Höchstwert für anzugebende Pulsbreite und Tastverhältnis (für Schaltdioden)
	I_{FRM}	Scheitelwert bei sinusförmigem Durchlaßstrom und einer Betriebsfrequenz größer als 25 Hz
Stoßvorwärtsstrom	I_{FSM}	Der höchste zulässige Augenblickswert eines einzelnen Stromimpulses mit definierter Dauer bei bestimmten Betriebsbedingungen; Dauer t_p z. B. 1s, 10ms oder 1µs
Grenzlastintegral	$\int i^2 dt$	Höchstzulässiger Wert des Integrals über der Zeit für das Quadrat des Stromes als Funktion der Zeit. Das Grenzlastintegral ist ein Maß für die innere Wärmekapazität eines Bauelementes und dessen kurzzeitige Überlastungsmöglichkeit. Zum Schutze des Bauelementes muß das Grenzstromintegral des Sicherungsorganes kleiner sein als das des Bauelementes. Vom Hersteller werden meistens Integrationszeiten von 1 bis 10 ms angegeben.
Verlustleistung	P_V P_{tot}	In Wärme umgesetzte elektrische Verlustleistung für bestimmte Einbauvorschriften
Sperrschichttemperatur	t_j	Maximal zulässige Sperrschichttemperatur
Lagertemperaturbereich	t_{stg}	Maximalwerte der Umgebungstemperatur ohne elektrische Belastung der Diode; mit Rücksicht auf mechanische temperaturbedingte Materialspannungen
Wärmewiderstand bzw.	R_{thJA} R_{thJC}	Thermischer Ableitwiderstand unter bestimmten Einbaubedingungen zwischen Sperrschicht (Junction) und Umgebung (Ambient) bzw. zwischen Sperrschicht und Gehäuse (Case)
Kenngrößen		Kenngrößen beinhalten Daten, die für den Betrieb und die Funktion des Bauelementes wichtig sind. Elektrische Parameter und deren Streuung werden mit den zugehörigen Meßbedingungen oder mit Kennlinien wiedergegeben.
Durchlaßspannung	U_F	Durchlaßspannung zwischen Anode und Katode bei einem oder mehreren typischen Strömen I_F
Rückwärtsstrom, Sperrstrom	I_R	Rückwärtsströme bei definierten Rückwärtsspannungen und Sperrschichttemperaturen
Durchbruchspannung	U_{BR}	Spannung in Rückwärtsrichtung, bei der ein definierter Rückwärtsstrom fließt. Weitere Erhöhung der Spannung führt zu einem von der Z-Diode bekannten Spannungsdurchbruch mit steilem Anstieg des Rückwärtsstromes

2.1 Dioden

Dynamische Kenngrößen		Kenngrößen von Dioden für den Betrieb bei hohen Signalfrequenzen auch als Schalter
Diodenkapazität	C_D	Kapazität der Grenzschicht für bestimmte Meßbedingungen und definierte Rückwärtsspannungen
Richtwirkungsgrad	η_r	Verhältnis der gleichgerichteten Signalspannung zur Amplitude der Eingangssignalspannung unter bestimmten Meßbedingungen
Rückwärtserholzeit	t_{rr}	Zeit für das Abklingen des Stromes in Rückwärtsrichtung nach einem Umschaltvorgang (siehe Bild 2.1-13)

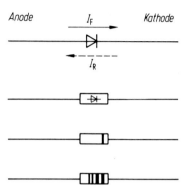

Bild 2.1-17.
Kennzeichnung der Durchlaßrichtung
von Dioden

Grenzwerte, Kenngrößen

In den Datenblättern werden Betriebswerte und Grenzwerte angegeben, von denen letztere nicht ohne Schaden für das Bauelement überschritten werden dürfen. Nach *DIN 41781* und *41782* sind Begriffe zur Bezeichnung von Betriebs- und Grenzwerten festgelegt, die z. T. in Bild 2.1-16 wiedergegeben sind. Sie beziehen sich auf die Spannungs-, Strom- und thermische Belastbarkeit des Bauelementes. Während bei Silizium-Dioden die Sperrströme im Betriebsspannungsbereich vernachlässigbar klein sind, müssen sie bei Germanium-Dioden berücksichtigt werden. Die Sperrströme haben bei Germanium-Dioden Sperrverluste zur Folge. Die thermische Belastung von Germanium-Dioden ergibt sich aus der Summe von Durchlaß- und Sperrverlusten. Ebenso müssen die Sperrverluste bei Z-Dioden in Betracht gezogen werden.

2.1.5 Belastbarkeit und thermisches Verhalten

Das thermische Verhalten von elektrischen Bauelementen, wie Dioden, Transistoren und Thyristoren, weist Gemeinsamkeiten auf und soll deshalb nur einmal behandelt werden. Einige wärmetechnische Begriffe sollen an einem alltäglichen Beispiel erläutert werden.

Bild 2.1–18a zeigt stilisiert einen Wohnraum und Bild 2.1–18b das thermische Ersatzschaltbild. Zu Beginn der Betrachtung sei die Innentemperatur t_j gleich der Außentemperatur t_A.
Die elektrische Heizung sei ausgeschaltet. Wärmeenergie wird weder von außen nach innen noch umgekehrt transportiert. Erst nachdem das elektrische Heizgerät eingeschaltet wird, gibt das Heizgerät Wärmeenergie an den Raum ab. Die zugeführte Wärmeenergie kann in wärmetechnischen Einheiten oder gleich in äquivalenten elektri-

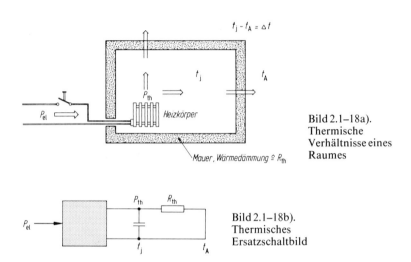

Bild 2.1–18a). Thermische Verhältnisse eines Raumes

Bild 2.1–18b). Thermisches Ersatzschaltbild

schen Einheiten angegeben werden. Aus Erfahrung weiß man, daß die Temperatur im Raum ansteigt. Zwischen Außen- und Innentemperatur entsteht eine Temperaturdifferenz, die im elektrischen Sinne einer Spannungsdifferenz gleichkommt. Nach einer gewissen Zeit stellt sich eine konstante Innentemperatur ein. Jetzt muß die zugeführte Energie genauso groß wie die abgeführte sein, denn andernfalls müßte die Innentemperatur stetig weitersteigen. Die Größe des Wärmestromes muß einerseits von der Temperaturdifferenz $\Delta t = t_j - t_A$ und andererseits von Faktoren wie der Wärmedämmung und der Fläche der Außenwände abhängen. Diese Faktoren – sie sind nicht vollständig aufgezählt – werden unter dem Begriff des thermischen Widerstandes R_{th} zusammengefaßt und in K/W angegeben. Mit dieser Erkenntnis kann man das Ohmsche Gesetz des thermischen Kreises für den stationären Zustand aufstellen. Der Gleichung $I = U/R$ entspricht im thermischen Kreis $P_{th} = \Delta t / R_{th}$. Δt wird in K und R_{th} in K/W angegeben. Dem elektrischen Strom entspricht die thermische Leistung, die gleich der zugeführten elektrischen Leistung ist, da der Wirkungsgrad des Heizgerätes mit 100 % angenommen werden kann.
Das Beispiel vermittelt eine weitere Erkenntnis. Die Innentemperatur erreicht nicht zum Einschaltzeitpunkt den Höchstwert, sondern erst Minuten später. Genauso wird sich der Raum nicht im Zeitpunkt Null abkühlen, wenn das Heizgerät ausgeschaltet wird. Offensichtlich kann Wärmeenergie während des Aufheizvorgangs gespeichert werden. Sie wird nach Abschalten des Heizgerätes abgegeben, bis keine Temperaturdifferenz zwischen innen und außen besteht.

2.1 Dioden

In elektrischen Bauelementen laufen dieselben Vorgänge ab, nur ist die Problemstellung anders. Hier soll nicht die Temperatur des Bauelementes erhöht werden, sondern im Gegenteil, die Wärmeenergie im Bauelement über das Gehäuse und die Zuleitungen an die Luft abgegeben werden. Die Gehäuseoberfläche wird vielfach noch durch Kühlkörper vergrößert. In Sonderfällen kann die Wärmeenergie auch an ein anderes Medium, wie Wasser oder Öl, abgeführt werden, das Wärmeenergie besser ableitet als ruhende Luft.

Die Belastbarkeit eines Bauelementes ist durch das verwendete Material bzw. dessen höchstzulässige Temperatur bestimmt. So dürfen beispielsweise Bauelemente aus Silizium höchstens eine absolute Temperatur von 470 K ≈ 200 °C, Bauelemente aus Germanium von 370 K ≈ 100 °C und Kohleschichtwiderstände von 400 K ≈ 130 °C annehmen.

Die zugeführte elektrische Verlustleistung im Bauelement darf daher nur so groß sein, daß bei dem vorhandenen thermischen Widerstand R_{th} und einer festgelegten Umgebungstemperatur die höchstzulässige Materialtemperatur nicht überschritten wird. In dem thermischen Ersatzschaltbild eines Thyristors (Bild 2.1–19), das im Prinzip auf alle anderen Bauelemente angewendet werden kann, sind die wichtigsten thermischen Widerstände eingezeichnet.

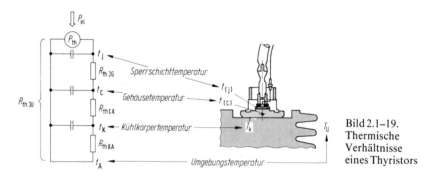

Bild 2.1–19. Thermische Verhältnisse eines Thyristors

Der thermische Gesamtwiderstand setzt sich aus den nachfolgend aufgeführten Teilwiderständen zusammen. Es sind als Beispiel Widerstandswerte für einen Thyristor mit 190 A höchstzulässigem Dauerstrom angegeben.

a) thermischer Innenwiderstand zwischen
 Sperrschicht (Junction) und Gehäuse (case) $R_{thJC} = 0{,}2\,\text{K/W}$
b) thermischer Widerstand zwischen
 Gehäuse und Kühlkörper $R_{thCK} = 0{,}03\,\text{K/W}$
c) thermischer Widerstand vom
 Kühlkörper zur umgebenden Luft (ambient) $R_{thKA} = 0{,}61\,\text{K/W}$
 bzw. mit größerem Kühlkörper $R_{thKA} = 0{,}135\,\text{K/W}$

Wird kein Kühlkörper verwendet, so tritt anstelle der Widerstände R_{thCK} und R_{thKA} der Widerstand von Gehäuse zur umgebenden Luft. Dieser Widerstand R_{thJA} ohne Kühlkörper ist natürlich wesentlich größer. Für das angegebene Beispiel ergibt sich der Gesamtwiderstand aus den drei Teilwiderständen mit einem Gesamtwert von 0,84 K/W bzw. 0,365 K/W mit größerem Kühlkörper. Will man den Gesamtwiderstand verkleinern, dann kann von diesen drei Widerständen nur der Widerstand zwischen Kühlkörper und umgebender Luft durch Vergrößerung des Kühlkörpers beeinflußt werden. Der innere thermische Widerstand und die innere thermische Kapazität lassen sich am vorhandenen Bauelement nicht verändern, und diese Gegebenheiten sind maßgebend für kurzzeitige Spitzenbelastung. Sie kann mit einem beliebig großen Kühlkörper nicht verändert werden. Der Wärmeaustausch zwischen dem Kristall und dem Kühlkörper nimmt infolge der Wärmekapazität eine gewisse Zeit in Anspruch. Im Extremfall kann das Bauelement im Inneren thermisch überlastet werden, obwohl der Kühlkörper kalt bleibt.

Die Dauerbelastbarkeit eines Bauelementes ist durch die höchstzulässige Temperatur des verwendeten Materials, den thermischen Gesamtwiderstand und die Umgebungstemperatur gegeben. Für den Thyristor des Beispiels ist eine Sperrschichttemperatur von 398 K angegeben. Mit dem thermischen Widerstand von 0,84 K/W und einer angenommenen Umgebungstemperatur von 328 K ergibt sich eine zulässige Verlustleistung von

$$\boxed{P_V = P_{th} = \frac{t_j - t_A}{R_{th}} = \frac{398\text{ K} - 328\text{ K}}{0{,}84\text{ K/W}} = 83{,}3\text{ W.}}\qquad(2.1\text{--}2)$$

Solange bei 328 K Umgebungstemperatur die Durchlaß- und Sperrverluste nicht größer werden, nimmt der Thyristor im Dauerbetrieb thermisch keinen Schaden. Bei höherer Umgebungstemperatur muß der Dauerstrom herabgesetzt werden. Die Temperaturen t_J, t_C, t_K und t_A können auch in Grad Celsius (°C) eingesetzt werden. Es entsteht hierdurch kein fehlerhaftes Ergebnis.

Anwendungen von Halbleiterdioden

Die Tabelle 2.1–1 gibt einen Überblick über Anwendungsgebiete von Dioden. Die Vielzahl ergibt sich aus der Unvereinbarkeit der unterschiedlichen Forderungen an das Betriebsverhalten. Grob kann man in zwei große Gebiete von Anwendungen einteilen:
    a) Leistungselektronik; allgemeine Elektronik
    b) Hochfrequenztechnik; Mikrowellentechnik
Unter diesem Gesichtspunkt sollen nachfolgend die Funktion und die Anwendung von Dioden erläutert werden.

2.1.6 Gleichrichter-Dioden

Gleichrichter-Dioden werden zur Erzeugung von Gleichspannungen aus Wechsel- oder Drehspannungen verwendet. Diese Spannungen haben vorwiegend eine Frequenz von 50 Hz bzw. 60 Hz. Dioden mit einigen mA Durchlaßstrom bis zu einigen hundert A und mit Sperrspannungen von einigen Volt bis zu mehreren tausend Volt werden von den Herstellern angeboten.
Gleichrichterdioden sollen
    a) geringe Durchlaßspannung U_F aufweisen, um die Durchlaßverluste gering zu halten

2.1 Dioden

Tabelle 2.1-1. Anwendungsgebiete von Halbleiter-Dioden

Benennung	Schaltzeichen	Anwendungsgebiete
Gleichrichter-Dioden (Leistungsdioden)		Gleichrichtung von Spannungen und Strömen in der Galvanotechnik, Antriebstechnik, Stromversorgung, Elektronik und Meßtechnik
Z-Dioden (Zener-Dioden)		Begrenzung von Spannungen und Strömen und als Spannungs-Referenz-Element in der Meß-, Steuer- und Regelungstechnik sowie in der Elektronik allgemein
Richtdioden (HF-Dioden)		Gleichrichtung von kleinen hochfrequenten Spannungen und Strömen; Modulation; Demodulation und Mischung
Schaltdioden		Zum Aufbau logischer Schaltungen und für schnelle Meßumschalter in der Datenverarbeitung, Digitaltechnik, Steuerungs- und Regelungstechnik und in der Meßtechnik
Kapazitätsdioden		Automatische Abstimmung von Schwingkreisen; Frequenzmodulation in der HF-Technik und in Gs-Meßverstärkern
Varaktordioden		Frequenzvervielfachung, Impulsformung im Mikrowellenbereich
Tunneldioden (Esakidioden)		Zur Schwingungserzeugung in Oszillatoren; als Verstärker und schnelle Schalter in der HF-Technik und Steuerungstechnik
Backwarddioden		Gleichrichtung kleinster hochfrequenter Spannungen
PIN-Dioden		Dämpfungsglieder in FS- und UKW-Tunern, Modulation, schnelle Schalter
Gunn-Dioden		Mikrowellengeneratoren für Radargeräte und Meßgeräte
Impatt-Dioden		Mikrowellengeneratoren für Radargeräte und Meßgeräte
Mehrschichtdioden (DIAC; Vierschichtdiode)		Zur Erzeugung von Schaltzuständen, z. B. Zündung von Thyristoren und TRIACs sowie in Logik-Schaltungen in der Digital-, Steuerungs- und Regelungstechnik
Fotodioden		Für Meß- und Schaltzwecke in der Meß- und Regelungstechnik sowie in der Datenverarbeitung und Digitaltechnik
Lumineszenzdioden		Zur Erzeugung „kalten Lichts" für Aufgaben in der Steuerungstechnik und der Rechen- und Datentechnik

b) die Verlustenergie gut an den Kühlkörper oder an das umgebende Medium – meist Luft – ableiten und
c) die geforderte Sperrspannung bei geringem Sperrstrom aufnehmen.

Es werden fast ausschließlich Siliziumdioden verwendet. Sie haben gegenüber Germaniumdioden und Selengleichrichtern Vorteile durch höhere zulässige Sperrschichttemperatur (200 °C gegenüber 100 °C), höhere Stromdichte (200 A/cm² gegenüber 100 A/cm²), höhere Sperrspannung (einige kV gegenüber einigen hundert V) und geringere Sperrströme. Nachteilig wirkt sich bei Silizium die höhere Schwellspannung von etwa 0,5 V gegenüber 0,15 V bei Germanium aus.

Dioden für hohe Ströme und Spannungen haben naturgemäß verhältnismäßig große Kristallflächen und weichen in der Dotierung von Kleinflächendioden ab. Zur Aufnahme der Sperrspannung bei geringen elektrischen Feldstärken wird eine gering dotierte mittlere Schicht notwendig. Sie kann leicht n- oder p-dotiert sein oder auch aus *zwei* leichtdotierten Zonen bestehen. Die angrenzenden p-dotierten bzw. n-dotierten Schichten werden dagegen sehr hoch dotiert (n_+; p_+), um den Bahnwiderstand und die damit verbundenen Durchlaßverluste klein zu halten. Bild 2.1–20 zeigt eine Leistungs-Diode.

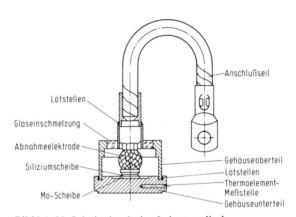

Bild 2.1–20. Schnitt durch eine Leistungsdiode

Um dem Anwender den Einsatz von Gleichrichter-Dioden zu erleichtern, werden in den Listen der Hersteller Werte angegeben, die für den Betrieb mit Wechselspannung von Bedeutung sind. Die Daten sind auf eine bestimmte Gleichrichterschaltung, meist die Einwegschaltung, und die übliche Netzfrequenz von 50 Hz bezogen. Außerdem liegen eine bestimmte Umgebungstemperatur und die Größe eines Kühlkörpers zugrunde. Einige Begriffe sind in Bild 2.1–16 erläutert. Im Gegensatz zu anderen Angaben in der Elektrotechnik wird der Nennstrom von Gleichrichter-Dioden meistens als arithmetischer Mittelwert angegeben. Bei nichtsinusförmigen Strömen darf der arithmetische Mittelwert mit beliebiger Kurvenform über längere Zeit den Nennstrom und auch kurzzeitig den periodischen Spitzenstrom nicht überschreiten. Für kurze Zeitdauer darf dagegen der arithmetische Mittelwert überschritten werden, wobei die Höhe und Dauer der Überschreitung von den inneren thermischen Verhältnissen der Diode abhängt.

2.1 Dioden

Verlustleistung

Die Verlustleistung, die in einer Gleichrichter-Diode aus elektrischer Energie in thermische Energie umgesetzt wird, ergibt sich aus dem Produkt von Durchlaßspannung und Durchlaßstrom. Mit Hilfe des differentiellen Widerstandes und der Schleusenspannung kann die Verlustleistung näherungsweise berechnet werden.

$$P_V = P_F = U_S \cdot I_{FAV} + r_f I_{FRMS}^2 = U_S \cdot I_{FAV} + r_f \cdot I_{FAV}^2 \cdot F^2 \qquad 2.1\text{-}3$$

Die Durchlaßspannung von Silizium-Dioden bei Nennstrom liegt in der Größenordnung von 1 V.

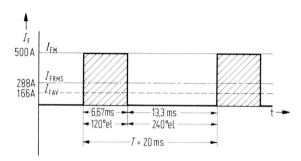

Bild 2.1–21. Ströme durch eine Leistungsdiode in einer Drehstromschaltung
I_{FM} Scheitelwert des Stromes
I_{FRMS} Effektivwert des Durchlaßstromes
I_{FAV} arithmetischer Mittelwert des Durchlaßstromes

Beispiel: Eine Si-Leistungs-Diode in einer Drehstromschaltung wird von einem rechteckförmigen Strom (Bild 2.1–21) mit einem Scheitelwert von $I_{FM} = 500$ A und einer Stromflußdauer von 6,67 ms durchflossen. Aus dem Datenblatt der Leistungsdiode wurden folgende Angaben entnommen:
Grenzwert der Sperrschichttemperatur $t_j = 180\,°\text{C}$
Schleusenspannung $U_S = 0{,}9$ V
mittlerer differentieller Widerstand $r_f = 1{,}2$ mΩ
thermischer Übergangswiderstand $R_{thJA} = 0{,}2$ K/W
Zu berechnen sind die Verlustleistung und die tatsächliche Sperrschichttemperatur t_j bei einer Umgebungstemperatur von 30 °C. Die Schaltung wird an einem Netz mit einer Frequenz von 50 Hz betrieben.
Zur Berechnung der Verlustleistung müssen zunächst der arithmetische Mittelwert und der Effektivwert oder der Formfaktor bestimmt werden.

$$I_{FAV} = (1/T) \cdot I_{FM} \cdot T_\alpha = (1/20\,\text{ms}) \cdot 500\,\text{A} \cdot 6{,}67\,\text{ms} = 166{,}7\,\text{A}$$

$$I_{FRMS} = \sqrt{(1/T) \cdot I_{FM}^2 \cdot T_\alpha} = \sqrt{(1/20\,\text{ms}) \cdot (500\,\text{A})^2 \cdot 6{,}67\,\text{ms}} = 288{,}7\,\text{A}$$

Mit diesen Strömen ergibt sich die Verlustleistung:

$$P_V = U_S \cdot I_{FAV} + r_f \cdot I_{FRMS}^2 = 0{,}9\,\text{V} \cdot 166{,}7\,\text{A} + 1{,}2\,\text{m}\Omega \cdot (288{,}7\,\text{A})^2 = 250\,\text{W}$$

Mit dieser Verlustleistung und der umgestellten Beziehung 2.1–2 ergibt sich die Sperrschichttemperatur t_J:

$$t_J = t_A + P_V \cdot R_{thJA} = 30\,°C + 250\,W \cdot 0{,}2\,K/W = 80\,°C$$

Die höchstzulässige Sperrschichttemperatur von 180 °C wird nicht erreicht.

Schutz von Leistungsdioden

Leistungsdioden müssen
   a) gegen dauernde Überlastung
   b) gegen kurzzeitige Überlastung durch Kurzschlüsse und
   c) gegen Überspannung
geschützt werden.

Für den Überstrom wurden spezielle Halbleitersicherungen mit extrem kurzen Abschmelzzeiten entwickelt, deren Schmelzkennlinien ähnlichen Verlauf wie die Überlastkennlinien von Leistungsdioden und Thyristoren haben. In der Anlagentechnik übliche NH-Sicherungen sind zu langsam.

Im allgemeinen wird mit wirtschaftlich vertretbarem Aufwand der Überlastschutz bis zu etwa 3fachem Nennstrom durch Überstromauslöser (Bimetall) und der Kurzzeitschutz durch Halbleitersicherungen erreicht. Hierzu sind Sicherungen zu wählen, die mindestens den Effektivwert des Stromes am Einbauort führen können und deren $I^2 \cdot t$-Wert geringer ist als das Grenzlastintegral des zu schützenden Bauelementes.

Leistungsdioden müssen vor Überspannungen geschützt werden, die durch Schaltvorgänge an Induktivitäten von Transformatoren und Schaltgeräten auftreten können. Solche Überspannungen treten bei jedem Umschaltvorgang vom leitenden Zustand der Diode in den gesperrten auf. Sie werden durch den Trägerstaueffekt, auch Trägerspeichereffekt genannt, hervorgerufen. Hierunter versteht man die in der Grenzschicht während des Durchlaßvorganges gespeicherten Ladungsträger, die ausgeräumt werden müssen, bevor die Diode sperrt. Der Strom in Rückwärtsrichtung fließt nur kurzzeitig und klingt sehr steil bis auf den Reststrom ab. Bei dem schnellen Abklingvorgang entsteht die Überspannung an der Induktivität. Sie kann zur Zerstörung des Bauelementes führen.

Zur Begrenzung der Überspannung bzw. zur Ableitung des Stromes werden Kondensatoren parallel zu den Dioden geschaltet. In Reihe mit den Kondensatoren angeordnete Widerstände sollen Schwingungen dämpfen (Bild 2.1–22). Die Hersteller von Leistungsdioden geben Hinweise zur Auslegung von Beschaltungs-Bauelementen. Schutzbeschaltungen werden ab etwa 100 V Betriebsspannung notwendig. Üblicherweise liegen die Kapazitäten in der Größenordnung von 0,1 µF bis 1 µF und die Widerstände in einer Größenordnung von etwa 100 Ω bis 10 Ω.

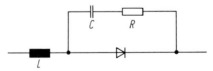

Bild 2.1–22. RC-Beschaltung einer Leistungsdiode zur Begrenzung von Überspannungen durch den Trägerstaueffekt

2.1.7 Z-Dioden

Z- oder Zener-Dioden sind Bauelemente, die betriebsmäßig im Sperrbereich unter Ausnutzung der Durchbruchspannung U_{BR} verwendet werden. Dieser Betrieb ist für die Z-Dioden so lange unschädlich, als der zulässige Strom in Durchlaß- und in Sperrichtung sowie die zulässige Kristalltemperatur nicht überschritten werden. Unterschiedliche Dotierung der Grenzschicht macht es möglich, die Abbruchspannung U_z fast beliebig zu beeinflussen. Z-Dioden mit Durchbruchspannungen von etwa 1 V bis 100 V werden hergestellt. Die günstigsten Eigenschaften haben Z-Dioden in einem Bereich von 5 V bis 10 V. Unterhalb der Durchbruchspannung verhalten sie sich wie andere Dioden.

Wirkungsweise

Wird eine Grenzschicht mit Sperrspannung belastet, so vergrößert sich ihre Breite. Gleichzeitig bewirkt die Erhöhung der Sperrspannung auch eine Erhöhung der Feldstärke in der Grenzschicht. Die Ladungsträger im Valenzband erhalten also auch eine größere Energie. In Abhängigkeit vom Grad der Dotierung wird bei einer bestimmten Sperrspannung die Energie so groß, daß Ladungsträger das verbotene Band überspringen. Sie lösen sich von den Bindekräften an die Gitteratome und stehen im Leitungsband als quasi freie Elektronen zur Verfügung. Da sehr viele Ladungsträger nahezu gleichzeitig diese Energieschwelle überschreiten können, kommt ein großer Strom zustande.

Dieser Effekt wurde von *Carl Zener* entdeckt und trägt daher dessen Namen. Spätere Untersuchungen ergaben jedoch, daß der *Zenereffekt* nur für Z-Dioden bis etwa 5 V Durchbruchspannung die Ursache für den Durchbruch ist. In Z-Dioden mit anderen Dotierungen für Durchbruchspannungen von mehr als 7 V werden bereits Ladungsträger in das Leitungsband angehoben, bevor der *Zenereffekt* auftritt. Die Feldstärke, die für den *Zenereffekt* größer als $2 \cdot 10^5$ V/cm sein muß, würde bei üblichen Dotierungen erst bei höheren Sperrspannungen erreicht.

Bei Raumtemperatur von etwa 25 °C sind bekanntlich im eigenleitenden Halbleitermaterial der Grenzschicht einige freie Ladungsträger vorhanden. Die Energie dieser Ladungsträger wächst mit steigender Sperrspannung. Bei einer bestimmten Spannung reicht die zugeführte Energie aus, um bei Zusammenstößen Gitterelektronen aus dem Valenzband herauszuschleudern. Diese Ladungsträger sind nun im Leitungsband quasi frei und erzeugen dann bei weiteren Zusammenstößen weitere Ladungsträger. Die Zahl der Ladungsträger erhöht sich lawinenartig. Man bezeichnet den Effekt aufgrund der Ladungsträgererzeugung als *Lawineneffekt*. In Z-Dioden mit Durchbruchspannungen von 5 V bis 7 V ist sowohl der *Zenereffekt* als auch der *Lawineneffekt* wirksam. In *Zener*-Dioden wird die Konzentration der Ladungsträger bei Temperaturerhöhung größer, die Durchbruchspannung also kleiner.

Z-Dioden mit Durchbruchspannungen bis etwa 5 V (im Zenerbereich) haben einen kleinen negativen Temperaturkoeffizienten der Durchbruchspannung.

Z-Dioden mit Durchbruchspannungen über etwa 6 V, deren Spannungsdurchbrüche auf dem Lawineneffekt beruhen, haben einen mit der Durchbruchspannung zunehmenden positiven Temperaturkoeffizienten. Die Begründung hierfür ist die freie Weglänge, d. h. der zurückgelegte Weg bis zu einem Zusammenstoß der Ladungsträger im Leitungsband, der bei zunehmender Temperatur etwas kleiner wird. Für den gleichen Durchbruchstrom ist daher bei größerer Temperatur eine geringfügig größere Spannung notwendig.

In dem Bereich zwischen 5 V und 7 V ist die Durchbruchspannung nahezu unabhängig von der Temperatur. Hier heben sich die Temperaturkoeffizienten gegenseitig auf. Zur Stabilisierung von Spannungen und zur Erzeugung von Referenzspannungen werden daher häufig Z-Dioden in diesem Spannungsbereich verwendet.

Konstanz der Durchbruchspannung

Die Durchbruchspannung für jede einzelne Z-Diode ist bei gleichem Strom und gleicher Temperatur konstant und reproduzierbar. Z-Dioden einer Spannungsreihe können aufgrund von Fertigungstoleranzen in gewissen angegebenen Bereichen unterschiedliche Z-Spannungen aufweisen.

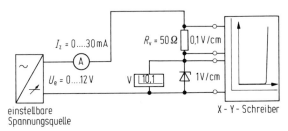

Bild 2.1–23. Schaltung zur Aufnahme der Durchbruchkennlinie von Z-Dioden mit XY-Schreiber am Beispiel einer ZF 10

Mit der Schaltung in Bild 2.1–23 können die Durchbruchkennlinie (Z-Kennlinie) und die Durchlaßkennlinie punktweise mit Hilfe des Strommessers und des Spannungsmessers oder stetig mit Hilfe des XY-Schreibers ermittelt werden. XY-Schreiber besitzen wie Oszilloskope meistens nur Spannungseingänge. Der Strom der Z-Diode muß in eine Spannung umgeformt werden. Hierzu dient der Vorwiderstand, der außerdem den Strom I_z begrenzt. Wird, wie in der Schaltung, ein Vorwiderstand mit 50 Ω gewählt und die Empfindlichkeit des Schreibers auf 0,1 V/cm eingestellt, erhält man eine Auslenkung von:

$$50\frac{V}{A}/0{,}1\frac{V}{cm} = 500\,\text{cm/A} = 0{,}5\,\text{cm/mA}$$

Bei langsamer Erhöhung des Stromes I_z kann sich die Sperrschichttemperatur t_J auf die jeweilige zugeführte Verlustleistung $P_V = U_z \cdot I_z$ einstellen (thermischer Gleichgewichtszustand), und man erhält auf diese Weise die statische Kennlinie $I_z = f(U_z)$. Wie die Kennlinie in Bild 2.1–24 erkennen läßt, ist die Spannung im Durchbruchbereich nicht konstant, sondern steigt mit dem Strom geringfügig an. Den Quotienten aus Spannungsänderung ΔU_z und Stromänderung ΔI_z bezeichnet man als statischen differentiellen Widerstand r_{zstat}.

Er kann
    a) grafisch aus der Kennlinie durch Anlegen einer Tangente im gewünschten Betriebspunkt,
    b) mit Hilfe von zwei Meßpunkten oder

2.1 Dioden

c) durch Angaben in Datenblättern und zusätzlicher Berechnung des thermischen Anteils

bestimmt werden.

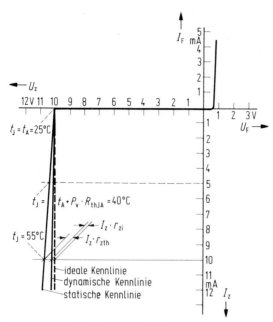

Bild 2.1-24. Kennlinien einer Z-Diode

Der statische differentielle Widerstand muß bei der Dimensionierung von Schaltungen mit langsam verlaufenden Vorgängen, wie z. B. im Falle von Netzspannungsänderungen im Laufe eines Tages, berücksichtigt werden. Hierbei ist die thermische Zeitkonstante der Z-Diode, auch Stabilisierungszeit genannt, klein gegenüber den Zeiten der Strom- bzw. Spannungs-Änderungen. Die Sperrschichttemperatur t_J kann sich auf den jeweiligen neuen Betriebszustand einstellen. Spannungsänderungen der Durchbruchspannung infolge des Temperaturkoeffizienten TK – auch mit α_z bezeichnet – werden wirksam.

$$TK = \alpha_z = \frac{\Delta U_z}{U_{z(A)} \Delta t_J} \text{ und hieraus:}$$

$$\Delta U_{z(t_J)} = U_{z(A)} \cdot \alpha_z \cdot \Delta t_J$$

Beispiel: $\alpha_z = 7 \cdot 10^{-4}/\text{K}$ Temperaturkoeffizient einer Z-Diode mit 10 V Durchbruchspannung

$U_{z(A)} = 10\,\text{V}$ Durchbruchspannung für einen Betriebspunkt A

$\Delta t_J = 10\,\text{K}$ willkürlich angenommene Temperaturänderung

$\Delta U_z = 10\,\text{V} \cdot 7 \cdot 10^{-4}/\text{K} \cdot 10\,\text{K} = 0{,}07\,\text{V}$

Die Durchbruchspannung der Z-Diode ändert sich bei 10 K Temperaturänderung um 70 mV.
Häufig verwendete Z-Dioden im Glasgehäuse DO 35 mit Verlustleistungen von $P_{tot} = 500$ mW erreichen den thermischen Gleichgewichtszustand je nach Einbaubedingungen und der damit verbundenen Wärmeableitung nach etwa 10 s bis 25 s.
Erfolgen die Stromänderungen gegenüber der thermischen Zeitkonstanten der Z-Diode schnell, so stellt sich die Sperrschichttemperatur nicht auf die Belastungsänderungen ein, die Sperrschichttemperatur bleibt konstant. Durchbruchspannungsänderungen infolge von Temperaturkoeffizienten treten nicht auf.
Durchbruchkennlinien, die mit konstanter Sperrschichttemperatur aufgenommen werden, bezeichnet man als dynamische Kennlinien. Diese Kennlinie kann nicht mit der Schaltung in Bild 2.1-23 aufgenommen werden, sondern punktweise mit einer Schaltung ähnlich Bild 2.1-8, jedoch mit in Sperrichtung geschalteter Z-Diode. Im allgemeinen werden dynamische Kennlinien in den Datenblättern wiedergegeben.
Der differentielle Widerstand, der bei vorhandener dynamischer Kennlinie durch Anlegen einer Tangente im Betriebspunkt ermittelt wird, heißt inhärenter (innewohnender) oder dynamischer differentieller Widerstand r_{zi} oder r_{zdyn}. Der inhärente differentielle Widerstand nimmt mit steigendem Strom ab. Werte hierfür können den Datenblättern entnommen werden.
Der statische differentielle Widerstand setzt sich aus dem inhärenten und dem thermischen Anteil zusammen:

$$r_{zstat} = r_{zi} + r_{zth}$$

Der thermische Anteil nimmt bei Z-Dioden mit hoher Durchbruchspannung stärker zu als bei kleiner Durchbruchspannung, da die Durchbruchspannung mit dem Quadrat der Spannung eingeht:

$$r_{zth} = U_z^2 \cdot \alpha_z \cdot R_{thJA}$$

Beispiel: $U_z = 10$ V; $R_{thJA} = 300$ K/W; $\alpha_z = 7 \cdot 10^{-4}$/K
$r_{zth} = (10 \text{ V})^2 \cdot 7 \cdot 10^{-4}/\text{K} \cdot 300 \text{ K/W} = 21 \, \Omega$

Für dieselbe Z-Diode ergibt sich aus dem Datenblatt bei einem Z-Strom von $I_z = 10$ mA ein inhärenter Widerstand von 4 Ω. Der statische differentielle Widerstand ist daher:

$$r_{zstat} = 4 \, \Omega + 21 \, \Omega = 25 \, \Omega$$

Den kleinsten differentiellen Widerstand weisen Z-Dioden mit Durchbruchspannungen von 4 V bis 8 V auf. In diesem Bereich ist der Temperaturkoeffizient am kleinsten. Der thermische Anteil r_{zth} ist vernachlässigbar oder kann durch geschickte Kombination von Z-Dioden und normalen Dioden in Durchlaßrichtung kompensiert werden. Zwei oder mehrere Z-Dioden mit unterschiedlichem TK können ebenfalls gute Ergebnisse liefern.

Bezeichnung und Kennzeichnung von Z-Dioden

Z-Dioden werden entsprechend dem Schema in Tabelle 2.2-1 mit BZ... für Siliziumdioden, die im Durchbruch betrieben werden, bezeichnet, so z. B. BZX 55.

2.1 Dioden

Darüber hinaus sind die Bezeichnungen ZPD.., ZF.. und 1 N... üblich. Zur Unterscheidung der Durchbruchspannungen und der Toleranzen werden Zusatzbuchstaben und die Spannung wie folgt angegeben:

$$\text{BZX 55/C5V6}$$

Silizium-Z-Diode: Durchbruchspannung 5,6 V
Toleranz: B ±2%
C ±5%
D ±10%

Wie bei normalen Dioden wird die Katodenseite mit einem Farbring gezeichnet. Manche Dioden tragen auch in Klarschrift die Bezeichnung oder das Z-Dioden-Symbol.

Angaben in Datenblättern

Für Z-Dioden werden Grenz- und Kenndaten in der üblichen Form wiedergegeben. Ein Teil der Daten der Z-Diode BZX 55 (ITT Intermetall) wird nachfolgend und in den Bildern 2.1–25 bis 2.1–34 wiedergegeben.

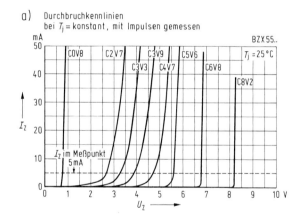

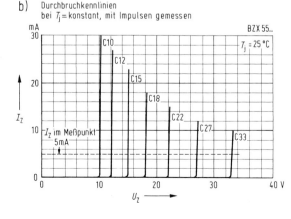

Bild 2.1–25 a).
Durchbruchkennlinien
$U_z = 0{,}8$ V bis 8,2 V

Bild 2.1–25 b).
Durchbruchkennlinien
$U_z = 10$ V bis 33 V.

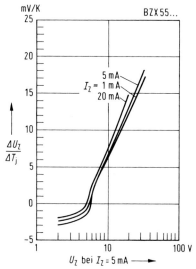

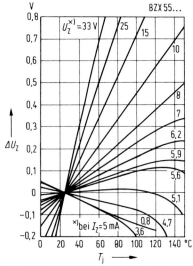

2.1–26. Temperaturkoeffizient der Z-Spannung als Funktion der Z-Spannung

2.1–27. Temperaturabhängigkeit der Z-Spannung

a) Inhärenter diff. Widerstand in Abhängigkeit vom Arbeitsstrom

b) Inhärenter diff. Widerstand in Abhängigkeit vom Arbeitsstrom

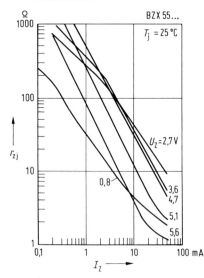

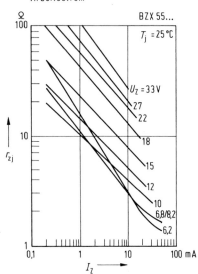

2.1–28. Dynamischer (inhärenter) differentieller Z-Widerstand

2.1 Dioden

Wärmewiderstand in Abhängigkeit von der Drahtlänge

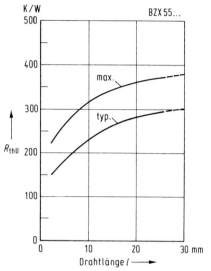

Bild 2.1–29. Thermischer Ableitwiderstand des Gehäuses R_{thJA} als Funktion der Drahtlänge

Dieser Wert gilt, wenn die Anschlußdrähte in 8 mm Abstand vom Gehäuse auf Umgebungstemperatur gehalten werden.

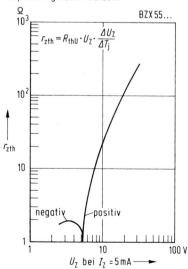

Bild 2.1–31. Thermischer differentieller Widerstand in Abhängigkeit von der Arbeitsspannung

Änderung der Arbeitsspannung vom Einschaltmoment bis zum Erreichen des therm. Gleichgewichts in Abhängigkeit von der Arbeitsspannung

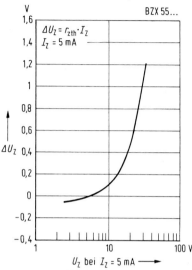

Bild 2.1–30. Änderung der Z-Spannung nach dem Einschalten, infolge Erwärmung

Dieser Wert gilt, wenn die Anschlußdrähte in 8 mm Abstand vom Gehäuse auf Umgebungstemperatur gehalten werden.

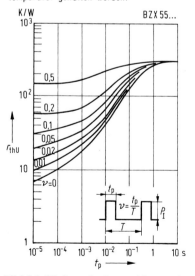

Bild 2.1–32. Impulswärmewiderstand in Abhängigkeit von der Impulsdauer

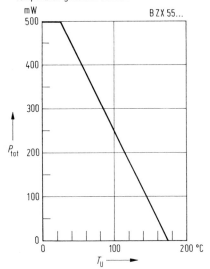
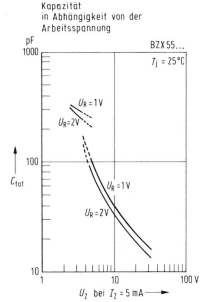

Bild 2.1–33.
Verlustleistung in Abhängigkeit von der Umgebungstemperatur

Bild 2.1–34.
Sperrschicht-Kapazität in Abhängigkeit von der Z-Spannung

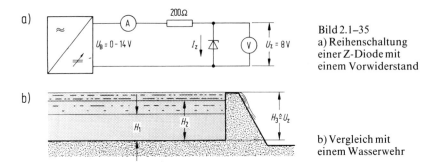

Bild 2.1–35
a) Reihenschaltung einer Z-Diode mit einem Vorwiderstand

b) Vergleich mit einem Wasserwehr

Anwendung von Z-Dioden

Z-Dioden eignen sich zur Stabilisierung von Spannungen, wie in Abschnitt 3.8 gezeigt wird. Darüber hinaus werden sie zur Begrenzung von Spannungen in Verstärker- und Meßschaltungen verwendet.

Die Wirkungsweise einer Reihenschaltung aus Z-Diode und Widerstand soll an Hand des Bildes 2.1–35 erläutert werden. Erhöht man die Eingangsspannung U_B von Null be-

2.1 Dioden

Silizium-Planar-Z-Dioden

Arbeitsspannungen gestuft nach der internationalen Reihe E 24. Andere Spannungstoleranzen und Dioden mit höherer Arbeitsspannung auf Anfrage. Diese Dioden sind auch nach der Spezifikation CECC 50 005 005 lieferbar.

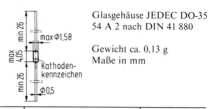

Glasgehäuse JEDEC DO-35
54 A 2 nach DIN 41 880

Gewicht ca. 0,13 g
Maße in mm

Grenzwerte

	Symbol	Wert	Einheit
Arbeitsstrom siehe Tabelle „Kennwerte"			
Verlustleistung bei $T_U = 25\,°C$	P_{tot}	500[1]	mW
Sperrschichttemperatur	T_j	175	°C
Lagerungstemperaturbereich	T_S	−55 ... +175	°C

Kennwerte bei $T_U = 25\,°C$

	Symbol	min.	typ.	max.	Einheit
Wärmewiderstand Sperrschicht – umgebende Luft	R_{thU}	–	–	0,3[1]	K/mW
Durchlaßspannung bei $I_F = 100\,mA$	U_F	–	–	1	V

[1] Dieser Wert gilt, wenn die Anschlußdrähte in 8 mm Abstand vom Gehäuse auf Umgebungstemperatur gehalten werden

Typ	Arbeitsspannung bei $I_Z = 5\,mA$ U_Z V	Inhär. differentieller Widerstand		Temp.-Koeff. der Arbeitsspannung bei $I_Z = 5\,mA$ $\alpha_{UZ}\,10^{-4}/K$		Sperrstrom			Zulässiger Arbeitsstrom[1] I_{ZM} mA
		bei $I_Z = 5\,mA$ $f = 1\,kHz$ $r_{zj}\,\Omega$	bei $I_Z = 1\,mA$ $f = 1\,kHz$ $r_{zj}\,\Omega$	min.	max.	I_R nA	bei $T_U = 150\,°C$ $I_R\,\mu A$	U_R V	
BZX 55–C0V8	0,73 ... 0,83	<8	<600	−25	–	<10000	<50	1	–
BZX 55–C2V7	2,5 ... 2,9	<85	<600	−8	−6	<4000	<40	1	135
BZX 55–C3V0	2,8 ... 3,2	<85	<600	−8	−6	<4000	<40	1	125
BZX 55–C3V3	3,1 ... 3,5	<85	<600	−8	−5	<2000	<40	1	115
BZX 55–C3V6	3,4 ... 3,8	<85	<600	−8	−4	<2000	<40	1	105
BZX 55–C3V9	3,7 ... 4,1	<85	<600	−7	−3	<2000	<40	1	95
BZX 55–C4V3	4,0 ... 4,6	<75	<600	−4	−1	<1000	<20	1	90
BZX 55–C4V7	4,4 ... 5,0	<60	<600	−3	+1	<500	<10	1	85
BZX 55–C5V1	4,8 ... 5,4	<35	<550	−2	+5	<100	<2	1	80
BZX 55–C5V6	5,2 ... 6,0	<25	<450	−1	+6	<100	<2	1	70
BZX 55–C6V2	5,8 ... 6,6	<10	<200	0	+7	<100	<2	2	64
BZX 55–C6V8	6,4 ... 7,2	<8	<150	+1	+8	<100	<2	3	58
BZX 55–C7V5	7,0 ... 7,9	<7	<50	+1	+9	<100	<2	5	53
BZX 55–C8V2	7,7 ... 8,7	<7	<50	+1	+9	<100	<2	6	47
BZX 55–C9V1	8,5 ... 9,6	<10	<50	+2	+10	<100	<2	7	43
BZX 55–C10	9,4 ... 10,6	<15	<70	+3	+11	<100	<2	7,5	40
BZX 55–C11	10,4 ... 11,6	<20	<70	+3	+11	<100	<2	8,5	36
BZX 55–C12	11,4 ... 12,7	<20	<90	+3	+11	<100	<2	9	32
BZX 55–C13	12,4 ... 14,1	<26	<110	+3	+11	<100	<2	10	29
BZX 55–C15	13,8 ... 15,6	<30	<110	+3	+11	<100	<2	11	27
BZX 55–C16	15,3 ... 17,1	<40	<170	+3	+11	<100	<2	12	24
BZX 55–C18	16,8 ... 19,1	<50	<170	+3	+11	<100	<2	14	21
BZX 55–C20	18,8 ... 21,2	<55	<220	+3	+11	<100	<2	15	20
BZX 55–C22	20,8 ... 23,3	<55	<220	+3	+11	<100	<2	17	18
BZX 55–C24	22,8 ... 25,6	<80	<220	+4	+12	<100	<2	18	16
BZX 55–C27	25,1 ... 28,9	<80	<220	+4	+12	<100	<2	20	14
BZX 55–C30	28 ... 32	<80	<220	+4	+12	<100	<2	22	13
BZX 55–C33	31 ... 35	<80	<220	+4	+12	<100	<2	24	12

ginnend, so fließt zuerst kein Strom durch den Widerstand R_V, da die Z-Diode noch im Sperrbereich arbeitet. Der Spannungsmesser zeigt die Eingangsspannung an. Der Reststrom I_R kann vernachlässigt werden. Die Spannungshöhe kann mit der Wasserhöhe vor dem Wehr eines Flußlaufes verglichen werden. Solange die Stauhöhe die Höhe H_3 nicht erreicht, fließt kein Wasser.
Bei dieser Betriebsweise liegt der Arbeitspunkt der Z-Diode auf dem waagrechten Ast der Kennlinie des Bildes 2.1–36 zwischen Null und Punkt A. Wird die Spannung U_{z0} bzw. die Höhe H_3 überschritten, dann fließt ein Strom I_z (bzw. Wasser über das Wehr)

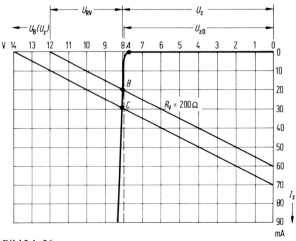

Bild 2.1–36.
Betriebspunkt auf der Z-Dioden-Kennlinie für die Schaltung von Bild 2.1–35

durch den Widerstand R_V und die Z-Diode. Der Strom wird durch den Vorwiderstand R_V begrenzt. Die über U_z hinausgehende Spannung fällt an ihm ab. Es ergibt sich daher ein Z-Dioden-Strom von

$$I_z = I_{RV} = \frac{U_B - U_z}{R_V + r_z};$$

im Beispiel

$$I_z = \frac{12\,\text{V} - 8\,\text{V}}{200\,\Omega + 2\,\Omega} \approx 20\,\text{mA}$$

und bei 14 V Speisespannung

$$I_z \approx 30\,\text{mA}.$$

Zu demselben Ergebnis kommt man mit Hilfe der graphischen Lösung. Hierzu werden die Widerstandsgerade für 200 Ω und eine Speisespannung von 12 V bzw. 14 V in das Kennlinienfeld der Z-Diode (Bild 2.1–36) eingezeichnet. Der eine Punkt der Wider-

2.1 Dioden

standsgeraden ergibt sich bei der Speisespannung U_B und der zweite Punkt mit dem größtmöglichen Strom durch den Vorwiderstand, wenn die Diode kurzgeschlossen ist:

$$I_{RV\,max} = \frac{12\,\text{V}}{200\,\Omega} = 60\,\text{mA (bzw. 70 mA bei 14 V)}.$$

Der Schnittpunkt der Widerstandsgeraden mit der Kennlinie der Z-Diode teilt die Speisespannung in die Spannung am Vorwiderstand und die Spannung an der Z-Diode auf. Außerdem legt der Schnittpunkt den Betriebsstrom I_z fest. Mit Hilfe der beiden Widerstandskennlinien bei 12 V und 14 V Speisespannung kann die Spannungsänderung ΔU_z ermittelt werden, wenn der differentielle Widerstand r_z groß ist. Bei kleinem differentiellen Widerstand ist die Zeichenungenauigkeit größer als das Ergebnis.
In den Bildern 2.1–37 bis 2.1–40 sind einige typische Anwendungsfälle dargestellt. In der Schaltung nach Bild 2.1–37 erhält der Verstärker erst Spannung, wenn die Z-Spannung der einen oder anderen Diode überschritten wird. Die Z-Spannungen können unterschiedlich groß sein. In der Schaltung nach Bild 2.1–38 dient eine Z-Diode zur Meß-

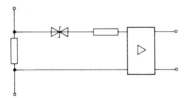

Bild 2.1–37.
Schwellwertbildung mit zwei Z-Dioden

Bild 2.1–38.
Meßbereichsunterdrückung mit einer Z-Diode

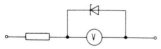

Bild 2.1–39.
Z-Diode zum Schutze eines Meßwerkes

bereichsdehnung eines Instrumentes. Will man z. B. den Ladezustand einer Batterie mit Hilfe einer Spannungsmessung kontrollieren, dann ist nur ein kleiner Bereich, nämlich derjenige zwischen geladenem und ungeladenem Zustand der Batterie, von Bedeutung. Ein Meßinstrument mit einem Meßbereich von 6 V kann durch eine Z-Diode mit 10 V Durchbruchspannung erweitert werden und muß eine Skala von 10 V bis 16 V erhalten. Der nicht interessierende Bereich von 0 V bis 10 V wird unterdrückt. Das Instrument schlägt erst aus, wenn 10 V überschritten werden.

Zum Schutze vor Überlastung ist die Z-Diode in der Schaltung nach Bild 2.1–39 eingefügt. Die Z-Spannung muß gerade so groß wie die notwendige Spannung bei Vollausschlag des Instrumentes sein. Sobald die Z-Spannung überschritten wird, fließt der Strom infolge der Überspannung durch den Vorwiderstand und die Z-Diode ab. Das Instrument zeigt weiterhin Vollausschlag.

Mit zwei Z-Dioden, wie in der Schaltung nach Bild 2.1-40 a und b, kann die Amplitude einer Wechselspannung begrenzt werden. In dieser Schaltungsanordnung können Verstärker vor zu hoher Eingangsspannung geschützt werden.

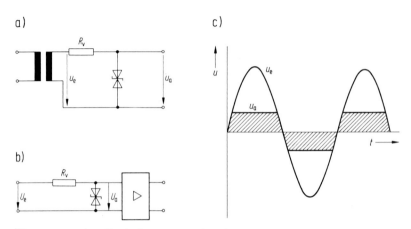

Bild 2.1-40. a) Amplitudenbegrenzung einer Ausgangsspannung
  b) Begrenzung der Eingangsspannung eines Verstärkers
  c) Diagramm der Spannungen U_e und U_a als Funktion der Zeit

2.1.8 Richt-Dioden (HF-Dioden)

Richtdioden werden in der HF- und Trägerfrequenz-Technik zur Modulation, Demodulation und zum Gleichrichten von Wechselstromsignalen verwendet. Spannungen und Ströme in der HF-Technik sind im Verhältnis zu denen in der Energietechnik und Leistungselektronik klein. Das Frequenzverhalten von Richt-Dioden ist dagegen von ausschlaggebender Bedeutung für die Verwendbarkeit in HF-Schaltungen. Die Kapazität der Grenzschicht ist hauptsächlich für das Frequenzverhalten maßgebend. Zum Einsatz in der Hochfrequenztechnik eignen sich:

a) *Spitzen-Dioden, auch Punktkontakt-Dioden genannt*
Bei der Herstellung von Spitzendioden wird ein dünner Draht aus einer Goldlegierung, Wolfram oder Molybdän federnd auf ein n-dotiertes Germaniumplättchen aufgesetzt und durch einen Stromstoß angeschweißt. Hierbei entsteht in der unmittelbaren Umgebung der Metallspitze ein gestörter Metall-Halbleiter-Übergang mit sehr geringer Ausdehnung und geringer Sperrschichtkapazität. Das Bild 2.1-1 zeigt den prinzipiellen Aufbau einer Spitzenkontakt-Diode. Gegenüber Dioden, die im Planarverfahren hergestellt werden, haben Spitzen-Dioden größere Toleranzen der elektrischen Daten. Vorteilhaft sind die geringe Schwellspannung von etwa 150 mV und die quadratisch verlaufende Durchlaßkennlinie $I_F \sim f(U_F^2)$, die für Amplitudenmodulation erwünscht ist. Nachteilig wirken sich die niedrige Grenztemperatur, große temperaturabhängige Sperrströme und verhältnismäßig geringe Sperrspannung aus. Die Bilder 2.1-41 und 2.1-42 zeigen die Durchlaßkennlinie und die Sperrkennlinie einer typischen Germanium-Spitzendiode AA 113 im Glasgehäuse DO-7. Die Durchlaßkennlinie läßt die gro-

2.1 Dioden

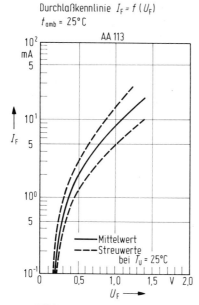

Bild 2.1–41.
Durchlaßkennlinie einer Germanium-Spitzenkontakt-Diode AA 113 mit Streuwerten (Siemens)

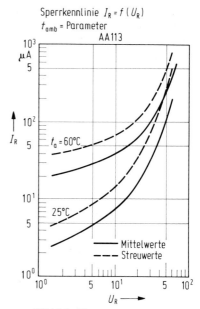

Bild 2.1–42.
Sperrkennlinie einer Germanium-Spitzenkontakt-Diode AA 113 für unterschiedliche Umgebungstemperaturen mit Streuwerten

ße Durchlaßspannung bei Durchlaßströmen über 1 mA erkennen. Die Kennlinie weicht von der idealen Kennlinie des pn-Überganges – einer Geraden im Diagramm mit logarithmischem Maßstab für I_F – deutlich ab. Die Abweichung deutet auf einen großen Bahnwiderstand hin.

b) *Silizium-Kleinflächendioden*
Siliziumdioden mit sehr geringer Ausdehnung des pn-Überganges, wie z. B. die Diode 1 N 4148, werden im Planarverfahren hergestellt. Um einen geringen Bahnwiderstand zu erhalten, wird das Siliziumplättchen, das aus mechanischen Gründen eine gewisse Ausdehnung haben muß, sehr hoch dotiert. Der pn-Übergang wird in der „aufgewachsenen" epitaxialen Schicht durch Diffusion erzeugt. Typische Daten der Kleinflächendiode 1N 4148 werden in Kapitel 2.1–4 und im Bild 2.1–15 wiedergegeben. Kleinflächendioden aus Silizium haben außer hoher Schwellspannung von etwa 0,5 V und einer gewissen Sperrschichtkapazität gute Hochfrequenzeigenschaften.

c) *Schottky-Dioden, auch Hot-carrier-Dioden*
Schottky und *Mott* wiesen in den dreißiger Jahren in ihren Veröffentlichungen auf das Sperr- und Durchlaßverhalten von Metall-Halbleiter-Übergängen hin, wie es von pn-Übergängen her bekannt ist.

In der Grenzschicht zwischen Metall und einem z. B. n-dotierten Halbleiter aus Silizium bildet sich im spannungslosen Zustand eine an Ladungsträgern arme Schicht im Halbleitergebiet aus. Sie entsteht durch Diffusion von Ladungsträgern mit hoher Energie (Hot carrier) vom Halbleiter in das angrenzende Metall. Infolge der geringeren Ladungsträgerkonzentration im Halbleiter stammen die Ladungsträger nicht nur aus dem unmittelbaren Übergang, sondern auch aus dem benachbarten Gebiet. Dadurch nimmt die Konzentration von einem geringen Wert an der Grenzschicht zum Halbleitergebiet hin zu. Die ortsfesten Spenderatome bauen eine positive Raumladung auf, die ihrerseits eine Diffusionsspannung zur Folge hat. Im spannungslosen Zustand fließt auch ein gleichgroßer Diffusionsstrom vom Metall zum Halbleiter, da kein äußerer Strom fließt. Eine Raumladung kann sich im Metall nicht ausbilden.

Durchlaßrichtung

Mit positiver Spannung an der Metallseite gegenüber der Halbleiterschicht wird die Spannungsbarriere abgebaut, und es kommt ein Elektronenstrom mit dem hohen Energieniveau im Halbleiter vom Halbleiter zum Metall zum Fließen. Die Schwellspannung von handelsüblichen Dioden liegt in der Größenordnung von 20 mV bis etwa 250 mV und ist damit wesentlich geringer als die Schwellspannung von Silizium-Kleinflächendioden.

Sperrichtung

Wie beim pn-Übergang erhöht sich die Spannungsbarriere bei Anschluß von negativer Spannung an der Metallschicht gegenüber dem Halbleiter. Es fließt nur ein kleiner temperaturabhängiger Strom in Rückwärtsrichtung. Die Diode ist gesperrt. Gegenüber normalen pn-Übergängen haben Schottkykontakte eine geringere Schwell- und Durchlaßspannung und ein besseres Schaltverhalten, das auf Fehlen von Minoritätsträgern im Metall zurückzuführen ist. Beim Umschaltvorgang von Durchlaßrichtung in Sperrichtung fließt nur ein sehr geringer Rückwärtsstrom. Er klingt in weniger als 1 ns ab. Schottky-Dioden eignen sich deshalb in der Hochfrequenztechnik, als Schalt-Dioden und als Leistungsschalt-Dioden in Schaltnetzteilen.

Schottky-Dioden für die Verwendung bei Frequenzen von etwa 1 GHz bis etwa 10 GHz haben im allgemeinen nur geringe Durchbruchspannungen von einigen Volt.
Bild 2.1–43 zeigt den prinzipiellen Aufbau einer Silizium-Schottky-Diode. Das Substrat ist hoch n-dotiert (n_+), um den Bahnwiderstand (Reihenwiderstand) gering zu halten.

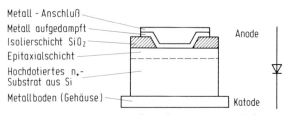

Bild 2.1–43. Prinzipieller Aufbau einer Schottky-Diode

2.1 Dioden

Kenndaten ($T_{amb} = 25\,°C$)

		min.	typ.	max.	
Durchbruchspannung ($I_R = 10\,\mu A$)	$V_{(BR)}$	3	–	–	V
Frequenzband		–	–	12,5	GHz
Durchlaßspannung ($I_F = 10\,mA$)	V_F	–	550	–	mV
Diodenkapazität ($V_R = 0$, $f = 1\,MHz$)	C_j	0,08	–	0,18	pF
Durchlaßwiderstand ($I_{F1} = 10\,mA$, $I_{F2} = 50\,mA$)	R_F	–	5,5	–	Ω
Rauschzahl (Einseitenband; ZF-Verstärkerrauschen: $NF_{IF} = 1,5\,dB$, $f_{IF} = 10,7\,MHz$, $P_{LO} = 3,0\,dBm$)	NF_{SSB}	–	–	6,5	dB

Grenzdaten

Sperrspannung	V_R	3	V
Durchlaßstrom	I_F	100	mA
Sperrschichttemperatur	T_j	150	°C
Lagertemperatur	T_{stg}	–55...+175	°C
Gesamtverlustleistung ($T_{amb} = 25\,°C$)	P_{tot}	0,2	W

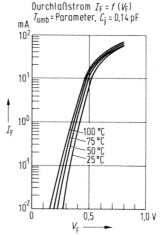

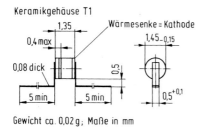

Bild 2.1–44. Daten einer Schottky-Diode BAT 14–094 (Siemens)

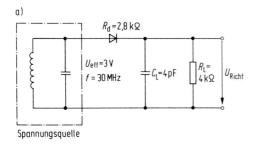

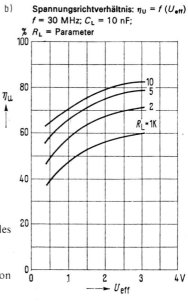

Bild 2.1–45.
a) Schaltung zur Bestimmung des Dämpfungswiderstandes R_d und des Spannungsrichtverhälnisses
b) Diagramm des Spannungsrichtverhältnisses als Funktion von U_{eff}

In Bild 2.1–44 sind Durchlaßkennlinien von Schottky-Dioden mit unterschiedlicher Durchlaßspannung dargestellt. Die kleinere Durchlaßspannung wird durch größere Sperrströme erkauft, wie Bild 2.1–44 zu entnehmen ist.

Bei HF-Dioden werden Kapazitätswerte von 0,5 pF und weniger erreicht. Richt-Dioden sollen kleine HF-Spannungen möglichst verzerrungsfrei bei möglichst gutem Wirkungsgrad übertragen. Maßgebend für die Güte der Richteigenschaften sind das *Spannungsrichtverhältnis* η_u und der *Dämpfungswiderstand* R_d. Das Spannungsrichtverhältnis ergibt sich aus dem Quotienten der gleichgerichteten HF-Spannung (Richtspannung) zur Amplitude der HF-Wechselspannung. Zahlenwerte können nur in Verbindung mit feststehenden Schaltungen angegeben werden. Bild 2.1–45 zeigt das Diagramm und die Schaltung für eine Richt-Diode *AAY 27*. Der Dämpfungswiderstand R_d wird für diese Diode mit 2,8 kΩ bei einer Frequenz von 30 MHz, einer Effektivspannung von 3 V, einem Lastwiderstand von 4 kΩ und einer Kapazität von 4 pF angegeben. Man sieht, der Dämpfungswiderstand gilt, genauso wie das Spannungsrichtverhältnis, für eine bestimmte Meßanordnung. Der Dämpfungswiderstand wird für die Dämpfung von Schwingkreisen durch Demodulationsgleichrichter benötigt.

In der HF- und Trägerfrequenztechnik werden häufig sog. *Phasendiskriminatoren* verwendet. Sie bestehen aus zwei oder vier Dioden. Alle Dioden sollen möglichst gleiche Durchlaßkennlinien aufweisen. Phasendiskriminatoren dienen zur phasenabhängigen Gleichrichtung zweier Wechselspannungen. In Bild 2.1–46 ist ein Diskriminator mit einem Diodenquartett und den dazugehörigen Übertragern dargestellt. Die sinusförmige Wechselspannung u_1 wird in gleichgroße Teilspannungen u_3 und u_4 geteilt, ebenso die

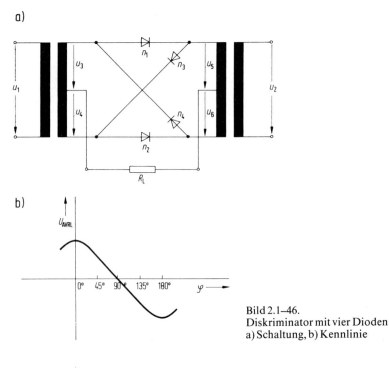

Bild 2.1–46.
Diskriminator mit vier Dioden
a) Schaltung, b) Kennlinie

2.1 Dioden   67

Spannung u_2 in u_5 und u_6. Die Wirkungsweise des Diskriminators läßt sich leichter ersehen, wenn die Spannungen u_1 und u_2 außer gleicher Frequenz auch den gleichen Effektivwert und – im ersten Betrachtungsfall – gleiche Phasenlage haben. Anstelle der zeitlich veränderlichen Sinusspannung sei zur Erklärung der Spitzenwert der Wechselspannung angenommen. Diese Spannungen sind als Ersatzspannungsquellen in Bild 2.1–47a eingesetzt. Für die einzelnen Teilspannungen zwischen den Punkten A und B ergibt sich folgendes:

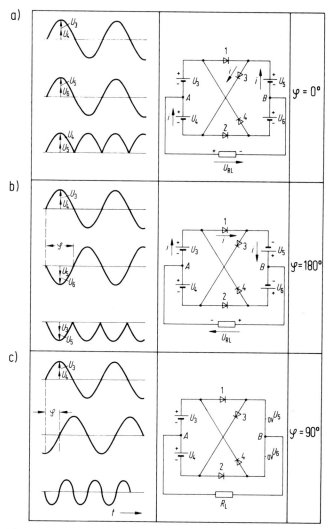

Bild 2.1–47a), b), c). Diskriminator mit Ersatzspannungsquellen bei unterschiedlicher Phasenlage der Signalspannungen

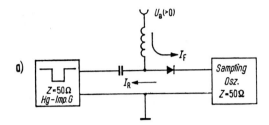
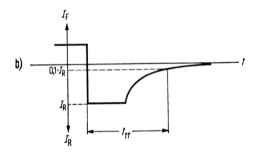
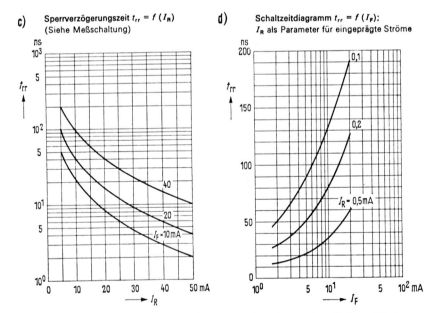

Bild 2.1–48. Meßanordnung und Schaltverhalten einer Germanium-Spitzen-Diode
a) Schaltung, b) zeitlicher Verlauf des Stromes,
c) Sperrverzögerungszeit, d) Schaltzeit

2.1 Dioden
69

Die Spannungen u_3 und u_5 im oberen Zweig und u_4 und u_6 im unteren Zweig sind entgegengesetzt gleich groß und haben deshalb keine Ströme im Lastkreis zur Folge. Die Spannungen u_3 und u_6 liegen zwar mit der Diode n_4 in Reihe, ein Strom kann jedoch nicht fließen, da die Diode n_4 sperrt. Die Spannungen u_4 und u_5 liegen mit der Diode n_3 in Reihe, und über diesen Zweig fließt ein Strom über den Lastwiderstand. Betrachtet man jetzt anstelle des Augenblickswertes den zeitlichen Verlauf der Wechselspannung, so wird man feststellen, daß ein Laststrom fließt, solange beide Wechselspannungen positiv sind.
In der negativen Halbwelle, wenn also alle Spannungsquellen umgekehrte Polarität aufweisen, führt die Diode n_4 Strom, und die Spannung am Lastwiderstand hat die gleiche Polarität. Wird eine der beiden Spannungen um 180° verschoben, so werden nur zwei Spannungsquellen im Ersatzschaltbild vertauscht, und es ergeben sich die Verhältnisse von Bild 2.1–47b. Jetzt sind die Spannungen u_3 und u_6 sowie u_4 und u_5 entgegengesetzt gerichtet. Die Quellen u_4 und u_6 sowie u_3 und u_5 liegen in Reihe. Über die Diode n_1 fließt ein Strom in entgegengesetzter Richtung durch den Lastwiderstand.
Bei 180° Phasenverschiebung der Wechselspannung ergibt sich eine Gleichspannung am Ausgang, die entgegengesetzte Polarität hat.
Bild 2.1–47c zeigt die Verhältnisse für eine Phasenverschiebung von 90°. Die Spannungen u_5 und u_6 sind gerade Null, wenn die Spannungen u_3 und u_4 den Höchstwert erreichen. Für diesen Fall heben sich die beiden Teilströme durch die Dioden n_1 und n_3 und den Lastwiderstand auf, bzw. fließt ein Strom direkt von u_3 und u_4 durch die Dioden n_1 und n_3. Zur Strombegrenzung werden gegebenenfalls ohmsche Widerstände in Reihe mit den Dioden geschaltet. Die Spannung am Lastwiderstand ist zu diesem Zeitpunkt Null.
Betrachtet man die Spannungsaufteilung 45° nach dem Nulldurchgang von u_5 und u_6, dann sind alle vier Spannungen positiv und gleich groß. Die Ausgangsspannung am Lastwiderstand ist, wie im ersten Fall, positiv. Bei 45° vor dem Nulldurchgang stellen sich Verhältnisse wie im zweiten Fall ein. Die Ausgangsspannung ist zu diesem Zeitpunkt negativ. Durch punktweise Betrachtung kommt man zu der Ausgangsspannung des Bildes 2.1–47c.
Der arithmetische Mittelwert bei 90° Phasenverschiebung ist Null. Für andere Phasenverschiebungswinkel ergeben sich andere Spannungsmittelwerte, die zu der Diskriminatorkurve in Bild 2.1–46b führen.

2.1.9 Schalt-Dioden

Unter bestimmten Betriebsbedingungen können Dioden als Schalter verwendet werden. Hierbei wird die Richtungsabhängigkeit der Dioden ausgenutzt. Wie in Bild 2.1–2 angedeutet, kann man einem geschlossenen Schalter eine Diode in Durchlaßrichtung und einem geöffneten Schalter eine Diode in Sperrichtung zuordnen. Dioden haben gegenüber kontaktbehafteten Schaltern gewisse Nachteile. Im durchgeschalteten Zustand weisen sie einen höheren Spannungsabfall auf, und im gesperrten Zustand wird kein unendlich großer Widerstand erreicht. In den meisten Fällen ist jedoch der Sperrstrom vernachlässigbar klein. Die Hersteller bemühen sich, die Schleusenspannung, den differentiellen Widerstand und die Kapazität der Grenzschicht von Schalt-Dioden so klein wie möglich zu halten. Germanium-Spitzen-Dioden, Silizium-Dioden und Schottky-Dioden in Planartechnik erfüllen weitgehend die gestellten Anforderungen.
Der Vorteil von Schalt-Dioden liegt in den sehr kurzen Schaltzeiten, die um Größenordnungen kleiner sind als bei Relais. In Bild 2.1–48 sind eine Meßanordnung zur Bestim-

mung der Schaltzeit und der Verlauf des Sperrstromes in Abhängigkeit von der Zeit dargestellt. Die Zeit vom Umschalten bis zum Erreichen von 10 % des Stromes in Sperrichtung nennt man die *Rückwärtserholzeit* t_{rr}. Sie liegt bei Dioden für schnelle Schalteranwendungen in der Größenordnung von 4 ns. Die Rückwärtserholzeit ist vom Strom in Durchlaßrichtung vor der Umschaltung und von der Spannung in Sperrichtung bzw. dem Strom I_R in Sperrichtung bestimmt. Je größer der Durchlaßstrom ist, desto länger dauert es, bis die Ladungsträger aus der Grenzschicht abgesaugt sind. Kleine Rückwärtserholzeiten erfordern kleine Sperrschichtkapazitäten. Besonders kleine Rückwärtserholzeiten werden mit *Schottky*-Dioden erreicht.

In der Praxis werden Schalt-Dioden vor allem in der digitalen Technik (Rechnertechnik) und in der HF-Technik, aber auch in der Meß- und Regelungstechnik verwendet. Die Wirkungsweise von Dioden gegenüber kontaktbehafteten Schaltern läßt sich an einer Schaltung erklären, die keine spezielle Schalteranwendung darstellt, sondern zur Bildung von Schwellwerten bzw. zum logischen Vergleich unterschiedlicher Spannungen geeignet ist. Man nennt die Schaltung nach Bild 2.1–49a häufig *Höchstwertübertrager*. Die Ausgangsspannung fällt am Widerstand R_1 ab. Wählt man die eine der zwei Steuerspannungen U_{St1} mit 15 V und die zweite U_{St2} mit 20 V, dann wird die größere von beiden mit ungefähr 20 V am Widerstand R_1 wirksam, wobei hier die Durchlaßspannung der Dioden vernachlässigt ist. An der Diode n_1 liegt Spannung in Sperrichtung an.

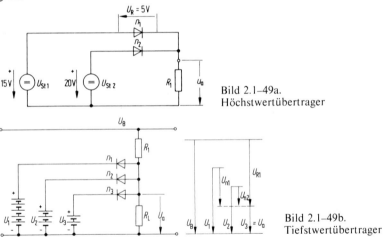

Bild 2.1–49a.
Höchstwertübertrager

Bild 2.1–49b.
Tiefstwertübertrager

Zum Verständnis der Wirkungsweise kann man sich die Diode n_1 überbrückt denken, dann fließen zwei Teilströme über die Diode n_2. Der Strom I_1 fließt durch R_1 zum Minuspol der Speisespannung und erzeugt einen Spannungsabfall von etwa 20 V an R_1. Der zweite Teilstrom fließt über die Spannungsquelle 1 zum Minuspol ab. In diesem Stromkreis ist die Differenzspannung von 5 V wirksam, die bei nicht überbrückter Diode als Sperrspannung anliegt. Der Teilstrom I_1 wird durch das Vorhandensein der Diode nicht beeinflußt.

Werden die Dioden wie in Bild 2.1–49b geschaltet, so erhält man einen sogenannten *Tiefstwertübertrager*. In dieser Schaltung wird die jeweils niedrigste Eingangsspannung am Ausgang wirksam. Der Stromkreis mit der größten Spannungsdifferenz zwischen der Speisespannung und einer der drei Steuerspannungsquellen führt Strom.

2.1 Dioden

Im Beispiel würden die Spannungsquellen 1 und 2 in die Spannungsquelle 3 zurückspeisen, wenn die Dioden diese Stromrichtung nicht sperren würden.
Der Bedarf an schnellen Dioden in der Leistungselektronik ist ständig im Steigen begriffen. Sie werden als Freilaufdioden in Schaltnetzteilen und in Verbindung mit Leistungs-MOSFETs und GTOs eingesetzt. An schnelle Leistungsdioden sind folgende Forderungen zu stellen:
- hohe Sperrspannung U_{RRM}
- kleine Durchlaßspannung U_F (für geringe Verluste)
- kurze Sperrverzugszeiten t_{rr}
- geringe Sperrverzugsladung Q_{rr} (für geringe Verluste beim Umschalten)
- sanftes Abklingen des Rückwärtsstromes
- kleine Rückstromspitzen

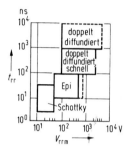

Bild 2.1–50. Abhängigkeit der Sperrverzugszeit t_{rr} von der zulässigen Sperrspannung von schnellen Dioden (BBC)

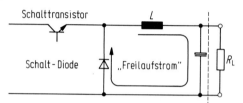

Bild 2.1–51. Prinzipschaltbild eines Schaltnetzteiles

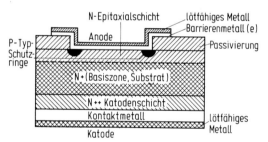

Bild 2.1–52. Prinzipieller Aufbau einer Schottky-Leistungs-Diode

Die Auswahl von schnellen Schaltdioden wird meistens schon durch die notwendige Sperrspannung entschieden. Wie im Diagramm von Bild 2.1–50 zu erkennen ist, nimmt die Sperrverzugszeit mit der zulässigen Sperrspannung der Diode zu. Sperrverzugszeit und Ladung haben Einfluß auf den Wirkungsgrad von Schaltnetzteilen. Im Bild 2.1–51 ist eine Schaltung eines Schaltnetzteiles im Prinzip dargestellt. Die Eingangsspannung wird über einen Schalttransistor abgeschaltet, sobald ein vorgegebener Spannungs-Sollwert überschritten wird. Die gespeicherte Energie im magnetischen Feld der Induktivität läßt den Strom über die Freilaufdiode langsam abklingen. Unterschreitet die Ausgangsspannung einen vorgegebenen minimalen Wert, wird der Schalttransistor wieder eingeschaltet. Die Diode erhält Spannung in Rückwärtsrichtung. Ein kurzzeitig auftretender Rückwärtsstrom während der Rückwärtserholzeit t_{rr} bedeutet Energieverlust und damit Verringerung des Wirkungsgrades des Schaltnetzteiles. Die Schaltfrequenz liegt mit etwa 20 kHz recht hoch. Für diese Aufgabe bieten sich Schottky-Leistungsdioden an. Bild 2.1–52 zeigt den prinzipiellen Aufbau einer Schottky-Leistungsdiode. Die Sperrverluste sind bei hohen Sperrschichttemperaturen nicht vernachlässigbar.

2.1.10 Kapazitäts-Dioden

Bei *Kapazitäts-Dioden* wird die unvermeidliche Sperrschichtkapazität von pn-Übergängen ausgenutzt. Im Gegensatz zu allen anderen Diodenanwendungen ist die Sperrschichtkapazität hier erwünscht. Sie ist eine Funktion der Sperrschichtdicke, und diese ist wiederum von der Sperrspannung abhängig. Mit zunehmender Sperrspannung wächst die Dicke des Dielektrikums, und die Kapazität wird kleiner.
Es werden vorwiegend Silizium-Dioden verwendet. Die Größe der Kapazität hängt von verschiedenen Faktoren ab:

$$C = \varepsilon_0 \cdot \varepsilon_r \cdot \frac{A}{d} \quad \text{in As/V}$$

A Fläche des pn-Übergangs
ε_r Dielektrizitätszahl (Permittivitätszahl) für Silizium etwa 4
d Dicke der Sperrschicht

Die Dicke der Sperrschicht ändert sich mit der Sperrspannung und der Dotierung. Das Dotierungsprofil kann beim Herstellungsprozeß beeinflußt werden. Auf diese Weise werden unterschiedliche Kapazitäts-Variationsverhältnisse für unterschiedliche Anwendungsgebiete erreicht. Das Verhältnis ergibt sich aus der Kapazität bei Sperrspannung Null zur Kapazität bei höchstzulässiger Sperrspannung. Bild 2.1–53 gibt einen Überblick über übliche Profile der Dotierung. Näherungsweise kann die Kapazität

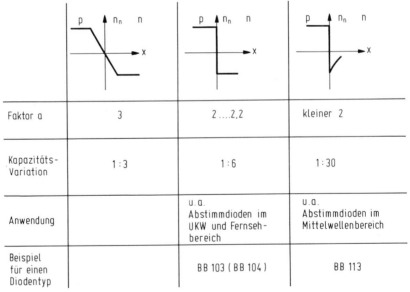

Faktor a	3	2....2,2	kleiner 2
Kapazitäts-Variation	1:3	1:6	1:30
Anwendung		u.a. Abstimmdioden im UKW und Fernsehbereich	u.a. Abstimmdioden im Mittelwellenbereich
Beispiel für einen Diodentyp		BB 103 (BB 104)	BB 113

Bild 2.1–53. Dotierungsprofile, Kapazitäts-Variationsverhältnisse und Anwendungsbeispiele für Kapazitäts-Dioden.
Es bedeuten: n_n Ladungsträgerdichte
p p-dotiertes Gebiet
n n-dotiertes Gebiet

2.1 Dioden

einer Diode berechnet werden, wenn das Profil der Dotierung bzw. der in Bild 2.1-53 angegebene Faktor a bekannt ist:

$$C = \frac{C_0}{\sqrt[a]{\frac{U_R}{U_D} + 1}}$$

C_0 Kapazität bei $U_R = 0$;
U_R Sperrspannung;
U_D Diffusionsspannung

Im allgemeinen werden vom Hersteller Kennlinien für den Kapazitätsverlauf $C = f(U_R)$ wiedergegeben. Die zulässigen Sperrspannungen werden auf die üblichen Gerätespannungen abgestimmt und betragen etwa 30 V.

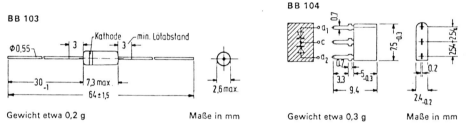

Bild 2.1-54. Gehäuse der Kapazitäts-Dioden BB 103 und BB 104

Angaben in Datenblättern

Die Datenblätter enthalten wie üblich Grenzdaten sowie statische und dynamische Kenndaten. Sie werden zum Teil nachfolgend in den Bildern 2.1-54 bis 2.1-56 für eine Doppel-Abstimmdiode wiedergegeben.

Bild 2.1-55. Daten der Kapazitäts-Dioden BB 103 und BB 104

Grenzdaten		BB 103	BB 104 BB 204	
Sperrspannung	U_R	30	30	V
Sperrspannung Scheitelwert	U_{RM}	32	32	V
Durchlaßstrom ($T_u \leq 60\,°C$)	I_F	100	100	mA
Umgebungstemperatur	t_A	-55 bis $+125$	-55 bis $+100$	°C
Statische Kenndaten ($T_u = 25\,°C$)		BB 103	BB 104 BB 204	
Durchbruchspannung				
($I_R = 10\,\mu A$)	$U_{(BR)}$	>32	>32	V
Sperrstrom ($U_R = 30\,V$)	I_R	<50	<50	nA
($U_R = 30\,V; T_u = 60\,°C$)	I_R	$<0,5$	$<0,5$	μA

Dynamische Kenndaten ($T_u = 25\,°C$)
(bei BB 104, BB 204 für Einzeldiode)

Kapazität ($U_R = 3\,V; f = 1\,MHz$)	C_D	27 bis 31 (grün)	34 bis 39 (grün)	pF
	C_D	29 bis 33 (blau)	37 bis 42 (blau)	pF
Kapazität ($U_R = 30\,V; f = 1\,MHz$)	C_D	11	14	pF
Kapazitätsverhältnis	$\dfrac{C_{D3V}}{C_{D30V}}$	2,65 (2,5–2,8)	2,65 (2,4–2,8)	–
Gütefaktor				
für $C_D = 38\,pF; f = 100\,MHz$	Q	–	200 (>100)	–
für $C_D = 30\,pF; f = 100\,MHz$	Q	175 (>100)	–	–
Serienwiderstand				
($C_D = 38\,pF; f = 100\,MHz$)	r_s	–	0,2 (<0,4)	Ω
($C_D = 30\,pF; f = 100\,MHz$)	r_s	0,3 (<0,5)	–	Ω
Temperaturkoeffizient der Sperrschichtkapazität ($U_R = 3\,V$)	TK_c	0,03	0,03	%/K

Anwendungen

Kapazitäts-Dioden werden in automatischen Abstimmeinrichtungen im Rundfunk- und Fernsehbereich, für parametrische Verstärker, Mikrowellenschalter, Frequenz-

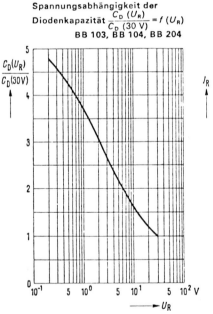

Bild 2.1-56a).
Diodenkapazität als Funktion der Sperrspannung bezogen auf die Kapazität $U_R = 30\,V$

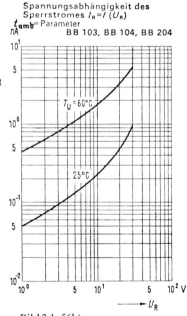

Bild 2.1-56b).
Sperrstrom einer Kapazitäts-Diode als Funktion der Sperrspannung

2.1 Dioden

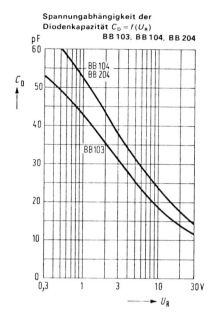

Bild 2.1–56c).
Diodenkapazität als Funktion der Sperrspannung

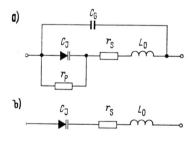

Bild 2.1–57.
Ersatzschaltbild einer Kapazitäts-Diode

a) Ersatzschaltbild der Kapazitätsdiode
b) vereinfachtes Ersatzschaltbild für Hochfrequenz

C_G Gehäusekapazität
C_j Sperrschichtkapazität
r_p Verlustwiderstand der Sperrschicht
r_s Bahnwiderstand, Serienwiderstand
L_0 Reiheninduktivität

wandler sowie für Modulatoren und Frequenzgeneratoren verwendet. Bild 2.1–57 zeigt das Ersatzschaltbild einer Kapazitäts-Diode einschließlich der Verlustwiderstände und Bild 2.1–56c die Abhängigkeit der Kapazität von der Sperrspannung U_R. Welche der Widerstände in einer Schaltung berücksichtigt werden müssen, hängt von der Dimensionierung der Schaltung ab.

Der Widerstand r_p der Sperrschicht liegt in der Größenordnung von einigen MΩ und muß nur bei sehr geringer Frequenz berücksichtigt werden. Die Serieninduktivität L_0 liegt in der Größenordnung von 1 nH und begrenzt den Anwendungsbereich genauso wie die Gehäusekapazität C_G mit einigen pF. Der Serienwiderstand r_s und die Sperrschichtkapazität C_J bestimmen die Güte Q einer Kapazitäts-Diode. Der Serienwiderstand kann dem Datenblatt entnommen werden. Er beträgt 0,2 Ω bei der Abstimmdiode BB 104. Der Gütefaktor Q kann dem Datenblatt entnommen oder berechnet werden:

$$Q = \frac{1}{r_s \cdot \omega \cdot C_J}.$$

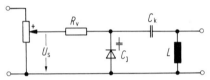

Bild 2.1–58. Prinzip der Schaltung eines Abstimmkreises mit Einfach-Abstimmdiode

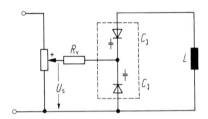

Bild 2.1–59. Prinzip der Schaltung eines Abstimmkreises mit einer Doppel-Abstimmdiode

Die Bilder 2.1–58 und 2.1–59 zeigen die prinzipielle Schaltung von Abstimmkreisen mit Einfach- und Doppel-Abstimmdioden. Die Resonanzfrequenz wird mit Hilfe der Steuerspannung U_s zur Veränderung der Sperrschicht-Kapazität eingestellt. Die Resonanzfrequenz ergibt sich aus der Induktivität L und der Sperrschicht-Kapazität C_J. Die in Reihe geschaltete Kapazität C_k wird so groß gewählt, daß sie praktisch keinen Einfluß auf die Resonanzfrequenz hat. Die Kapazität C_k soll eine Vormagnetisierung der Induktivität verhindern.

Bei Einfach-Abstimmkreisen wird die Sperrschichtkapazität C_J durch die Signalspannung unerwünscht beeinflußt. Bei größeren Signalspannungen ergeben sich Verzerrungen, die mit Doppelabstimmdioden vermieden werden können. Hierbei wird die Kapazität der einen Diode kleiner, die der zweiten Diode dagegen etwa im selben Maße größer.

Eine weitere Einsatzmöglichkeit von Kapazitäts-Dioden soll im Prinzip erläutert werden. In Bild 2.1–60 ist die Eingangsschaltung eines Gleichstromverstärkers mit sehr hohem Eingangswiderstand für sehr kleine Spannungen dargestellt. Die sog. *Modulatorbrücke* wird mit einer konstanten Spannung u_{Sp} ($f = 500$ kHz) gespeist. In der Brückenschaltung sind Kapazitäts-Dioden angeordnet, deren Kapazität durch die Eingangsspannung U_e beeinflußt wird. In der eingezeichneten Polarität der Eingangsspannung wird die Kapazität der Diode n_1 vergrößert und die der Diode n_2 verkleinert. Die Wechselstromwiderstände der Dioden werden infolge der Kapazitätsänderung verändert

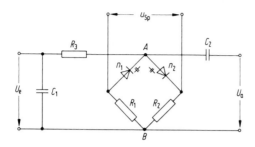

Bild 2.1-60.
Modulatorbrücke
mit zwei Kapazitäts-Dioden

und die Brücke verstimmt. An den Brückenpunkten A und B entsteht eine Wechselspannung, die über einen Kondensator einem Wechselspannungsverstärker zugeführt wird. Die RC-Kombination aus R_3 und C_1 hält die Wechselspannung vom Gleichspannungseingang fern bzw. verkleinert den Einfluß.

2.1.11 Sperrschichtvaraktor und Speichervaraktor

Der Sperrschichtvaraktor wird wie die Kapazitätsdiode in Sperrichtung betrieben, und es wird die Sperrschicht-Kapazität ausgenutzt. Sperrschichtvaraktoren werden in erster Linie zur Frequenzvervielfachung im Bereich sehr hoher Frequenzen (MHz, GHz) entwickelt. Sie unterscheiden sich im prinzipiellen Aufbau nur unwesentlich von Kapazitätsdioden. Das Dotierungsprofil von Sperrschichtvaraktoren entspricht dem des mittleren pn-Überganges von Bild 2.1-53.
Eine Frequenzvervielfachung mit Varaktoren wird durch Ausnutzung von Verzerrungen der Grundschwingung, die harmonische Oberschwingungen enthalten, erreicht. Zu Verzerrungen kommt es in Schaltungen, die ähnlich dem Einfach-Dioden-Abstimmkreis von Bild 2.1-58 aufgebaut sind. Zur Frequenzvervielfachung sind die Oberschwingungen erwünscht, während sie in Abstimmkreisen durch Schaltungsmaßnahmen vermieden werden müssen. Ein dem Varaktorkreis nachgeschalteter Resonanzkreis muß auf die gewünschte und erzeugte Oberschwingung abgestimmt sein.
Bei Speichervaraktoren, die auch unter dem Namen step-recovery-Dioden bekannt sind, wird die Dotierung so gewählt, daß beim Umschalten der Diode von Durchlaßrichtung in Sperrichtung der Ausräumstrom nach einer kurzen „Speicherzeit" in extrem kurzer Zeit abklingt. Der entstehende sehr scharfe Abbruch kann zur Impulserzeugung und zur Frequenzvervielfachung im Mikrowellenbereich verwendet werden.

2.1.12 Tunnel-Dioden

Tunnel-Dioden sind Dioden mit unterschiedlich stark dotiertem pn-Übergang. Der sog. *Tunneleffekt* wurde von *L. Esaki* 1958 entdeckt. Den Namen erhielt die Tunnel-Diode von dem eigentümlichen Kennlinienverlauf (Bild 2.1–61). Die Schichten beiderseits der Grenzschicht werden so stark dotiert, daß sich die Ladungsträger wie in Metallen verhalten. So ist der steile Anstieg der Kennlinie bis zum Punkt *A* zu erklären. Wird die Spannung weiter erhöht, so wird der Strom kleiner, da die Zahl der Ladungsträger aus

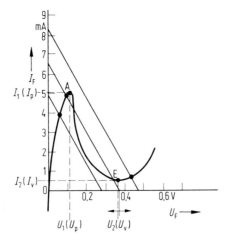

Bild 2.1–61.
Prinzipieller Kurvenverlauf einer Tunnel-Diode

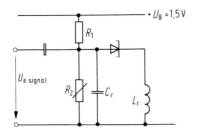

Bild 2.1–62.
Prinzipielle Schaltung eines Oszillators mit Tunnel-Diode

den beiden dünnen, hochdotierten Schichten begrenzt ist. Erst bei weiterer Erhöhung der Spannung wächst die Zahl der Ladungsträger exponentiell an, wenn aus den benachbarten normal dotierten Schichten Ladungsträger frei werden. Der Verlauf im Bereich außerhalb der *Untertunnelung* nähert sich der Kennlinie einer üblich dotierten Diode.

Nachfolgend werden einige typische Daten von Germanium-Tunnel-Dioden genannt. Sie beziehen sich auf die Spannungs- und Strom-Angaben von Bild 2.1–61.

Gipfelspannung	U_1 ($= U_p$	U_{peak})	65 mV bis 110 mV
Talspannung	U_2 ($= U_v$	U_{valley})	etwa 350 mV
Gipfelstrom	I_1 ($= I_p$)		1 mA bis 20 mA
Talstrom	I_2 ($= I_v$)		0,2 mA bis 2 mA

Außer Germanium werden Silizium und Gallium-Arsenid (GaAs) zur Herstellung von Tunnel-Dioden verwendet.

2.1 Dioden

Ein Maß für die Güte von Tunnel-Dioden ist das Stromverhältnis I_1/I_2. Es werden Werte von 6 bis etwa 30 erreicht.
Der fallende Teil der Kennlinie zwischen den Punkten A und E kann zur Erzeugung von Schwingungen sehr hoher Frequenzen (einige GHz) verwendet werden.
Dieser Kennlinienteil stellt einen negativen Widerstand dar. Bei *Verringerung* der Spannung U_2 *erhöht* sich der Durchlaßstrom. Bild 2.1-62 zeigt eine mögliche Schaltung zum Aufbau eines Minisenders mit einer Tunnel-Diode. Der Spannungsteiler aus den Widerständen R_1 und R_2 gestattet die Einstellung eines Betriebspunktes. Die Lage der Widerstandsgeraden des Parallelwiderstandes aus R_1 und R_2 ist durch die Vorspannung wie in Bild 2.1- 62 vorgegeben. Der Betriebspunkt soll oberhalb von U_1 und I_1 im negativen Widerstandsbereich eingestellt werden.
Signalspannungen verursachen im Diagramm Parallelverschiebungen der Widerstandsgeraden und dadurch eine Modulation. Tunnel-Dioden eignen sich zur Schwingungserzeugung infolge des negativen Widerstandsgebietes als schnelle Schalter und zur Impulsbildung.

2.1.13 Backward-Dioden

Backward-Dioden sind Tunnel-Dioden, deren pn-Übergänge schwächer dotiert sind. Der für Tunnel-Dioden typische Höcker wird weitgehend vermieden. Die Eigenschaf-

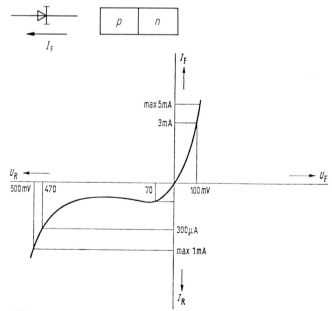

Bild 2.1-63. Kennlinie einer Backward-Diode

ten im Spannungsnulldurchgang bleiben jedoch erhalten. Das Strommaximum im üblichen Durchlaßbereich ist bei Backward-Dioden geringer als 300 µA. Der Stromanstieg beginnt bei etwa 500 mV.

Backward-Dioden werden in umgekehrter Richtung eingesetzt. Die übliche Durchlaßrichtung eines pn-Übergangs wird zum Sperren der Signalspannung benutzt. Bild 2.1–63 zeigt den prinzipiellen Verlauf einer Kennlinie. Backward-Dioden eignen sich zum Gleichrichten kleinster hochfrequenter Signalspannungen, da sie keine Schwellspannung, sondern eine große Steilheit der Kennlinie im Nulldurchgang aufweisen.

2.1.14 PIN-Dioden

Die Bezeichnung für diese Dioden ist von der Dotierungsfolge abgeleitet. Auf eine p_+-dotierte Schicht folgt eine eigenleitende (Intrinsic Leitfähigkeit) I-Schicht und anschließend eine n_+-dotierte Zone. Bild 2.1–64 zeigt schematisch den Aufbau und das Ersatz-

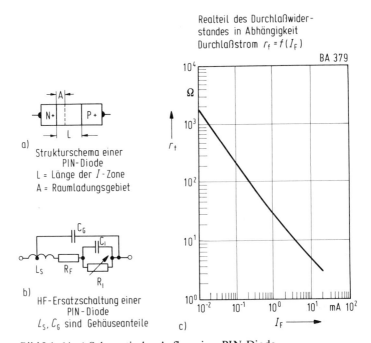

Bild 2.1–64. a) Schematischer Aufbau einer PIN-Diode
b) Ersatzschaltbild für Hochfrequenz
c) Durchlaßwiderstand als Funktion des Durchlaß-Gleichstromes

schaltbild. Mit einer Spannung in Durchlaßrichtung wird die Grenzschicht von der Weite L z. B. bis zur Weite A verringert. Hierbei dringen Ladungsträger aus den benachbarten hochdotierten Schichten in die I-Schicht ein und rekombinieren. Der Rekombi-

2.1 Dioden

nationsvorgang wird durch die Dicke der Grenzschicht beeinflußt und ist über den Durchlaßstrom bzw. die Durchlaßspannung steuerbar. Der differentielle Widerstand der Diode ändert sich etwa nach der Funktion $r_f = 1/I_f$ wie bei einer normal dotierten Diode. Widerstandswerte von 1 Ω bis etwa 50 kΩ sind erreichbar. Der Vorteil gegenüber normal dotierten Dioden liegt in der größeren nutzbaren Signalspannung von etwa 1 V gegenüber einigen mV bei normalen Silizium-Dioden.

PIN-Dioden werden als steuerbare Widerstände in der Hf-Technik z. B. zur Amplitudenregelung der Eingangsspannung von Fernseh- und UKW-Tunern verwendet. Bild 2.1–65 zeigt einen typischen Aufbau einer Meß- und Anwendungsschaltung mit drei als

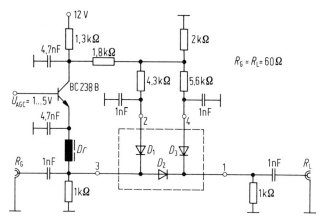

Bild 2.1–65. Meß- und Anwendungsschaltung mit drei PIN-Dioden in π-Schaltung

π-Glied geschalteten PIN-Dioden. Der Durchlaßstrom der Diode D_2 wird vergrößert und damit der differentielle Widerstand verkleinert, wenn der Transistor in den leitenden Zustand gesteuert wird. Gleichzeitig verringert sich die Spannung am Kollektor des Transistors gegenüber Masse, und die Dioden D_1 und D_3 werden hochohmig. Die Dämpfung zwischen den Anschlüssen R_G und R_L wird kleiner. Im gering leitenden Zustand des Transistors ist dagegen die Diode D_2 hochohmig, und die Dioden D_1 und D_3 leiten. PIN-Dioden eignen sich auch als Schalter und zur Modulation.

2.1.15 Gunn-Dioden

Gunn-Dioden sind Dioden, die auf dem nach seinem Entdecker benannten Gunn-Effekt beruhen. Gunn-Dioden werden aus Gallium-Arsenid hergestellt und dienen zur Erzeugung von Mikrowellen. Bild 2.1–66 zeigt die unterschiedliche n-Dotierung einer

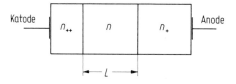

Bild 2.1–66. Schichtenfolge einer Gunn-Diode

Gunn-Diode. Der Gunn-Effekt beruht darauf, daß sich bei Überschreiten einer bestimmten Spannung zwischen Katode und Anode in der Katodengrenzschicht eine eng begrenzte Zone sehr hoher Feldstärke – die Domäne – ausbildet und mit konstanter Geschwindigkeit (10^8 mm/s) zur Anode wandert. Im äußeren Stromkreis entsteht dadurch ein Stromimpuls. Die Dicke der mittleren Schicht L bestimmt die Laufzeit und damit die Frequenz.

Der Gunn-Effekt tritt bei Betriebsspannungen von etwa 7 V bis 20 V auf. Die Impulsströme können Spitzenwerte von 100 mA bis etwa 500 mA annehmen.

Gunn-Dioden eignen sich zum Aufbau von Generatoren kleiner Leistung, z. B. in Radar-Geräten.

2.1.16 Impatt-Dioden

Die Bezeichnung Impatt-Diode ist aus den Abkürzungen der englischen Bezeichnung „Impact Avalanche Transit Time Diode" zusammengesetzt, und sie läßt sich frei mit Lawinen-Laufzeit-Diode übersetzen. Impatt-Dioden werden aus Gallium-Arsenid oder Silizium hergestellt. Die Schichtenfolge ist in Bild 2.1– 67 dargestellt.

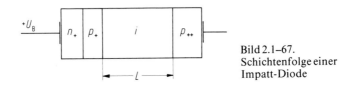

Bild 2.1–67.
Schichtenfolge einer
Impatt-Diode

Impatt-Dioden werden in Sperrichtung betrieben. Der Betriebspunkt muß so eingestellt werden, daß die Signalspannung jeweils einen Durchbruch hervorrufen kann. Wie bei der Z-Diode werden freie Ladungsträger beschleunigt und verursachen bei entsprechend hoher Spannung einen lawinenartigen Anstieg von Ladungsträgern. Sie benötigen eine gewisse Zeit zum Durchlaufen der I-Zone. Bei richtiger Auslegung des äußeren Kreises führt die Stromverschiebung infolge der Laufzeit gegenüber der Signalspannung zur selbsttätigen Erzeugung von Schwingungen.

Hauptanwendungsgebiet für Impatt-Dioden sind Mikrowellengeneratoren in Radar-Geräten.

2.1.17 Mehrschicht-Dioden

Die unter den Namen *Vierschicht-Dioden, Quadrac* und *Diac* bekannten Bauelemente bestehen aus drei, vier oder fünf unterschiedlich dotierten Halbleiterschichten. Diese Dioden zeigen Schalt- bzw. Kippverhalten. Wird eine bestimmte Spannung überschritten, dann schaltet die Diode durch, und die Spannung an der Diode geht auf eine kleinere Durchlaßspannung zurück.

Der Diac wurde speziell für die Stromrichtertechnik entwickelt und wird dementsprechend hauptsächlich dort eingesetzt. Andere Mehrschichtbauelemente finden in logischen Schaltungen und kontaktlosen Schaltgeräten Verwendung.

Kennlinien und Wirkungsweise sind in Kapitel 2.3 beschrieben.

2.1.18 Foto-Dioden (siehe Abschnitt 2.4)

2.1.19 Lumineszenz-Dioden (lichtemittierende Dioden LED)
(siehe Abschnitt 2.4.)

2.2 Transistoren

2.2.1 Wirkungsweise

Der Transistor, im Jahre 1948 von *Bardeen* und *Brattain* erfunden, hat eine Entwicklung in der Elektronik eingeleitet, die unser gesamtes Leben beeinflußt. Moderne Fabrikationsmethoden ermöglichen sehr große Stückzahlen für nahezu alle Bereiche der Elektronik.
Man unterscheidet zwei große Gruppen von Transistoren
   a) bipolare Transistoren, das sind Transistoren, bei denen Elektronen und Löcher als Ladungsträger vorhanden sind und
   b) unipolare Transistoren (Feldeffekt-Transistoren), mit nur einer von beiden Ladungsträgerarten.
Bevor auf Einzelheiten des bipolaren Transistors eingegangen wird, soll die prinzipielle Wirkungsweise beschrieben werden. Feldeffekt-Transistoren werden in einem gesonderten Kapitel behandelt. Viele grundsätzliche Überlegungen sind auf FETs anwendbar.
Der bipolare Transistor besteht aus drei unterschiedlich dotierten Halbleiterschichten. Das Halbleitermaterial kann Germanium oder Silizium sein. Es sind zwei Schichtenfolgen möglich: pnp oder npn, wie Bild 2.2–1 mit den eingezeichneten Symbolen zeigt. Ent-

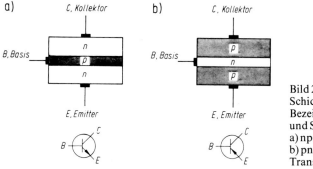

Bild 2.2–1. Schichtenfolge, Bezeichnungen und Symbole von
a) npn- und
b) pnp-Transistoren

sprechend diesen Schichtenfolgen werden die Transistoren als pnp- oder npn-Transistoren bezeichnet. Zum Betrieb eines Transistors sind eine Speisespannungsquelle notwendig, die die Energie liefert, und eine Steuerspannungsquelle, mit der der Transistor

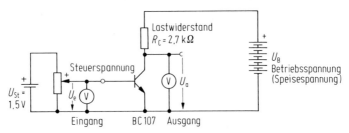

Bild 2.2–2. Emitterschaltung mit npn-Transistor

angesteuert wird. In Bild 2.2–2 ist eine sog. Emitter-Schaltung mit einem npn-Transistor dargestellt. Die Bezeichnung „Emitterschaltung" wurde gewählt, da die Betriebsspannung und die Steuerspannung am Emitteranschluß miteinander verknüpft sind. Außer dieser Schaltung gibt es die Kollektorschaltung und die Basisschaltung.

Die drei Halbleiterschichten werden mit Anschlüssen versehen, die man *Emitter, Basis* und *Kollektor* nennt. Diese Bezeichnungen wurden in Anlehnung an die Funktion der einzelnen Schichten gewählt. Vom Emitter werden Ladungsträger *emittiert* (ausgesendet), die vom Kollektor *eingesammelt* werden. Die mittlere Schicht bildet die Basis für die angrenzende Emitter- und Kollektorschicht. Der Transistor ist mit zwei Dioden zu vergleichen, die entgegengesetzt geschaltet sind und eine gemeinsame Basisschicht besitzen. Beim pnp-Transistor ist dies die n-Schicht, beim npn-Transistor die p-Schicht. Betriebsmäßig ist die *Emitter-Basis-Diode* in Durchlaßrichtung und die *Kollektor-Basis-Diode* in Sperrichtung gepolt. Solange keine Steuerspannung zwischen dem Emitter- und dem Basis-Anschluß anliegt, fließt nur ein sehr kleiner Sperrstrom durch die Kollektor-Basis-Diode. Am Lastwiderstand R_C liegt eine sehr kleine Spannung, und der Widerstand zwischen Emitter und Kollektor ist sehr groß. Sobald eine kleine Steuerspannung zwischen Emitter und Basis angelegt wird, fließt ein entsprechend kleiner Steuerstrom (Basisstrom) und überraschenderweise ein etwa 100mal so großer Strom über den Kollektor (Bild 2.2–3). Dieser Strom erzeugt einen Spannungsabfall am Lastwiderstand.

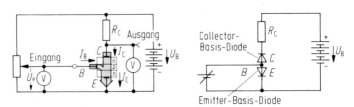

Bild 2.2–3. Stromaufteilung im Transistor

2.2 Transistoren

Der Kollektorstrom des bipolaren Transistors läßt sich stufenlos mit Hilfe des *Basisstromes* I_B und der Drainstrom des Feldeffekt-Transistors stufenlos mit Hilfe der *Gate-Source-Spannung* steuern. Ideale Transistoren haben das Verhalten von steuerbaren Stromquellen, wie dies symbolisch in Bild 2.2–4 gezeigt wird. Von dieser Steuerbarkeit ist der Name trans-resistor, abgekürzt Transistor, abgeleitet worden. Wie zuvor beschrieben, stimmt die Bezeichnung nicht mit dem tatsächlichen Betriebsverhalten des Bauelementes Transistor überein.

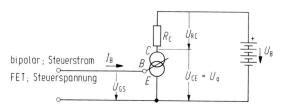

Bild 2.2–4. Vergleich des bipolaren Transistors mit einer durch den *Basisstrom* steuerbaren Stromquelle und des Feldeffekt-Transistors mit einer durch die *Gate-Source-Spannung* steuerbaren Stromquelle

Es soll nun die Frage geklärt werden, wie es möglich ist, Ladungsträger von der Basis zum Kollektor entgegen der Durchlaßrichtung zu befördern bzw. den kleinen Sperrstrom zu vergrößern. Wie schon erwähnt, kann man sich den Transistor aus zwei Diodenübergängen zusammengesetzt vorstellen. Für jeden dieser pn-Übergänge müssen sich eine Raumladungszone und als Folge davon eine aus beiden Zonen zusammengesetzte Verteilung ergeben, wie sie für einen pn-Übergang in Bild 1.1–8 gezeigt ist. Beide Kurven zusammengesetzt ergeben den Potentialverlauf von Bild 2.2–5 im spannungslosen Zustand.
Werden an die drei Schichten mit der Folge npn eine Speise- und eine Steuerspannung wie in Bild 2.2–5 angelegt, so fließt ein Steuerstrom aus Elektronen, die in diesem Fall *Majoritätsträger* sind, vom Emitter (n-Zone) zur Basis (p-Zone). In der p-dotierten Basiszone sind diese Elektronen *Minoritätsträger*. Für diese Minoritätsträger stellt die Kollektorsperrschicht kein Hindernis dar, im Gegenteil, die Elektronen werden von dem positiven Pol der Speisespannung aus dem Kollektorraum abgesaugt. Löcher können dagegen nicht durch die Kollektorsperrschicht diffundieren. Soll eine möglichst große Zahl von Elektronen in die Kollektorschicht gelangen, so muß man dafür sorgen, daß möglichst wenig Elektronen mit Löchern in der Basis rekombinieren und der *Weg*, den die Ladungsträger zwischen Generation und Rekombination zurücklegen, *größer* ist als die *Dicke* der *Basisschicht*. In der Basis selbst fließt ein reiner Diffusionsstrom, da innerhalb dieser Schicht keine Potentialdifferenz besteht. Wird die Basisschicht absichtlich unterschiedlich stark dotiert, so entsteht eine Potentialdifferenz. Transistoren mit unterschiedlich dotierter Basis nennt man *Drift-Transistoren*. Die Zahl der Elektronen, die zum Kollektor gelangen, ist um so größer, *je kleiner die Basisschichtdicke gegenüber der Diffusionslänge L und je geringer die Basisschicht dotiert ist*. Man versucht, den Löcherstrom von der Basis- in die Emitterschicht so klein wie möglich zu halten. Das Verhältnis wird als *Emitterwirkungsgrad* bezeichnet.

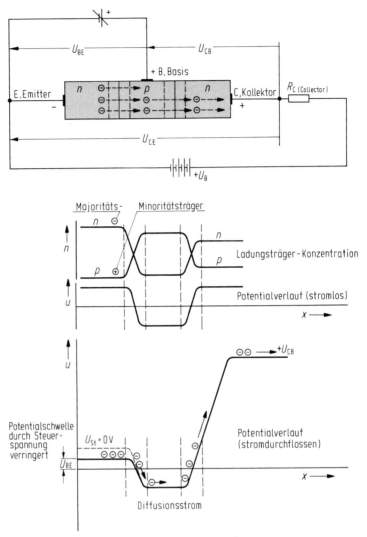

Bild 2.2–5. Leitungsmechanismus im npn-Transistor

Moderne Fertigungsverfahren erlauben Basisschichtdicken von 0,1 mm bis 0,001 mm. Die Diffusionslänge von Löchern in Germanium beträgt dagegen etwa 1,4 mm. Bei Silizium ist die Diffusionslänge kleiner. Für Elektronen ist L in Silizium 0,08 mm und in Germanium 4,5 mm. Offensichtlich wird das Verhalten des Transistors durch die Zahl der Ladungsträger bestimmt, die vom Emitter in die Basis injiziert werden. Der Sättigungscharakter des steuerbaren Sperrstromes der Kollektor-Basis-Diode bleibt erhalten, wie später an Hand der Ausgangskennlinien gezeigt wird.

2.2.2 Der Transistor als verstärkendes Bauelement

Der Transistor ist ein aktives Bauelement im Gegensatz zu passiven Bauelementen wie z. B. Widerstände. Einer Transistorschaltung kann am Ausgang mehr Energie entnommen werden, als am Eingang zur Verfügung steht. Der Transistor ist trotzdem kein Perpetuum mobile. Die notwendige Hilfsenergie zur Umformung einer leistungsschwachen Spannung in eine größere Ausgangsspannung liefert z. B. eine Batterie. Anstelle von Eingangsspannung, Eingangsstrom oder Eingangsleistung und den entsprechenden Ausgangsgrößen verwendet man häufig auch die verallgemeinernde Bezeichnung *Eingangssignal* oder *Ausgangssignal*. Zu verstärkende Signalspannungen liefern u. a. Thermoelemente, Photoelemente, Radio- und Fernsehantennen, Mikrophone, Vorverstärker und kontaktlose Steuerelemente. Mit den verstärkten Signalen können beispielsweise gesteuert bzw. betrieben werden: Relais, Signallampen, Endverstärker, Kopfhörer, Lautsprecher, Oszillographenröhren, Fernsehröhren, Servomotoren, Schaltgeräte und Computer, Ein- und Ausgabeeinheiten.

An den Transistor werden je nach Verwendungszweck ganz verschiedene Forderungen gestellt. Man kann zur Unterscheidung verschiedener Betriebsarten in Gruppen unterteilen:

   a) Gleichstrombetrieb
   b) Kleinsignalbetrieb
   c) Großsignalbetrieb
   d) Schaltbetrieb

Um es vorwegzunehmen: der Transistor ist ein *gleichstromsteuerndes* Bauelement. Signalwechselspannungen können nur mit Hilfe von Schaltungskniffen verstärkt werden. In Bild 2.2–6 ist die idealisierte Strom-Steuerkennlinie einer Transistorschaltung dargestellt.

Zur Verstärkung von Signalen eignet sich der Kennlinienteil zwischen den Punkten A und B. Negative Basisströme und Basisströme, die größer sind als I_{B2}, haben keine Än-

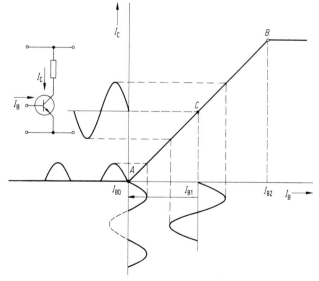

Bild 2.2–6. Stromsteuerung eines Transistors mit idealer Kennlinie

derung des Kollektorstromes I_C zur Folge. Dagegen werden Gleichströme zwischen I_{B0} und I_{B2} entsprechend der Stromverstärkung in größere Kollektorströme I_C umgeformt. Was geschieht aber mit einem Wechselstrom, der bekanntlich auch negative Werte (I_B) annehmen kann? Nach Bild 2.2–6 würde nur die positive Halbwelle verstärkt.

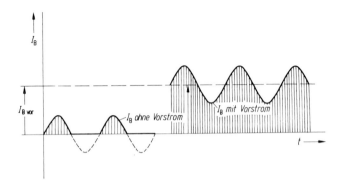

Bild 2.2–7. Steuerwechselstrom ohne und mit Gleichstromanteil

Der Transistor läßt sich aber überlisten, wenn man dem Wechselstromsignal einen Gleichstrom überlagert, wie in Bild 2.2–7 gezeigt wird. Jetzt verstärkt der Transistor einen pulsierenden Gleichstrom. Der Gleichstromanteil muß so groß sein, daß die Summe der Teilströme niemals negativ wird und niemals den maximalen Strom I_{B2} überschreitet. Mit Hilfe eines Kondensators kann der Gleichstromanteil am Ausgang der Schaltung unterdrückt werden. Der dem Wechselstrom überlagerte Gleichstrom wird als Vorstrom zur Einstellung des Betriebspunktes bezeichnet. In Bild 2.2–6 ist der Punkt C der Betriebspunkt, der mit Hilfe von I_{B1} eingestellt wird.

Welche Unterschiede bestehen nun in der Arbeitsweise der vier Gruppen? Transistoren, die in der Betriebsart nach Gruppe a arbeiten, nutzen den linearen Kennlinienbereich zwischen den Punkten A und B der Kennlinie aus. An den Transistor wird die Forderung gestellt, die Eingangsspannung möglichst linear auf den Ausgang zu übertragen. Die notwendige Belastbarkeit des Transistors richtet sich nach der Größe des Eingangssignals und der erforderlichen Ausgangsleistung.

Kleinsignalbetrieb (Gruppe b) eines Transistors liegt z. B. bei Antennenverstärkern vor. Mit Hilfe eines Vorstromes wird ein günstiger Betriebspunkt eingestellt und das kleine Signal überlagert. Es wird nur ein kleiner Teil der Kennlinie durchfahren. Nichtlinearitäten der Transistorkennlinie haben geringe Bedeutung, wenn man den Betriebspunkt günstig wählt. Die erforderliche Belastbarkeit ist klein und hauptsächlich durch den Ruhestrom I_C bestimmt.

Großsignalverstärker (Gruppe c) sind u. a. Leistungsverstärker von Phonogeräten. Hier soll eine mäßig große Signal*leistung* so verstärkt werden, daß Lautsprecher in der Größenordnung von 2 W bis einige 100 W Leistung angeschlossen werden können. Die Kennlinie wird möglichst im gesamten Bereich zwischen A und B durchfahren, und der Betriebspunkt C liegt in der Mitte. Eine Ausnahme macht der Gegentaktverstärker, bei dem der Betriebspunkt in den Anfangsbereich verlegt wird. Er wird später noch beschrieben. Bei Transistoren für Großsignalbetrieb stören die Nichtlinearitäten der Kennlinien. Transistoren für Großsignalbetrieb sind meist hoch belastbar, und man bezeichnet sie deshalb als Leistungstransistoren.

2.2 Transistoren

Transistoren arbeiten im Schaltbetrieb (Gruppe d), wenn der lineare Teil zwischen A und B schnell durchfahren wird. Schalttransistoren haben im allgemeinen zwei stabile Arbeitspunkte, die links von Punkt A und rechts von Punkt B liegen.

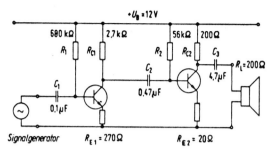

Bild 2.2-8. Prinzip eines zweistufigen Kleinsignal-Transistorverstärkers

Bild 2.2-8 zeigt im Prinzip einen zweistufigen Kleinsignal-Transistorverstärker. Bevor auf Einzelheiten des Transistors eingegangen wird, soll versucht werden, an Hand dieser einfachen Schaltung das Zusammenspiel zweier Transistoren zu erklären. In der Praxis wird nämlich selten ein Transistor alleine verwendet. Folgende Gründe können zur Verwendung eines mehrstufigen Transistorverstärkers zwingen:
  a) Spannungsverstärkung; notwendige Gegenkopplung
  b) Strom- bzw. Leistungsverstärkung
  c) Eingangsimpedanz; Ausgangsimpedanz
  d) Linearität; Klirrfaktor
  e) Grenzfrequenz; Frequenzverhalten
  f) Anstiegszeit; Abfallzeit

Der skizzierte Verstärker genügt praktischen Anforderungen nicht, da die Temperaturabhängigkeit zu groß ist und die Signalspannung in diesem einfachen Verstärker verzerrt würde.

Die Eingangswechselspannung u_{e1} wird über einen Kondensator C_1 der Basis des ersten Transistors zugeführt und in Verbindung mit dem Kollektorwiderstand R_{C1} verstärkt. Über den Kondensator C_2 erhält der zweite Transistor verstärkte Spannung und verstärkt diese weiter. Am Ausgang des zweiten Transistors steht die verstärkte Signalspannung u_{a2} hinter dem Kondensator C_3 zur Verfügung und kann gegebenenfalls in einem Kopfhörer hörbar gemacht werden. Die Kondensatoren C_1, C_2 und C_3 haben die Aufgabe, Gleichspannungsanteile von dem jeweils folgenden Schaltungsteil fernzuhalten. Es fließt nur ein Strom durch die Kondensatoren, wenn eine Spannungs*änderung* auftritt, wie z. B. bei einer niederfrequenten Signalspannung. Die Widerstände R_1 und R_2 dienen zur Einstellung des Betriebspunktes auf den Transistorkennlinien. Die Widerstände R_{E1} und R_{E2} sind Gegenkopplungswiderstände und dienen zur Stabilisierung des Betriebspunktes.

2.2.3 Transistorkennlinien und Vierpolparameter

Die im vorangegangenen Abschnitt getroffene Annahme linearer Transistorkennlinien ist nicht streng zutreffend. Über größere Strom- bzw. Spannungsbereiche ist der Zusammenhang von Ausgangs- und Eingangssignal nicht linear und eine einfache mathematische Beschreibung nicht möglich. Als Ausweg bietet sich die graphische Darstellung der Transistoren in Form der Kennlinien an. Werden dagegen nur kleine Aussteuerbereiche der Kennlinien in Betracht gezogen (Kleinsignalverstärkung), so lassen sich diese zumindest als streckenweise linear ansehen und können durch die sog. Vierpolparameter beschrieben werden.

In vielen Anwendungsfällen reicht allerdings die Angabe der Vierpolparameter zur Dimensionierung der Schaltung nicht aus.

Transistorkennlinien

Man unterscheidet verschiedene Arten von Kennlinien:
  a) Steuerkennlinien
  b) Eingangskennlinien
  c) Ausgangskennlinien
  d) Kennlinien der Spannungsrückwirkung

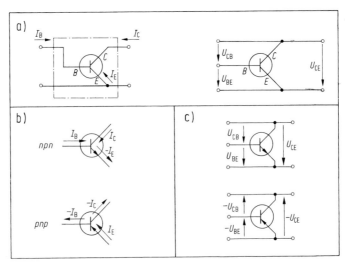

Bild 2.2–9. Strom- und Spannungsbezugsrichtungen für normalen Betrieb mit npn- und pnp-Transistoren
  a) Strom- und Spannungsbezugsrichtungen
  b) Betriebsstromrichtung
  c) Betriebsspannungsrichtung

Bevor diese Kennlinien bzw. deren Aufnahme beschrieben werden, müssen Vereinbarungen über die *Strom-* und *Spannungs-Bezugsrichtungen* getroffen werden. Die Bezugsrichtungen entsprechen den Bezeichnungen an Vierpolen. Der Transistor kann als

2.2 Transistoren

Knotenpunkt betrachtet werden, wie Bild 2.2–9 zeigt. Alle Ströme, die auf den Transistor zufließen, sollen positive Richtung haben. Dann ist:

$$I_E + I_C + I_B = 0.$$

Sind zwei Ströme bekannt, so kann jeweils der dritte berechnet werden. Im Betrieb des Transistors fließen teilweise Ströme entgegen der positiven Bezugsrichtung.

Beispiel: In einer Transistorschaltung mit einem npn-Transistor werden $I_B = 10\,\mu A$ und $I_C = 2\,mA$ gemessen. Der Emitterstrom ist:
$-I_E = I_C + I_B = 2\,mA + 0,01\,mA = 2,01\,mA$ oder $I_E = -2,01\,mA$,

d. h., der Emitterstrom fließt vom Transistor weg, wie der Pfeil im Bild 2.2–9 zeigt.
Für die Spannung gelten die Vereinbarungen gemäß Bild 2.2–9.

$$U_{CE} = U_{CB} + U_{BE}.$$

Bei pnp-Transistoren sind alle Spannungen betriebsmäßig entgegen der positiven Bezugsrichtung gepolt.

Beispiel: In einer Schaltung mit einem pnp-Transistor werden die Spannungen $U_{CE} = -5\,V\,(-U_{CE} = 5\,V; U_{EC} = 5\,V)$ und $U_{BE} = -0,62\,V\,(-U_{BE} = 0,62\,V; U_{EB} = 0,62\,V)$ gemessen. Die Spannung zwischen Kollektor und Basis ergibt sich zu:

$$U_{CB} = U_{CE} - U_{BE} = (-5\,V) - (-0,62\,V) = -4,38\,V.$$

Man kann auch schreiben: $-U_{CB} = 4,38\,V$ oder $U_{BC} = 4,38\,V$. Die letzte der beiden Schreibweisen ist beim Transistor nicht üblich.

Nachfolgend sollen die einzelnen Kennlinien erklärt werden.

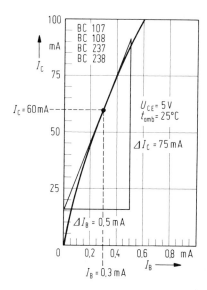

Bild 2.2–10.
Stromsteuerkennlinie eines
npn-Silizium-Transistors
(AEG-Telefunken)

Steuerkennlinien

Die Steuerkennlinien sollen das Verhalten des Transistors bei Einwirkung eines Steuerstromes I_B oder einer Steuerspannung U_{BE} zeigen. Die Speisespannung, die in diesem Falle gleich der Spannung U_{CE} ist, wird eingestellt und während einer Messung konstant gehalten. Auf diese Weise werden die *Stromsteuerkennlinie* $I_C = f(I_B)_{U_{CE} = k}$ und die *Spannungssteuerkennlinie* $I_C = f(U_{BE})_{U_{CE} = k}$ aufgenommen. Die *Stromsteuerkennlinie* in Bild 2.2–10 zeigt, daß der Kollektorstrom, d. h. die Ausgangsgröße, annähernd linear mit dem Steuerstrom ansteigt. Das verwundert nicht, wenn man bedenkt, daß die Zahl der Ladungsträger, die vom Emitter emittiert werden, von der Höhe des Steuerstromes I_B abhängt. Das Verhältnis Kollektorstrom zu Basisstrom stellt die *Kurzschlußstromverstärkung* B bzw. für kleine Änderungen $\beta = \Delta I_C / \Delta I_B$ dar. Für den im Bild 2.2–10 dargestellten Betriebspunkt ergeben sich die Gleichstromverstärkung B zu

$$B = \frac{I_C}{I_B} = \frac{60 \text{ mA}}{0{,}3 \text{ mA}} = 200$$

und die Kleinsignal-Stromverstärkung β zu

$$\beta = \frac{\Delta I_C}{\Delta I_B} = \frac{75 \text{ mA}}{0{,}5 \text{ mA}} = 150.$$

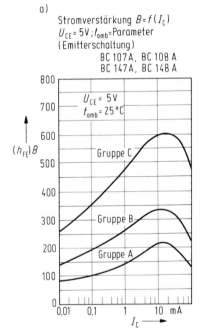
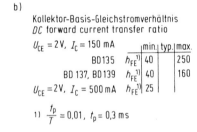
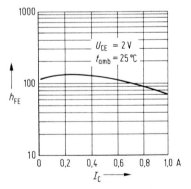

Bild 2.2–11. Stromverstärkung B a) eines Silizium-Transistors kleiner Verlustleistung und b) eines Leistungs-Transistors als Funktion des Kollektorstromes

2.2 Transistoren

Die Kleinsignal-Stromverstärkung wird in der Praxis selten grafisch ermittelt. Meistens wird β mit einer im Betriebspunkt überlagerten kleinen Wechselspannung mit einer Frequenz von 1 kHz gemessen oder vom Hersteller direkt im Datenblatt oder in Form der h-Parameter (Hybrid-Parameter) wiedergegeben, wobei β gleichbedeutend h_{21e} ist. Die Kurzschlußstromverstärkung ist für das Verhalten des Transistors als Verstärker von ausschlaggebender Bedeutung. Vielfach wird daher B bzw. β als Funktion des Kollektorstromes, z. T. auch normiert, d. h. bezogen auf den Nennwert, aufgetragen. Zwischen Kleinsignaltransistoren und Leistungstransistoren bestehen bei dieser Kennlinie recht große Unterschiede. Bei Leistungstransistoren tritt im Gegensatz zu den Kleinsignaltransistoren bei sehr kleinen und bei großen Kollektorströmen ein merklicher Verstärkungsabfall auf (Bild 2.2–11).

Die *Spannungssteuerkennlinie* in Bild 2.2–12 hat etwa exponentiellen Verlauf wie eine Diodenkennlinie. Die *Steigung S* der Kennlinie $\Delta I_C / \Delta U_{BE}$ wird in Anlehnung an die Röhrentechnik als *Steilheit* bezeichnet und in mA/V oder A/V angegeben. Beim idealen Transistor, bei dem der Kollektorstrom exponentiell mit der Basis-Emitter-Spannung wächst, ist das Verhältnis von Steilheit zu Kollektorstrom konstant,

$$S_{theor.} = \frac{\Delta I_C}{\Delta U_{BE}} \approx \frac{I_C}{U_T}, \quad da \quad \frac{\frac{\Delta I_C}{\Delta U_{BE}}}{I_C} = \frac{1}{U_T}.$$

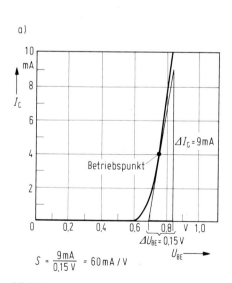
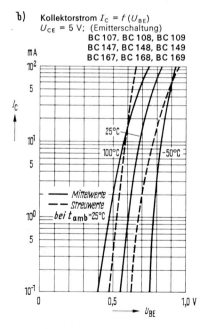

Bild 2.2–12. Spannungssteuerkennlinien in Diagrammen a) mit linearer und b) mit logarithmischer Teilung

U_T Temperaturspannung $U_T = \dfrac{K \cdot T}{e}$
K Boltzmannkonstante $1{,}38 \cdot 10^{-23}$ Ws/K
T absolute Temperatur z. B. $45\,°C = 318$ K
e Elementarladung eines Elektrons $1{,}6 \cdot 10^{-19}$ As

Die Temperaturspannung beträgt z. B. für eine Sperrschicht-Temperatur von 45 °C gerade $U_T = 27{,}4\,\text{mV}$. Für Überschlagsrechnungen kann hieraus die theoretisch mögliche Steilheit eines Transistors S_theor errechnet werden

$$S_\text{theor} = 36\dfrac{1}{V} \cdot I_C. \qquad (2.2-1)$$

So ergibt sich z. B. für einen Kollektorstrom von 2 mA eine theoretische Steilheit von:

$$S_\text{theor} = 36\dfrac{1}{V} \cdot 2\,\text{mA} = 72\,\text{mA/V}.$$

Dieser Wert stimmt bei Kleinsignal-Transistoren recht gut, weicht jedoch bei Leistungs-Transistoren erheblich vom tatsächlichen Wert ab. Der theoretische Wert wird nicht erreicht.

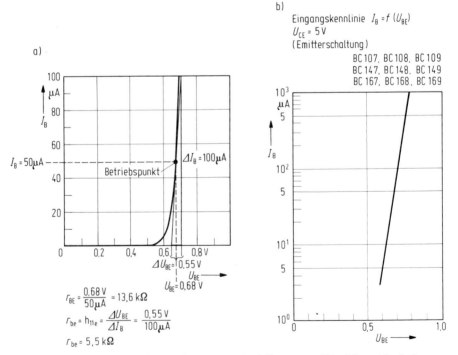

Bild 2.2–13. Eingangskennlinien in Diagrammen a) mit linearer und b) mit logarithmischer Teilung

2.2 Transistoren

Gibt man die Steilheit an, so ist dies nur sinnvoll, wenn gleichzeitig der Kollektorstrom bzw. der Betriebspunkt bekannt ist.

Eingangskennlinien

Die Eingangskennlinie ist die Kennlinie der Emitter-Basis-Diode, die normalerweise in Durchlaßrichtung betrieben wird. Die Auswirkung der Speisespannung U_{CE} auf diese Kennlinie ist klein. Aus der Eingangskennlinie in Bild 2.2–13 kann der *Eingangswiderstand* bzw. die Belastung der Steuerspannungsquelle ermittelt werden. Bei einer Steuerspannung von $U_{BE} = 680$ mV fließt ein Steuerstrom von $I_B = 50\,\mu A$. Hieraus ergibt sich ein Ersatzwiderstand zwischen dem Basis- und dem Emitteranschluß von

$$r_{BE} = \frac{680\text{ mV}}{50\,\mu A} = 13{,}6\text{ k}\Omega.$$

Mit diesem Widerstand r_{BE} wird die Steuerspannungsquelle belastet. Er ist nicht konstant, sondern von der Höhe der angelegten Spannung abhängig.
Der Quotient aus Spannungs- und Stromänderung ergibt den sog. differentiellen Widerstand r_{be}. Er ist bedeutend kleiner als der Widerstand r_{BE}. Der differentielle Widerstand, der auch als Kleinsignal-Eingangswiderstand bezeichnet wird, stellt die Steigung im jeweiligen Kennlinienpunkt dar. In Bild 2.2–13 ist die Tangente für $U_{BE} = 680$ mV angelegt.
Der differentielle Widerstand r_{be} kann auch durch Messung ermittelt werden. Bild 2.1–8 zeigt die Schaltung, die auch für den Transistor gilt.
Die Durchlaßspannung der Basis-Emitter-Diode hat wie jede Halbleiter-Diode einen negativen Temperaturkoeffizienten von etwa -2 mV/K.

Ausgangskennlinien

Es sind zwei Ausgangskennlinien-Scharen mit zwei unterschiedlichen Parametern möglich (Bild 2.2–14):

a) $I_C = f(U_{CE})$ mit I_B als Parameter
   Bei dieser Messung ist der Eingang *offen*.

b) $I_C = f(U_{CE})$ mit U_{BE} als Parameter
   Bei dieser Messung ist der Eingang *kurzgeschlossen*.

Die Begriffe *kurzgeschlossener* und *offener* Eingang beziehen sich immer auf den Wechselspannungsanteil des Signals. Wenn die Gleichspannung zwischen Kollektor und Emitter eines Transistors kurzgeschlossen würde, wäre die Transistorschaltung nicht mehr funktionsfähig. Der Wechselspannungsanteil kann am einfachsten mit Hilfe eines Kondensators kurzgeschlossen werden, denn bei genügend hoher Frequenz stellt ein ausreichend großer Kondensator einen sehr kleinen Widerstand dar ($X_C = 1/\omega C$).
Da sich die Begriffe „kurzgeschlossen" und „offen" auf die Ansteuerung durch eine *Strom-* oder eine *Spannungsquelle* beziehen und sehr häufig in der Elektronik verwendet werden, soll hier eine allgemeine Erklärung folgen.

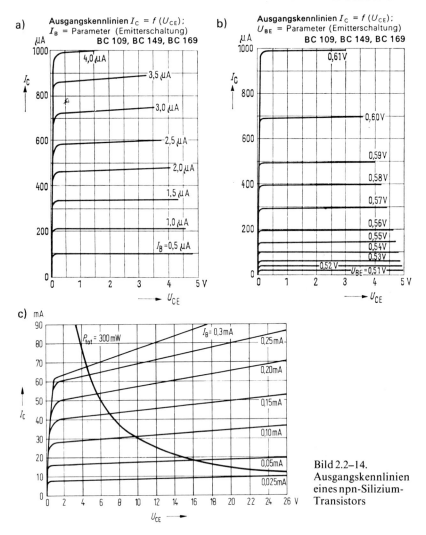

Bild 2.2–14. Ausgangskennlinien eines npn-Silizium-Transistors

Strom- und Spannungsquelle

Eine Spannungsquelle mit einem im Vergleich zum Lastwiderstand sehr großen Innenwiderstand, wie sie Bild 2.2–15 im Prinzip zeigt, wird als Stromquelle oder Stromgenerator bezeichnet. Unterschiedliche äußere Belastungswiderstände R_L haben auf die Größe des Belastungsstromes I_a keinen Einfluß, solange der Lastwiderstand klein gegenüber dem Innenwiderstand der Quelle ist. Der Belastungsstrom bleibt dann konstant. Wird ein Transistor durch eine Stromquelle angesteuert, so bleibt der Eingangsstrom I_B unabhängig vom Basis-Emitter-Widerstand konstant. Der Eingang erscheint signalmäßig offen. Rückwirkungen vom Ausgangskreis des Transistors auf den Eingang können bei offenem Eingang wirksam werden, sind jedoch bei der Emitter-Schaltung gering.

2.2 Transistoren

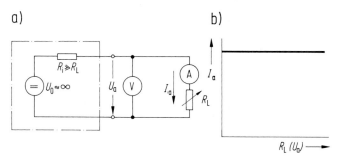

Bild 2.2-15. a) Ersatzschaltbild einer Stromquelle, b) Diagramm $I_a = f(R_L)$ bzw. $I_a = f(U_a)$

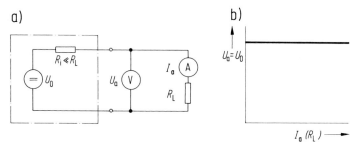

Bild 2.2-16. a) Ersatzschaltbild einer Spannungsquelle, b) Diagramm der Ausgangsspannung als Funktion der Last

Eine Konstantspannungsquelle ist eine Spannungsquelle mit sehr kleinem Innenwiderstand. Das Ersatzschaltbild zeigt Bild 2.2-16. Diese Quelle wird als Spannungsquelle oder Konstantspannungsquelle bezeichnet. Unterschiedliche äußere Belastungswiderstände haben keinen Einfluß auf die Höhe der Spannung, solange $R_i \ll R_L$ ist. Der Laststrom ändert sich direkt proportional mit dem Widerstand R_L. Wird ein Transistor am Eingang mit einer Spannungsquelle angesteuert, so bleibt die Eingangsspannung U_{BE} konstant, während sich der Basisstrom I_B je nach Größe des Basis-Emitter-Widerstandes einstellt. Signalmäßig ist der Eingang über den Innenwiderstand der Spannungsquelle, der annähernd Null ist, kurzgeschlossen. Rückwirkungen können nicht wirksam werden, da auch die signalmäßige Rückwirkung kurzgeschlossen wird.

Die Ausgangskennlinien sind typische Sperrkennlinien von pn-Übergängen. Bei sehr kleinen Speisespannungen U_{CE} steigt der Strom exponentiell an und geht dann in den Sättigungsbereich über. Die Zahl der injizierten Minoritätsträger, die die Höhe des Sperrstromes bestimmt, ist von dem jeweiligen Basisstrom abhängig. Die Höhe der angelegten Sperrspannung hat auf die Zahl der Minoritätsträger fast keinen Einfluß. Wird die zulässige Sperrspannung der Kollektor-Basis-Diode überschritten, so steigt der Kollektorstrom sehr stark an, wie dies bei Dioden infolge des Z-Effektes bekannt ist. Der Ausgangswiderstand eines Transistors in Emitterschaltung ist außerordentlich groß, wie sich aus der Kennlinie (vergl. Bild 2.2–14) ermitteln läßt. Er ergibt sich aus der Steigung im Sättigungsbereich,

$$r_{ce} = \frac{\Delta U_{CE}}{\Delta I_C}.$$

Die Emitter-Schaltung hat daher das Verhalten einer Konstantstromquelle.

Kennlinien im vierten Quadranten

Faßt man alle bisher besprochenen Kennlinien in einem gemeinsamen Koordinatensystem zusammen, wie in Bild 2.2–17, so bleibt der vierte Quadrant dieses Diagramms unerklärt. Aus den Bezeichnungen ist ersichtlich, daß in diesem Quadranten die Abhängigkeit der Ausgangsspannung U_{CE} und der Eingangsspannung U_{BE} den Verlauf der

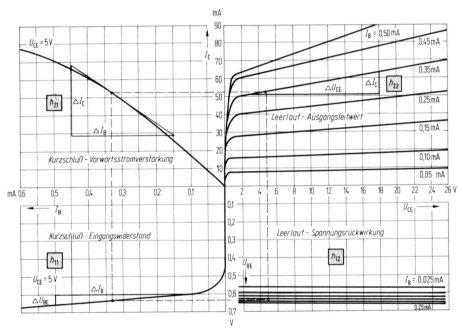

Bild 2.2–17. Transistorkennlinien im Vierquadranten-System

Kennlinien bestimmt. Als Parameter dient wiederum I_B. Diese Kennlinien bezeichnet man als Kennlinien der *Spannungsrückwirkung*, da letztere durch Anlegen der Tangente an eine Kennlinie im gewünschten Betriebspunkt ermittelt werden kann. Die Rückwirkung ergibt sich aus der Steigung $\Delta U_{BE}/\Delta U_{CE}$. Sie ist im allgemeinen so klein, daß sie bei üblichen Schaltungen vernachlässigt werden kann. Die Vierquadrantendarstellung vermittelt den funktionellen Zusammenhang der Transistordaten. Wird z. B. ein Betriebspunkt A in den Ausgangskennlinien des ersten Quadranten festgelegt, so sind die Betriebspunkte auf den Kennlinien der drei anderen Quadranten bestimmt. Für

2.2 Transistoren

einen Transistor, der mit einer Spannung $U_{CE} = 5$ V und einem Basisstrom von $I_B = 0,35$ mA (Parameter) betrieben wird, ergibt sich nach Bild 2.2-17 der eingezeichnete Betriebspunkt. Senkrechte und waagrechte Verbindungslinien von diesem Betriebspunkt führen zu denen auf den anderen Kennlinien. Die Schnittpunkte mit dem Koordinatensystem ergeben gleichzeitig die gesuchten Werte für I_C und U_{BE}.

Vierpolparameter

Kennlinien von Transistoren liefern die Daten für Gleichstromsteuerung und Großsignalbetrieb. Da die Kennlinien gekrümmt verlaufen, kann Linearität nur für kleine Bereiche näherungsweise angenommen werden (Ersatz der Kennlinie durch ihre Tangente im Betriebspunkt). Der hieraus gewonnene Wert, z. B. der differentielle Widerstand, gilt dann nur für die sog. Kleinsignalverstärkung, d. h. für Wechselstrom- bzw. Wechselspannungsgrößen. Seine Ermittlung auf grafischem Weg ist meist ungenau und wird durch die Angabe seines Zahlenwertes im Betriebspunkt ersetzt. Man nennt diese Zahlenwerte Vierpolparameter.

Was ist ein Vierpol? Nimmt man die Bezeichnung wörtlich, so läßt er sich, symbolisch angedeutet, durch einen Kasten mit vier Polen, von denen zwei als Eingangsanschlüsse und zwei als Ausgangsanschlüsse dienen, darstellen. Viele elektrische Bauelemente, Netzwerke, Leitungen und Verstärker können auf diese Weise beschrieben werden, sofern sie sich dem Schema mit vier Anschlußklemmen einordnen lassen. Speisespannungsanschlüsse, über die beim aktiven Vierpol Hilfsenergie zugeführt wird, werden bei der rechnerischen Behandlung nicht berücksichtigt, d. h. weggelassen. Beim aktiven Vierpol steht am Ausgang mehr Energie zur Verfügung, als am Eingang zugeführt wird. Im Gegensatz hierzu wird im passiven Vierpol Energie nur umgesetzt, und es steht weniger am Ausgang zur Verfügung. Widerstandsnetzwerke sind z. B. passive Vierpole.

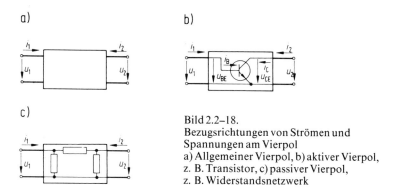

Bild 2.2-18.
Bezugsrichtungen von Strömen und Spannungen am Vierpol
a) Allgemeiner Vierpol, b) aktiver Vierpol, z. B. Transistor, c) passiver Vierpol, z. B. Widerstandsnetzwerk

Die Ein- und Ausgangsgrößen am Vierpol sowie die Bezugsrichtungen für Ströme und Spannungen werden einheitlich wie in Bild 2.2-18 bezeichnet. Mit den insgesamt vier Größen i_1, u_1, i_2 und u_2 ist das Verhalten eines Vierpols bestimmt. Über die inneren Zusammenhänge wird nichts ausgesagt; sie sind in den meisten Anwendungsfällen für den Praktiker auch ohne Bedeutung. Ihn interessiert z. B. bei einem Meßverstärker nicht, ob ein drei- oder zehnstufiger Transistorverstärker im Vierpol enthalten ist, sondern wie groß beispielsweise die Spannungsverstärkung u_2/u_1 und der Eingangswiderstand u_1/i_1

sind. Diese Größen enthalten die Vierpolparameter oder können aus ihnen errechnet werden.

Das Verhalten eines Vierpols ist bekannt, wenn alle vier Größen bekannt sind oder deren funktionelle Abhängigkeit. Den funktionellen Zusammenhang des Eingangsstromes und der Eingangsspannung eines Transistors kann man z. B. in Form eines Diagrammes (Kennlinie; vergl. auch Bild 2.2–17, 3. Quadrant) darstellen. Wie Bild 2.2–19 zeigt, wird durch diese Kurve jedem Spannungswert U_1 ein Stromwert I_1 zugeordnet. Bei überlagerter Signalspannung sind jedoch nicht diese Wertpaare, sondern der differentielle Wert $\Delta U_1 / \Delta I_1$ von Bedeutung. Sinnvollerweise wird deshalb das Verhältnis $\Delta U_1 / \Delta I_1$ als Zahlenwert für einen bestimmten Betriebspunkt oder als Funktion von U_1 angegeben (Bild 2.2–20).

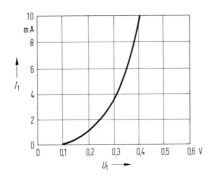
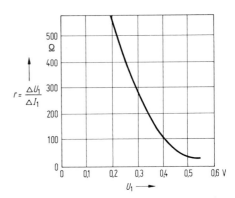

Bild 2.2–19.
U-I-Kennlinie

Bild 2.2–20.
Differentieller Widerstand als Funktion der Spannung

Auf den Vierpol übertragen, heißt das: Anstelle von Strömen und Spannungen bzw. Diagrammen dieser Größen können Verhältniswerte angegeben werden. Vier dieser Verhältnisgrößen sind notwendig, wenn der Vierpol bestimmt sein soll. Sie stellen die Parameter für die Verknüpfung der Ein- und Ausgangsgrößen dar. Es handelt sich um:

$$\frac{u_1}{i_1}, \quad \frac{u_2}{i_2}, \quad \frac{u_1}{i_2} \quad \text{und} \quad \frac{u_2}{i_1}.$$

Diese Verhältnisse mit den Einheiten V und A entsprechen Widerständen mit der Einheit Ω. Es wird für diese Parameter das Formelzeichen für den Widerstand R bzw. Z verwendet, da auch komplexe Widerstände vorkommen können.

Es lassen sich nun mehrere solcher Gruppen von Verhältnisgrößen mit unterschiedlichen Dimensionen festlegen, von denen zwei weitere, die für den Transistor wichtig sind, lauten:

$$\frac{i_1}{u_1}, \quad \frac{i_2}{u_2}, \quad \frac{i_2}{u_1} \quad \text{und} \quad \frac{i_1}{u_2} \quad \text{mit der Dimension eines Leitwertes und dem Formelzeichen } y, \text{ für HF-Transistoren}$$

2.2 Transistoren

sowie

$\dfrac{u_1}{i_1}$, $\dfrac{u_1}{u_2}$, $\dfrac{i_2}{i_1}$ und $\dfrac{i_2}{u_2}$ ohne einheitliche Dimension, vielfältig (hybrid) mit dem Formelzeichen h, für NF-Transistoren

Diese Verhältnisgrößen werden *Vierpolparameter* oder *Vierpolkoeffizienten* genannt und mit Formelzeichen charakterisiert, die Auskunft über die Dimension geben. Mit den Vierpolparametern können Berechnungen durchgeführt werden. Die Hilfsmittel hierfür liefert die Vierpoltheorie, auf die jedoch nicht näher eingegangen werden kann. Bestimmte Parameter bieten für spezielle Aufgaben besondere Vorteile, wie z. B. die Leitwertparameter Y und die Hybridparameter h für die Berechnung von Transistorschaltungen.

Will man die Widerstandswerte eines Vierpols bestimmen, so muß man Vereinbarungen treffen, welche der Größen konstant gehalten und welche verändert werden sollen. Wird die Eingangsspannung u_1 verändert, so wird sich als Folge hiervon der Strom i_1 und im allgemeinen auch der Strom i_2 abhängig, d. h. als Funktion von u_1, ändern. Mit diesen drei Werten ist jedoch der Vierpol noch nicht bestimmt; es muß auch eine Aussage über die Spannung u_2 gemacht werden, denn diese Spannung kann ebenfalls die beiden Ströme beeinflussen. Um das Ganze überschaubar zu machen, hält man zuerst die Spannung u_2 konstant auf Null und mißt die Ströme i_1 und i_2. Bei der nächsten Messung wird u_1 auf Null konstant gehalten, und man läßt u_2 einwirken. Der tatsächliche Strom i_1 im Betriebszustand ergibt sich aus der Summe der in den beiden Messungen ermittelten Teilströme. Das Verfahren ist verblüffend einfach und nach dem *Überlagerungssatz von Helmholtz* zulässig. Hiernach ergibt sich die *Gesamtwirkung* infolge *aller Ursachen* aus der *Summe* der *Einzelwirkungen* zu Folge der *Einzelursachen*. Für einen Widerstandsvierpol lautet daher die Meßvorschrift zur Bestimmung der Ströme bzw. der Vierpolparameter:

a) Die Spannung u_1 wird bei kurzgeschlossenem Ausgang ($u_2 = 0$) verändert und die Änderung von i_1 und i_2 gemessen. u_1 ist die *unabhängig veränderliche Größe* (Bild 2.2-21). Mit diesen Größen kann man folgende Beziehung aufstellen:

$i_{1(1)} = k_1 u_1$
$i_{2(1)} = k_2 u_1$ für $u_2 = 0$

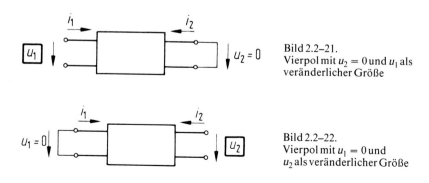

Bild 2.2-21.
Vierpol mit $u_2 = 0$ und u_1 als veränderlicher Größe

Bild 2.2-22.
Vierpol mit $u_1 = 0$ und u_2 als veränderlicher Größe

b) Die Spannung u_2 wird bei kurzgeschlossenem Eingang ($u_1 = 0$) verändert und die Änderung von i_1 und i_2 gemessen. u_2 ist jetzt die unabhängig veränderliche Größe (Bild 2.2-22). Hieraus lassen sich die zwei folgenden Gleichungen ableiten:

$$\begin{aligned} i_{1(2)} &= k_3 u_2 \\ i_{2(2)} &= k_4 u_2 \end{aligned} \quad \text{für } u_1 = 0$$

Nach dem *Helmholtzschen Überlagerungssatz* ergeben sich die Ströme i_1 und i_2 aus der Addition der Teilströme:

$$\begin{aligned} i_1 &= i_{1(1)} + i_{1(2)} = k_1 u_1 + k_3 u_2 \\ i_2 &= i_{2(1)} + i_{2(2)} = k_2 u_1 + k_4 u_2 \end{aligned}$$

Da diese Gleichungen dimensionsmäßig nur stimmen können, wenn k die Dimension eines Leitwertes (G bzw. Y) hat, kann man die Vierpolgleichungen mit den Leitwertparametern Y in allgemeiner Form schreiben:

$$\begin{aligned} i_1 &= Y_{11} u_1 + Y_{12} u_2 \\ i_2 &= Y_{21} u_1 + Y_{22} u_2 \end{aligned}$$

Weitere Meßvorschriften und die Wahl anderer veränderlicher Größen führen zu den *h*-Parametern. Unabhängig veränderliche Größen sind in diesem Falle u_2 und i_1. Die Meßvorschrift zur Ermittlung der *h*-Parameter lautet:

a) Der Strom i_1 wird verändert und bei kurzgeschlossenem Ausgang ($u_2 = 0$) die Änderung der Eingangsspannung u_1 und des Ausgangsstromes i_2 gemessen (Bild 2.2-23).

$$\begin{aligned} u_{1(1)} &= k_1 i_1 \\ i_{2(1)} &= k_2 i_1 \end{aligned} \quad \text{für } u_2 = 0$$

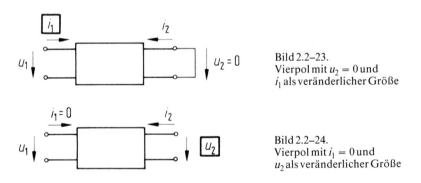

Bild 2.2-23.
Vierpol mit $u_2 = 0$ und i_1 als veränderlicher Größe

Bild 2.2-24.
Vierpol mit $i_1 = 0$ und u_2 als veränderlicher Größe

b) Die Spannung u_2 wird verändert und bei Eingangsstrom Null die Änderung von Eingangsspannung u_1 und Ausgangsstrom i_2 gemessen (Bild 2.2-24).

$$\begin{aligned} u_{1(2)} &= k_3 u_2 \\ i_{2(2)} &= k_4 u_2 \end{aligned} \quad \text{für } i_1 = 0$$

2.2 Transistoren

Die Konstanten k_1 bis k_4 müssen verschiedene Dimensionen haben, wenn die Gleichungen stimmen sollen (Tabelle 2.2–1). Die entsprechenden Vierpolgleichungen ergeben sich wiederum aus der Summe der Teilwirkungen, jedoch für die Eingangsspannung u_1 und den Ausgangsstrom i_2:

$$u_1 = u_{1(1)} + u_{1(2)} = \left(\frac{u_1}{i_1}\right)_{u_2=0} \cdot i_1 + \left(\frac{u_1}{u_2}\right)_{i_1=0} \cdot u_2 = h_{11} \cdot i_1 + h_{12} \cdot u_2$$

$$i_2 = i_{2(1)} + i_{2(2)} = \left(\frac{i_2}{i_1}\right)_{u_2=0} \cdot i_1 + \left(\frac{i_2}{u_2}\right)_{i_1=0} \cdot u_2 = h_{21} \cdot i_1 + h_{22} \cdot u_2$$

Auf Transistoren angewendet:

$$u_{BE} = h_{11e} \cdot i_B + h_{12e} \cdot u_{CE}; \quad i_c = h_{21e} \cdot i_B + h_{22e} \cdot u_{CE} \qquad (2.2\text{--}2)$$

Diese Gleichungen und Parameter sowie die Meßvorschriften können direkt auf Transistorschaltungen übertragen werden. Zur Kennzeichnung der Grundschaltungen wird der Index mit dem Anfangsbuchstaben der Emitter-, Basis- oder Kollektorschaltung versehen. Neben den Leitwertparametern haben die Hybridparameter die größte Bedeutung für die Emitterschaltung (Tabelle 2.2–1). Die h-Parameter können aus den Kennlinien des Transistors graphisch bestimmt werden, wie Bild 2.2–17 zeigt.

In den Datenblättern von Transistoren werden die h- oder Y-Parameter für bestimmte Betriebspunkte angegeben. Bei dem Transistor BC 107 wurde folgender Betriebspunkt

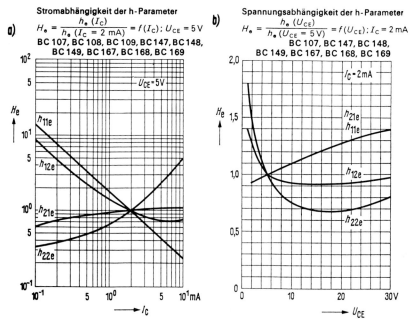

Bild 2.2–25. Einfluß a) des Kollektorstromes und b) der Kollektor-Emitter-Spannung auf die h-Parameter

gewählt: Kollektorstrom $I_C = 2$ mA; Kollektor-Emitter-Spannung $U_{CE} = 5$ V; Meßfrequenz $f = 1$ kHz. Weiterhin sind in den Datenblättern Diagramme enthalten, in denen die h- oder Y-Parameter als Funktion von I_C und U_{CE} aufgetragen sind. Sollen für einen gewünschten Arbeitspunkt die h-Parameter ermittelt werden, dann müssen die Parameter des in den Listen angegebenen Betriebspunktes mit den Faktoren H_e aus den Diagrammen (Bild 2.2–25) multipliziert werden. Die Parameter für einen neuen Betriebspunkt können getrennt für I_C und U_{CE} oder gemeinsam korrigiert werden. Im Beispiel wird h_{11e} korrigiert.

Aus $H_e = \dfrac{h_{11e(neu)}}{h_{11e}(I_C = 2\text{ mA})}$ wird $h_{11e(neu)} = H_e \cdot h_{11e}$ ($I_C = 2$ mA)

oder gemeinsam $h_{11e(neu)} = h_{11e(alt)} \cdot H_{e(I_C)} \cdot H_{e(U_{CE})}$

Für $I_C = 5$ mA und $U_{CE} = 20$ V ergibt sich $h_{11e(neu)} = 2{,}7$ kΩ $\cdot$ 0,4 $\cdot$ 1,3 $= 1{,}4$ kΩ

Tabelle 2.2–1. Bedeutung der h-Parameter

Physikalische Größe	Dimension	h-Parameter	Meßgrößen	Ermittlung aus Kennlinien	
$k_1 = \dfrac{u_1}{i_1}$	$Z(R)$ Widerst.	h_{11}	$\left(\dfrac{u_{BE}}{i_B}\right)_{u_{CE}=0}$	$\left(\dfrac{\Delta U_{BE}}{\Delta I_B}\right)_{U_{CE}=\text{konst.}}$	3. Quadrant
$k_2 = \dfrac{i_2}{i_1}$	keine bzw. 1	h_{21}	$\left(\dfrac{i_C}{i_B}\right)_{u_{CE}=0}$	$\left(\dfrac{\Delta I_C}{\Delta I_B}\right)_{U_{CE}=\text{konst.}}$	2. Quadrant
$k_3 = \dfrac{u_1}{u_2}$	keine bzw. 1	h_{12}	$\left(\dfrac{u_{BE}}{u_{CE}}\right)_{i_B=0}$	$\left(\dfrac{\Delta U_{BE}}{\Delta U_{CE}}\right)_{I_B=\text{konst.}}$	4. Quadrant
$k_4 = \dfrac{i_2}{u_2}$	$Y(G)$ Leitwert	h_{22}	$\left(\dfrac{i_C}{u_{CE}}\right)_{i_B=0}$	$\left(\dfrac{\Delta I_C}{\Delta U_{CE}}\right)_{I_B=\text{konst.}}$	1. Quadrant

Beispiel: Die h-Parameter für $I_C = 5$ mA und $U_{CE} = 20$ V werden gesucht:

U_{CE}	5 V		20 V	20 V
I_C	2 mA		5 mA	5 mA
$h_{11e} =$	2,7 kΩ	0,4	1,3	$= 1{,}4$ kΩ
$h_{12e} =$	$1{,}5 \cdot 10^{-4}$	0,7	0,92	$= 0{,}97 \cdot 10^{-4}$
$h_{21e} =$	220	1	1,3	$= 286$
$h_{22e} =$	18 µS	2	0,69	$= 25$ µS

2.2.4 Angaben in Datenblättern von Transistoren

In den Datenblättern von Transistoren ist eine Fülle von Daten enthalten, deren Bedeutung anhand des Standardtransistors *BC 107* erläutert werden soll.

Bezeichnung und Kennzeichnung von Transistoren
Die Typenbezeichnung setzt sich aus zwei oder drei großen Buchstaben und Zahlenkombinationen, wie bei Dioden, zusammen. Tabelle 2.2–2 gibt das Schema, wie es von

2.2 Transistoren

Siemens verwendet wird, wieder. Andere Firmen verwenden gleiche oder ähnliche Bezeichnungen. Bei amerikanischen Herstellern ist die Bezeichnung 2N... üblich. Hier geht nicht aus der Bezeichnung hervor, ob es sich um Germanium- oder Silizium-Transistoren handelt. Die Transistoren werden im Klartext auf dem Gehäuse gekennzeichnet.

Tabelle 2.2-2. Bezeichnungsschema für Halbleiterbauelemente (Siemens)

1. Für Typen, die vorwiegend in Rundfunk-, Fernseh- und Magnettongeräten verwendet werden, besteht die Typenbezeichnung aus:

    2 Buchstaben und 3 Ziffern

2. Für Typen, die vorwiegend für andere Aufgaben als unter 1. angegeben, also vornehmlich für kommerzielle Zwecke, eingesetzt werden, besteht die Typenbezeichnung aus:

    3 Buchstaben und 2 Ziffern

    Darin bedeuten

    als erster Buchstabe
    A Ausgangsmaterial Germanium (Material mit einem Energiebandabstand von 0,6–1,0 eV)
    B Ausgangsmaterial Silizium (Material mit einem Energiebandabstand von 1,0–1,3 eV)
    C III-V-Material, z. B. Gallium-Arsenid (Material mit einem Energiebandabstand von 1,3 eV und mehr
    D Material mit einem Energiebandabstand von weniger als 0,6 eV, z. B. Indium-Antimonid
    R Halbleiter-Material für Photoleiter und Hallgeneratoren

    als zweiter Buchstabe
    A Diode (ausgenommen Tunnel-, Leistungs-, Zenerdiode und strahlungsempfindliche Diode, Bezugsdiode und Spannungsregler, Abstimmdiode)
    B Diode mit veränderlicher Sperrschichtkapazität (Abstimmdiode)
    C Transistor für Anwendungen im Tonfrequenzbereich ($R_{thJC} > 15$ K/W)
    D Leistungstransistor für Anwendung im Tonfrequenzbereich ($R_{thJC} < 15$ K/W)
    E Tunneldiode
    F Hochfrequenz-Transistor ($R_{thJC} > 15$ K/W)
    H Hall-Feldsonde
    K Hallgenerator in magnetisch offenem Kreis (z. B. Magnetogramm- oder Signalsonde)
    L Hochfrequenz-Leistungstransistor ($R_{thJC} < 15$ K/W)
    M Hallgenerator in magnetisch geschlossenem Kreis (z. B. Hallmodulator und Hallmultiplikator)
    P Strahlungsempfindliches Halbleiterbauelement (z. B. Fotoelement)
    Q Strahlungserzeugendes Halbleiterbauelement (z. B. Lumineszenzdiode)
    R Elektrisch ausgelöste Steuer- oder Schaltbauteile mit Durchbruchcharakteristik ($R_{thJC} > 15$ K/W), z. B. Thyristortetrode
    S Transistor für Schaltanwendungen ($R_{thJC} > 15$ K/W)
    T Elektrisch oder mittels Licht ausgelöste Steuer- oder Schaltbauteile mit Durchbruchcharakteristik ($R_{thJC} < 15$ K/W), z. B. Thyristortetrode, steuerbarer Leistungsgleichrichter
    U Leistungstransistor für Schaltanwendungen ($R_{thJC} < 15$ K/W)
    X Vervielfacher-Diode, z. B. Varaktor-Diode und Step-recovery-Diode
    Y Leistungsdiode, Spannungsrückgewinnungsdiode, „Booster"-Diode
    Z Bezugs- oder Spannungsreglerdiode, Z-Diode (früher Zenerdiode genannt)

    als dritter Buchstabe wird für Typen gemäß 2. der Buchstabe Z oder Y oder X usw. verwendet.

Die den Buchstaben folgenden Ziffern haben nur die Bedeutung einer laufenden Kennzeichnung, sie beinhalten also keine technische Aussage.

Gehäusetypen

Der Transistor *BC* 107 wird in einem Metallgehäuse TO-18 und, unter anderer Bezeichnung, auch in einem Kunststoffgehäuse geliefert. Die wichtigsten Gehäuseformen sind

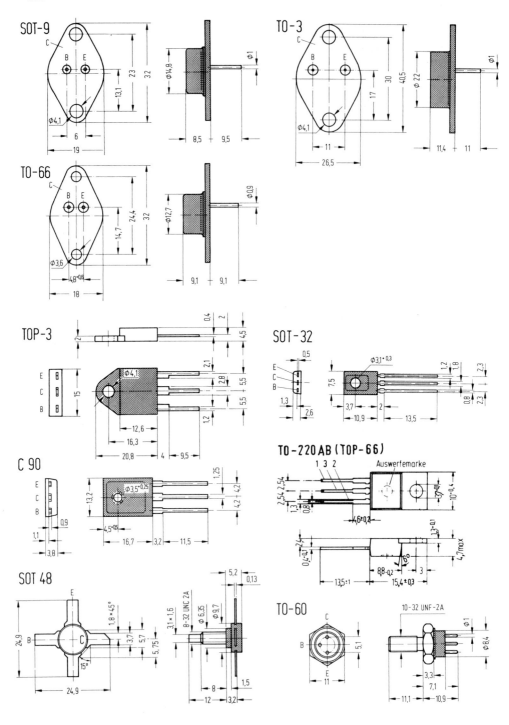

2.2 Transistoren

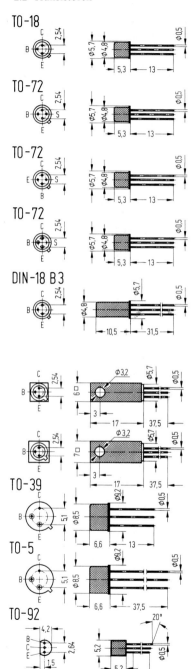

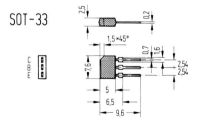

Bild 2.2–26.
Gehäuseformen von Transistoren

in Bild 2.2–26 dargestellt. Die Reihenfolge der Anschlüsse Emitter, Basis und Kollektor liegt nicht fest. Sie muß deshalb den Datenblättern entnommen werden. Beim Transistor *BC* 107 ist der Emitter-Anschluß (auf die Anschlußdrähte gesehen) mit einer Metallfahne am Gehäuse gekennzeichnet. Der mittlere Anschluß ist die Basis.
Weiterhin enthalten die Datenblätter *Grenzdaten, statische Kenndaten* und *dynamische Kenndaten*.

Grenzdaten

Grenzdaten dürfen nicht ohne Schaden für den Transistor überschritten werden. Sie beziehen sich auf die Spannungs- und Strombelastbarkeit sowie auf die thermische Belastbarkeit.
Die höchstzulässige Sperrspannung zwischen Kollektor und Emitter bei kurzgeschlossener Emitter-Diode ($U_{BE} = 0$ V) wird mit U_{CES} und bei offener Basis mit U_{CEO} ($I_B = 0$) bezeichnet. Für die Bezeichnung der Emitter-Basis-Sperrspannung wird U_{EBO} verwendet. Sie wird bei offenem Kollektor gemessen. Werden die Spannungsgrenzdaten überschritten, dann findet, wie bei jedem pn-Übergang, ein Durchbruch statt, der für den Transistor so lange ungefährlich ist, wie der Grenzstrom und die thermische Belastbarkeit nicht überschritten werden. Die Durchbruchspannung $U_{(BR)CE}$ wird unter den statischen Kenndaten des Transistors angegeben und liegt in der Größenordnung der Grenzdaten. Die Durchbruchspannung kann auf einfache Weise ermittelt werden, indem der Transistor wie in der Schaltung von Bild 2.2–27 über einen hochohmigen Vor-

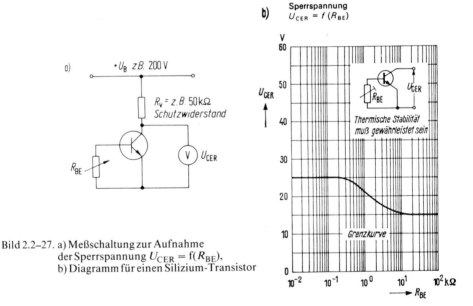

Bild 2.2–27. a) Meßschaltung zur Aufnahme der Sperrspannung $U_{CER} = f(R_{BE})$,
b) Diagramm für einen Silizium-Transistor

widerstand an eine hohe Gleichspannung angeschlossen wird. Bei dieser Messung wird der Abschlußwiderstand zwischen Basis und Emitter verändert. Die Höhe der Durchbruchspannung $U_{(BR)CE}$ ist von der Größe des Widerstandes abhängig. Bei Kurzschluß

2.2 Transistoren

zwischen Basis und Emitter fließt der Kollektorreststrom über die Basis ab, und die Durchbruchspannung erreicht ihren Höchstwert ($U_{BE} = 0$). Bei größerem Abschlußwiderstand wird die Durchbruchspannung kleiner, da sich der Reststrom auf Emitter und Basis aufteilt.

Die Stromgrenzdaten für den Kollektorstrom und den Basisstrom geben die größtmöglichen Mittelwerte an. Mit I_{CM} (i_{CM}) wird der zulässige Spitzenstrom bezeichnet, der auch kurzzeitig nicht überschritten werden darf.

Unter den thermischen Grenzdaten werden die Sperrschichttemperatur t_J, die Lagertemperatur t_S und die Daten für die thermische Belastbarkeit des Transistors angegeben. Die Sperrschichttemperatur t_J (100 °C ≈ 370 K bei *Ge*, 180 °C ≈ 450 K bei *Si*) darf in keinem Falle während des Betriebes überschritten werden. Die Lagertemperatur t_S gibt die höchstzulässige Umgebungstemperatur an, die auch ohne elektrische Belastung gerade erreicht werden darf. Wird die Minimaltemperatur unterschritten, dann besteht die Gefahr, daß Schäden infolge unterschiedlicher Materialausdehnung entstehen.

Die *Gesamtverlustleistung* P_{tot} gilt, wenn nichts anderes angegeben ist, für eine Umgebungstemperatur von 25 °C = 298 K. Liegen andere Bedingungen vor, dann muß die zulässige Belastbarkeit berechnet werden. Hierzu werden in den Datenblättern R_{thJA}, der Gesamtwiderstand zwischen Sperrschicht und Luft, und R_{thJC}, der Widerstand zwischen Sperrschicht und Gehäuse, angegeben. Der Widerstand R_{thJC} wird benötigt, wenn zusätzlich ein Kühlblech oder ein Kühlkörper notwendig ist. Für den Standardtransistor *BC* 107 werden angegeben: $R_{thJA} = 500$ K/W; $R_{thJC} = 200$ K/W. Bei einer Umgebungstemperatur von 333 K ergibt sich eine Belastbarkeit von

$$P_{tot} = \frac{t_J - t_A}{R_{thJA}} = \frac{448 \text{ K} - 333 \text{ K}}{500 \text{ K/W}} = 230 \text{ mW}.$$

Bild 2.2–28 zeigt hierfür das thermische Ersatzbild. Wird eine Kühlschelle mit $R_{th} = 150$ K/W verwendet und der Übergangswiderstand zwischen Gehäuse und Schelle mit 30 K/W angenommen, so wird die Belastbarkeit

$$P_{tot} = \frac{t_J - t_A}{R_{thJC} + R_{thCK} + R_{thKA}} = \frac{115 \text{ K}}{200 \text{K/W} + 30 \text{ K/W} + 150 \text{ K/W}} \approx 300 \text{ mW}.$$

Bild 2.2–29 zeigt das thermische Ersatzschaltbild des Beispiels. Häufig wird die Belastbarkeit P_{tot} als Funktion der Umgebungstemperatur in den Datenblättern graphisch dargestellt (Bild 2.2–30).

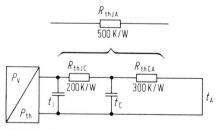

Bild 2.2–28.
Thermisches Ersatzbild eines Kleinsignal-Transistors (BC 107) ohne Kühlkörper

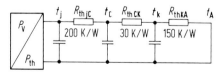

Bild 2.2–29.
Thermisches Ersatzschaltbild eines Transistors mit Kühlschelle

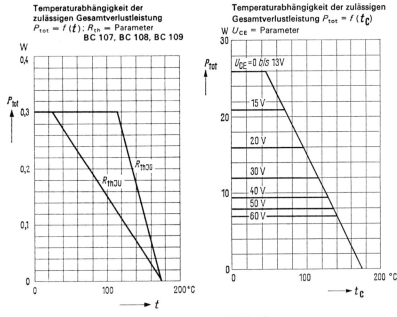

Bild 2.2-30.
Abhängigkeit der Belastbarkeit von t_A bzw. von t_C

Bild 2.2-31.
Abhängigkeit der Belastbarkeit von der Gehäusetemperatur und der Spannung U_{CE} eines Leistungs-Transistors

Bei Transistoren mit großen Leistungen, die immer mit Kühlkörpern oder Kühlblechen verwendet werden, werden von manchen Herstellern der thermische Widerstand R_{thJC} und die Temperaturabhängigkeit der Belastbarkeit P_{tot} in einer Kennlinie angegeben (Bild 2.2-31), wobei anstelle der Umgebungstemperatur die Gehäusetemperatur aufgetragen wird.

Die Spannung U_{CE} ist Parameter. Das bedeutet für den Leistungstransistor, daß die Belastbarkeit von der Höhe der angelegten Sperrspannung U_{CE} beeinflußt wird. Die Belastbarkeit geht mit der Höhe der Spannung zurück. Die notwendige Verminderung ist auf die Gefahr des *Durchbruchs zweiter Art* (second breakdown) zurückzuführen. Der Durchbruch zweiter Art darf nicht mit der Durchbruchspannung verwechselt werden. Hier handelt es sich nicht um ein Spannungsproblem, sondern in erster Linie um die Wärmeverteilung im Kristall. Die Wärmeverteilung ist von der Höhe des Belastungsstromes und der Höhe der Sperrspannung an der Kollektordiode abhängig. Bei großen Betriebsspannungen U_{CE} ist die Stromdichte nicht mehr über die ganze Kristallfläche gleichmäßig verteilt, sondern es kommt an bestimmten Stellen zur Einschnürung des Stromes. Die hohe Stromdichte an solchen Stellen führt zu hohen Kristalltemperaturen und damit zur sprunghaften Erhöhung der Eigenleitung in diesem Gebiet, die schlimmstenfalls zur Zerstörung bzw. zum Durchbruch der Sperrschicht führen können.

Die zulässige thermische Belastbarkeit kann im Ausgangskennlinienfeld als Kurve eingetragen werden. Alle Punkte gleicher Belastbarkeit liegen im *U-I*-Kennlinienfeld auf

2.2 Transistoren

einer Hyperbel. Die Gleichung der Hyperbel läßt sich aus folgender einfachen Beziehung ableiten:

$$P_{tot} = P_{Vmax} = U_{CE} I_C$$

und umgestellt

$$I_C = \frac{P_{tot}}{U_{CE}} = \frac{K}{U_{CE}};$$

K Konstante für den Transistor

Die Belastbarkeit P_{tot}, z. B. 300 mW beim Transistor BC 107, ergibt sich aus vielen möglichen Wertepaaren von Strom und Spannung,

U_{CE}	1	2	4	6	8	10	14	20	26	V
I_C	300	150	75	50	37,5	30	21,4	15	11,5	mA

In Bild 2.2–14 ist die Hyperbel eingezeichnet. Die Lage der Hyperbel ist von der Belastbarkeit abhängig. Alle Betriebspunkte müssen unterhalb der Verlusthyperbel liegen. Man sieht: Bei hohen Spannungen U_{CE} ist der zulässige Kollektorstrom relativ niedrig. Werden dem Transistor von Bild 2.2–14 30 mA bei $U_{CE} = 20$ V zugemutet, so wird zwar der Grenzstrom von $I_C = 100$ mA nicht überschritten, der Transistor aber trotzdem mit $P_V = 30$ mA · 20 V = 600 mW um 100 % thermisch überlastet.

Verlustleistung des Transistors

Die Verlustleistung P_V des Transistors kann nicht in den Datenblättern angegeben werden, da sie durch die jeweils vorliegenden Betriebsbedingungen bestimmt ist. Die Verlustleistung entsteht hauptsächlich im pn-Übergang zwischen Kollektor und Basis, der betriebsmäßig mit Sperrspannung belastet wird. Die Durchlaßverluste (Steuerverluste) der Basis-Emitter-Diode sind demgegenüber vernachlässigbar klein. In guter Näherung kann man die Verlustleistung für den jeweiligen Betriebspunkt errechnen:

$$P_V = U_{CE} \cdot I_C.$$

In einer Transistor-Emitterschaltung wie in Bild 2.2–41 ist die Verlustleistung je nach Aussteuerung des Transistors unterschiedlich groß,

$$P_V = P_{gesamt} - P_{RL} = U_B \cdot I_C - R_L \cdot I_C^2.$$

Die Verlustleistung erreicht ein Maximum, wenn $P_{RL} = P_V$ ist. Diese Bedingung muß erfüllt sein, wenn die halbe Speisespannung am Transistor liegt und 50 % des höchstmöglichen Stromes fließen:

$$\boxed{P_{Vmax} = \frac{U_B}{2} \cdot \frac{I_{Cmax}}{2} = \frac{U_B}{4} \cdot \frac{U_B}{R_L} = \frac{U_B^2}{4R_L}.}$$

Wenn im ungünstigsten Betriebsfall die Verlustleistung kleiner ist als die zulässige thermische Belastbarkeit P_{tot}, kann der gewählte Transistor verwendet werden. Bei geringe-

rer Verlustleistung wird die Sperrschichttemperatur t_J niedriger sein als der zulässige Grenzwert. Übersteigt die Verlustleistung P_V die zulässige Belastbarkeit P_{tot}, dann erleidet der Transistor Schaden, es muß also ein größerer gewählt werden.
Wie aus dem thermischen Ersatzschaltbild in Bild 2.2-29 zu ersehen ist, enthält der Transistor eine innere Wärmekapazität, die mit dem inneren Widerstand R_{thJC} eine Zeitkonstante darstellt. Die Wärmekapazität kann eine gewisse Wärmemenge speichern und gestattet eine kurzzeitige Überlastung des Transistors.

Betriebsbereiche des Transistors

Das Bild 2.2-32 zeigt im Prinzip den Arbeitsbereich des Transistors, der durch folgende Daten begrenzt ist:
a) Thermische Belastbarkeit (Verlusthyperbel)
b) Kollektorstrom I_C bzw. i_{CM}
c) Durchbruchspannung $U_{(BR)CE}$
d) Durchbruch zweiter Art

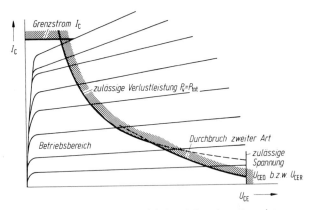

Bild 2.2-32. Grenzen des Betriebsbereiches eines Transistors

Statische Kenndaten

Statische Kenndaten gelten für den Betrieb mit Gleichstrom. Wie aus den Listenwerten zu ersehen ist, werden die Transistoren in Gruppen mit unterschiedlicher Stromverstärkung unterteilt und gekennzeichnet.
Die Datenblätter enthalten außerdem typische Werte für die Basis-Emitter-Spannung und die Restspannung zwischen Kollektor und Emitter unter bestimmten Betriebsbedingungen.

Restströme

Weiterhin sind Daten über Restströme des Transistors aufgeführt. Diese Restströme treten bei allen pn-Übergängen, die in Sperrichtung gepolt sind, auf. Restströme sind von der Temperatur und der Sperrspannung abhängig. Die Temperaturabhängigkeit beträgt

2.2 Transistoren   113

etwa 8 bis 10 %/K, d. h. der Reststrom verdoppelt sich bei 10 Grad Temperaturerhöhung. Bei Germanium-Transistoren sind Restströme etwa um drei Zehnerpotenzen größer als bei vergleichbaren Silizium-Transistoren (630 µA bei *Ge*, 0,2 nA bei *Si*). Der für das Betriebsverhalten des Transistors wichtigste Reststrom ist der Sperrstrom der Kollektor-Basis-Diode. Bild 2.2–33a zeigt, wie man ihn aufnehmen kann, und im Diagramm von Bild 2.2–34 ist die Temperaturabhängigkeit gezeigt. Wird der Sperrstrom

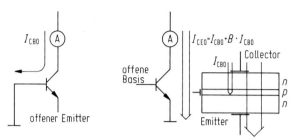

Bild 2.2–33. Prinzipschaltung zur Messung
a) des Kollektor-Basis-Reststromes
b) des Kollektor-Emitter-Reststromes bei offener Basis

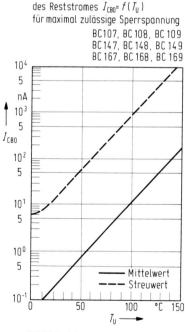

Bild 2.2–34.
Kollektor-Basis-Reststrom als
Funktion der Temperatur

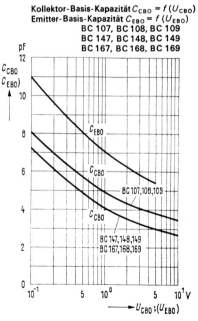

Bild 2.2–35.
Spannungsabhängigkeit
der Sperrschichtkapazitäten
eines Transistors *BC* 107

I_{CBO} nicht durch die Schaltungsanordnung zum Emitter abgeleitet, dann wird er wie jeder andere Basisstrom mit dem Stromverstärkungsfaktor B verstärkt und hat einen um diesen Faktor vergrößerten Kollektor-Emitter-Reststrom zur Folge.

$$I_{CEO} = I_{CBO} + I_{CBO} \cdot B.$$

Bei extrem hohen Sperrschicht-Temperaturen und großen Widerständen im Kollektorkreis kann der Reststrom I_{CEO} besonders bei Germanium-Transistoren zu Schwierigkeiten führen. Die Ausgangsspannungen erreichen nicht den Höchstwert, und die Sperrverlustleistung kann nicht mehr vernachlässigt werden. Schaltungen, in denen Transistoren als „Schalter" verwendet werden, erhalten meistens zur Vermeidung unerwünschter Folgen Ableitwiderstände zwischen Basis und Emitter.

Dynamische Kenndaten
Transitfrequenz
Eine der wichtigsten Angaben für das Wechselstromverhalten des Transistors ist die Sperrschichtkapazität der Kollektor-Basis-Diode. Sie ist von der anliegenden Sperrspannung abhängig und wird als Funktion von U_{CBO}, wie in Bild 2.2–35, dargestellt. Beim Transistor *BC* 107 beträgt die Sperrschichtkapazität 3,5 pF bei $U_{CB} = 10$ V und einer Meßfrequenz von 1 MHz (gemessen bei offenem Emitter einschl. Gehäusekapazität).
Die zweite Kapazitätsangabe für die Emitter-Basis-Diode in Sperrichtung hat im normalen Betriebsfall, wenn ein Durchlaßstrom fließt, keine Bedeutung. Man sollte meinen, daß die kleine Kapazität C_{CBO} keinen Einfluß auf das Verhalten des Transistors habe. Da sie jedoch zwischen Emitter- und Basis-Anschluß im Gegenkopplungskreis des Transistors liegt, beeinflußt sie das Frequenzverhalten sehr stark. Der kapazitive Widerstand erreicht bei 100 MHz einen Wert von 455 Ω ($X_C = 1/\omega C$) und ist damit keineswegs vernachlässigbar.
Ein Maß für das Frequenzverhalten des Transistors ist die sog. Transitfrequenz, auch β–1-Frequenz genannt, bei der lt. Definition die Stromverstärkung $\beta = h_{21e}$ gerade eins wird. Wie fast alle Daten ist auch die Transitfrequenz vom Strom und der Spannung abhängig und wird daher graphisch wie in Bild 2.2–36 für den Transistor *BC* 107 dargestellt.

Rauschen
Schaltet man einen Kopfhörer an den Ausgang eines Verstärkers oder Tonaufzeichnungsgerätes geringer Wiedergabequalität, ist ein Geräusch ähnlich „Meeresrauschen" oder „Blätterrauschen" wahrzunehmen. Bei der Darstellung der Spannung am Kopfhörer mit einem Oszilloskop macht sich das Rauschen durch ein breites Band mit unterschiedlichen Amplituden und Frequenzen bemerkbar. Wird z. B. ein sinusförmiges Signal übertragen, überlagert sich das Rauschen, und die Sinusspannung wird verschwommen als breite Linie dargestellt. Maßgebend für die Güte eines Verstärkers oder einer Übertragungsstrecke ist das Verhältnis der Signalspannung zur Rauschspannung. Rauschen gewinnt bei sehr kleinen Eingangssignalen und sehr hoher Verstärkung an Bedeutung.
Wie jedes andere Bauelement der Elektronik erzeugt der Transistor Rauschspannung bzw. Rauschleistungen, die auf unterschiedliche physikalische Effekte zurückzuführen sind. Rauschspannungen bzw. Rauschleistungen entstehen als Folge von
a) Strömen in metallischen Leitern, Widerstandsschichten, dotierten Halbleitern und pn-Übergängen,
b) thermisch angeregten Ladungsträgern und Temperaturänderungen.

2.2 Transistoren

Stromrauschen

Ströme sind bewegte Ladungsträger. Die Zahl ist zwar unvorstellbar groß, aber der Transport geschieht „portionsweise", vergleichbar mit rieselnden Sandkörnchen und

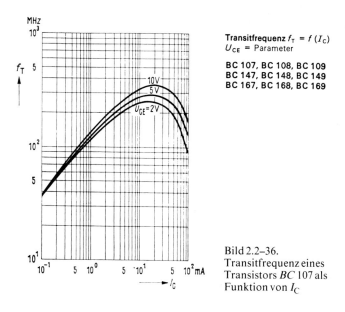

Bild 2.2-36. Transitfrequenz eines Transistors BC 107 als Funktion von I_C

Transitfrequenz $f_T = f(I_C)$
U_{CE} = Parameter

BC 107, BC 108, BC 109
BC 147, BC 148, BC 149
BC 167, BC 168, BC 169

nicht mit fließendem Wasser. Kleine Unregelmäßigkeiten im Ladungsträgerfluß erzeugen Rauschen. Solche Unregelmäßigkeiten treten auch in Halbleitern durch Generation und Rekombination von Ladungsträgern und an Metall-Halbleiterübergängen auf. Dieses Rauschen bezeichnet man als „Schrotrauschen". Es ändert sich mit $\sqrt{I}$ und $\sqrt{\Delta f}$.
Bei Frequenzen unter 1 kHz tritt zusätzlich „Funkelrauschen" auf. Das Funkelrauschen ist auf spontane Widerstandsänderungen in den Sperrschichten und Temperaturänderungen in diesem Bereich zurückzuführen. Sprunghafte Änderungen von parasitären Strömen an Kristalloberflächen kommen ebenfalls als Ursache für Funkelrauschen in Frage. Funkelrauschen nimmt mit $1/f$ ab etwa 1 kHz zu. Es ist natürlich auch abhängig vom Strom I.

Thermisches Rauschen

Thermisches Rauschen beruht auf der regellosen Bewegung thermisch angeregter Ladungsträger. Je geringer die absolute Temperatur eines Bauelementes ist, desto geringer ist das thermische Rauschen. Thermisches Rauschen tritt im gesamten Frequenzbereich auf und wird deshalb in Anlehnung an das Frequenzspektrum von weißem Licht auch als „weißes Rauschen" bezeichnet. Maßgebend bei der Berechnung von Rauschspannungen ist die Bandbreite des betrachteten Verstärkers, der vom gesamten Rauschband nur den Anteil der dem Verstärker eigenen Bandbreite überträgt. Die Rauschspannung und die Rauschleistung können mit der Boltzmannschen Konstanten k berechnet werden. Die Rauschleistung P_R ist unabhängig vom Widerstandswert.

$$P_R = 4 \cdot k \cdot T \cdot \Delta f = 4 \cdot 1{,}38 \cdot 10^{-23}\,\text{Ws/K} \cdot 300\,\text{K} \cdot 20 \cdot 10^3\,\text{s}^{-1}$$
$$= 0{,}33 \cdot 10^{-15}\,\text{W}.$$

k Boltzmannkonstante $= 1{,}38 \cdot 10^{-23}\,\text{Ws/K}$
T absolute Temperatur in K, z. B. 300 K
Δf Bandbreite in Hz, z. B. 20 kHz

Über die Beziehung $U = \sqrt{P \cdot R}$ läßt sich die Rauschspannung U_R berechnen:

$$U_R = \sqrt{4 \cdot k \cdot T \cdot \Delta f \cdot R}$$

Beispiel: Bei einer Bandbreite eines Verstärkers von 1 MHz und einem Widerstand von 1 MΩ ergibt sich die Rauschspannung

$$U_R = \sqrt{4 \cdot 1{,}38 \cdot 10^{-23}\,\text{Ws/K} \cdot 300\,\text{K} \cdot 1 \cdot 10^6\,\text{s}^{-1} \cdot 1 \cdot 10^6\,\text{V/A}} = 128\,\mu\text{V}$$

In vielen praktischen Anwendungsfällen kann die Rauschspannung vernachlässigt werden. Kritische Verhältnisse ergeben sich bei sehr geringen Signalspannungen, wie sie in der Nachrichtentechnik vorhanden sind, die in der Größenordnung der Rauschleistung liegen. Maßgebend ist das Verhältnis der Signalleistung P zur Rauschleistung P_R. Das Rauschen von Verstärkern wird deshalb meistens nicht als Absolutwert, sondern als bezogene Größe angegeben. Die Rauschzahl F ergibt sich aus folgenden Verhältnissen:

$$F = \frac{\dfrac{P_1}{P_{1R}}}{\dfrac{P_2}{P_{2R}}} = \frac{P_1 (K_p \cdot P_{1R} + P_{RVer})}{P_{1R} \cdot K_p \cdot P_1} = \frac{K_p \cdot P_{1R} + P_{RVer}}{K_p \cdot P_{1R}}$$

P_1 Eingangs-Signalleistung
P_2 Ausgangs-Signalleistung $= K_p \cdot P_1$
P_{1R} Eingangs-Rauschleistung eines Generators oder Widerstandes
P_{2R} Ausgangsrauschleistung $P_{1R} \cdot K_p + P_{RVer}$
K_p Leistungsverstärkung des Verstärkers

Der Faktor $P_{RVer}/P_{1R} \cdot K_p$ wird auch als Zusatzrauschzahl F_z bezeichnet. Im Idealfall ist sie Null.
In den Datenblättern von Transistoren wird meistens der Rauschfaktor in dB, das Rauschmaß, angegeben.

$$F = 10 \cdot \log \frac{K_p \cdot P_{R1} + P_{RVer}}{K_p \cdot P_{R1}} \quad \text{in dB}$$

Die Rauschzahl bzw. das Rauschmaß kann mit einem Rauschgenerator oder mit einem Signalgenerator und sehr empfindlichen Effektiv-Spannungsmessern bestimmt werden. Zusätzlich muß die Bandbreite, für die das Rauschen gemessen werden soll, durch ein Bandfilter am Ausgang des Verstärkers begrenzt werden. Bild 2.2-37 zeigt die prinzipielle Meßanordnung mit einem Signalgenerator. Der Innenwiderstand des Signalgenerators wird mit einem äußeren Widerstand auf den Eingangswiderstand R_e des Verstärkers erhöht, um Leistungsanpassung zu erreichen ($R_i = R_e$).

2.2 Transistoren

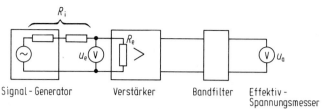

Bild 2.2–37. Anordnung zur Messung des Rauschmaßes F
1. Messung: Signalspannung null; u_a wird gemessen
2. Messung: Ausgangsspannung um Faktor $\sqrt{2}$ mit Signal-Generator erhöhen; u_e messen

Stellt man zunächst die Eingangssignalspannung auf Null, dann erhält man am Ausgang des Verstärkers eine Rauschleistung P_{2R} und eine mit dem Effektiv-Spannungsmesser meßbare Rauschspannung U_{2R} infolge des thermisch rauschenden Innenwiderstandes R_i. Die thermische Rauschleistung muß bei Leistungsanpassung am Innenwiderstand genauso groß wie am Eingangswiderstand sein:

$$P_{1R} = \frac{U_R^2}{4 \cdot R_i} = \frac{4 \cdot k \cdot T \cdot \Delta f \cdot R_i}{4 \cdot R_i} = k \cdot T \cdot \Delta f$$

Am Ausgang des Verstärkers addiert sich die Rauschleistung des Verstärkers selbst zu dem verstärkten Eingangsrauschen.

$$P_{2R} = (k \cdot T \cdot \Delta f) \cdot K_p + P_{RVer}$$

Stellt man zur folgenden Messung die Ausgangsspannung des Verstärkers mit Hilfe des Signalgenerators auf einen $\sqrt{2}$ mal größeren Wert ein, so erhöht sich die Ausgangsleistung auf $2 \cdot P_{2R}$. Die Signalleistung ist in diesem Falle genauso groß wie die Rauschleistung und das Verhältnis P_2/P_{2R} gerade eins. Da man die eingestellte Steuer-Signalspannung messen kann, ist es möglich, die Rauschzahl F zu berechnen:

$$F = \frac{\dfrac{P_1}{P_{1R}}}{\dfrac{P_2}{P_{2R}}} \text{ mit } \frac{P_2}{P_{2R}} = 1 \text{ wird:}$$

$$F = \frac{P_1}{P_{1R}} = \frac{U_e^2}{R_e} \cdot \frac{1}{k \cdot T \cdot \Delta f}$$

Beispiel: Die Rauschzahl und das Rauschmaß eines Verstärkers mit einem Eingangswiderstand von 2,3 kΩ sollen für eine Bandbreite von 50 kHz bestimmt werden. Die zweite der zuvor beschriebenen Messungen ergab eine Signalspannung von $U_e = 2\,\mu V$.

$$F = \frac{(2\,\mu V)^2}{2,3\,k\Omega} \cdot \frac{1}{1,38 \cdot 10^{-23}\,Ws/K \cdot 300\,K \cdot 50 \cdot 10^3\,s^{-1}} = 8,4$$

und das Rauschmaß in dB:

$$F = 10 \cdot \log 8,4 = 9,24\,dB$$

Rauschen beim Transistor

Beim Transistor treten alle zuvor behandelten Rauschursachen in Erscheinung. Thermisches Rauschen entsteht an den unvermeidlichen Bahnwiderständen, Stromrauschen bei Kollektor- und Basis-Strömen, Funkelrauschen in den Grenzschichten und an den Kristalloberflächen. Einen Überblick über das Transistor-Rauschen in Abhängigkeit von der Frequenz gibt Bild 2.2–38. Das Rauschen wird nicht getrennt nach Einzelursachen, sondern als Rauschmaß F angegeben. Der Anstieg des Rauschmaßes F oberhalb einer Frequenz von etwa 1 MHz ist auf die Grenzfrequenz des Transistors zurückzuführen. Mit kleineren Werten von K_p, aber konstanter Rauschleistung P_{RTrans}, wird der Verhältniswert F größer.

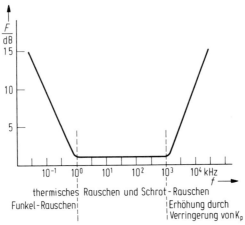

Bild 2.2–38. Frequenzabhängigkeit des Transistorrauschens und der Rauschursachen

Maßnahmen zur Verringerung von Rauschen

Wie aus den Diagrammen von Bild 2.2–39 zu entnehmen ist, kann das Rauschmaß F durch Schaltungsmaßnahmen und durch die Wahl von rauscharmen Transistoren klein gehalten werden. Darüber hinaus ergeben sich günstigere Rauschverhältnisse, wenn die gewünschte Gesamtverstärkung auf mehrere Stufen mit geringer Verstärkung verteilt wird.
Bild 2.2–39 b zeigt den Einfluß des Kollektor-Gleichstromes und des Generatorinnenwiderstandes auf das Rauschen des Transistors BC 109. Gute Ergebnisse erzielt man bei Kollektorströmen von etwa 0,1 mA und mit Generatorwiderständen von etwa 10 kΩ. Der Einfluß der Spannung U_{CE} ist gering, wie Bild 2.2–39 c verdeutlicht.

h-Parameter

Unter den dynamischen Kenndaten werden außerdem die Vierpolparameter als h-(Hybrid-) oder Y-(Leitwert-)Parameter angegeben. Diagramme, in denen die Parameter als Funktion von I_C und U_{CE} aufgetragen werden, dienen zur Umrechnung.

2.2 Transistoren

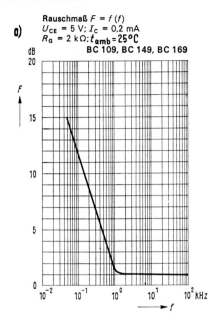

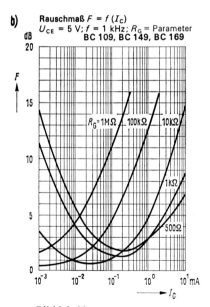

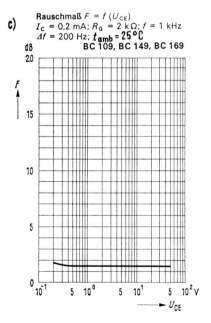

Bild 2.2–39.
Abhängigkeit des Rauschmaßes F
a) als Funktion der Frequenz,
b) als Funktion von I_C
c) als Funktion von U_{CE}

2.2.5 Grundschaltungen des Transistors

Es sind drei Schaltungen mit Transistoren möglich. Man bezeichnet sie als Grundschaltungen, da in der Praxis häufig Schaltungen verwendet werden, die durch Gegenkopplungswiderstände nicht auf den ersten Blick eindeutig einer der drei Grundschaltungen zugeordnet werden können. Unterschieden werden:
- a) Emitterschaltung
- b) Kollektorschaltung
- c) Basisschaltung

Jede der drei Schaltungen hat Vorteile und bringt gleichzeitig unvermeidbare Nachteile mit sich. Bild 2.2-40 zeigt die Grundschaltungen und die Gegenüberstellung der Vor- und Nachteile. Die jeweilige Grundschaltung erhält ihren Namen von dem Punkt, in dem die Speisespannungsquelle und die Steuerspannungsquelle zusammengeschaltet sind. In der Emitterschaltung mit einem npn-Transistor ist der Minuspol der Speisespannungsquelle mit dem Minuspol der Steuerspannung im Emitterpunkt verbunden. Bei der Kollektorschaltung sind zwei Anordnungen der Steuerspannungsquelle möglich. Die Anordnung links scheint der Definition zu widersprechen, da die beiden Spannungsquellen nicht direkt im Kollektorpunkt verbunden sind. Hier liegt die Steuerspannung mit dem kleinen Innenwiderstand der Speisespannungsquelle an dem Kollektor des Transistors. Beide Schaltungen haben das gleiche Verhalten.

Die Zahlenangaben in Bild 2.2-40 sind die errechneten Werte für einen Transistor BC 107 bei einem Betriebspunkt mit $U_{CE} = 5$ V, $I_C = 2$ mA, einem Lastwiderstand von $R_C = 2,7$ kΩ und einem Generatorinnenwiderstand von $R_G = 50$ Ω. Andere Betriebspunkte bedingen andere Zahlenwerte. Die Spannungsrückwirkung wurde bei der Berechnung vernachlässigt.

Die im Bild 2.2-40 verwendeten Formelzeichen haben folgende Bedeutung:

Z_1 Kleinsignal-Eingangswiderstand der Schaltung mit Widerstand im Lastkreis
Z_2 Kleinsignal-Ausgangswiderstand der Schaltung mit Widerstand im Lastkreis
r_{aTrans} Kleinsignal-Ausgangswiderstand des Transistors selbst ohne Berücksichtigung des Widerstandes im Lastkreis
A_u Kleinsignal-Spannungsverstärkung ohne Belastung im äußeren Kreis
A_i interne Kleinsignal-Stromverstärkung
f_o obere Grenzfrequenz der Schaltung

Aus der Gegenüberstellung läßt sich erkennen, daß die Emitterschaltung sowohl eine Spannungsverstärkung als auch eine Leistungsverstärkung hat, die größer ist als eins. Der relativ große Ausgangswiderstand und der kleine Eingangswiderstand können durch Gegenkopplungsschaltungen beeinflußt werden.

Wenn auf sehr großen Eingangswiderstand Wert gelegt werden muß, bietet sich die Kollektorschaltung an. Durch interne Gegenkopplung ist bei dieser Schaltung die Spannungsverstärkung etwa auf den Wert 1 herabgesetzt.

Die Basisschaltung hat das günstigste Frequenzverhalten. Sie wird daher hauptsächlich in Hochfrequenzschaltungen eingesetzt. Das gute Frequenzverhalten wird durch eine wesentlich schlechtere Stromverstärkung erkauft. Die Stromverstärkung ist ungefähr eins.

Emitterschaltung			Basisschaltung			Kollektorschaltung		
$U_{CE} = 5\,V$ $I_C = 2\,mA$	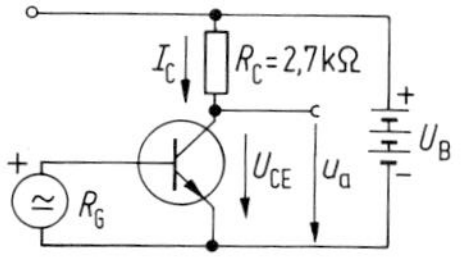		$U_{CE} = 5\,V$ $I_C = 2\,mA$	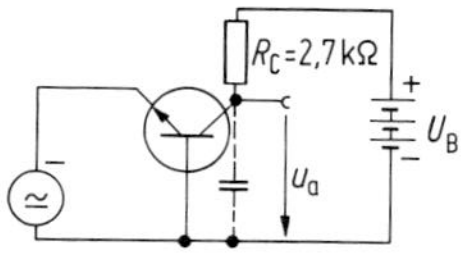		$U_{CE} = 5\,V$ $I_C = 2\,mA$	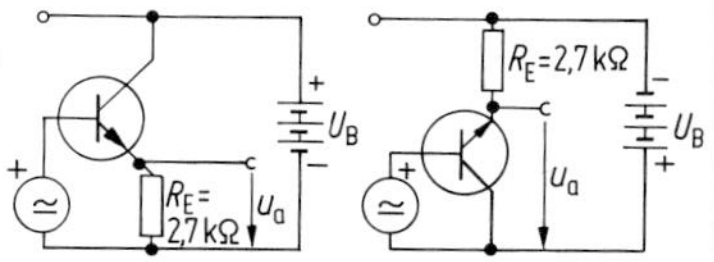	
	Vorteile	Nachteile		Vorteile	Nachteile		Vorteile	Nachteile
Z_{1e}		mittel $\approx 2{,}7\,k\Omega$ $\approx r_{be} = h_{11e}$ $\frac{\beta}{S} = \frac{0{,}027\,V \cdot \beta}{I_C}$	Z_{1b}		klein $\approx \frac{r_{be}}{\beta}$ $12\,\Omega$	Z_{1c}	sehr groß $\approx \beta R_E$ $600\,k\Omega$	
Z_{2e}		$\approx R_C$ $2{,}7\,k\Omega$	Z_{2b}		$\approx R_C$ $2{,}7\,k\Omega$	Z_{2c}	sehr klein $\approx \frac{r_{be} + R_G}{\beta} \approx \frac{1}{S}$ $12\,\Omega$	
$r_{a\,Trans}$		groß $\approx 56\,k\Omega$ $\approx \frac{1}{h_{22e}} = r_{ce}$ $\approx \frac{80\,V}{I_C}$	$r_{a\,Trans}$	sehr groß $\approx \frac{h_{11e} + R_{iG}(1 + h_{21e})}{\Delta h_e + h_{22e} + R_{iG}}$ $\approx 800\,k\Omega$				
A_{ue}	groß ≈ 220 $\approx S \cdot R_C =$ $36\,V^{-1} \cdot I_C \cdot R_C$		A_{ub}	groß ≈ 220		A_{uc}		klein ≈ 1
A_{ie}	groß $\approx \beta$ 204		A_{ib}		klein $\approx \alpha \approx \frac{\beta}{1 + \beta}$ 0,995	A_{ic}	groß $\approx \beta + 1$ 223	
f_0		niedrig $\frac{f_T}{\beta}$ 700 kHz	f_0	sehr hoch f_T 155 MHz		f_0	hoch	
Stabilität		gering	Stabilität	groß		Stabilität	groß	

Bild 2.2–40: Gegenüberstellung der drei Grundschaltungen des Transistors

2.2.6 Betriebsverhalten der Emitterschaltung

In Bild 2.2–41 ist ein Transistor in Emitterschaltung dargestellt. Der Lastwiderstand im Kollektorkreis habe einen Widerstandswert von 2,7 kΩ. Sobald eine Steuerspannung zwischen Basis und Emitter angelegt wird, die größer ist als die Schwellspannung, fließt ein Steuerstrom I_B über die Emitter-Basis-Diode. Ein Strom I_C, der um den Faktor B größer ist als der Basisstrom, ist die Folge. Dieser Strom fließt natürlich auch durch den Lastwiderstand R_C und erzeugt einen Spannungsabfall U_{RC}. Wird die Steuerspannung vergrößert, so steigen der Steuerstrom, der Kollektorstrom und der Spannungsabfall am Lastwiderstand; wird die Spannung U_{BE} verkleinert, so werden die Werte ebenfalls kleiner. Es gibt zwei extreme Möglichkeiten der Aussteuerung.

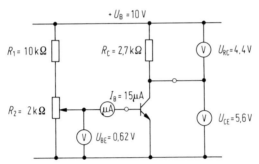

Bild 2.2–41. Spannungsaufteilung in einer Emitterschaltung mit Widerstand im Kollektorkreis

Die Steuerspannung ist im ersten Extremfall Null, es fließt kein Steuerstrom, und der Kollektorstrom geht fast auf Null zurück. Der Spannungsabfall am Lastwiderstand kann vernachlässigt werden. Zwischen Kollektor und Emitter liegt die Speisespannung. Dieser Betriebspunkt ist im Ausgangskennlinienfeld in Bild 2.2–42 mit A bezeichnet.

Im zweiten Extremfall fließen ein relativ großer Steuerstrom und der größtmögliche Kollektorstrom, der durch die Speisespannung, die Restspannung U_{CEsat} und den Lastwiderstand bestimmt wird. Man sagt, der Transistor sei voll durchgesteuert. Fast die gesamte Speisespannung liegt dann am Lastwiderstand. Dieser zweite Betriebspunkt wird mit B bezeichnet.

Verbindet man die beiden Punkte A und B durch eine Gerade, so erhält man die sog. *Widerstandsgerade (Arbeitsgerade, Lastgerade)*. Auf dieser Geraden liegen bei rein ohmschem Belastungswiderstand alle möglichen Wertepaare von U_{RC} und I_C. Wird der Transistor mit einer Generatorspannung $U_{BE} = 620$ mV angesteuert, dann ergibt sich der Betriebspunkt als Schnittpunkt der Arbeitsgeraden mit dem Parameter der Basis-Emitter-Spannung 620 mV. Fällt man von diesem Betriebspunkt das Lot auf die U_{CE}-Achse, so teilt dieses Lot die Speisespannung auf. Vom Nullpunkt bis zur Hilfslinie am Transistor liegt die Spannung $U_{CE} = 5,6$ V, von der Hilfslinie bis zum Extrempunkt A am Lastwiderstand liegt die Spannung $U_{RC} = 4,4$ V.

Eine Erhöhung des Steuerstromes I_B um 5 µA auf $I_B = 20$ µA hat eine Verschiebung des Betriebspunktes auf der Arbeitsgeraden zur Folge. Aus der Eingangskennlinie von Bild 2.2–13 oder der Spannungssteuerkennlinie von Bild 2.2–12 kann die hierzu notwendige

2.2 Transistoren

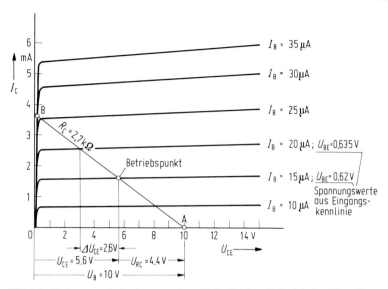

Bild 2.2-42. Lastgerade im Ausgangskennlinienfeld am Beispiel eines Transistors BC 107 A

Spannungserhöhung von U_{BE} mit etwa 15 mV ermittelt werden. Die Spannung am Transistor nimmt um etwa 2,6 V ab, die Spannung am Lastwiderstand R_C um 2,6 V zu. Offensichtlich ändert sich die Spannung U_{CE} bzw. U_{RC} stärker als die Steuerspannung U_{BE}. Das Verhältnis der Änderung der Kollektor-Emitter-Spannung zur Änderung der Basis-Emitter-Spannung $\Delta U_{CE}/\Delta U_{BE}$ nennt man *Spannungsverstärkung* V_u. Anstelle der Änderung von U_{CE} kann auch die Änderung von U_{RC} eingesetzt werden, da die Änderungen gleich groß sind, jedoch entgegengesetzte Vorzeichen haben. Allgemein versteht man unter der Spannungsverstärkung V_u das Verhältnis der *Beträge* der Ausgangsspannung zur Eingangsspannung. Die Spannungsverstärkung ist sehr stark vom Betriebspunkt abhängig. Mit steigendem Kollektorstrom nimmt sie größere Werte an. Die Spannungen U_{RC} bzw. U_C als Funktion von U_{BE} werden in der Praxis nicht dargestellt, da ein derartiges Diagramm immer nur für einen Widerstandswert Gültigkeit hat. Man hat daher nach Wegen gesucht, die Spannungsverstärkung von Transistor-Emitter-Schaltungen graphisch aus anderen Kennlinien oder durch Rechnung zu ermitteln. Graphisch kann die Spannungsverstärkung im Ausgangskennlinienfeld mit Hilfe der Widerstandsgeraden festgestellt werden. Zweckmäßig wird für zwei Punkte auf der Arbeitsgeraden die Änderung von U_{CE} gesucht. Es bieten sich meist zwei Schnittpunkte mit Parametern des Basis-Stromes an. Diese beiden willkürlich gewählten Punkte sollen nicht zu weit auseinander liegen, da sonst die Krümmung der Verstärkungskennlinie Fehler verursachen kann. In Bild 2.2-42 wurden die Schnittpunkte mit den Parametern 15 µA und 20 µA gewählt. Für sie ergibt sich eine Änderung der Spannung am Lastwiderstand bzw. am Transistor von 2,6 V. Die Spannungsverstärkung ergibt sich zu

$$\Delta U_{CE}/\Delta U_{BE} = \frac{2,6 \text{ V}}{15 \text{ mV}} = 173.$$

Dieses Verfahren ist umständlich und ungenau, wenn die Kennlinien stark gekrümmt sind. Die Kennlinienkrümmung macht sich im Ausgangskennlinienfeld durch unterschiedliche Abstände der Kennlinien bei gleichen Parameterintervallen bemerkbar.
In der Praxis kann die Spannungsverstärkung von vorhandenen Transistorschaltungen durch Messung bestimmt werden. Es wird ein Betriebspunkt auf der Kennlinie eingestellt, für den die Spannungsverstärkung bestimmt werden soll, und eine kleine Wechselspannung überlagert. Kondensatoren dienen zur Unterdrückung der Gleichspannung, die für die Betriebspunkteinstellung erforderlich ist. Das Verhältnis u_{CE}/u_{BE} der Effektivwerte ergibt die Spannungsverstärkung. Die Frequenz der Steuerwechselspannung muß sehr viel kleiner als die Grenzfrequenz des Transistors sein. Meistens wird die Frequenz 1 kHz verwendet.
Bei einer oszillographischen Messung wird man feststellen, daß die Ausgangsspannung gegenüber der Eingangsspannung um 180° phasenverschoben ist. Es tritt also eine Phasenumkehr auf. Dies ist ein typisches Merkmal der Emitterschaltung. Im Gegensatz dazu hat sowohl bei der Basis- als auch bei der Kollektorschaltung das Ausgangssignal bei niedrigen Frequenzen die gleiche Phasenlage wie das Eingangssignal.
In der Praxis sind Schaltungen wie in Bild 2.2–41 dargestellt meistens unbrauchbar. Bei kleinen zu verstärkenden Gleichspannungen oder kleinen Wechselspannungs-Signalen muß die Schwellspannung U_{BE} des Transistors überschritten werden, bevor der Transistor zu leiten beginnt. Bei üblichen Silizium-Transistoren beträgt die Schwellspannung etwa 0,5 V. Eine Betriebspunkteinstellung wird notwendig. Der voreingestellte Betriebspunkt muß gegen Veränderungen durch Erwärmung stabilisiert werden.

Betriebspunktstabilisierung und Betriebspunkteinstellung von Kleinsignalverstärkern in Emitterschaltung

Man unterscheidet zwei Möglichkeiten der Betriebspunktstabilisierung:
　a) Stabilisierung durch Gegenkopplung
　b) Stabilisierung durch Temperaturkompensation
und drei Möglichkeiten zur Betriebspunkteinstellung:
　a) Einstellung durch Basisstrom
　b) Einstellung durch Basis-Emitter-Spannung (Spannungsteiler oder Bootstrapschaltung)
　c) Einstellung durch Anordnung der Betriebsspannungen
Bild 2.2–43 zeigt die prinzipiellen Schaltungsmöglichkeiten. Von den verschiedenen Kombinationen aus Betriebspunkt-Stabilisierung und Betriebspunkteinstellung sollen typische Beispiele behandelt werden.

Kleinsignalverstärker mit Strom-Spannungs-Gegenkopplung und Spannungsteiler zur Betriebspunkteinstellung

Bild 2.2–44 zeigt den Aufbau mit Angaben über die Bauelemente der Schaltung. Am Schaltungsauszug von Bild 2.2–45 soll die Wirkungsweise der Gegenkopplung erläutert werden. Der Spannungsteiler wurde zur Vereinfachung durch eine Konstantspannungsquelle ersetzt. In jedem Betriebsfalle muß sich die Spannung U_1 aus der Summe der Spannungen U_{BE} und U_{RE} ergeben. Nimmt man zur Erklärung der Wirkungsweise der Gegenkopplung eine Stromerhöhung von I_C bzw. von I_E infolge einer Temperaturerhöhung an, erhöht sich zunächst U_{RE}. Die Spannung U_{BE} wird kleiner und der Transi-

2.2 Transistoren

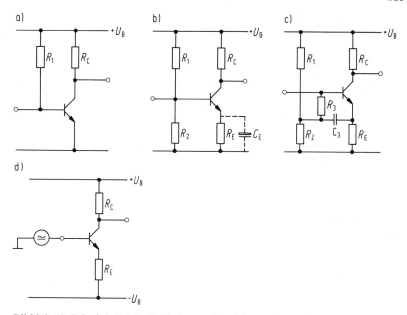

Bild 2.2–43. Prinzipielle Möglichkeiten zur Betriebspunkteinstellung
    a) Einstellung über den Basisstrom
    b) Einstellung mit Hilfe einer Spannung bzw. eines Spannungsteilers
    c) Einstellung mit signalmäßig „kurzgeschlossenem" Teiler
       „Bootstrap-Schaltung"
    d) Einstellung durch Lage der Betriebsspannung

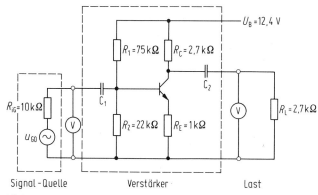

Bild 2.2–44. Kleinsignal-Transistor-Verstärker
    Betriebspunkt: $I_C = 2\,\text{mA}$; $U_{CE} = 5\,\text{V}$

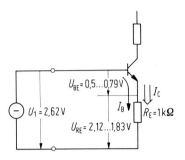

Bild 2.2–45.
Prinzip der Strom-Spannungs-Gegenkopplung einer Transistorstufe

stor im Sinne einer Angleichung an den ursprünglichen Strom weiter zugesteuert. Es bleibt eine gewisse Abweichung bestehen.
Die notwendige Spannungsänderung ΔU_{BE} infolge der Temperaturänderung kann der Steuerkennlinie 2.2–12 entnommen werden. Für den Betriebspunkt $U_{CE} = 5$ V und $I_C = 2$ mA läßt sich ablesen:

	$I_C = 2$ mA (konstant)	$U_{BE} = 620$ mV (konstant)
$t_{amb} = 25\,°C$	$U_{BE} = 620$ mV	$I_C = 2$ mA
$t_{amb} = -50\,°C$	$U_{BE} = 790$ mV	$I_C =$ sehr klein (nicht ablesbar)
$t_{amb} = 100\,°C$	$U_{BE} = 500$ mV	$I_C = 20$ mA

Bildet man den Quotienten aus den Spannungsdifferenzen und den Temperaturdifferenzen, so erhält man den Temperaturkoeffizienten der Spannung U_{BE}.

$$TK_{(UBE)} = \frac{500\,\text{mV} - 620\,\text{mV}}{100\,°C - 25\,°C} = -1{,}6\,\text{mV/K}$$

bzw.
$$TK_{(UBE)} = \frac{620\,\text{mV} - 790\,\text{mV}}{25\,°C - (-50\,°C)} = -2{,}27\,\text{mV/K}.$$

In der Praxis rechnet man mit etwa -2 mV/K.

Wahl des Widerstandes R_E
Die Güte der Stabilisierung des eingestellten Betriebspunktes hängt weitgehend von der Spannung am Widerstand R_E und damit vom Widerstandswert ab. Hinweise für die Auslegung erhält man aus dem Blockbild der Gegenkopplungsschleife in Bild 2.2–46. Die Änderung des Kollektorstromes infolge Erwärmung ist als Störgröße im Gegenkopplungskreis zu betrachten. Für die Ausregelung ist die Kreisverstärkung V_O bzw. der Regelfaktor $1/(1 + V_O)$ maßgebend. Die Kreisverstärkung ergibt sich aus dem Produkt der Übertragungsbeiwerte. Da die Übertragungskennlinien nicht linear sind und ein Betriebspunkt voreingestellt ist, muß mit differentiellen Größen gerechnet werden.

$$V_O = \frac{\Delta I_B}{\Delta U_{BE}} \cdot \frac{\Delta I_E}{\Delta I_B} \cdot R_E = \frac{1}{r_{be}} \cdot (\beta + 1) \cdot R_E.$$

$$V_O = \frac{1}{h_{11e}} \cdot (h_{21e} + 1) \cdot R_E.$$

2.2 Transistoren

a)

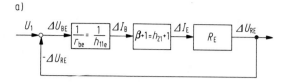

b)

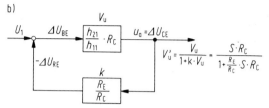

Bild 2.2–46. Blockbilder der Gegenkopplungsschleife und der kompletten Schaltung

Mit der üblichen großen Stromverstärkung von Transistoren kann man vereinfacht schreiben

$$V_O = \frac{h_{21e}}{h_{11e}} \cdot R_E = S \cdot R_E.$$

S Steilheit

Setzt man die theoretische Steilheit aus der Beziehung (2.2–1) ein, ergibt sich der folgende einfache Zusammenhang

$$V_O = S_{theor} \cdot R_E = 36\frac{1}{V} \cdot I_C \cdot R_E = 36\frac{1}{V} \cdot U_{RE}.$$

Die Kreisverstärkung V_O und damit die Güte der Stabilisierung werden durch die Höhe des Spannungsabfalls am Widerstand R_E bestimmt. In der Praxis ausreichende Stabilität des Betriebspunktes ergibt sich bei Spannungsabfällen von $U_{RE} = 0{,}5$ V bis 4 V. Zur Stabilisierung des gewählten Betriebspunktes mit $I_C = 2$ mA sollte ein Widerstand von 250 Ω bis etwa 2 kΩ gewählt werden. In der Schaltung von Bild 2.2–44 wurde ein Widerstand mit 1 kΩ verwendet.

Wahl der Widerstände für die Betriebspunkteinstellung

Zur Einstellung des Betriebspunktes im Schaltbild 2.2–44 könnte der Widerstand R_2 entfallen. Der Widerstand R_1 ohne R_2 kann berechnet werden

$$R_1 = \frac{U_B - (U_{BE} + U_{RE})}{\frac{I_C}{B}}.$$

Im Beispiel des Verstärkers von Bild 2.2–44 ergibt sich R_1 zu:

$$R_1 = \frac{12{,}4 \text{ V} - (0{,}62 \text{ V} + 2 \text{ V})}{\frac{2 \text{ mA}}{170}} = 831 \text{ k}\Omega \quad \text{gewählt z. B.: } 820 \text{ k}\Omega \text{ E } 12$$

Da die Stromverstärkung von Transistoren stark streuen kann – laut Datenblatt beim BC 107 A von 120 bis 170 bis 220 für $I_C = 2$ mA; $U_{CE} = 5$ V –, müßte der Widerstand R_1 für jeden einzelnen Transistor nach der Messung der Stromverstärkung berechnet werden. Diese Maßnahmen sind wirtschaftlich nicht vertretbar. Verwendet man einen Widerstand, der mit dem Mittelwert der Stromverstärkung B berechnet wurde, stellen sich unterschiedliche Betriebspunkte infolge unterschiedlicher Spannungsabfälle ein. Mit

$$I_B = \frac{I_B(B+1)}{B} \text{ und } U_1 = U_B - I_B \cdot R_1$$

ergibt sich der Kollektorstrom für unterschiedliche Stromverstärkungen:

$$I_C = \frac{(U_B - U_{BE}) \cdot B}{R_E \cdot B + R_1}.$$

Für die vorgegebenen Werte der Schaltung 2.2–44 ergeben sich folgende Kollektorströme:

$$B = 120 \quad I_C = \frac{(12{,}4 \text{ V} - 0{,}62 \text{ V}) \cdot 120}{1 \text{ k}\Omega \cdot 120 + 820 \text{ k}\Omega} = 1{,}5 \text{ mA},$$
$$B = 170 \quad I_C = 2{,}02 \text{ mA},$$
$$B = 220 \quad I_C = 2{,}49 \text{ mA}.$$

Man sieht, die Abweichungen vom gewünschten Betriebspunkt können erheblich sein. Größere Unabhängigkeit erreicht man mit Spannungsteilern aus R_1 und R_2. Je kleiner die Widerstände gewählt werden, um so stabiler wird der Betriebspunkt gegen Streuungen der Stromverstärkung B. Diesem Vorteil steht jedoch der niedrige Eingangswiderstand der Schaltung entgegen. In der Praxis haben sich Querströme von $3 \cdot I_B$ bis etwa $10 \cdot I_B$ als sinnvoll erwiesen. Nach der Wahl des Querstromes können die Spannungsteiler-Widerstände berechnet werden.

$$R_2 = \frac{U_{BE} + U_{RE}}{I_q},$$

$$R_1 = \frac{U_B - (U_{BE} + U_{RE})}{I_q + I_B} = \frac{(U_B - U_{BE} - U_{RE}) \cdot R_2}{I_B \cdot R_2 + U_{RE} + U_{BE}}.$$

Im Beispiel der Schaltung von Bild 2.2–44 wurde $I_q = 10$ gewählt.

$$R_2 = \frac{0{,}62 + 2 \text{ V}}{10 \cdot 11{,}8 \text{ μA}} = 22{,}27 \text{ k}\Omega \quad \text{gewählt: } 22 \text{ k}\Omega \text{ Reihe E 12 10\%}.$$

$$R_1 = \frac{12{,}4 \text{ V} - (0{,}62 \text{ V} + 2 \text{ V})}{11{,}8 \text{ μA} + 10 \cdot 11{,}8 \text{ μA}} = 75{,}57 \text{ k}\Omega \quad \text{gewählt: } 75 \text{ k}\Omega \text{ E 24 5\%}.$$

Zur Überprüfung der Abhängigkeit des Betriebspunktes von den Streuwerten der Stromverstärkung B soll der Spannungsteiler zur Betriebspunkteinstellung in eine Ersatz-Zweipolquelle umgewandelt werden, wie Bild 2.2–47 zeigt. Der belastete Spannungsteiler hat eine Ausgangsspannung von

$$U_{R2} = U_{R20} - I_B \cdot R_i = U_B \frac{R_2}{R_1 + R_2} - \frac{I_C}{B} \cdot \frac{R_1 \cdot R_2}{R_1 + R_2}.$$

2.2 Transistoren

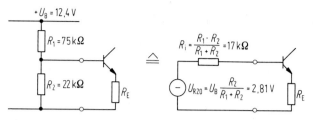

Bild 2.2–47. Zweipol-Ersatzquelle eines Spannungsteilers mit den Widerstandswerten von Bild 2.2–44

Mit den gewählten Widerständen und den Streuwerten der Stromverstärkung des Transistors ergibt sich für den Betriebspunkt:

$B = 120$ $\quad U_{R2} = 2{,}81\,\text{V} - 0{,}28\;\;\text{V} = 2{,}53\,\text{V}$ $\quad I_C = 1{,}91\,\text{mA}$
$B = 170$ $\quad U_{R2} = 2{,}81\,\text{V} - 0{,}2\;\;\;\text{V} = 2{,}61\,\text{V}$ $\quad I_C = 2\;\;\;\;\text{mA}$
$B = 220$ $\quad U_{R2} = 2{,}81\,\text{V} - 0{,}155\,\text{V} = 2{,}66\,\text{V}$ $\quad I_C = 2{,}04\,\text{mA}$

Der Vergleich zeigt den Vorteil von Spannungsteilern in bezug auf die Stabilisierung des Betriebspunktes gegenüber einem Widerstand R_1 alleine.

Sind die Widerstandswerte der Schaltung und die Stromverstärkung des Transistors gegeben, kann der Kollektorstrom I_C berechnet werden:

$$I_C = \frac{\left(U_B \cdot \dfrac{R_2}{R_1 + R_2} - U_{BE}\right) \cdot B}{R_E(1 + B) + \dfrac{R_1 \cdot R_2}{R_1 + R_2}} = \frac{(U_{R20} - U_{BE}) \cdot B}{R_E(B+1) + R_i}$$

Kleinsignalverstärker mit Spannungs-Strom-Gegenkopplung

Die Spannungs-Strom-Gegenkopplung, wie sie in der Schaltung von Bild 2.2–48 angewendet wird, bietet eine zweite Möglichkeit, den Betriebspunkt zu stabilisieren und einzustellen.
Zur Erklärung der Wirkungsweise der Gegenkopplung soll wieder eine Erwärmung des Transistors mit einer Stromerhöhung von I_C angenommen werden. Die Erhöhung der Spannung an R_C führt zu einer Verminderung der Spannung am Transistor bzw. am Ausgang. Als Folge der Verminderung der Ausgangsspannung wird auch der Strom durch den Rückführwiderstand R_f (feedback) geringer, und der Transistor wird im Sinne einer Angleichung an den ursprünglichen Kollektorstrom zugesteuert.

Wahl der Widerstände

Den Einfluß des Widerstandsverhältnisses R_C/R_f auf die Stabilisierung des Betriebspunktes zeigt das Blockbild 2.2–49. Es ist stark vereinfacht; so wurden r_{be} und r_{ce} nicht

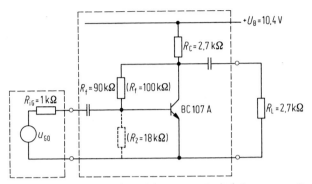

Bild 2.2–48. Kleinsignal-Transistorverstärker mit Spannungs-Strom-Gegenkopplung. Betriebspunkt: $I_C = 2\,\text{mA}$; $U_{CE} = 5\,\text{V}$

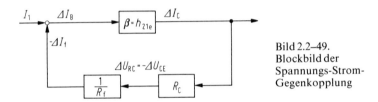

Bild 2.2–49. Blockbild der Spannungs-Strom-Gegenkopplung

berücksichtigt. Im Gegensatz zur Strom-Spannungs-Gegenkopplung von Bild 2.2–46 findet hier ein Vergleich der Ströme statt. Ohne Ansteuerung ist der Strom I_1 Null, und Änderungen des Rückführstromes ΔI_f, z. B. infolge erwärmungsbedingter Störgrößen, wirken sich voll als Basisstromänderung ΔI_B aus. Hierbei muß man beachten, daß I_f bei steigendem Strom I_C kleiner wird, da die Emitterstufe die Spannung invertiert.

Die für die Stabilisierung des Betriebspunktes maßgebende Kreisverstärkung kann aus dem Produkt der Übertragungsbeiwerte von Bild 2.2–49 ermittelt werden.

$$V_0 = \frac{\Delta I_C}{\Delta I_B} \cdot \frac{\Delta I_C}{\Delta U_{CE}} \cdot \frac{\Delta U_{CE}}{\Delta I_f} = \beta \cdot R_C \cdot \frac{1}{R_f} = h_{21e} \cdot \frac{R_C}{R_f}.$$

Die Stabilisierung wird um so besser, je größer das Verhältnis R_C/R_f wird.

Da der Widerstand R_f gleichzeitig für die Betriebspunkteinstellung verantwortlich ist, kann R_f nicht frei gewählt werden, wie sich an Hand der Schaltung von Bild 2.2–48 zeigen läßt. Der gewünschte Betriebspunkt $U_{CE} = 5\,\text{V}$; $I_C = 2\,\text{mA}$ erfordert einen Basisstrom von $I_B = 2\,\text{mA}/170 = 11{,}8\,\mu\text{A}$. Am Widerstand R_f liegt die Spannung $U_{CB} = U_{CE} - U_{BE} = 5\,\text{V} - 0{,}62\,\text{V} = 4{,}38\,\text{V}$. Der Widerstand R_f ergibt sich aus:

$$R_f = \frac{U_{CB}}{I_B} = 372\,\text{k}\Omega \qquad \text{gewählt: } 390\,\text{k}\Omega\,\text{E12}.$$

Jeder andere Widerstandswert von R_f oder jede Abweichung der Stromverstärkung B vom angenommenen Mittelwert ergibt Verschiebungen gegenüber dem gewünschten Betriebspunkt.

Mit den gewählten und berechneten Widerständen und Spannungen von Bild 2.2–48 ergibt sich eine Kreisverstärkung von

$$V_O = h_{21e} \cdot \frac{R_C}{R_f} = 220 \frac{2{,}7 \text{ k}\Omega}{390 \text{ k}\Omega} = 1{,}52.$$

Obwohl dieser Wert wesentlich geringer ist als bei der Strom-Spannungs-Gegenkopplung, ergibt sich trotzdem meistens ausreichende Stabilität des Betriebspunktes, da der große Widerstand R_f den Basisstrom nahezu konstant hält (Stromsteuerung). Die Stromverstärkung B und der Basisstrom I_B sind weniger temperaturabhängig als die Basis-Emitter-Spannung.

In gewissen Grenzen kann der Gegenkopplungswiderstand R_f durch einen Widerstand zwischen Basis und Emitter – gestrichelt im Bild 2.2–48 angedeutet – beeinflußt werden. Er bildet mit R_f einen Spannungsteiler, für dessen Auslegung die gleichen Überlegungen wie für die Schaltung 2.2–44 gelten. In der Schaltung von Bild 2.2–48 wurde der Querstrom mit $I_q = 3 \cdot I_B$ gewählt.

Hiermit können die Widerstände R_f und R_2 berechnet werden:

$$R_2 = \frac{U_{BE}}{3 \cdot I_B} = \frac{0{,}62 \text{ V}}{3 \cdot 11{,}8 \text{ µA}} = 17{,}6 \text{ k}\Omega \qquad \text{gewählt: } 18 \text{ k}\Omega \text{ E12.}$$

$$R_f = \frac{U_{CE} - U_{BE}}{I_B + I_q} = \frac{5 \text{ V} - 0{,}62 \text{ V}}{11{,}8 \text{ µA} + 3 \cdot 11{,}8 \text{ µA}} = 93 \text{ k}\Omega$$

$$\text{gewählt: } 100 \text{ k}\Omega \text{ E12.}$$

Der Spannungsteiler hat auch hier eine geringere Abhängigkeit des Betriebspunktes der Stromverstärkung B zur Folge.

Betriebspunktstabilisierung durch Temperaturkompensation

Die Anzahl der Schaltungen mit Temperaturkompensation, z. B. durch NTC-Widerstände, hat zugunsten von mehrstufigen Gegenkopplungsschaltungen abgenommen. Diese Entwicklung ist u. a. auf die fallenden Transistorpreise zurückzuführen. Nach wie vor werden jedoch die Betriebspunkte von Gegentakt-Endstufen mit temperaturabhängigen Halbleiter-Bauelementen eingestellt und stabilisiert. Bild 2.2–50 zeigt das Prinzip einer Gegentakt-Endstufe mit komplementären Transistoren und zwei Dioden zur Einstellung des Betriebspunktes. In solchen Endstufen werden positive Signal-Spannungen vom Transistor T_1, negative vom Transistor T_2 übertragen. Ohne Vorspannung, die von den Dioden aufgebracht werden soll, muß zunächst die Schwellspannung der Transistoren von jeweils etwa 0,5 V überschritten werden, bevor ein Strom im Lastwiderstand zum Fließen kommt (Bild 2.2–51). Dadurch entstehen Verzerrungen der Ausgangsspannung gegenüber der Eingangsspannung (Übernahmeverzerrungen). Der Betriebspunkt wird zur Vermeidung der Übernahmeverzerrungen in den Anfangsbereich des nahezu geradlinigen Teils der Spannungssteuer-Kennlinie gelegt. Die Folge ist ein Kollektorruhestrom, der in Endstufen mittlerer Leistung etwa 20 mA beträgt. Die notwendige Vorspannung liefern die Dioden wie in Bild 2.2–50a oder eine Transistorschaltung, U_{BE}-Vervielfacherschaltung genannt, wie sie in Bild 2.2–50b dargestellt ist.

Die Dioden bzw. der Transistor sollen gut wärmeleitend mit den Endstufen-Transistoren verbunden sein. Auf diese Weise wird eine gute Temperaturkompensation erreicht,

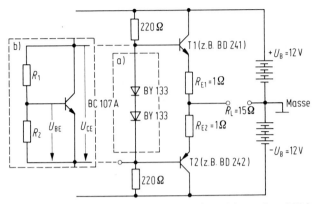

Bild 2.2–50. Betriebspunkteinstellung und Betriebspunktstabilisierung einer Gegentaktendstufe
a) durch zwei Dioden
b) durch U_{BE}-Vervielfacherschaltung

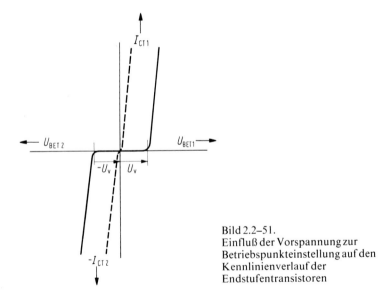

Bild 2.2–51.
Einfluß der Vorspannung zur Betriebspunkteinstellung auf den Kennlinienverlauf der Endstufentransistoren

da sich die Vorspannung im gleichen Sinne und im gleichen Maße wie die benötigte Spannung U_{BE} ändert. Die Widerstände R_{E1} und R_{E2} sind Gegenkopplungswiderstände, die zur Stabilisierung und zur Linearisierung beitragen.
Die Widerstände der U_{BE}-Vervielfacherschaltung können mit Hilfe der Spannungsteilerregel berechnet werden. Üblicherweise wird ein Querstrom von 1 %–10 % vom Transistorstrom I_C gewählt. Die Wahl des Querstromes kann in weiten Grenzen ohne nennenswerten Einfluß auf die Schaltung erfolgen. Der Transistorstrom I_C muß wesentlich

2.2 Transistoren

größer als der Basisstrom der Endstufen-Transistoren sein, um einen großen Aussteuerbereich zu erhalten. Für das Teilerverhältnis gilt:

$$\frac{U_{CE}}{U_{BE}} = \frac{R_1 + (R_2 \parallel r_{BE})}{R_2 \parallel r_{BE}} \qquad r_{BE} = \frac{U_{BE}}{I_B}.$$

Vielfach ist der Gleichstrom-Eingangswiderstand r_{BE} des Transistors sehr groß gegenüber R_2, und es gilt näherungsweise:

$$U_{CE} = U_{BE}\frac{R_1 + R_2}{R_2}$$

Beispiel: Für den gewünschten Betriebspunkt der Endstufe von Bild 2.2–50 ist eine Vorspannung von etwa $U_{CE} = U_{vor} = 1{,}24$ V notwendig. Der Kollektorstrom des Transistors in Bild 2.2–50b soll etwa 50 mA betragen. Es wird ein Querstrom von $I_q = 1$ mA gewählt. Die Widerstände R_1 und R_2 ergeben sich zu:

Hieraus

$$R_1 + R_2 = \frac{U_{CE}}{I_q} = \frac{1{,}24\text{ V}}{1\text{ mA}} = 1{,}24\text{ k}\Omega.$$

$$R_2 = \frac{U_{BE}}{U_{CE}}(R_1 + R_2) = \frac{0{,}68\text{ V}}{1{,}24\text{ V}} \cdot 1{,}24\text{ k}\Omega = 680\,\Omega,$$

$$R_1 = (R_1 + R_2) - R_2 = 560\,\Omega$$

Soll r_{BE} berücksichtigt werden, dann wird:

$$R'_2 = \frac{R_2 \cdot r_{BE}}{r_{BE} - R_2} = \frac{680\,\Omega \cdot \dfrac{0{,}68\text{ V}}{50\text{ mA}/150}}{\dfrac{0{,}68\text{ V}}{50\text{ mA}/150} - 680\,\Omega} = 1{,}02\text{ k}\Omega$$

Im Beispiel wurde die Stromverstärkung B mit 150 angenommen. In diskreten Schaltungen wird häufig ein Potentiometer für R_1 und R_2 oder an Stelle eines der beiden Widerstände eingesetzt. Der Ruhestrom der Endstufe kann mit Hilfe des Potentiometers eingestellt werden.

Betriebspunkteinstellung durch Anordnung der Betriebsspannung und Stabilisierung durch Strom-Spannungs-Gegenkopplung

In der Schaltungsanordnung von Bild 2.2–43d können Widerstände zur Betriebspunkteinstellung entfallen, wenn der Basis-Gleichstrom durch die Steuerquelle fließen kann. Mit Steuersignal Null fällt am Widerstand R_E die Spannung $-U_B - U_{BE}$ ab und gewährleistet infolge der Gegenkopplungswirkung von R_E einen stabilen Betriebspunkt. Der Widerstand R_E bestimmt auch den Kollektorstrom I_C. Mit dem Widerstandswert von R_C wird die Spannung am Transistor U_{CE} festgelegt. Von dieser Art der Betriebspunkteinstellung wird in Differenz- und in Operations-Verstärkern Gebrauch gemacht. Die Strom-, Spannungs- und Betriebs-Verhältnisse werden beim Differenzverstärker näher beschrieben.

Kleinsignal-Betriebsverhalten von Transistorverstärkern

Die bisherigen Ausführungen bezogen sich auf die Betriebspunkteinstellung und die notwendige Stabilisierung des Gleichstrom-Betriebspunktes. In den für die Signalverstärkung vorbereiteten Verstärkern fließen Ströme, fallen Spannungen ab und werden Verlustleistungen erzeugt. Die Ruheströme sind meistens viel größer als die Signalströme.
Im folgenden Abschnitt soll das Kleinsignal-Betriebsverhalten untersucht werden. Maßgebend hierfür sind die differentiellen Größen im Gleichstrom-Betriebspunkt wie z. B. $r_{be}(h_{11e})$; β (h_{21e}) und *nicht* r_{BE} bzw. B. Die differentiellen Größen können als h- oder Y-Parameter den Datenblättern entnommen werden. Notfalls kann man sie aus Kennlinien oder durch Messung bestimmen.

Kleinsignal-Ersatzbild

Zur besseren Übersicht, wenn es auch zunächst nicht den Anschein hat, wird ein Kleinsignal-Ersatzbild der Schaltung erstellt. Am Beispiel des Kleinsignalverstärkers in Emitterschaltung von Bild 2.2–44 soll das Ersatzbild schrittweise entwickelt werden. Gleichströme und Gleichspannungen haben in diesem Ersatzbild keine Bedeutung mehr, sondern nur noch die im Betriebspunkt überlagerten kleinen Signale. Nur für die Voraussetzung kleiner Signale kann mit Vierpol-Parametern gerechnet werden, da diese strenggenommen nur für einen Punkt, den Betriebspunkt, richtig sind. Praktisch nimmt man an, daß der kleine Abschnitt im Betriebspunkt linear ist. Entfernt man sich weit vom Betriebspunkt bei der Aussteuerung, ändern sich die Vierpol-Parameter, und Verzerrungen der Signale sind die Folge.
In Bild 2.2–52a sind das Transistorsymbol durch das vereinfachte Vierpol-Ersatzbild ersetzt und die Betriebsspannungsquelle als Batterie mit einem parallelgeschalteten Kondensator dargestellt. Der Kondensator soll zum Verständnis des wechselstrommäßigen Kurzschlusses in der Betriebsspannungsquelle beitragen. Er hat keinen Einfluß auf die Höhe der Betriebsspannung. Infolge dieses Kurzschlusses für die Signal-Wechselspannung ist $+U_B$ der Masse gleichzusetzen. Unter dieser Voraussetzung ist es nur ein kleiner Schritt zum Bild 2.2–52b.

Berechnung der Kleinsignal-Betriebsdaten von Kleinsignalverstärkern in Emitterschaltung

Aus dem Kleinsignal-Ersatzbild von Bild 2.2–52 lassen sich die Betriebsdaten des Verstärkers ableiten und mit den angegebenen Größen des Beispiels berechnen. Hierbei wird die Spannungsrückwirkung, wo es vertretbar erscheint, vernachlässigt, da die Rückwirkung sehr klein ist. Im Beispiel mit $I_C = 2$ mA und $U_{CE} = 5$ V beträgt $h_{12e} = 1,5 \cdot 10^{-4}$, wie dem Datenblatt zu entnehmen ist. Zunächst soll auch der Einfluß der Kondensatoren vernachlässigt werden ($X_C = 0$).

Kleinsignal-Eingangswiderstand

Der Kleinsignal-Eingangswiderstand Z'_{1e} ergibt sich aus dem Eingangswiderstand des Transistors mit Gegenkopplung und den parallelgeschalteten Spannungsteiler-Widerständen. Da der Widerstand R_E vom Strom i_B und i_C durchflossen wird, ist der

2.2 Transistoren

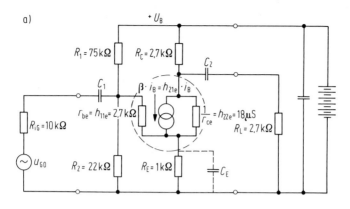

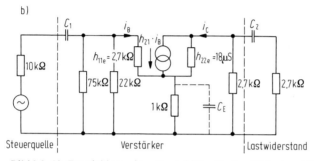

Bild 2.2–52. Entwicklung eines Ersatzbildes für den Kleinsignal-Verstärker von Bild 2.2–44
a) Schaltbild mit ersetztem Transistorsymbol
b) Kleinsignalersatzbild ohne Betriebsspannungsquelle

Spannungsabfall, der als Folge des Stromes i_B auftritt, um den Faktor der Stromverstärkung $(1+\beta)$ größer. Mit dem Ohmschen Gesetz ergibt sich:

$$r_e = \frac{u_{RE}}{i_B + i_B \cdot \beta} = \frac{u_{RE}}{i_B \cdot (1+\beta)}$$

und hieraus

$$\frac{u_{RE}}{i_B} = R'_E = R_E \cdot (1+\beta)$$

Allgemein gilt: **Widerstände im Emitterkreis erscheinen vom Eingang gesehen um den Stromverstärkungsfaktor größer.**

Für das Ersatzbild ergibt sich

$$Z'_{1e} = \frac{u_e}{i_1}$$
$$u_e = i_B \cdot h_{11e} + (i_B + i_C) \cdot R_E = i_B \cdot h_{11e} + i_B(h_{21e} + 1) \cdot R_E$$
$$Z'_{1e} = R_1 \parallel R_2 \parallel [h_{11e} + (h_{21e} + 1) \cdot R_E]$$

Mit den Werten des Beispiels:

$$Z'_{1e} = 75\,\text{k}\Omega \parallel 22\,\text{k}\Omega \parallel [2{,}7\,\text{k}\Omega + (220 + 1) \cdot 1\,\text{k}\Omega] = 15{,}8\,\text{k}\Omega$$

Man sieht, der Eingangswiderstand der gegengekoppelten Schaltung wird entscheidend durch die Größe der Widerstände des Spannungsteilers beeinflußt. Höhere Widerstände erreicht man durch kleinere Querströme im Spannungsteiler oder mit der Bootstrap-Schaltung.

Bootstrap-Schaltung

Die Bootstrap-Schaltung läßt sich in Kleinsignalverstärkern verwenden, deren Emitterwiderstände nicht durch Kondensatoren überbrückt sind. Außer bei der Emitterschaltung mit Strom-Spannungs-Gegenkopplung kann sie auch in der Kollektorschaltung zur Erhöhung des Eingangswiderstandes dienen.
Zusätzlich zur bisherigen Schaltung werden ein Kondensator C_3 und ein Widerstand R_3 notwendig. Der Kondensator C_3 von Bild 2.2–43c schaltet die Spannungsteilerwiderstände wechselstrommäßig parallel zum Widerstand R_E und vergrößert sie scheinbar um den Stromverstärkungsfaktor. Der Widerstand R_3 soll einen Kurzschluß der Basis-Emitterstrecke durch C_3 verhindern.
Das Bild 2.2–53 zeigt das Kleinsignal-Ersatzbild der Bootstrap-Schaltung.

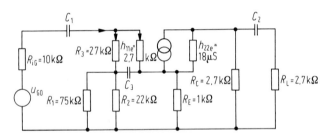

Bild 2.2–53. Kleinsignal-Ersatzbild der Bootstrap-Schaltung

Im allgemeinen wählt man den Widerstand R_3 etwa 10 mal h_{11e}, im Beispiel 27 kΩ. Der Basis-Gleichstrom zur Betriebspunkteinstellung von 11,8 µA führt zu einer geringfügigen Verschiebung des Betriebspunktes:

$$\Delta U = I_B \cdot R_3 = 11{,}8\,\mu\text{A} \cdot 27\,\text{k}\Omega = 0{,}32\,\text{V}$$

Der Signalstrom i_1 wird durch die parallelgeschalteten Widerstände h_{11e} und R_3 in die Teilströme i_B und den sehr viel kleineren i_3 den Leitwerten entsprechend aufgeteilt.

$$i_B = i_1 \frac{1/h_{11e}}{G_3 + 1/h_{11e}}$$

Nur der Strom i_B wird vom Transistor verstärkt, i_3 wird am Transistor vorbeigeleitet. Die Stromverstärkung wird durch den Widerstand R_3 verringert. Für Überschlagsrechnungen kann die reduzierte Stromverstärkung h'_{21e} eingesetzt werden.

2.2 Transistoren

$$h'_{21e} = \frac{i_C}{i_1} = h_{21e} \frac{1}{G_3 \cdot h_{11e} + 1}$$

Mit den Zahlenwerten des Beispiels ergibt sich:

$$h'_{21e} = 220 \frac{1}{1/27\,k\Omega \cdot 2{,}7\,k\Omega + 1} = 220 \cdot 0{,}909 = 200$$

Kleinsignal-Eingangswiderstand der Bootstrap-Schaltung

$$Z_{1eboot} \approx h_{11e} \| R_3 + (h'_{21e} + 1)(R_E \| R_1 \| R_2)$$

Im Beispiel:

$$Z_{1eboot} \approx 2{,}7\,k\Omega \| 27\,k\Omega + 201\,(1\,k\Omega \| 22\,k\Omega \| 75\,k\Omega) = 192\,k\Omega$$

Kleinsignal-Spannungsverstärkung der Emitterschaltung mit Strom-Spannungs-Gegenkopplung

$$A_{uef} = \frac{-u_a}{u_e}$$

Mit gewissen, für die Praxis jedoch zulässigen Vereinfachungen wird:

$$u_a = i_c \cdot (R_C \| R_L) \approx i_B \cdot h_{21e}(R_C \| R_L) \text{ und}$$

$$A_{uef} = -\frac{i_B \cdot h_{21e}(R_C \| R_L)}{i_B \cdot [h_{11e} + (h_{21e} + 1) \cdot R_E]} = -\frac{h_{21e}(R_C \| R_L)}{h_{11e} + (h_{21e} + 1) \cdot R_E}$$

$$A_{uef} \approx \frac{S \cdot (R_C \| R_L)}{1 + S \cdot R_E}$$

$$A_{uef} = -\frac{A_u}{1 + \frac{R_E}{h_{11e}} + A_u \frac{R_E}{R_C \| R_L}}$$

und für Überschlagsrechnungen

$$A_{uef} \approx \frac{R_C \| R_L}{R_E}$$

Mit den Werten des Beispiels:

$$A_{uef} = -\frac{220 \cdot (2{,}7\,k\Omega \| 2{,}7\,k\Omega)}{2{,}7\,k\Omega + 221 \cdot 1\,k\Omega} = -1{,}33$$

bzw. mit der Näherung $A_{uef} \approx -\frac{2{,}7\,k\Omega \| 2{,}7\,k\Omega}{1\,k\Omega} = -1{,}35$

Für die Bootstrap-Schaltung ergeben sich ähnliche Verhältnisse. An Stelle von R_E ist die Parallelschaltung $R_1 \parallel R_2 \parallel R_E$ und an Stelle von h_{21e} ist h'_{21e} einzusetzen:

$$A_{uef} = -\frac{200\ (2{,}7\ k\Omega \parallel 2{,}7\ k\Omega)}{2{,}7\ k\Omega \parallel 27\ k\Omega + 201\ (0{,}944\ k\Omega)} = -1{,}4$$

Kleinsignal-Ausgangswiderstand der Emitterschaltung mit Strom-Spannungs-Gegenkopplung

Der Ausgangswiderstand r_{af} der Transistorschaltung selbst ohne Berücksichtigung der Widerstände R_C und R_L wird durch den Gegenkopplungswiderstand R_E erhöht. Dieser Widerstand hat die Eigenschaft, den Kollektor-Gleichstrom, aber auch den Signalstrom zu stabilisieren bzw. bei konstanter Eingansspannung konstant zu halten. Konstantstromquellen ist ein sehr großer, theoretisch unendlich großer Innenwiderstand eigen. Die Transistorschaltung mit R_E hat das Verhalten einer Stromquelle. In vielen komplizierten Transistorschaltungen wird von diesem Verhalten Gebrauch gemacht.
Der Ausgangswiderstand der Schaltung von Bild 2.2–52b kann berechnet werden. Mit gewissen für die Praxis zulässigen Vereinfachungen ergibt sich:

$$r_{af} \approx \frac{1}{h_{22e}} \left(1 + \frac{h_{21e} \cdot R_E}{h_{11e} + R_E + R_{iG}}\right)$$

Mit den Werten des Beispiels:

$$r_{af} \approx \frac{1}{18\ \mu S}(1 + \frac{220 \cdot 1\ k\Omega}{2{,}7\ k\Omega + 1\ k\Omega + 10\ k\Omega}) = 948\ k\Omega$$

Der Ausgangswiderstand der Schaltung Z'_{2e} ergibt sich aus der Parallelschaltung von r_{af} und dem Widerstand im Kollektorkreis R_C.

$$Z'_{2e} = r_{af} \parallel R_C \approx R_C$$

Mit den Werten des Beispiels:

$$Z'_{2e} = 948\ k\Omega \parallel 2{,}7\ k\Omega = 2{,}69\ k\Omega \approx 2{,}7\ k\Omega$$

Der Einfluß des Widerstandes r_{af} auf den Ausgangswiderstand der Schaltung kann in der Praxis vernachlässigt werden.
Für die Bootstrap-Schaltung gilt ebenfalls $Z'_{2e} \approx R_C$.

Kleinsignal-Stromverstärkung

Die Ströme im Ausgangsteil der Transistorschaltung teilen sich im Verhältnis der Leitwerte auf:

$$\frac{i_a}{h_{21e} \cdot i_B} = \frac{G_L}{G_L + G_C + h_{22e}}$$

$$\frac{i_a}{i_B} = h_{21e} \frac{G_L}{G_L + G_C + h_{22e}}$$

2.2 Transistoren

Für die Stromverstärkung der Schaltung einschließlich der Widerstände des Spannungsteilers gilt:

$$A_{ief} = \frac{i_a}{i_e} = \frac{u_a/R_L}{u_e/Z'_{1e}} = A_{uef} \cdot \frac{Z'_{1e}}{R_L}$$

Mit den Werten des Beispiels:

$$A_{ief} = 1{,}35 \frac{15{,}8 \text{ k}\Omega}{2{,}7 \text{ k}\Omega} = 7{,}9$$

Die Bootstrap-Schaltung ergibt durch den höheren Eingangswiderstand günstigere Werte:

$$A_{ief} = 1{,}4 \frac{192 \text{ k}\Omega}{2{,}7 \text{ k}\Omega} = 100$$

Kleinsignal-Leistungsverstärkung

Das Produkt aus Spannungsverstärkung und Stromverstärkung ergibt die Kleinsignal-Leistungsverstärkung A_{pef}. Den Höchstwert der Leistungsverstärkung erhält man bei Leistungsanpassung am Eingang und am Ausgang.

$$A_{pef} = A_{uef} \cdot A_{ief}$$

Mit den Werten des Beispiels:

$$A_{pef} = 1{,}35 \cdot 7{,}9 = 10{,}7$$

und für die Bootstrap-Schaltung:

$$A_{pef} = 1{,}4 \cdot 100 = 140$$

Spannungsteilung am Eingang des Verstärkers

Der Eingangswiderstand Z'_{1e} eines Transistorverstärkers belastet die Steuerquelle. Es tritt eine Spannungsteilung zwischen Generator-Innenwiderstand und dem Eingangswiderstand der Schaltung auf. Mit der Spannungsteilerregel ergibt sich die meßbare Eingangs-Signalspannung u_e, die vom Verstärker mit A_{uef} verstärkt wird. Nach Bild 2.2–54 ist:

$$u_e = u_{GO} \frac{Z'_{1e}}{Z'_{1e} + R_{iG}}$$

u_{GO} Leerlaufspannung des Steuergenerators

$$u_a = V'_{ue} \cdot u_e$$

Mit den Werten des Beispiels und einer willkürlich angenommenen Steuer-Signalspannung von $u_{GO} = 100 \text{ mV}$ des unbelasteten Steuergenerators ergibt sich:

$$u_e = 100\,\text{mV} \frac{15{,}8\,\text{k}\Omega}{15{,}8\,\text{k}\Omega + 10\,\text{k}\Omega} = 61{,}2\,\text{mV}$$

$$u_a = 1{,}35 \cdot 61{,}2\,\text{mV} = 82{,}7\,\text{mV}$$

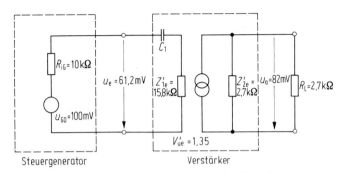

Bild 2.2–54. Spannungsteilung am Eingang eines Verstärkers

Betriebsverhalten von Kleinsignalverstärkern mit Strom-Spannungs-Gegenkopplung und Emitterkondensator C_E

Kondensatoren C_E im Emitterkreis von Emitterschaltungen, wie in den Bildern 2.2–43b und 2.2–52 gestrichelt dargestellt, sollen die Gegenkopplungswiderstände R_E wechselstrommäßig ganz oder teilweise kurzschließen. Auf diese Weise wird die Gegenkopplung für die Signalspannung ganz oder teilweise aufgehoben. Das Betriebsverhalten ändert sich dadurch wesentlich.

Der Eingangswiderstand Z_{1e} wird kleiner.
Die Spannungsverstärkung A_{ue} wird größer.
Der Ausgangswiderstand Z_{2e} bleibt etwa bestehen.
Die Stromverstärkung A_{ie} wird größer.
Die Gefahr von Verzerrungen des Ausgangs-Signals nimmt zu. Auf diese nichtgegengekoppelte Schaltung können die aus den Vierpolgleichungen 2.2–2 abgeleiteten Formeln angewendet werden. Diese Formeln werden in Datenbüchern von Transistoren und in Formelsammlungen angegeben. Auf eine Ableitung wird verzichtet. Die Rechengröße (Determinante) $\Delta h_e = h_{11e} \cdot h_{22e} - h_{12e} \cdot h_{21e}$ wird zur Vereinfachung der Formeln eingesetzt. Nachfolgend werden die Formeln zur Berechnung der Kleinsignal-Betriebsdaten für genaue Berechnung, für näherungsweise Berechnung und, soweit möglich, für überschlagsmäßige Rechnung angegeben. Die Zahlenwerte sind dem Schaltbild 2.2–52 entnommen.

Eingangswiderstand $\quad Z_{1e} = R_1 \parallel R_2 \parallel \dfrac{h_{11e} + \Delta h_e \cdot (R_C \parallel R_L)}{1 + h_{22e} \cdot (R_C \parallel R_L)} \approx R_1 \parallel R_2 \parallel h_{11e},$

Ausgangswiderstand $\quad Z_{2e} = R_C \parallel \dfrac{h_{11e} + R_{iG}}{\Delta h_e + h_{22e} \cdot R_{iG}} \approx \dfrac{1}{h_{22e}} \parallel R_C \approx R_C,$

2.2 Transistoren

Spannungsverstärkung $\quad A_{ue} = \dfrac{-h_{21e} \cdot (R_C \| R_L)}{h_{11e} + \Delta h_e \cdot (R_C \| R_L)} \approx \dfrac{-h_{21e} \cdot (R_C \| R_L)}{h_{11e}}$

$$\approx -S_{theo} \cdot (R_C \| R_L) = -36 \cdot \dfrac{1}{V} \cdot I_C \cdot (R_C \| R_L),$$

Stromverstärkung $\quad A_{ie} = A_{ue} \cdot \dfrac{Z_{1e}}{R_L}$.

Mit den Werten des Beispiels und $\Delta h_e = 2{,}7\,k\Omega \cdot 18\,\mu S - 1{,}5 \cdot 10^{-4} \cdot 220 = 15{,}6 \cdot 10^{-3}$ ergeben sich folgende Betriebsdaten:

$$Z_{1e} = 75\,k\Omega \,\|\, 22\,k\Omega \,\|\, \dfrac{2{,}7\,k\Omega + 15{,}6 \cdot 10^{-3} \cdot 1{,}35\,k\Omega}{1 + 18\,\mu S \cdot 1{,}35\,k\Omega} = 2{,}29\,k\Omega$$

$$\approx 75\,k\Omega \,\|\, 22\,k\Omega \,\|\, 2{,}7\,k\Omega = 2{,}33\,k\Omega,$$

$$Z_{2e} = 2{,}7\,k\Omega \,\|\, \dfrac{2{,}7\,k\Omega + 10\,k\Omega}{15{,}6 \cdot 10^{-3} + 18\,\mu S \cdot 1{,}35\,k\Omega} = 2{,}68\,k\Omega$$

$$\approx \dfrac{1}{18\,\mu S} \,\|\, 2{,}7\,k\Omega = 2{,}57\,k\Omega,$$

$$A_{ue} = \dfrac{-220 \cdot 1{,}35\,k\Omega}{2{,}7\,k\Omega + 15{,}6 \cdot 10^{-3} \cdot 1{,}35\,k\Omega} = -109 \approx \dfrac{-220 \cdot 1{,}35\,k\Omega}{2{,}7\,k\Omega} = -110$$

$$\approx -36 \cdot \dfrac{1}{V} \cdot 2\,mA \cdot 1{,}35\,k\Omega = -97,$$

$$A_{ie} = 109 \cdot \dfrac{2{,}29\,k\Omega}{2{,}7\,k\Omega} = 92.$$

Man sieht, die genaue Berechnung unter Berücksichtigung der Rückwirkung h_{12e} des Transistors ist nicht sinnvoll. Streuungen der h-Parameter ergeben weitaus größere Fehler. So werden z. B. für den Transistor BC 107A folgende Streubereiche im Datenblatt angegeben:

$h_{11e} = 1{,}6\,k\Omega$ bis $4{,}5\,k\Omega$,
$h_{21e} = 125$ bis 260,
$h_{22e} = 18\,\mu S$ kleiner $30\,\mu S$.

Betriebsverhalten der Emitterschaltung mit Spannungs-Strom-Gegenkopplung

Der Rückführwiderstand R_f der Schaltung von Bild 2.2–48 stabilisiert nicht nur den Betriebspunkt, sondern beeinflußt auch das Kleinsignal-Betriebsverhalten. Die Spannung am Kollektor einer Emitterschaltung tritt gegenphasig, d. h. um 180° gegenüber der Eingangsspannung verschoben, auf und kann daher zur Spannungs-Gegenkopplung verwendet werden. Das vereinfachte Ersatzbild zeigt Bild 2.2–55. Dem Blockbild 2.2–49 ist zu entnehmen, daß ein Vergleich der Ströme stattfindet. Die Gegenkopplung ist für die Signalspannung wirkungslos, wenn mit einer Spannungsquelle ohne Innenwiderstand angesteuert wird. In diesem Falle fließt der Rückführstrom i_f über die Signalspannungsquelle, die wie ein Kurzschluß wirkt, ab. Mit einem Innenwiderstand der Signalquelle oder bzw. und einem Vorwiderstand R_1 im Eingangskreis wird die Signalspannung in einen Signalstrom umgeformt und es findet der gewünschte Stromvergleich statt.

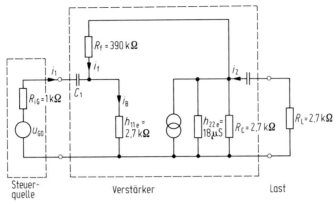

Bild 2.2–55. Vereinfachtes Ersatzbild einer Emitterschaltung mit
Spannungs-Strom-Gegenkopplung

Der Steuergenerator wird mit einem um den Rückführstrom i_f größeren Strom belastet. Der Eingangswiderstand Z_{1e} erscheint daher kleiner als der der nichtgegengekoppelten Schaltung. Näherungsweise gilt:

$$Z'_{1e} = \frac{u_1}{i_1} \approx \frac{i_B \cdot h_{11e}}{i_B + i_f} \approx \frac{i_B \cdot h_{11e}}{i_B + i_B \cdot V_O} = \frac{h_{11e}}{1 + V_O}.$$

V_O ist hierin die Kreisverstärkung der Gegenkopplungsschleife von Bild 2.2–49.

$$V_O = \frac{i_f}{i_B}$$

Mit den Werten des Beispiels von Bild 2.2–48:

$$Z'_{1e} = \frac{2{,}7 \text{ k}\Omega}{1 + 220 \cdot \dfrac{2{,}7 \text{ k}\Omega}{390 \text{ k}\Omega}} = 1{,}07 \text{ k}\Omega.$$

Die Kleinsignal-Spannungsverstärkung ändert sich gegenüber der nichtgegengekoppelten Schaltung nur unwesentlich. Durch den geringeren Eingangswiderstand wird die Spannungsaufteilung am Eingang zwischen dem Innenwiderstand der Steuerquelle und dem Eingangswiderstand Z'_{1e} ungünstiger.

$$A_{uef} = A_{ue}$$

Der Kleinsignal-Ausgangswiderstand Z'_{2e} wird verhältnismäßig stark durch den Generator-Innenwiderstand R_{iG} beeinflußt. Der Ausgangswiderstand kann näherungsweise aus folgender Beziehung berechnet werden:

$$Z'_{2e} \approx R_C \parallel \frac{1}{h_{22e}} \parallel \left(\frac{R_C \left(\dfrac{h_{11e}}{R_{iG}} + 1 \right)}{V_0} \right).$$

2.2 Transistoren

Mit den Werten des Beispiels:

$$Z'_{2e} \approx 2{,}7\,\text{k}\Omega \parallel 56\,\text{k}\Omega \parallel \frac{2{,}7\,\text{k}\Omega \left(\frac{2{,}7\,\text{k}\Omega}{1\,\text{k}\Omega} + 1\right)}{1{,}52} = 1{,}8\,\text{k}\Omega.$$

Der Ausgangswiderstand wird durch die Gegenkopplung kleiner, die Ausgangsspannung stabiler.

Die interne Stromverstärkung i_C/i_1 wird geringer. Die Steuerquelle muß für einen bestimmten Betriebszustand den Basisstrom i_B und zusätzlich den Rückführstrom i_f aufbringen.

$$\frac{i_C}{i_1} \approx \frac{h_{21e}}{1 + V_0}.$$

Die Betriebs-Stromverstärkung ergibt sich zu:

$$A_{ief} = A_{uef} \cdot \frac{Z'_{1e}}{R_L}.$$

Mit den Werten des Beispiels:

$$A_{ief} = 110 \cdot \frac{1{,}07\,\text{k}\Omega}{2{,}7\,\text{k}\Omega} = 43{,}6.$$

Frequenzverhalten der Emitterschaltung

Alle Angaben und Berechnungen, die bis jetzt durchgeführt worden sind, haben nur Gültigkeit bei relativ niedriger Frequenz, wobei die absoluten Werte für verschiedene Transistoren unterschiedlich sind. Sobald Transistoren für höhere Frequenzen verwendet werden sollen, müssen die unvermeidlichen Kapazitäten und die Laufzeit der Ladungsträger berücksichtigt werden. Die Laufzeit der Ladungsträger in der Basis der Transistoren wird in Ersatzschaltbildern durch eine Kapazität nachgebildet, die in Verbindung mit dem Eingangswiderstand etwa die gleiche Verzögerung bewirkt wie die Laufzeit. Man nennt diese Kapazität die *Diffusionskapazität*.
Von besonderer Bedeutung für das Frequenzverhalten des Transistors ist die Kollektor-Basis-Kapazität der in Sperrichtung betriebenen Diode. Die Kapazität für den Transistor BC 107 ist als Funktion der Sperrspannung in Bild 2.2–35 dargestellt. Obwohl die Kapazität klein ist, bewirkt sie im Gegenkopplungskreis des Transistors oberhalb der Grenzfrequenz eine Verkleinerung der Stromverstärkung $\beta = h_{21e}$. Das Bild 2.2–56 zeigt die Stromverstärkung β in Abhängigkeit von der Frequenz für einen Transistor BC 107A. Für einen Betriebspunkt $U_{CE} = 5\,\text{V}$, $I_C = 2\,\text{mA}$ und $f = 1\,\text{kHz}$ beträgt $\beta = h_{21e}$ im Mittel 220 entsprechend 46,8 dB. Es ist in der Praxis üblich, die Stromverstärkung in Diagrammen mit logarithmischen Maßstäben darzustellen. Diese Darstellung bietet die Möglichkeit, den Verlauf der Stromverstärkung durch eine Gerade für niedrige Frequenzen und eine zweite Gerade für hohe Frequenzen anzunähern. Die beiden Geraden schneiden sich bei der Grenzfrequenz. Der tatsächliche Verlauf liegt im Schnittpunkt der Geraden um 3 dB niedriger, wie im Diagramm angedeutet ist. Die Gerade oberhalb der Grenzfrequenz hat ein Gefälle von 20 dB/Dekade. Bei der sogenannten *Transitfrequenz* f_T erreicht die Stromverstärkung den Wert $\beta = 1$. Sie ist typisch für einen bestimmten Transistor und wird in den Datenblättern angegeben (siehe Bild 2.2–36).

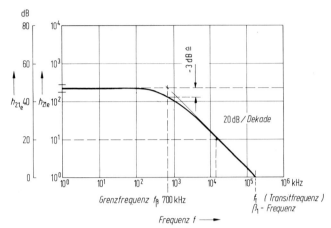

Bild 2.2–56. Frequenzabhängigkeit der Kurzschluß-Stromverstärkung $\beta(h_{21e})$

Ein Gefälle von 20 dB/Dekade bedeutet: Eine Verzehnfachung der Frequenz hat ein Absinken der Stromverstärkung auf 10% des Anfangswertes zur Folge. Oberhalb der Grenzfrequenz ist das Produkt aus Kurzschlußstromverstärkung $\beta(h_{21e})$ und Frequenz f konstant und gleich der Transitfrequenz,

$$\boxed{\beta \cdot f = f_T.}$$

Aus dieser Beziehung kann die Grenzfrequenz für die Emitterschaltung ohne Gegenkopplung bestimmt werden,

$$f_\beta = \frac{f_T}{\beta} = \frac{155 \cdot 10^3 \text{ kHz}}{220} = 700 \text{ kHz}.$$

Die Grenzfrequenz einer Schaltung wird durch verschiedene Einflüsse bestimmt:
   a) durch das Frequenzverhalten des Transistors selbst und hier in erster Linie durch das Frequenzverhalten der Stromverstärkung β
   b) durch Gegenkopplung
   c) durch Kapazitäten und Induktivitäten von Bauelementen und Leiterbahnen, die unerwünscht, aber unvermeidlich sind.

Definitionsgemäß wird die obere und untere Grenzfrequenz erreicht, wenn bei konstanter Signal-Eingangsspannung die Signal-Ausgangsspannung auf 70,7% (entsprechend -3 dB) des bei einer Mittenfrequenz von z. B. 1 kHz für Niederfrequenzschaltungen eingestellten Wertes absinkt.

$$\frac{u_{agr}}{u_e} = \frac{u_{a(\text{mittel})}}{u_e} \cdot \frac{1}{\sqrt{2}},$$
$$A_{uo} = 0{,}707 \cdot A_{u(\text{mittel})}$$

2.2 Transistoren

Emitterschaltung ohne Gegenkopplung

Bei der Emitterschaltung ohne Gegenkopplung, d. h. mit Emitterkondensator C_E, wie in Bild 2.2–52b dargestellt, wird die obere Grenzfrequenz f_{ob} entscheidend durch den Frequenzgang der Stromverstärkung β geprägt. Schaltungsbedingte „parasitäre" Kapazitäten und Induktivitäten haben bei der verhältnismäßig niedrigen Grenzfrequenz untergeordnete Bedeutung.

$$f_{ob} \approx f_\beta = \frac{f_T}{\beta}.$$

Mit den Werten des Beispiels und der Transitfrequenz von $f_T = 155$ MHz (aus Diagramm 2.2–36) ergibt sich:

$$f_{ob} = \frac{155 \text{ MHz}}{220} = 700 \text{ kHz}$$

Emitterschaltung mit Strom-Spannungs-Gegenkopplung

Diese Schaltung enthält keinen Kondensator im Emitterkreis, und die Spannungsverstärkung V'_{ue} ist dadurch erheblich geringer als bei der Schaltung mit C_E. Die Spannungsverstärkung nimmt bei erhöhter Signalfrequenz nicht im gleichen Maße wie die Stromverstärkung β, sondern weniger schnell ab. Die Grenzfrequenz wird bei geringeren Werten von β erreicht.

$$f_{ob} \approx f_T \frac{\frac{(R_C \| R_L) \cdot \sqrt{2}}{V'_{ue}} - R_E}{h_{11e} + R_E}.$$

Mit den Werten des Beispiels:

$$f_{ob} \approx 155 \text{ MHz} \cdot \frac{\frac{(2{,}7 \text{ k}\Omega \| 2{,}7 \text{ k}\Omega) \cdot \sqrt{2}}{1{,}35} - 1 \text{ k}\Omega}{2{,}7 \text{ k}\Omega + 1 \text{ k}\Omega} = 17{,}3 \text{ MHz}.$$

Diese Grenzfrequenz wird im allgemeinen nicht erreicht, da unvermeidliche Kapazitäten im Lastkreis C_L (mit nur wenigen pF Kapazität) einen Tiefpaß mit dem Widerstand R_C im Kollektorkreis bilden und zur Verringerung der Grenzfrequenz führen.

Emitterschaltung mit Spannungs-Strom-Gegenkopplung

In der Schaltung von Bild 2.2–48 mit dem Blockbild 2.2–49 wird eine Gegenkopplung durch die Rückführung und den Vergleich von Strömen erreicht. Die Schaltung hat dadurch eine geringere Stromverstärkung und eine erhöhte Grenzfrequenz. Die Spannungsverstärkung sinkt mit der verringerten Stromverstärkung bei erhöhter Frequenz ab.

Mit den Werten des Beispiels ergibt sich eine obere Grenzfrequenz von etwa:

$$f_{ob} \approx f_\beta \approx \frac{f_T(1+V_0)}{h_{21emax}} = \frac{155\,\text{MHz}\,(1+1{,}52)}{220} = 1{,}78\,\text{MHz}.$$

$h_{21emax} = \beta_{max}$ Stromverstärkung bei $f = 1\,\text{kHz}$

Der Transistor ist ein gleichstromsteuerndes Bauelement und hat keinen Einfluß auf die untere Grenzfrequenz einer Schaltung. Frequenzbestimmend sind die Kondensatoren und die zugehörigen Ersatzwiderstände im Eingangs-, Ausgangs- und im Emitter-Kreis. Die Berechnung der Kapazitäten bzw. der unteren Grenzfrequenz erfolgt für die als bekannt vorausgesetzten Bedingungen für die Grenzfrequenz von RC-Gliedern. Für die Grenzfrequenz eines Hochpasses gilt:

$$X_C = \frac{1}{\omega C} = R;\ U_C = U_R;\ \varphi = 45°.$$

$$C = \frac{1}{2 \cdot \pi \cdot f_u \cdot R}.$$

$$f_u = \frac{1}{2 \cdot \pi \cdot R \cdot C}.$$

Der Widerstand R setzt sich aus Innenwiderstand und Eingangswiderstand der Schaltung zusammen. Ist der Innenwiderstand des Generators nicht bekannt, wird er vernachlässigt. Die Kapazität des Kondensators wird größer berechnet, als bei einem Innenwiderstand erforderlich wäre, und die untere Grenzfrequenz wird noch niedriger als notwendig.

Die Spannungsverhältnisse der Eingangsschaltung von Bild 2.2–54 zeigt Bild 2.2–57.

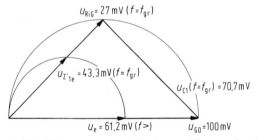

Bild 2.2–57. Spannungsverhältnisse am Eingang eines Verstärkers bei Grenzfrequenz
$|X_C| = |R_{iG}| + |Z'_{1e}|$

Man sieht, die Eingangsspannung geht von 61,2 mV auf 70,7 % = 43,3 mV bei Grenzfrequenz zurück. Die Aufteilung des Widerstandes R auf die Teilwiderstände R_{iG} und Z'_{1e} hat auf die Absenkung und die Phasenverschiebung keinen Einfluß.

Mit den Werten des Beispiels von Bild 2.2–44 ergeben sich folgende Kapazitätswerte ($f_u = 40\,\text{Hz}$; willkürlich gewählt):

$$C_1 = \frac{1}{2 \cdot \pi \cdot f_u \cdot (R_{iG} + Z'_{1e})}.$$

2.2 Transistoren

Eine auf diese Weise berechnete Kapazität hat eine Absenkung auf 70,7 % entsprechend −3 dB zur Folge. Weitere RC-Glieder am Ausgang oder im Emitterkreis erhöhen die Absenkung auf −6 dB (50%) bzw. −9 dB (35,5%). Bei mehreren RC-Gliedern müssen deshalb die Kondensatoren vergrößert werden. Nach Bystron[4] ergibt sich der Vergrößerungsfaktor in guter Näherung:

$$k = \frac{2{,}08}{\sqrt{m}}.$$

m zulässige Absenkung pro RC-Glied in dB

Im Beispiel mit zwei RC-Gliedern wird $m = -1{,}5$ dB und $k = 1{,}7$. Beide Kondensatoren sind 70% größer zu wählen.

$$C_1 = \frac{1}{2 \cdot \pi \cdot 40 \, \text{s}^{-1} \cdot (10 \, \text{k}\Omega + 15{,}8 \, \text{k}\Omega)} \cdot 1{,}7 = 262 \, \text{nF}.$$

Entsprechend ergibt sich C_2:

$$C_2 = \frac{1}{2 \cdot \pi \cdot f_u \cdot (Z'_{2e} + R_L)} \cdot k$$
$$= \frac{1}{2 \cdot \pi \cdot 40 \, \text{s}^{-1} \cdot (2{,}7 \, \text{k}\Omega + 2{,}7 \, \text{k}\Omega)} \cdot 1{,}7 = 1{,}25 \, \mu\text{F}.$$

Ist ein weiteres RC-Glied vorhanden, wie in der nicht gegengekoppelten Emitterschaltung, müssen alle drei Kondensatoren um 100% vergrößert werden ($k = 2{,}08$).
Bei der Berechnung der Kapazität C_E muß man beachten, daß X_C im Emitterkreis des Transistors liegt und wie jeder andere Widerstand um den Faktor ($h_{21e} + 1$) vom Ein-

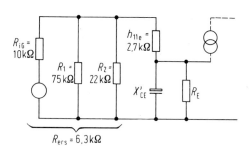

Bild 2.2–58.
Ersatzschaltung zur
Berechnung des
Emitter-Kondensators C_E

gang gesehen vergrößert erscheint. Zur Vereinfachung wird X_C klein gegenüber R_E angenommen und R_E nicht berücksichtigt. Unter diesen Voraussetzungen wird nach Bild 2.2–58:

$$X'_{CE} = X_{CE} \cdot (h_{21e} + 1),$$
$$X_{CE} \cdot (h_{21e} + 1) = h_{11e} + R_{ers},$$
$$C_E = \frac{h_{21e} + 1}{2 \cdot \pi \cdot f_u \cdot (h_{11e} + R_{ers})} \cdot k \approx \frac{h_{21e}}{2 \cdot \pi \cdot f_u \cdot h_{11e}} \cdot k.$$

Mit den Werten des Beispiels:

$$C_E = \frac{220 + 1}{2 \cdot \pi \cdot 40 \text{ s}^{-1} \cdot (2{,}7 \text{ k}\Omega + 6{,}3 \text{ k}\Omega)} \cdot 2{,}08 = 203 \text{ µF}.$$

Der Kondensator C_3 in der Bootstrapschaltung von Bild 2.2–53 soll den Eingangsteiler und den Emitterwiderstand R_E wechselstrommäßig kurzschließen. Eine ausreichende Kapazität erhält man mit folgender Beziehung:

$$C_3 = \frac{1}{2 \cdot \pi \cdot f_u \cdot (R_1 \parallel R_2)}.$$

Mit den Werten der Schaltung von Bild 2.2–53 ergibt sich:

$$C_3 = \frac{1}{2 \cdot \pi \cdot 40 \text{ s}^{-1} \cdot (75 \text{ k}\Omega \parallel 22 \text{ k}\Omega)} = 234 \text{ nF}.$$

2.2.7 Betriebsverhalten der Kollektorschaltung

Bild 2.2–59 zeigt eine Kollektorschaltung, die von einer Steuerspannungsquelle mit einem Innenwiderstand R_{iG} angesteuert wird. In dieser Grundschaltung entfällt der Kol-

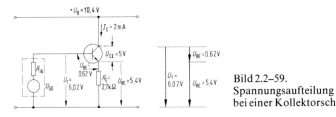

Bild 2.2–59. Spannungsaufteilung bei einer Kollektorschaltung

lektorwiderstand, und der Widerstand im Emitterkreis bestimmt das Verhalten. Der Widerstand im Emitterkreis ist Lastwiderstand und Stromgegenkopplungswiderstand zugleich. Die Gegenkopplung ist so weit getrieben, daß die Kollektorschaltung eine Spannungsverstärkung von nahezu eins aufweist. Hier ist:

$$U_1 - U_{BE} - U_{RE} = 0.$$
$$U_1 = U_{BE} + U_{RE}.$$

Für Ansteuerung mit einer Steuer-Gleichspannung ergibt sich die Spannungsverstärkung A_{ugl}

$$A_{ugl} = \frac{U_a}{U_1} = \frac{U_{RE}}{U_1} = \frac{(B \cdot I_B + I_B) \cdot R_E}{(B \cdot I_B + I_B) \cdot R_E + r_{BE} \cdot I_B} = \frac{(B + 1) \cdot R_E}{(B + 1) \cdot R_E + r_{BE}}.$$

Mit den Werten des Bildes 2.2–59:

$$B = 170; \; U_{BE} = 0{,}62 \text{ V}; \; I_B = 11{,}8 \text{ µA}.$$
$$A_{ugl} = \frac{(170 + 1) \cdot 2{,}7 \text{ k}\Omega}{(170 + 1) \cdot 2{,}7 \text{ k}\Omega + 52{,}5 \text{ k}\Omega} = 0{,}898.$$

2.2 Transistoren

Störgrößen wie Temperatureinflüsse des Transistors oder Speisespannungsschwankungen werden weitgehend unterdrückt. Verzerrungen der Signalspannungen treten bei der Kollektorschaltung infolge der großen internen Kreisverstärkung kaum auf. Das Eingangssignal wird linear auf den Ausgang übertragen. Eine Invertierung findet nicht statt. Die intern wirksame Spannungsverstärkung der Kollektorschaltung ergibt sich aus dem Blockschaltbild 2.2–46a für die Gegenkopplungsschleife der Emitterschaltung. Da die Spannungsverstärkung der Kollektorschaltung etwa eins ist, wird die Spannungsverstärkung der Emitterschaltung voll in der Gegenkopplungsschleife wirksam.

$$V_0 = A_{\text{ucintern}} = \frac{h_{21e}}{h_{11e}} \cdot R_E = S \cdot R_E.$$

Wo ist der Vorteil einer Schaltung zu suchen, deren Spannungsverstärkung gleich oder kleiner als eins ist? Der Eingangswiderstand ist sehr groß und der Ausgangswiderstand sehr klein. Man bezeichnet die Kollektorschaltung aus diesem Grunde als „Impedanzwandler" oder „Emitterfolger".
Der Eingangskreis hat auf den Ausgangswiderstand und der Lastkreis auf den Eingangswiderstand Einfluß. Die Schaltung ist nicht frei von Rückwirkungen.
Die Kollektorschaltung wird häufig in direkt (galvanisch) gekoppelten Schaltungen verwendet. In diesen Fällen kann der Gleichstrom-Eingangswiderstand von Bedeutung sein. Er ergibt sich zu:

$$r_{ec} = \frac{U_e}{I_e} = \frac{U_1}{I_B} = r_{BE} + (B+1) \cdot R_E,$$

z. B. $\quad r_{ec} = 52{,}2\,\text{k}\Omega + 171 \cdot 2{,}7\,\text{k}\Omega = 514\,\text{k}\Omega.$

Wie bei der Emitterschaltung mit Strom-Spannungs-Gegenkopplung erscheinen alle Widerstände im Emitterkreis einer Transistorschaltung um die Stromverstärkung vergrößert.

Eingangswiderstand

Für den Kleinsignaleingangswiderstand ergibt sich entsprechend mit den Vierpol-Koeffizienten eines Betriebspunktes:

$$\boxed{\begin{aligned} Z_1 &= \frac{h_{11} + \Delta h R_L}{1 + h_{22} R_L}. \\ Z_{1c} &= \frac{h_{11e} + [h_{11e}h_{22e} + (1 + h_{21e})]R_E}{1 + h_{22e} R_E}. \end{aligned}}$$

Die Produkte der Vierpolparameter $h_{11e}h_{22e}$ und $h_{22e}R_L$ sind sehr klein und können im allgemeinen vernachlässigt werden. Die vereinfachte Gleichung lautet daher:

$$Z_{1c} \approx h_{11e} + (1 + h_{21e})R_E = r_{BE} + \beta R_E.$$

Beispiel:

$$Z_{1c} \approx 2{,}7\,\text{k}\Omega + (1 + 220) \cdot 2{,}7\,\text{k}\Omega = 600\,\text{k}\Omega.$$

In der Kleinsignal-Verstärkerschaltung von Bild 2.2–60 ist der Lastwiderstand mit $R_L = 2,7\,\text{k}\Omega$ zum Emitterwiderstand $R_E = 2,7\,\text{k}\Omega$ parallelgeschaltet, wie im Ersatzbild zu erkennen ist.

Die Spannungsteilerwiderstände zur Betriebspunkteinstellung, die in der gleichen Weise berechnet werden wie in der Emitterschaltung, verringern den Eingangswiderstand ebenfalls.

$$Z_{1c} \approx R_1 \parallel R_2 \parallel [h_{11e} + h_{21e} \cdot (R_E \parallel R_L)].$$

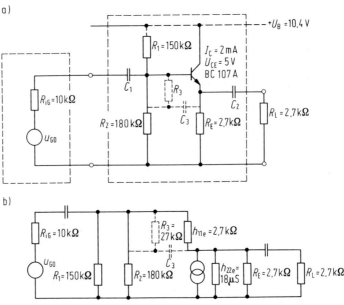

Bild 2.2–60. a) Kleinsignalverstärker in Kollektorschaltung (gestrichelt; mit Bootstrap)
b) Kleinsignal-Ersatzbild der Kollektorschaltung

Mit den Werten des Beispiels von Bild 2.2–60:

$$Z_{1c} \approx 150\,\text{k}\Omega \parallel 180\,\text{k}\Omega \parallel [2,7\,\text{k}\Omega + 221\,(2,7\,\text{k}\Omega \parallel 2,7\,\text{k}\Omega)] = 64\,\text{k}\Omega.$$

Wird die in der Schaltung 2.2–60 gestrichelt angedeutete Bootstrapschaltung verwendet, dann erhöht sich der Eingangswiderstand auf etwa:

$$Z_{1c\,\text{boot}} \approx h_{11e} \parallel R_3 + h'_{21e}\,(R_E \parallel R_L \parallel R_1 \parallel R_2).$$

mit $h'_{21e} = \dfrac{h_{21e}}{G_3 \cdot h_{11e} + 1} = 200$ und den Werten des Beispiels ergibt sich:

$$Z_{1c\,\text{boot}} \approx 2,7\,\text{k}\Omega \parallel 27\,\text{k}\Omega + 200\,(2,7\,\text{k}\Omega \parallel 2,7\,\text{k}\Omega \parallel 150\,\text{k}\Omega \parallel 180\,\text{k}\Omega)$$
$$= 267\,\text{k}\Omega.$$

2.2 Transistoren

Ausgangswiderstand

Der Ausgangswiderstand der Kollektorschaltung ist sehr viel kleiner als der Ausgangswiderstand der Emitterschaltung, und er wird in erster Linie durch die Widerstandsverhältnisse im Eingangskreis der Schaltung bestimmt. Im Eingangskreis fließt nur der Basisstrom, und dieser verursacht einen geringeren Spannungsabfall als der von dem Basisstrom gesteuerte Strom im Emitter-Lastkreis. Die Auswirkungen einer Widerstandsänderung im Lastkreis machen den Einfluß deutlich. Schaltet man zum Widerstand R_E einen gleich großen Widerstand mit 2,7 kΩ parallel, dann wird sich zunächst die Ausgangsspannung U_{RE} verringern. Da bei konstanter Steuerspannung die Spannung zwischen Basis und Emitter U_{BE} ansteigt, wird der Transistor weiter aufgesteuert. Hierzu ist etwa der doppelte Basisstrom I_B erforderlich. Dieser zusätzliche Basisstrom erzeugt einen Spannungsabfall an den Widerständen im Eingangskreis $r_{be} = h_{11e}$ und R_{iG}.

$$r_{ac} = \frac{u_a}{i_E} \approx \frac{i_B(h_{11e} + R_{iG})}{i_B + i_B \cdot h_{21e}} = \frac{h_{11e} + R_{iG}}{1 + h_{21e}}.$$

Alle Widerstände im Eingangskreis einer Kollektorschaltung erscheinen vom Ausgang her gesehen um die Stromverstärkung verkleinert.

Ausgehend von den Vierpolgleichungen, kommt man zu demselben Ergebnis:

$$Z_{2c} = \frac{h_{11e} + R_{iG}}{\Delta h_c + h_{22e} R_{iG}} = \frac{h_{11e} + R_{iG}}{(h_{11e} h_{22e} + 1 + h_{21e}) + h_{22e} R_{iG}}.$$

$$Z_{2c} \approx \frac{h_{11e} + R_{iG}}{1 + h_{21e}} \approx \frac{r_{be} + R_{iG}}{1 + \beta}.$$

Zur genauen Berechnung des Ausgangswiderstandes der Kollektorschaltung von Bild 2.2-60 müssen die Spannungsteilerwiderstände und der Emitterwiderstand berücksichtigt werden. Die Parallelschaltung von R_{iG}, R_1 und R_2 wird an Stelle von R_{iG} eingesetzt.

$$R_{Ersatz} = R_{iG} \parallel R_1 \parallel R_2 = 10\,\text{k}\Omega \parallel 150\,\text{k}\Omega \parallel 180\,\text{k}\Omega = 8{,}91\,\text{k}\Omega$$

$$Z_{2c} \approx \left(\frac{h_{11e} + R_{Ersatz}}{1 + h_{21e}}\right) \parallel R_E = \left(\frac{2{,}7\,\text{k}\Omega + 8{,}91\,\text{k}\Omega}{221}\right) \parallel 2{,}7\,\text{k}\Omega = 51{,}5\,\Omega.$$

Für Überschlagsrechnungen kann weiter vereinfacht werden, wenn R_{iG} sehr klein ist:

$$Z_{2c} \approx \frac{\frac{u_{BE}}{i_B}}{\beta} = \frac{u_{BE}}{i_C} \quad \text{bzw.} \quad \frac{\Delta U_{BE}}{\Delta I_C} = \frac{1}{S}.$$

Kleinsignal-Spannungsverstärkung

Die Kleinsignal-Spannungsverstärkung der Kollektorschaltung ist in guter Näherung eins, wie sich nachweisen läßt:

$$A_u = \frac{-h_{21} \cdot R_L}{h_{11} + \Delta h \cdot R_L}, \text{daraus}$$

$$A_{uc} = \frac{u_a}{u_e} \approx \frac{i_B(1 + h_{21e}) \cdot (R_E \| R_L)}{i_B(1 + h_{21e}) \cdot (R_E \| R_L) + h_{11e} \cdot i_B}.$$

$$\Delta h_c = h_{11e} \cdot h_{22e} + (h_{21e} + 1) \approx h_{21e} + 1.$$

Mit den Werten des Beispiels:

$$A_{uc} \approx \frac{221 \cdot (2{,}7 \text{ k}\Omega \| 2{,}7 \text{ k}\Omega)}{221 \cdot (2{,}7 \text{ k}\Omega \| 2{,}7 \text{ k}\Omega) + 2{,}7 \text{ k}\Omega} = 0{,}991 \approx 1.$$

Kleinsignal-Stromverstärkung

Die interne Kleinsignal-Stromverstärkung der Kollektorschaltung ist etwa genauso groß wie die der Emitterschaltung, und da die Kurzschlußstromverstärkung β, wie bereits gezeigt, mit der Frequenz absinkt, hat die Kollektorschaltung ein ähnliches Frequenzverhalten wie die Emitterschaltung mit Strom-Spannungs-Gegenkopplung. Die Stromverstärkung errechnet sich zu:

$$\boxed{\frac{i_E}{i_B} = \frac{h_{21}}{1 + h_{22}R_L} = \frac{h_{21e} + 1}{1 + h_{22e}R_L} \approx h_{21e} + 1 \approx \beta + 1.}$$

Für die Kleinsignal-Stromverstärkung des Verstärkers von Bild 2.2–60 sind die Widerstandsverhältnisse von Eingang und Last ausschlaggebend:

$$A_{ic} = A_{uc} \cdot \frac{Z_{1c}}{R_L}.$$

Beispiel:

$$A_{ic} = 1 \cdot \frac{64 \text{ k}\Omega}{2{,}7 \text{ k}\Omega} = 23{,}7.$$

Mit der Bootstrapschaltung ergeben sich bedingt durch den höheren Eingangswiderstand größere Stromverstärkungen:

$$A_{icboot} = 1 \cdot \frac{267 \text{ k}\Omega}{2{,}7 \text{ k}\Omega} = 99.$$

Kleinsignal-Leistungsverstärkung

Die Kleinsignal-Leistungsverstärkung ist zahlenmäßig genauso groß wie die Stromverstärkung, da die Spannungsverstärkung eins ist.

2.2.8 Betriebsverhalten der Basisschaltung

Im Gegensatz zur Emitter- und Kollektorschaltung wird bei der Basisschaltung die Steuerspannungsquelle mit dem großen Emitterstrom I_E belastet. Das Verhältnis des Kollektorstromes zum Emitterstrom ohne Lastwiderstand wird mit Stromverstärkung α bezeichnet. Die Stromverstärkung der Basisschaltung ist etwas kleiner als 1. Es besteht folgende Beziehung zwischen der Kurzschlußstromverstärkung in Emitterschaltung β und der Stromverstärkung α:

$$\boxed{\alpha = \frac{\Delta I_C}{\Delta I_E} = \frac{\beta}{1 + \beta} \approx 1.}$$

2.2 Transistoren

Im Unterschied zur Kollektorschaltung ist bei der Basisschaltung die Stromverstärkung β durch interne Gegenkopplung herabgesetzt. In der Wirkung kann man die Basisschaltung mit einer direkt spannungsgegengekoppelten Emitterschaltung vergleichen. Außerdem liegt die Kollektor-Basis-Kapazität parallel zum Widerstand R_L. Infolge der Gegenkopplung ist die Frequenzabhängigkeit der Stromverstärkung bei der Basisschaltung wesentlich günstiger als bei der Emitterschaltung. Sie ist so groß wie die Transitfrequenz. Hierin liegt der große Vorteil der Basisschaltung. Sie wird deshalb hauptsächlich in Hochfrequenzschaltungen eingesetzt. Die Spannungsverstärkung V_u ist etwa genauso groß wie die der Emitterschaltung.

$$A_u = \frac{-h_{21} R_L}{h_{11} + \Delta h R_L} \approx \frac{1 R_L}{\frac{h_{11e}}{1 + h_{21e}}} = \frac{R_L(h_{21e} + 1)}{h_{11e}} \approx \frac{R_L}{r_{be}} \cdot \beta = S R_L.$$

Der Eingangswiderstand der Basisschaltung ist kleiner, der Ausgangswiderstand dagegen größer als bei der Emitterschaltung:

$$Z_{1b} = \frac{h_{11b} + \Delta h_b R_L}{1 + h_{22b} R_L} \approx \frac{h_{11e}}{1 + h_{21e}} \approx \frac{r_{be}}{\beta}.$$

$$r_{ab} = \frac{h_{11b} + R_{iG}}{\Delta h_b + h_{22b} R_{iG}}.$$

$$\approx \frac{\frac{h_{11e}}{1 + h_{21e}} + R_{iG}}{\frac{h_{22e} R_{iG}}{1 + h_{21e}} + \frac{\Delta h_e}{1 + h_{21e}}} \approx \frac{h_{11e} + (1 + h_{21e}) R_{iG}}{h_{22e} R_{iG} + \Delta h_e}.$$

Beispiel: Mit $R_{iG} = 10\,\Omega$ ergibt sich:

$$Z_{1b} \approx \frac{2700\,\Omega}{1 + 220} = 12{,}2\,\Omega,$$

$$r_{ab} \approx \frac{2700\,\Omega + 221 \cdot 10\,\Omega}{18 \cdot 10^{-6}\,\Omega^{-1} \cdot 10\,\Omega + 15{,}3 \cdot 10^{-3}} = 317\,\mathrm{k}\Omega.$$

Für den Kleinsignalverstärker in Basisschaltung von Bild 2.2–63 werden die gleichen Widerstandswerte und der gleiche Betriebspunkt wie für die Emitterschaltung von Bild 2.2–44 verwendet. Die Berechnung der Bauelemente erfolgt auf die gleiche Weise. Im Gegensatz zur Emitterschaltung wird die Basisschaltung am Emitterpunkt über eine Kapazität C_{1b} angesteuert und der Spannungsteiler für die Betriebspunkt-Einstellung durch einen zweiten Kondensator C_B wechselstrommäßig kurzgeschlossen. Die Basis liegt für die Signalspannung auf Massepotential.
Unter diesen Voraussetzungen kann das Kleinsignal-Ersatzbild von Bild 2.2–63b mit den Vierpolkoeffizienten der Basisschaltung aufgestellt werden. Sind die Koeffizienten

a)
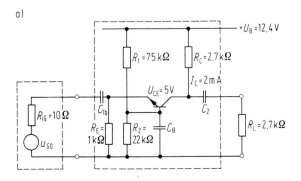

b)
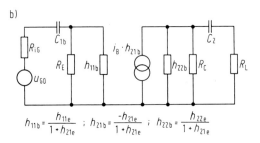

$$h_{11b} = \frac{h_{11e}}{1+h_{21e}} \;;\; h_{21b} = \frac{-h_{21e}}{1+h_{21e}} \;;\; h_{22b} = \frac{h_{22e}}{1+h_{21e}}$$

Bild 2.2–61. a) Kleinsignalverstärker in Basisschaltung
b) Kleinsignal-Ersatzbild der Basisschaltung mit Vierpolkoeffizienten der Basisschaltung

der Basisschaltung nicht vorhanden, können sie aus den Koeffizienten der Emitterschaltung berechnet werden. Die Spannungsrückwirkung kann auch bei der Basisschaltung meistens vernachlässigt werden. Für den Betriebpunkt der Basisschaltung von Bild 2.2–61 ergeben sich folgende Koeffizienten:

$$h_{11b} = \frac{h_{11e}}{1+h_{21e}} = \frac{2{,}7\text{ k}\Omega}{221} = 12{,}2\,\Omega,$$

$$h_{21b} = \frac{h_{21e}}{1+h_{21e}} = \frac{220}{221} = 0{,}995 \approx 1,$$

$$h_{22b} = \frac{h_{22e}}{1+h_{21e}} = \frac{18\,\mu\text{S}}{221} = 81 \cdot 10^{-9}\,\text{S}.$$

Bei der Berechnung der Kleinsignal-Betriebsdaten können die errechneten Koeffizienten der Basisschaltung oder die Emitter-Koeffizienten in die entsprechenden Beziehungen eingesetzt werden. Das Ersatzbild zeigt, daß der Widerstand R_E beim Eingangswiderstand, R_C beim Ausgangswiderstand und R_L bei der Berechnung der Spannungsverstärkung berücksichtigt werden muß. Es ergeben sich folgende Kleinsignal-Betriebsdaten für die Schaltung von Bild 2.2–61:

$$Z_{1b} = \frac{h_{11e}}{1+h_{21e}} \,\|\, R_E = 12{,}2\,\Omega \,\|\, 1\,\text{k}\Omega = 12{,}1\,\Omega,$$

2.2 Transistoren

$$Z_{2b} = \frac{h_{11e} + (1 + h_{21e}) \cdot R_{iG}}{h_{22e} \cdot R_{iG} + \Delta h_e} \parallel R_C \approx R_C = 2{,}7\,\text{k}\Omega,$$

$$A_{ub} \approx \frac{(1 + h_{21e})(R_C \parallel R_L)}{h_{11e}} = \frac{221\,(2{,}7\,\text{k}\Omega \parallel 2{,}7\,\text{k}\Omega)}{2{,}7\,\text{k}\Omega} = 110,$$

$$A_{ib} = A_{ub} \cdot \frac{Z_{1b}}{R_L} = 110 \cdot \frac{12\,\Omega}{2{,}7\,\text{k}\Omega} = 0{,}5,$$

$$A_{pb} = A_{ub} \cdot V_{ib} = 110 \cdot 0{,}5 = 55.$$

2.2.9 Betriebsverhalten von Konstantstromquellen

Konstantstromquellen sind wichtige Hilfsmittel in der elektronischen Schaltungstechnik. Im idealen Fall bleibt der Strom unabhängig vom Belastungswiderstand bzw. von der Spannung im Ausgangskreis konstant. Praktisch wird die Forderung nach konstantem Strom nur in einem gewissen Betriebsbereich erreicht, da die Betriebsspannung keine beliebig großen Werte annehmen kann.

In vielen integrierten Schaltungen, wie z. B. in Operationsverstärkern, sind mehrere Stromquellen vorhanden. Vielseitige Aufgaben können mit Konstantstromquellen erfüllt werden:

a) Ersatz von Widerständen im Kollektorkreis von Transistoren; der hohe differentielle Widerstand der Stromquelle bestimmt das Betriebsverhalten, der Aussteuerbereich wird größer, die Spannungsverstärkung wird stark erhöht, die Abhängigkeit von der Betriebsspannung wird geringer

b) Ersatz von Emitterwiderständen in Differenzverstärkern; die Gleichtaktverstärkung wird geringer, die Abhängigkeit von der Betriebsspannung wird kleiner.

Die Funktion einer Konstantstromquelle für den Aufbau mit einzelnen (diskreten) Bauelementen soll am Beispiel der Schaltung von Bild 2.2–62 beschrieben werden. Es soll beispielsweise ein Strom von 4,2 mA erzeugt werden.

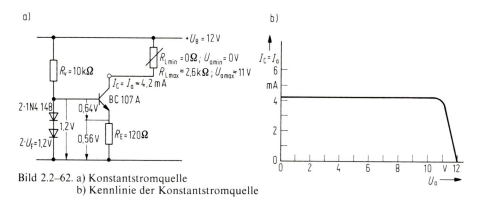

Bild 2.2–62. a) Konstantstromquelle
b) Kennlinie der Konstantstromquelle

An den Dioden fällt eine Durchlaßspannung von etwa $2 \cdot U_F = 1{,}2$ V bei einem Durchlaßstrom von 1 mA ab, wie der Kennlinie von Bild 2.1–15 zu entnehmen ist. Die Durchlaßspannung hat einen Temperaturkoeffizienten von etwa $-1{,}6$ mV/K. Der *TK* hat etwa die gleiche Größenordnung wie die des Transistors. Die Durchlaßspannung ist als

In der einfachsten Form bestehen Differenzverstärker, wie in Bild 2.2–65 dargestellt, aus zwei Transistoren und drei Widerständen. Zum Betrieb sind eine positive und eine negative Betriebsspannung notwendig. Widerstände zur Betriebspunkteinstellung können infolge der Anordnung der Betriebsspannungsquellen entfallen. Es muß jedoch gewährleistet sein, daß der notwendige Basisstrom zur Betriebspunkteinstellung fließen kann. Hierzu müssen *beide Eingänge* des Differenzverstärkers entweder direkt über Widerstände mit geringem Widerstand oder über eine Steuerquelle, die den Basis-Gleichstrom führen kann, *mit Masse verbunden* sein. *Kondensatoren* oder *Dioden in Sperrrichtung* müssen in den Eingangsleitungen vermieden werden.

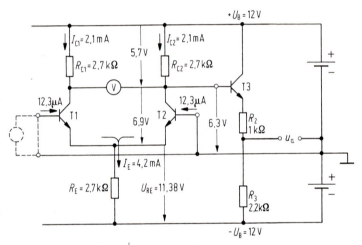

Bild 2.2–65. Einfachste Schaltung eines Differenzverstärkers

Zur Erklärung der Wirkungsweise eines Differenzverstärkers werden gleiche Bauelemente und Verbindungen zwischen den Eingängen und Masse vorausgesetzt.
In der Schaltung von Bild 2.2–65 sind die beiden Basispunkte mit dem Massepunkt bzw. mit Plus der negativen Betriebsspannung verbunden. Die Emitterpunkte der Transistoren liegen mit dem gemeinsamen Emitterwiderstand in Reihe am Minus der Betriebsspannungsquelle. Die Transistoren werden in den leitenden Zustand gesteuert, und am Widerstand R_E fällt eine Spannung von $U_{RE} = |-U_B| - U_{BE}$ ab. Der Widerstandswert von R_E bestimmt mit der Höhe der negativen Betriebsspannung den Summenstrom I_E, der sich bei gleichen Bauelementen gleichmäßig auf die Transistoren aufteilt. Mit den Werten des Beispiels von Schaltung 2.2–65 wird

$$I_E = \frac{|-U_B| - U_{BE}}{R_E} = \frac{12\,\text{V} - 0{,}62\,\text{V}}{2{,}7\,\text{k}\Omega} = 4{,}2\,\text{mA};$$

$$I_{C1} = I_{C2} = \frac{I_E}{2} = 2{,}1\,\text{mA}.$$

2.2 Transistoren

Die Ströme verursachen Spannungsabfälle, die im Bild 2.2–65 eingetragen sind. Zwischen den Kollektorpunkten der beiden Transistoren ergibt sich ohne Ansteuerung keine Ausgangsspannung.

In dieser einfachen Form kann der Differenzverstärker nur selten verwendet werden, da sich Schwierigkeiten mit Potentialunterschieden zu nachfolgenden Verstärkerstufen ergeben, die von derselben Betriebsspannung gespeist werden.

Häufiger, so auch in Operationsverstärkern, wird nur ein Zweig des Differenzverstärkers weiterverwendet. Der Potentialunterschied zwischen Kollektorpunkt und Masse wird durch eine Schaltung ausgeglichen. Im Beispiel wird der Zweig mit dem Transistor T_2 weiterverwendet und der Potentialunterschied durch eine Kollektorstufe mit dem Transistor T_3 und einem Spannungsteiler (1 kΩ; 2,2 kΩ) ausgeglichen. Man muß die schlechteren Betriebseigenschaften, die durch diese Maßnahmen entstehen, in Kauf nehmen.

Wird der Transistor T_1 des Differenzverstärkers mit einem Steuerstrom von z. B. 1 µA angesteuert, überlagert sich der Steuerstrom i_1 dem Ruhestrom I_{B1}. Der Gesamtstrom in der Basisleitung von T_1 beträgt 12,3 µA + 1 µA = 13,3 µA. Als Folge hiervon erhöhen sich der Kollektorstrom um $i_1 \cdot \beta$ = 1 µA · 220 = 220 µA auf 2,32 mA und der Spannungsabfall von R_{C1} um 220 µA · 2,7 kΩ = 594 mV. Der erhöhte Strom I_{C1} fließt über den gemeinsamen Emitterwiderstand R_E ab und vergrößert zunächst den Spannungsabfall. Da die Basis von Transistor T_2 an Masse angeschlossen ist, wird U_{BE2} um denselben Betrag der Spannungserhöhung an R_E verringert, und der Transistor wird weiter zugesteuert. Der Kollektorstrom I_{C2} verringert sich im selben Maße, wie sich I_{C1} erhöht, der Summenstrom I_E bleibt nahezu konstant. Wie groß die unerwünschte Abweichung des Stromes I_E vom ursprünglichen Wert ist, wird durch den Widerstandswert von R_E bestimmt. Angestrebt wird ein möglichst großer Wert, der sich aber wegen der Wirkung auf die Betriebspunkteinstellung verbietet. Abhilfe schafft hier eine Stromquellen-Schaltung mit hohem differentiellen Widerstand, der den Betriebspunkt nicht beeinflußt.

Wie im Ersatzbild 2.2–66 angedeutet, fließt der Steuerstrom i_1 über den Eingangswiderstand $r_{be1} = h_{11e1}$ des Transistors T_1, die gemeinsame Emitterleitung und über den Ein-

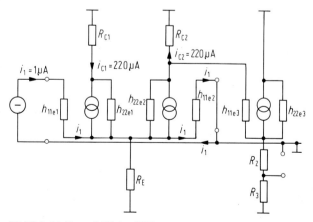

Bild 2.2–66. Ersatzbild des Differenzverstärkers von Bild 2.2–65 mit Steuerquelle im nichtinvertierenden Eingang

gangswiderstand des Transistors T_2 zurück. Hierbei verursacht der Steuerstrom i_1 Spannungsabfälle an den Eingangswiderständen von jeweils etwa 1 μA · 2,7 kΩ = 2,7 mV. Die Steuerquelle muß für die Aussteuerung des Beispiels etwa $|u_{be1}| + |u_{be2}| = 5,4$ mV aufbringen.

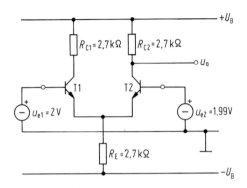

Bild 2.2–67.
Differenzbildung zweier
Steuerspannungen mit einem
Differenzverstärker

Möglichkeiten der Ansteuerung von Differenzverstärkern
a) Eine weitverbreitete Ansteuerung ist die zuvor im Beispiel beschriebene. Hierbei wird die Steuerspannungsquelle zwischen Masse und einem der beiden Eingänge angeschlossen. Der zweite Eingang wird an Masse geschaltet. Ein Signal am Eingang von Transistor T_2 wird, bezogen auf den Transistor T_3 bzw. den Ausgang mit Spannungsteiler, invertiert. Signalspannungen am Eingang von T_1 werden dagegen nichtinvertiert übertragen.
b) Eine zweite Ansteuermöglichkeit erlaubt, zwei Steuerspannungen zu vergleichen. Hierzu werden die beiden Steuerquellen jeweils in einen Eingang geschaltet, wie Bild 2.2–67 zeigt. Die Differenzspannung wird verstärkt. Beträgt z. B. die Steuerspannung $u_{e1} = +2$ V und die Steuerspannung $u_{e2} = +1,99$ V, dann wird die Differenzspannung $u_{e1} - u_{e2} = 2$ V $- 1,99$ V $= 0,01$ V verstärkt.
c) Bei der Ansteuerung mit zwei annähernd gleichen Steuerspannungen können große „Gleichtaktspannungen" auftreten. Definitionsgemäß ergibt sich die Gleichtaktspannung als Mittelwert der Steuerspannungen $u_{gl} = (u_{e1} + u_{e2})/2$. Da die eine Steuerspannung invertiert, die zweite jedoch nichtinvertiert auf den Ausgang übertragen wird, müßte die Ausgangsspannung bei Gleichtaktansteuerung Null bleiben. Wird, wie in Bild 2.2–67 angedeutet, nur ein Zweig des Differenzverstärkers weiterverwendet, ergibt sich eine Gleichtaktverstärkung A_{ugl}. Die Gleichtaktspannung hat dieselbe Auswirkung wie eine Erhöhung der negativen Betriebsspannung $|-U_B|$. Die Spannungserhöhung führt zu größerem Emitter-Summenstrom und zu größeren Kollektorströmen, die wiederum einen größeren Spannungsabfall an den Widerständen in den Kollektorkreisen zur Folge haben.
Die Gleichtaktverstärkung ist unerwünscht und kann durch Konstantstromquellen an Stelle von gemeinsamen Widerständen im Emitterkreis verringert werden.

2.2 Transistoren

Typische Daten und Betriebsdaten des Differenzverstärkers

Vernachlässigt man wie bisher die Einflüsse der Spannungsrückwirkung und des Ausgangsleitwertes der Transistoren, können die Kleinsignal-Betriebsdaten aus dem Ersatzbild 2.2–66 entnommen werden. Mit den Werten des Beispiels von Bild 2.2–65 ergeben sich:

Eingangswiderstand für Differenz-Steuerspannungen

$$Z_{1d} \approx 2 \cdot h_{11e} = 2 \cdot r_{be} = 2 \cdot 2{,}7\,\text{k}\Omega = 5{,}4\,\text{k}\Omega.$$

Eingangswiderstand für Gleichtaktspannungen (common voltage)

Ähnlich wie bei der Emitterschaltung mit Strom-Spannungs-Gegenkopplung erscheint der Emitterwiderstand R_E um die Stromverstärkung β für Gleichtaktspannungen vergrößert

$$Z_{1c} \approx h_{11e1} \| h_{11e2} + h_{21e} \cdot R_E \approx \beta \cdot R_E = 220 \cdot 2{,}7\,\text{k}\Omega = 594\,\text{k}\Omega.$$

Differenz-Spannungsverstärkung

Die Eingangs-Steuerspannung U_e teilt sich etwa gleich auf die beiden Transistoren in u_{e1} und u_{e2} auf. Jeder Transistorzweig verstärkt die Steuerspannung $u_{e1} = u_{e2} = U_e/2$ mit einer Verstärkung, die von der Emitterschaltung her bekannt ist. Werden beide Differenzverstärkerzweige weiterverarbeitet, dann wird

$$A_{ud} \approx \frac{h_{21e}}{h_{11e}} \cdot R_C = \frac{\beta}{r_{be}} \cdot R_C = S \cdot R_{CE} = \frac{220}{2{,}7\,\text{k}\Omega} \cdot 2{,}7\,\text{k}\Omega = 220.$$

Mit nur einem Zweig des Differenzverstärkers geht die Spannungsverstärkung auf die Hälfte zurück:

$$A_{ud} \approx \frac{h_{21e}}{2 \cdot h_{11e}} \cdot R_C = \frac{S \cdot R_C}{2} = 110.$$

Eine Kollektorstufe mit Spannungsteiler zum Ausgleich des Potentialunterschiedes verringert die Spannungsverstärkung um den Teilerfaktor k:

$$A_{ud} \approx \frac{S \cdot R_C}{2} \cdot k = 76.$$
$$k = R_3/(R_2 + R_3) = 2{,}2\,\text{k}\Omega/(1\,\text{k}\Omega + 2{,}2\,\text{k}\Omega) = 0{,}69$$

Gleichtaktverstärkung A_{uc}

Die Gleichtaktspannung u_{gl} beeinflußt, wie zuvor beschrieben, je nach Größe des Widerstandswertes R_E den Summenstrom $I_E = I_{C1} + I_{C2}$. An den Widerständen im Kollektorkreis des Differenzverstärkers R_{C1} und R_{C2} treten etwa die gleichen Spannungsänderungen infolge der Gleichtaktansteuerung auf. Verwendet man die beiden Zweige des Differenzverstärkers, ist die Gleichtaktverstärkung nahezu Null bzw. nur noch von Unterschieden der Bauelemente abhängig.
Wird nur ein Zweig des Differenzverstärkers weiterverwendet, bestimmen die Widerstände R_C und R_E bzw. der differentielle Widerstand der Stromquelle die Gleichtaktverstärkung.

$$A_{uc} \approx -\frac{1}{2} \cdot \frac{R_C}{R_E} \text{ und mit Teiler, } A_{uc} \approx -\frac{k}{2} \cdot \frac{R_C}{R_E}.$$

Mit den Werten des Beispiels von Bild 2.2–65 ergibt sich

$$A_{uc} \approx -\frac{0{,}69}{2} \cdot \frac{2{,}7 \text{ k}\Omega}{2{,}7 \text{ k}\Omega} = -0{,}345.$$

Diese Gleichtaktverstärkung ist für praktische Anwendungen zu groß und zwingt zu Stromquellenschaltungen im gemeinsamen Emitterkreis.

In Differenzverstärkerschaltungen mit Stromquellen an Stelle von R_E ist der differentielle Ausgangswiderstand der Stromquelle r'_a einzusetzen. Die Gleichtaktverstärkung wird:

$$A_{uc} = -\frac{R_C}{2 \cdot r'_a} \text{ bzw. mit Teiler } A_{uc} = -k\frac{R_C}{2 \cdot r'_a}$$

Gleichtaktunterdrückung

Das Verhältnis von Differenzspannungsverstärkung zur Gleichtaktverstärkung wird als Gleichtaktunterdrückung k_{cr} bezeichnet.

$$k_{cr} = -\frac{A_{ud}}{A_{uc}} = -\frac{\frac{1}{2} \cdot \frac{h_{21e} \cdot R_C}{h_{11e}}}{\frac{R_C}{2 \cdot R_E}} = -\frac{h_{21e} \cdot R_E}{h_{11e}}$$

Wird eine Stromquellenschaltung an Stelle von R_E im Differenzverstärker eingesetzt, muß auch hier R_E durch r'_a ersetzt werden. Die Gleichtaktunterdrückung nimmt bedeutend zu.

In Datenblättern wird die Gleichtaktunterdrückung häufig in dB angegeben und als Common Mode Rejection Ratio bezeichnet:

$$CMRR = A_{ud} - A_{uc} \quad \text{alle Größen in dB}$$

Beispiel:

$A_{ud} = 110 \triangleq 20 \cdot \log 110 = 40{,}83 \text{ dB}$

$A_{uc} = 0{,}345 \triangleq 20 \cdot \log 0{,}345 = -9{,}24 \text{ dB}$

$CMRR = 40{,}83 \text{ dB} - (-9{,}24 \text{ dB}) = 50{,}07 \text{ dB}$

2.2 Transistoren

Ausgangswiderstand des Differenzverstärkers

Werden beide Zweige des Differenzverstärkers verwendet, so ergibt sich der Ausgangswiderstand zu

$$r_{ad} \approx R_{C1} + R_{C2} = 2 \cdot R_C.$$

Bei nur einem Zweig wird

$$r_{ad} \approx R_C,$$

und mit der Kollektorstufe und Spannungsteiler ergibt sich

$$r_a \approx \frac{R_2 \cdot R_3}{R_2 + R_3}.$$

Ideale Bauelemente mit gleichen Daten sind in der Praxis nicht wie bisher angenommen zu verwirklichen. Selbst bei ausgesuchten Transistorpaaren und geringen Widerstandstoleranzen ergeben sich Abweichungen von den Idealwerten von Differenzverstärkern. Die nachfolgenden Angaben sind ein Maß zur Beurteilung der Güte von Differenzverstärkern und von Operationsverstärkern.

Eingangs-Ausgleichspannung (Input offset voltage) U_{iO}

Unter der Eingangs-Ausgleichspannung versteht man diejenige Spannung an einem der beiden Eingänge, die notwendig ist, um am Ausgang des Differenzverstärkers gerade Null zu erreichen. Ohne allzu großen Aufwand lassen sich im Beispiel von Bild 2.2–67 Eingangs-Ausgleichspannungen von einigen Millivolt erreichen, wie die Steuerkennlinie von Bild 2.2–70 erkennen läßt. Die Eingangs-Ausgleichspannung unterliegt einer Temperaturdrift; sie wird in μV/K oder mV/K angegeben.

Eingangs-Ruhestrom (Input bias current) I_i

Der Eingangs-Ruhestrom ist der Mittelwert der Eingangsströme ohne Ansteuerung.

$$I_i = \frac{I_{e1} + I_{e2}}{2}.$$

Im Beispiel beträgt der Basisstrom für Transistoren BC 107A etwa $I_{B1} = I_{e1} \approx 12\,\mu A$. Der Eingangsruhestrom zur Betriebspunkteinstellung ist ebenfalls temperaturabhängig. Die Stromverstärkung B nimmt mit steigender Temperatur zu, der Basisstrom also ab.

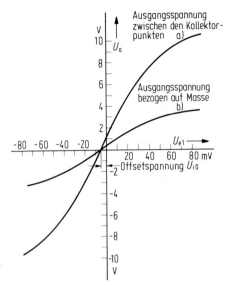

Bild 2.2–68. Steuerkennlinien eines Differenzverstärkers
  a) Ausgangsspannung bei Verwendung beider Zweige
  b) Ausgangsspannung bei Verwendung eines Zweiges und einer Kollektorfolgestufe mit Spannungsteiler

Eingangs-Ausgleichstrom (Input offset current) I_{iO}

Unter dem Eingangs-Ausgleichsstrom versteht man diejenige Eingangsstromdifferenz, die notwendig ist, um am Ausgang des Differenzverstärkers keine Spannung (Null) zu erreichen.

$$I_{iO} = I_{e1} - I_{e2}$$

Der Eingangs-Ausgleichstrom unterliegt ebenfalls einer Temperaturdrift.

Verbesserte Differenzverstärker

Die Schaltung von Bild 2.2–67 wird selten verwendet, da sie praktischen Anforderungen nicht genügt. Meistens sind die Spannungsverstärkung, der Eingangswiderstand und die Aussteuerbarkeit zu gering und die Eingangsströme, der Ausgangswiderstand und die Gleichtaktverstärkung zu groß.

Verbesserungen können mit folgenden Maßnahmen erreicht werden:
  a) Verwendung von Darlington-Schaltungen oder Feldeffekt-Transistoren an Stelle der Transistoren T_1 und T_2. Man erreicht damit einen höheren Eingangswiderstand und einen geringeren Eingangsstrom.
  b) Ersatz des gemeinsamen Emitterwiderstandes R_E durch eine Stromquellenschaltung. Es wird mit dem sehr großen differentiellen Widerstand r'_a eine kleine Gleichtaktverstärkung und geringere Abhängigkeit von der Betriebsspannung erzielt.
  c) Ersatz der Kollektorwiderstände R_C durch Stromquellenschaltungen. Diese Maßnahme wird meistens in integrierten Schaltungen bevorzugt. Sie hat ebenfalls eine Erhöhung des differentiellen Widerstandes und eine geringere Abhängigkeit von Betriebsspannungs-Änderungen zum Ziel.

2.2.11 Koppelstufen

Im allgemeinen folgt auf die Differenzverstärkerstufe eine weitere Stufe, die als Koppelstufe oder Treiberstufe bezeichnet wird. Dieser Verstärkerstufe fallen verschiedene Aufgaben zu:
- Erhöhung der Gesamtverstärkung
- Unterdrückung des unerwünschten Ausgangspotentials der Differenzstufe
- gegebenenfalls Erzeugung einer Vorspannung zur Betriebspunkteinstellung einer Endstufe

Die einfache Kollektorfolgeschaltung von Bild 2.2-65 wird durch eine Emitterschaltung, Bild 2.2-69a) und b), oder durch eine zweite Differenzverstärkerstufe, wie in Bild 2.2-69c), ersetzt. Wählt man den Widerstand im Kollektorkreis einer Koppelstufe so, daß an ihm eine Spannung von etwa $I_C \cdot R_C = U_B - U_F$ abfällt, wird die gewünschte Potentialunterdrückung erreicht. Zur Erhöhung der Spannungsverstärkung der Emitterschaltung kann an Stelle des Widerstandes im Kollektorkreis eine Konstantstromschaltung verwendet werden. Der differentielle Widerstand r_{af} einer Stromquellenschaltung ist praktisch einige hundert kΩ groß. Die Emitterschaltung mit dem Gegenkopplungswiderstand R_E hat etwa den gleichen Ausgangswiderstandswert wie die Stromquellenschaltung. Im Kleinsignal-Ersatzbild Bild 2.2-52b) müßte $R_C = 2{,}7$ kΩ durch r_{af} ersetzt werden. Der Gesamtwiderstand im Ausgangskreis ist daher etwa $r_{af}/2$. Die Spannungsverstärkung der gegengekoppelten Emitterschaltung erhöht sich von:

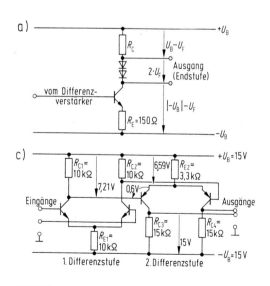
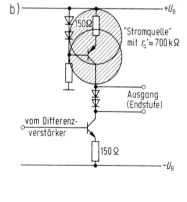

Bild 2.2-69. Prinzip von Koppelstufen (Treiberstufen)
    a) Emitterschaltung mit Gegenkopplung.
    b) Emitterschaltung; R_C durch Stromquellenschaltung ersetzt.
    c) 2. Differenzstufe als Koppelstufe.

$$A_{uef} \approx -\frac{S \cdot R_C}{1 + S \cdot R_E} \text{ auf } A_{uef} \approx -\frac{S \cdot r_{af}/2}{1 + (S \cdot R_E)}$$

Mit den Werten der Schaltungen wird:

$$r_{af} \approx \frac{1}{h_{22e}} (1 + \frac{h_{21e} \cdot R_E}{h_{11e} + R_E})$$

$$= 33 \text{ k}\Omega \, (1 + \frac{240 \cdot 150 \, \Omega}{1{,}6 \text{ k}\Omega + 150 \, \Omega}) = 700 \text{ k}\Omega$$

A_{uef} mit Widerstand R_C:

$$A_{uef} \approx -\frac{150 \text{ mS} \cdot 2400 \, \Omega}{1 + 150 \text{ mS} \cdot 150 \, \Omega} = -15{,}3$$

A_{uef} mit Stromquellenschaltung:

$$A_{uef} \approx -\frac{150 \text{ mS} \cdot (700 \text{ k}\Omega/2)}{1 + 150 \text{ mS} \cdot 150 \, \Omega} = -2234$$

Die hohe Spannungsverstärkung wird durch den Nachteil des sehr hohen Ausgangswiderstandes der Koppelstufe von etwa

$$Z_{2ef} \approx r_{af}/2 \approx 350 \text{ k}\Omega$$

erkauft. Die folgende Transistorstufe muß einen sehr großen Eingangswiderstand aufweisen, um die Spannungsverstärkung der Koppelstufe nicht merklich zu verringern.
Der Spannungsabfall an den beiden Dioden in den Bildern 2.2–69a) und b) dient zur Betriebspunkteinstellung einer üblicherweise folgenden Gegentaktschaltung.

2.2.12 Gegentaktschaltung

Koppelstufen mit ihrem sehr hohen Ausgangswiderstand und der damit verbundenen geringen möglichen Ausgangsleistung sind ungeeignet als Endstufen. Eine typische Endstufenschaltung ist die Kollektorschaltung. Sie hat den gewünschten *großen Eingangswiderstand* von etwa $Z_1 \approx \beta \cdot R_L$ und den *kleinen Ausgangswiderstand* von etwa $Z_2 \approx (R_{iG} + r_{be})/\beta$. Für den Generatorinnenwiderstand R_{iG} ist der Ausgangswiderstand der vorhergehenden Schaltung einzusetzen, beispielsweise der Koppelstufe mit etwa $Z_2 \approx 350 \text{ k}\Omega$. Steuerspannungsquellen allgemein und Treiberstufen speziell werden durch Kollektorschaltungen mit einem Basisstrom von etwa $I_B = I_a/\beta$ belastet. Mit zunehmender Belastung der Treiberstufe nimmt die Spannungsverstärkung dieser Stufe ab. Man sollte die Belastung deshalb klein halten. Gegentaktverstärker bestehen im Prinzip aus zwei „spiegelbildlich" – man sagt *komplementären* – Kollektorschaltungen, wie in Bild 2.2–70a) gezeigt wird. Ein Basisstrom I_{B1} kommt zum Fließen, sobald die Steuerspannung U_{G0} die Spannungsschwelle von T1 $U_{BE} \approx 0{,}5$ V überschreitet. Bei Ansteuerungen mit z. B. sinusförmigen Signalspannungen

2.2 Transistoren

wird die Ausgangsspannung infolge der Spannungsschwelle gegenüber der Eingangsspannung verzerrt. Die in Bild 2.2–70b) dargestellte *Übernahmeverzerrung* macht sich besonders bei kleinen Signalen bemerkbar.

Die Kollektorschaltung mit T1 kann nur bei positiven Signalspannungen leitend werden. Für negative Signale ist die zweite Kollektorschaltung mit dem „komplementären" pnp-Transistor T2 vorgesehen.

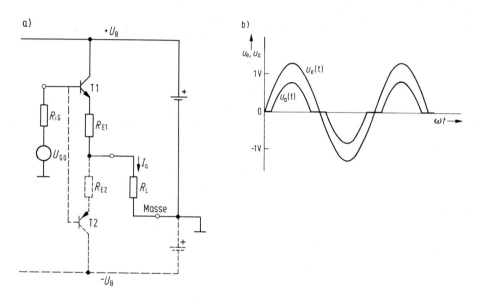

Bild 2.2–70. a) Gegentaktschaltung als Kollektorschaltung
b) Übernahmeverzerrung einer Gegentaktschaltung ohne Betriebspunkteinstellung

Kann die Übernahmeverzerrung in Kauf genommen werden oder sorgt eine Gegenkopplung für deren Verringerung, werden die beiden Basisanschlüsse von T1 und T2 verbunden und gemeinsam mit der Signalspannungsquelle angesteuert.
In den meisten Gegentaktschaltungen werden „Hilfsspannungsquellen schwimmend" (z. B. zwei Dioden in Durchlaßrichtung) zwischen die Basisanschlüsse der Transistoren geschaltet. Die „Hilfsspannung" soll gerade die Spannungsschwellen U_{BE} überschreiten und einen Betriebspunkt bei einem kleinen Kollektorstrom festlegen. Wie in Kapitel 2.2.6 beschrieben, muß dieser Betriebspunkt gegen Temperaturänderungen stabilisiert werden. Die Gegenkopplungswiderstände R_{E1} und R_{E2} dienen zur
– Betriebspunktstabilisierung
– Verringerung der Auswirkungen von Transistortoleranzen
– Strombegrenzung mit Hilfe einer Transistorschaltung.
Je größer man den *Ruhestrom* wählt, desto geringer wird die Übernahmeverzerrung. Die Schaltung zur Betriebspunkteinstellung verringert den Eingangswiderstand der Gegentaktschaltung.

2.2.13 Darlingtonschaltung

Häufig belasten Kollektor- und Gegentaktschaltungen bei hohen Ausgangsströmen die Treiberschaltungen so stark, daß die Spannungsverstärkung der Treiberstufe in einem unerwünschten Maße verringert wird. In solchen Fällen reicht die Stromverstärkung eines einzelnen Transistors bei hohen Kollektorströmen nicht aus, und man koppelt zwei oder drei Transistoren galvanisch zu einer „*Darlingtonschaltung*".

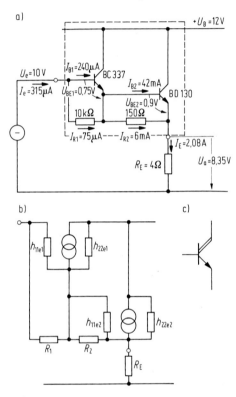

Bild 2.2–71. a) Darlingtonschaltung mit Lastwiderstand im Emitterkreis
b) Ersatzbild der Darlingtonschaltung
c) Symbol eines Darlingtontransistors

Im Schaltbild von Bild 2.2–71 sind die Stromverhältnisse einer Darlingtonschaltung eingetragen. Man sieht, die Gesamtstromverstärkung ergibt sich aus dem Produkt der Einzelstromverstärkungen. Zur Ansteuerung ist die Steuerspannung $U_{BE1} + U_{BE2}$ notwendig. Praktisch ausgeführte Schaltungen enthalten meistens Widerstände parallel zur Basis-Emitter-Strecke zur Ableitung von Kollektor-Emitter-Restströmen. Sie setzen die verfügbare Stromverstärkung herab. In der Schaltung von Bild 2.2–71 beträgt die Gleichstromverstärkung:

$$A_i = \frac{I_E}{I_e} = \frac{2{,}08 \text{ A}}{315 \text{ μA}} = 6600.$$

2.2 Transistoren

Das Produkt der Stromverstärkungen der Transistoren ergibt dagegen $B_1 \cdot B_2 = 200 \cdot 50 = 10\,000$.

Die Kleinsignaldaten werden ebenfalls durch die Ableitwiderstände beeinflußt. Der Widerstand R_1 ist h_{11e1}, und der Widerstand R_2 ist h_{11e2} parallelgeschaltet. Die Steuerströme werden zum Teil an den Transistoren vorbeigeleitet und die Stromverstärkung wie bei der Bootstrapschaltung verringert.

$$h'_{21e1} = \frac{h_{21e1}}{G_1 \cdot h_{11e1} + 1}; \quad h'_{21e2} = \frac{h_{21e2}}{G_2 \cdot h_{11e2} + 1}.$$

Mit dieser Korrektur ergibt sich für die Gesamtverstärkung der Darlingtonschaltung:

$$\boxed{h'_{21e} \approx h'_{21e1} \cdot h'_{21e2}.}$$

Für den Kleinsignal-Eingangswiderstand gilt:

$$h_{11e} \approx (h_{11e1} \| R_1) + (h_{11e2} \| R_2) \cdot h_{21e1}.$$

Unter Vernachlässigung der Widerstände R_1 und R_2 ergibt sich mit der theoretisch möglichen Steilheit $S_{\text{theor}} = I_C/U_T$ angenähert:

$$h_{11e\text{Dar}} = h_{11e(1)} + h_{21e(1)} \cdot h_{11e(2)}$$

Aus $S = h_{21e}/h_{11e}$ wird $h_{11e} = h_{21e}/S$ und $h_{11e(2)} = h_{21e(2)}/S_2 = h_{21e(2)} \cdot \dfrac{U_T}{I_{C2}}$.

Für I_{C2} kann man $I_{C1} \cdot h_{21e(2)}$ setzen. Hiermit wird:

$$h_{11e\text{Dar}} = h_{11e(1)} + h_{21e(1)} \cdot h_{21e(2)} \cdot \frac{U_T}{h_{21e(2)} \cdot I_{C1}}$$

und mit $h_{21e(1)} \cdot \dfrac{U_T}{I_{C1}} = \dfrac{h_{21e(1)}}{S_1} = h_{11e(1)}$ ergibt sich:

$$\boxed{h_{11e\text{Dar}} \approx 2 \cdot h_{11e(1)}}$$

Die Steilheit einer Darlingtonschaltung kann wie folgt angenähert werden:

$$S_{\text{Dar}} = \frac{h_{21e(1)} \cdot h_{21e(2)}}{2 \cdot h_{11e(1)}} \text{ mit } h_{21e(1)} = S_1 \cdot h_{11e(1)} \text{ ergibt sich}$$

$$S_{\text{Dar}} = \frac{I_{C1}/U_T \cdot h_{11e(1)} \cdot h_{21e(2)}}{2 \cdot h_{11e(1)}} = \frac{I_{C2}}{2 \cdot U_T} = \frac{1}{2} S_{\text{theor}}$$

$$\boxed{S_{\text{Dar}} \approx \frac{1}{2} 36 \text{ V}^{-1} \cdot I_{C2}}$$

Die Gesamtschaltung mit Lastwiderstand im Emitterkreis ist eine Kollektorschaltung mit entsprechend hohem Eingangswiderstand:

$$Z_{1c} \approx h'_{21e1} \cdot h'_{21e2} \cdot R_E.$$

Darlingtonschaltungen werden gerne in Gegentaktendstufen von Audio-Verstärkern eingesetzt, wie die Schaltung 3.1–8 zeigt. Weitere Anwendungsmöglichkeiten für die Kollektorschaltung sind:

Konstantspannungsquellen.
Lampentreiber (TTL-Schaltungen; CMOS-Schaltungen) Relaistreiber.
Leistungsverstärker für Operationsverstärker.

2.2.14 Der Transistor als Schalter

Eine sehr große Zahl von Transistoren wird im Schaltbetrieb eingesetzt, und dies besonders in der digitalen Rechentechnik.
Unter einem Schalter versteht man ein Bauelement, das in der Lage ist, einen Stromkreis zu öffnen und zu schließen. Der kontaktbehaftete Schalter hat in geöffnetem Zustand einen sehr großen, praktisch unendlich großen, Widerstand. Im geschlossenen Zustand berühren sich die Schaltstücke aus Metall (Kupfer, Silber, Platin, Gold) und stellen den Kontakt her. Der Übergangswiderstand ist sehr klein, meist einige mΩ, und der Spannungsabfall beträgt einige mV. Kontaktbestückte Schalter können ohne großen Aufwand galvanisch voneinander getrennt werden. Wie man sieht, sind demnach die statischen Eigenschaften des Schalters mit mechanischen Kontakten nahezu ideal. Es stellt sich daher die Frage, weshalb man trotzdem Transistoren in dieser großen Zahl für Schaltaufgaben einsetzt, zumal sich mit Transistoren die nahezu idealen Werte von mechanischen Schaltern nicht erreichen lassen. Der Grund hierfür liegt u. a. darin, daß mechanische Schalter erheblichem Verschleiß unterliegen; außerdem schalten sie langsamer und benötigen wesentlich mehr Raum.
Wie verhält sich nun ein Transistor als Schalter? Bild 2.2–72 zeigt im Prinzip einen Transistorschalter. Die Schaltung ist eine Emitterschaltung und unterscheidet sich von einer Verstärkeranordnung nicht; daher muß der Unterschied in der Betriebsweise zu suchen sein.

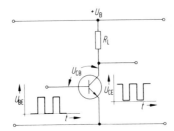

Bild 2.2–72.
Schalttransistor
in Emitterschaltung

Beim Verstärkerbetrieb wird die ganze Steuerkennlinie (Großsignalverstärkung) oder auch nur ein kleiner, möglichst linearer Teil im Bereich des Betriebspunktes stetig durchfahren. Anders beim Schalttransistor: hier sind in Anlehnung an das Verhalten des mechanischen Schalters nur zwei Zustände erwünscht, nämlich

    a) der Transistor soll leiten und der Übergangswiderstand soll sehr klein sein,

    b) der Transistor soll nicht leiten und der Übergangswiderstand soll möglichst groß sein.

Im Ausgangskennlinienfeld in Bild 2.2–73 sind die idealen Betriebspunkte A und B eingetragen. Beide Punkte können in der Praxis nicht erreicht werden. Fließt kein Steuerstrom I_B, ist der Steuerkreis also offen, so fließt ein kleiner Kollektor-Emitter-Reststrom.

2.2 Transistoren

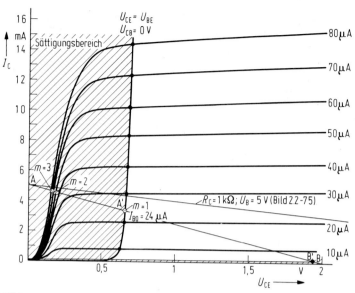

Bild 2.2-73. Ausgangskennlinie eines Transistors mit Lastgerade und Betriebsbereiche des Transistors als Schalter

Im Kennlinienfeld wird demzufolge der Punkt B' erreicht. Der verbleibende Reststrom kann durch eine entgegengesetzt angelegte Steuerspannung verkleinert werden, Null wird er jedoch nicht. Die Lage des tatsächlich erreichbaren Betriebspunktes A' ist von der Größe des Basisstromes abhängig. Ein Maß für die Steuerung bzw. Übersteuerung des Transistors ist das Verhältnis m. Es gibt an, wie groß der tatsächlich fließende Basisstrom im Verhältnis zu dem Basisstrom ist, der notwendig ist, damit die Spannung zwischen Kollektor und Basis Null wird,

$$m = \frac{I_B}{I_{B0}}.$$

I_{B0} Basisstrom für $U_{BE} = U_{CE}$, d. h. $U_{CB} = 0$; in Bild 2.2-73 ist $I_{B0} = 24\,\mu A$.

Wird ein Transistor im Sättigungsbereich (*saturated mode*) betrieben, so ergeben sich Betriebspunkte zwischen A' und dem idealen Schaltpunkt A. Die Lage des Betriebspunktes ist von der Übersteuerung m abhängig. Üblich sind in der Praxis Übersteuerungsfaktoren von 2 bis 3, da eine stärkere Übersteuerung keinen merklichen Gewinn bringt, sondern im Gegenteil die Schaltzeiten vergrößert. Man gibt für Transistoren im Schaltbetrieb einen Sättigungsbereich an, der in Bild 2.2-73 schraffiert gekennzeichnet ist. Wird ein Transistor in diesem Bereich gesteuert, so sagt man, er sei leitend.
Für den nichtleitenden Zustand des Transistors kann ebenfalls nicht ein einzelner Punkt angegeben werden, sondern man muß einen gewissen Bereich zwischen B' und B zugestehen, der in Bild 2.2-73 ebenfalls durch Schraffur gekennzeichnet ist.
Da ideale Schaltzustände beim Transistor nicht erreicht werden können, sind die Signalspannungen nicht Null bzw. erreichen nicht den Höchstwert. Man muß daher Toleranzen für Null-Signale (L-Signale, *low signals*) und für H-Signale (*high signals*) zulas-

sen. So kann man z. B. vereinbaren, daß Spannungen zwischen 0 und 1 V einem L-Signal und Spannungen zwischen 8 V und 12 V einem H-Signal entsprechen.

Bild 2.2–74 zeigt eine Emitterschaltung für Schalteranwendungen. In dieser Schaltung sind Speisespannungsquelle und eine Spannungsquelle zur Erzeugung des Sperrzustandes (Vorspannung) eingezeichnet. Im durchgesteuerten Zustand liegt am Kollektorwiderstand R_L eine hohe Spannung, und die Ausgangsspannung ist sehr klein. Zur Steuerung in den Sättigungsbereich ist eine Impulsspannung notwendig, die in der Lage ist, sowohl die Wirkung der Vorspannung aufzuheben, als auch die Lastgerade voll zu durchfahren. Die Spannungen am Eingang und am Ausgang des Transistorschalters sind in Bild 2.2–74 dargestellt. Bei Silizium-Transistoren kann die zusätzliche Steuerspannungsquelle meist entfallen, da sie besser sperren.

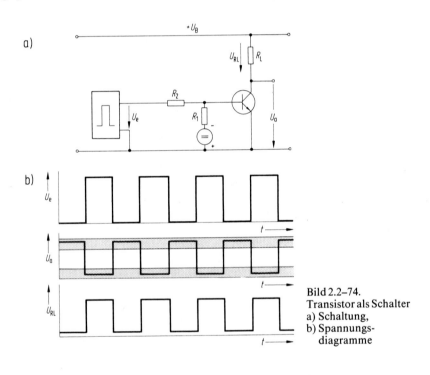

Bild 2.2–74.
Transistor als Schalter
a) Schaltung,
b) Spannungs-
diagramme

Berechnungshinweise für Transistoren als Schalter am Beispiel einer NAND-Schaltung

Die Schaltung von Bild 2.2–75 zeigt ein UND-Gatter mit drei Dioden und einem nachfolgenden Transistor als Inverter. Werden die drei Diodeneingänge an H-Signal, in diesem Falle kann $+U_B$ verwendet werden, angeschlossen, wird der Transistor über die Widerstände R_1 und R_2 in den leitenden Zustand gesteuert. Am Ausgang der Transistorschaltung liegt eine kleine, von der Übersteuerung abhängige Spannung U_{CE}, d. h. L-Signal.

2.2 Transistoren

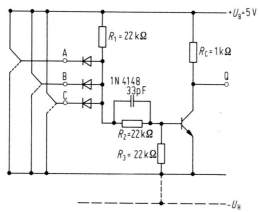

Bild 2.2–75. Transistor im Schaltbetrieb am Beispiel einer NAND-Schaltung mit Transistor BC 107 A

Werden einer der drei Eingänge oder mehrere an Massepotential angeschlossen, ist die UND-Bedingung nicht mehr erfüllt, der Steuerstrom für den Transistor wird über die Diode bzw. die Dioden nach Masse abgeleitet, und der Transistor sperrt.
Am Ausgang liegt nahezu die Betriebsspannung, d. h. H-Signal. Die gewünschten Schaltzustände „leitend" oder „nichtleitend" werden erreicht, wenn die Widerstände gewisse Bedingungen erfüllen. Der Widerstand R_3 in der Schaltung von Bild 2.2–75 hat die Aufgabe, den Reststrom I_{CB0} auch unter ungünstigen Bedingungen abzuleiten, um gutes Sperren des Transistors zu gewährleisten. Der Spannungsabfall am Widerstand R_3 infolge des Reststromes darf die Schwellspannung von $U_{BE} \leq 0{,}4$ V auch bei hoher Sperrschichttemperatur nicht überschreiten. Im Beispiel kann der Reststrom des Transistors BC 107 dem Diagramm 2.2–34 entnommen werden. Berücksichtigt man die Streuwerte des Transistors und nimmt eine Sperrschichttemperatur von 150 °C an, so ergibt sich I_{CB0} zu $2 \cdot 10^4$ nA, und R_3 wird

$$R_3 = \frac{U_{BE}}{I_{CB0max}} = 20\,k\Omega; \quad \text{gewählt:} \quad 22\,k\Omega\,E\,12;$$

Wird der Widerstand R_3 nicht an Massepotential, sondern an eine negative Hilfsspannung $-U_H$ angeschlossen, fließt beim Umschalten des Transistors vom leitenden in den gesperrten Zustand der „Ausräumstrom" I_{B2}. Negative Hilfsspannungen bei npn-Transistoren führen zu besserem Sperren und zu kürzeren Ausschaltzeiten, da die Ladungsträger im Basisraum schneller „ausgeräumt" werden. Die Ladungsträgerdichte im eingeschalteten Zustand hängt von der Übersteuerung ab. Mit dem Ausräumstrom I_{B2} und dem Strom I_{B0} erhält man den Ausräumfaktor $a = I_{B2}/I_{B0}$. In der Praxis haben sich Faktoren von etwa 2 bis 3 als günstig erwiesen.
Bei Silizium-Transistoren kann meistens auf die negative Hilfsspannung verzichtet werden. Schnelles Ausräumen erreicht man auch durch einen Kondensator parallel zum Widerstand R_2. Mit einigen pF bis nF wird die Basisladung ausgeglichen.
Der Widerstand R_2 bildet mit dem Widerstand R_3 einen Spannungsteiler, der eine Ansteuerung des Transistors im ausgeschalteten Zustand infolge des Spannungsabfalls an

einer Diode verhindern soll. Die Durchlaßspannung U_F einer Diode beträgt etwa 0,7 V, die Schwellspannung des Transistors etwa 0,4 V. Mit einem Teilerverhältnis von 0,5 bleibt die Spannung U_{R3} unter der Schwellspannung des Transistors

$$\frac{U_{BE}}{U_F} = \frac{R_3}{R_2 + R_3}.$$

Mit $R_2 = R_3 = 22\,\text{k}\Omega$ wird U_{BE}:

$$U_{BE} = 0{,}7\,\text{V}\,\frac{22\,\text{k}\Omega}{22\,\text{k}\Omega + 22\,\text{k}\Omega} = 0{,}35\,\text{V}.$$

Mit der Größe des Widerstandswertes von R_1 kann der Basisstrom I_{B1} beeinflußt werden. Für einen Übersteuerungsfaktor von z. B. $m = 2$ bis 3 muß ein Basisstrom von 60 µA bis 90 µA fließen, wie sich aus der Ausgangskennlinie von Bild 2.2-73 entnehmen läßt. Über den Widerstand R_3 fließt im eingeschalteten Zustand des Transistors ein Strom von etwa

$$\frac{U_{BE}}{R_3} = \frac{0{,}65\,\text{V}}{22\,\text{k}\Omega} = 30\,\mu\text{A}.$$

Dieser Strom fließt zusätzlich zu I_{B1} über die Widerstände R_1 und R_2. Der Widerstand R_1 kann jetzt berechnet werden:

$$R_1 = \frac{U_B - U_{BE}}{I_{B1} + I_{R3}} - R_2 = \frac{5\,\text{V} - 0{,}65\,\text{V}}{75\,\mu\text{A} + 30\,\mu\text{A}} - 22\,\text{k}\Omega = 19{,}4\,\text{k}\Omega;$$

gewählt 22 kΩ E 12.

Verlustleistung am Schalttransistor

Wird ein Transistor im aktiven Bereich betrieben, darf die Arbeitsgerade die Verlusthyperbel nicht schneiden, da sonst die Gefahr der thermischen Überlastung besteht. Im Gegensatz dazu müssen beim Schalttransistor nur die beiden Schaltpunkte innerhalb der durch die Verlusthyperbel begrenzten Fläche liegen. Außerdem muß dafür gesorgt werden, daß der aktive Bereich schnell durchfahren wird. Bild 2.2-76 läßt erkennen, welche Leistung während des Umschaltvorganges im Transistor umgesetzt wird. Wie man sieht, haben Induktivitäten und Kapazitäten im Lastkreis große Bedeutung für die Verlustleistung während des Umschaltens.

Schaltzeiten

Wie bereits erwähnt, sind Transistorschalter wesentlich schneller als mechanische Schalter. Das Schaltverhalten ist jedoch nicht ideal. Auf ein rechteckförmiges Eingangssignal folgt die Ausgangsspannung mit einer gewissen Verzögerung, die bei guten Schalttransistoren allerdings sehr klein ist. Da man jedoch bestrebt ist, die Schaltkreise immer schneller zu machen, um z. B. in der Computertechnik kürzere Rechenzeiten zu erreichen, widmet man diesen Verzögerungszeiten größte Aufmerksamkeit. Die Schalt-

2.2 Transistoren

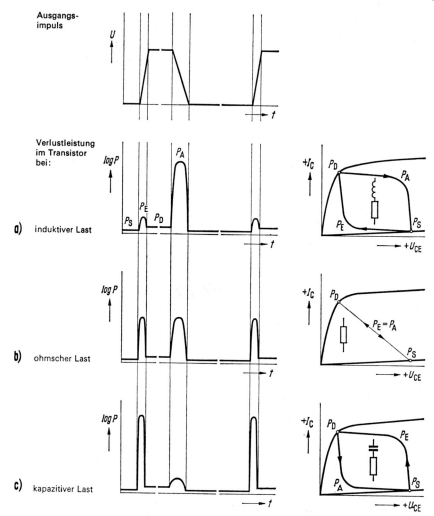

Bild 2.2–76. Verlustleistung im Transistor beim Umschaltvorgang mit
a) induktiver, b) ohmscher, c) kapazitiver Last

zeiten, im Prinzip in Bild 2.2–77 dargestellt, werden in Datenblättern angegeben. Man unterscheidet:

a) *Verzögerungszeit t_d (delay time)*
b) *Anstiegszeit t_r (rise time)* $\bigg\}$ Einschaltzeit t_e

c) *Speicherzeit t_s (storage time)*
d) *Abfallzeit t_f (fall time)* $\bigg\}$ Ausschaltzeit t_a

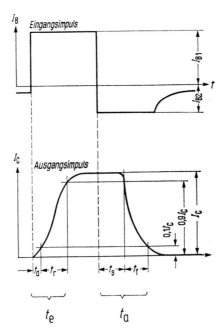

Bild 2.2–77.
Schaltzeiten des Transistors

Bild 2.2–78b)–e) zeigt die Abhängigkeit der Schaltzeiten vom Betriebspunkt eines Transistors, der für schnelle Schalter Verwendung findet. Die Verzögerungszeit wird vom Beginn der Steuerspannung bis zum Zeitpunkt, bei dem das Ausgangssignal 10 % des Endwertes erreicht, gemessen. Zwischen diesem Punkt und dem Zeitpunkt, bei dem 90 % des Endwertes erreicht werden, liegt die Anstiegszeit t_r. Die Kurvenform und die Länge der Zeit sind ebenfalls von der Übersteuerung beeinflußt. Große Übersteuerung bewirkt einen nahezu linearen Anstieg.
Beim Ausschalten der Steuerspannung fließt für eine gewisse Zeit der Kollektorstrom weiter. Vom Ausschaltzeitpunkt der Steuerspannung bis zu dem Zeitpunkt, bei dem 90 % des Endwertes erreicht werden, rechnet man die Speicherzeit. Die Speicherzeit ist sehr stark von der Übersteuerung m vor dem Ausschaltvorgang bestimmt. An der Gesamtschaltzeit hat die Speicherzeit t_s einen erheblichen Anteil. Kurze Schaltzeiten lassen sich daher in erster Linie durch Verkleinerung des Übersteuerungsfaktors m erreichen. Der Innenwiderstand der Steuerspannungsquelle hat ebenfalls einen Einfluß auf das Schaltverhalten. Stromgesteuerte Transistorschaltkreise, d. h. Ansteuerung durch Generatoren mit sehr hohem Innenwiderstand, sind langsam im Vergleich zu spannungsgesteuerten Transistorschaltkreisen.
Die kürzesten Schaltzeiten werden mit Eingangsschaltungen erreicht, bei denen ein Kondensator parallel zum Vorwiderstand in der Basiszuleitung liegt. Der Kondensator

2.2 Transistoren

soll eine Ladungsmenge liefern, die ausreicht, um die Basisladung schnellstmöglich auszuräumen. Man spricht bei dieser Schaltung von einer *kombinierten Strom-Ladungs-Steuerung*. Werden Schaltzeiten oder Diagramme in Listen angegeben, so beziehen sich diese immer auf eine bestimmte Meßanordnung, wie z. B. in Bild 2.2-78 für einen Schalttransistor.

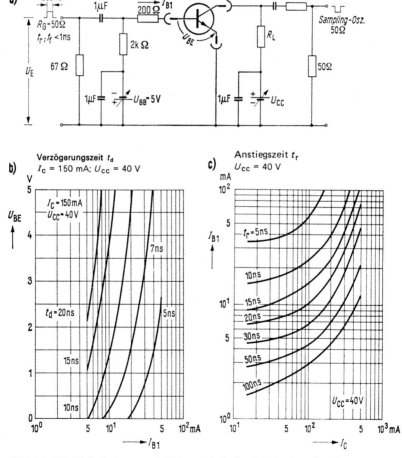

Bild 2.2-78. Meßschaltung und Abhängigkeit der Schaltzeiten für einen Schalttransistor, a) Schaltung, b) Verzögerungszeit t_d, c) Anstiegszeit t_r

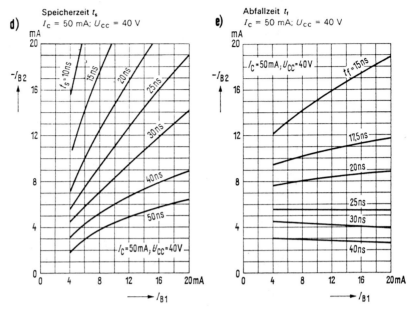

Bild 2.2–78. (Fortsetzung): Meßschaltung und Abhängigkeit der Schaltzeiten für einen Schalttransistor
d) Speicherzeit t_s, e) Abfallzeit t_f

2.2.15 Transistoren mit speziellen Eigenschaften

Feldeffekt-Transistoren (FET)

Feldeffekt-Transistoren unterscheiden sich von den sog. bipolaren *npn*- und *pnp*-Transistoren durch ihren Aufbau und besondere Betriebseigenschaften. Ihr Eingangswiderstand ist sehr hoch. Die drei bzw. vier Anschlüsse von Feldeffekt-Transistoren stimmen bezüglich der Bezeichnung nicht mit bipolaren überein. Bild 2.2–79 zeigt die Gegenüberstellung. Es sind mit *FETs* drei Grundschaltungen, wie bei bipolaren Transistoren, möglich:
a) *Source*-Schaltung entsprechend der Emitterschaltung,
b) *Drain*-Schaltung entsprechend der Kollektorschaltung,
c) *Gate*-Schaltung entsprechend der Basisschaltung.

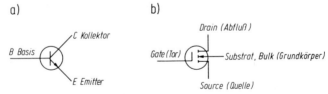

Bild 2.2–79. Gegenüberstellung der Anschlußbezeichnungen von a) bipolaren und b) Feldeffekt-Transistoren

2.2 Transistoren

Aufbau der FETs

Wie bereits erwähnt, ist der Eingangswiderstand von FETs sehr hoch (10^{11} bis 10^{15} Ω) und nahezu unabhängig von der Höhe der Steuerspannung. Der Gate-Strom kann infolgedessen in vielen Anwendungsfällen vernachlässigt werden, da er nahezu Null ist. Das Verhalten ist nur möglich, da den FETs ein anderes physikalisches Prinzip als den bipolaren Transistoren zugrunde liegt. Zwischen den Anschlüssen „Source" und „Drain" liegt ein halbleitendes Gebiet mit hohem Widerstand, das mit Hilfe eines elektrischen Feldes bezüglich seiner Leitfähigkeit beeinflußt werden kann. Dieses Gebiet nennt man Kanal. Es gibt zwei verschiedene Herstellungsverfahren, die zu Unterschieden im Aufbau und in der Wirkungsweise führen. Man unterscheidet nach ihrem Aufbau

a) *pn-Sperrschicht-Feldeffekt-Transistoren (pn-FETs)*,
b) *Isolierschicht-Feldeffekt-Transistoren (IG-FETs)*.

Beim pn-FET, dessen prinzipiellen Aufbau Bild 2.2–80 zeigt, befindet sich zwischen Source und Drain der Kanal, der vom entgegengesetzt dotierten Halbleitermaterial des

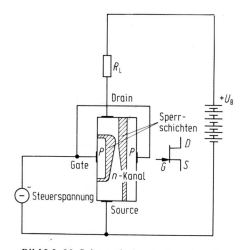

Bild 2.2–80. Schematischer Aufbau eines Sperrschicht-Feldeffekt-Transistors mit n-Kanal

Gate umschlossen wird. Im Betriebsfall wird Sperrspannung zwischen Kanal und Gate angelegt, wobei sich die umschließende Sperrschicht in den Kanal hinein ausdehnt. Mit zunehmender Gatespannung in Sperrichtung wird der Kanal dünner und kann bei einer gewissen Spannung abgeschnürt werden. Der Kanalwiderstand wird infolgedessen größer.

Bei umgekehrter Spannungsrichtung am Gate gegenüber Source wird die Sperrschicht abgebaut, der Kanalquerschnitt größer, und es kann sogar ein Gatestrom fließen, der ungefährlich ist, wenn die Grenzdaten nicht überschritten werden. Dieser Betriebszustand ist jedoch zu vermeiden.

Isolierschicht-FETs (IG-FETs) haben keine Sperrschicht. Der hauptsächlich verwendete Isolierschicht-FET ist der MOS-FET. Die Bezeichnung setzt sich aus der Abkürzung

180 2 Bauelemente

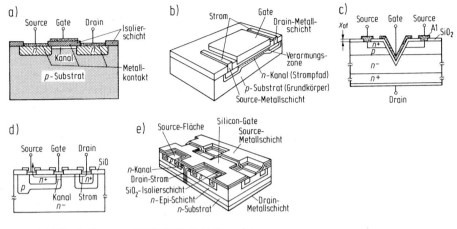

Bild 2.2–81. Aufbau von MOS-Feldeffekt-Transistoren
a) Schematischer Aufbau
b) Aufbau eines Kleinsignal-Transistors
c) MOSFET mit vertikaler Schichtenfolge (VMOSFET)
d) und e) TMOSFET (MOTOROLA)

Metall-Oxid-Semiconductor zusammen. Zwischen Drain und Source liegt wiederum der Kanal, der durch eine isolierende Schicht vom Gate getrennt ist, wie Bild 2.2–81 im Prinzip zeigt. Die Isolierschicht besteht bei MOS-FETs aus Silizium-Dioxid (SiO_2) oder Silizium-Nitrid (Si_3N_4) und das Gate aus einer aufgedampften Metallschicht, z. B. aus Aluminium. Zwischen dem Grundkörper, der als Substrat bezeichnet wird, und dem Gate liegt das Dielektrikum aus SiO_2. Substrat und Gate kann man mit Kondensatorbelägen vergleichen. Unterschiedliche Spannungen zwischen Substrat und Gate rufen unterschiedlich hohe elektrische Feldstärken und Ladungsträgerdichten im Kanal hervor. Die Ladungsträger werden durch *Influenz* im elektrischen Feld des „Kondensators" erzeugt. Bei der Herstellung der Isolierschicht entsteht zwischen Isolator und halbleitendem Material eine gewisse positive Ladung Q. Sie ist je nach Herstellung unterschiedlich groß und dafür verantwortlich, ob ein Feldeffekt-Transistor mit oder ohne Steuerspannung zwischen Source und Drain leitend ist. Die Ladungsmenge hat die Wirkung einer inneren Steuerspannung. Bei MOS-FETs gibt es *Anreicherungstypen* und *Verarmungstypen*. Diese Bezeichnungen beziehen sich auf die vorgenannten Ladungen im Kanal.

Typenübersicht für FETs

Eine Übersicht über die sechs möglichen Kombinationen von Sperrschicht-, Isolierschicht-, Verarmungs- und Anreicherungstypen gibt die Tabelle in Bild 2.2–82. Die Symbole entsprechen dem Vorschlag nach *DIN 41785*. Die Darstellung der Ausgangskennlinien in der Tabelle soll das Verhalten der FETs auf die Steuerspannung verdeutlichen.

2.2 Transistoren

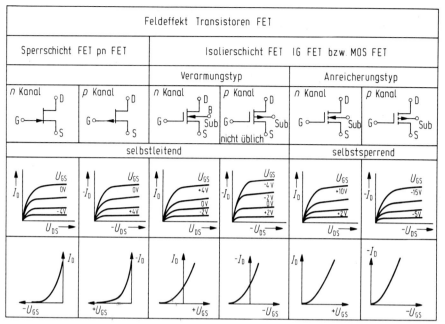

Bild 2.2–82. Einteilung der verschiedenen Feldeffekt-Transistoren

N–KANAL–SPERRSCHICHT–FELDEFFEKT–TRANSISTOREN
für HF-Verstärker
BF 244

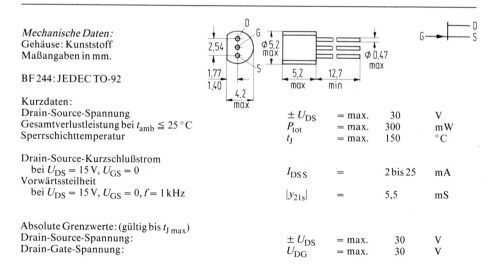

Mechanische Daten:
Gehäuse: Kunststoff
Maßangaben in mm.

BF 244: JEDEC TO-92

Kurzdaten:
Drain-Source-Spannung $\pm U_{DS}$ = max. 30 V
Gesamtverlustleistung bei $t_{amb} \leq 25\,°C$ P_{tot} = max. 300 mW
Sperrschichttemperatur t_J = max. 150 °C

Drain-Source-Kurzschlußstrom
  bei $U_{DS} = 15\,V$, $U_{GS} = 0$ I_{DSS} = 2 bis 25 mA
Vorwärtssteilheit
  bei $U_{DS} = 15\,V$, $U_{GS} = 0$, $f = 1\,kHz$ $|y_{21s}|$ = 5,5 mS

Absolute Grenzwerte: (gültig bis $t_{J\,max}$)
Drain-Source-Spannung: $\pm U_{DS}$ = max. 30 V
Drain-Gate-Spannung: U_{DG} = max. 30 V

Gatestrom:	I_G	= max.	10	mA
Gesamtverlustleistung bei $t_{amb} \leq 25\,°C$:	P_{tot}	= max.	300	mW
Sperrschichttemperatur:	t_J	= max.	150	°C
Lagerungstemperatur:	t_S	= min.	−55	°C
	t_S	= max.	150	°C

Wärmewiderstand:
zwischen Sperrschicht und Umgebung $\quad R_{thJA} \leq 0{,}42 \quad$ K/mW

Kennwerte: bei $t_{amb} = 25\,°C$		BF 244 A	BF 244 B	BF 244 C	
Gate-Reststrom bei $-U_{GS} = 20\,V$, $U_{DS} = 0$:	$-I_{GSS}$	$\leq$	5		nA
Drain-Source-Kurzschlußstrom bei $U_{DS} = 15\,V$, $U_{GS} = 0$:	I_{DSS}	= 2,0 bis 6,5	6 bis 15	12 bis 25	mA
Gate-Source-Spannung bei $U_{DS} = 15\,V$, $I_D = 200\,\mu A$:	$-U_{GS}$	= 0,4 bis 2,2	1,6 bis 3,8	3,2 bis 7,5	V
Gate-Source-Abschnürspannung bei $U_{DS} = 15\,V$, $I_D = 10\,nA$:	$-U_P$	$\leq$	8		V
Vorwärtssteilheit bei $U_{DS} = 15\,V$, $U_{GS} = 0$ und $f = 1\,kHz$:	$|y_{21s}|$	=	3,0 bis 6,5		mS
Kapazitäten bei $U_{DS} = 20\,V$, $-U_{GS} = 1\,V$ und $f = 1\,MHz$:	C_{11s}	=	4,0		pF
	$-C_{12s}$	=	1,1		pF
	C_{22s}	=	1,6		pF
Eingangsleitwert bei $U_{DS} = 20\,V$, $-U_{GS} = 1\,V$					
und $f = 100\,MHz$:	g_{11s}	=	70		μS
und $f = 200\,MHz$:	g_{11s}	=	250		μS

Bild 2.2–83.a) Daten des n-Kanal-Feldeffekt-Transistors BF 244

Angaben in Datenblättern

Typische Daten eines n-Kanal-Sperrschicht-FET sollen am Beispiel eines universell verwendbaren Transistors BF 244 erläutert werden. Wie beim bipolaren Transistor werden Grenzdaten, Kenndaten, dynamische Kenndaten und Kennlinien wiedergegeben. Bild 2.2–83 zeigt einen Teil der Kennlinien und Daten eines Datenblattes.
Nachfolgend sollen die von bipolaren Transistoren abweichenden Daten erläutert werden.
Drain-Source-Kurzschlußstrom $I_{DS\,S}$: Strom, der bei einem selbstleitenden FET mit Kurzschluß zwischen Gate und Source fließt. Nach diesem Strom werden die Transistoren ausgesucht und in Gruppen A, B und C eingeteilt.
Gatestrom I_G: Höchstzulässiger Strom des pn-Überganges von Gate zum Sourceanschluß. Der pn-Übergang wird bei üblichen Betriebszuständen gesperrt, ein Strom in Durchlaßrichtung ist ungewöhnlich, aber ungefährlich für den FET, wenn der unter den Grenzdaten angegebene Wert von I_G nicht überschritten wird.
Gate-Reststrom $-I_{GS\,S}$: Von der Sperrschichttemperatur abhängiger Reststrom des pn-Überganges von Gate nach Source. Dieser Sperrstrom muß bei der Berechnung bzw. Wahl von Widerständen im Eingangskreis berücksichtigt werden.
Gate-Source-Abschnürspannung $-U_p$ (pinch off voltage): Notwendige Spannung zwischen Gate und Source, um den Feldeffekt-Transistor zu sperren. Diese Steuerspan-

2.2 Transistoren

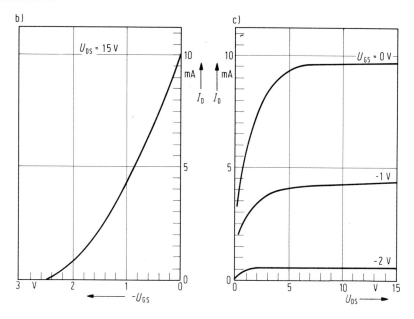

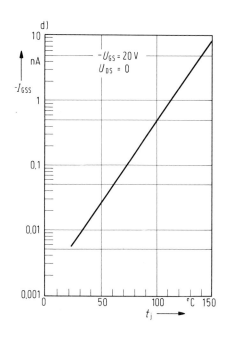

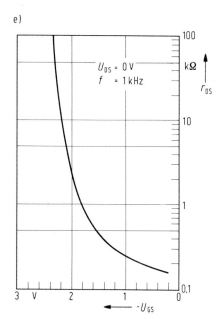

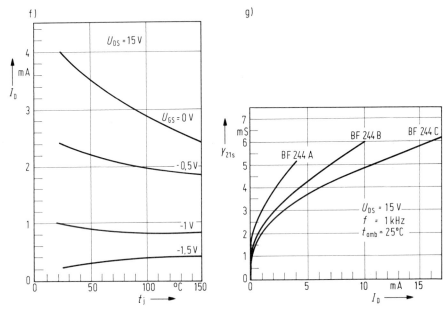

Bild 2.2-83. Daten und Kennlinien eines Sperrschicht-Feldeffekt-Transistors BF 244
a) Daten, b) Steuerkennlinie, c) Ausgangskennlinie, d) Gate-Reststrom,
e) differentieller Kanalwiderstand, f) Temperaturabhängigkeit des Drainstromes,
g) Vorwärtssteilheit y_{21s}

nung wird vom Hersteller für einen Drainstrom von z. B. 10 nA und eine Spannung von $U_{DS} = 15$ V angegeben. Sie ist negativ bei n-Kanal-FETs.

Statischer Eingangswiderstand r_{GS}: Eingangswiderstand des gesperrten pn-Übergangs zwischen Gate und Source. Er liegt in der Größenordnung von 10^9 bis 10^{11} Ω und kann in vielen Anwendungsfällen vernachlässigt werden.

Vierpol-Koeffizienten: An Stelle der Hybrid-Koeffizienten (h) werden die Leitwertparameter angegeben. Sie sind bei Feldeffekt-Transistoren sinnvoller, da die Stromverstärkung für FETs nicht angegeben werden kann. Es besteht kein funktioneller Zusammenhang zwischen Drainstrom und Gatestrom.

Für geringe Frequenzen, d. h. weit unter der Grenzfrequenz, werden die Vorwärtssteilheit $Y_{21s} = \dfrac{i_D}{u_{GS}}$ und der differentielle Ausgangsleitwert Y_{22s} (entspricht h_{22e}) genannt. Üblich ist eine Bezugsfrequenz von $f = 1$ kHz. Der Eingangsleitwert Y_{11s} und die Rückwirkung Y_{12s} können vernachlässigt werden.

Steuerkennlinie $I_D = f(-U_{GS})$: Die Steuerkennlinie zeigt die Abhängigkeit des Drainstromes von der Steuerspannung $-U_{GS}$. Der höchste Drainstrom fließt bei $U_{GS} = 0$. Der Verlauf der Steuerkennlinie kann durch folgende Beziehung angenähert werden:

$$I_D = I_{DSS}\left(1 - \frac{U_{GS}}{U_p}\right)^2.$$

2.2 Transistoren

$$-U_{GS} = U_p\left(\sqrt{\frac{I_D}{I_{DS\,s}}} - 1\right).$$

Aus der Steuerkennlinie kann grafisch die zur Berechnung der Spannungsverstärkung notwendige Steilheit Y_{21s} ermittelt werden. Vielfach steht jedoch zusätzlich ein Diagramm mit $Y_{21s} = f(I_D)$ zur Verfügung. Aus der Steuerkennlinie läßt sich weiterhin die Gate-Source-Abschnürspannung U_p bestimmen.

Ausgangskennlinie $I_D = f(U_{DS})\,u_{GS\,=\,konstant}$:

Die Ausgangskennlinie ist die typische Kennlinie einer (nicht ganz idealen) Stromquelle. Im Gegensatz zum bipolaren Transistor ist der Feldeffekt-Transistor eine spannungsgesteuerte Stromquelle. Überschreitet die Spannung zwischen Drain und Source die Sättigungsspannung $U_{DS\,sat} = U_{GS} - U_p$, steigt der Drainstrom nur noch unwesentlich an, d. h. der differentielle Ausgangswiderstand $r_{ds} = \dfrac{1}{Y_{22s}}$ ist groß. Dieser Bereich wird als Abschnürbereich bezeichnet, da der Kanal durch die Steuerspannung oder den Spannungsabfall am Kanalwiderstand „abgeschnürt" wird.
Von Spannung $U_{DS} = 0$ bis zur Abschnürung verlaufen die Kennlinien nahezu linear. In diesem Bereich bestimmt der Kanalwiderstand den Anstieg. Kanalwiderstände von etwa 100 Ω bis etwa 500 Ω sind üblich. Der Bereich wird als ohmscher Bereich bezeichnet. Der Kanalwiderstand läßt sich bis zur Sättigungsspannung als steuerbarer ohmscher Widerstand verwenden.

Zusätzlich zur Ausgangskennlinie steht meistens die Kennlinie $r_{ds} = \dfrac{1}{Y_{22s}} = f(-U_{GS})$ zur Verfügung.

Daten von MOS-Feldeffekt-Transistoren

Die Daten von Feldeffekt-Transistoren mit isoliertem Gate unterscheiden sich nur unwesentlich von Sperrschicht-Feldeffekt-Transistoren. Es gibt selbstsperrende (enhancement mode; Anreicherungstyp) n-Kanal- und p-Kanal-MOS-FETs sowie selbstleitende (depletion mode; Verarmungstyp) MOS-FETs. Die Steuerkennlinien unterscheiden sich in der Lage zum Nullpunkt, der Kennlinienverlauf ist ähnlich. Ohne Schutzdioden zum Schutz gegen statische Aufladungen können Gate-Restströme vernachlässigt werden.

Betriebspunkteinstellung und Betriebspunktstabilisierung bei Feldeffekt-Transistoren

Eine Betriebspunktstabilisierung ist nur bei der Source-Schaltung, die der Emitter-Schaltung entspricht, vorzusehen. Die beiden anderen Grundschaltungen sind infolge der internen Gegenkopplung stabil.
Selbstleitende FETs können mit einem Widerstand im Sourcekreis stabilisiert und zugleich kann der gewünschte Betriebspunkt eingestellt werden. Im Kleinsignal-Verstärker von Bild 2.2–85 ist hiervon Gebrauch gemacht. Der Widerstand $R_G = 1\,\text{M}\Omega$ verbindet den Gateanschluß mit Massepotential. Der sehr kleine Gate-Reststrom verursacht

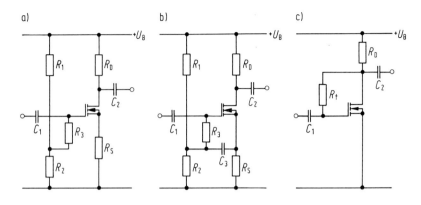
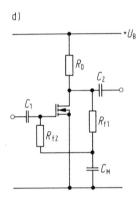

Bild 2.2-84. Möglichkeiten zur Betriebspunkteinstellung
  a) Schaltung mit Spannungsteiler
  b) Bootstrapschaltung
  c) Spannungs-Gegenkopplung
  d) Aufhebung der Gegenkopplung für die Signalspannung

einen vernachlässigbaren Spannungsabfall an R_G, d. h. das Gate liegt praktisch an Massepotential.
Durch den Widerstand im Source-Kreis fließt der Drainstrom und verursacht einen Spannungsabfall, der im Beispiel mit einem gewünschten Drainstrom von 2 mA gerade $I_D \cdot R_S = 2\,\text{mA} \cdot 330\,\Omega = 660\,\text{mV}$ beträgt. Das Potential am Source ist positiv gegenüber dem Potential am Gate. Der selbstleitende Transistor wird in der gewünschten Weise zugesteuert. Durch die Wahl eines geeigneten Widerstandes kann der Betriebspunkt eingestellt werden.
Wie in der Emitterschaltung mit Widerstand im Emitterkreis ist der Spannungsabfall am Sourcewiderstand der Eingangsspannung entgegengerichtet und ruft eine Gegenkopplung hervor. An Stelle der beiden Blöcke mit $1/h_{11e}$ und $1 + h_{21e}$ ist ein Block mit

2.2 Transistoren

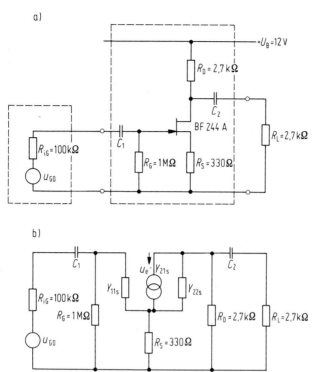

Bild 2.2-85. Source-Schaltung mit Strom-Spannungs-Gegenkopplung
a) Schaltung, b) Ersatzbild

der Steilheit $Y_{21s} = h_{21e}/h_{11e}$ im Bild 2.2–46a einzusetzen. Die Kreisverstärkung im Gegenkopplungskreis ergibt sich zu:

$$V_0 = Y_{21s} \cdot R_S.$$

Mit der Steilheit von etwa 4 mS aus dem Diagramm von Bild 2.2–83g wird die Kreisverstärkung im Gegenkopplungskreis etwa 1,32. Sie ist damit wesentlich geringer als die Kreisverstärkung in vergleichbaren Emitterschaltungen. Trotzdem ergibt sich im allgemeinen ausreichende Stabilität des Betriebspunktes gegenüber Temperaturerhöhung, da sich der Drainstrom nur geringfügig bei Temperaturerhöhung verringert. Wie das Diagramm von Bild 2.2–83f erkennen läßt, ist der Temperaturkoeffizient des Drainstromes bei etwa 0,6 mA Null und wird bei höheren Strömen zunehmend negativ. Feldeffekt-Transistoren können deshalb ohne zusätzliche Sicherheitsmaßnahmen parallelgeschaltet werden. Bei Temperaturerhöhung sinkt der Drainstrom ab.
Selbstsperrende n-Kanal-MOS-FETs benötigen eine positive, p-Kanal-MOS-FETs eine negative Vorspannung zur Einstellung des Betriebspunktes. Die Spannung kann jeweils mit einem Spannungsteiler aus der Betriebsspannung erzeugt werden. Es sind eine Reihe von Schaltungen möglich, die alle einen hohen Eingangswiderstand der Verstärkerschaltung einschließlich der Widerstände zur Betriebspunkteinstellung zum Ziel ha-

ben. In der Schaltung von Bild 2.2–84a empfiehlt es sich, die Widerstände R_1 und R_2 verhältnismäßig niederohmig, den Widerstand R_3 dagegen hochohmig zu wählen. Die Bootstrap-Schaltung läßt sich genauso wie die Spannungs-Gegenkopplung auf Schaltungen mit selbstsperrenden FETs anwenden, wie die Bilder 2.2–84b und c zeigen. Der Eingangswiderstand wird durch die Gegenkopplung herabgesetzt:

$$Z'_{1s} \approx \frac{u_e}{i_f} \approx \frac{R_f}{1 + A_{us}}$$

A_{us} Spannungsverstärkung ohne Gegenkopplung.

Die Spannung-Gegenkopplung kann für Signalspannungen mit höherer Frequenz aufgehoben werden. Hierzu wird der Gegenkopplungswiderstand in zwei Widerstände mit gleichem Widerstandswert aufgeteilt und vom Mittelpunkt des Teilers ein Kondensator gegen Masse geschaltet. Für die Signalspannung bestimmt der Widerstand R_{f2} den Eingangswiderstand der Schaltung. Bild 2.2–84d zeigt die Schaltung in einer nicht üblichen Darstellung, die jedoch die Wirkungsweise erkennen läßt.

Betriebspunkte von Drainschaltungen, die der Kollektorschaltung entsprechen, lassen sich auf die gleiche Weise wie zuvor beschrieben einstellen.

Betriebsverhalten von Schaltungen mit FETs

Das Betriebsverhalten von Schaltungen mit FETs wird durch vier typische Eigenschaften dieser Transistoren bestimmt:
    a) hoher Eingangswiderstand im Nf-Bereich,
    b) verhältnismäßig geringe Vorwärts-Steilheit,
    c) hoher Ausgangswiderstand (spannungssteuerbare Stromquelle),
    d) vernachlässigbar kleine Spannungsrückwirkung im Nf-Bereich.

Sourceschaltung

Die Betriebspunkteinstellung und das Kleinsignal-Betriebsverhalten eines Verstärkers in Sourceschaltung mit Strom-Spannungs-Gegenkopplung soll am Beispiel des Verstärkers von Bild 2.2–85a erläutert werden. Das zugehörige formelle Kleinsignal-Ersatzbild zeigt Bild 2.2–85b. Es kann im Frequenzbereich unterhalb der Grenzfrequenz des Transistors verwendet werden. In der folgenden Betrachtung werden die Spannungsrückwirkung und der Eingangswiderstand vernachlässigt.

Betriebspunkteinstellung

Für die Verstärkerschaltung des Beispiels wird willkürlich der universell verwendbare Transistor BF 244 A gewählt. Es werden weiterhin der Betriebspunkt $I_D = 2$ mA, $U_{DS} = 5$ bis 6 V und eine Betriebsspannung von $U_B = 12$ V festgelegt. Auf diese Weise ist ein Vergleich der Daten mit bipolaren Transistoren möglich. Die Steuerkennlinie und die Ausgangskennlinie eines Transistors BF 244 A zeigt Bild 2.2–86.
Unter Berücksichtigung des Gate-Reststromes wird der Gate-Source-Widerstand R_G mit etwa 1 MΩ gewählt. Bei größeren Widerstandswerten muß der Einfluß des Spannungsabfalls auf den Betriebspunkt berücksichtigt werden. Der Gate-Reststrom nimmt mit steigender Temperatur zu, der Transistor wird aufgesteuert. Für einen Transistor BF 244 A ergibt sich der Reststrom für $t_J = 150\,°C$ aus dem Diagramm von Bild 2.2–83d

2.2 Transistoren

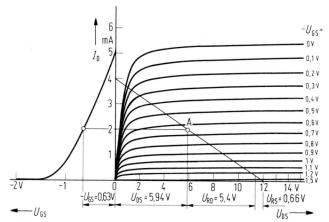

Bild 2.2–86. Ausgangskennlinie und Steuerkennlinie eines FET BF 244 A mit Lastgerade, Spannungsaufteilung und Betriebspunkt

zu etwa 10 nA. Wird an Stelle des 1-MΩ-Widerstandes ein Widerstandswert von 10 MΩ gewählt, beträgt der Spannungsabfall etwa 100 mV.
Der Widerstandswert des Widerstandes im Source-Kreis kann rechnerisch oder grafisch aus der Kennlinie von Bild 2.2–86 bestimmt werden. Mit der Abschnürsteuerspannung $-U_p = 1{,}6$ V und dem Drain-Source-Kurzschlußstrom $I_{DSS} = 5{,}5$ mA, beide Werte aus dem Kennlinienfeld von Bild 2.2–86, kann die Spannung zur Betriebspunkteinstellung berechnet werden:

$$-U_{GS} = U_p\left(\sqrt{\frac{I_D}{I_{DSS}}} - 1\right) = -1{,}6\,\text{V}\left(\sqrt{\frac{2\,\text{mA}}{5{,}5\,\text{mA}}} - 1\right) = 0{,}63\,\text{V}.$$

Hieraus ergibt sich:

$$R_S = \frac{U_{GS}}{I_D} = \frac{0{,}63\,\text{V}}{2\,\text{mA}} = 315\,\Omega;\ \text{gewählt}\ 330\,\Omega.$$

Der Drain-Widerstand R_D wird meistens so gewählt, daß eine Spannung von etwa $U_B/2$ an ihm abfällt. Der Aussteuerbereich wird besonders bei kleinen Betriebsspannungen durch die Restspannung am Feldeffekt-Transistor $U_{DS\,sat}$ eingeschränkt. Es empfiehlt sich deshalb, die Spannung U_{DS} um diesen Betrag zu erhöhen bzw. die Spannung am Widerstand R_D zu erniedrigen. Mit den Werten des Verstärkers von Bild 2.2–85 ergibt sich:

$$R_D = \frac{\frac{U_B}{2} - U_{DSsat}}{I_D} = \frac{6\,\text{V} - 1\,\text{V}}{2\,\text{mA}} = 2{,}5\,\text{k}\Omega;\quad \text{gewählt: } 2{,}7\,\text{k}\Omega.$$

Mit den gewählten Widerständen werden die Spannungsabfälle:

$$\begin{aligned}
U_{RD} &= 2\,\text{mA} \cdot 2{,}7\,\text{k}\Omega = 5{,}4\,\text{V} \\
U_{RS} &= 2\,\text{mA} \cdot 330\,\Omega = 0{,}66\,\text{V} \\
U_{DS} &= 5{,}94\,\text{V} \\
U_B &= 12\,\text{V}
\end{aligned}$$

Die Lastgerade und die Spannungsaufteilung sind in Bild 2.2–86 eingetragen.

Kleinsignal-Betriebsverhalten

Zur Berechnung des Betriebsverhaltens bei Ansteuerung mit kleinen Signalspannungen müssen die differentiellen Betriebsgrößen des FET bekannt sein. Sie können den Datenblättern in Form der Vierpolkoeffizienten oder notfalls Kennlinien entnommen werden. Für den Hf-Transistor BF 244 A werden, wie für FETs üblich, die Leitwertkoeffizienten angegeben. Für den Betriebspunkt $I_D = 2$ mA läßt sich aus dem Diagramm von Bild 2.2–83g eine Steilheit von $Y_{21s} = 4$ mS ablesen. Der Ausgangsleitwert beträgt etwa $Y_{22s} = 25$ µS entsprechend einem Ausgangswiderstand von $r_{ds} = 40$ kΩ. Mit diesen Größen können die Betriebswerte für den Betriebspunkt berechnet werden:

Kleinsignal-Eingangswiderstand: $Z_{1s} = R_G = 1$ MΩ.

Der Eingangsleitwert Y_{11s} ist bei Signalfrequenzen weit unter der Grenzfrequenz gegenüber R_G vernachlässigbar.

Kleinsignal-Ausgangswiderstand:

Hier muß zwischen dem Ausgangswiderstand der Schaltung und dem Ausgangswiderstand des FET mit Gegenkopplungswiderstand R_S unterschieden werden. Der Ausgangswiderstand des Transistors wird durch die „stabilisierende Wirkung" des Gegenkopplungswiderstandes erhöht. Er ergibt sich angenähert zu:

$$r'_a \approx r_{ds}(1 + Y_{21s} \cdot R_S) = 40\,\text{k}\Omega(1 + 4\,\text{mS} \cdot 330\,\Omega) = 92{,}8\,\text{k}\Omega.$$

In dieser Beziehung ist der Ausdruck $(1 + Y_{21s} \cdot R_S)$ die Kreisverstärkung V_O in der Gegenkopplungsschleife.
Der Ausgangswiderstand der Verstärkerschaltung ergibt sich aus der Parallelschaltung des Transistor-Ausgangswiderstandes mit dem Widerstand im Drainkreis, wie sich im Ersatzbild erkennen läßt.

$$Z_{2s} = r'_a \parallel R_D \approx R_D = 2{,}7\,\text{k}\Omega.$$

Kleinsignal-Spannungsverstärkung A_{usf}:

Die Kleinsignal-Spannungsverstärkung wird durch die Gegenkopplung herabgesetzt und beträgt:

$$A_{usf} = -Y_{21s} \cdot \frac{\frac{1}{Y_{22s}} \cdot R_D}{\frac{1}{Y_{22s}} + R_D + (Y_{21s} \cdot \frac{1}{Y_{22s}} + 1) \cdot R_S} \approx -\frac{Y_{21s} \cdot R_D}{1 + Y_{21s} \cdot R_S}$$

$$= -4\,\text{mS} \cdot \frac{40\,\text{k}\Omega \cdot 2{,}7\,\text{k}\Omega}{40\,\text{k}\Omega + 2{,}7\,\text{k}\Omega + (4\,\text{mS} \cdot 40\,\text{k}\Omega + 1) \cdot 330\,\Omega} = -4{,}5.$$

Wird die Gegenkopplung für Signalspannungen durch einen Kondensator C_S aufgehoben, wird die Spannungsverstärkung:

2.2 Transistoren

$$A_{us} = -Y_{21s} \cdot \frac{\frac{1}{Y_{22s}} \cdot R_D}{\frac{1}{Y_{22s}} + R_D} = -4\,\text{mS} \cdot \frac{40\,\text{k}\Omega \cdot 2{,}7\,\text{k}\Omega}{40\,\text{k}\Omega + 2{,}7\,\text{k}\Omega} = -10{,}1.$$

Angenähert ergibt sich $A_{us} \approx -S \cdot R_D = -10{,}8$.
Wird die Verstärkerschaltung belastet, teilt sich der Drainstrom auf, und die Spannungsverstärkung wird geringer. An Stelle von R_D muß die Parallelschaltung von R_D und R_L in die Gleichung eingesetzt werden.

Untere Grenzfrequenz der Verstärkerschaltung

Wie in Verstärkerschaltungen mit bipolaren Transistoren wird die untere Grenzfrequenz durch die Widerstände und Kapazitäten in den Eingangskreisen und Ausgangskreisen bestimmt. Die FETs sind gleichstromsteuernde Bauelemente und haben keinen Einfluß auf die untere Grenzfrequenz. Jeder Hochpaß in der Verstärkerschaltung hat eine Absenkung der Amplitude von 3 dB zur Folge. Bei mehreren RC-Gliedern müssen die Kondensatoren um einen Faktor $k = 2{,}08/\sqrt{m}$ vergrößert werden. m ist die zulässige Absenkung in dB pro RC-Glied. Werden, wie im Verstärker von Bild 2.2-85, zwei Kondensatoren verwendet und wird eine Absenkung von insgesamt 3 dB zugelassen, müssen die Kondensatoren 1,7mal so groß gewählt werden. Für eine willkürlich gewählte untere Grenzfrequenz von $f_u = 40$ Hz ergeben sich folgende Kapazitätswerte:

$$C_1 = \frac{1 \cdot k}{2 \cdot \pi \cdot f_u (R_G + R_{iG})} = \frac{1{,}7}{2 \cdot \pi \cdot 40\,\text{s}^{-1} \cdot (1\,\text{M}\Omega + 100\,\text{k}\Omega)} = 6{,}1\,\text{nF},$$

$$C_2 = \frac{1 \cdot k}{2 \cdot \pi \cdot f_u (R_D + R_L)} = \frac{1{,}7}{2 \cdot \pi \cdot 40\,\text{s}^{-1} \cdot (2{,}7\,\text{k}\Omega + 2{,}7\,\text{k}\Omega)} = 1{,}25\,\mu\text{F}.$$

Soll die Signal-Gegenkopplung durch einen Kondensator C_s im Sourcekreis aufgehoben werden, erhöht sich die Anzahl der R-C-Glieder auf drei. Bei 3 dB Gesamtabsenkung bleibt für jedes R-C-Glied 1 dB, und der Korrekturfaktor wird $k = 2{,}08/\sqrt{1} = 2{,}08$. Mit diesem Faktor k werden:

$C_1 = 7{,}5$ nF $C_2 = 1{,}5\,\mu$F

und $\quad C_s = \dfrac{Y_{21s} \cdot k}{2 \cdot \pi \cdot f_u} = \dfrac{4\,\text{mS} \cdot 2{,}08}{2 \cdot \pi \cdot 40\,\text{s}^{-1}} = 33{,}1\,\mu\text{F}$

Betriebsverhalten der Drain-Schaltung

Die Drainschaltung verhält sich ähnlich wie die Kollektorschaltung. Der Eingangswiderstand ist sehr groß, der Ausgangswiderstand klein und im Gegensatz zur Kollektorschaltung unabhängig von Widerständen im Eingangskreis. Die Spannungsverstärkung bleibt unter dem Wert eins. Gegenüber der Sourceschaltung hat die Drainschaltung den Vorteil des geringeren Ausgangswiderstandes. Die Drainschaltung wird deshalb als Impedanzwandler und mit Leistungs-FET als Leistungsverstärker benutzt.
Die Kleinsignal-Betriebsdaten eines Verstärkers in Drainschaltung sollen am Beispiel der Schaltung von Bild 2.2-87 berechnet werden. Auch hier wird wieder der Betriebs-

a)

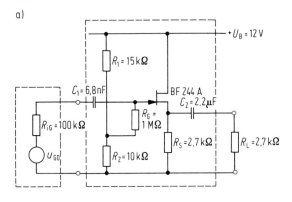

b)

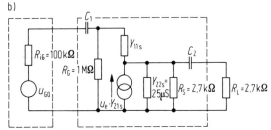

Bild 2.2–87. a) Drainschaltung
b) Ersatzbild (vereinfacht)

punkt $I_D = 2$ mA; $U_{DS} \approx 5$ V gewählt, um eine Gegenüberstellung der Schaltungen zu ermöglichen. Die für den Betriebspunkt notwendige Steuerspannung von $-U_{GS} = 0{,}63$ V wird aus dem vorherigen Beispiel übernommen. Mit dem gewählten Widerstand $R_S = 2{,}7$ kΩ im Sourcekreis ergibt sich ein Spannungsabfall von $U_{RS} = 5{,}4$ V. Die Spannung am Gate muß um die Steuerspannung niedriger bzw. negativer sein.

$$U_{R1} = U_{RS} - U_{GS} = 5{,}4\text{ V} - 0{,}63\text{ V} = 4{,}77\text{ V}.$$

Die Widerstände R_1 und R_2 sollten kleiner als der Gatewiderstand sein. Mit der Spannungsteiler-Regel lassen sich die Widerstandswerte errechnen. Gewählt wurden: $R_1 = 15$ kΩ und $R_2 = 10$ kΩ.
Für den Verstärker des Bildes 2.2–87 ergeben sich folgende

Kleinsignal-Betriebsdaten:

Kleinsignal-Eingangswiderstand: $Z_{1d} \approx R_G = 1$ MΩ.
Kleinsignal-Ausgangswiderstand:

$$Z_{2d} = \frac{\dfrac{1}{Y_{22s}}}{1 + \dfrac{1}{Y_{22s}} \cdot Y_{21s}} \parallel R_S = \frac{40\text{ k}\Omega}{1 + 40\text{ k}\Omega \cdot 4\text{ mS}} \parallel 2{,}7\text{ k}\Omega$$

$$= 248\,\Omega \parallel 2{,}7\text{ k}\Omega = 227\,\Omega.$$

Kleinsignal-Spannungsverstärkung:

$$A_{ud} = \frac{Y_{21s} \cdot (R_S \parallel R_L)}{1 + (Y_{21s} + Y_{22s}) \cdot (R_S \parallel R_L)}$$

$$= \frac{4 \text{ mS} \cdot (2{,}7 \text{ k}\Omega \parallel 2{,}7 \text{ k}\Omega)}{1 + (4 \text{ mS} + 25 \text{ }\mu\text{S})(2{,}7 \text{ k}\Omega \parallel 2{,}7 \text{ k}\Omega)} = 0{,}84.$$

Die die untere Grenzfrequenz bestimmenden Kondensatoren können wie im vorherigen Beispiel berechnet werden.

Gate-Schaltung

Die Gateschaltung entspricht der Basisschaltung mit bipolaren Transistoren. Ähnlich ist deshalb auch das Betriebsverhalten. Die Gateschaltung wird selten verwendet, da der hohe Eingangswiderstand am Gate nicht zum Tragen kommt. Mit der Gateschaltung ist die höchste Grenzfrequenz aller Grundschaltungen zu erreichen.

Weitere Anwendungen von Feldeffekt-Transistoren

Stromquellen

Selbstleitende FETs eignen sich besonders gut als Konstantstromquellen in diskreten und integrierten Schaltungen. Das Bild 2.2–88 zeigt einen einfachen Schaltungsaufbau.

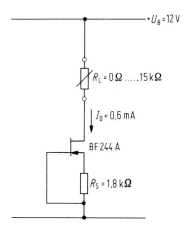

Bild 2.2–88.
FET in einer Schaltung für Konstantstrom

Wird der Drainstrom richtig gewählt, treten keinerlei Temperaturdriften auf. Wie die Kennlinien von Bild 2.2–83f zeigen, ist der Temperaturkoeffizient des Drainstroms bei etwa 0,6 mA für den FET BF 244A nahezu Null. Für diesen Betriebspunkt ist eine

Steuerspannung von etwa $-U_{GS} = 1{,}07$ V notwendig. Der Widerstand R_S kann mit diesen Daten berechnet werden:

$$R_S = \frac{U_{GS}}{I_D} = \frac{1{,}07 \text{ V}}{0{,}6 \text{ mA}} = 1{,}78 \text{ k}\Omega; \quad \text{gewählt: } 1{,}8 \text{ k}\Omega.$$

Der Ausgangswiderstand r'_a wird wie bei der Source-Schaltung mit Gegenkopplungs-Widerstand R_S vergrößert. Der Widerstand R_S hat stromstabilisierende Wirkung. Nimmt man z. B. eine Stromerhöhung als Störgröße an, vergrößert sich der Spannungsabfall an R_S, und der FET wird im Sinne einer Angleichung an den ursprünglichen Drainstrom zugesteuert.

Angenähert ergibt sich der „Innenwiderstand der Stromquelle" zu:

$$r'_a \approx r_{ds}(1 + S \cdot R_S)$$
$$= \frac{1}{Y_{22s}}(1 + Y_{21s} \cdot R_S) = 40 \text{ k}\Omega (1 + 2{,}5 \text{ mS} \cdot 1{,}8 \text{ k}\Omega) = 220 \text{ k}\Omega.$$

Y_{21s} Steilheit aus Kennlinie von Bild 2.2–83g.

Stromspiegelschaltungen entsprechend den Schaltungen von Bild 2.2–66 sind möglich.

FET als steuerbarer Widerstand

In der Ausgangskennlinie von Bild 2.2–86 ist zu erkennen, daß der Drainstrom bis zu einer gewissen Spannung U_{DS} etwa linear mit der Spannung U_{DS} ansteigt. Wegen dieses Verhaltens bezeichnet man diesen Kennlinienbereich als ohmschen Bereich. Hier wird der ohmsche Kanalwiderstand von FETs ausgenutzt, der sich mit Hilfe der Steuerspannung U_{GS} beeinflussen läßt.

Feldeffekt-Transistoren als steuerbare Widerstände eignen sich zum Aufbau von analogen und digitalen Schaltungen. Ein Beispiel der Anwendung zeigt die Schaltung von Bild 2.2–89. Hier wird die Verstärkung der Operations-Verstärkerschaltung in Abhängigkeit vom Mittelwert der Ausgangsspannung auf $V'_u = 3$ geregelt. Auf diese Weise wird ein „Schwingen" der Oszillatorschaltung gewährleistet und eine Übersteuerung vermieden. Die „Wienbrückenschaltung" wird in Kapitel 3.9.3 ausführlich beschrieben. Der FET ersetzt in der Verstärkerschaltung einen Festwiderstand zur Einstellung der Verstärkung. Die Verstärkung kann mit Hilfe des FET gesteuert werden.

$$A_{uf} = 1 + \frac{R_f}{R_{FET}}.$$

Bei schwingendem Oszillator entsteht in der Schaltung zur Mittelwertbildung eine von der Ausgangsspannung abhängige Steuerspannung $-U_{GS}$. Ein Stellwiderstand gestattet, die Höhe der Steuerspannung einzustellen.

Zur Erklärung der Wirkungsweise der Verstärkungsregelung sei eine Erhöhung der Ausgangsspannung angenommen. Sie hat eine größere Steuerspannung $-U_{GS}$ zur Folge. Der FET wird weiter zugesteuert bzw. der Kanalwiderstand erhöht. Die Gesamtverstärkung wird geringer, und die Ausgangsspannung wird im Sinne eines Angleichs kleiner.

Der Spannungsteiler im Eingang des Op-Verstärkers ist notwendig, um die Spannung am FET (U_{DS}) klein zu halten und den Betrieb im ohmschen Bereich des FET zu errei-

2.3 Thyristor-Bauelemente

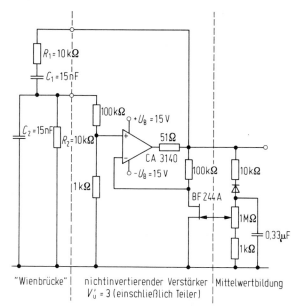

Bild 2.2–89. „Wienbrücken-Oszillator" mit FET als steuerbarem Widerstand zur Verstärkungsregelung

chen. Die Spannung am FET ist genauso groß wie am Teilerwiderstand 1 kΩ, da die Eingangsspannung am Op-Verstärker etwa Null ist.

Nachfolgend sollen weitere Anwendungen von Feldeffekt-Transistoren erwähnt werden:
  Eingangsstufen von Operationsverstärkern,
  HF-Verstärker und Mischer mit FETs, die zwei Gates aufweisen,
  Kontaktlose Analogschalter,
  Integrierte Digitalschaltungen, C-MOS-Technik,
  Leistungsschalter mit Leistungs-FET,
  Leistungsendstufen mit Leistungs-FET.

Vorsichtsmaßnahmen bei der Verwendung von FETs

Die Eingänge von FETs, besonders von MOS-FETs, sind extrem hochohmig. Der Kondensator zwischen Gate und Substrat kann sich statisch aufladen, und es besteht die Gefahr, daß die sehr dünne Isolierschicht dann infolge der sich ausbildenden hohen Feldstärke durchschlägt. Statische Elektrizität entsteht z. B. durch Reibung mit Kunststoffen. Manche Hersteller liefern deshalb die FETs mit Kurzschlußbrücken, die erst nach dem Einbau in die Schaltung entfernt werden sollen.

Unijunktion-Transistor

Der Unijunktion-Transistor wird gelegentlich als *Doppelbasis*-Transistor bezeichnet. Einen sonst üblichen Kollektoranschluß besitzt er nicht. Bild 2.2–90 zeigt die Schaltung

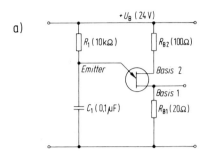

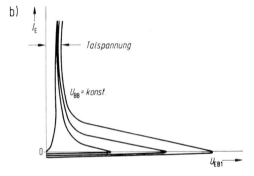

Bild 2.2–90.
a) Schaltung mit einem Unijunction-Transistor zur Impulserzeugung
b) Kennlinien $I_E = f(U_{EB_1})$

mit einem Unijunktion-Transistor und die Kennlinie. Es ist zu ersehen, daß der Transistor Kippverhalten hat. Überschreitet man eine bestimmte Spannung zwischen Emitter- und Basisanschluß 1, dann bricht diese Diode durch und bleibt leitend. Die Spannung, die an dieser Diode im durchgeschalteten Zustand liegt, nennt man *Talspannung*. Sie erreicht ein Minimum bei einem bestimmten Emitterstrom. Die Spannung, die zum Durchbruch führt (auch Zündspannung genannt), läßt sich mit der Spannung zwischen den beiden Basisanschlüssen beeinflussen.

Unijunktion-Transistoren eignen sich u. a. zur Erzeugung von Schwingungen und Sägezahnspannungen sowie zum Aufbau einfacher Zündgeräte für Thyristoren und Triacs.

2.3 Bauelemente der Leistungselektronik

2.3.1 Methoden zur Leistungssteuerung

Übersicht über Bauelemente

Die Probleme der Leistungssteuerung können am Beispiel einer Drehzahlsteuerung eines kleinen Gleichstrommotors erläutert werden. Die Drehzahl verändert sich etwa proportional mit dem Gleichspannungs-Mittelwert der Ankerspannung. Wie Bild 2.3–1 zeigt, kann die Motorspannung durch

2.3 Thyristor-Bauelemente

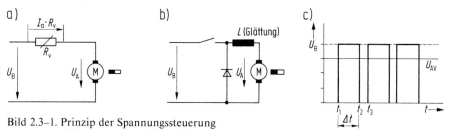

Bild 2.3-1. Prinzip der Spannungssteuerung
a) Steuerung durch Vorwiderstand
b) und c) Steuerung durch Änderung der Einschaltzeiten

- stetiges Stellen mit Hilfe eines Vorwiderstandes (Bild 2.3-1a) oder eines Transistors oder
- mit Hilfe der veränderbaren Einschaltzeit eines elektronischen Schalters quasistetig (Bild 2.3-1b und c)

verändert werden.
Im ersten Fall wird in dem Stellwiderstand eine Verlustleistung umgesetzt, die genauso groß sein kann wie die Leistungsaufnahme des Motors.
Im zweiten Fall ergibt sich die mittlere Motorspannung aus dem Mittelwert der Spannung-Zeitflächen $U_B \cdot \Delta t$. Während der Zeit t_1 bis t_2 liegt die volle Spannung am Motor. Dagegen wird die Motorspannung von t_2 bis t_3 Null. Vergrößert man Δt bei konstanter Frequenz, nimmt der Mittelwert der Spannung zu. Die Verlustleistung am Schaltelement ergibt sich im ausgeschalteten Zustand aus der Spannung U_B und dem Reststrom durch das Schaltelement, im eingeschalteten Zustand aus dem Spannungsabfall am Schaltelement und dem Laststrom. In beiden Schaltzuständen ist die Verlustleistung wesentlich geringer als bei der stetigen Steuerung.
Zur stetigen wie zur quasistetigen Steuerung eignen sich Halbleiter-Bauelemente. Wirkungsgrad und begrenzte mögliche Verlustleistung der Halbleiter-Bauelemente zwingen bei größeren Leistungen zur quasistetigen Steuerung.

Bauelemente zur stetigen Leistungssteuerung

Zur stetigen Spannungs- bzw. Leistungssteuerung eignen sich bipolare Transistoren, Leistungs-MOS-Feldeffekt-Transistoren und, mit Einschränkungen bezüglich der Höhe der steuerbaren Leistung, Leistungs-Operations-Verstärker. Die Grenzströme von Transistoren und „Leistungs-Transistor-Powerblocks" erreichen z. Z. etwa 500 A und die Grenzspannungen etwa 1000 V. Die Grenze der zulässigen Verlustleistung beträgt etwa 1200 W.

Bauelemente zur quasistetigen Leistungssteuerung

Zur quasistetigen Leistungssteuerung eignen sich schnelle Halbleiterschalter. Die Tabelle 2.3-1 gibt einen Überblick über die Bauelemente und Grenzdaten, die Datenblättern von namhaften Herstellern entnommen sind. Sie stellen Richtwerte dar. Die Daten unterschiedlicher Bauelemente können nur bei entsprechenden Sperrspannungen und Strömen verglichen werden. Ein Feldeffekt-Transistor kann z. B. für eine Sperrspannung von 1000 V, jedoch nur bei einem Strom von etwa 5 A hergestellt werden. Es ist unsinnig, einen bipolaren Transistor mit einer Sperrspannung von bei-

Bezeichnung	Transistoren als Schalter		Thyristor-Bauelemente				
	Bipolare	MOS-FETs	Symmetrisch-sperrend SCR	Asymmetrisch-sperrend ASCR	Abschaltbar GTO	Rückwärts-leitend RLT	Zweirichtungs-schaltbar TRIAC
Schaltzeichen							
Grenzströme: Hohe Sperrspannung Geringe Sperrspannung	100 A 600 A	5 A 60 A	3800 A	2200 A	1200 A	1000 A	40 A
Grenzspannungen: Geringe Ströme Hohe Ströme	1200 V 800 V	1000 V 50 V	4200 V	2000 V	2500 V	2500 V	1200 V
Schaltfrequenz	10 kHz	500 kHz	10 kHz	20 kHz	2 kHz	30 kHz	
Einschaltzeit Ausschaltzeit Freiwerdezeit t_q	3 µs 12 µs	30 ns 330 ns	300 µs Netz SCR	55 µs			
Anwendungsgebiet	USV Gs-Steller Umrichter	USV Schalt-Netzgeräte	Netzgeführte Stromrichter großer Leistung	Gleichstromsteller	Gleichstromsteller Umrichter Löschkreise von Umrichtern	Gleichstromsteller	Steuerung von Ws-Kreisen kleiner Leistung

Tabelle 2.3–1. Gegenüberstellung von Richtwerten für Bauelemente der Leistungselektronik

spielsweise 50 V zu vergleichen, der einen wesentlich höheren Strom erlaubt. Nachfolgend sollen die Bauelemente, die sich für Schaltbetrieb in Wechselstrom- und in Gleichstromanwendungen eignen, beschrieben werden.

2.3.2 Leistungstransistoren

In den letzten Jahren konnten die Grenzwerte von bipolaren Transistoren und von FETs erheblich erhöht werden. Sie stoßen damit in Leistungsbereiche, die lange Zeit Thyristor-Bauelementen vorbehalten waren.
Vorteilhaft wirkt sich das Betriebverhalten von Transistoren in Gleichstromkreisen aus. Schaltet man den Steuerstrom bei bipolaren Transistoren bzw. die Steuerspannung bei FETs ab, werden sie nicht leitend und sperren den Strom. Der Aufwand, einen SCR-Thyristor in den nicht leitenden Zustand zu steuern, ist wesentlich größer, wie in Kapitel 3.7.4 beschrieben wird.
Betreibt man Transistoren als Leistungsschalter, muß der lineare Steuerbereich schnell durchlaufen werden, um die Verlustleistung in der Umschaltphase klein zu halten. Die Ansteuerung von bipolaren Leistungstransistoren erfordert als Folge der geringen Stromverstärkung bei großen Kollektorströmen einen hohen Basisstrom. Zur Verringerung wird meistens ein zweiter oder dritter Transistor in Darlington-Schaltung

2.3 Thyristor-Bauelemente

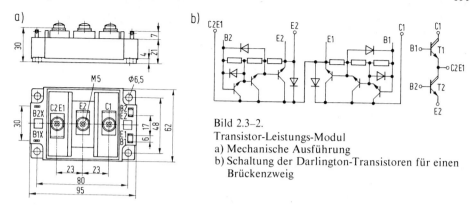

Bild 2.3–2.
Transistor-Leistungs-Modul
a) Mechanische Ausführung
b) Schaltung der Darlington-Transistoren für einen Brückenzweig

eingesetzt. Diese Schaltungen können aus einzelnen Transistoren zusammengesetzt werden. Es stehen auch komplette Leistungsmodule zur Verfügung. Für einen derartigen Leistungsmodul LTR (AEG) mit der Typenbezeichnung CC 100 R 600 K zeigen die Bilder 2.3–2 den mechanischen Aufbau und die innere Schaltung. Im Bild 2.3–3

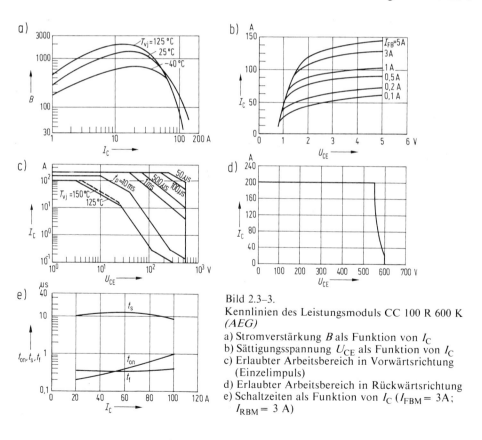

Bild 2.3–3.
Kennlinien des Leistungsmoduls CC 100 R 600 K (AEG)
a) Stromverstärkung B als Funktion von I_C
b) Sättigungsspannung U_{CE} als Funktion von I_C
c) Erlaubter Arbeitsbereich in Vorwärtsrichtung (Einzelimpuls)
d) Erlaubter Arbeitsbereich in Rückwärtsrichtung
e) Schaltzeiten als Funktion von I_C (I_{FBM} = 3A; I_{RBM} = 3 A)

sind Kennlinien dieses Leistungsmoduls wiedergegeben. Weitere Daten des Leistungsmoduls CC 100 R 600 K mit npn-Transistoren:

$U_{CEO} = 550$ V; $I_C = 100$ A;
$U_{CEsat} = 1{,}7$ V (25 °C; Basisstrom $I_{FBM} = 3$ A);
$t_{on} = 1$ µs; $t_s = 9$ µs; $t_f = 0{,}4$ µs

Diese Transistormodule müssen wie einzelne Transistoren im Schaltbetrieb zum Einschalten übersteuert und für schnelles Ausschalten und sicheres Sperren mit negativer Spannung angesteuert werden. Die erforderlichen Basisströme sind bei einem Laststrom von 100 A und $m = 1$ mit $I_{BO} = I_C/B = 100\,A/180 = 0{,}55$ A hoch. Die Übersteuerung wird deshalb nicht höher gewählt als unbedingt erforderlich. Das Bild 2.3-4 zeigt eine Gegentaktschaltung, die alle Erfordernisse an Übersteuerung und Ausräumen erfüllt.

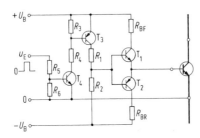

Bild 2.3-4.
Steuerschaltung für einen Leistungsmodul mit einer Gegentaktschaltung

Bipolare Leistungstransistoren eignen sich für Gleichstromsteller und Umrichter kleiner bis mittlerer Leistung.
Von den sechs möglichen Feldeffekt-Transistoren des Bildes 2.2–82 werden vorwiegend selbstsperrende N-Kanal MOS-FETs zur Leistungssteuerung verwendet. Der Kanalwiderstand von n-dotierten FETs ist nur etwa halb so groß wie der Kanalwiderstand eines p-dotierten FET. Aus physikalischen Gründen nimmt der Grenzwert des Stromes mit dem Grenzwert der Drain-Source-Spannung ab. Die Grenzen liegen zur Zeit etwa bei 1000 V und 5 A bzw. 50 V und 60 A.
Wie die Steuer-Kennlinie eines N-Kanal MOS-FET BUZ 80 (Bild 2.3–5; Siemens) zeigt, ist eine positive Steuerspannung von 3 V bis etwa 6 V notwendig, um den Transistor in den leitenden Zustand zu steuern. Sie ist damit deutlich größer als die Steuerspannung eines einzelnen bipolaren Transistors. Die Ausgangsspannung von digitalen Schaltungen der TTL-Familie reichen im allgemeinen nicht aus. Dagegen können Bausteine der C-MOS-Schaltkreis-Familie mit einer Spannung bis zu 16 V gespeist werden. Hiermit kann die gewünschte Steuerspannung für MOS-FETs erzeugt werden.
Die bedeutenden Vorteile von Leistungs-MOS-FETs liegen in den wesentlich kürzeren Schaltzeiten und in der geringeren Steuerleistung. Im statischen Zustand ist der Eingangswiderstand von MOS-FETs nahezu unendlich groß. Bei Schaltvorgängen machen sich jedoch die Ladeströme für die Kapazitäten, wie sie in der Ersatzschaltung von Bild 2.3–6a) erkennbar sind, bemerkbar. In den Bildern 2.3–6b) ... e) sind die Definition der Schaltzeiten, die Meßschaltung und die Beeinflußung durch die Gate-Source-Spannung und den Drainstrom abgebildet. Aus Bild 3.2–6d) wird besonders die Höhe der Gate-Source-Spannung für die Anstiegszeit t_r ersichtlich. Liest man aus

2.3 Thyristor-Bauelemente

Eckwerte			N-Kanal
Drain-Source-Spannung	V_{DS}	= 800 V	
Drain-Gleichstrom	I_D	= 2,6 A	
Drain-Source-Einschaltwiderstand	$R_{DS(on)}$	= 4,0 Ω	

Typ. Übertragungscharakteristik: $I_D = f(V_{GS})$
Parameter: 80 μs-Puls-Test,
$V_{DS} = 25$ V, $T_j = 25$ °C

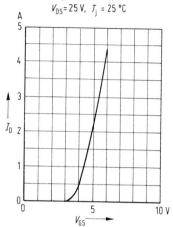

Dynamische Werte

Übertragungssteilheit	g_{fs}	1,0	1,8	–	S	$V_{DS} = 25$ V $I_D = 1,7$ A
Eingangskapazität	C_{iss}	–	1,6	2,1	nF	$V_{GS} = 0$ V
Ausgangskapazität	C_{oss}	–	90	150	pF	$V_{DS} = 25$ V
Rückwirkkapazität	C_{rss}	–	30	55		$f = 1$ MHz
Einschaltzeit t_{on}	$t_{d(on)}$	–	30	45	ns	$V_{CC} = 30$ V
($t_{on} = t_{d(on)} + t_r$)	t_r	–	40	60		$I_D = 2,1$ A
Ausschaltzeit t_{off}	$t_{d(off)}$	–	110	140		$V_{GS} = 10$ V
($t_{off} = t_{d(off)} + t_f$)	t_f	–	60	80		$R_{GS} = 50$ Ω

Bild 2.3–5. Eckwerte, dynamische Werte und Steuer-Kennlinie eines n-Kanal MOSFET BUZ 80

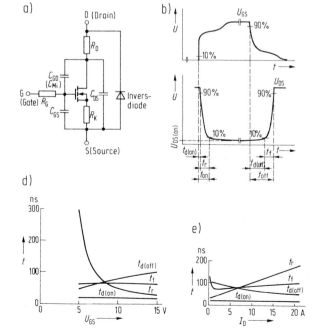

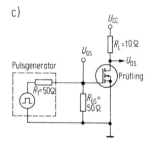

Bild 2.3–6.
Schaltverhalten von MOSFET (Siemens)
a) Ersatzschaltung
b) Definition der Schaltzeiten
c) Meßschaltung
d) Einfluß der Gate-Source-Spannung auf Schaltzeiten (BUZ 71)
e) Einfluß des Drainstrom auf Schaltzeiten (BUZ 71)

diesem Diagramm für U_{GS} = 5 V etwa t_r = 300 ns ab, ergeben sich nur noch etwa 50 ns für eine Ansteuerung mit etwa 10 V.
Reicht der Ausgangsstrom einer Standard C-MOS-Schaltung nicht aus, können z. B. mehrere Inverter eines C MOS IC 4049 parallel geschaltet werden, wie Bild 2.3-7 zeigt.
Die besonders guten Schalteigenschaften von Leistungs-MOS-FETs ermöglichen vorteilhafte Anwendungen in
– Schaltnetzgeräten
– Unterbrechungsfreien Stromversorgungen (USV)
– Elektronischen Vorschaltgeräten von Lampen
– Steuerung von Gleichstrommotoren
– Steuerung von Schrittmotoren

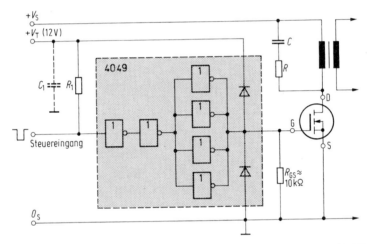

Bild 2.3-7. Ansteuerung eines N-Kanal MOS FET mit einem C MOS IC 4049

2.3.3 Aufbau und Wirkungsweise des symmetrisch sperrenden Thyristors (SCR)

Der Thyristor ist ein Halbleiterbauelement aus Silizium mit der Schichtenfolge *pnpn* und drei Anschlüssen. In Anlehnung an die Quecksilberdampf-Stromrichter-Technik werden sie mit Anode, Katode und Steuerelektrode bzw. Gitter oder auch Gate (Tor) bezeichnet. Im Prinzip läßt sich die Wirkungsweise eines Thyristors mit einem sich selbst haltenden Schütz vergleichen, wie in Bild 2.3-8 gezeigt ist. Eine Spannung zwischen Anode und Katode hat zunächst keinen Strom zur Folge, da das Schaltglied geöffnet ist.
Das gleiche gilt bei umgekehrter Polarität. Sobald jedoch ein ausreichend großer Steuerstrom über Steuerelektrode und Schützwicklung zur Katode fließt, zieht das Schütz an, schließt das Schaltglied und hält sich mit der Spannung U_{AK} selbst, solange ein bestimmter Mindeststrom – der Haltestrom – nicht unterschritten wird.

2.3 Thyristor-Bauelemente

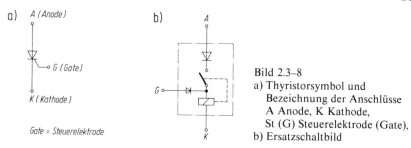

Bild 2.3-8
a) Thyristorsymbol und Bezeichnung der Anschlüsse
A Anode, K Kathode, St (G) Steuerelektrode (Gate),
b) Ersatzschaltbild

Bild 2.3-9 zeigt schematisch die Schichtenfolge eines Thyristors mit seinen Anschlüssen und eine aus zwei Transistoren bestehende Schaltung, die das gleiche Verhalten hat. Tatsächlich sind die Schichten sehr viel dünner und im Verhältnis von größerer Ausdehnung als in der Skizze. In Bild 2.3-10 ist ein Thyristor im Schnitt dargestellt. Mit der in Bild 2.3-9 eingezeichneten Polarität der Speisespannungsquelle – man bezeichnet sie als Blockierrichtung (Schaltrichtung) – sind die beiden pn-Übergänge Sp_1 und Sp_3 in Durchlaßrichtung gepolt, und der pn-Übergang Sp_2 in Sperrichtung nimmt die Spannung auf. In der Transistorschaltung ist der Transistor T_2 ohne Steuerspannung gesperrt, ebenfalls Transistor T_1, da er über T_2 keinen Basissteuerstrom erhält.

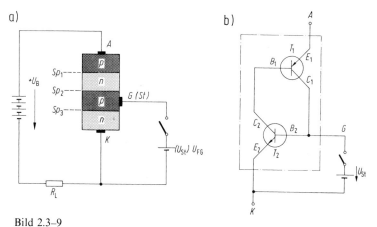

Bild 2.3-9
a) Schematischer Aufbau eines Thyristors
b) Erklärung der Wirkungsweise des Thyristors mit Hilfe zweier Transistoren

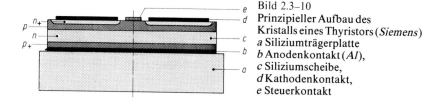

Bild 2.3-10
Prinzipieller Aufbau des Kristalls eines Thyristors (*Siemens*)
a Siliziumträgerplatte
b Anodenkontakt (*Al*),
c Siliziumscheibe,
d Kathodenkontakt,
e Steuerkontakt

Die Verhältnisse ändern sich grundlegend, wenn der Steuerschalter dauernd oder nur kurzzeitig geschlossen wird. Jetzt fließt ein Steuerstrom über den in Durchlaßrichtung gepolten pn-Übergang Sp_3. Genauer gesagt, fließt ein kleiner Löcherstrom von der Basis 2 zum Emitter 2 und aufgrund der sehr viel höheren Dotierung der Emitterschicht E_2 ein größerer Elektronenstrom. Von dem Löcherstrom rekombiniert nur ein Teil in der Basis B_2, und der Hauptstrom fließt über den Kollektor C_2, die Basis B_1 und den Emitter E_1 zur Anode ab. Dieser Elektronenstrom hat eine aufsteuernde und mitkoppelnde Wirkung für den Transistor T_1. Aus der hochdotierten p-Schicht des Emitters E_1 gelangen infolge des Steuerstromes hauptsächlich Löcher über die schwachdotierte Basis B_1 und die Sperrschicht Sp_2 in den Kollektorraum C_1. Von dort fließen sie über die Basis B_2 und den Emitter E_2 zur Katode. Beide hochdotierten Emitterschichten injizieren nach dem Zündvorgang weiterhin Elektronen und Löcher in die schwachdotierten mittleren Schichten, die mit Ladungsträgern überschwemmt werden. Die Sperrschicht Sp_2 bleibt infolgedessen so lange abgebaut, bis ein Mindestwert des Laststromes, der sog. *Haltestrom*, unterschritten wird. Das Verhältnis des Thyristornennstromes zum Haltestrom liegt bei üblichen Thyristoren in der Größenordnung von 1000.

Zündung und Eingangskennlinie des Thyristors

Es gibt grundsätzlich drei Möglichkeiten, Thyristoren zu zünden. Davon wird eine Zündmöglichkeit üblicherweise verwendet. Sie ist die einzig erwünschte, während die beiden anderen, von denen noch zu sprechen sein wird, unerwünscht sind und bei störungsfreiem Betrieb vermieden werden müssen. Der Schaltvorgang, der an Hand von Bild 2.3–9 beschrieben wurde, ist erwünscht und erfolgt mit Hilfe eines Steuerstromes über die Steuerelektrode. Anstelle eines Dauerstromes werden zeitlich begrenzte Ströme an die Steuerelektrode geschaltet. Diese *Impulszündung* hat verschiedene Vorteile. U. a. ist die Steuerverlustleistung geringer als bei Dauerzündung, und die Impulse können mit Impulsübertragern aufgeschaltet werden, die eine Potentialtrennung erlauben. Die Höhe der zur sicheren Zündung notwendigen Spannung und die Höhe des Zündstromes sind von dem verwendeten Thyristor abhängig. Da es Thyristoren mit Durchlaßströmen von etwa 1 A bis 4000 A gibt, sind die Steuerströme sehr unterschiedlich. Für einen Thyristor mit einem Nennstrom von 400 A kann als Richtwert ein Zündstrom von 250 mA angenommen werden. Die hierzu notwendige Steuerspannung U_{FG}, bei der der Zündstrom I_{FG} zum Fließen kommt, muß der Eingangskennlinie entnommen werden.
Bild 2.3–11 zeigt die Eingangskennlinien eines Thyristors mit einem Dauergrenzstrom von 400 A. In diesem Diagramm sind drei typische Bereiche zu erkennen:
Bereich A: in diesem Bereich erfolgt mit Sicherheit eine Zündung
Bereich B: in diesem Bereich kann eine Zündung erfolgen
Bereich C: hier erfolgt keine Zündung
Die Eingangskennlinie eines Thyristors ist die Kennlinie einer Diode in Durchlaßrichtung. Die beiden Kennlinien in Bild 2.3–11 zeigen den Streubereich der Eingangskennlinie. Zwischen diesen beiden Kennlinien muß man sich eine Vielzahl ähnlicher Kennlinien denken, die alle bei Thyristoren dieses Typs möglich sind. Der Streubereich entsteht durch unvermeidliche Fertigungstoleranzen. Eine Steuerspannung von 1 V hat nach der unteren Kennlinie einen Steuerstrom von etwa 32 mA über den pn-Übergang Sp_3 zur Folge, der zum Zünden bei einer Anoden-Katoden-Spannung von

Thyristor-Bauelemente

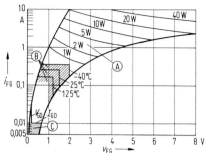

Bild 2.3–11
Eingangskennlinien $i_{FG} = f(v_{FG})$
Parameter: $U_D = 6V$
Ⓐ Bereich des sicheren Zündens
Ⓑ Bereich des möglichen Zündens
Ⓒ Bereich des sicheren Nichtzündens

Höchstzulässige Werte	Symbol	Wert	Nebenbedingungen	
Periodische Spitzensperrspannung	V_{DRM}, V_{RRM}	1200 V	$T_{(vj)} = -40°C \ldots 125°C$	
Grenzeffektivstrom	I_{TRMS}	400 A	–	
Stoßstromgrenzwert	I_{TSM}	2850 A 2450 A	$T_{(vj)} = 25°C$ $T_{(vj)} = 125°C$	$t = 10$ ms, $V_R = 0$
Grenzlastintegral	$\int i^2 dt$	40 000 A²s 30 000 A²s	$T_{(vj)} = 25°C$ $T_{(vi)} = 125°C$	$t = 10$ ms, $V_R = 0$
Kritische Spannungssteilheit	$dv/dt_{(c)}$	500V/µs	$T_{vj} = 125°C$, linear auf 0,67 V_{DRM} Steuerkreis offen	
Charakteristische Werte				
Oberer Haltestrom	I_H	250 mA –	$T_{(vj)} = 25°C$ $T_{(vj)} = 125°C$	$V_D = 12$ V, $I_{TM} = I_L$
Einraststrom	I_L	2 A –	$T_{(vj)} = 25°C$ $V_D = 12$ V, $I_G = 1$ A $T_{(vj)} = 125°C$ $di_G/dt = 1$ A/µs, $t_q = 15$ µs	
Freiwerdezeit	t_q	25 µs	$T_{(vj)} = 125°C$, $I_{TM} = 250$ A, $t_{on} = 500$ µs $di/dt = 10$ A/µs, $V_{R(Spr)} = 100$ V	
Steuerkreis Werte				
Oberer Zündstrom	I_{GT}	150 mA 250 mA 350 mA	$T_{(vj)} = 125°C$ $T_{(vj)} = 25°C$ $V_D = 6$ V $T_{(vj)} = -40°$	
Nichtzündender Steuerstrom	I_{GD}	20 mA	$V_D = 6$ V $T_{(vj)} = 125°C$	
Höchste zul. Steuerverluste	P_{GAV}	20 W	Grenzwert	
Höchster zul. Steuerstrom	I_{FGM}	10 A 3 A	Scheitelwert Effektivwert	

Tabelle 2.3–2. Werte von symmetrisch sperrenden Thyristoren
Typ BSt L4480k, 1200 V, 400 A (Siemens)

$U_D = 6$ V nicht ausreicht. Ein anderer Thyristor mit der oberen Eingangskennlinie hat bei der gleichen Steuerspannung ein Strom von 1 A und führt somit zur sicheren Zündung. Will man sichergehen, daß alle Exemplare eines Thyristortyps gezündet werden, muß man die ungünstigste Kennlinie zur Bemessung des Steuerstromes heranziehen. In unserem Beispiel ist ein oberer Zündstrom $I_{GT} = 250$ mA bei 25 °C zur sicheren Zündung notwendig (siehe auch Tabelle 2.3–2). Nach der unteren Kennlinie ist hierfür eine Steuerspannung von 2,4 V erforderlich, die aber nach der oberen Kennlinie mehr als 10 A Steuerstrom bewirkt. Die Größenordnung der Steuerspannung für alle Thyristoren ist annähernd gleich. Höhere Steuerspannungen vergrößern zwar die Sicherheit der Zündung, bewirken aber gleichzeitig größere Steuerverluste. Ein bestimmter Mittelwert und eine Spitzenleistung dürfen nicht ohne Schaden für den Thyristor überschritten werden. Für den Thyristor unseres Beispiels sind ein Mittelwert von 20 W als Grenzwert der Steuerverluste angegeben. Man erkennt den Vorteil der Impulszündung. Die erforderliche Dauer der Zündimpulse hängt von dem Einschaltverhalten des Thyristors einerseits und von der Stromanstiegsgeschwindigkeit im Lastkreis ab, die durch Induktivitäten oder Kapazitäten beeinflußt wird. Je nach Anwendungsgebiet werden Impulse mit einer Dauer von 1 µs bis 1 ms bei 50 Hz benötigt.

Thyristoren können ohne Steuerstrom *unerwünscht* in den leitenden Zustand kippen, wenn die Spannung zwischen Anode und Katode eine bestimmte Höhe, die sogenannte *Nullkippspannung*, überschreitet. In diesem Fall wird durch hohe Feldstärke am Übergang Sp_2 der Sperrstrom in Schaltrichtung größer und leitet den Kippvorgang ein. Besonders in den Anfängen der Thyristorentwicklung führte die Zündung durch Überschreitung der Nullkippspannung bei hochsperrenden Thyristortypen häufig zur Schädigung. An den Randschichten treten dabei Feldstärken auf, die zu einem Oberflächendurchschlag führen. In Datenblättern werden die Spannungsgrenzwerte für die höchste positive bzw. negative periodische Spitzensperrspannung U_{DRM} und U_{RRM} angegeben.

Ebenfalls unerwünscht ist die Zündung von Thyristoren durch sehr hohe *Spannungsanstiegsgeschwindigkeit* zwischen Anode und Katode. Die kritischen Werte für du/dt werden in den Listen angegeben und sind meist größer als 20 V/µs. Hier tritt aufgrund des Ladestromes über die Kapazität der Sperrschicht Sp_2 die Zündung auf.

Strom-Spannungs-Kennlinie und Betriebsverhalten des Thyristors

Bild 2.3–12 zeigt (nicht maßstäblich) die Strom-Spannungs-Kennlinie eines Thyristors. Im dritten Quadranten ist das Verhalten in Sperrichtung dargestellt, das sich nicht von dem einer Gleichrichter-Diode unterscheidet. Im ersten Quadranten erkennt man das Verhalten in Blockierrichtung (Schaltrichtung). Fließt kein Zündstrom, so kippt der Thyristor bei der Nullkippspannung in den leitenden Zustand. Die Spannung im durchgeschalteten Zustand ist vom Durchlaßstrom I_F abhängig und liegt in der Größenordnung von 1 V bis 2 V bei Nennstrom. Sobald ein Steuerstrom fließt, kippt der Thyristor bereits *vor* Erreichen der Nullkippspannung in den leitenden Zustand. Der Kippunkt hängt von der Höhe des Zündstromes ab. Hervorzuheben ist, daß das Zünden des Thyristors mit der Nullkippspannung nicht erwünscht ist. Das Zünden eines Thyristors erfolgt normalerweise mit einem ausreichend großen Steuerstrom, mit dem der Thyristor bereits bei geringer positiver Spannung U_{AK} zündet.

Im Sperrbereich ebenso wie im ungezündeten Durchlaßbereich fließt ein kleiner Sperrstrom, der bei dem Thyristor unseres Beispiels weniger als 30 mA beträgt. Bei dieser An-

2.3 Thyristor-Bauelemente

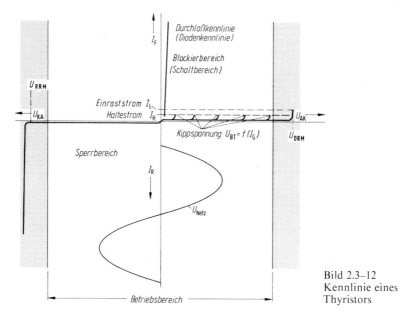

Bild 2.3–12
Kennlinie eines Thyristors

gabe sind die höchstzulässige Sperrschichttemperatur von 125 °C = 398 K und die höchstzulässige periodische Spitzensperrspannung vorausgesetzt.

Schaltverhalten des Thyristors

Wichtig für den Betrieb von Thyristoren ist das Ein- und Ausschaltverhalten. Thyristoren können weder in unendlich kurzer Zeit vom gesperrten in den leitenden Zustand kippen, noch können sie bei sehr schneller Änderung der Polarität der Anodenspannung in den gesperrten Zustand zurückfallen. Die Grenzschichten besitzen eine, wenn auch kleine, Ausdehnung, so daß es eine gewisse Zeit dauert, bis die Ladungsträger aus den mittleren Schichten entfernt sind bzw. bis die Konzentration von Ladungsträgern für den Einschaltvorgang erreicht ist. Einen typischen Einschaltvorgang zeigt Bild 2.3–13a. Die angegebene Zeit t_{gd} ist die *Zündverzugszeit*, die entscheidend von der Höhe des Zündstromes beeinflußt wird. Der 400 A Thyristor hat mit $I_G = 1$ A die Zündverzugszeit $t_{gd} = 1{,}6$ μs. Die übrigen Zeitintervalle bis zum Erreichen des Stromhöchstwertes hängen von verschiedenen Faktoren ab, auf die hier nicht näher eingegangen werden soll, da sie ohnehin nicht verändert werden können.

Ausschaltvorgang des Thyristors

Bild 2.3–13b und c stellt den prinzipiellen Verlauf eines Ausschaltvorganges dar, wie er bei Stromrichterschaltungen auftritt, wenn eine andere Thyristorzelle den Strom übernimmt. Man spricht von *Kommutierung*. Bei der Kommutierung kehrt sich die Spannung zwischen Anode und Katode sehr schnell um. Von der kleinen Durchlaßspannung von 1 V kann auf einen Wert von beispielsweise 1000 V umgeschaltet werden.

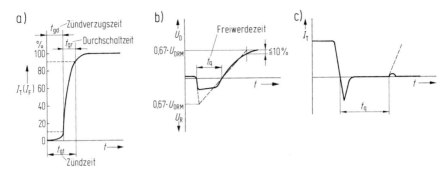

Bild 2.3-13 Schaltverhalten des symmetrischen Thyristors
  a) Einschaltvorgang $I_T = f(t)$
  b) Spannungsverlauf beim Ausschalten $U = f(t)$
  c) Stromverlauf beim Ausschalten $I_T = f(t)$
  t_{gd} Gate delay time, t_{gr} rise time, t_{gt} transition time, t_q turn-off time

Der Durchlaßstrom I_T klingt ab und geht über Null hinaus in den negativen Bereich, d. h., er fließt kurzzeitig (für einige µs) in fast voller Höhe in Sperrichtung, bis die Ladungsträger aus der Grenzschicht Sp_2 abtransportiert sind.
Die Spannung in Sperrichtung baut sich entsprechend der *Sperrverzögerungszeit* auf. Dabei verkleinert sich der Strom in Sperrichtung und läuft allmählich in die Nullinie des Stromes ein. Während des Abklingvorganges können in Verbindung mit Induktivitäten hohe Spannungsspitzen auftreten, die den Thyristor gefährden. Zur Bekämpfung solcher Überspannungen werden *RC*-Glieder parallel zum Thyristor geschaltet. Die Bemessung der Bauelemente ist von der sog. *Sperrverzugsladung* des Thyristors abhängig und wird in den Listen angegeben.

Wiedereinschaltvorgang des Thyristors

Bei Umschaltvorgängen kann der Thyristor in Blockierrichtung (Schaltrichtung) erst wieder Sperrspannung aufnehmen, wenn alle Ladungsträger aus den mittleren Schichten entfernt sind. Die Zeit vom Nulldurchgang des Stromes bis zum Zeitpunkt, in dem Sperrspannung in Durchlaßrichtung aufgenommen werden kann, heißt *Freiwerdezeit* t_q.
Die Freiwerdezeit wird durch den Strom I_T, die Sperrschichttemperatur, die Höhe der Spannung in Sperrichtung und die Spannung in Blockierrichtung beeinflußt. Sie ist vom Typ des Thyristors abhängig und liegt in der Größenordnung von etwa 5 µs bis etwa 100 µs.

Thermisches Verhalten von Thyristoren

Thyristoren sind Bauelemente, die hauptsächlich in der Leistungselektronik verwendet werden. Die entstehenden Verlustleistungen sind daher entsprechend groß. Die Durchlaßverluste können in guter Näherung berechnet werden, wenn die Schleusenspannung, der differentielle Widerstand in Durchlaßrichtung und die Ströme bekannt sind:

$$P_F = U_S I_{FAV} + r_f I^2_{FRMS} = U_S I_{FAV} + r_f F^2 I^2_{FAV}. \qquad F = \text{Formfaktor}$$

2.3 Thyristor-Bauelemente

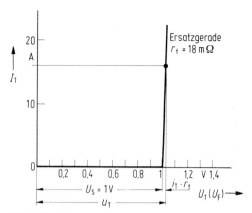

Bild 2.3-14 Ersatzgerade eines Thyristors zur Berechnung der Verluste im durchgeschalteten Zustand

Meistens geben die Hersteller in Datenblättern von Thyristoren Werte für eine idealisierte Ersatzgerade zur Verlustrechnung an, z. B $U_S = 1$ V und $r_f = 18$ mΩ V. Hiermit kann die Kennlinie zur angenäherten Berechnung der Verluste gezeichnet werden, wie Bild 2.3-14 zeigt. Die Berechnung kann mit der Beziehung 2.1-3 und dem darauffolgenden Beispiel durchgeführt werden.

Thyristoren erhalten in den meisten Anwendungsfällen Kühlkörper, manche werden zwangsbelüftet, einige sogar wassergekühlt.

2.3.4 Übersicht über weitere Thyristor-Bauelemente

Symmetrisch sperrende Thyristoren haben die weitaus größte Bedeutung in der Leistungselektronik. Sie decken besonders den Bereich hoher Leistungen in Wechsel- und Drehstrom-Netzen ab. Zur Steuerung von Gleichströmen sind SCR-Thyristoren nur mit Löschkreisen zur Zwangskommutierung geeignet, da der natürliche Nulldurchgang der Wechselspannung fehlt. Es lag daher nahe, Bauelemente zu entwickeln, die besondere Vorteile beim Betrieb als Gleichstromsteller oder Umrichter aufweisen

Asymmetrisch sperrende Thyristoren (ASCR)

Durch geeignete Dotierung der Schichten eines Thyristors kann man das Sperr- und Blockier-Verhalten beeinflussen. Wird nicht die volle Sperrfähigkeit in Rückwärtsrichtung benötigt, können andere vorteilhafte Betriebseigenschaften erzielt werden:
– günstigere Freiwerdezeit t_q bei gleicher Durchlaßspannung
– geringere Durchlaßspannung bei gleicher Freiwerdezeit.

Abschaltbarer Thyristor GTO (Gate Turn Off)

GTO-Thyristoren haben den gleichen Vierschicht-Aufbau mit Gate-Anschluß wie SCR-Thyristoren. Wie in der Ersatzschaltung von Bild 3.2-9 zu erkennen ist, liefern sich die beiden Transistoren gegenseitig den Basisstrom, sobald der npn-Transistor über das Gate in den leitenden Zustand gesteuert wird. Innerhalb von SCR-Thyristoren ist die Stromverstärkung der beiden Transistoren so groß, daß es nicht gelingt, den Thyristor mit negativem Steuerstrom am Gate (gegenüber Katode) zu blockieren. Durch verbesserte Dotierungstechnik und Fertigungsverfahren ist es inzwischen gelungen, die interne Schleifenverstärkung der Ersatzschaltung knapp über 1 zu halten. Diese Maßnahme macht es möglich, den Verriegelungs-Zustand durch einen negativen Gate-Strom aufzuheben, ihn in den blockierten Zustand zu steuern.

GTO-Thyristoren können asymmetrisch sperrend mit verbesserten Schalt- und Durchlaßeigenschaften gegenüber symmetrisch sperrenden hergestellt werden.

Beim Einschalten eines GTO-Tyristors muß der Anodenstrom – Einraststrom I_L (latching current) – überschritten werden, andernfalls bleibt er nach Abschalten des Gate-Stromes nicht im leitenden Zustand. Unterhalb des Einraststromes verhält sich der GTO-Thyristor wie ein Transistor. Der Einraststrom ist wie das Sperrverhalten durch Fertigungsverfahren beeinflußbar und kann bis zu 20 % des Nennstromes betragen. Um ein Kippen in den blockierten Zustand bei absinkendem Anodenstrom zu vermeiden und die Durchlaßspannung klein zu halten, werden GTO-Thyristoren meistens mit Dauerstrom gezündet. Der Zündstrom muß im Vergleich zu SCR-Thyristoren größer sein. Höherer Zündstrom hat auch geringere Einschaltzeiten und Umschaltverluste zur Folge. GTO-Thyristoren können mit einer negativen Steuerspannung zwischen Gate und Katode, die in den Datenblättern angegeben wird, vom leitenden in den blockierten Zustand gesteuert werden. Hierbei fließt über das Gate bis etwa ⅓ des Anodenstromes ab. Die Steilheit des Rückwärts-Steuerstromes muß z. B. durch eine möglichst genau bemessene Induktivität begrenzt werden. Die Steuerschaltungen für GTO-Thyristoren sind aus nachfolgend genannten Gründen aufwendiger als für SCR-Thyristoren:
– hoher Dauerstrom für sicheres Einrasten und kurze Schaltzeiten
– negativer Steuerstrom für die Abschaltung des Anodenstromes
– galvanische Trennung von Steuer- und Last-Kreis

Rückwärtsleitender Thyristor (RLT)

Der RLT-Thyristor ist ebenfalls ein vierschichtiges Halbleiter-Bauelement der Leistungselektronik mit einer parallelgeschalteten Diode auf dem Silizium-Kristall, die in Rückwärtsrichtung (Katode Anode) leitfähig ist. Durch diese Maßnahme können die Freiwerdezeiten in Gleichstromkreisen verringert werden.

Triac

Der Triac ist ein Bauelement mit fünf Schichten und drei Anschlüssen. Die Bezeichnung stammt aus dem Englischen und ist aus den Abkürzungen für *triode alternating current* zusammengesetzt. Wie der Name sagt, wird der Triac hauptsächlich in Wechselstromkreisen eingesetzt und kann z. B. kontaktbehaftete Schütze und Stellglieder in der Regelungstechnik ersetzen. Der Triac wird wie ein Thyristor gezündet und vermag im Gegensatz zu diesem bei Vorhandensein eines Steuerimpulses in beiden Richtungen durchzuschalten. Ein Triac läßt sich durch zwei Thyristoren in Antiparallelschaltung ersetzen. Bild 2.3–15 zeigt die Anordnung der Schichten.

Im Gegensatz zu zwei antiparallel geschalteten Thyristoren haben Triacs nur einen Gateanschluß. Trotzdem können beide „Teilthyristoren" mit positiver und negativer Steuerspannung gezündet werden. Dies ist durch die n-dotierte Schicht unter einem Teil

2.3 Thyristor-Bauelemente

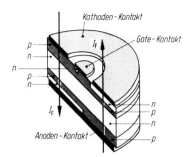

Bild 2.3–15.
Prinzipielle Schichtenfolge eines Triac

des Gate möglich. Es entsteht mit den sich anschließenden p- und n-dotierten Zonen eine npn-Anordnung, die man zum besseren Verständnis als „Hilfstransistor" ansehen kann.

Bild 2.3–16 zeigt die vier möglichen Zündbereiche eines Triac. In den Bereichen I^- und III^+ ist etwa der doppelte Zündstrom der Bereiche I^+ und III^- notwendig.

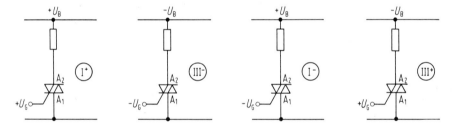

Bild 2.3–16. Mögliche Ansteuerungen von TRIAC im 1.(I) und 3.(III) Quadranten

Diac

Diacs sind Bauelemente mit zwei (Di) Anschlüssen zum Steuern von Wechselstrom-Bauelementen (ac). Sie schalten in beiden Richtungen bei Überschreiten einer Kippspannung U_{BT} durch und nehmen mit steigendem Durchlaßstrom zunächst in der Durchlaßspannung ab. Die symmetrische Kippspannung liegt bei etwa 20 V bis etwa 40 V. Bild 2.3–17 zeigt die Schichtenfolge und die Kennlinie einer Triggerdiode, wie Diacs auch genannt werden.

Triggerdioden dienen zur Zündung von Triac-Schaltungen

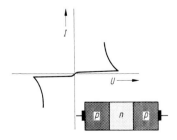

Bild 2.3–17.
Kennlinie und Schichtenfolge eines DIAC (Trigger-Diode)

2.4 Bauelemente der Optoelektronik

Die Wirkungsweise von Bauelementen der Optoelektronik ist durch den *Foto-Effekt*, d. h. durch die Umwandlung der Energie des Lichtes gekennzeichnet. Fotoelektrische Effekte können für technische Anwendungen unterteilt werden in:

Äußerer Foto-Effekt (Fotoemission): Durch die Energie des Lichtes werden Elektronen aus dem Valenzband eines Materials in das Leitungsband gehoben; diese Ladungsträger können durch ein äußeres elektrisches Feld aus dem belichteten Material abgesaugt werden. Wir haben eine Elektronen-Emission und einen von der Belichtung abhängigen elektrischen Strom (Anwendung: Fotozelle, Fotovervielfacher).

Innerer Foto-Effekt (Fotoleitfähigkeit): Die durch die Lichtenergie ins Leitungsband gehobenen Elektronen verbleiben im belichteten Material und erhöhen dessen Leitfähigkeit. (Anwendung: Fotowiderstand).

Sperrschicht-Foto-Effekt (Fotovoltaischer Effekt): Eine Sperrschicht (pn-Übergang) hat eine unipolar bevorzugte Leitfähigkeit. Elektronen, die durch Belichtung des Sperrschichtbereichs zur Leitung frei werden, wandern in unipolar bevorzugte Richtung. Es entsteht einseitig ein Elektronen-Überschuß und damit zwischen beiden Seiten der Sperrschicht eine Spannung. Wird dieser Anordnung Leistung entnommen, so haben wir eine lichtabhängige Spannungsquelle (Fotoelement, Solarzelle, Sonnenbatterie); wird die Anordnung mit einer Hilfsspannung in Sperrichtung betrieben, so haben wir die Wirkung eines lichtabhängigen Widerstandes (Fotodiode, Fototransistor).

Bevor wir die einzelnen optoelektronischen Bauelemente beschreiben, wollen wir auf die Eigenschaften hinweisen, die vom Ausgangsmaterial und von der Wellenlänge der Strahlung abhängig sind. Zum Anheben eines Elektrons vom Valenzband durch die sogenannte verbotene Zone in das Leitungsband ist eine Energie ΔW erforderlich. Die Energie des Lichtes ist von seiner Wellenlänge abhängig und steigt mit der Frequenz. Bei

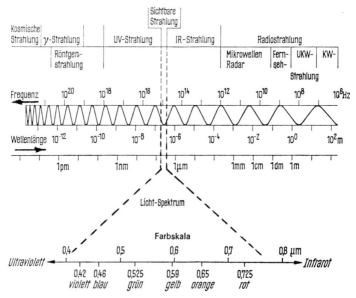

Bild 2.4–1. Strahlungsspektrum

2.4 Bauelemente der Optoelektronik

einem Material mit schmaler verbotener Zone ΔW genügt damit Licht geringer Frequenz, d. h. größerer Wellenlänge (rote und infrarote Strahlung). Diese Fotoleiter sind zwangsläufig auch temperaturempfindlich, denn auch thermische Energie hebt die Elektronen ins Leitungsband. Ein Material mit breiter verbotener Zone ΔW braucht Licht höherer Energie (violett und ultraviolett). Diese Fotobauteile haben geringere Temperaturempfindlichkeit.

Das menschliche Auge nimmt elektromagnetische Wellen mit der Wellenlänge λ von 0,4 µm bis 0,75 µm (Bild 2.4–1) wahr. Die Wellenlänge vermittelt den Farbeindruck und die Intensität den Helligkeitseindruck. Der Helligkeitseindruck hängt u. a. von der spektralen Zusammensetzung der Strahlung und der spektralen Empfindlichkeit des Auges ab. Zwei von einem menschlichen Auge gleich hell und mit gleicher Farbe gesehene Lichtquellen können ganz verschiedene Strahlungsanteile besitzen, insbesondere können sie auch sehr unterschiedliche Infrarotanteile haben. Auch Fotoelemente können ganz unterschiedliche Empfängercharakteristiken haben, so daß sie z. B. bei gleicher Strahlungszusammensetzung jeweils völlig unterschiedliche Fotoströme liefern. Daher ist es notwendig, die spektrale Zusammensetzung eines Strahlungsaussenders und eines Strahlungsempfängers auf die jeweils gegebene Empfindlichkeit abzustimmen. Bild 2.4–2 zeigt die relative Empfindlichkeit einiger Lichtempfänger im Vergleich zur spektralen Emission einer Glühlampe mit der Strahlertemperatur von 2850 K. Hierin ist die relative Empfindlichkeit 100 % mit dem absoluten Höchstwert des Bauelementes gleichgesetzt. Der Darstellung ist zu entnehmen, daß die Bauelemente der Optoelektronik ihre höchste Empfindlichkeit vielfach außerhalb des Bereichs des sichtbaren Lichtes haben. Man kann auch entnehmen, daß Germanium mit der höchsten Empfindlichkeit bei $\lambda \approx 1,5$ µm wärmeempfindlicher ist als Silizium.

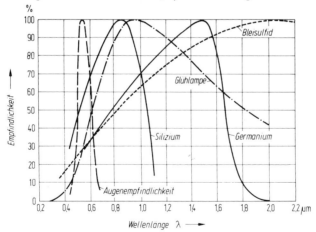

Bild 2.4–2. Relative Empfindlichkeit verschiedener lichtempfindlicher Empfänger im Vergleich zur spektralen Emission einer Glühlampe von 2850 K.
Diese Darstellung gilt allgemein für alle fotoelektrischen Bauelemente aus den angegebenen Materialien

2.4.1 Fotozellen

Den Prinzipaufbau einer Fotozelle zeigt Bild 2.4–3: In einem evakuierten oder gasgefüllten Glaskolben befinden sich zwei voneinander isolierte Elektroden (Anode und

Katode). Die Fotokatode aus Erdalkalimetall oder Metalloxid emittiert bei Belichtung Elektronen, d. h., bei Lichteinfall treten Elektronen aus dem Katodenmaterial heraus. Unter dem Einfluß einer außen angeschlossenen Spannung werden die freien Elektronen zur Anode hin beschleunigt (*äußerer Foto-Effekt*). Abhängig vom Lichteinfall wandern somit Elektronen von der Fotokatode zur Anode und bilden einen Strom durch den Verbraucher R_L. Die Fotozellen werden als Vakuum-Fotozellen und gasgefüllte Fotozellen ausgeführt. Ihre Farbempfindlichkeit läßt sich durch die Gasfüllung und durch das Katodenmaterial beeinflussen. Den Verlauf der Kennlinien von Fotozellen zeigt im Prinzip Bild 2.4–4.

Mit der Entwicklung der Halbleitertechnik ist die Bedeutung der Fotozellen stark zurückgegangen. Gründe hierfür sind die relativ hohe Betriebsspannung (ca. 100 bis 200 V) und die Baugröße.

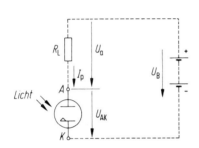

Bild 2.4–3.
Aufbau und Schaltung einer Fotozelle

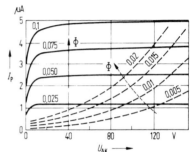

Bild 2.4–4.
Kennlinien von Fotozellen
Parameter: Lichtstrom Φ in Lumen
――― Hochvakuum Fotozelle,
- - - - gasgefüllte Fotozelle

2.4.2 Fotovervielfacher (Fotomultiplier)

Fotovervielfacher sind die Kombination einer Vakuum-Fotozelle mit einem Elektronenverstärkersystem in einem Glaskolben. Sie sind wesentlich empfindlicher als Fototransistoren und haben in der Strahlungstechnik große Bedeutung.

Die Wirkungsweise des Fotovervielfachers veranschaulicht Bild 2.4–5. An der Stirnseite befindet sich im Glaskolben die Fotokatode K. Bei Lichteinfall werden von der Fotokatode Elektronen emittiert. Das positive Potential der Fokussierelektrode f beschleunigt die freien Elektronen sehr stark, so daß sie mit relativ großem Energieinhalt auf die als Hohlspiegel ausgebildete Prallanode P_1 aufschlagen. Die Prallanoden P_1 bis P_{10}, auch Dynoden genannt, sind meistens mit einer Cäsiumverbindung überzogen. Diese Schicht hat im Vakuum einen starken Sekundärelektronen-Effekt, d. h. beim Auftreffen von Elektronen werden aus der Prallanode mehr Elektronen herausgeschlagen als auftreffen. Dieser Verstärkungseffekt ist sehr stark von der Energie der aufschlagenden Elektronen abhängig, also von der angelegten Beschleunigungsspannung. Die herausgeschlagenen Sekundärelektronen prallen ihrerseits auf die weitere Dynode P_2 und vervielfachen wiederum auf Grund des Sekundärelektronen-Effekts die Anzahl der Elektronen. Dieser Vorgang wiederholt sich mehrmals und vergrößert die Anzahl der Elektronen damit lawinenartig. Der Elektronenstrom von der Fotokatode über die Dynoden P_1 bis P_{10} zur Anode A wird so etwa 10^6-fach verstärkt. Die Empfindlichkeit des Fotover-

2.4 Bauelemente der Optoelektronik

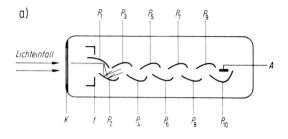

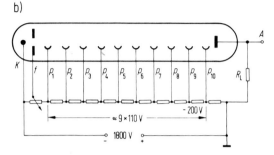

Bild 2.4–5.
Fotovervielfacher
a) prinzipieller Aufbau
b) Schaltung

vielfachers ist etwa 150 µA/lm, während der Dunkelstrom nur etwa 0,002 µA beträgt. (Vergleichswerte des Fototransistors: Empfindlichkeit etwa 130 mA/lm, Dunkelstrom 0,3 µA).

Da der Verstärkereffekt stark von der Beschleunigungsspannung abhängt, muß die Betriebsspannung sehr konstant gehalten werden. Der schaltungstechnische Aufwand ist beim Fotovervielfacher wesentlich größer als bei Halbleiterbauelementen. Sie finden daher nur dort Anwendung, wo die Empfindlichkeit anderer Bauelemente nicht mehr ausreicht.

2.4.3 Fotowiderstände (LDR-Widerstand, *light dependent resistor*)

Fotowiderstände sind Halbleiterbauelemente ohne Sperrschicht, die durch den *inneren Fotoeffekt* ihre Leitfähigkeit mit der Beleuchtungsstärke erhöhen. In einem Stromkreis verhalten sie sich wie ohmsche Widerstände; sie sind unabhängig von der Stromrichtung und können in Gleichstrom- und Wechselstromkreisen eingesetzt werden.

Fotowiderstände sind vielfach auf den Bereich des sichtbaren Lichtes abgestimmt, es lassen sich aber auch infrarote, d.h. Wärmestrahlen erfassen. Die wichtigsten Materialien und ihr Maximum der spektralen Empfindlichkeit (Klammerwerte) sind: Cad-

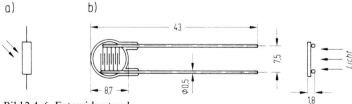

Bild 2.4–6. Fotowiderstand
a) Schaltsymbol, b) Maßskizze vom Typ LDR 07 (*VALVO*)

miumsulfid CdS (0,5 µm), Selen Se (0,6 µm), Bleisulfid PbS (2 µm) und Indium-Antimonid InSb (7 µm).
Wichtigster Fotowiderstand ist der Cadmiumsulfid-Widerstand. Er entsteht durch Aufbringen einer dünnen Schicht von CdS auf einen nichtleitenden Träger. Die wirksame Fläche wird meistens durch mäanderförmigen Auftrag des CdS und durch kammförmige Anschlüsse vergrößert (Bild 2.4–6b). Mit dieser Anordnung und unterschiedlichem Material kann man die Daten des Fotowiderstandes weitgehend variieren. Bild 2.4–7 zeigt die Widerstandskennlinien verschiedener Fotowiderstände als Funktion der Be-

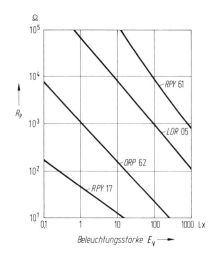

Bild 2.4–7.
Verlauf des Hellwiderstandes
$R_p = f(E_v)$ verschiedener
Fotowiderstände

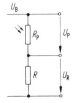

Bild 2.4–8.
Lichtabhängiger Spannungsteiler
mit Fotowiderstand

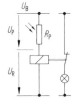

Bild 2.4–9.
Dämmerungsschalter
mit Fotowiderstand

leuchtungsstärke. Man erkennt, daß bei geringen Beleuchtungsstärken sehr hohe Widerstandswerte vorhanden sind; mit zunehmender Beleuchtungsstärke ändert sich der Widerstandswert über mehrere Zehnerpotenzen.
Ausgehend vom Widerstandswert kann der Fotowiderstand schaltungstechnisch wie ein veränderlicher ohmscher Widerstand eingesetzt werden. Bild 2.4–8 zeigt den Fotowiderstand in einem lichtabhängigen Spannungsteiler. Seine Ausgangsspannung $U_p = U_B R_p / (R + R_p)$ bzw. $U_R = U_B R / (R + R_p)$ kann direkt oder über Verstärker ausgewertet werden. Selbstverständlich kann ein Fotowiderstand auch direkt als lichtabhängig veränderlicher Vorwiderstand eines Verbrauchers geschaltet werden. Bild 2.4–9

2.4 Bauelemente der Optoelektronik

zeigt eine Anwendung mit einem Relais als Dämmerungsschalter. Hierbei „schaltet" der Fotowiderstand bei Veränderung seines Widerstandswertes lichtabhängig das Relais und damit z. B. die Straßen- oder Parkleuchten ein.

Fotowiderstände sind träge, d. h. die Änderung des Widerstandswertes in Abhängigkeit von der Beleuchtung benötigt eine bestimmte Einstellzeit. Bild 2.4–10 zeigt die Anstiegs- und Abfallzeit des Fotostromes auf 65 % des Endwertes als Funktion der Beleuchtungsstärke eines Fotowiderstandes mit $P_{tot} = 50$ mW. Die zu diesem Fotowiderstand gehörende Strom-Spannungskennlinie ist in Bild 2.4–11 wiedergegeben.

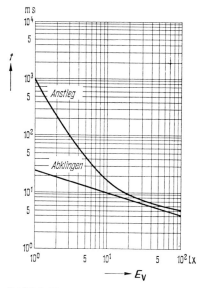

Bild 2.4–10.
Anstiegs- und Abfallzeit des Fotostromes auf 65 % des Endwertes $t = f(E_v)$

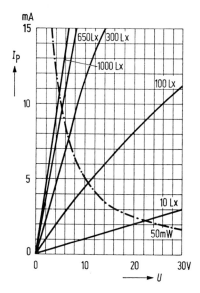

Bild 2.4–11.
Strom-Spannungskennlinien $I_p = f(U)$
Parameter: Beleuchtungsstärke E_v
(CdS-Fotowiderstand RPY 61; *Siemens*)

2.4.4 Fotodioden und Fotoelemente

Fotodioden und Fotoelemente sind Halbleiterbauelemente mit einer Sperrschicht (pn-Übergang). Sie nutzen den *Sperrschicht-Fotoeffekt* und sind im Aufbau (Bild 2.4–12) mit einer Gleichrichterdiode vergleichbar. Kennzeichnend sind ausgeprägte Sperr- und Durchlaßbereiche. Während Fotodioden als passive Bauelemente in Sperrichtung an eine äußere Spannungsquelle angeschlossen werden müssen (Bild 2.4–13), ist dies bei Fotoelementen (*aktive* Bauelemente), die bei Lichteinfall eine Spannung bzw. einen Strom liefern (Bild 2.4–14), nicht erforderlich. Der Unterschied zwischen einer Fotodiode und einem Fotoelement liegt weniger im Aufbau als vielmehr in der schaltungstechnischen Anwendung. Im allgemeinen sind Fotodioden als Fotoelemente einsetzbar und umgekehrt. Die als Fotodioden hergestellten Bauelemente haben jedoch eine höhere Sperrspannung.

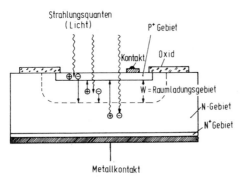

Bild 2.4-12. Aufbau einer Silizium-Fotodiode.
Der lichtempfindliche *pn*-Übergang liegt dicht unter der Oberfläche

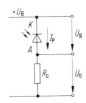
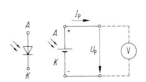

Bild 2.4-13.
Lichtabhängiger Spannungsteiler; die
Fotodiode mit U_B als Hilfs-Sperrspannung
wirkt wie ein lichtabhängiger Widerstand

Bild 2.4-14.
Fotoelement als Spannungs- bzw.
Stromquelle

Die Strom-Spannungskennlinien von Fotodioden und Fotoelementen sind mit normalen Diodenkennlinien vergleichbar. Bild 2.4-15 zeigt für die Beleuchtungsstärke $E_v = 0$ eine normale Diodenkennlinie. Bei Betrieb als Fotodiode – also mit einer Hilfsspannung in Sperrichtung – fließt nur ein sehr geringer Sperrstrom, der sogenannte Dunkelstrom. Der Sperrstrom der Diode steigt mit der Beleuchtungsstärke proportional an und wird Fotostrom I_p genannt. Die Datenblätter geben den Anstieg des Fotostromes mit der *Fotoempfindlichkeit s* in A/lx an. Daraus ergibt sich:

$$\boxed{\text{Fotostrom} \quad I_p = sE_v.}$$
(2.4-1)

E_v Beleuchtungsstärke in Lux.

Die Fotodiode wird zum Fotoelement, wenn keine äußere Spannung in Sperrichtung auf sie wirkt. Bei Bestrahlung, d.h. beim Auftreffen von Photonen auf den pn-Übergang, werden Ladungsträgerpaare erzeugt. Es entsteht ein Potentialunterschied, und wir erhalten an den Klemmen des pn-Halbleiters die Leerlaufspannung U_0. Bei Anschluß eines Widerstandes fließt der Fotostrom I_p. Fotoelemente werden vorzugsweise niederohmig belastet (Kurzschlußbetrieb), weil der Kurzschlußstrom I_k proportional der Beleuchtungsstärke ist. Dunkelströme treten bei Fotoelementen nicht auf.
In dem Vorgenannten wurde die wechselseitige Einsatzmöglichkeit von Fotodioden und Fotoelementen hervorgehoben. Im konstruktiven Aufbau macht man jedoch Un-

2.4 Bauelemente der Optoelektronik

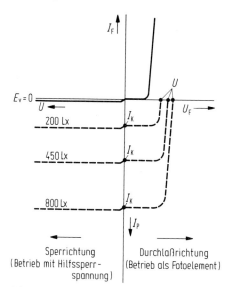

Bild 2.4–15. Strom-Spannungskennlinie eines lichtempfindlichen pn-Überganges (Fotodiode/Fotoelement) in Abhängigkeit von der Beleuchtungsstärke E_v

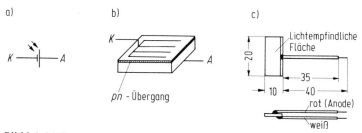

Bild 2.4–16. Fotoelement
a) Schaltsymbol, b) Aufbau, c) Si-Fotoelement BPY 47 (*Siemens*)

terschiede. Bei Fotodioden ist man bestrebt, den als Störsignal auftretenden Dunkelstrom möglichst klein zu halten. Das wird mit einer kleinen Sperrschichtfläche erreicht, die aber eine geringe Fotoempfindlichkeit bedingt. Fotodioden, die speziell für den Betrieb in Sperrichtung hergestellt werden, haben eine höhere Sperrspannung ($U_R \approx 7$ bis 200 V) als Fotoelemente ($U_R \approx 1$ bis 10 V).

Fotoelemente sind Spannungs- bzw. Stromquellen, die bei Bestrahlung einen möglichst großen Fotostrom liefern sollen. Sie werden daher mit möglichst großer lichtempfindlicher Fläche (Bild 2.4–16) hergestellt. Die durch Diffusion erzeugte Sperrschicht liegt dicht unter der Oberfläche. Da bei Fotoelementen kein Dunkelstrom auftritt, ist bei dieser Betriebsart – im Gegensatz zu Fotodioden – eine großflächige Ausführung möglich. Die zulässige Sperrspannung ist dann gering. Bei großflächigen Fotoelementen beträgt

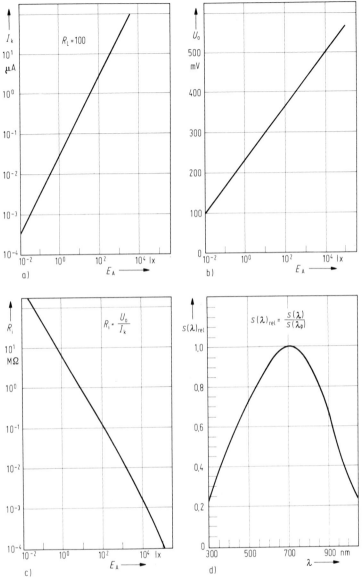

Bild 2.4–17. Kennlinien für Silizium-Fotoelement/Fotodiode BPW 20 (AEG-Telefunken)
a) Kurzschlußstrom I_k als Funktion der Beleuchtungsstärke E_A (E_A = Beleuchtungsstärke bei Normlichtart A entsprechend der Farbtemperatur $T_f = 2855{,}6$ K einer Wolframdraht-Glühlampe)
b) Leerlaufspannung U_0 als Funktion der Beleuchtungsstärke
c) Innenwiderstand R_i als Funktion der Beleuchtungsstärke
d) Relative spektrale Empfindlichkeit als Funktion der Wellenlänge λ der Strahlung

2.4 Bauelemente der Optoelektronik

die Sperrspannung vielfach nur 1V. Diese Fotoelemente sind schlecht als Fotodioden einsetzbar. Ein weiterer Nachteil großflächiger Fotoelemente ist die Sperrschichtkapazität. Für die Übertragung von Signalen hoher Geschwindigkeit muß die Sperrschichtkapazität klein sein. Diese Forderung erfüllen Fotoelemente mit kleiner aktiver Fläche; sie besitzen eine hohe Grenzfrequenz.

Datenblätter zeigen die Strom-Spannungskennlinien meistens nur für eine Betriebsart. Unabhängig von Durchlaßrichtung oder Sperrichtung werden die Kennlinien im 1. Quadranten des Kennlinienfeldes dargestellt. Zur quantitativen Beurteilung und für Rechenbeispiele mögen die Kennlinien Bild 2.4–17 für Silizium-Fotoelement/Fotodiode BPW 20 dienen. Dieses Bauelement ist als Sensor in der Lichtmeßtechnik geeignet und hat einen streng linearen Zusammenhang zwischen dem Kurzschlußstrom und der Beleuchtungsstärke. Bei Betrieb als Fotoelement ändert sich die Leerlaufspannung logarithmisch mit der Beleuchtungsstärke. Zusätzlich zu den Kennlinien werden in den Datenblättern für Typ BPW 20 folgende Daten hervorgehoben:

Fotoelement-Betrieb

    Leerlaufspannung $U_0 = 430\,\text{mV}$ bei $E_A = 1000\,\text{lx}$

    Kurzschlußstrom $I_k = 33\,\mu\text{A}$ bei $E_A = 1000\,\text{lx}, R_L = 100\,\Omega$

    Kurzschlußempfindlichkeit $s_k = 33\,\text{nA/lx}$

Fotodioden-Betrieb

    Sperrspannung $U_R = 10\,\text{V}$

    Dunkelstrom $I_{ro} = 2\,\text{nA}$ bei $U_R = 5\,\text{V}$ und $E = 0$

    Absolute Empfindlichkeit $s = 33\,\text{nA/lx}$ bei $U_R = 5\,\text{V}$

Die Fotoempfindlichkeit eines Bauelements ist für den Betrieb als Fotoelement oder als Fotodiode gleich. Bei der Fotoempfindlichkeit muß aber die Wellenlänge der Strahlung beachtet werden. Bild 2.4–17d zeigt die Abhängigkeit der relativen Fotoempfindlichkeit von der Wellenlänge λ der Strahlung. Das Bauelement BPW 20 hat bei einer Strahlung mit der Wellenlänge $\lambda = 700\,\text{nm}$ die größte Empfindlichkeit $s = 33\,\text{nA/lx}$. Bei einer Strahlung anderer Wellenlänge ergibt sich die

absolute spektrale Empfindlichkeit $s(\lambda) = s_{max} \cdot s(\lambda)_{rel}.$ (2.4–2)

Für eine Strahlung mit der Wellenlänge $\lambda = 500\,\text{nm}$ ist z. B. gemäß Bild 2.4–17d $s(\lambda)_{rel} = 0{,}73$. Damit ist die tatsächliche Empfindlichkeit bei dieser Wellenlänge:

$$s(\lambda) = 0{,}73 s_{max} = 0{,}73 \cdot 33\,\text{nA/lx} = 24{,}1\,\text{nA/lx}.$$

Anwendungsbeispiel: Ein Meßgerät für die Beleuchtungsstärke (*Luxmeter*) soll mit einem Fotoelement/Fotodiode BPW 20 und mit einem Operationsverstärker aufgebaut werden. Für die Anzeige der Beleuchtungsstärke dient ein Spannungsmesser, der für den Meßbereich 0 bis 1000 lx den Anzeigebereich 0 bis 10 V hat.

a) *Aufbau des Luxmeters* mit Bauelement BPW 20 als *Fotoelement* (Bild 2.4–18).
Damit ein linearer Zusammenhang zwischen dem Fotostrom und der Beleuchtungsstärke vorhanden ist, muß das Fotoelement im Kurzschluß betrieben werden. Die invertierende Schaltung des Operationsverstärkers bietet diesen Vorteil. Betrachtet man einen idealen Operationsverstärker mit der Leerlaufspannungsverstärkung $A_{uo} \to \infty$, so strebt die Eingangsspannung U_e gegen Null. Damit hat Punkt ① scheinbar Massepotential, und damit strebt auch die Spannung am

Bild 2.4–18.
Meßgerät für die
Beleuchtungsstärke mit
Fotoelement

Fotoelement entsprechend einem Kurzschluß gegen Null. Geht man weiter davon aus, daß der ideale Verstärker keinen Eingangsstrom aufnimmt, so fließt der gesamte Fotostrom über den Widerstand R_f.

$$U_{R_f} = -U_a = I_k R_f. \tag{2.4–3}$$

I_k Fotostrom bei kurzgeschlossenem Fotoelement.

Für die Beleuchtungsstärke 1000 lx ist $I_k = s \cdot 1000\,\text{lx} = 33\,\mu\text{A}$. Bei dieser Beleuchtungsstärke soll $U_a = 10\,\text{V}$ sein. Damit wird

$$R_f = |U_a|/I_k = 303\,\text{k}\Omega.$$

Die Fotoempfindlichkeit s bleibt bis zu höchsten Beleuchtungsstärken konstant. Für eine Meßbereichserweiterung z. B. auf 10 klx und 100 klx könnte der Widerstand R_f umschaltbar ausgeführt werden. Damit der Gegenkopplungswiderstand nicht zu hochohmig wird, bringt ein Spannungsteiler im Ausgang des Verstärkers für die Gegenkopplung Vorteile. Die Polarität der Ausgangsspannung kann durch Umpolen des Fotoelements geändert werden.

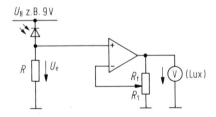

Bild 2.4–19.
Meßgerät für die
Beleuchtungsstärke mit Fotodiode
in einem lichtabhängigen
Spannungsteiler

b) *Aufbau des Luxmeters* mit BPW 20 als *Fotodiode* geschaltet (Bild 2.4–19).
Jetzt ist die Eingangsschaltung ein lichtabhängiger Spannungsteiler. Die Dimensionierung der Schaltung wird sehr einfach, wenn der Operationsverstärker mit Spannungsgegenkopplung ausgeführt wird. In dieser Schaltung strebt der Eingangswiderstand des Verstärkers gegen unendlich und belastet nicht den lichtabhängigen Spannungsteiler.

Mit der Spannungsverstärkung $A_{uf} = 1 + R_f/R_1$ (Kapitel: 3.3–1) ist

$$\text{Ausgangsspannung } U_a = A_{uf} U_e = A_{uf} I_p R. \tag{2.4–4}$$

2.4 Bauelemente der Optoelektronik

$$I_p = s \cdot E_v$$
s = Fotoempfindlichkeit
E_v = Beleuchtungsstärke

Wählen wir auch bei Schaltung 2.4–19 für die Beleuchtungsstärke $E_v = 1000$ lx die Ausgangsspannung $U_a = 10$ V und die Betriebsspannung $U_B = 9$ V, so kann der Spannungshub am Widerstand R maximal 9 V betragen. Zur Berechnung des Widerstandes R können die Kennlinien in Bild 2.4–17 oder einfach nur die Fotoempfindlichkeit $s = 33$ nA/lx verwendet werden. Nach beiden Berechnungsgängen hat das Bauelement BPW 20 in der Anwendung als Fotodiode den Fotostrom $I_p = I_k = 33$ µA bei der Beleuchtungsstärke 1000 lx.

$$\boxed{\text{Eingangsspannung} \quad U_e = I_p R.} \qquad (2.4\text{--}5)$$

Wird z. B. für die Beleuchtungsstärke 1000 lx $U_e = 6{,}6$ V gewählt, so ergibt sich

$$R = 6{,}6\,\text{V}/33\,\mu\text{A} = 200\,\text{k}\Omega.$$

Mit $U_e = 6{,}6$ V muß für $U_a = 10$ V die Spannungsverstärkung $A_{uf} = 1{,}52 = 1 + R_f/R_1$ vorhanden sein.

$$R_f/R_1 = A_{uf} - 1 = 0{,}52$$
$$R_1 = 10\,\text{k}\Omega \text{ gewählt}; \quad R_f = 0{,}52 \times 10\,\text{k}\Omega = 5{,}2\,\text{k}\Omega$$

Die Fotodiode kann auch direkt in die Beschaltung eines invertierenden Operationsverstärkers einbezogen werden (Bild 2.4–20). Bei einem idealen Verstärker mit $I_e \to 0$ wird $I_p = I_f$ und

$$\boxed{\text{Ausgangsspannung} \quad U_a = -U_f = -I_p R_f.} \qquad (2.4\text{--}6)$$

$$R_f = |U_a|/I_p = 303\,\text{k}\Omega.$$

Die Polarität der Ausgangsspannung kann mit umgepolter Fotodiode und dann negativer Spannung U_B geändert werden.

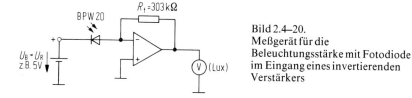

Bild 2.4–20.
Meßgerät für die Beleuchtungsstärke mit Fotodiode im Eingang eines invertierenden Verstärkers

Bei den Schaltungen mit Fotodiode könnte sich der Dunkelstrom störend bemerkbar machen. Der Dunkelstrom ist für die Fotodiode BPW 20 mit $I_{ro} = 2$ nA bei $U_R = 5$ V angegeben. Der Dunkelstrom ändert sich proportional mit der Sperrspannung U_R und ist auch temperaturabhängig. In der Schaltung 2.4–20 würde der Dunkelstrom die Ausgangsspannung $|U_a| = I_{ro} R_f = 0{,}6$ mV bewirken. Diese Spannung ist für einen 10-V-Meßbereich vernachlässigbar klein.

Die vorgenannten Rechenbeispiele berücksichtigen nicht die *spektrale Empfindlichkeit*. Soll eine optoelektronische Schaltung nur auf Strahlung einer bestimmten Wellenlänge ansprechen, so sind Korrekturfilter zu verwenden. Da die Empfindlichkeit der optoelektronischen Bauelemente von der Wellenlänge der Strahlung abhängt, ist die absolute spektrale Empfindlichkeit gemäß Formel 2.4–2 zu errechnen.

Die Empfindlichkeit ist außerdem von der Richtung der auftretenden Strahlung abhängig. Die *Richtcharakteristik* hängt von der Fläche und dem Gehäuseaufbau des Bauelements ab. Zum Beispiel ist das Fotoelement BPW 20 (Bild 2.4–21) mit einem Planfen-

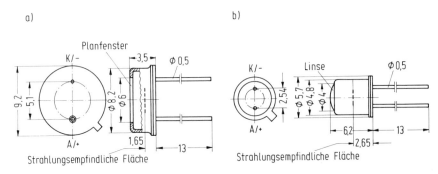

Bild 2.4–21. Fotoelement/Fotodiode
 a) Aufbau mit Planfenster, b) Aufbau mit Linse

ster am Gehäusekopf ausgeführt, dagegen haben andere Bauelemente eine vorgesetzte Sammellinse zum Erhöhen der absoluten Empfindlichkeit. Das Fotoelement in Bild 2.4–16 ist sogar ohne Gehäuse ausgeführt. Jedem Fotoempfänger und -sender ist in den Datenblättern eine Richtcharakteristik $I_p = f(\varphi)$ zugeordnet. Bild 2.4–22 zeigt die Richtcharakteristik für Typ BPW 20. Der Richtcharakteristik kann der Minderungsfaktor des Fotostromes für nicht senkrecht auftreffende Strahlung entnommen werden. Bauelemente mit fokussierenden Linsen besitzen eine schmale Richtcharakteristik. Diese Bau-

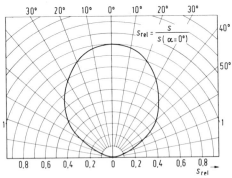

Bild 2.4–22. Richtcharakteristik für Fotoelement/Fotodiode mit Planfenster. Die Richtcharakteristik zeigt den Minderungs-Faktor für die Fotoempfindlichkeit bei nicht senkrechter Strahlung

elemente können eine um den Faktor 25 größere Empfindlichkeit besitzen als Bauelemente mit Planfenster. Mit der Fokussierung ist eine sehr genaue Justierung erforderlich, denn hierbei mindert sich bereits bei kleinen Abweichungen von der senkrechten Strahlung ($\varphi = 0$) die Richtempfindlichkeit sehr stark.
Bild 2.4–23 zeigt als Anwendungsbeispiel ein Fotoelement in einem einfachen Fotoschaltverstärker. Das Fotoelement ist so geschaltet, daß es bei Belichtung eine positive Spannung an der Basis des npn-Transistors erzeugt; dadurch wird die Basis-Emitter-

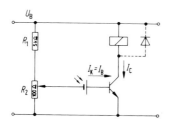

Bild 2.4–23. Fotoschaltverstärker

Strecke leitend (niederohmig), und das Fotoelement arbeitet nahezu im Kurzschluß. Damit entspricht der Basisstrom I_B dem Kurzschlußstrom des Fotoelements, der linear mit der Beleuchtung steigt. Entsprechend der Stromverstärkung des Transistors ($I_C = \beta I_B$) lassen sich hochempfindliche und in weitem Bereich lineare Schaltungen aufbauen. Der Spannungsteiler $R_1 : R_2$ dient zum Einstellen der Basisvorspannung; er kann entfallen, wenn die Leerlaufspannung des Fotoelementes etwas größer als die erforderliche Basis-Emitterspannung des Transistors ist. Si-Fotoelemente mit $U_L \approx 0{,}4$ V können daher direkt Ge-Transistoren mit $\Delta U_{BE} \approx 0{,}2$ V durchsteuern.
Weitere Anwendungsbeispiele mit Fotoelementen und Fotodioden sind im Kapitel 4.1.5 (Optoelektronische Signalgeber) enthalten.
Eine spezielle Ausführung von Fotodioden ist die *Foto-PIN-Diode*. Sie besitzt zwischen dem *p*-Bereich und dem *n*-Bereich eine hochohmige eigenleitende (englisch: *i*ntrinsic) Zone. Diese Dioden mit großer Raumladungsweite und sehr niedriger Kapazität können mit niedriger Betriebsspannung (z. B. 12 V) und hochohmigen Lastwiderständen (z. B. 100 kΩ) betrieben werden. Hauptvorteile von Foto-PIN-Dioden sind die extrem kurzen Schaltzeiten (3 bis 50 ns) in Verbindung mit hoher Infrarot-Empfindlichkeit.
Eine weitere spezielle Ausführung von Fotodioden ist die *Foto-Lawinen-Diode* (englisch: *avalanche*). Mit einer Betriebsspannung nahe der Durchbruchspannung besitzt diese Fotodiode eine innere lawinenartige Verstärkung des Fotostromes. In der Raumladungszone des pn-Überganges werden die von der Strahlung freigesetzten Elektronen vom elektrischen Feld so stark beschleunigt, daß sie zusätzliche Elektronen aus dem Kristallgitter herausschlagen. Dieser Lawineneffekt ist ähnlich dem Durchbrucheffekt, wie er auch beim Überschreiten der Sperrspannung einer Z-Diode auftritt. Die interne Verstärkung M (siehe Bild 2.4–24) wird durch die angelegte Sperrspannung bestimmt. Deshalb sind die Wahl der Betriebsspannung und die Konstanz der Spannung U_R wichtige Faktoren bei der Dimensionierung einer Schaltung mit Foto-Lawinen-Dioden. Foto-Lawinen-Dioden sind eine Halbleiterkonkurrenz zu den Fotovervielfachern (Kapitel 2.4.2). Sie eignen sich besonders zum Nachweis von modulierter Strahlung bei

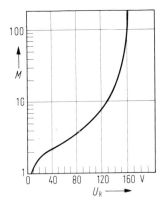

Bild 2.4-24.
Interne Verstärkung M des Fotosignals in Abhängigkeit von der Sperrspannung U_R einer *Foto-Lawinen-Diode* BPW 28 (*AEG-Telefunken*)

niedrigen Signalpegeln. Mit niedrigen Signalpegeln kann das thermische Rauschen des Lastwiderstandes groß gegenüber dem Nutzsignal sein. Durch die interne Verstärkung bei Foto-Lawinen-Dioden kann das Fotosignal (Nutzsignal) über das Rauschen des Lastwiderstandes (Störsignal) angehoben werden. Infolgedessen sind Lawinendioden den normalen Fotodioden besonders bei höheren Signalfrequenzen eindeutig überlegen. Sie werden auch den Foto-PIN-Dioden für Frequenzen ab 1 MHz vorgezogen. Foto-Lawinen-Dioden eignen sich daher vorzüglich für die Technik der Nachrichtenübertragung über Glasfasern.

2.4.5 Solarzellen und Solarbatterien

Solarzellen sind großflächige Fotoelemente mit einem hohen Umwandlungswirkungsgrad von Sonnenlicht in elektrische Energie. Die heute übliche monokristalline Silizium-Solarzelle hat einen Umwandlungswirkungsgrad von etwa 9 bis 13 %; auch für neuartige Kristallstrukturen (polykristalline Zellen) wird mit einem Wirkungsgrad von etwa 10 % gerechnet. Dagegen besitzen die sehr teuren Galliumarsenid-Solarzellen einen sehr hohen Wirkungsgrad (bis 26 %).
Die Betriebsspannung einer Solarzelle ist unabhängig von der Fläche und beträgt etwa 0,5 V (maximal 0,6 V). Der erzeugte Strom hängt von der Fläche der Solarzelle ab. Beide Größen – Spannung und Strom – werden durch die Beleuchtungsstärke bestimmt. Die für Solarzellen typische Strom-Spannungskennlinie zeigt Bild 2.4-25. Der eingetragene Strommaßstab gilt für eine Flächengröße von etwa 24 cm^2.
Zur Spannungs- und Leistungsanpassung können Solarzellen problemlos in Reihe und parallel geschaltet werden. Eine Zusammenfassung mehrerer Solarzellen zu einer Einheit wird als *Solarzellenpanel, Solarbatterie, Solararray* oder *Solarmodul* bezeichnet. Die Ausgangsspannung einer Solarbatterie ist nicht allein von der Zahl der in Reihe geschalteten Zellen abhängig, sondern sie wird auch von der Belastung, der Beleuchtungsstärke (Sonnenstand) und der Umgebungstemperatur bestimmt. Mit höherer Umgebungstemperatur sinkt die Spannung. Ist eine bestimmte Betriebsspannung auch bei höherer Umgebungstemperatur gefordert, müssen zusätzliche Solarzellen als Reserve in Reihe geschaltet werden. Zum Ausgleich der Spannungsschwankungen ist der Pufferbetrieb mit einer Batterie empfehlenswert. Zur Überbrückung von Dunkelzeiten ist die

2.4 Bauelemente der Optoelektronik

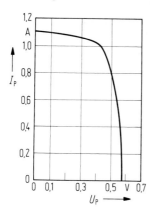

Bild 2.4–25.
Strom-Spannungskennlinie $I_P = f(U_p)$ einer Solarzelle mit der Fläche $A = 24\,\text{cm}^2$ bei der Beleuchtungsstärke $E_e = 100\,\text{mW/cm}^2$, Umgebungstemperatur $t_{amb} = 25\,°\text{C}$

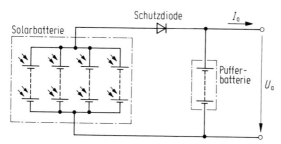

Bild 2.4–26. Schaltung einer Solarbatterie mit Pufferbatterie zur Überbrückung von Dunkelzeiten

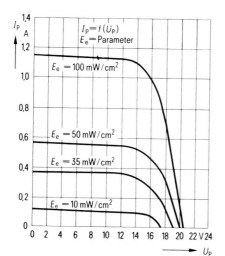

Bild 2.4–27. Ausgangskennlinien $I_p = f(U_p)$ einer Solarbatterie mit 36 Solarzellen in Reihenschaltung bei verschiedenen Beleuchtungsstärken; Umgebungstemperatur $t_{amb} = 25\,°\text{C}$

Pufferbatterie erforderlich. Ein Schaltschema einer Solarbatterie mit Pufferbatterie zeigt Bild 2.4–26. Die eingezeichnete Diode verhindert die Entladung des Akkus über die Solarzellen bei Dunkelheit. Zur quantitativen Beurteilung zeigt Bild 2.4–27 die Strom-Spannungs-Kennlinie eines Solarzellenpanels mit 36 in Reihe geschalteten Solarzellen mit je 76 mm Durchmesser. Parameter ist die Beleuchtungsstärke E_e.

2.4.6 Fototransistoren

Fototransistoren sind Transistoren mit lichtempfindlicher Basis-Kollektorstrecke. Zur Erläuterung der Wirkungsweise können wir im Ersatzschaltbild (Bild 2.4–28) den Fototransistor als Kombination einer Fotodiode mit einem Transistor betrachten. Die Fotodiode liefert bei Lichteinfall den Fotostrom, der gleichzeitig der Basisstrom des Transistors ist und mit dem Stromverstärkungsfaktor β des Transistors verstärkt wird. Deshalb sind Fototransistoren besonders empfindliche Foto-Empfänger.

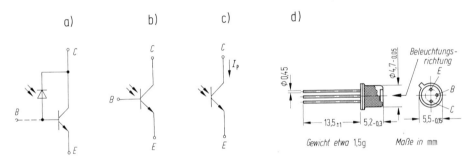

Bild 2.4–28. npn-Fototransistor
    a) Ersatzschaltbild
    b) Schaltsymbol mit herausgeführtem Basisanschluß
    c) Schaltsymbol ohne Basisanschluß
    d) Abmessungen eines Fototransistors BPX 38 (*Siemens*)

Fototransistoren werden mit Basisanschluß und auch ohne Basisanschluß ausgeführt. Ist der Basisanschluß herausgeführt, so kann er offen bleiben. Vielfach wird jedoch ein Widerstand zwischen Basis und Emitter zum Herabsetzen des Dunkelstromes geschaltet. Damit mindert man aber die Foto-Empfindlichkeit. Über den Basisanschluß können Fototransistoren zusätzlich wie normale Transistoren gesteuert werden; es kann z. B. der Betriebspunkt eingestellt werden. Fototransistoren, bei denen der Basisanschluß nicht herausgeführt ist, werden auch als *Fotoduodioden* bezeichnet. Fototransistoren ohne herausgeführten Basisanschluß sind preiswerter und können bei gleichen elektrischen Daten in einem kleineren Gehäuse untergebracht werden. Sie erlauben also Schaltungen mit größerer Packungsdichte.

Die Kennlinien eines npn-Si-Planar-Transistors zeigt Bild 2.4–29. Diese Kennlinien sind mit den Kennlinien eines normalen Transistors vergleichbar. Als steuernde Größe ist jedoch beim Fototransistor nicht der Basisstrom, sondern die Beleuchtungsstärke E_v

2.4 Bauelemente der Optoelektronik

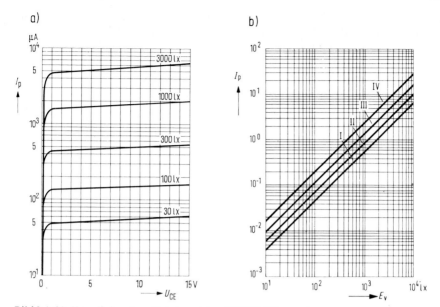

Bild 2.4–29. Kennlinien eines Fototransistors BPX 38 (*Siemens*)
a) Fotostrom in Abhängigkeit von U_{CE}; Parameter: E_v
b) Fotostrom in Abhängigkeit von der Beleuchtungsstärke E_v; $U_{CE} = 5$ V, gruppiert nach der Fotoempfindlichkeit bei 1000 lx

vorhanden. Die Dimensionierung einer Schaltung mit Fototransistor wird wie bei einem normalen Transistor ausgeführt. In dem Kennlinienfeld $I_p = I_C = f(U_{CE})$ ist jetzt als Parameter die Beleuchtungsstärke E_v vorhanden. Bei gegebenem Lastwiderstand können mit Hilfe der Belastungsgeraden der Arbeitspunkt oder, bei Anwendung als Schalttransistor, die Schaltpunkte bestimmt werden. Schaltungsbeispiele mit Fototransistoren sind im Kapitel 4.1.5 gegeben.
Fototransistoren finden vor allem dort Anwendung, wo es auf große Fotoempfindlichkeit und nicht auf hohe Schaltgeschwindigkeit ankommt. Für extrem große Ausgangs-

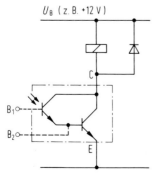

Bild 2.4–30.
Foto-Darlington-Transistor mit direkter lichtabhängiger Ansteuerung eines Relais

signale werden Foto-Darlington-Transistoren angeboten. Das sind Bauelemente mit zwei Transistoren in Darlingtonschaltung in einem Gehäuse, bei denen der Eingangstransistor als Fototransistor ausgebildet ist. Die Fotoempfindlichkeit ist jetzt um die Stromverstärkung des zweiten Transistors (etwa 50- bis 100fach) erhöht. Mit Foto-Darlington-Transistoren ist ein direktes Ansteuern von Relais (Bild 2.4–30) oder Magnetventilen möglich.

Für bestimmte Anwendungsfälle werden Fotobauelemente zu Fotozellen zusammengefaßt. Eine Zeile mit 9 Fototransistoren zeigt Bild 2.4–31. Sie ist z. B. für Lochkartenleser und Abtastgeräte geeignet. Als dazu passende Strahlungsquelle gibt es Zeilen mit 9 GaAs-Lumineszenz-Dioden.

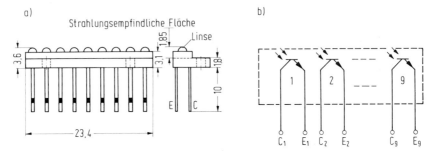

Bild 2.4–31. Neunteilige Fototransistorzeile für Lochstreifenabtastung
a) mechanischer Aufbau, b) Schaltschema

2.4.7 Fotothyristor

Fotothyristoren haben wie normale Thyristoren einen Vierschichten-pnpn-Aufbau. Außer den Hauptanschlüssen – Anode und Katode – sind zwei Steuerelektroden, das Katodengate G_K und das Anodengate G_A, vorhanden (Bild 2.4–32). Die Steuerkennlinie und das Kippverhalten sind vergleichbar mit dem Verhalten eines normalen Thyristors. Ein positiver Spannungsimpuls auf das Katodengate oder ein Lichtimpuls läßt den Fotothyristor in den niederohmigen Zustand kippen.

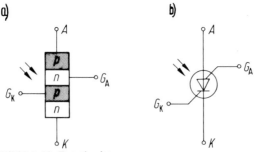

Bild 2.4–32. Fotothyristor
a) prinzipieller Aufbau, b) Schaltzeichen

2.4 Bauelemente der Optoelektronik

Je nach Wahl der Schaltung kann der Lastwiderstand R_L in den Anodenkreis oder in den Anodengatekreis geschaltet werden. In Bild 2.4–33a ist der Lastwiderstand in den Anodenkreis geschaltet, und der Anodengateanschluß ist offen. In dieser Schaltung genügt ein kurzer Lichtimpuls zum Zünden des Fotothyristors. Der Thyristor bleibt dann so lange im leitenden Zustand, bis der Haltestrom unterschritten wird. Mit U_B als Wechselspannung wird also der Fotothyristor beim nächsten Nulldurchgang der Spannung in den hochohmigen Zustand zurückgeschaltet. Da ein Thyristor nur mit positiven Anodenspannungen zündet, wirkt der belichtete Fotothyristor im Wechselstromkreis als Gleichrichterdiode. Beim Betrieb mit U_B als Gleichspannung müßten zum Abschalten besondere Schaltungsmaßnahmen getroffen werden. Ein Schaltungsbeispiel für die Anwendung im Gleichstromkreis mit dem Lastwiderstand im Anodengatekreis zeigt Bild 2.4–33b. Zum Zünden des Fotothyristors genügt wieder ein kurzer Lichtimpuls,

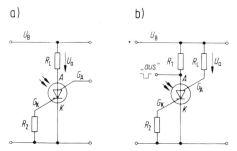

Bild 2.4–33. Grundschaltungen eines Fotothyristors
a) mit Lastwiderstand im Anodenkreis,
b) mit Lastwiderstand im Anodengatekreis

und der Thyristor geht in den leitenden Zustand über. Der Lichtimpuls wirkt hier als Befehl zur Dauereinschaltung. Der relativ hochohmige Anodenwiderstand R_1 sorgt für den erforderlichen Haltestrom von einigen Milliampere. Das Zurückschalten in den hochohmigen Sperrzustand ist jetzt sehr leicht mit einem negativen Impuls auf den Anodenanschluß möglich. Mit dem Widerstand R_2 im Katodengatekreis ist die Empfindlichkeit des Fotothyristors linear einstellbar. Damit läßt sich ein erwünschtes Zünden durch Störimpulse oder durch erhöhte Umgebungstemperatur verhindern; die Ansprechbeleuchtungsstärke ist mit R_2 in weiten Grenzen einstellbar.

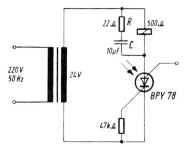

Bild 2.4–34. Lichtrelais (*AEG-Telefunken*)

Bild 2.4.–34 zeigt als Anwendungsbeispiel eines Fotothyristors ein Lichtrelais. Das Relais zieht bei Beleuchtung an und fällt bei Unterbrechung des Lichtstrahls wieder ab. Der Kondensator C verhindert das Flattern des Relais. Der Widerstand R dient lediglich zur Begrenzung des Ladestromes.

2.4.8 Lumineszenzdioden

Lumineszenzdioden (abgek.: LED, *light-emitting diode*), auch Leuchtdioden genannt, sind Halbleiterdioden, die Licht aussenden. Läßt man Strom in Durchlaßrichtung durch die Diode fließen, so werden Photonen durch Rekombination von Elektronen und Löchern erzeugt, und der pn-Übergang zeigt eine Lichtemission (Bild 2.4–35).

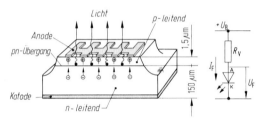

Bild 2.4–35.
Aufbau und Schaltung einer Lumineszenzdiode

Durch die Wahl des Halbleiter-Werkstoffes und seiner Dotierungen erhält man Licht mit außerordentlich schmaler spektraler Bandbreite. Durch spezielle Dotierungen mit GaAsP oder GaP (Galliumphosphid) kann man sichtbares Licht mit den Farben Rot, Orange, Gelb oder Grün erzeugen. Diese Leuchtdioden für das sichtbare Licht werden als Signallampen und in Kombinationen als numerische und alphanumerische Anzeigeeinheiten hergestellt (Bild 2.4–36). Die Anzeigeeinheiten werden auch LED-Displays genannt.

Leuchtdioden haben eine sehr hohe Lichtausbeute und einen guten Wirkungsgrad gegenüber anderen Lichtquellen. Infolge der niedrigen Betriebsspannungen $U_F \approx 1{,}4$ bis $2{,}5$ V, Durchlaßströme $I_F \approx 10$ bis 50 mA und ihrer geringen Abmessungen können sie direkt in gedruckte Schaltungen als Signallampen eingelötet werden. Weitere Vorteile der LEDs sind:

hohe Zuverlässigkeit und Lebensdauer (etwa 10^5 Std. Halbwertzeit),
kurze Ansprechzeiten (im ns-Bereich),
große Stoß- und Vibrationsfestigkeit,
gute Modulierbarkeit der Strahlung (bis 100 MHz).

Bild 2.4–37a zeigt die Durchlaßkennlinie einer Leuchtdiode mit der mittleren Durchlaßspannung $U_F = 1{,}6$ V. Die Durchlaßspannung ist von der Dotierung abhängig. Galliumarsenid-Leuchtdioden (GaAs, infrarot strahlend) haben die mittlere Durchlaßspannung $U_F = 1$ V; GaAsP- und GaP-Leuchtdioden (rot, orangerot, grün und gelb leuchtend) besitzen mittlere Durchlaßspannungen von 1,5 V bis 2,2 V.

Wollen wir die Leuchtdiode ($U_F = 1{,}6$ V) z. B. an $U_B = 5$ V anschließen, so ist zur Begrenzung des Stromes ein Vorwiderstand (Bild 2.4–35) erforderlich. Nehmen wir an, der

2.4 Bauelemente der Optoelektronik

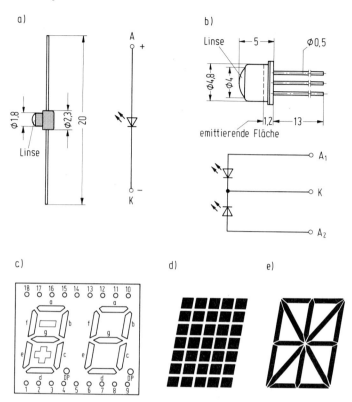

Bild 2.4–36. Anwendungsformen der Lumineszenzdioden
    a) Signallampe oder Strahlungsquelle
    b) Zweifarbige Signallampe, z.B. rot-grünleuchtend
    c) Numerische Anzeigeeinheit (auch LED-Display oder
       Siebensegment-Anzeigeeinheit genannt)
    d) Alphanumerische Anzeigeeinheit mit einzelnen Leuchtdioden zur
       Ziffern-, Buchstaben- und Zeichendarstellung
    e) Alphanumerische Anzeigeeinheit mit 16 Anzeigesegmenten

Nennstrom der Leuchtdiode sei $I_{FN} = 20$ mA. Damit errechnet sich der Vorwiderstand zu:

$$R_V = \frac{U_B - U_F}{I_F} = \frac{5\text{ V} - 1{,}6\text{ V}}{20\text{ mA}} = 170\,\Omega. \qquad (2.4\text{--}7)$$

Dieser Vorwiderstand oder ein anderes strombegrenzendes Bauelement ist bei LEDs für einen stabilen Arbeitspunkt erforderlich. Nur Leuchtdioden mit eingebautem Begrenzungswiderstand können direkt an eine Speisespannung von allg. 5 V angeschlossen werden. Diese *Resistor*-LEDs sind TTL-kompatibel, d. h. sie können direkt in TTL-Logikschaltungen eingesetzt werden. Die Leuchtdioden können als Signallampen auch bei

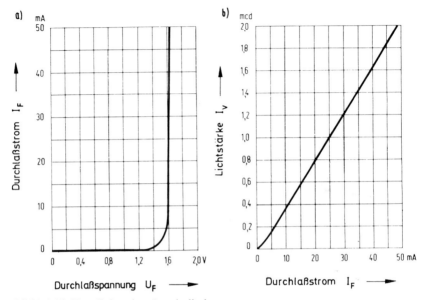

Bild 2.4-37. Kennlinien einer Leuchtdiode
a) Durchlaßkennlinie $I_F = f(U_F)$
b) Lichtstärke I_V als Funktion des Durchlaßstromes I_F

höheren Betriebsspannungen (z. B. 220 V) verwendet werden. Hierfür wird nach Formel 2.4-7 der Vorwiderstand hochohmiger. Bei Anschluß an Wechselspannung sollte die Sperrspannung $U_R \approx 5$ V der Leuchtdiode beachtet werden. Der Sperrstrom wird zwar auf $I_R = (U_B - U_R)/R_V$ begrenzt, zur Minderung der Verlustleistung ist aber bei Wechselspannungsbetrieb die Reihenschaltung mit einer normalen Si-Diode empfehlenswert.
Für besondere Anwendungen, z. B. Lochkartenleser, können Leuchtdioden wie normale Dioden in Reihe oder parallel geschaltet werden (Bild 2.4-38). Bei der Reihenschal-

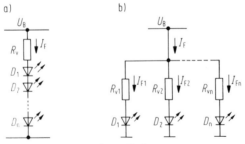

Bild 2.4-38. Lumineszenzdioden
a) in Reihenschaltung, b) in Parallelschaltung

2.4 Bauelemente der Optoelektronik 235

tung muß jedoch die Betriebsspannung höher als die Summe der Durchlaßspannungen U_F sein. Für die Reihenschaltung gilt:

$$R_v = \frac{U_B - nU_F}{I_F}. \qquad (2.4-8)$$

Bei den zweifarbigen Leuchtdioden (Bild 2.4–36b) befinden sich in einem Gehäuse zwei LED-Chips mit verschiedener Dotierung und gemeinsamer Katode. Je nachdem, welche der beiden LEDs angesteuert wird, wird grünes oder rotes bzw. gelbes Licht emittiert.
Die Einsatzmöglichkeiten der Leuchtdioden sind vielfältig. Eine Schaltung zur Polaritätsanzeige einer Gleichspannung zeigt Bild 2.4–39. Hiermit kann die Polarität direkt in Form eines Plus- oder eines Minuszeichens angezeigt werden. Die in Reihe geschalteten normalen Dioden verhindern den Stromfluß in Sperrichtung.

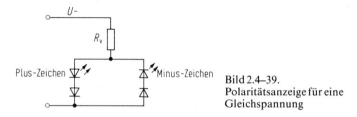

Bild 2.4–39. Polaritätsanzeige für eine Gleichspannung

Eine besondere Anwendung der LED-Technik sind die LED-Anzeigeeinheiten (Bilder 2.4–36c–e). Mit den Leuchtdioden werden die Anzeigesymbole aus Segmenten oder einzelnen Punkten zusammengesetzt. Sehr häufige Formen sind die 7-Segment-Anzeigen oder die 5×7-Matrix-Konfiguration mit 35 Leuchtdioden. Den Aufbau einer 7-Seg-

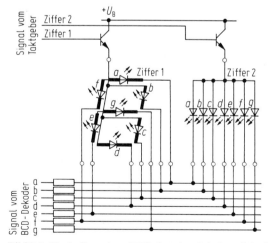

Bild 2.4–40. Aufbau einer LED-Anzeigeeinheit und das Prinzip einer multiplexen Ansteuerung

ment-LED-Ziffernanzeige mit gemeinsamer Katode der einzelnen LEDs enthält Bild 2.4–40. Die Anzeigesegmente können im statischen Betrieb einzeln angesteuert werden. Bei Anzeigen mit mehreren Ziffern ist jedoch das Zeitmultiplexverfahren kostengünstiger. Dabei wird nur ein BCD-Dekoder für alle Ziffern verwendet, der durch einen Taktgeber die Ziffern zeitlich nacheinander ansteuert. Zum Ansteuern der einzelnen Ziffern sind in Bild 2.4–40 die Transistoren als Schalter vorhanden. Der BCD-Dekoder gibt die Ziffer an, und der Taktgeber schaltet über einen Transistor die jeweilige Anzeigeeinheit ein. Das Übersichtsschaltbild 2.4–41 soll das Prinzip verdeutlichen. Die mehrstelligen Zifferninformationen sind die Eingangssignale von Zwischenspeichern. Diese BCD-Si-

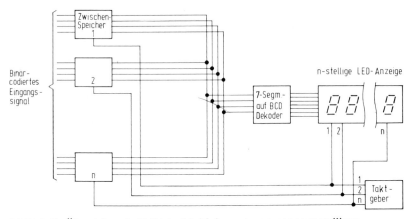

Bild 2.4–41. Übersichtsschaltbild der Multiplexansteuerung von n-stelligen LED-Anzeigen (*Siemens*)

gnale werden zeitlich nacheinander durch den Taktgeber über den BCD-Dekoder auf sämtliche Ziffern geschaltet. Stromführend werden jedoch nur die Leuchtdioden der Ziffer, die auch vom Taktgeber eingeschaltet ist. Damit Flimmerfreiheit vorhanden ist, sollte die Ansteuerfrequenz größer als 100 Hz sein.

Lumineszenzdioden für infrarote Strahlung (Infrarotstrahler):

Lumineszenzdioden, die mit Galliumarsenid aufgebaut werden, emittieren elektromagnetische Wellen im Infrarotbereich. Diese LEDs werden auch GaAs-Dioden oder IRED (Infrarot emittierende Diode) genannt. Typisch ist die Wellenlänge 950 nm. Diese Strahler für den nicht sichtbaren Spektralbereich finden ihre Hauptanwendung als Sender in Lichtschrankenanordnungen, Lochkartenlesern, Einbruchsicherungen, IR-Fernsteuereinrichtungen, Signal- und Tonübertragung mittels Glasfaserleitung, Optokoppler u.s.w. Als Strahlungsempfänger stehen Fotodioden, Fotoelemente und Fototransistoren zur Verfügung, die ihre höchste Empfindlichkeit ebenfalls im Infrarotbereich besitzen.

2.4 Bauelemente der Optoelektronik

Das Prinzip optoelektronischer Signalübertragung, die auch durch eine Lichtschranke unterbrochen werden könnte, zeigen die Schaltungen (Bild 2.4–42) zur Messung von Schaltzeiten. Dieser Meßaufbau zur Messung der Eingangs- und Ausgangssignale mit einem Zweistrahl-Oszilloskop ist zur Untersuchung von Strahlungssendern oder Strah-

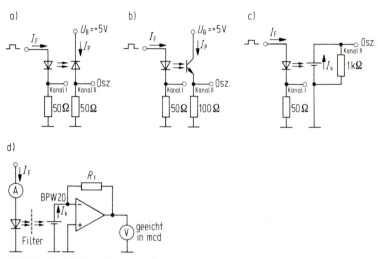

Bild 2.4–42. Meßschaltungen mit Lumineszenzdioden
  a) Messung der Schaltzeiten einer Lumineszenzdiode (LED, IRED)
  b) Messung der Schaltzeiten eines Fototransistors
  c) Messung der Schaltzeiten eines Fotoelements
  d) Messung der Lichtstärke I_v einer Lumineszenzdiode in Abhängigkeit vom Durchlaßstrom I_F

lungsempfängern oder von Koppelelementen (Sender und Empfänger) geeignet. Man muß nur beachten, daß die Anstiegs- und Abfallzeiten (Bild 2.2–76) der Meßeinrichtung vernachlässigbar klein gegenüber den Zeiten des Prüflings sind. So benutzt man zur Messung der Schaltzeiten von Lumineszenzdioden als Empfänger die sehr schnellen Foto-PIN-Dioden (Anstiegszeit $t_r \approx 1$ ns). Zur Messung von Fototransistoren und Fotoelementen ($t_r \approx 0{,}5$ bis $50\,\mu$s) werden in der Regel schnelle IRED-Dioden ($t_r \approx 100$ ns) als Sender verwendet. Bei der Schaltzeitmessung von Koppelelementen entfällt die Auswahl eines genügend schnellen Senders, da Koppler Sender und Empfänger in sich vereinigen und nur die Schaltzeit der Kombination von Interesse ist.
Die Durchlaßkennlinie $I_F = f(U_F)$ der Lumineszenzdiode für infrarote Strahlung ist vergleichbar mit der Kennlinie in Bild 2.4–37. Auch die Schaltung und der Vorwiderstand sind wie bei den LEDs beschrieben auszulegen. Die Ausgangsgröße der IRED ist die Strahlungsleistung Φ_e. Sie wird in den Datenblättern in mW angegeben und ist im linearen Bereich proportional dem Durchlaßstrom I_F. Zum Ermitteln der wirksamen Strahlstärke müssen die Wellenlänge, der Abstrahlwinkel und der Abstand beachtet werden.
Zur Erläuterung der in Bild 2.4–37 gegebenen Kennlinie der Lichtstärke $I_v = f(I_F)$ ist in Bild 2.4–42d die Meßschaltung angegeben. Als Empfänger ist die in Bild 2.4–18 gezeigte

tungen nach den Auslegungsrichtlinien für Dioden und Transistoren dimensioniert werden.
Die Koppelelemente ermöglichen den Aufbau von Schaltungen mit Potentialtrennung. Durch die galvanische Trennung der Eingangsgröße von der Ausgangsgröße können Schaltkreise mit unterschiedlichen Potentialen entkoppelt werden. Besonders an den Schnittstellen von Leistungskreisen mit hohem Potential bringt die Trennung zum Steuer- und Regelkreis Vorteile. Neben der galvanischen Trennung aus Sicherheitsgründen werden auch Störungen durch Erdschleifen vermieden. Die Signalübertragung mit Optokopplern ist vielfältig. So können je nach Beschaltung sowohl Gleichspannungssignale proportional als auch pulsförmige und modulierte Signale übertragen werden. Einige Einsatzmöglichkeiten der Koppelelemente sind:

Trennübertrager und Trennverstärker (Bild 2.4–45),
Potentialtrennung der Ein-Ausgabegeräte in Rechnersystemen,
Impulsübertrager für Thyristorzündschaltungen,
Anpassung integrierter Schaltungen unterschiedlicher Technologie,
Ansteuerung von Hochspannungsgeräten und Isolation (Trennung) des Steuer- und Regelkreises.

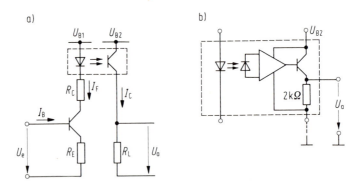

Bild 2.4–45. a) Einfacher Trennverstärker mit optoelektronischem Koppelelement. Eingangsstufe in Emitterschaltung mit Stromgegenkopplung, ausgangsseitig in Kollektorschaltung.
Die Betriebsspannungen U_{B1} und U_{B2} müssen potentialgetrennt sein.
b) Koppelelement mit integriertem Verstärker (*Motorola MOC 5010*)

2.4.10 Flüssigkristallanzeigen LCD (Liquid Crystal Display)

Flüssigkristallanzeigen sind passive Anzeigeelemente, d. h., sie leuchten nicht von selbst, sondern sie benötigen Tageslicht oder Kunstlicht. Je nach Beleuchtungsart (Bild 2.4–46) unterscheidet man transflektiv oder reflektiv (mit Auflicht) oder transmissiv (mit Durchlicht) arbeitende Anzeigen.
Die großen Vorteile dieser Displays sind der sehr geringe Leistungsbedarf und die Steuerspannung von weniger als 3V. Im Vergleich zu LED-Anzeigeelementen, die aktiv arbeiten – also Licht aussenden –, haben LCDs nur ein Tausendstel des Leistungsbe-

2.4 Bauelemente der Optoelektronik

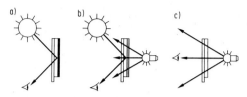

Bild 2.4-46. Flüssigkristallanzeigen benötigen Fremdlicht
 a) Anzeigeelement arbeitet mit Auflicht (reflektiv)
 b) Anzeigeelement arbeitet mit Auflicht und Durchlicht (transflektiv)
 c) Anzeigeelement arbeitet mit Durchlicht (transmissiv)

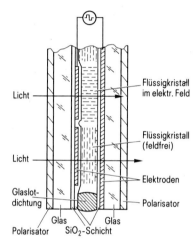

Bild 2.4-47.
Aufbau einer Flüssigkristallanzeige

darfs. Die LCD-Anzeigeelemente werden daher bevorzugt in batteriebetriebenen Geräten wie Armbanduhren, Taschenrechnern und tragbaren Digitalmeßgeräten eingesetzt. Den Aufbau eines LCD nach dem Schadt-Helfrich-Verfahren (transmissive Ausführung) zeigt Bild 2.4-47 [2]. Zwischen zwei Glasplatten, auf die durchsichtige Elektroden aufgebracht sind, befindet sich eine etwa 10 µm dünne Flüssigkristallschicht. Die länglichen Flüssigkristallmoleküle sind einheitlich orientiert und können durch ein elektrisches Feld bewegt (gedreht) werden. Ohne elektrisches Feld liegen die Moleküle parallel zu den Platten. Bei anliegender Spannung stellen sich die Moleküle rechtwinklig zu den Platten. Das durch die Anzeige fallende Licht wird infolge der 90°-Drehung mit einem Polarisator absorbiert oder ungehindert hindurchgelassen. Auf diese Weise lassen sich helle und dunkle Symbole der Anzeige erzeugen. Die durchsichtigen Elektroden besitzen die Form und Größe des zur Anzeige kommenden Symbols (vielfach 7-Segment- oder 5 × 7-Matrix-Punktraster). Die reflektiven oder transflektiven Anzeigeelemente sind mit einer Reflektor- oder Transflektorfolie hinterlegt.
Die Ansteuerung der LCDs erfolgt mit Wechselspannung, da bei Gleichspannungsbetrieb eine elektrochemische Reaktion die Elektrodenoberfläche trüben würde. Zur Erzeugung der Wechselspannung und für die Ansteuerung der Anzeigeeinheiten sind integrierte CMOS-Schaltkreise vorhanden. Schematisch ist die Ansteuerung der LCDs mit

242 2 Bauelemente

der Ansteuerung der LEDs (Bilder 2.4–36, 2.4–40 und 41) vergleichbar. Der entscheidende Unterschied ist jedoch, die LCDs werden mit einer Spannung (Feldeffekt) und die LEDs mit dem Durchlaßstrom angesteuert.

2.5 Widerstände

2.5.1 Allgemeine Betrachtung über Widerstände

Wie der Name aussagt, setzt das Bauelement „elektrischer Widerstand" der Ladungsträgerbewegung, d. h. dem elektrischen Strom, einen Widerstand entgegen. Infolgedessen tritt ein Spannungsabfall auf, und es wird elektrische Energie im Bauelement in Wärme umgesetzt. In vielen Bereichen der Technik sind diese Eigenschaften erwünscht, in anderen dagegen höchst unerwünscht.
Betrachtet man Produktionszahlen, so erkennt man die große Bedeutung, die den Widerständen zukommt. Die Tatsache, daß ihnen in der Literatur nicht der entsprechende Raum gewidmet wird, ist ein Zeichen dafür, daß diese Bauelemente verhältnismäßig geringe Probleme für den Anwender aufweisen.
Widerstände unterliegen verschiedenen physikalischen Einflüssen. Nach der Art, wie sich Widerstände hinsichtlich dieser Einflüsse verhalten, kann man folgende grobe Unterscheidung treffen:
    a) Widerstände, deren Widerstandswert unabhängig von physikalischen Einflüssen weitgehend konstant bleibt,
    b) Widerstände, deren Widerstandswert durch physikalische Einflüsse verändert wird.
Bild 2.5–1 gibt einen diesbezüglichen Überblick über die gebräuchlichen Ausführungen von Widerständen.

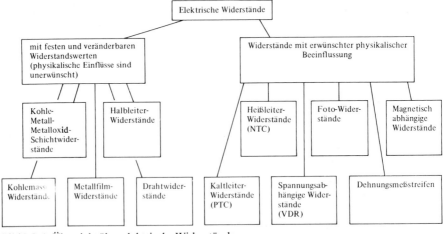

Bild 2.5–1. Übersicht über elektrische Widerstände

2.5.2 Bauformen und Widerstandsmaterial

Bauformen

Der Widerstandswert von Widerstandsbauelementen ergibt sich aus der Beziehung

$$R = \frac{l}{A}\rho = \frac{l}{A} \cdot \frac{1}{\kappa}$$

l Länge
A Querschnitt des Widerstandsmaterials

Man sieht, daß der ohmsche Widerstand R im Gegensatz zu den Blindwiderständen X_L und X_C von zwei Faktoren abhängt, nämlich von den geometrischen Abmessungen l/A und dem spezifischen Widerstand ρ bzw. dessen Kehrwert, der Leitfähigkeit κ.
Bei der Herstellung von Widerständen mit weniger als 1 Ω bis zu Werten von einigen MΩ müssen beide Faktoren aus physikalischen und wirtschaftlichen Gründen in unterschiedlicher Größenordnung berücksichtigt werden. Hieraus resultiert eine große Anzahl von Bauformen. Einige von ihnen sind in Bild 2.5-2 dargestellt. Es ergeben sich im wesentlichen vier Möglichkeiten der Formgebung (Bild 2.5-3),

a) als Draht- und Flachmaterial,

b) als dünne Schichten oder Folien, deren wirksame Länge durch bestimmte Formgebung vergrößert werden kann,

c) als Elemente, die sich homogen aus Widerstands- und Trägermaterial zusammensetzen,

d) als Widerstandsschichten, die in Halbleiterkörper eingebettet sind.

In der Praxis werden außer Widerständen mit *festem Widerstandswert* solche mit *veränderbarem Widerstandswert* benötigt. Häufig ist nur ein einmaliger Abgleich, z.B. zum Einstellen eines Betriebspunktes, erforderlich. Hierfür eignen sich sog. Trimmer. Zur häufigen stetigen Verstellung des Widerstandswertes verwendet man Drehwiderstände (Potentiometer) mit Betätigungsknopf, Schiebewiderstände, Einstellwiderstände mit Spindelverstellung und Mehrwendelwiderstände (helipots) (Bild 2.5-4).

Widerstands- und Trägermaterial

Als Widerstandsmaterialien dienen Edelmetalle, Metallegierungen, Metalloxide, Glanzkohle und dotierte Halbleiter. Tabelle 2.5-1 gibt einen Überblick über den spezifischen Widerstand einiger gebräuchlicher Materialien. Das Widerstandsmaterial wird auf Isolierkörper aus Keramik, Glas oder Kunststoff aufgebracht und mit Anschlußdrähten oder Anschlußschellen versehen. Die Widerstandskörper können stab- oder rohrförmig sein oder auch rechteckigen Querschnitt aufweisen. Für Drehwiderstände werden Isolierkörper in Ringform verwendet. Bei sog. Kohlemassewiderständen wird das Widerstandsmaterial mit dem Trägermaterial vermischt und gemeinsam zu einem homogenen, meist walzenförmigen, Widerstand verarbeitet. Äußerlich sind Schicht- und Massewiderstände nicht voneinander zu unterscheiden.

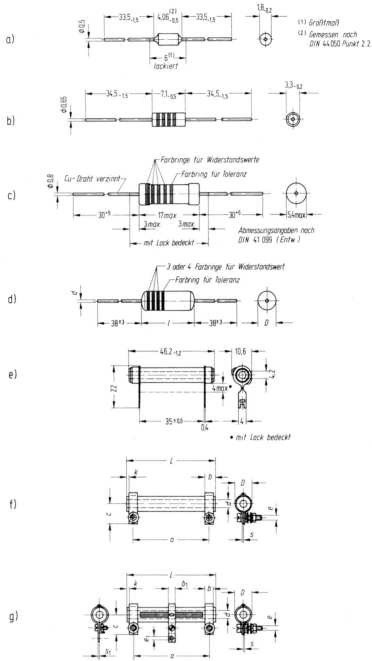

Bild 2.5-2. Bauformen von Widerständen a) bis e) Schichtwiderstände, f) bis g) Drahtwiderstände

2.5 Widerstände

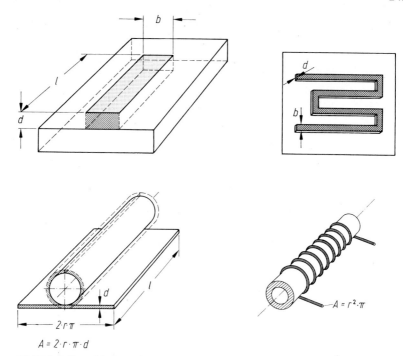

Bild 2.5–3. Verschiedenartige Formgebung des Widerstandsmaterials

Tabelle 2.5–1. Spezifischer Widerstand und Leitwert von einigen Widerstandswerkstoffen

Widerstandswerkstoff	spezifischer Widerstand ρ in $\Omega\,\text{mm}^2/\text{m}$	spezifischer Leitwert γ in $\text{S}\,\text{m}/\text{mm}^2$
Silber	0,016	62,5
Gold	0,023	44
Platin	0,11–0,14	9–7
Konstantan WM 50	0,5	2
Manganin WM 43	0,43	2,3
Nickelin	0,43	2,3
Metalloxide	0,02	50
Glanzkohle	6–40	0,16–0,025
Si-Halbleiter je nach Dotierung	$3 \cdot 10^9$	$0,33 \cdot 10^{-9}$

Ausführungsarten von Widerständen

Drahtwiderstände

Für Drahtwiderstände wird Metalldraht aus Metallegierungen, wie z. B. *Manganin*, auf den Isolierkörper aufgewickelt. Die Drähte werden vorher oxidiert, wobei die Oxidhaut

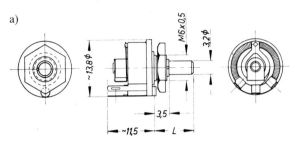

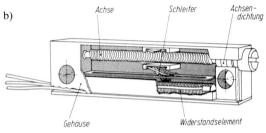

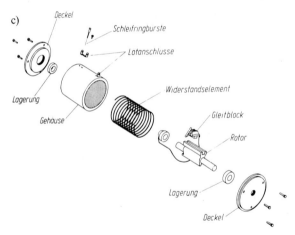

Bild 2.5–4. Beispiel für veränderbaren Widerstand
  a) Draht-Drehwiderstand *(Rosenthal)*.
  b) Trimmer mit Spindelverstellung *(Spectrol)*.
  c) Zehnwendelpotentiometer

des Drahtes die benachbarten Wicklungen voneinander isoliert. Eine Zement-, Glasur- oder Lackschicht schützt die Wicklung gegen Verrutschen und äußere Einflüsse. Drahtwiderstände werden bis zu großen Belastbarkeiten hergestellt. Der Widerstandswert kann durch die Länge und den Querschnitt des Drahtes beeinflußt werden.

2.5 Widerstände 247

Schichtwiderstände

Die größten Produktionszahlen erreichen die sog. Schichtwiderstände. Als Träger dienen wiederum Keramikvollkörper oder Keramikröhrchen, auf die das Widerstandsmaterial rundum in einer dünnen Schicht aufgebracht wird. Als Widerstandsmaterialien eignen sich vor allem Glanzkohle, Metalle und Metalloxide. Glanzkohle wird durch thermische Spaltung von Kohlewasserstoffen auf den Keramikkörper niedergeschlagen. Mechanische und elektrische Festigkeit der Schicht bedingen eine Mindestdicke von 10^{-6} mm. Die größte Schichtdicke liegt bei etwa 10^{-2} mm. Durch die geometrische Abmessung des Keramikkörpers und die Schichtdicke des Widerstandsmaterials kann der Widerstandswert von Schichtwiderständen in sehr weiten Grenzen beeinflußt werden. Zur Erzielung größerer Widerstandswerte wird die Schicht wendelförmig durch Schleifen unterbrochen. Damit wird die wirksame Länge *l* vergrößert und die Fläche *A* verkleinert. Es können damit um den Faktor 1000 größere Widerstandswerte erreicht werden.

Neben den weitverbreiteten und preiswerten Kohleschichtwiderständen gewinnen die qualitativ hochwertigeren *Metallschichtwiderstände* zunehmend an Bedeutung. Die moderne Hochvakuumtechnik erlaubt eine rationelle Fertigung: Auf Keramik- oder Hartglaskörper wird ein Metall bzw. eine Metallegierung aufgedampft. Mit dieser Technik sind Schichtdicken von 0,05 µm möglich. Die Widerstandsnennwerte können im allgemeinen mit geringeren Abweichungen vom Nennwert als bei Kohleschichtwiderständen eingehalten werden.

Bei einer weiteren Gruppe von Schichtwiderständen wird Metalloxid als Widerstandsmaterial verwendet. Diese Widerstände sind hoch belastbar. Ein Überzug aus Silikonzement schützt die Metalloxidschicht auf dem Trägermaterial.

Für Widerstände, die höchste Qualitätsansprüche erfüllen müssen, werden seit einiger Zeit Edelmetallfilmschichten verwendet. Manche Hersteller verwenden ebene Träger zur Aufbringung des Filmes. Diese Metallfilme sind durchschnittlich dicker als die von Metallschichtwiderständen und damit mechanisch und elektrisch stabiler. Metallfilme können mit Hilfe eines *Fotoätzverfahrens* nahezu jede beliebige Form erhalten. Bei *Vishay*-Widerständen wird eine mäanderförmige Widerstandsform gewählt und eine ungewöhnlich hohe Stabilität und sehr geringe Abweichung vom Nennwert (0,01 %) erreicht. Diese Edelmetallfilmwiderstände eignen sich als Präzisionswiderstände anstelle von Drahtwiderständen. Der Abgleich des Widerstandswertes kann rechnergesteuert mit Hilfe von Laserstrahlen vorgenommen werden.

Für manche Trimmer wird ein siebdruckähnliches Verfahren angewendet, um eine glatte Widerstandsschicht aufzubringen. Das Widerstandsmaterial besteht aus einem Gemisch von Keramik- oder Glaspulver und Metall. *Cermet* ist die aus den Abkürzungen zusammengesetzte Bezeichnung, unter der diese Trimmer im Handel sind. Unterschiedliche Zusammensetzung von Metall und Keramik gestattet die Änderung des spezifischen Widerstandes in weiten Grenzen. Das Verfahren eignet sich auch zur Herstellung von Widerständen in sog. Dickfilmschaltungen.

2.5.3 Nennwert, Kennzeichnung, Abstufung von Widerständen

Der *Nennwert* eines Widerstandes ist der *angestrebte* Wert, mit dem der Widerstand gekennzeichnet wird. Wirtschaftliche und physikalische Bedingungen erfordern Zugeständnisse an die Einhaltung des Nennwertes. Man muß Vereinbarungen treffen, unter welchen äußeren Einflüssen und mit welcher *Abweichung* die Nennwerte eingehalten werden. Außer der Angabe des Widerstandsnennwertes enthält die Kennzeichnung daher die zulässige Abweichung. Die Kennzeichnung von Widerständen und Kondensatoren kann im Klartext oder durch Farbpunkte bzw. Farbringe erfolgen. Es ist üblich, nach dem *IEC-Farbcode* (Tabelle 2.5–2) zu kennzeichnen.

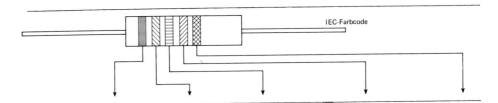

Tabelle 2.5-2. Farbcode zur Kennzeichnung von Widerständen und Kondensatoren mit 5 Farbringen

Kennfarbe	1. Ring = 1. Wertziffer	2. Ring = 2. Wertziffer	3. Ring = 3. Wertziffer	4. Ring = Multiplikator	5. Ring = Toleranz
farblos	–	–	–	–	± 20%
silber	–	–	–	$\times 10^{-2}\,\Omega = 0{,}01\,\Omega$	± 10%
gold	–	–	–	$\times 10^{-1}\,\Omega = 0{,}1\,\Omega$	± 5%
schwarz	–	0	0	$\times 10^{0}\,\Omega = 1{,}0\,\Omega$	–
braun	1	1	1	$\times 10^{1}\,\Omega = 10\,\Omega$	± 1%
rot	2	2	2	$\times 10^{2}\,\Omega = 100\,\Omega$	± 2%
orange	3	3	3	$\times 10^{3}\,\Omega = 1\,\text{k}\Omega$	–
gelb	4	4	4	$\times 10^{4}\,\Omega = 10\,\text{k}\Omega$	–
grün	5	5	5	$\times 10^{5}\,\Omega = 100\,\text{k}\Omega$	± 0,5%
blau	6	6	6	$\times 10^{6}\,\Omega = 1\,\text{M}\Omega$	–
violett	7	7	7	$\times 10^{7}\,\Omega = 10\,\text{M}\Omega$	–
grau	8	8	8	$\times 10^{8}\,\Omega = 100\,\text{M}\Omega$	–
weiß	9	9	9	$\times 10^{9}\,\Omega = 1000\,\text{M}\Omega$	–

Häufiger wird jedoch immer noch die Kennzeichnung mit vier Farbringen, wie in Tabelle 2.5–3 dargestellt, verwendet. Hierzu drei Beispiele für Widerstandskodierungen:

rot	grün	braun	gold		
2	5	$\times 10\,\Omega$	± 5%		$= 25 \times 10\,\Omega = 250\,\Omega \pm 5\%$
braun	blau	gelb	farblos		
1	6	$\times 10\,\text{k}\Omega$	± 20%		$= 16 \times 10\,\text{k}\Omega = 160\,\text{k}\Omega \pm 20\%$
braun	rot	orange	braun	grün	
1	2	$\times 1\,\text{k}\Omega$	± 1%	5	$= 12{,}5 \times 1\,\text{k}\Omega = 12{,}5\,\text{k}\Omega \pm 1\%$

Folgene Abweichungen vom Nennwert sind gebräuchlich:

± 30%; ± 20%; ± 10%; ± 5%; ± 2%; ± 1%; ± 0,5%; ± 0,25%; ± 0,1%.

Anstelle der Zahlenangaben im Klartext kann lt. *IEC*-Publikation 62 eine Verschlüsselung mit großen Buchstaben erfolgen (siehe Abschnitt 2.6.4).

2.5 Widerstände

Tabelle 2.5-3. Farbcode zur Kennzeichnung von Widerständen und Kondensatoren mit 4 Farbringen

Kennfarbe	1. Ring = 1. Wertziffer	2. Ring = 2. Wertziffer	3. Ring = Multiplikator	4. Ring = Toleranz
farblos	–	–		± 20%
silber	–	–	$\times 10^{-2}\,\Omega = 0{,}01\,\Omega$	± 10%
gold	–	–	$\times 10^{-1}\,\Omega = 0{,}1\,\Omega$	± 5%
schwarz	(0)	0	$\times 10^{0}\,\Omega = 1{,}0\,\Omega$	–
braun	1	1	$\times 10^{1}\,\Omega = 10\,\Omega$	± 1%
rot	2	2	$\times 10^{2}\,\Omega = 100\,\Omega$	± 2%
orange	3	3	$\times 10^{3}\,\Omega = 1\,k\Omega$	–
gelb	4	4	$\times 10^{4}\,\Omega = 10\,k\Omega$	–
grün	5	5	$\times 10^{5}\,\Omega = 100\,k\Omega$	± 0,5%
blau	6	6	$\times 10^{6}\,\Omega = 1\,M\Omega$	–
violett	7	7	$\times 10^{7}\,\Omega = 10\,M\Omega$	–
grau	8	8	$\times 10^{8}\,\Omega = 100\,M\Omega$	–
weiß	9	9	$\times 10^{9}\,\Omega = 1000\,M\Omega$	–

Der Widerstandsnennwert mit der zulässigen Abweichung vom Nennwert soll bei Anlieferung gewährleistet sein. Im Laufe der Zeit treten zusätzliche Abweichungen durch *Alterung* auf.

Will man einerseits eine vernünftige Abstufung der Nennwerte erreichen und andererseits eine zu große Überschneidung der Widerstandswerte aufgrund der Abweichungen vom Nennwert vermeiden, so müssen diese beiden Kriterien in Einklang gebracht werden. Es gibt Vorschläge für die Abstufung von Widerständen und Kondensatoren entsprechend den Reihen nach *IEC* und *DIN 41426*. Die sog. *E*-Reihen werden heute fast ausschließlich verwendet. Hiernach werden zwischen den dekadischen Werten 1, 10, 100, 1000 usw. geometrische Abstufungen vorgeschlagen. Der Stufenfaktor k zur Ermittlung der Zwischenwerte ergibt sich für die jeweilige Reihe

$$k = \sqrt[n]{10}. \qquad (2.5\text{-}2)$$

Für die Reihe $E6$ ist der Stufenfaktor

$$k_{E6} = \sqrt[6]{10} = 1{,}47$$

und für die ebenfalls gebräuchliche Reihe $E12 = 1{,}21$ (Reihe $E24 = 1{,}1$). Widerstandsreihen, die nach $E12$ abgestuft sind, müssen beispielsweise zwischen $1000\,\Omega$ und $10\,000\,\Omega$ folgende Zwischenwerte aufweisen:

$$1000\,\Omega \cdot 1{,}21 = 1210\,\Omega;\ 1210\,\Omega \cdot 1{,}21 = 1465\,\Omega\ \text{usw.}$$

Die gerundeten Werte führen zu den *E*-Reihen in Tabelle 2.5-4. Widerstände, die nach der Reihe $E12$ abgestuft sind, dürfen um ± 10% vom Nennwert abweichen. Für die Reihe $E6$ sind ± 20% und für die Reihe $E24$ ± 5% Abweichung vom Nennwert vorgesehen. Unter Berücksichtigung der zulässigen Abweichungen vom Nennwert treten geringfügige Überschneidungen der Widerstandsbereiche auf. Dem Hersteller ist es so möglich,

Tabelle 2.5–4. Abstufung der Nennwerte von Widerständen und Kondensatoren

E-Reihen nach DIN 41 425 und IEC-Publikation 63 (1963)

Die nachstehenden Werte der E-Reihen sind mit den erforderlichen ganzzahligen positiven oder negativen Potenzen von 10 zu multiplizieren. Die genannten Toleranzen geben etwa den Abstand zum Toleranzbereich des Nachbarwertes an.

Reihen E 6, E 12 und E 24

E 6 ± 20%	E 12 ± 10%	E 24 ± 5%	E 6 ± 20%	E 12 ± 10%	E 24 ± 5%	E 6 ± 20%	E 12 ± 10%	E 24 ± 5%
100	100	100			220			
			220	220	240	470	470	470
		110			270			510
	120	120		270	300		560	560
		130						620
150	150	150	330	330	330	680	680	680
		160			360			750
	180	180		390	390		820	820
		200			430			910

Reihen E 48, E 96 und E 192

E 48[1] ± 2,5% (± 2%)	Zwischenwerte	E 48[1] ± 2,5% (± 2%)	Zwischenwerte	E 48[1] ± 2,5% (± 2%)	Zwischenwerte	E 48[1] ± 2,5% (± 2%)	Zwischenwerte
E 96 ± 1%	E 192 ± 0,5%	E 96 ± 1%	E 192 ± 0,5%	E 96 ± 1%	E 192 ± 0,5%	E 96 ± 1%	E 192 ± 0,5%
100–176		178–312		316–556		562–988	
100	101	**178**	180	**316**	320	**562**	569
102	104	182	184	324	328	576	583
105	106	**187**	189	**332**	336	**590**	597
107	109	191	193	340	344	604	612
110	111	**196**	198	**348**	352	**619**	626
113	114	200	203	357	361	634	642
115	117	**205**	208	**365**	370	**649**	657
118	120	210	213	374	379	665	673
121	123	**215**	218	**383**	388	**681**	690
124	126	221	223	392	397	698	706
127	129	**226**	229	**402**	407	**715**	723
130	132	232	234	412	417	732	741
133	135	**237**	240	**422**	427	**750**	759
137	138	243	246	432	437	768	777
140	142	**249**	252	**442**	448	**787**	796
143	145		255	258	453	459	806	816
147	149	**261**	264	**464**	470	**825**	835
150	152	267	271	475	481	845	856
154	156	**274**	277	**487**	493	**866**	876
158	160	280	284	499	505	887	898
162	164	**287**	291	**511**	517	**909**	920
165	167	294	298	523	530	931	942
169	172	**301**	305	**536**	542	**953**	965
174	176	309	312	549	556	976	988

[1]) Die Werte in kräftig gedruckter Schrift allein bilden die Reihe E48, zusammen mit den Werten in normaler Schrift bilden sie die Reihe E96.

jedem beliebigen Widerstand aus der Fertigung einen Nennwert zuzuordnen. Exemplarstreuungen führen auf dieseWeise durch die Zuordnung der Abweichung vom Nennwert und der Abstufung nicht zu toleranzbedingtem Ausschuß.

2.5.4 Änderung des Widerstandswertes

Der Widerstandswert unterliegt unerwünschten Beeinflussungen durch Temperatur, Alterung und Spannungshöhe (nur bei bestimmten Schichtwiderständen).

Temperaturabhängigkeit

Das Temperaturverhalten von Widerständen ist materialbedingt. Es gibt Stoffe, deren Widerstandswert mit der Temperatur zunimmt, andere, deren Widerstandswert abnimmt. Das Temperaturverhalten drückt sich durch den Temperaturkoeffizienten (TK) aus. Er ist positiv bei Metallen und negativ z. B. bei Halbleitern. Der Temperaturkoeffizient gibt die relative Widerstandsänderung pro Kelvin Temperaturänderung an. Für Metalle ist er über einen relativ großen Temperaturbereich konstant, während für Halbleiter ein exponentieller Verlauf besteht. Die Temperaturkoeffizienten verschiedener Widerstandsmaterialien zeigen beträchtliche Unterschiede, wie Tabelle 2.5-5 zeigt. Selbst für ein und dasselbe Widerstandsmaterial ergeben sich noch Unterschiede, die bei Kohlewiderständen besonders groß sind. Die großen TK-Werte (TK = $1000 \cdot 10^{-6}$ K^{-1}) ergeben sich bei sehr großen Widerstandswerten, da hier die Kohleschicht sehr dünn und elektrisch wenig stabil ist. Die Temperaturabhängigkeit muß in der Praxis in manchen Anwendungsfällen berücksichtigt werden. Im ungünstigsten Fall kann ein Kohleschichtwiderstand bei Nennlast und einem Temperaturunterschied von 100 K einen um 10% kleineren Widerstandswert annehmen.

Tabelle 2.5–5. Temperaturabhängigkeit verschiedener Bauelemente bzw. Werkstoffe

Widerstands-Werkstoff bzw. Bauelement	Temperaturkoeffizient 10^{-6} K^{-1}	
Kohleschichtwiderstände	−250	−1000
Metallschichtwiderstände	±25	100
Metalloxidwiderstände	±200	400
Metallfilmwiderstände	±7	100
Drahtwiderstände aus:		
Konstantan WM 50	−10	−80
Manganin WM 43	±20	
Nickelin WM 40	+110	
WM 110	+90	+120
zum Vergleich Kupfer	+3930	

Alterung

Im Laufe der Zeit treten bei belasteten und unbelasteten Widerständen Änderungen auf, die durch Feuchtigkeit, elektrolytische Zersetzung und Erwärmung hervorgerufen werden. Derartige Einflüsse faßt man unter dem Begriff der Alterung zusammen. In den DIN-Normen werden Angaben über die Art der Belastung und die Belastungsdauer gemacht. Die zulässige Abweichung ist vom Widerstandswert und von der Anforderung an die Güte des Widerstandes abhängig (Tabelle 2.5–6).

2.5.5 Güte von Widerständen

Neben der Betriebszuverlässigkeit eines Widerstandes ist die zeitliche Konstanz des Widerstandswertes bezeichnend für die Qualität. Ähnlich wie bei Meßgeräten wird die Güte angegeben, wobei jedoch nicht mehr allgemein in Klassen eingeteilt wird, sondern z. B. für Kohleschichtwiderstände nach DIN drei Gruppen vorgesehen werden. Bei Drahtwiderständen ist dagegen die Klasseneinteilung noch beibehalten worden. Nachfolgend die drei Gruppen:

    a) Widerstände für *gewöhnliche Anforderungen* nach *DIN 44051* wie z. B. für Rundfunk- und Fernsehgeräte sowie für normalen Gebrauch in der Industrie;

    b) Widerstände für *erhöhte Anforderungen* nach *DIN 44052* wie z. B. zur Verwendung in kommerziellen Geräten;

    c) Widerstände für *höchste Anforderungen* nach *DIN 44053* wie z. B. für Meßgeräte und Filter.

Aus Tabelle 2.5–6 ist ersichtlich, welche Werte durch Alterung bei bestimmten Betriebsbedingungen und Oberflächentemperaturen nicht überschritten werden dürfen.

Tabelle 2.5–6. Abweichungen vom Nennwert durch Alterung (Kohleschichtwiderstände)

Widerstands-Nennwert	DIN 44 051 gewöhnliche Anforderungen	DIN 44 052 erhöhte Anforderungen	DIN 44 053 höchste Anforderungen
	höchstzulässige Abweichung durch Alterung		
bis 10 kΩ	5 %	3,5 % bis 5 %	0,5 %
10 kΩ bis 100 kΩ	7,5 %		
100 kΩ bis 500 kΩ	15 %	7 %	1 %
500 kΩ	20 %		
bei einer Oberflächentemperatur von	398 K = 125 °C	398 K = 125 °C	343 K = 70 °C
und einer Betriebsdauer von	5000 h	10 000 h	10 000 h

2.5.6 Grenzwerte für Widerstände

Nennbelastbarkeit

Die Grenzen der Belastbarkeit eines Bauelementes sind durch die höchstzulässige absolute Temperatur der verwendeten Materialien bestimmt. Bei der Grenztemperatur dürfen sich noch keine bleibenden Veränderungen ergeben. Aus Gründen der Betriebssicherheit, der Lebensdauer und der Konstanz wird häufig die höchstzulässige Belastbarkeit nicht ausgenutzt. Welche Wärmeenergie einem Bauelement zugeführt werden kann, richtet sich nach der zulässigen Oberflächentemperatur, der Umgebungstemperatur und dem thermischen Widerstand R_{th} (siehe Abschnitt 2.1.5). Die thermische Energie wird durch *Konvektion* an die umgebende Luft, durch *Strahlung* und Ableitung über Anschlußdrähte und -schellen abgegeben. Die Wärmestrahlung hat bei den auftretenden, verhältnismäßig niedrigen Temperaturen einen geringen Anteil. Entscheidend für die Belastbarkeit sind die Konvektion und bei kleinen Widerständen zusätzlich die Ableitung über die Anschlußdrähte. Deshalb sind Widerstände kleiner Bauform bezogen

2.5 Widerstände

auf die Oberfläche relativ höher belastbar als große Widerstände. Für Kohleschichtwiderstände nach DIN 44051, 44052 und 44053 ergeben sich die Belastbarkeiten nach Tabelle 2.5-7.

Tabelle 2.5-7. Belastbarkeit von Kohleschichtwiderständen

Anforderungen		gewöhnliche	erhöhte	höchste
Oberflächen-Temperatur T_O		428 K = 155 °C	398 K = 125 °C	358 K = 85 °C
Umgebungs-Temperatur T_U		313 K = 40 °C	313 K = 40 °C	313 K = 40 °C
Größe	Abmessungen in mm	Belastbarkeit in W		
0207	2,6 × 7,5	0,25		
0309	3,2 × 9,5	0,33	0,33	0,18
0414	4,0 × 13,5	0,5	0,5	0,27
0617	5,8 × 16,9	0,7	0,7	0,37
0922	9,0 × 23,0	0,84		
0933	8,8 × 33,0	1,1	1,1	0,6
0952	9,5 × 52,5	2,0		1,05

2.5.7 Frequenzabhängigkeit und Rauschen von Widerständen

Frequenzabhängigkeit

Widerstände haben wie alle Bauelemente keine idealen Daten. Außer dem erwünschten rein ohmschen Widerstand treten Eigeninduktivität und -kapazität störend in Erscheinung. Wird besonders gutes Frequenzverhalten gefordert, so müssen konstruktive Maßnahmen getroffen werden, die beide Blindanteile (C_{eigen}, L_{eigen}) klein halten. Bei geeigneter Auslegung gelingt nahezu eine gegenseitige Kompensation der Blindanteile.
Für eine allgemeine Betrachtung kann die Ersatzschaltung eines Widerstandes nach Bild 2.5-5 dienen. Der komplexe Leitwert hierfür ergibt sich nach folgender Gleichung:

$$Y = \frac{1}{R}\left(\frac{1 - j\omega T_L}{1 + \omega^2 T_L^2} + j\omega T_C\right). \tag{2.5-3}$$

$T_L = \frac{L}{R}$;

$T_C = RC$; Zeitkonstanten.

Bei Drahtwiderständen, deren Wicklung eine Luftspule mit einem aus den geometrischen Abmessungen und der Windungszahl resultierenden induktiven Widerstand dar-

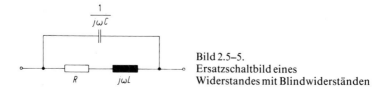

Bild 2.5-5.
Ersatzschaltbild eines Widerstandes mit Blindwiderständen

254   2 Bauelemente

stellt, überwiegt der induktive Blindanteil. Durch Verwendung von geeigneten Wicklungen, von denen die sog. *Bifilarwicklung* die bekannteste ist, kann die Induktivität verkleinert werden. Bei der *Bifilarwicklung* werden zwei parallel liegende Drähte, die an einem Ende verbunden sind, gemeinsam aufgewickelt. Da der Strom in den Leitern entgegengesetzte Richtung hat, heben sich die magnetischen Felder fast auf. Die Kompensation der Blindanteile gelingt bei Widerstandswerten von etwa 300 Ω am besten. Kleinere Widerstände sind überwiegend induktiv, größere dagegen kapazitiv behaftet. Bild 2.5-6 zeigt die Ortskurve eines bifilar gewickelten Drahtwiderstandes mit 100 Ω Nennwert. Bei niedrigen Frequenzen überwiegt die Induktivität.

Bei Schichtwiderständen ohne Wendelschliff kann der induktive Anteil ganz vernachlässigt werden, und auch die Kapazitäten sind sehr klein. Sie erreichen die Größenord-

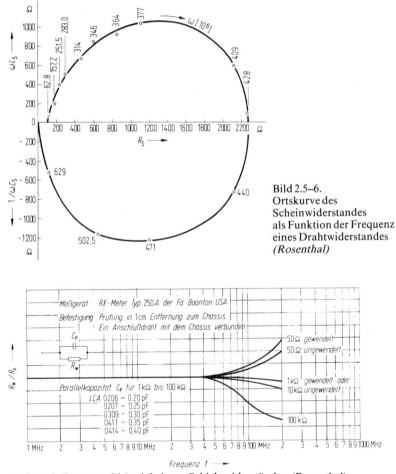

Bild 2.5-6.
Ortskurve des
Scheinwiderstandes
als Funktion der Frequenz
eines Drahtwiderstandes
(Rosenthal)

Bild 2.5-7. Frequenzabhängigkeit von Schichtwiderständen *(Rosenthal)*
Kohleschichtwiderstände

nung von 0,3 pF, so daß der Kapazitätsanteil meistens erst oberhalb 10 MHz berücksichtigt werden muß. Bild 2.5-7 zeigt den frequenzabhängigen Widerstandsverlauf von Schichtwiderständen für einige Widerstandswerte. Auch hier ist ersichtlich, daß Widerstände von etwa 300 Ω die geringste Frequenzabhängigkeit haben.

Rauschen von Widerständen

Das Rauschen hat seinen Namen von seiner akustischen Erscheinungsform erhalten und kann im Lautsprecher oder Kopfhörer hörbar bzw. auf dem Oszillographenschirm als völlig unregelmäßiges Signal sichtbar gemacht werden. Wie kommt es zustande? In elektrischen Leitern und Halbleitern ist eine große Zahl von freien Ladungsträgern vorhanden. Diese Ladungsträger führen aufgrund thermischer Anregung Bewegungen im Gitter aus. Die Bewegung ist unregelmäßig, da fortwährend Zusammenstöße mit anderen Gitterbausteinen stattfinden. Diese Schwirrbewegung der Ladungsträger kommt beim Erreichen des absoluten Nullpunktes zum Stillstand und nimmt mit steigender Temperatur zu. Ladungsträgerbewegung bedeutet im landläufigen Sinne das Fließen eines Stromes. Da die Ladungsträgerbewegung unregelmäßig ist, tritt sie mit keiner bestimmten Frequenz auf. Das Frequenzband umfaßt daher den ganzen Bereich von etwa 1 Hz bis zu den höchsten Frequenzen. Man unterscheidet

a) *thermisches Rauschen* (weißes Rauschen), das in unbelasteten Widerständen oder in sehr gering belasteten Widerständen auftritt;

b) *Stromrauschen*, das bei Belastung in Kohleschichtwiderständen und Halbleitern auftritt.

Nyquist hat die Größe der thermischen Rauschleistung P_R berechnet:

$$P_R = 4kT\Delta f. \qquad (2.5\text{-}4)$$

k Boltzmannsche Konstante;
T absolute Temperatur;
Δf mögliches Frequenzband der verwendeten Schaltung.

Hieraus ergibt sich die Rauschspannung U_R aus $U_R^2 = P_R R$ zu

$$U_R = \sqrt{P_R R} = \sqrt{4kT\Delta f R}. \qquad (2.5\text{-}5)$$

Die Rauschleistung ist unabhängig vom Widerstandswert, die Rauschspannung wächst dagegen proportional mit dem Widerstand.

Das Stromrauschen wird von der am Widerstand liegenden Spannung bestimmt. Im Gegensatz zum weißen Rauschen hat es nur im Tonfrequenzbereich bis etwa 20 kHz praktische Bedeutung. Da eine einfache mathematische Beschreibung der Frequenzabhängigkeit des Stromrauschens nicht möglich ist, wird es zweckmäßigerweise durch Messungen bestimmt. Die Meßanordnungen zur Bestimmung des Rauschens und Grenzwerte werden in den DIN-Normen angegeben. Danach dürfen Widerstände der Güteklassen 0,5 und 2 ein *Eigenrauschen* von 1 μV/V aufweisen.

2.5.8 Veränderbare Widerstände

Veränderbare Widerstände können verschiedene Aufgaben erfüllen. Eine große Zahl wird als Spannungsteiler verwendet. Hier hat sich der Name Potentiometer eingebürgert. Tabelle 2.5-8 zeigt einige Anwendungen.

Tabelle 2.5-8. Übersicht über veränderbare Widerstände

Bezeichnung	Trimmer	Drehwiderstände (Potentiometer, Regler)	Präzisions-Drehwiderstände
Anwendung	Rundfunk- u. Fernsehindustrie, allgemeine Elektronik	Rundfunk- u. Fernsehindustrie, Elektronik, Steuer- u. Regeltechnik, Meßtechnik	Analoge Rechentechnik, Steuer- u. Regeltechnik, Meßtechnik
Aufgabe	Einmalige Einstellung eines Widerstandswertes zwecks Justage (z. B. Betriebspunkteinstellung)	Häufige Widerstandsverstellung während des Betriebs	Genaue Einstellung eines Widerstandes während des Betriebs.

Trimmer

Trimmer werden eingesetzt, wenn ein bestimmter, bei der Dimensionierung nicht bekannter Widerstandswert gefordert wird oder Toleranzen in der fertigen Schaltung kompensiert werden müssen. Die Einstellung erfolgt mit Hilfe von Meßinstrumenten beim Abgleich der Schaltung und wird im störungsfreien Betrieb nicht mehr verändert. Bei geringer Belastbarkeit bis etwa 2 W werden meistens Schichtdrehwiderstände in gekapselter oder ungekapselter Bauform verwendet.

Drehwiderstände für häufige Verstellung

Sie werden landläufig als Regler oder Potentiometer bezeichnet und dienen zur stetigen Widerstandsänderung, z. B. zur Spannungsteilung beim Lautstärkesteller eines Phonogerätes. Der Stellwinkel beträgt meistens 270°. Mehrfachpotentiometer mit Anzapfungen und Schaltern in der Endstellung sind ausführbar. Im Aufbau unterscheiden sich diese Drehwiderstände bis auf die Betätigung mit Drehknopf nicht wesentlich von den Drehschichttrimmern. Größere Belastbarkeiten werden auch hier mit Drahtwiderständen erreicht.

Veränderbare Präzisionswiderstände

Mit diesen Widerständen soll einem bestimmten Winkel φ ein bestimmter Widerstandswert möglichst genau zugeordnet werden. Sie erhalten im allgemeinen eine gut ablesbare und unterteilte Skala und werden vorwiegend als Drahtwiderstände ausgeführt.

2.5.9 Besonderheiten von veränderbaren Widerständen

Kurvenverlauf

Im Normalfall nimmt der Widerstandswert stetig und gleichmäßig mit dem Stellwinkel φ zu. Diesen Widerstandsverlauf nennt man *linear*. Wie aus Bild 2.5-8 zu ersehen ist, steigt der Widerstandswert erst nach einem Anfangsspringwert R_A linear bis zum Endspringwert R_E. Nach *DIN 41450* sollen Anfangs- und Endspringwert kleiner als $\sqrt{R_e}$ ($R_e = R_{gesamt}$) sein.

Von der idealen linearen Kurve weicht der Widerstandswert fertigungsbedingt ab. Diese Abweichung ist von untergeordneter Bedeutung bei Trimmern und Drehwiderstän-

2.5 Widerstände

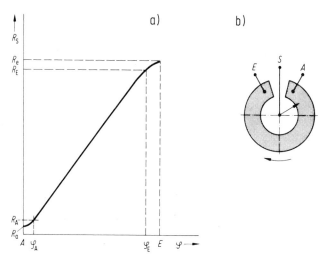

Bild 2.5–8. a) Widerstandsverlauf $R_S = f(\varphi)$ eines Potentiometers
b) Anschluß-Schema A Anfangslötfahne, S Schleiferlötfahne, E Endlötfahne

den üblicher Bauart; bei Präzisionsdrehwiderständen ist die Linearität dagegen ein Maß für die Güte. Manche Hersteller garantieren *Linearitätsfehler* von 0,5 % und weniger.
Außer linearen Drehwiderständen gibt es solche mit nichtlinearem Kurvenverlauf. Am gebräuchlichsten ist der exponentiell steigende oder fallende Kurvenverlauf. Er wird durch Formgebung der Widerstandsschicht oder deren Dicke erreicht. Bei Drahtwicklungen können unterschiedliche Drahtstärken verwendet werden.
Ein weiteres wichtiges Gütemerkmal ist das *Auflösungsvermögen*, das sinnvollerweise nur für Drahtwiderstände angegeben wird. Hier sind kleine Stufensprünge nicht zu vermeiden, wenn die Kontaktniete des Schleifers jeweils auf die nächste Drahtwindung übergeht.

2.5.10 Widerstände mit physikalisch abhängigen Werten

Widerstände, deren Widerstandswerte durch Temperatur, Feuchte, Spannung, Licht, Dehnung, elektrische und magnetische Felder usw. beeinflußt werden, haben in der Steuerungstechnik und besonders in der Regelungstechnik eine überragende Bedeutung. In einer großen Zahl von Meßfühlern dienen sie zur Umwandlung physikalischer Größen in elektrische Signale. Nachfolgend sollen die wichtigsten Bauelemente beschrieben werden.

2.5.11 Heißleiter, NTC-Widerstände

Heißleiter besitzen die Eigenschaft, daß ihr Widerstand mit steigender Temperatur abnimmt. Sie sind Widerstände mit negativen Temperaturkoeffizienten, die etwa zehnmal größer sind als die positiven Temperaturkoeffizienten von reinen Metallen. Der Widerstandswert von reinen Metallen nimmt mit rd. 0,4 %/K zu, der von Heißleitern dagegen mit 3 %/K bis 8 %/K ab. Heißleiter verursachen wegen des negativen Temperaturkoeffizienten in Meßschaltungen leicht Kipperscheinungen, wenn sie mit konstanter Speisespannung betrieben werden. Infolge der Verlustleistung $P_v = U_{HI} \cdot I_{HI}$, die im Heißleiter umgesetzt wird, erwärmt sich der Heißleiter, und der Widerstand nimmt ab. Wird der Strom nicht durch einen Vorwiderstand oder auf eine andere Weise begrenzt, steigt die Verlustleistung, und der Widerstand verringert sich weiter. Es kann sich kein thermischer Gleichgewichtszustand einstellen, und der Heißleiter zerstört sich selbst durch Überhitzung.

Technologie

Heißleiter sind Halbleiter, die aus Metalloxiden hergestellt werden, da der Temperaturkoeffizient von Metalloxiden wesentlich größer ist als der von Germanium oder Silizium. Als Ausgangsmaterialien dienen Oxide von Mangan, Nickel, Eisen, Kobalt und Kupfer. Das Mischungsverhältnis bestimmt den spezifischen Widerstand und die damit in Verbindung stehende Regelkonstante *B*. Beim Sintern mit Temperaturen von 1000 °C bis 1400 °C bilden sich polykristalline Strukturen mit Halbleitereigenschaften aus. Es entstehen keine Sperrschichten.

Temperaturverhalten von Heißleitern

Der Widerstandswert von Heißleitern (Bild 2.5-9) ändert sich ungefähr exponentiell mit der Temperatur. Trägt man ihn als Funktion der Temperatur in einem Diagramm mit logarithmischer Teilung auf, so ergibt sich annähernd eine Gerade. Mathematisch läßt

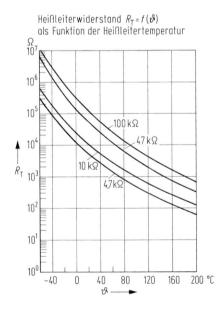

Bild 2.5-9.
Abhängigkeit des Heißleiterwiderstandes von der Temperatur (Heißleiter M 85; *Siemens*)

2.5 Widerstände

sich der Widerstandswert als Funktion der Heißleitertemperatur näherungsweise berechnen:

$$R_T = R_{T0} \cdot e^{B\left(\frac{1}{T} - \frac{1}{T_0}\right)} \qquad 2.5\text{-}67$$

R_T Widerstandswert für die vorgegebene bzw. gewählte Temperatur
R_{T0} Widerstandsnennwert bei Bezugstemperatur
B Regelkonstante 2000 K bis 6000 K
     (je nach Mischungsverhältnis der Metalloxide)
T vorgegebene Temperatur in K
T_0 Bezugstemperatur in K

Für eine vorgegebene Temperatur von $T = 100\,°C + 273\,K = 373\,K$ und eine Bezugstemperatur von $T_0 = 298\,K$ sowie $B = 3950\,K$ ergibt sich für den Heißleiter M 85, dessen Daten nachfolgend wiedergegeben werden, ein Widerstandswert von:

$$R_{(100\,°C)} = 100\,k\Omega \cdot e^{3950\,K \left(\frac{1}{373\,K} - \frac{1}{298\,K}\right)} = 6{,}958\,k\Omega$$

Ein Vergleich mit der Kennlinie des Heißleiters M 85 in Bild 2.5-9 läßt etwa Übereinstimmung erkennen.
Aus der Bezugstemperatur T und der Regelkonstanten läßt sich auch der Temperaturkoeffizient α_T berechnen:

$$\alpha_T = -\frac{B}{T^2}; \quad \text{z. B. } \alpha_T = -\frac{3950\,K}{(333\,K)^2} = -3{,}56\,\%/K.$$

Darüber hinaus werden Kennlinien wie die statische Strom-Spannungskennlinie in Bild 2.5-10b mit doppeltlogarithmischer Darstellung wiedergegeben.
Manchmal ist die Abkühlzeitkonstante oder die thermische Kapazität C_{th} von Bedeutung. Analog zum ohmschen bzw. kapazitiven Stromkreis gilt die Beziehung:

$$\tau_{th} = R_{th} \cdot C_{th}.$$

Hieraus kann z. B. die thermische Kapazität des Heißleiters M 85 berechnet werden:

$$C_{th} = \frac{\tau_{th}}{R_{th}} = \tau_{th} \cdot G_{th} = 14\,s \cdot 0{,}7\,mW/K = 9{,}8\,mWs/K$$

Die Abkühlzeitkonstante wird durch die Masse des Heißleiters und den thermischen Widerstand R_{th} bzw. den thermischen Leitwert G_{th} bestimmt. Die Abkühlzeitkonstanten liegen in der Größenordnung von 0,5 s bei Meßheißleitern und bis etwa 100 s bei Anlaßheißleitern.

Anwendung

Nach der Art der Verwendung unterscheidet man folgende Heißleiter:
  a) Heißleiter, bei denen die Eigenerwärmung infolge der zugeführten elektrischen Energie ausgenutzt wird. Anlaßheißleiter und Regelheißleiter.
  b) Kompensations- und Meß-Heißleiter, bei denen die Eigenerwärmung vernachlässigbar klein sein soll. Die Heißleitertemperatur soll möglichst gleich der Temperatur des umgebenden Mediums sein.
  c) Fremdbeheizte Heißleiter, bei denen die Heißleitertemperatur von dem Strom durch die Heizwicklung bestimmt wird.

Anwendung	Temperaturmessung und -regelung. Speziell für die Abtastung kleiner Meßstellen
Ausführung	Glasgehäuse, hermetisch dicht
Anschlüsse	Anschlußdrähte, verzinnt
Kennzeichnung	keine
Qualitätsmerkmal	Hohe Stabilität durch spezielles Herstellungsverfahren DIN-Bezeichnung: Heißleiter 0206-X-XX-DIN 44072

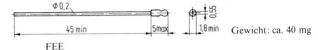 Gewicht: ca. 40 mg

Anwendungsklasse nach DIN 40040	FEE
Untere Grenztemperatur	F − 55 °C
Obere Grenztemperatur	E +200 °C
Feuchteklasse	E Mittlere relative Feuchte ≤ 75 % 95 % an 30 Tagen im Jahr andauernd 85 % an den übrigen Tagen gelegentlich seltene und leichte Betauung zulässig
Lagertemperaturen	
Untere Grenztemperatur	ϑ_s (min) −25 °C
Obere Grenztemperatur	ϑ_s (max) +65 °C

Typ	Nennwiderstand R_{25}	Toleranz	B-Wert
M 85/10 %/4,7 kΩ	4,7 kΩ	± 10 %	3430 K
M 85/10 %/10 kΩ	10 kΩ	± 10 %	3430 K
M 85/10 %/47 kΩ	47 kΩ	± 10 %	3950 K
M 85/10 %/100 kΩ	100 kΩ	± 10 %	3950 K

Kenndaten

Nennwiderstand	R_N	siehe Tabelle	Wärmeleitwert (Luft)	G_{thu}	0,7 (>0,55) mW/K
Nenntemperatur	ϑ_N	25 °C	Wärmeleitwert (Wasser)	G_{thw}	2,0 mW/K
Toleranz	ΔR	± 10 %; ± 20 %	Abkühlzeitkonstante	τ_{th}	ca. 14 s
B-Wert	$B_{25/100}$	siehe Tabelle	Wärmekapazität	C_{th}	10 mJ/K
Toleranz	ΔB	± 5 %	Isolationswiderstand	R_{is}	> 100 MΩ
R/T-Kennlinie		siehe Diagramm	Prüfspannung	U_{is}	250 V
Belastbarkeit bei 25 °C	P_{25}	120 mW	Prüfspannungsdauer	t_p	1 s
Belastbarkeit bei 60 °C	P_{60}	100 mW			

a) Spannungs-Strom-Kennlinie $U = f(I)$

Bild 2.5–10. Angaben in Datenblättern am Beispiel des Heißleitertemperaturfühlers M 85 *(Siemens)*
a) Spannungs-Strom-Kennlinie

2.5 Widerstände

Anlaßheißleiter

Anlaßheißleiter haben die Aufgabe, Einschaltstromstöße zu unterdrücken. Letztere werden oft von Bauelementen verursacht, die erst bei Arbeitstemperatur ihren Betriebswiderstand erreichen. Röhrenheizungen und Metallfadenlampen haben in kaltem Zustand (300 K) nur etwa 10 % ihres Betriebswiderstandes. Ohne Begrenzung nehmen diese Verbraucher im Einschaltmoment bis zum Zehnfachen des Nennstroms auf und können Schaden erleiden. Wird ein Heißleiter, wie in Bild 2.5-11, in Reihe mit den Verbrauchern geschaltet, so bestimmt die Summe der Kaltwiderstände im Einschaltmoment den Strom.

Bild 2.5–11.
Anlaßheißleiter zum Schutze
von Heizwicklungen aus Metall

Der große Kaltwiderstand des Heißleiters nimmt einen großen Teil der Spannung auf. Infolge des fließenden Stromes wird in allen Bauelementen elektrische Energie in Wärme umgesetzt, und der Heißleiterwiderstand wird kleiner, während die Heizwicklungen (meist Wolfram) an Widerstand zunehmen. Man sieht, daß bei Anlaßheißleitern die *Eigenerwärmung* für einen *definierten Stromanstieg* ausgenutzt wird. Der Heißleiter muß so ausgewählt werden, daß seine thermische Zeitkonstante etwa mit der Zeitkonstanten des zu schützenden Bauelementes übereinstimmt.

Relais in Verbindung mit Anlaßheißleitern gestatten einfache Verzögerungsschaltungen mit Verzögerungszeiten von etwa 1 s bis 50 s. In Bild 2.5–12 ist das Prinzipschaltbild

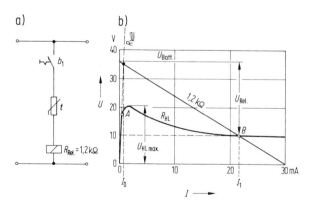

Bild 2.5–12. Anzugverzögertes Relais mit Anlaßheißleiter
a) Schaltung, b) Kennlinien im U-I-Kennlinienfeld

einer Verzögerungsschaltung wiedergegeben. Wird der Steuerschalter b_1 geschlossen, so fließt im ersten Moment ein Strom, der durch die Spannung, den Relaiswiderstand und den Kaltwiderstand des Heißleiters bestimmt ist. Der Strom führt zu einer Erwärmung des Anlaßheißleiters und damit zur Verminderung des Widerstandes. Ein weiterer Stromanstieg ist die Folge. Bei richtiger Wahl der Zeitkonstante des Heißleiters zieht das Relais nach der gewünschten Zeit an. Bei der Auslegung muß darauf geachtet werden, daß einerseits der Spannungsabfall am erwärmten Heißleiter nicht zu groß ist und andererseits der Relaisstrom nicht zur Zerstörung des Heißleiters führt.

Die Strom- und Spannungsverhältnisse ergeben sich am anschaulichsten im Strom-Spannungs-Diagramm des Heißleiters (Bild 2.5–12). In dieses Diagramm wird die Widerstandskennlinie des Relais eingetragen. Sie stellt sich als Widerstandsgerade dar, die die Ordinate in Höhe der Batteriespannung schneidet. Der zweite Schnittpunkt ergibt sich aus der Annahme eines extremen Betriebsfalles, nämlich bei Heißleiterwiderstand Null. Dann fließt der Höchststrom $I_{max} = U_{Bat}/R_{Rel} = 30$ mA. Die Spannung am Heißleiter muß bei diesem Betriebsfall natürlich Null sein. Der stationäre Betriebspunkt unter den tatsächlichen Verhältnissen ergibt sich als Schnittpunkt der Widerstandsgerade des Relais mit der Heißleiterkennlinie. Am Heißleiter liegt hier eine Spannung von 10 V, der Rest von 26 V liegt am Relais.

Der Anfangsstrom im Einschaltmoment ergibt sich aus dem Schnittpunkt der Geraden des Heißleiterkaltwiderstandes mit der Geraden des Relaiswiderstandes. Der Abschnitt zwischen den Betriebspunkten 0 V und *B* auf der Kennlinie des Heißleiters ergibt keinen stabilen Betriebszustand. Stabilität könnte bei 18 V Betriebsspannung gerade noch im Punkt *A* erreicht werden. In diesem Anwendungsfall ist jedoch die Stabilität in diesem Abschnitt unerwünscht.

Um einen eindeutigen Schnittpunkt der beiden Kennlinien zu erhalten, empfiehlt es sich, die Batteriespannung 1,5- bis 6mal so hoch zu wählen wie die mögliche Spitzenspannung (im Beispiel $U_{HL} = 20$ V) am Heißleiter. Zwischen zwei Schaltspielen soll mindestens ein Zeitraum in der Größe der dreifachen Abkühlzeitkonstante liegen, da andernfalls die Verzögerungszeit kürzer wird.

Kompensations- und Meßheißleiter

Kompensations- und Meßheißleiter werden vorwiegend dazu verwendet, die Umgebungstemperatur oder die Temperatur eines anderen Mediums zu erfassen. Im Falle der Kompensationsheißleiter sollen dabei die Auswirkungen der Temperaturänderung ausgeglichen werden. Die Eigenerwärmung durch elektrische Belastung muß vernachlässigbar klein bleiben. Kompensationsheißleiter werden zur Kompensation des Temperaturkoeffizienten von anderen Bauelementen, wie z. B. Transistoren, eingesetzt.

Zur Kompensation von temperaturbedingten Widerstandsänderungen bei Metallwiderständen reicht im allgemeinen die Reihenschaltung eines Heißleiters mit 10 % des Metallwiderstandes aus. Der Temperaturbereich der Schaltung ist jedoch klein, da sich die Temperaturkoeffizienten unterschiedlich stark ändern. Eine bessere Kompensation ergibt sich durch Parallelschalten eines temperaturunabhängigen Widerstandes zum Heißleiter. Der Heißleiter sollte dann etwa den zehnfachen Widerstandswert aufweisen. Die günstigsten Werte wird man jedoch durch gezielte Versuche ermitteln müssen.

Heißleiter sind für Meßzwecke besonders gut geeignet, da sie besonders klein sind und der Temperaturkoeffizient etwa zehnmal so groß ist wie der von Platin-Widerstandsthermometern. Eine Berücksichtigung der Zuleitungswiderstände kann im allgemeinen unterbleiben, da diese im Verhältnis zum Widerstand des Meßheißleiters vernachlässigbar klein sind. Meßheißleiter werden in vielen Anwendungsfällen in Brückenschaltungen verwendet, die es gestatten, einen Abgleich vorzunehmen.

2.5 Widerstände

Regelheißleiter

Regelheißleiter sind für einen Betriebsbereich bestimmt, in dem die Temperatur durch elektrische Erwärmung so hoch liegt, daß die Änderung der Umgebungstemperatur nur unbedeutenden Einfluß hat. Werden Regelheißleiter in Reihe mit einem Vorwiderstand geschaltet, so bleibt die Spannung über dem Heißleiter bei veränderlicher Eingangsspannung nahezu konstant (Bild 2.5–13). Die Stabilisierungswirkung dieser Schaltung ist nicht sehr groß. Sie hat jedoch den Vorteil, daß man sie auch für Wechselspannung verwenden kann und der Oberwellenanteil klein bleibt. Insofern unterscheidet sich die Stabilisierung mit einem Heißleiter gegenüber der mit Z-Dioden und Stabiröhren.

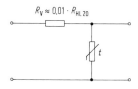

Bild 2.5–13. Spannungsstabilisierung mit Hilfe eines Regelheißleiters

Fremdbeheizte Heißleiter

Fremdbeheizte Heißleiter bestehen aus einem *Heizer* und dem *Heißleiter*, die gemeinsam in einem Gehäuse gut wärmeleitend miteinander verbunden sind. Die Eigenerwärmung des Heißleiters soll in jedem Betriebsfall vernachlässigbar klein sein.

2.5.12 Kaltleiter, PTC-Widerstände

Kaltleiter sind Widerstände, deren Widerstandswert mit steigender Temperatur zunimmt.
In einem bestimmten Temperaturbereich, der typisch für den jeweiligen Kaltleiter ist, steigt der Widerstandswert nahezu sprungförmig an.

Technologie

Die elektrischen Eigenschaften von Kaltleitern werden durch das Mischungsverhältnis von Titanoxiden, Strontiumoxiden und Bariumcarbonat in der gewünschten Form beeinflußt. Dieses Material wird bei Temperaturen von 1000 °C bis 1400 °C gesintert.

Temperaturverhalten von Kaltleitern

Die Abhängigkeit des Widerstandes von der Temperatur läßt sich mathematisch nicht für den gesamten Temperaturbereich beschreiben. Im Bereich des sehr steilen Widerstandsanstieges nimmt der Widerstand nach einer Exponentialfunktion zu. Im allgemeinen werden in den Datenblättern Kennlinien wiedergegeben. Bild 2.5–14 zeigt den typischen Widerstandsverlauf eines Kaltleiters mit den typischen Daten. Bei niedrigen Temperaturen, bis zum Widerstandsbereich mit positivem Temperaturkoeffizienten, haben Kaltleiter, wie alle Halbleiter, einen leicht negativen Temperaturkoeffizienten. Bei der Temperatur t_1 wird der minimale Widerstandswert erreicht. Oberhalb dieses Bereichs steigt der Widerstand mit zunehmender Steilheit an. Zu Beginn des sehr steilen

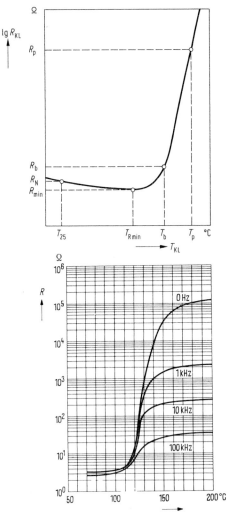

Bild 2.5–14.
Typischer Verlauf des Kaltleiterwiderstandes in Abhängigkeit von der Kaltleitertemperatur.

$R_{KL} = f(T_{KL})$
R_N Kaltleiter-Nennwiderstand (Widerstandswert bei T_N)
R_{min} Minimalwiderstand (Widerstandswert bei T_{Rmin})
T_{Rmin} Temperatur bei R_{min} (Beginn des positiven α_R)
R_b Bezugswiderstand (Widerstandswert bei T_b)
T_b Bezugstemperatur (Beginn des steilen Widerstandsanstiegs)
R_p Widerstand im steilen Bereich (Widerstandswert bei T_p)
T_p Temperatur oberhalb der Bezugstemperatur T_b

Bild 2.5–15. Frequenz- und Temperatur-Abhängigkeit des Kaltleiter-Widerstandes

Widerstandsanstieges, bei etwa $2 \cdot R_{min}$, gibt man die Bezugstemperatur und den zugehörigen Bezugswiderstand an. Bei weiterer Temperaturerhöhung erhöht sich der Widerstandswert exponentiell bis zur Endtemperatur. Der steile Widerstandsanstieg ist auf das Zusammenwirken von Halbleitung und Ferroelektrizität zurückzuführen. Zwischen den Korngrenzen des Kaltleitermaterials bilden sich Sperrschichten aus. Oberhalb der Bezugstemperatur, die etwa mit der Curietemperatur zusammenfällt, nimmt die Dielektrizitätskonstante ab, die Sperrwirkung wird größer, d. h., der Widerstand nimmt zu.

Die Sperrschichten zwischen den Korngrenzen haben Kapazitäten, die das Wechselstromverhalten von Kaltleitern beeinflussen, wie Bild 2.5–15 zeigt. Der Widerstandswert von Kaltleitern nimmt bei Belastung mit Wechselspannung höherer Frequenzen ab, da der Blindleitwert der Kapazitäten mit der Frequenz zunimmt. Kaltleiter können

2.5 Widerstände

mit Bezugstemperaturen von etwa $-30\,°C$ bis etwa $220\,°C$ gefertigt werden. Die Abstufung richtet sich nach den Anforderungen.

Meß- und Regeltechnik 60 V

		Maßbild
Anwendung	allgemeine Aufgaben in der Temperaturmeß- und Regeltechnik	6,5 max 10 max
Ausführung	Kaltleiterscheibe mit Umhüllung	
Anschlüsse	Anschlußdrähte verzinnt	
Kennzeichnung	Farbcodierung	⌀0,5 33 min
Qualitätsmerkmal	höhere Belastbarkeit	

Grenzdaten

Anwendungsklasse nach DIN 40040	HHF(-P310-C13 ...P390-C13)	HEF(-P430-C13 -P450-C13)
Untere Grenztemperatur	H $-25\,°C$	H $-25\,°C$
Obere Grenztemperatur	H $+155\,°C$	E $+200\,°C$
Feuchteklasse	F Mittlere relative Feuchte $\leq 75\,\%$	
	95 % an 30 Tagen im Jahr andauernd	
	85 % an den übrigen Tagen gelegentlich	
	keine Betauung zulässig	

Lagertemperaturen
Untere Grenztemperatur $T_S\,(\min)\;-25\,°C$
Obere Grenztemperatur $T_S\,(\max)\;+65\,°C$

		-P310-C13	-P330-C13	-P350-C13	-P390-C13	-P430-C13	-P450-C13	Einheit
Max. Betriebsspannung bei $T_A = 40\,°C$	U_{max}	60	60	60	60	60	60	V
Nennwiderstand bei $U_{KL} \leq 1{,}5\,V$	R_N	46	27	27	33	40	46	Ω
Toleranz von R_N	ΔR_N	±25	±25	±25	±25	±25	±25	%
Kleinster Vorwiderstand bei U_{max}	R_{Vmin}	20	20	20	20	20	20	Ω
Bezugstemperatur	T_b	40	60	60	80	120	160	180	°C
Toleranz von T_b	ΔT_b	5	5	5	5	6	7	K
Bezugswiderstand (typ.)	R_b	80	54	54	58	58	58	Ω
Temperatur Widerstand bei T_{Rmin} (typ.)	T_{Rmin}	0	20	40	80	120	140	°C
	R_{min}	40	27	27	29	29	29	Ω
bei $T_b - \Delta T_b$		≤ 105	≤ 70	≤ 70	≤ 75	≤ 75	≤ 75	Ω
bei $T_b + \Delta T_b$		≥ 55	≥ 38	≥ 38	≥ 40	≥ 40	≥ 40	Ω
Temperatur	T_p	95	110	125	155	200	220	°C
Widerstand bei T_p	R_p	≥ 20	≥ 20	≥ 20	≥ 20	≥ 10	≥ 5	kΩ
Temperaturkoeffizient	α_R	16	20	28	29	13	13	%/K
Therm. Abkühlzeitkonstante	τ_{th}	66	66	60	60	60	60	s
Wärmeleitwert	G_{th}	10	10	11	11	11	11	mW/K
Wärmekapazität	C_{th}	0,66	0,66	0,66	0,66	0,66	0,66	J/K
Farbcodierung		blau	violett	orange	grün	braun	grau	

a) Kennlinien (typischer Verlauf)
Kaltleiterwiderstand R_{KL} in Abhängigkeit von der Kaltleitertemperatur T_{KL} (Kleinsignalwiderstandswerte)

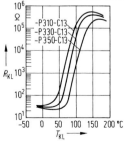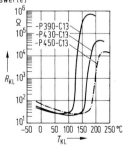

Bild 2.5–16.
Angaben in Datenblättern *(Siemens)*
Daten von Heißleitern P310 bis P450
a) Kennlinien des Widerstandsverlaufes in Abhängigkeit von der Temperatur

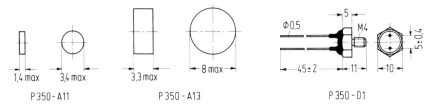

P 350-A11   P 350-A13   P 350-D1

Bild 2.5–17. Bauform bzw. Einbaumaße der Kaltleiter, deren Daten im Text genannt werden.

Anwendung

Kaltleiter eignen sich für Steuer-, Regel- und Überwachungs-Aufgaben. Man kann zwei Anwendungsbereiche unterscheiden:
   a) Kaltleiter, deren Widerstandswert durch die Umgebungstemperatur bestimmt wird,
   b) Kaltleiter, deren Widerstand durch elektrisch zugeführte Energie bestimmt wird.
Nachfolgend werden einige Beispiele für Anwendungen von Kaltleitern aufgeführt.

Überlastschutz von elektrischen Maschinen

Die elektrische und thermische Belastbarkeit von elektrischen Maschinen und in gewissem Grade auch von elektrischen Geräten wird durch die Grenztemperatur der Isolierstoffe bestimmt.

Nach VDE 0530 werden Isolierstoffe in Klassen A bis C eingeteilt. In die Klasse A mit einer Grenztemperatur von 105 °C fallen u. a. Baumwolle, Papier, Preßspan und Öllackdraht. Zur Überwachung und Abschaltung von elektrischen Maschinen mit diesen oder ähnlichen Isolierstoffen bei Überschreitung der Grenztemperatur eignen sich Kaltleiter. Sie werden in die Wicklungen eingewickelt und erfassen die Wicklungstemperatur unmittelbar am Entstehungsort. Für diesen Zweck werden Kaltleiter mit Ansprech- bzw. Bezugs-Temperaturen von etwa 60 °C bis 180 °C mit einer Stufung von 5 °C angeboten.

Begrenzung und Regelung der Kühlwassertemperatur von Verbrennungskraftmaschinen

In der Schaltung von Bild 2.5–18 hat der Kaltleiter die Aufgabe, die Kühlmitteltemperatur zu erfassen und den Lüftermotor zu steuern. Bei niedrigen Temperaturen bis etwa 60 °C beträgt der Widerstandswert etwa 20 Ω, wie die Kennlinie in Bild 2.5–16 zeigt.

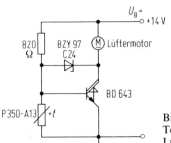

Bild 2.5–18.
Temperaturabhängige Steuerung eines Lüftermotors mit Hilfe eines Kaltleiters

2.5 Widerstände

Zwischen Basis- und Emitter-Anschluß liegt entsprechend der Spannungsteilerregel eine Spannung von:

$$U_{BE} = U_B \frac{R_{Kl}}{R_{Kl} + R_v} = 14\,V \frac{20\,\Omega}{20\,\Omega + 820\,\Omega} = 0{,}33\,V.$$

Der Darlington-Transistor wird mit dieser Spannung noch nicht angesteuert, da die Schwellspannung nicht erreicht wird. Der Transistor ist gesperrt, der Lüftermotor läuft nicht. Bei steigender Temperatur des Kühlmittels nehmen der Kaltleiterwiderstand und die Spannung U_{BE} zu. Der Transistor wird aufgesteuert, und der Lüfter läuft bei etwa 80 °C mit niedriger Drehzahl an. Nur etwa 3 K bis 4 K sind zur Durchsteuerung des Transistors notwendig, bei der der Lüfter die volle Drehzahl erreicht. Die Z-Diode soll den Transistor vor unzulässig hohen Induktionsspannungen beim Abschalten des Lüftermotors schützen.

Stabilisierung kleiner Ströme mit Kaltleitern

Die Eigenart der statischen Strom-Spannungskennlinie von Kaltleitern ermöglicht die Konstanthaltung kleiner Ströme, jedoch mit geringer Konstanz. Wird ein Kaltleiter in Reihe mit einem Verbraucher-Widerstand R_L geschaltet und an eine Betriebsspannung U_B angeschlossen, erwärmt sich der Kaltleiter und nimmt einen höheren Widerstand an. Der anfänglich hohe Strom wird begrenzt. Erhöht man die Betriebsspannung oder verringert man den Lastwiderstand, erhöht sich zunächst der Strom, gleichzeitig wird der Kaltleiter erwärmt und die damit verbundene Widerstandserhöhung wirkt der Stromerhöhung entgegen.
Bild 2.5–19 zeigt die Strom- und Spannungs-Verhältnisse für eine Reihenschaltung mit einem Lastwiderstand 50 Ω und einem Kaltleiter. Die Widerstandsgerade ist für eine Betriebsspannung von 25 V und 40 V eingezeichnet. Für die obere Kennlinie kann ein

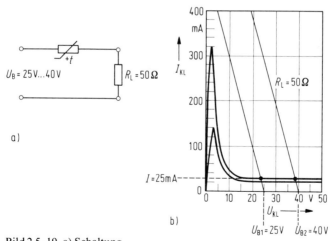

Bild 2.5–19. a) Schaltung
b) Stationäre Strom-Spannungskennlinie des Kaltleiters P 350-C 15 *(Siemens)* mit oberer und unterer Toleranz

Kennlinie für verschiedene Abkühlbedingungen eines speziellen Keramik-Kaltleiters. Wird dieser z. B. mit 12 V gespeist und ruhender Luft bei 25 °C ausgesetzt, so fließt ein Strom von etwa 30 mA. Sobald der Kaltleiter in Öl mit einer Temperatur von 25 °C eingetaucht wird, steigt der Strom auf etwa 58 mA an.
Kaltleiter werden in dieser Betriebsweise u. a. zur Füllstandsüberwachung von Öltanks verwendet. Die Stromänderung kann zur Betätigung eines Relais dienen.

2.5.13 Spannungsabhängige Widerstände, VDR-Widerstände

Spannungsabhängige Widerstände sind unter den Bezeichnungen *VDR*-Widerstände *(voltage dependent resistor)* und *Varistoren (variable resistor)* bekannt. VDR-Widerstände sind Bauelemente, deren Leitwert mit steigender Spannung etwa exponentiell zunimmt. Die theoretische Kennlinie gleicht der zweier antiparallel geschalteter Dioden. Für beide Stromrichtungen sind die *Durchlaßkennlinien* maßgebend. Im einfachsten Falle ersetzen zwei Dioden einen VDR-Widerstand. Zum Schutze von empfindlichen Verstärkern wird von dieser Begrenzerschaltung häufig Gebrauch gemacht. Der Eingang des Verstärkers wird somit vor Spannungen, die größer sind als die Schleusenspannung (etwa ± 0,5 V), geschützt.

Technologie

VDR-Widerstände werden aus Silizium-Carbid (SiC), Titanoxid (TiO_2) oder aus Zinkoxid unter Beimengung von anderen Metalloxiden gesintert. Die meisten VDR-Widerstände sind scheibenförmig oder stabförmig mit unterschiedlichen Durchmessern und Längen.

Spannungsabhängigkeit von VDR-Widerständen

Zwischen den Grenzschichten der Körner von gesinterten VDR-Widerständen entstehen pn-Übergänge, die das elektrische Verhalten bestimmen. Man kann sich VDR-Widerstände aus vielen antiparallel geschalteten Dioden zusammengesetzt vorstellen, wie

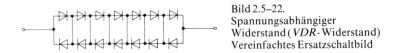

Bild 2.5–22.
Spannungsabhängiger
Widerstand (*VDR*-Widerstand)
Vereinfachtes Ersatzschaltbild

Bild 2.5–22 zeigt. Die Kennlinien verlaufen mehr oder weniger genau nach einer Potenzfunktion, die folgende Form hat:

$U = C \cdot I^\beta$
U Spannung in V
I Durchlaßstrom in A
C Materialabhängige Konstante in Ω
  Größenordnung $10\,\Omega$ bis $1000\,\Omega$
β Regelfaktor; Maß für die Steilheit der Kennlinie; Größenordnung 0,14 bis 0,4

Für einen VDR-Widerstand mit $C = 108\,\Omega$, $\beta = 0{,}22$ und einem höchstzulässigen Strom von 0,1 A ergeben sich die Tabelle und die Kennlinie von Bild 2.5–23. Mit einem Ta-

2.5 Widerstände

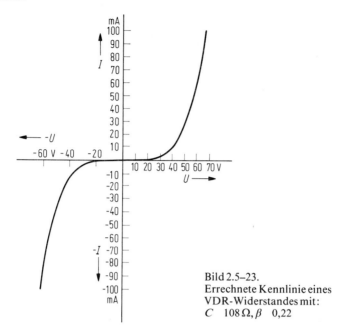

Bild 2.5–23.
Errechnete Kennlinie eines
VDR-Widerstandes mit:
C 108 Ω, β 0,22

schenrechner lassen sich die Spannungswerte leicht nachrechnen. Für einen Strom von $I = 0,01$ mA ergibt sich:

$$U = 108\,\Omega \cdot 0{,}00001\,\text{A}^{0{,}22} = 8{,}58\,\text{V}$$

I in mA	0,01	0,1	1	5	10	20	30	40	50	70	100
U in V	8,58	14,2	23,6	33,7	39,2	45,7	50	53,2	55,9	60,2	65,1

VDR-Widerstände haben leicht negative Temperaturkoeffizienten. Die Spannung nimmt bei konstantem Strom mit etwa 0,1 %/K bis 0,2 %/K ab.

VDR-Widerstände haben infolge der Ausbildung von Grenzschichten Eigenkapazitäten, die bei kleinen Strömen die Durchlaßspannung verringern.

Angaben in Datenblättern
Scheibenförmiger SiC-Varistor (Valvo)

Meßstrom:	100 mA
zugehörige Meßspannung:	10 V
β-Wert:	0,25 bis 0,4 (β-Werte werden für 0,3 $I_{\text{Meß}}$ und 3 $I_{\text{Meß}}$ angegeben)
C-Wert etwa:	21 Ω
Abmessungen:	Durchmesser 14,5 mm; Dicke $h_{\max} = 3$ mm
Belastung:	0,8 W

Darüber hinaus werden Kennlinien und Nomogramme zur Auswahl von VDR-Widerständen für bestimmte Anwendungszwecke wiedergegeben.

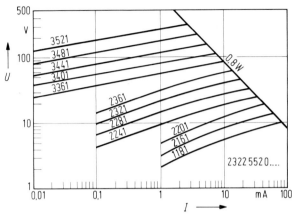

Bild 2.5-24. Strom-Spannungs-Kennlinien einer Baureihe von *VDR*-Widerständen mit $P_{tot} = 0{,}8$ W *(Valvo)*

Anwendung

VDR-Widerstände hoher Spannung werden zum Schutz von spannungsempfindlichen Bauelementen, zur Funkenlöschung in Schaltkreisen, als Überspannungsableiter und zur Stabilisierung von Spannungen benutzt. Sie haben gegenüber Z-Dioden den Vorteil höherer Spannung, jedoch den Nachteil des größeren differentiellen Innenwiderstandes, der außerdem sehr stark vom Betriebspunkt abhängig ist.

In Fernsehgeräten werden VDR-Widerstände zur Bildung von Spannungsschwellen, wie in Bild 2.5-20 gezeigt, und zur Begrenzung von Spannungen bzw. zur Linearisierung eingesetzt.

2.5.14 Magnetisch abhängige Widerstände

Magnetisch abhängige Widerstände sind Bauelemente, deren Leitwert durch magnetische Felder beeinflußt wird. Außer der Größe der Flußdichte B ist die Richtung des Feldes von Bedeutung. Der Leitwert nimmt bei steigender Flußdichte ab. Bei konstanter Flußdichte ist der Quotient aus angelegter Spannung und fließendem Strom für unterschiedliche Strom- bzw. Spannungswerte konstant und unabhängig von der Stromrichtung. Die Proportionalität zwischen Strom und Spannung ist das Kriterium für den ohmschen Widerstand.

Magnetisch beeinflußbare Widerstände werden aus Verbindungshalbleitermaterial hergestellt. Von der Firma *Siemens* wird Indiumantimonid verwendet. Dünne Schichten von etwa 20 µm Dicke werden mäanderförmig auf einen dünnen isolierenden Träger aufgebracht. Innerhalb der dünnen Halbleiterschicht sind metallisch leitende Bezirke (Strombahnen) eingeschlossen. Magnetische Felder haben Einfluß auf die wirksame Länge der Strombahnen. Je größer die Flußdichte, desto länger werden die Strombahnen und um so größer wird der Widerstand des Bauelements. Bild 2.5-25b zeigt Kennlinien von magnetisch abhängigen Widerständen aus unterschiedlichem Material. Sie

2.5 Widerstände 273

werden zur Messung, zur Regelung und zur Steuerung von magnetischen Feldern verwendet.

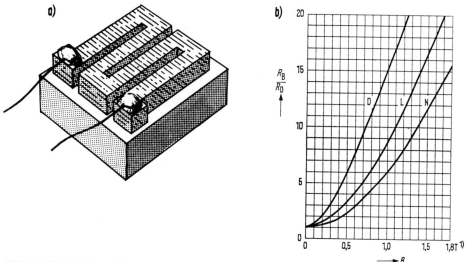

Bild 2.5-25. Feldplatte *(Siemens)*
a) Prinzipieller Aufbau, b) Kennlinien für unterschiedliches Material

2.5.15 Dehnungsmeßstreifen

Bei Dehnungsmeßstreifen (DMS) werden die mechanische Verformung von elektrischen Leitern in Längsrichtung und die dadurch bedingte Widerstandsänderung ausgenutzt. Die Längenänderung führt zu einer Querschnittsänderung, so daß beide Effekte gleichsinnig zur Widerstandsänderung beitragen. Die Längenänderung ist infolge des *Hookeschen* Gesetzes über die elastische Verformung auf Bruchteile von Millimetern begrenzt.

Technologie

Um einheitliche Widerstandswerte (z. B. 120 Ω oder 350 Ω) zu erhalten, ist es zweckmäßig, die Gesamtlänge des wirksamen Drahtes bzw. der Widerstandsschicht durch mäanderförmige Anordnung zu vergrößern. Bild 2.5–26 zeigt einige Ausführungsformen von Dehnungsmeßstreifen.

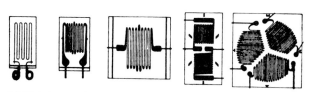

Bild 2.5–26. Ausführungsformen von Dehnungsmeßstreifen *(Hellige)*

Als Träger für die Widerstandsdrähte oder die Widerstandsschicht dient ein isolierendes Material, z. B. Kunststoffolie. Mit Spezialkleber werden die Dehnungsmeßstreifen auf das entsprechende Objekt aufgeklebt. Dehnungen und Stauchungen im Meßobjekt werden dann in den Dehnungsmeßstreifen wirksam.

Widerstandsänderung

Für die Widerstandsänderung des DMS ist die Dehnung des Meßobjektes infolge äußerer Krafteinwirkung maßgebend. Die Widerstandsänderung $\Delta R/R$ ist bei kleinen Längenänderungen proportional der Dehnung $\varepsilon = \Delta l/l$.

Es gilt die Beziehung

$$\frac{\Delta R}{R} = k \cdot \frac{\Delta l}{l} = k\varepsilon.$$

Hierin ist k ein Proportionalitätsfaktor, der angibt, wie groß das Verhältnis der relativen Widerstandsänderung zur relativen Längenänderung ist. k ist eine materialbedingte Konstante, die für Metall-Dehnungsmeßstreifen in der Größenordnung von 2 liegt. Mit Halbleiter-Dehnungsmeßstreifen werden bei entsprechender Dotierung k-Werte von etwa 120 erreicht, was jedoch mit einer großen Temperaturabhängigkeit verbunden ist.

Dehnungsmeßstreifen werden vorwiegend mit Widerstandswerten von 120 Ω und 350 Ω hergestellt. Sie werden in Verbindung mit festen Widerständen, z. B. in Spannungsteilerschaltungen, verwendet. Eine noch größere Verbreitung haben jedoch Brückenschaltungen gefunden, in denen ein, zwei oder vier Dehnungsmeßstreifen verwendet werden, da auf diese Weise die große Temperaturempfindlichkeit durch geeignete Beschaltung vermindert werden kann.

Spannungsänderung

Die meisten Brückenschaltungen werden mit Konstantspannung, manche auch mit Konstantstrom gespeist. Wie Bild 2.5–28 zeigt, kann man sich eine Brückenschaltung aus zwei Spannungsteilern mit derselben Betriebsspannung zusammengesetzt denken. Die Brücken-Ausgangsspannung ergibt sich aus der Differenz der Teilerspannungen,

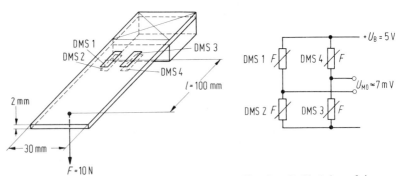

Bild 2.5–27. Anordnung der vier Dehnungsmeßstreifen einer Vollbrücke auf einem Biegebalken zur Momentmessung

2.5 Widerstände

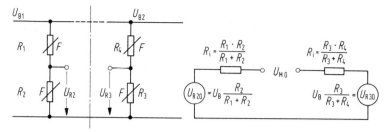

Bild 2.5-28. Spannungen und Innenwiderstände einer Brückenschaltung

und die Innenwiderstände addieren sich zum Innenwiderstand der Brückenschaltung. Vereinfacht ergibt sich für die unbelastete und mit Konstantspannung gespeiste Brücke eine Meßspannung U_{M0}:

$$U_{M0} = U_B \cdot \frac{R_1 \cdot R_4 - R_2 \cdot R_3}{(R_1 \cdot R_2) \cdot (R_3 \cdot R_4)}.$$

Bei gleichen Widerständen, wie sie in Brückenschaltungen mit Dehnungsmeßstreifen gegeben sind, und sehr kleinen Widerstandsänderungen gegenüber dem Nennwert kann die Meßspannung näherungsweise berechnet werden:

$$U_{M0} \approx U_B \frac{\Delta R}{R}.$$

Wird die DMS-Brückenschaltung durch ein Meßinstrument mit geringem Widerstand oder durch eine Verstärkerschaltung belastet, verringert sich die Meßspannung um den Spannungsabfall am inneren Widerstand der Brücke:

$$U_M = U_{M0} - I_M \cdot R_i \quad \text{mit } R_i = \frac{R_1 \cdot R_2}{R_1 + R_2} + \frac{R_3 \cdot R_4}{R_3 + R_4}.$$

Für DMS-Brückenschaltungen, die mit konstantem Strom gespeist werden, ergeben sich ähnliche Verhältnisse:

$$U_{M0} = I_B \cdot \frac{R_1 \cdot R_4 - R_2 \cdot R_3}{R_1 + R_2 + R_3 + R_4} \text{ (unbelastet);}$$

$$U_M = I_B \cdot R_M \cdot \frac{R_1 \cdot R_4 - R_2 \cdot R_3}{R_M (R_1 + R_2 + R_3 + R_4) + (R_1 + R_3) \cdot (R_2 + R_4)}$$

(belastet).

Am Beispiel einer Kraft- bzw. Momentenmessung soll die Wirkungsweise von Dehnungsmeßstreifen erläutert werden. In der Anordnung von Bild 2.5-27 werden die Dehnungsmeßstreifen DMS 1 und DMS 3 auf der Oberseite und DMS 2 sowie DMS 4 auf der Unterseite eines „Biegebalkens" aus Aluminium 30 mm × 2 mm aufgeklebt und elektrisch wie in Bild 2.5-27 geschaltet.

Wird der Biegebalken mit einer Kraft F im Abstand l von den Dehnungsmeßstreifen belastet, so entstehen ein Moment M und als Folge eine Zug- bzw. Druckbelastung im Biegebalken und in den Dehnungsmeßstreifen. Vorausgesetzt, die Dehnungsmeßstreifen sind einwandfrei geklebt und zeigen keine „Kriecherscheinungen", ist die Dehnung ε in den Randzonen des Biegebalkens genauso wie in den Dehnungsmeßstreifen.
Mit einer angenommenen Kraft F von 10 N und einem Abstand l von 100 mm ergibt sich eine mechanische Spannungs-Beanspruchung σ in den Randfasern des Biegebalkens von:

$$\sigma = \frac{M}{W_b} = \frac{100 \text{ mm} \cdot 10 \text{ N}}{20 \text{ mm}^3} = 50 \text{ N/mm}^2.$$

M Moment $l \cdot F$
W_b Widerstandsmoment für rechteckige Querschnitte

$$W_b = \frac{h \cdot b^2}{6} = \frac{30 \text{ mm} \cdot (2 \text{ mm})^2}{6} = 20 \text{ mm}^3$$

Aus der mechanischen Spannung und dem materialbedingten Elastizitätsmodul E ergibt sich die Dehnung ε:

$$\varepsilon = \frac{\sigma}{E} = \frac{50 \text{ N/mm}^2}{72\,000 \text{ N/mm}^2} = 0{,}694\, \text{‰}.$$

Die Dehnung bei einem Stahl-Biegebalken mit gleichen Abmessungen ist wesentlich geringer, da der Elastizitätsmodul $E = 210\,000 \text{ N/mm}^2$ beträgt.
Mit einem Proportionalitätsfaktor für Metall-DMS von $k \approx 2$ läßt sich die Widerstandsänderung im vorliegenden Belastungsfall berechnen:

$$\frac{\Delta R}{R} = \varepsilon \cdot k = 1{,}389\, \text{‰}.$$

Nimmt man eine Betriebsspannung von $U_B = 5$ V an, wird die Meßspannung U_{M0} etwa

$$U_{M0} \approx U_B \cdot \frac{\Delta R}{R} = 5 \text{ V} \cdot 1{,}389 \cdot 10^{-3} = 6{,}95 \text{ mV}.$$

Derartig kleine Meßspannungen erfordern hochwertige Meßverstärker.

Anwendungen

Dehnungsmeßstreifen haben eine große Verbreitung in Umformern zur elektrischen Messung nichtelektrischer Größen. Sie werden verwendet zur:

    Momentenmessung,
    Kraftmessung,
    Drehmomentenmessung,
    Schwingungsmessung,
    Druckmessung von Gasen und Flüssigkeiten,
    Gewichtsmessung (automatische Waagen).

Man unterscheidet Anordnungen für *statische* und *dynamische* Messungen. Statische Messungen können nur dann mit genügender Genauigkeit ausgeführt werden, wenn die Temperaturabhängigkeit der Dehnungsmeßstreifen weitgehend kompensiert wird, was durch die Verwendung *aktiver* und *passiver* DMS möglich ist. Hierfür eignet sich die Brücke aus vier Dehnungsmeßstreifen, die sog. Vollbrücke, oder die Halbbrücke mit zwei DMS. Mittels *NTC*- oder *PTC*-Widerständen kann empirisch der Resteinfluß der Temperatur kompensiert werden.

2.5.16 Fotowiderstände

Fotowiderstände sind Widerstandsbauelemente aus Verbindungshalbleitern, deren Widerstandswert sich unter Einwirkung von Licht sehr stark verändert. Sie werden gemeinsam mit anderen optoelektronischen Bauelementen in Kapitel 2.4.3 beschrieben.

2.6 Kondensatoren

2.6.1 Allgemeine Betrachtung über Kondensatoren

Kondensatoren sind passive elektronische Bauelemente. Sie bestehen in der einfachsten Ausführungsform aus zwei Metallplatten, den sog. *Belägen*, und einem gut isolierenden Material zwischen den Belägen, dem *Dielektrikum*. Schließt man über einen Begrenzungswiderstand eine Spannungsquelle an die beiden Metallbeläge an, so fließt ein Ladestrom, der nach einer e-Funktion abklingt. Nach Entfernen der Spannungsquelle bleibt die Spannung am Kondensator für eine gewisse Zeit erhalten. Theoretisch könnte sie bei einem ideal isolierenden Dielektrikum unendlich lange bestehen bleiben, praktisch fließt jedoch ein Entladestrom über das verlustbehaftete Dielektrikum, bis die Potentialdifferenz ausgeglichen ist. Im Kondensator kann offensichtlich elektrische Energie im elektrischen Feld gespeichert werden. Die *Kapazität C* für elektrische Ladungsmengen wird durch die geometrischen Abmessungen und die Eigenschaften des Dielektrikums bestimmt:

$$C = \varepsilon_0 \varepsilon_r \frac{A}{d} \cdot \frac{As}{V\,cm} \cdot \frac{cm^2}{cm} \text{(Farad, F)}.$$

Hierin bedeutet A die Fläche des Dielektrikums bzw. der Beläge. Im allgemeinen sind die beiden sich gegenüberstehenden Beläge gleich groß. Die Dicke des Dielektrikums wird mit d bezeichnet, wie in Skizze 2.6–1 angedeutet, ε_0 und ε_r beziehen sich auf die

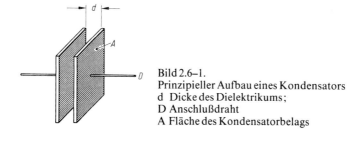

Bild 2.6–1.
Prinzipieller Aufbau eines Kondensators
d Dicke des Dielektrikums;
D Anschlußdraht
A Fläche des Kondensatorbelags

Leitfähigkeit des Dielektrikums für das elektrische Feld. ε_0 ist die (Dielektrizitäts-)Konstante für die Leitfähigkeit im Vakuum, und ε_r gibt an, wievielmal besser ein Stoff das elektrische Feld leitet als Vakuum.

In der Elektrotechnik werden Kapazitäten von etwa 1 pF (10^{-12} F) bis etwa 1 F verwendet. Es gibt eine große Anzahl von Anwendungsgebieten. Große Kapazitäten werden z. B. zur Blindstromkompensation, als Motorkondensatoren zur Drehfelderzeugung und zur Glättung von gleichgerichteten Spannungen verwendet. Kleine Kapazitäten werden dagegen u. a. in der HF-Technik zur Erzeugung von Schwingungen benötigt. Die Spannungsbelastung reicht von einigen mV bis zu einigen kV, in Sonderfällen sogar noch darüber. Es darf daher nicht verwundern, daß bei der mannigfaltigen Aufgabenstellung eine fast unübersehbare Zahl von Typen hergestellt wird. Im Zeitalter der Mikroelektronik wird besonders auf kleinste Abmessungen der Kondensatoren bei größter Kapazität Wert gelegt. Aus der Beziehung für die Kapazität ist zu ersehen, daß es zwei Möglichkeiten gibt, um die Kapazität pro Volumeneinheit zu vergrößern, nämlich Vergrößern der Stoffkonstante ε_r durch die Wahl eines geeigneten Dielektrikums und Verkleinern von dessen Dicke d.

Die Fläche der Beläge A kann zwar nahezu beliebig vergrößert werden und damit im gleichen Sinne auch die Kapazität; es wächst damit jedoch auch das Volumen. Eine Möglichkeit, die Fläche der Beläge zu vergrößern, wird bei Wickelkondensatoren ausgenutzt, die später beschrieben werden.

2.6.2 Dielektrika

Letztlich ist die Größe und Güte eines Kondensators vom Dielektrikum des Bauelementes abhängig. Kein technisch verwendbares Dielektrikum hat unendlich großen Isolationswiderstand; auch können keine beliebig dünnen Schichten hergestellt werden, da die Durchschlagsfestigkeit des Dielektrikums Grenzen setzt. Bei der Wahl des Dielektrikums sind außerdem fertigungstechnische und wirtschaftliche Gesichtspunkte maßgebend. Ideal wäre ein Dielektrikum zu nennen, wenn es Eigenschaften aufweist, die nachstehend aufgeführt sind. Die tatsächlich erreichbaren Werte sind gegenübergestellt.

Eigenschaften	ideal	real
relative Dielektrizitätskonstante	sehr groß (∞)	3 bis 10 000
Isolationswiderstand	sehr groß (∞)	10^{12} bis 10^{17} Ωcm
Durchschlagsfestigkeit	sehr groß (∞)	100 bis 15 000 kV/cm

Außer guten elektrischen Eigenschaften muß das Dielektrikum darüber hinaus die Herstellung sehr dünner Schichten oder Folien erlauben und gut zu verarbeiten sein. Es können folgende Dielektrika zur Herstellung von Kondensatoren verwendet werden:
 a) Luft oder Gas (z. B. Stickstoff),
 b) Öl,
 c) feste Stoffe (Papier, Kunststoffolien, Keramik),
 d) Metalloxide und Halbleiterschichten.

Die festen Dielektrika und elektrolytisch erzeugten Dielektrika haben für Festkondensatoren die größte Bedeutung. In Platten- und Drehkondensatoren mit einstellbarer Ka-

pazität übernimmt Luft die Aufgabe des Dielektrikums. Die erreichbaren Kapazitäten von Luftkondensatoren sind jedoch klein, die elektrischen Eigenschaften dagegen als sehr gut zu bezeichnen. Sie werden daher häufig als Eichnormale verwendet. Öl als Dielektrikum hat für Kondensatoren geringe Bedeutung.
Kondensatoren mit festem Dielektrikum kann man in zwei Gruppen unterteilen:
a) Kondensatoren aus dünnen Folien oder Schichten mit großer aktiver Belagsfläche,
b) Kondensatoren mit kleiner aktiver Fläche, jedoch sehr großer Dielektrizitätskonstanten. Hierzu zählen Keramik-Kondensatoren ($\varepsilon_r \leq 10\,000$) und Elektrolyt-Kondensatoren.

Lange Zeit wurden Folienkondensatoren aus Papier hergestellt. Seitdem jedoch Kunststoffe zu Folien bis 2 μm Dicke herab verarbeitet werden können, haben diese Kunststofffolien-Kondensatoren zunehmend an Bedeutung gewonnen.
Die Tabelle 2.6–1 gibt einen Überblick über die Eigenschaften der heute gebräuchlichen Dielektrika.

2.6.3 Verluste und Güte von Kondensatoren

Bei Spannungsbeanspruchung fließt über das Dielektrikum ein sehr kleiner Strom, der in manchen Anwendungsfällen nicht vernachlässigt werden kann. Weitere Verluste treten infolge ständiger Umpolarisation der Dipole im Innern des Dielektrikums unter Wechselspannung auf. Beide Verlustarten steigen im allgemeinen mit steigender Betriebsfrequenz an. Ein Maß für die Verluste und damit die Güte eines Kondensators ist der *Verlustfaktor tan δ* bzw. der *Verlustwinkel δ*. Verlustwinkel und -faktor lassen sich aus dem Ersatzschaltbild des verlustbehafteten Kondensators entnehmen (Bild 2.6–2).

$$\tan \delta = \frac{R}{\dfrac{1}{\omega C}} = R\omega C = 2\pi f R C.$$

Den Kehrwert bezeichnet man als *Gütefaktor*. Um die Güte von Kondensatoren vergleichen zu können, wird der Verlustwinkel bzw. -faktor für eine Meßfrequenz von 1 kHz bei 25 °C Umgebungstemperatur angegeben. Abweichungen hiervon werden vermerkt.
Der Verlustfaktor tan δ stellt eine wichtige Größe für den Anwender dar und wird deshalb in den Unterlagen angegeben. Er ist von der Temperatur und der Frequenz abhängig. Bild 2.6–2 b und c zeigt dies für einen Wickelkondensator mit Kunststoffdielektrikum. Eng verbunden mit dem Verlustfaktor eines Kondensators ist die Zeitkonstante T_s, die ein Maß für die Entladezeit eines geladenen Kondensators gibt. Die Zeitkonstante ist das Produkt aus dem Isolationswiderstand und dem Kapazitätswert. Nach Ablauf eines Zeitintervalls $\Delta t \approx 3\, T_s$ ist die Spannung des Kondensators auf 5 % der ursprünglichen Ladespannung abgesunken. Für manche Kondensatoren wird darüber hinaus die Impulsbelastbarkeit bzw. die Spannungsanstiegsgeschwindigkeit angegeben. Bei für Impulsbelastung geeigneten Kondensatoren sind Spannungsanstiegsgeschwindigkeiten von 100 V/μs üblich. Ist die Eigeninduktivität eines Kondensators bekannt, so kann eine Eigenfrequenz errechnet werden.

Tabelle 2.6-1. Gegenüberstellung verschiedener Dielektrika

Material	ε_r	Isolations-Widerst. Ω cm	Durchschl.-Festigkeit kV/cm	TK der Kapazität K^{-1}	Verlustfaktor tan δ (1 kHz)	Grenztemp. K	Bemerkungen
Papier	≈ 6	$\approx 4 \cdot 10^{15}$	1200	$+250 \cdot 10^{-6}$	0,01	$373 = 100\,°C$	hohe Spannung
Glimmer	$5 \div 8$	$10^{14} \div 10^{17}$	400 5000	$+30 \cdot 10^{-6}$	$0,1 \div 0,0001$	$473 = 200\,°C$	kleiner tan δ
Polyester (Hostaphan, Mylar, Melinex, Polyäthylen-terephthalat)	3,2	$4 \cdot 10^{17}$	1600	$+125 \cdot 10^{-6}$	0,01	$398 = 125\,°C$	
Polystrol (Styroflex)	2,4	$4 \cdot 10^{17}$	750	$-200 \cdot 10^{-6}$	0,0001	$343 = 70\,°C$	sehr kleiner tan δ, niedrige Temperatur
Polycarbonat (Makrofol)	2,8	$2 \cdot 10^{17}$	1800	$+50 \cdot 10^{-6}$	0,003	$373 = 100\,°C$ $423 = 150\,°C$	kleiner tan δ
Polypropylen (Hostalen PPH)	2,2	$4 \cdot 10^{17}$	3400	$-150 \cdot 10^{-6}$	0,0002	$363 = 90\,°C$	sehr kleiner tan δ
NDK-Keramikmassen für Kondensatoren Typ 1	$6 \div 230$	$\approx 10^{12}$	$150 \div 350$	$+100 \cdot 10^{-6}$ 0 $-220 \cdot 10^{-6}$ $-2200 \cdot 10^{-6}$		$358 = 85\,°C$	
HDK-Keramikmassen für Kondensatoren Typ 2	$700 \div 10\,000$	$\approx 10^{12}$	$150 \div 350$	DIN 41 920		$358 = 85\,°C$	
Oxid-Dielektrikum von Alu-Elkos	8,5	$0{,}06\,\text{M}\Omega$ $(10\,\mu F\,6\,V)$	3900			$358 = 85\,°C$	
Tantal-Oxid	27,3	$2\,\text{M}\Omega$	15 000		$0,1 \div 0,05$ (50 Hz)	$473 = 200\,°C$	

2.6 Kondensatoren

a)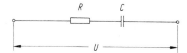

b)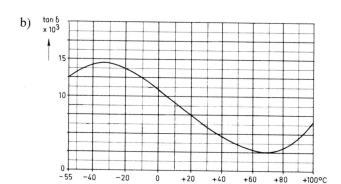

c)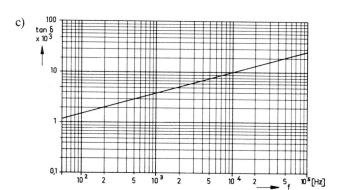

Bild 2.6-2. a) Ersatzschaltbild eines verlustbehafteten Kondensators
b) Temperaturabhängigkeit des Verlustfaktors
c) Frequenzabhängigkeit des Verlustfaktors

Sie ergibt sich zu

$$f_r = \frac{1}{2\pi\sqrt{LC}}.$$

Für einen Kunststoffolien-Kondensator mit einer Kapazität von 0,1 µF und einer Eigeninduktivität von 1 nH beträgt diese Frequenz z. B. 4,1 MHz. Bei Frequenzen bis 0,1 f_r kann die Eigeninduktivität vernachlässigt werden. Oberhalb f_r vergrößert sich die effektive Scheinkapazität,

$$C_{\text{eff}} = \frac{C}{1 - \omega_r^2 LC} = \frac{C}{1 - \left(\frac{f}{f_r}\right)^2}.$$

2.6.4 Temperatur- und Frequenzabhängigkeit, Abstufung und Kennzeichnung von Kondensatoren

Temperatur- und Frequenzeinfluß

Die Kapazität von Kondensatoren wird hauptsächlich durch die Temperatur und die Frequenz beeinflußt. Kapazitätsänderungen bei wechselnden Frequenzen und Temperaturen sind bei den einzelnen Kondensatortypen sehr unterschiedlich. Bei manchen Keramik-Kondensatoren kann die Frequenzabhängigkeit im Gegensatz zu Kunststoff-Kondensatoren (Bild 2.6–3b) vernachlässigt werden. Die Temperaturabhängigkeit ist ebenfalls unterschiedlich groß und nicht linear. Bild 2.6–3a zeigt die prozentuale Kapazitätsänderung verschiedener Kunststoff-Kondensatoren als Funktion der Temperatur. Neben vorerwähnten Kapazitätsänderungen sind zusätzlich Änderungen durch Alterung und starke thermische Wechselbelastung zu berücksichtigen.

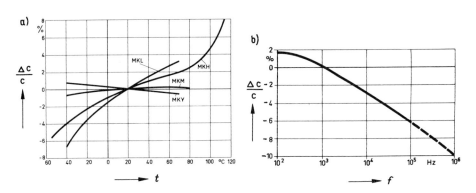

Bild 2.6–3. Abhängigkeit der Kapazität
a) von der Temperatur, b) von der Frequenz

Abstufung und Kennzeichnung

Kapazitätswerte werden wie Widerstände nach den E-Reihen abgestuft und die zulässige Abweichung vom Nennwert angegeben. Diese Angaben beziehen sich auf den Zeitpunkt bei Anlieferung.
Kondensatoren größerer Bauart werden allgemein im Klartext gekennzeichnet. Die Abweichung vom Nennwert kann mit großen Buchstaben verschlüsselt werden, wie sie die IEC-Publikation 62 von 1968 empfiehlt:

$$M: \pm 20\% \quad K: \pm 10\% \quad J: \pm 5\% \quad G: \pm 2\% \quad F: \pm 1\%.$$

Kondensatoren kleiner Bauart können schlecht beschriftet werden und erhalten daher Farbringe im IEC-Code. Wenn keine Maßeinheit angegeben ist, bedeutet die Zahlenangabe pF, andernfalls muß die Maßeinheit, z. B. nF, µF, mF, aufgedruckt werden. Bei Keramik-Kondensatoren werden die Körperfarbe und ein Farbpunkt zur Verschlüsselung der Art der Keramik verwendet. Bild 2.6–4 zeigt die Anwendung der Verschlüsselung.

2.6 Kondensatoren

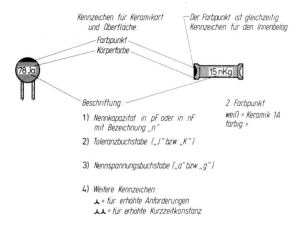

Bild 2.6–4. Kennzeichnung von Keramik-Kondensatoren

2.6.5 Bauformen von Kondensatoren und Verwendungszweck

Man unterscheidet
  a) Drehkondensatoren zur stufenlosen Einstellung des Kapazitätswertes für abstimmbare Kreise der HF-Technik und Trimmkondensatoren,
  b) Festkondensatoren mit nicht einstellbarer Kapazität.

Drehkondensatoren

Drehkondensatoren bestehen aus drei oder mehreren Platten, von denen die mittleren isoliert und gut drehbar gelagert sind. Die mittleren Platten werden in die Zwischenräume der feststehenden Platten eingeschwenkt und dadurch die wirksame Belagfläche für das elektrische Feld verändert. Die Luft zwischen den Platten bildet das Dielektrikum. Da die Kapazitätskonstanz sehr gut und die Verluste sehr gering sind, werden letztere bei Berechnungen (z. B. von Schwingkreisen) im allgemeinen vernachlässigt.

Festkondensatoren

Bedenkt man den großen Kapazitätsbereich von etwa 1 pF bis zu mehreren mF, der dem Anwender zur Verfügung steht, so wird es nicht verwundern, daß vielerlei Konstruktionsprinzipien bei Festkondensatoren bestehen. Bei sehr kleinen Kapazitätswerten können Platten- und Rohrkondensatoren hergestellt werden, die nur *eine* dielektrische Schicht aufweisen. Für diese Art von Kondensatoren eignen sich Keramikmassen mit ε_r-Werten bis zu 10 000, die bei vertretbaren Abmessungen Kapazitäten bis 10 nF erlauben.

2.6.6 Keramik-Kondensatoren

Kondensatoren mit keramischem Dielektrikum sind in ihren elektrischen Eigenschaften sehr stark von der Zusammensetzung der Keramikmasse abhängig. Als Ausgangsmaterial dienen mineralische Stoffe wie Magnesium-, Aluminium- und Siliziumoxid ($\varepsilon_r \approx 10$), die durch Beimengung von Barium, Titan o. ä. eine erhebliche Vergrößerung ihres ε_r-Wertes erfahren. Für $\varepsilon_r \leq 100$ bleibt der Verlustfaktor bei $f = 1$ MHz unter 0,001, und Kapazitätswerte mit 1% Toleranz sind ausführbar. Größere Werte von ε_r bedingen schlechteres elektrisches Verhalten und größere Toleranzen. Keramische Kleinkondensatoren werden in zwei Gruppen mit unterschiedlichen relativen Dielektrizitätskonstanten eingeteilt. Typ-I-Keramik-Kondensatoren werden mit dem Temperaturkoeffizienten des Dielektrikums gekennzeichnet. Diese Keramik kann herstellungsmäßig so gut beherrscht werden, daß sowohl positive als auch negative Temperaturkoeffizienten möglich sind. Die Bezeichnungen der Keramiksorten geben Aufschluß über den Temperaturkoeffizienten:

Bez.	P 100	NP 0	N 033	N 075	N 150	N 220	N 330	N 470	N 750	N 1500	N 2200
TK	+100	±0	−33	−75	−150	−220	−330	−470	−750	−1500	−2200

Der TK-Wert ist ein Mittelwert und wird für Kondensatoren in $10^{-6}/K$ angegeben. Die Angabe des Temperaturkoeffizienten ermöglicht es dem Anwender, eine Temperaturkompensation, z. B. in Schwingkreisen, vorzunehmen. Der Temperaturkoeffizient des Kondensators muß dann entgegengesetztes Vorzeichen gegenüber dem der Schwingspule haben. Die TK-Werte von Typ-I-Kondensatoren werden durch einen Farbpunkt gekennzeichnet. Die Kondensatoren selbst sind hellgrau. Typ-II-Kondensatoren mit ε_r bis zu 10 000 werden in vier Gruppen eingeteilt und bezeichnet. Da für diese Keramik der Temperaturkoeffizient nicht genau angegeben werden kann, wird die Dielektrizitätskonstante ε_r (auch mit DK abgekürzt) zur Bezeichnung herangezogen:

Bezeichnung	DK 700	DK 2000	DK 4000	DK 10 000
ε_r	≈ 700	≈ 2000	≈ 4000	≈ 10 000

2.6 Kondensatoren

Die Temperaturabhängigkeit von Typ-II-Keramik soll den Werten nach DIN 41 920 entsprechen. Kondensatoren aus dieser Keramik sind braun eingefärbt und ebenfalls durch einen Farbpunkt gekennzeichnet. Die Kapazitätstoleranzen sind größer als bei Typ-I-Kondensatoren.

In integrierten Hybridschaltungen, das sind Schaltungen, in denen auf kleinstem Raum diskrete Bauelemente und monolithische Bauelemente integriert sind, werden neuerdings Keramik-Vielschicht-Kondensatoren eingesetzt. Das Dielektrikum besteht aus HDK-Masse, die pulverisiert und mit einem organischen Bindemittel aufgetragen wird. Dieser sog. Schlicker läßt sich in Schichten bis zu etwa 25 µm auftragen bzw. in Folien dieser Dicke herstellen. Mit Belägen versehen, können die Schichten gestapelt und gemeinsam gebrannt werden. Ähnlich wie bei Wickelkondensatoren läßt man abwechselnd die eine bzw. die andere Schicht auf entgegengesetzten Seiten überstehen und kann sie dann miteinander verbinden. Hierzu eignet sich u. a. eine besondere Silberpaste. Diese stellt die Verbindung zwischen den jetzt verbundenen Belägen und den Anschlußelektroden dar. Die so gestapelten Kondensatoren stellen ein kompaktes Bauelement dar, das eine sehr große Kapazität auf geringstem Raum ermöglicht und direkt in die Schaltung eingelötet werden kann.

2.6.7 Wickelkondensatoren

Größere Kapazitäten werden häufig als Wickelkondensatoren ausgeführt. Als Dielektrika eignen sich dünne Kunststoff-Folien (bis etwa 2 µm) mit großem ε_r und hoher Durchschlagsfestigkeit, die das früher verbreitete imprägnierte Spezialpapier weitgehend abgelöst haben.

Allen Wickelkondensatoren haften von Natur aus zwei Mängel an. Die langen Belagfolien bilden eine Induktivität und haben einen nicht zu vernachlässigenden ohmschen Widerstand. Man hat aber auch Verfahren gefunden, die die beiden unerwünschten Eigenschaften verringern. Wenn man die Kontaktierung in der Mitte der Belagfolie vornimmt, heben sich die Teilinduktivitäten nahezu auf, und die Belagwiderstände werden halbiert. In den meisten Fällen wird hierzu eine Kontaktfolie mit der Belagfolie des Wickels verschweißt. Diese Kondensatorausführung erhält die Bezeichnung *k* (*kontaktsicher*). Läßt man die Beläge auf beiden Seiten abwechselnd überstehen und preßt sie gemeinsam zusammen, so gehen Widerstand und Induktivität auf sehr viel kleinere Werte zurück. Die zusammengepreßten Beläge werden z. T. miteinander verschweißt, oder man zerstäubt Zink auf den überstehenden Belagflächen. Kondensatoren, die auf diese Weise hergestellt werden, sind *dämpfungsarm* und erhalten ein *d* zur Kennzeichnung. Soll eine Elektrode eines Kondensators an Masse oder Erde angeschlossen werden, so wird eines der beiden Enden des Wickels außen mit einem umlaufenden Strich (Ring) gekennzeichnet. Die gekennzeichnete Elektrode ist mit der äußersten Lage des Belags verbunden und wirkt wie eine Abschirmung für den Kondensator.

2.6.8 Glimmer-Kondensatoren

Der Naturstoff Glimmer hat hervorragende elektrische Eigenschaften. Er ist ein glasklares Mineral mit hoher Wärmebeständigkeit (bis etwa 773 K), die so gut ist, daß seit langer Zeit die Isolation von Heizwendeln aus Glimmer hergestellt wird. Wie aus Tabelle 2.6–1 hervorgeht, sind der Verlustfaktor und der Temperaturkoeffizient sehr klein.

Glimmerplatten lassen sich bis zu einer Dicke von etwa 2 µm aufspalten. Für die Kondensatorherstellung werden Plättchen mit Dicken von 20 bis 35 µm hergestellt und mit Metall bedampft.

2.6.9 Elektrolyt-Kondensatoren

Sehr große Kapazitäten mit geringem Volumen lassen sich mit sog. Elektrolyt-Kondensatoren verwirklichen. Dielektrikum ist Aluminiumoxid ($\varepsilon_r = 7,5$) oder Tantalpentoxid ($\varepsilon_r = 26$). Die zulässige Betriebsfeldstärke ist sehr groß, so daß Dielektrikum-Schichtdicken von 0,004 µm bis 1 µm möglich sind. Im Gegensatz zu allen anderen Herstellungsverfahren wird die Dielektrikum-Schicht durch einen *elektrochemischen* Vorgang erzeugt, der *Formieren* genannt wird. Die Dicke der Schicht kann durch die Höhe und Zeitdauer der Formierspannung in weiten Grenzen beeinflußt werden. Sehr dünne Oxidschichten erlauben sehr große Kapazitätswerte, bedingen aber kleine Betriebsspannungen und umgekehrt. Das Produkt aus Betriebsspannung und Kapazität für ein bestimmtes Volumen ist ungefähr konstant. Im Aufbau unterscheiden sich Aluminium- und Tantal-Elektrolyt-Kondensatoren von den übrigen Kondensatorkonstruktionen. Beim sog. Alu-Elko bildet die eine Aluminiumfolie, auf der die Oxidschicht durch Formierung wächst, den Pluspol und die andere, nicht formierte Aluminiumfolie den Minuspol. Letztere ist meist mit dem Aluminium-Gehäuse verbunden. Zwischen den beiden Folien befindet sich ein Spezialpapier, das mit einer sauren oder basischen Elektrolytflüssigkeit getränkt ist. Als Elektrolyt eignet sich z.B. eine wäßrige Borlösung. Anstelle einer Flüssigkeit wird auch Elektrolytpaste verwendet. Die Zwischenlage dient zugleich als Abstandhalter. Die zwei Aluminiumfolien mit dem Abstandhalter werden gemeinsam aufgewickelt und in Aluminiumbecher eingebaut.

Die Polarität der angelegten Spannung darf bei Elektrolyt-Kondensatoren *nicht vertauscht werden*, da die Oxidschicht nur in einer Richtung sehr hohen Widerstand aufweist. Spannungen von 2 bis 3 V in umgekehrter Richtung führen noch nicht zur Zerstörung des Kondensators, die Oxidschicht wird jedoch bereits abgebaut. Bei höheren Spannungen falscher Polarität wachsen die Ströme stark an und führen durch Erwärmung zur Selbstzerstörung des Bauelements. Die erzeugten Gase leiten explosionsartige Verpuffungen ein. Kondensatoren mit großen Aluminium-Gehäusen werden im Deckel mit Löchern versehen und mit Stopfen verschlossen, damit bei Überdruck die Gase entweichen können. Bei sog. *unipolaren* Aluminium-Elektrolyt-Kondensatoren wird auch die zweite Aluminiumfolie durch Formieren mit einer Oxidschicht versehen. Diese Kondensatoren können auch mit Wechselspannung betrieben werden. Die Kapazität pro Volumeneinheit geht etwa auf die Hälfte zurück. Zur Erhöhung der Kapazität werden z. T. die Oberflächen der Beläge durch ein chemisches Verfahren *aufgerauht*.

Kapazitätswerte und Verluste von Aluminium-Elektrolyt-Kondensatoren

Zur Aufrechterhaltung der Oxidschicht in Elektrolyt-Kondensatoren ist immer ein gewisser Reststrom in Sperrichtung notwendig. Dieser Strom nimmt mit steigender Temperatur zu. Nach längerer Lagerung kann jedoch die Oxidschicht abgebaut sein. Die Folge ist dann ein größerer Einschaltreststrom, der jedoch im allgemeinen nach etwa 10 Minuten auf seinen Nennwert absinkt. Der Einschaltstrom kann 100mal so groß sein

2.6 Kondensatoren

wie der Nennwert des Reststromes. Der zulässige Reststrom I_R in µA ergibt sich aus folgender Zahlenwert-Gleichung:

$$I_R = k U_N C_N I_0 \text{ in µA.}$$

Hierin ist k ein Faktor, der in der Größenordnung von 0,005 bis 0,2 liegt. Zulässige Werte für I_0 liegen zwischen 3 und 100 µA. In neueren Normen werden die niedrigeren Werte angegeben. Die DIN-Normen sehen zwei Anwendungsklassen vor:

Typ I für erhöhte Anforderungen
Typ II für gewöhnliche Anforderungen.

Wechselspannungsbelastbarkeit

Gepolte Elektrolyt-Kondensatoren dürfen beschränkt mit Wechselspannung und Wechselstrom belastet werden, vorausgesetzt, die Spannung kehrt sich nicht um. Diese Belastungsart tritt häufig in NF-Verstärkern auf, wenn Lautsprecher an die Verstärkereinrichtung angekoppelt werden sollen. Die Belastung mit Wechselstrom bzw. mit Mischstrom führt zur Erwärmung des Kondensators. Sie soll 10 K Erwärmung nicht überschreiten, wie in DIN 41 332 festgelegt ist. In dieser Norm werden Werte für die Belastung angegeben.
Durch häufiges Schalten von Elektrolyt-Kondensatoren steigt der Reststrom nach gewisser Zeit an. Die Kapazität wird kleiner und die Lebensdauer herabgesetzt.

Tantal-Elektrolyt-Kondensatoren

Niedrigere Verlustfaktoren werden bei Verwendung von Tantalpentoxid als Dielektrikum erreicht. Leider liegt der Preis von Tantal-Kondensatoren höher als der von normalen Elektrolyt-Kondensatoren. Tantal wird als Folie, Pulver und Draht zur Herstellung verwendet. Es ist chemisch außerordentlich widerstandsfähig. Man unterscheidet drei Gruppen von Tantal-Kondensatoren:
   a) Tantal-Folien-Kondensatoren
   b) Tantal-Sinterkörper-Kondensatoren mit flüssigem Elektrolyt oder Elektrolyt-Paste,
   c) Tantal-Sinterkörper-Kondensatoren mit festen Elektrolyten.
Diese Kondensatoren werden wie Aluminium-Elektrolyt-Kondensatoren mit glatter oder rauher Anode hergestellt. Bei den Sinterkörper-Ausführungen wird Tantal in Pulverform mit einem Bindemittel vermischt und um einen Tantal-Draht gepreßt. Anschließend wird das Material gesintert, wobei ein poröser Sinterkörper mit sehr großer Oberfläche entsteht. Hervorzuheben sind die sehr gute Temperaturbeständigkeit, die hohe Lebensdauer und die große Kapazität pro Volumeneinheit. Kondensatoren mit festen Elektrolyten erlauben außerdem neue Formgebung.

2.6.10 Sperrschicht-Kondensatoren

Jeder pn-Übergang, der ohne Spannung oder mit Spannung in Sperrichtung belastet wird, weist eine an Ladungsträgern arme Grenzschicht auf, die als Dielektrikum betrachtet werden kann. Die Kapazität der Sperrschicht liegt in der Größenordnung von 100 pF und kann mit Hilfe einer veränderlichen Gleichspannung gesteuert werden.

Tabelle 2.6–2. Anwendungsgebiete von Kondensatoren

Herstellung und Dielektrikum	Kurzbezeichnung	Kapazitätswerte	Nennspannung	Verwendung und Eigenschaften
Keramik-Kondensatoren Kondensatoren kleiner Bauform mit einlagigem Dielektrikum aus Keramik Typ I	P 100 NP 0 N 033 N 075 N 150 N 220 N 330 N 470 N 750 N 1500 N 2200	1,5 pF bis 390 pF	30 V bis 1000 V	Schwingkreis- und Filterkondensatoren. Koppel- und Entkoppelkondensatoren in HF-Kreisen und in der Industrie-Elektronik. Kondensatoren aus Keramik Typ I haben kleine Verluste und definierte Kapazitätsänderung.
Kondensatoren kleiner Bauform mit einlagigem Dielektrikum aus Keramik Typ II	DK 700 DK 2000 DK 4000 DK 10 000	190 pF bis 15 000 pF	30 V bis 1000 V	Geringer Platzbedarf. Schlechtere elektrische Eigenschaften als Typ-I-Keramik-Kondensatoren.
Keramik-Sperrschicht-Kondensatoren		4700 pF bis 1 µF	bis 32 V	Entkoppel-Kondensatoren in NF- und Mittelfrequenz-Kreisen. Elektrische Eigenschaften wie Typ-II-Kondensatoren.
Wickel-Kondensatoren Papierkondensatoren und Kondensatoren mit Mischdielektrikum aus Papier und Kunststoff-Folie. Die Beläge bestehen aus Alu-Folie.	P	100 pF bis 1 µF	1250 V– 600 V ~	Bevorzugt in der Leistungselektronik der Meß-, Regel- und Steuertechnik. Gute Impulsbelastbarkeit und Belastung mit Wechselspannung.
Metallpapierkondensatoren mit aufgedampften Alu-Belägen, ein- und mehrlagig	MP	0,1 µF bis 40 µF	200 kV	Bevorzugt in der Leistungselektronik als Motorkondensatoren zur Drehfelderzeugung, zur Blindstromkompensation und zur Entstörung.

2.6 Kondensatoren

Tabelle 2.6-2. – Fortsetzung

Herstellung und Dielektrikum	Kurzbezeichnung	Kapazitätswerte	Nennspannung	Verwendung und Eigenschaften
Hochspannungs-MP-Kondensatoren	HO	0,1 µF bis 40 µF	6300 V	Belastung mit Wechselspannung möglich. Sehr betriebssicher, da selbstheilend.
Polyesterkondensatoren mit Polyesterfolie und Alufolie als Beläge / Polyesterkondensatoren mit aufgedampften Belägen (M = metallisiert)	KT / MKT	47 pF bis 1 µF / 0,1 µF bis 100 µF	1000 V– / 300 V~ / 160 V– / 63 V~	Industrie- und Unterhaltungs-Elektronik sowie HF-Technik. Koppel- und Entkoppelkondensatoren, Schwingkreis- und Filterkondensatoren, Kondensatoren für zeitbestimmende Netzwerke. Weites Anwendungsgebiet, da geringe Verluste, gute Impulsbelastbarkeit und hohe Temperaturbeständigkeit.
Polycarbonatkondensatoren mit Polycarbonatfolie und Alufolie als Beläge / Kondensatoren mit metallisierter Polycarbonatfolie	KC / MKC	100 pF bis 10 µF	630 V– / 630 V–	Anwendung wie KT- und MKT-Kondensatoren, jedoch kleinere Verlustfaktoren und bessere Temperaturbeständigkeit. KC-Kondensatoren können die weniger temperaturbeständigen Styroflex-Kondensatoren ersetzen.
Styroflexkondensatoren mit Polystyrolfolie als Dielektrikum	KS / MKS	2 pF bis 10 µF	25 V / 630 V	In HF-Kreisen und Integratoren, da sehr gute HF-Eigenschaften und geringe Verluste. Die niedrige Grenztemperatur beschränkt die Anwendung.
Lackfolien-Kondensatoren mit einem oder mehreren Lackfilmen auf Alufolie als Träger	MKU (MKL) (MKY)	1 nF bis 100 µF	25 V / 630 V	Bevorzugte Anwendung in der Industrie-Elektronik zur Siebung, für Filter und als Koppelkondensatoren in Netzwerken. Geringes Volumen.
Glimmer-Kondensatoren (auch als Plattenkondensatoren ausführbar). Das Dielektrikum besteht aus dem Naturstoff Glimmer in Form von dünnen Plättchen oder Folien		10 pF bis 10 nF	20 kV	Anwendung in Hochspannungskreisen, Sendeschwingkreisen und Vergleichskapazitäten. Sehr große Spannungsfestigkeit, Temperaturbeständigkeit und große Kapazitätskonstanz. Sehr geringe Verluste. Relativ hoher Preis.

Tabelle 2.6-2. – *Fortsetzung*

Herstellung und Dielektrikum	Kurzbezeichnung	Kapazitätswerte	Nennspannung	Verwendung und Eigenschaften
Elektrolyt-Kondensatoren Aluminium-Elektrolyt-Kondensatoren mit Aluminiumoxid als Dielektrikum und flüssigen Elektrolyten		1 µF bis 25 000 µF	6 V– bis 450 V–	Bevorzugte Anwendung als Koppel- und Entkoppelkondensatoren in der NF-Technik. Sieb- und Glättungs-Kondensatoren in Gs-Netzgeräten. Kondensatoren in zeitbestimmenden Netzwerken für Relaisschaltungen. Große Kapazitäten, relativ hohe Verluste. Ungepolte Ausführung für Wechselspannungsbelastung verwendbar.
Tantal-Elektrolyt-Kondensatoren mit Tantal-Oxid als Dielektrikum und flüssigen, pastenförmigen oder festen Elektrolyten		0,1 µF bis 2500 µF	6 V– bis 600 V–	Anwendungsgebiete wie Alu-Elkos, jedoch wesentlich bessere elektrische Eigenschaften und größere Temperaturbeständigkeit. Polare und unipolare Ausführung.

Die Sperrschichtkapazität von Grenzschichten macht man sich auch bei Keramik-Sperrschicht-Kondensatoren zunutze. Die wirksame Sperrschicht-Dicke kann sehr viel geringer sein als die Schichtdicke eines Keramik-Kondensators herkömmlicher Bauart. Der Verkleinerung der Schichtdicken von herkömmlichen Keramik-Kondensatoren sind durch die mechanische Festigkeit Grenzen gesetzt. Halbleitende Keramik-Sperrschichten lassen sich z. B. aus Barium-Titanat mit Zusätzen von Antimon-Niob-Tantal- oder Wolfram-Oxid herstellen. Bei gleichem Volumen werden 10- bis 100mal größere Kapazitätswerte gewonnen.

2.6.11 Anwendungsgebiete

In Tabelle 2.6–2 werden die beschriebenen Festkondensatoren mit den im Handel befindlichen Kapazitätswerten und den bevorzugten Anwendungsgebieten aufgeführt. Die Zusammenstellung soll bezwecken, dem Studierenden und Nichtspezialisten die Auswahl des Kondensators für sein Anwendungsgebiet zu erleichtern.

2.7 Hallgeneratoren

Hallgeneratoren sind Bauelemente, deren Betriebsverhalten durch die magnetische Flußdichte beeinflußt wird. In Hallgeneratoren wird ein Effekt ausgenutzt, den der Physiker *Edwin Herbert Hall* bereits im Jahre 1879 entdeckte. Der Halleffekt wird in stromdurchflossenen Leitern wirksam, auf die ein magnetisches Feld senkrecht zur Stromrichtung einwirkt. Das magnetische Feld verursacht eine durch die Lorentzkraft bedingte Auslenkung der Ladungsträger senkrecht zum magnetischen Feld und senkrecht zur Stromrichtung. Die entstehende Spannung nennt man Hallspannung U_H. Hallspannungen entstehen sowohl in Halbleitern als auch in Metallen. Eine technisch ausnutzbare Größe erreicht die Hallspannung jedoch nur in speziellen Halbleiterplättchen. Mit solchen Hallgeneratoren werden Spannungen bis etwa 1 V erzielt. Die Höhe der Hallspannung richtet sich nach den geometrischen Abmessungen und der materialbedingten Hallkonstanten R_H.

Technologie

Voraussetzungen für hohe Hallspannung sind sehr hohe Beweglichkeit μ der Elektronen und geringe Ladungsträgerdichte n. Sie sind bei manchen Halbleiterverbindungen wie z. B. bei Indiumantimonid InSb gegeben. Ein Maß für die technische Verwendbarkeit des Materials zur Herstellung von Hallgeneratoren ist die Hallkonstante

$$R_H = \frac{1}{e \cdot n} = \frac{\mu}{\kappa} \text{ in cm}^3/A \cdot s.$$

Für Hallgeneratoren verwendete Halbleiter haben Hallkonstanten in der Größenordnung von 100 cm³/A · s bis etwa 350 cm³/A · s. Wie Bild 2.7–1 zeigt, ist die Hallkonstante von Indiumantimonid sehr temperaturabhängig. Günstiger verhalten sich Indiumarsenid InAs und Indiumarsenidphosphid InAsP.
Die gewünschten dünnen Halbleiterschichten können auf zwei Arten hergestellt werden:

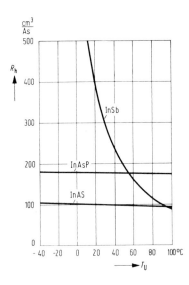

Bild 2.7–1.
Temperaturabhängigkeit der Hallkonstanten R_H von unterschiedlichen Materialien

a) durch mechanische Bearbeitung des kristallinen Halbleitermaterials (Sägen, Schleifen und Ätzen), und
b) durch Aufdampfen des Materials auf Trägermaterial werden Schichtdicken von 2 bis 3 µm erreicht.

Das mechanisch bearbeitete Plättchen von 5 µm bis etwa 100 µm Dicke wird auf den Träger geklebt.
Durch die Formgebung des Hallgenerator-Plättchens können spezielle Meßeigenschaften bzw. Betriebseigenschaften beeinflußt werden.

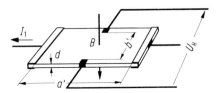

Bild 2.7–2.
Prinzipieller Aufbau eines Hallgenerators

Betriebsverhalten von Hallgeneratoren

Die Hallspannung ergibt sich aus dem Produkt von Steuerstrom I_1, der magnetischen Flußdichte B und einer Konstanten R_H/d, die für den jeweiligen Hallgenerator typisch ist.

$$U_H = I_1 \cdot B \cdot \frac{R_H}{d} \quad \text{in A} \cdot \frac{Vs}{m^2} \cdot \frac{cm^3}{A \cdot s} \cdot \frac{1}{cm} \cdot 10^{-4}.$$

d Dicke der Halbleiterschicht
R_H Hallkonstante
B magnetische Flußdichte in T
I_1 Steuerstrom

2.7 Hallgeneratoren

Bei konstantem Steuerstrom I_1 steigt die Hallspannung etwa linear mit der Flußdichte B bis zur Sättigung an. In den Datenblättern werden meistens die Leerlaufhallspannung und die Empfindlichkeit für die magnetische Flußdichte bezogen auf Nennsteuerstrom I_{1N} und eine Flußdichte von 1 T angegeben.
Der Nennsteuerstrom I_{1N} wird vom Hersteller ermittelt und verursacht etwa eine Temperaturerhöhung des Halbleiters von 10 K bis 15 K.
Hallgeneratoren weisen Innenwiderstände im Steuerkreis und im Lastkreis bzw. Meßkreis auf. Gute Linearität der Ausgangsspannung wird nur bei Anpassung des Lastwiderstandes erreicht. Hierzu geben die Hersteller den ungefähren Widerstandswert an. Der günstigste Widerstandswert muß experimentell bestimmt werden. Unter Linearitätsfehler versteht man die größte Spannungsabweichung der Ausgangsspannung von der idealen Steuerkennlinie, bezogen auf die Ausgangsspannung bei magnetischer Nenn-Flußdichte und Nennsteuerstrom.

$$F_{\text{lin}} = \frac{\Delta u_{a\,\text{lin}}}{U_{2N}}.$$

Ein weiterer Fehler entsteht bei Fehlen eines magnetischen Feldes. Die Hallspannung müßte dann Null sein. Tatsächlich entsteht jedoch eine vom Steuerstrom abhängige, kleine Ausgangsspannung $U_{H(R_0)} = R_0 \cdot I_1$. Der Widerstandswert R_0, der auf Unregelmäßigkeiten der Halbleiterschicht zurückzuführen ist, wird in den Datenblättern angegeben.

Grenzdaten		SV 230 S	
Maximal zulässiger Steuerstrom bei Betrieb in Luft	I_{1M}	200	mA
Betriebstemperatur	T	-40 bis $+100$	°C
Kenndaten ($t_{\text{amb}} = 25\,°C$)			
Nennwert des Steuerstromes bei Betrieb in Luft	I_{1n}	100	mA
Leerlaufhallspannung bei I_{1n}; $B = 1$ Tesla	U_{20}	≥ 650	mV
Leerlaufempfindlichkeit bezogen auf $B = 0,5\,T$	K_{BO}	$\geq 6,5$	V/AT
Steuerseitiger Innenwiderstand bei $B = 0$	R_{10}	ca. 30	Ω
Hallseitiger Innenwiderstand bei $B = 0$	R_{20}	$\leq R_{10}$	Ω
Ohmsche Nullspannung bei I_{1n}	U_{2RO}	< 10	mV
Mittlerer Temperaturkoeffizient von U_{20} zwischen 0 und 100 °C	β	$\leq 0,1$	%/K
Mittlerer Temperaturkoeffizient von R_{10} zwischen 0 und 100 °C	α	$< 0,1$	%/K

Außer Grenzdaten enthalten Datenblätter Kennlinien. Bild 2.7–3b zeigt zwei Diagramme (siehe folgende Seite).

Anwendungen

Hallgeneratoren werden u. a. zur Messung von magnetischen Flußdichten in elektrischen Maschinen und in Beschleunigern der Kernphysik eingesetzt.
In Gleichstrom-Motoren kleiner Leistung mit Permanentmagneten im Läufer ersetzen Hallgeneratoren und Transistoren als Schalter den kontaktbehafteten Kommutator. In Bild 2.7–4 schalten die skizzierten Hallgeneratoren die um einen bestimmten Winkel versetzten Spulen ein, sobald sich ein Nord- oder Südpol und ein Hallgenerator gegenüberstehen.

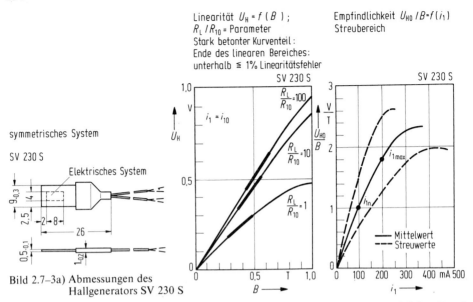

Bild 2.7-3a) Abmessungen des Hallgenerators SV 230 S

Bild 2.7-3b) Linearität der Ausgangsspannung U_H als Funktion der Flußdichte B und B als Funktion des Steuerstromes I_1

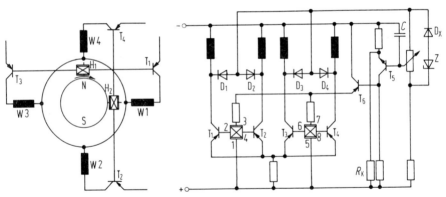

Bild 2.7-4. Prinzipieller Aufbau eines Gleichstrom-Motors mit Stromwendung im Ständer durch eine Steuerung mit Hallgeneratoren und die zugehörige Schaltung mit Drehzahlregelung *(Siemens)*

Hallgeneratoren und neuerdings integrierte Schaltungen mit Hallgeneratoren und Verstärker eignen sich zur Umformung nichtelektrischer Größen in elektrische Meßspannungen.
Zur Messung sehr großer Gleichströme werden seit langem „Gleichstromwandler" mit Hallgeneratoren verwendet, wie in Bild 2.7-5 dargestellt. Der zu messende Strom I_2 kann entweder die Spule auf dem Eisenkern durchfließen, oder der Kern wird um die

2.7 Hallgeneratoren

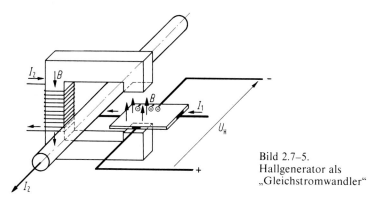

Bild 2.7-5.
Hallgenerator als
„Gleichstromwandler"

Stromschiene gebaut; die Wicklung besteht nur noch aus einer Windung. Konstanten Steuerstrom vorausgesetzt, wird die Hallspannung U_H proportional dem zu messenden Strom I_2.

Früher wurden Hallgeneratoren auch häufig zur Bildung von Produkten zweier Ströme bzw. umgeformter Spannungen herangezogen. Seit es jedoch hochgenaue integrierte Multiplizierschaltungen gibt, werden diese bevorzugt.

298   3 Lineare (analoge) Schaltungen mit elektronischen Bauelementen

Optimale Verhältnisse ergeben sich bei einer Transistorschaltung, wenn Leistungsanpassung am Eingang und am Ausgang vorliegt.

3.1.3 Kopplung von Transistorstufen

In mehrstufigen Verstärkern werden mehrere Transistorschaltungen elektrisch miteinander verbunden, man sagt, sie werden gekoppelt. Man unterscheidet drei Kopplungsarten:
  a) Übertragerkopplung,
  b) *RC*-Kopplung,
  c) galvanische Kopplung.

Die *RC*-Kopplung und die Übertragerkopplung eignen sich ausschließlich zur Verstärkung von Wechselspannungen und Impulsen. Bei galvanischer Kopplung können auch Gleichspannungen übertragen werden. Bild 3.1-3 a bis c zeigt die drei prinzipiellen Schaltungsarten, von denen jede ihre speziellen Vorzüge und Nachteile hat. Sie eignen sich daher für bestimmte Anwendungsgebiete, wobei wirtschaftliche Gesichtspunkte ebenfalls eine Rolle spielen. Ein Trend läßt sich jedoch in der Entwicklung von Transistorschaltungen erkennen: die Übertragerkopplung nimmt in demselben Maße ab, wie

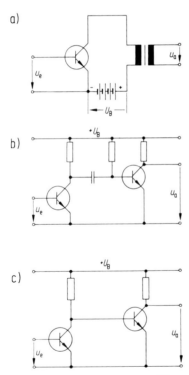

Bild 3.1-3. Kopplungsarten, a) Übertragerkopplung, b) *RC*-Kopplung, c) Galvanische Kopplung

integrierte Bausteine auf den Markt drängen. Die Übertragerkopplung soll daher nur kurz behandelt werden.

3.1.4 Übertragerkopplung

Der Vorteil der Übertragerkopplung liegt in der Möglichkeit, Transistorstufen (oder auch Röhrenstufen) optimal anzupassen, d. h. den Ausgangswiderstand einer Transistorstufe auf den Eingangswiderstand der folgenden Stufe abzustimmen.
Mit Übertragern, bei denen sich die Impedanz mit dem Quadrat der Windungszahlen ändert, ist diese Forderung relativ einfach zu erfüllen. Will man zwei Emitterstufen miteinander koppeln (Leistungsanpassung), so ist die Bedingung Eingangs- gleich Ausgangswiderstand ohne Übertrager meistens nicht erfüllt. Ein Übertrager transformiert die Impedanzen entsprechend der Beziehung

$$\ddot{u} = \frac{N_1}{N_2} = \frac{U_1}{U_2} = \sqrt{\frac{Z_e}{Z_a}},$$

$$Z_a = Z_e \left(\frac{N_2}{N_1}\right)^2.$$

Wird z. B. die Windungszahl N_1 zehnmal so groß gewählt wie N_2, so wird die Ausgangsimpedanz nur noch den hundertsten Teil der Eingangsimpedanz betragen. Eine Temperaturstabilisierung ist im allgemeinen bei Übertragerkopplungen nicht notwendig. Trotz dieser Vorteile nimmt die Zahl der Übertragerkopplungen ab, da Übertrager nicht integriert hergestellt werden können, der Platzbedarf größer ist, die Eisenverluste und die nichtlineare Magnetisierungskennlinie Verzerrungen bedingen. Manche Nachteile lassen sich in der HF-Technik durch Verwendung von Ferritkernen vermeiden.

3.1.5 *RC*-Kopplung

Zwei oder mehrere Transistorstufen können auch mit Hilfe von Kondensatoren elektrisch gekoppelt werden. Der Widerstand eines Kondensators ist bekanntlich für Gleichspannung unendlich groß und nimmt für Wechselspannung mit steigender Frequenz ab,

$$X_C = \frac{1}{j\omega C}.$$

In Verbindung mit einem Widerstand ergibt sich ein *RC*-Glied mit einer bestimmten Grenzfrequenz bzw. Zeitkonstanten. Den Frequenzgang eines *RC*-Gliedes und die Spannungsverhältnisse zeigen die Bilder 3.9–12 bis 3.9–15. Oberhalb der Grenzfrequenz ist die Größe von X_C praktisch ohne Bedeutung. Unterhalb der Grenzfrequenz (Knickfrequenz) ist die Ausgangsspannung kleiner als die Eingangsspannung. Man sieht, die Größen von Kondensator und Widerstand haben erheblichen Einfluß auf die Größe der niedrigsten übertragbaren Frequenz (untere Grenzfrequenz). Das *RC*-Glied stellt in der Form von Bild 3.9–12 einen sog. *Hochpaß* dar.

300 3 Lineare (analoge) Schaltungen mit elektronischen Bauelementen

Gleichspannungen werden nicht übertragen und haben keinen Einfluß auf die Betriebspunkteinstellung der nachfolgenden Transistorstufe. Man sagt, die Gleichspannung wird „abgeblockt" bzw. die Stufen werden entkoppelt. Deshalb müssen die Betriebspunkte bei RC-Kopplung getrennt voneinander eingestellt werden und jede Stufe eine getrennte Temperaturstabilisierung erhalten. Der Wirkungsgrad der einzelnen Stufe ist relativ gering, da ein Teil des Wechselspannungssignals über den Kollektorwiderstand fließt. Bild 3.1–4a zeigt eine typische Schaltung aus zwei Emitterstufen mit den entsprechenden Widerständen für die Betriebspunkteinstellung, jedoch ohne besondere Temperaturstabilisierung. In Bild 3.1–4 b ist die zugehörige Ersatzschaltung dargestellt, die eine frequenzmäßige Betrachtung nur für niedrige Frequenzen ($f <$ Grenzfrequenz der Transistoren) erlaubt. Wie aus dem Ersatzschaltbild zu ersehen ist, sind die Widerstände

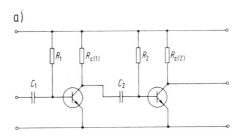

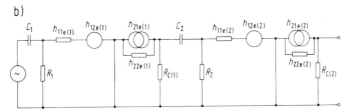

Bild 3.1–4. a) Schaltung eines einfachen zweistufigen Verstärkers
b) Ausführliches Ersatzschaltbild des zweistufigen Verstärkers

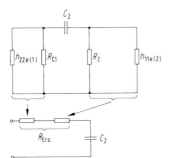

Bild 3.1–5.
Vereinfachtes Ersatzschaltbild der Schaltung von Bild 3.1–4

$1/h_{22e(1)}$ und $R_{C(1)}$, die Widerstände R_2 zur Betriebspunkteinstellung und der Eingangswiderstand des zweiten Transistors $h_{11e(2)}$ sowie der Kondensator C_2 für das Verhalten bei sehr niedrigen Frequenzen maßgebend. Die beiden Widerstände links und rechts vom Koppelkondensator ergeben parallel geschaltet zwei Ersatzwiderstände, die in

Reihe mit dem Kondensator C_2 liegen. Faßt man die Widerstände zusammen, so ergibt die Schaltung nach Bild 3.1–5 ein RC-Glied (erster Ordnung) mit einer bestimmten Zeitkonstanten bzw. Grenzfrequenz. In Bild 3.9–13 ist der Frequenzgang eines solchen RC-Gliedes, aufgeteilt in Amplituden- und Phasenverlauf, wiedergegeben. Bei der früher bereits erwähnten Eckfrequenz ω_0 ist das Spannungsverhältnis $u_a/u_e = |F|$ (Betrag des Frequenzganges) um 3 dB auf 70,7 % des Anfangswertes gesunken, und der Blindwiderstand $1/\omega C_2$ des Kondensators ist gerade so groß wie der ohmsche Widerstand des Ersatzwiderstandes, wobei die Phasenverschiebung 45° beträgt. Aus dieser Betrachtung kann eine Gleichung für die untere Grenzfrequenz aufgestellt werden. Für eine bestimmte untere Grenzfrequenz kann die Größe des Koppelkondensators errechnet werden:

$$\boxed{C_2 = \frac{1}{2\pi f_0 R_{Ers}}.}$$

3.1.6 Galvanische Kopplung

Vorteilhaft wirken sich die fehlenden Koppelelemente auf das Frequenzverhalten der Schaltungen aus.
Galvanisch gekoppelte Transistorstufen können zur Verstärkung von Gleich- und Wechselspannungen verwendet werden. Der Aufbau dieser Verstärker bereitet im allgemeinen größere Schwierigkeiten als der Aufbau von Wechselspannungsverstärkern. Die Betriebspunkte der einzelnen Stufen können nicht mehr frei gewählt werden, und die Drifteinflüsse werden jeweils von der nachfolgenden Stufe verstärkt. Auch Anpassungsprobleme sind schwieriger zu lösen. Trotzdem werden immer mehr Verstärker in dieser Technik integriert gefertigt, da sich Koppelkondensatoren mit großer Kapazität und Induktivitäten schlecht in integrierter Bauweise herstellen lassen. Nur Kondensatoren mit einer Kapazität von einigen pF sind in integrierten Schaltkreisen zu verwirklichen.

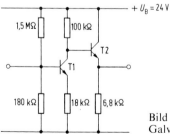

Bild 3.1–6.
Galvanische Kopplung von zwei Transistorstufen.

Das Bild 3.1–6 zeigt ein Beispiel für einen zweistufigen Verstärker mit galvanischer Kopplung der beiden Transistorstufen. Die Basis des Transistors T2 der Kollektorschaltung ist mit dem Kollektor-Anschluß des Transistors T1 der gegengekoppelten Emitterstufe galvanisch verbunden, weil das Ausgangspotential der ersten Stufe die richtige Höhe für die zweite Stufe besitzt.

3.1.7 Lage des Betriebspunktes von Verstärkern

Wie in Kapitel 2.2.2 beschrieben, sind Transistoren gleichstromsteuernde Bauelemente. Ist die Aufgabe gestellt, Wechselspannungs-Signale zu übertragen, muß
- ein Vorstrom I_C eingestellt werden oder
- für jede Polarität der Signalspannung jeweils ein Transistor vorgesehen werden.

Die Höhe des Vorstromes von I_C hat großen Einfluß auf die Übertragungseigenschaften des Verstärkers. Man teilt die Verstärker nach der Lage des Betriebspunktes in Gruppen – man sagt auch Klassen – ein:

Klasse	Verwendung
– Verstärker im A-Betrieb	Kleinsignal-Verstärker Gleichspannungs-Verstärker hochwertige Audio-Leistungsverstärker
– Verstärker im B-Betrieb	Gegentakt-Endstufen Schalter-Betrieb
– Verstärker im AB-Betrieb	Gegentakt-Endstufen mit gutem Übertragungsverhalten
– Verstärker im C-Betrieb	Endstufen von Hf-Sendern Schalter-Betrieb

Bei *A-Verstärkern* liegen die Betriebspunkte der Transistoren im *linearen* Teil der Kennlinie. Die Transistoren (oder Röhren) müssen daher eine Vorspannung U_{BEV} oder einen Vorstrom erhalten, damit die gewünschte Lage des Betriebspunktes gewährleistet ist. Es fließt demnach bei A-Verstärkern immer ein Ruhestrom (Bild 3.1-7), auch dann, wenn kein Steuersignal anliegt. Eine sinusförmige Signalspannung wird nur dann einwandfrei verstärkt, wenn ihre Amplitude keine zu großen Werte annimmt. Sobald die positive Amplitude (beim pnp-Transistor) den Wert der Vorspannung zur Betriebspunkteinstellung überschreitet, müßte sich der Kollektorstrom umkehren. Da dies nicht möglich ist, werden Spannungen, die darüber liegen, infolge der Sperrwirkung der Basis-Emitter-Diode abgeschnitten.

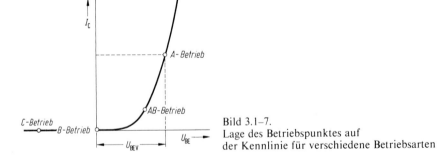

Bild 3.1–7.
Lage des Betriebspunktes auf der Kennlinie für verschiedene Betriebsarten

Beim *B-Verstärker* erhält der Transistor keine Vorspannung, d. h., der Kollektorstrom bleibt ohne Steuerspannung (u_{BE}) Null. Ein einzelner Transistor kann daher nur eine

Halbwelle übertragen. Die zweite Halbwelle wird von der Basis-Emitter-Diode gesperrt. Es ist deshalb notwendig, zwei Transistoren zu verwenden, die im *Gegentakt-B*-Betrieb arbeiten. B-Verstärker haben den Vorteil, keinen Ruhestrom zu führen. Diesen Vorteil weiß man bei Batterie-Geräten zu schätzen (Lebensdauer der Batterien!). Jeder der beiden Transistoren ist nur während einer Halbwelle in Betrieb und kann für kleinere Leistung ausgelegt werden. Bei kleiner Aussteuerung ergeben sich jedoch erhebliche Verzerrungen infolge der Schwellspannung der Transistoren und der Krümmung der Steuerkennlinie im Anfangsbereich, wie Bild 2.2–70b zeigt. Man schließt häufig einen Kompromiß und verwendet meistens sog. AB-Gegentakt-Verstärker. Hier wird der Betriebspunkt nicht in den linearen Bereich, sondern an den Anfang des linearen Bereiches gelegt. Hierzu dienen in Bild 2.2–50 die beiden Dioden bzw. der Transistor. Die Schwellspannung der Dioden reicht zur Betriebspunkteinstellung aus. AB-Verstärker werden im allgemeinen zur Verstärkung von Wechselspannungen verwendet. Sie können jedoch auch als Gleichspannungsverstärker betrieben werden. Beide Betriebsarten sind möglich, wenn galvanisch gekoppelt wird.

Beim *C-Verstärker* erreicht man durch eine zur Steuerspannung entgegengesetzten Vorspannung – negative Vorspannung für einen npn-Transistor – kürzere Ausräumzeiten und besseres Sperrverhalten.

3.1.8 Prinzipieller Aufbau eines Nf-Leistungs-Verstärkers

Audio-Leistungsverstärker für den niederfrequenten Bereich von etwa 10 Hz bis 150 kHz und Gleichstrom-Leistungsverstärker u. a. für den Einsatz in der Steuer- und Regelungstechnik sind meistens aus drei Stufen aufgebaut:

Verstärkerstufe	Schaltung
– Vorverstärkerstufe	Emitterschaltung mit Gegenkopplung im A-Betrieb, Differenzverstärker, Kollektorschaltung oder Darlingtonschaltung zur Erhöhung des Eingangswiderstandes
– Treiberstufe; Koppelstufe	Emitterschaltung im A-Betrieb, Differenzverstärker, seltener Kollektorschaltung
– Leistungs-Endstufe	Gegentaktschaltung im AB-Betrieb oder B-Betrieb, Kollektorschaltung

Alle drei Kopplungsarten sind zwischen den einzelnen Verstärkerstufen möglich, bevorzugt wird die galvanische Kopplung. Es besteht bei galvanischer Kopplung prinzipiell kein Unterschied im Aufbau der Schaltungen von Wechsel- und Gleichspannungs-Verstärkern.
Leistungsverstärker sollen bei Audioverstärkern die erforderliche Leistung für einen oder mehrere Lautsprecher liefern. Sie werden für Leistungen von 1 W bis etwa 100 W ausgelegt und sind im Gegensatz zu Vor- und Treiberverstärkern sog. Großsignalverstärker. Hier werden die Kollektor- und die Emitterschaltung eingesetzt. Zur Anpassung an die Lautsprecher wird galvanische Kopplung, *RC-* oder Übertragerkopp-

lung verwendet. Derzeit sind Lautsprecherimpedanzen von 4 bis 8 Ω üblich. Für größere elektroakustische Anlagen ist die sog. 100-V-Technik gebräuchlich. Für kleine Leistungsendstufen eignen sich Verstärker im A-Betrieb, häufiger werden jedoch AB-Gegentaktverstärker verwendet.

Schaltungsaufbau eines typischen Verstärkers

Bild 3.1–8 zeigt eine Audioverstärker-Schaltung mit Komplementärtransistoren im Leistungsverstärkerteil. Unter Komplementärtransistoren versteht man Paare von Transistoren mit unterschiedlicher Schichtenfolge – npn und pnp –, jedoch möglichst gleichen elektrischen Daten. Mit diesen Transistorpaaren lassen sich besonders günstig AB-Gegentaktverstärker aufbauen. Der Leistungsverstärker des Bildes 3.1–8 ähnelt in seinem Aufbau stark dem eines Operationsverstärkers.

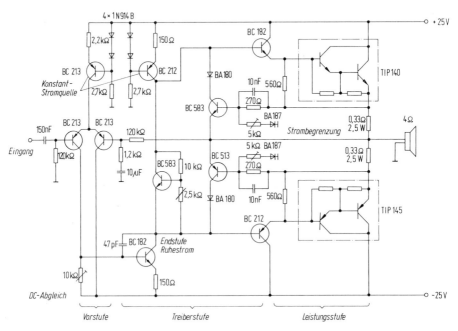

Bild 3.1–8. Schaltbild eines *AB*-Gegentakt-Leistungsverstärkers mit
Komplementär-Transistoren
(Texas Instruments)

Vorverstärkerstufe

Als Vorstufe dient ein Differenzverstärker. Der Widerstand im Kollektorkreis des zweiten Transistors kann bei dieser Schaltung entfallen, da nach der Differenzstufe asymmetrisch weiterverstärkt wird. Der Widerstand im Kollektorkreis wird vielfach einstellbar ausgeführt, um einen Offsetabgleich vornehmen zu können.
Im gemeinsamen Emitterkreis der Differenzstufe befindet sich eine Konstantstromquelle. In Bild 3.1–8 liegt am Widerstand 2,2 kΩ eine Spannung von etwa 0,8 V. Der

3.1 Transistorverstärker, Operationsverstärker

Summenstrom wird durch die Spannung und den Widerstandswert bestimmt und beträgt $I_E \approx 0{,}8\,\text{V}/2{,}2\,\text{k}\Omega = 0{,}36\,\text{mA}$. Durch jeden Transistor des Differenzverstärkers fließt bei Symmetrie etwa die Hälfte, also 0,18 mA. Bei diesem Kollektorstrom ist das Rauschen des Transistors gering.
Die Basis des ersten Transistors ist über einen Widerstand 120 kΩ mit Masse verbunden. Hierdurch wird der Ruhestrom bestimmt. Das Eingangssignal wird über einen Kondensator angekoppelt. Die Basis des zweiten Transistors ist – ebenfalls über einen 120-kΩ-Widerstand – mit dem Ausgang des Leistungsverstärkers verbunden. Dieser Widerstand liegt im Gegenkopplungskreis des Verstärkers.

Treiberstufe, Koppelstufe

Vom ersten Transistor des Differenzverstärkers wird ein sog. Treibertransistor angesteuert. Diese Treiberstufe enthält anstelle eines Widerstandes im Kollektorkreis einen Stromgenerator (Konstantstromquelle), dessen differentieller Widerstand in der Größenordnung von einigen 100 kΩ liegt. Er erzeugt einen Strom von etwa 5 mA. Die Spannungsverstärkung der Treiberstufe ergibt sich näherungsweise aus dem Verhältnis des differentiellen Widerstandes im Kollektorkreis zum Widerstand im Emitterkreis. Der Eingangswiderstand der Treiberstufe belastet den ersten Differenzverstärker-Transistor. Der Eingangswiderstand beträgt etwa

$$Z_1 \approx h_{11e} + \beta R_E = 1{,}5\,\text{k}\Omega + 200 \cdot 0{,}15\,\text{k}\Omega = 31{,}5\,\text{k}\Omega.$$

Die Eingangsspannung wird im Verhältnis der Widerstände aufgeteilt und ergibt sich zu

$$U_1 = I_C R_{C1} \frac{Z_1}{R_C + Z_1} = 0{,}18\,\text{mA} \cdot 10\,\text{k}\Omega \cdot \frac{31{,}5\,\text{k}\Omega}{10\,\text{k}\Omega + 31{,}5\,\text{k}\Omega} = 1{,}36\,\text{V}.$$

Der dritte Transistor im Treiberkreis ist als sog. U_{BE}-Vervielfacher geschaltet und dient zur Erzeugung der Basis-Vorspannung für die Endtransistoren. Die Spannungen verhalten sich wie die Teilspannungen am Spannungsteiler,

$$\frac{U_{CE}}{U_{BE}} = \frac{10\,\text{k}\Omega + 2{,}5\,\text{k}\Omega \parallel r_{BE}}{2{,}5\,\text{k}\Omega \parallel r_{BE}}.$$

Einer der beiden Widerstände wird oft als Stellwiderstand ausgeführt. Mit einer Basis-Emitter-Spannung von 0,65 V und einem Widerstand $r_{BE} = 30\,\text{k}\Omega$ ergibt sich die Spannung U_{CE} zu 3,5 V.

Gegentakt-Komplementär-Endstufe

Die Ausgangsspannung der U_{BE}-Vervielfacherschaltung liegt zwischen den Basispunkten der Komplementär-Darlington-Stufen und erzeugt einen Ruhestrom, der für die Vermeidung von Übernahmeverzerrungen notwendig ist. Der Verstärker wird durch diese Betriebspunkteinstellung zum AB-Verstärker. Der Ruhestrom kann verhältnismäßig klein sein, da die Strom-Steuer-Kennlinien der Darlington-Transistoren oberhalb der Schwellspannung sehr steil sind.
Die drei Transistoren in Darlingtonschaltung werden zur Erhöhung der Stromverstärkung und des Eingangswiderstandes eingesetzt. Beide Größen sind stark vom Belastungsstrom I_a abhängig. Als Richtwert kann $B_{ges} \approx 100\,000$ dienen.

Spannungsverstärkungen

Die Gesamtspannungsverstärkung im nichtgegengekoppelten Zustand ergibt sich aus dem Produkt der Stufenverstärkungen.

Mit einem Einstellwert von $R_C = 9\ \text{k}\Omega$ ergibt sich die Verstärkung der Differenzverstärkerstufe etwa:

$$A_{ud} = \frac{1}{2} \cdot S_{\text{theor}} \cdot (R_C || Z_{1Tr}) = 0{,}5 \cdot 36\ \text{V}^{-1} \cdot 0{,}18\ \text{mA} \cdot 7\ \text{k}\Omega = 22{,}7$$

Für die Treiberstufe wird die Spannungsverstärkung im Kapitel 2.11 berechnet. In der folgenden Beziehung ist der Eingangswiderstand der Gegentakt-Endstufe, der sich mit dem Ausgangsstrom der Endstufe ändert, angenähert berücksichtigt. Mit $Z_{1Geg} \approx R_L \cdot B_{Dar} = 4\ \Omega \cdot 100\,000 = 400\ \text{k}\Omega$ wird

$$A_{uTr} \approx \frac{S_{\text{theor}} \cdot (r_{af} || Z_{1Geg})}{1 + S_{\text{theor}} \cdot R_E} = 1200$$

Die Gegentakt-Endstufe hat die Spannungsverstärkung einer Kollektorschaltung:

$$A_{uGeg} = 1$$

Gesamt-Spannungsverstärkung ohne Gegenkopplung:

$$A_{uo} = A_{ud} \cdot A_{uTr} \cdot A_{uGeg} = 22{,}7 \cdot 1200 \cdot 1 \approx 27\,000$$

Mögliche Ausgangsleistung von Gegentaktverstärkern

Die maximal mögliche Ausgangsleistung eines Leistungsverstärkers in Gegentaktschaltung wird in erster Linie durch die Betriebsspannung bestimmt. Hierbei werden sinusförmige Ausgangsspannung und ausreichende Belastbarkeit der Transistoren vorausgesetzt. Wie Bild 3.1–9 zeigt, kann theoretisch eine Ausgangsspannung von $\pm U_B$ erreicht werden. Praktisch wird die Ausgangsspannung durch Spannungsabfälle an Basis-Emitterstrecken, Restspannungen U_{CEsat} und an Stromquellenschaltungen auf Werte von etwa $U_{aM} \approx U_B - 3\ \text{V}$ (1 V bis 4 V) begrenzt. Mit U_{aM} ergibt sich für die sinusförmige Ausgangsspannung:

$$U_{aRMS} \leq \frac{U_{aM}}{\sqrt{2}}$$

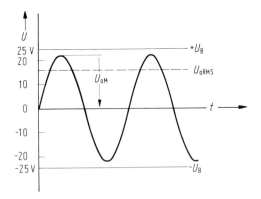

Bild 3.1–9.
Mögliche Ausgangsspannung einer Gegentakt-Endstufe

3.1 Transistorverstärker, Operationsverstärker

Für die theoretische und die praktisch mögliche Ausgangsleistung ergibt sich:

$$P_{atheor} = \frac{U^2_{aRMS}}{R_L} = \frac{\left(\frac{U_B}{\sqrt{2}}\right)^2}{R_L} = \frac{U^2_B}{2 \cdot R_L} ; \quad P_{amax} = \frac{(U_B - 3\,V)^2}{2 \cdot R_L}$$

Durch größere Steuersignale kann die Leistung weiter erhöht werden. Da jedoch die Ausgangsspannung durch U_B begrenzt ist, werden die Spitzenspannungen „abgeschnitten" und die Ausgangsspannung gegenüber der Eingangsspannung verzerrt. Mit der Betriebsspannung $U_B = 25\,V$ des Verstärkers von Bild 3.1-8 ergibt sich:

$$P_{atheor} = \frac{(25\,V)^2}{2 \cdot 4\,\Omega} = 78\,W \qquad P_{amax} = \frac{(25\,V - 3\,V)^2}{2 \cdot 4\,\Omega} = 60{,}5\,W$$

Die Verlustleistung in den Endstufen-Transistoren ist bei 60 % Vollaussteuerung am höchsten:

$$P_{vTrans} = \left(\frac{U_B}{\pi}\right)^2 \cdot \frac{1}{R_L} = 0{,}2 \cdot P_{atheor} = 0{,}2 \cdot 78\,W = 15{,}6\,W$$

Leistung eines Netzgerätes:

Wählt man eine Netzgeräte-Schaltung von Bild 3.1–10, kann man die Ströme, Spannungen und die Leistung wie folgt berechnen (Ruhe-Ströme der einzelnen Verstärkerstufen werden vernachlässigt):

Höchste unverzerrte Spitzen-Ausgangs-Spannung bei einer Betriebsspannung von 25 V: $U_{aM} \approx 22\,V$

Ausgangs-Spitzenstrom am Lastwiderstand (Lautsprecher):
$I_{ass} = 2 \cdot U_{aM}/R_L = 44\,V/4\,\Omega = 11\,A$
$I_{aM} = 5{,}5\,A; \quad I_{aRMS} = I_{aM}/\sqrt{2} = 3{,}89\,A$

Die Ladungsbilanz am Glättungs-Kondensator der Netzgeräteschaltung muß im Mittel ausgeglichen sein. Der arithmetische Mittelwert des mit höherer Frequenz pulsierenden Gleichstromes, der zum Verstärker (bzw. Lautsprecher) fließt, ist genauso groß wie der arithmetische Mittelwert des zufließenden Stromes über eine der beiden Dioden.

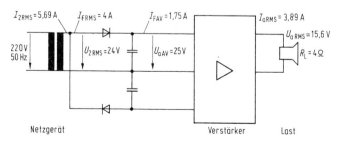

Bild 3.1–10.
Netzgerät für einen 50-W-Verstärker
$U_B = \pm 25\,V$

Ausgangs-Gleichstrom des Netzgerätes:

$$I_{aAV} = I_{FAV} = \frac{U_{aM}}{R_L \cdot \pi} = \frac{1}{\pi} \cdot I_{aM} = 0{,}318 \cdot 5{,}5 \text{ A} = 1{,}75 \text{ A}$$

Wie in Kapitel 3.6.4 beschrieben, können die Ströme des Netzgerätes nur mit Hilfe der *Diagramme* nach *Schade* bestimmt werden. Hierzu müssen die Welligkeit z. B. $w = 10\%$ gewählt und der Transformatorinnenwiderstand abgeschätzt werden, z. B. 7,5 % (SM85b oder M102b).

Aus Diagrammen ergibt sich: $k_u = \dfrac{U_{aAV}}{U_{2MO}} = 0{,}7$; $k_F = \dfrac{I_{FRMS}}{I_{FAV}} = 2{,}3$

Damit wird: $I_{FRMS} = k_f \cdot I_{FAV} = 2{,}3 \cdot 1{,}75 \text{ A} = 4 \text{ A}$

$I_{2RMS} = \sqrt{2} \cdot I_{FRMS} = 5{,}69 \text{ A}$

$U_{aAV} = U_B$

$U_{2MO} = \dfrac{U_{aAV}}{k_u} + 0{,}7 \text{ V} = \dfrac{25 \text{ V}}{0{,}7} + 0{,}7 \text{ V} = 36{,}4 \text{ V}$

$U_{2RMS} = \dfrac{U_{2MO} \cdot (1 - R_{iTr}/R_L)}{\sqrt{2}} = \dfrac{36{,}4 \text{ V} \cdot 0{,}925}{\sqrt{2}} = 23{,}8 \text{ V}$

Der Transformator muß eine Leistung übertragen können von:

$$P_{BAU} = U_{2RMS} \cdot I_{2RMS} = 23{,}8 \text{ V} \cdot 5{,}69 \text{ A} = 135 \text{ VA}$$

Für eine grobe Abschätzung kann mit $P_{BAU} \approx 2 \cdot P_{atheor}$ gerechnet werden.

3.1.9 Gegenkopplung von Verstärkern

Unter einer *Gegenkopplung* versteht man die Rückführung des Ausgangs-Signals an den Eingang. Das rückgeführte Signal muß zwecks Differenzbildung die entgegengesetzte Polarität aufweisen bzw. um 180° gegenüber dem Eingangssignal phasenverschoben sein.
Hat das Signal die gleiche Phasenlage wie das Eingangssignal, addieren sich beide Signale, und man spricht von einer *Mitkopplung*.
Gegenkopplungsschaltungen haben eine zentrale Bedeutung in der analogen Schaltungstechnik. Gegenkopplungen werden verwendet, um
– Betriebspunkte von Schaltungen zu stabilisieren,
– Betriebseigenschaften zu beeinflussen.

Einfluß der Gegenkopplung auf Betriebseigenschaften

Gegenkopplung und Mitkopplung haben entgegengesetzt wirkenden Einfluß auf das Betriebsverhalten von Verstärkerschaltungen. Es gibt unterschiedliche Möglichkeiten, Schaltungen gegenzukoppeln. Die Art der Gegenkopplung entscheidet, welche der nachfolgend aufgeführten Betriebseigenschaften wie beschrieben beeinflußt werden:
– Verringerung von Spannungs- und Leistungs-Verstärkung
– Verringerung von Strom- und Leistungs-Verstärkung
– Veränderung von Ein- und Ausgangs-Widerständen
– Erhöhung der oberen Grenzfrequenz
– Linearisierung von Kennlinien
– Verringerung von Temperatureneinflüssen (Drift; Stabilisierung des Betriebspunktes)

3.1 Transistorverstärker, Operationsverstärker

Möglichkeiten von Gegenkopplungen

In Transistorverstärkern mit mehreren Stufen kann jede einzelne Stufe für sich gegengekoppelt oder eine Gegenkopplung über mehrere Stufen vorgenommen werden. Kombinationen von Gegenkopplungen einzelner Stufen und einer Gegenkopplung des gesamten Verstärkers sind in der Praxis üblich (Bild 3.1-11).
Für Verstärker, die universell verwendbar sein sollen, wird man die Gegenkopplung über den gesamten Verstärker wegen der größeren Flexibilität bevorzugen. Die einzelne Stufe des mehrstufigen Verstärkers erhält eine Gegenkopplung, die ausreicht, um den eingestellten Betriebspunkt zu stabilisieren. Die Gesamtverstärkung kann durch wenige, außerhalb des Verstärkers zuzuschaltende Bauelemente eingestellt werden. Im allgemeinen verwendet man passive Bauelemente und daraus geschaltete Netzwerke für Gegenkopplungen.
Das rückgeführte Signal wird mit dem Eingangs-Signal verglichen und die Differenz dem Verstärker oder der Transistorstufe zugeführt. Wird die Ausgangsspannung oder eine dem Ausgangsstrom entsprechende Spannung mit der Eingangsspannung verglichen, spricht man von einer *Spannungsgegenkopplung* oder von einem *Spannungsvergleich*. Wird dagegen der Ausgangsstrom oder die Ausgangsspannung mit Hilfe eines Widerstandes in einen Strom umgeformt und dieser Strom mit dem Eingangsstrom verglichen, handelt es sich um eine *Strom-Gegenkopplung* bzw. um einen *Stromvergleich*. Die vier möglichen Gegenkopplungsarten werden nachfolgend beschrieben.

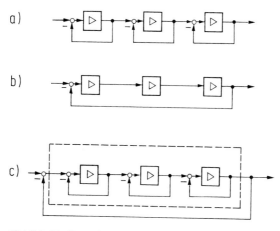

Bild 3.1-11. Gegenkopplungsmöglichkeiten
a) Gegenkopplung jeder einzelnen Stufe
b) Gegenkopplung über drei Stufen
c) Kombination beider Gegenkopplungsarten

Spannungsgesteuerte Spannungsgegenkopplung

Führt man die Ausgangsspannung in voller Höhe oder teilweise zurück, bezeichnet man diese Gegenkopplung als *spannungsgesteuerte Spannungsgegenkopplung*, wie sie in Bild 3.1-12a) prinzipiell dargestellt ist. Diese Gegenkopplungsart wird häufig ge-

Durch die Wirkung des Regelkreises wird die gegengekoppelte Schaltung weitgehend unabhängig von Exemplarstreuungen und Nichtlinearitäten des Verstärkers.

Eingangswiderstand z_1

Der Eingangswiderstand eines Verstärkers ergibt sich aus der Eingangssignalspannung u_1 und dem Eingangssignalstrom i_1. Beim gegengekoppelten Verstärker setzt sich u_1 aus u_e des Verstärkers selbst und der meistens größeren rückgeführten Spannung u_f zusammen. Der Eingangswiderstand als Quotient $z_1 = (u_e + u_f)/i_1$ muß zwangsläufig höher sein als u_e/i_1. Ersetzt man u_f durch die Formel (3.1-2) und führt man die Schleifenstärkung V_0 ein, wird:

$$z_1 = \frac{u_e + u_a \dfrac{R_1}{R_f + R_1}}{i_1} = \frac{u_e + u_e \cdot A_{uo} \dfrac{R_1}{R_1 + R_f}}{i_1} = r_e + r_e \cdot V_o$$

$$\boxed{z_1 = r_e \cdot (1 + V_o)} \qquad (3.1\text{-}5)$$

Der Eingangswiderstand z_1 einer Schaltung mit Spannungsgegenkopplung wird etwa um den Faktor der Schleifenverstärkung erhöht.

Ausgangswiderstand z_2

Ausgangswiderstände von Verstärkern oder z. B. eines Spannungsteilers können durch Messungen der Ausgangsspannungen ohne Belastung und mit Belastung bestimmt werden. Bei Verstärkern oder allgemein bei Vierpolen muß zusätzlich der Innenwiderstand des steuernden Generators festgelegt sein. In der nachfolgenden Herleitung des Ausgangswiderstandes z_2 wird der Innenwiderstand der Signalquelle (Spannungsquelle: $r_i \ll$) mit Null angenommen. Unter dieser Voraussetzung gelten die nachfolgend verwendeten Zählrichtungen von Spannungen und Strömen.

$$z_2 = \frac{u_a}{i_a}$$

$$-i_a = \frac{u_{a0} - u_a}{r_a}$$

Mit $u_{a0} = A_{uo} \cdot u_e$ und $u_e = \dfrac{u_a}{A_{uo}} = -u_a \dfrac{R_1}{R_f + R_1}$ wird

$$-i_a = \frac{-A_{uo} \cdot u_a \dfrac{R_1}{R_f + R_1} + u_a}{r_a} = \frac{-u_a \cdot V_o - u_a}{r_a} = \frac{-u_a}{r_a}(1 + V_o)$$

und $z_2 = \dfrac{u_a}{i_a} = \dfrac{u_a}{\dfrac{u_a}{r_a} \cdot (1 + V_o)}$

$$\boxed{z_2 = \frac{r_a}{1 + V_o} \approx r_a \cdot \frac{A_{uf}}{A_{uo}}} \qquad (3.1\text{-}6)$$

Der Ausgangswiderstand z_2 einer Schaltung mit Spannungsgegenkopplung wird etwa um den Faktor der Schleifenverstärkung gegenüber dem nichtgegengekoppelten Zustand verkleinert.

3.1 Transistorverstärker, Operationsverstärker

Die sich ergebenden sehr kleinen rechnerischen Werte bei hoher Schleifenverstärkung werden in der Praxis infolge von Übergangs- und Leitungs-Widerständen nicht erreicht.

Beeinflußung des Amplituden-Frequenzganges durch Gegenkopplung

Steuert man einen Verstärker mit konstanter sinusförmiger Eingangsspannung an, nimmt die Ausgangsspannung oberhalb einer bestimmten Frequenz ab. Zusätzlich tritt eine Phasenverschiebung zwischen Aus- und Eingangsspannung auf. Wie stark die Absenkung und die Phasenverschiebung ist, hängt u. a. von der Anzahl der Verstärkerstufen, von den Transistoren und Bauelementen ab. Durch frequenzabhängige Bauelemente wie Kondensatoren kann der Frequenzgang eines Verstärkers in gewünschter Form beeinflußt werden. Bei Verstärkern, die durch externe Bauelemente beliebig gegengekoppelt werden sollen, wird häufig eine Absenkung der Ausgangsspannung von „20 dB pro Dekade", d. h. eine Absenkung der Ausgangsamplitude um den Faktor 10 bei einer Frequenzerhöhung um den Faktor 10, angestrebt, um Schwingen (Instabilität) bei Gegenkopplung des Verstärkers zu vermeiden.
Wird der Frequenzgang, wie zuvor beschrieben, korrigiert, erhöht sich die Grenzfrequenz bei Gegenkopplung etwa um den Faktor der Schleifenverstärkung V_0. Mit folgenden Daten eines als Operationsverstärker bezeichneten Verstärkers und mit willkürlich angenommenen Gegenkopplungswiderständen R_f und R_1 ergeben sich die Verhältnisse von Bild 3.1–13.

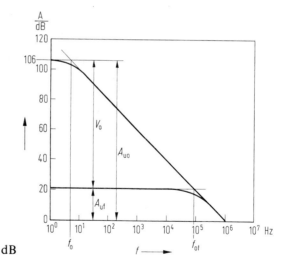

Leerlaufverstärkung
$A_{uo} = 200\,000 \triangleq 106$ dB

Transitfrequenz
$f_T = 1$ MHz

$R_f = 100$ kΩ; $R_1 = 10$ kΩ;

$A_{uf} = 1 + \dfrac{100 \text{ kΩ}}{10 \text{ kΩ}} = 11 \triangleq 20{,}8$ dB

$V_o = \dfrac{10 \text{ kΩ}}{10 \text{ kΩ} + 100 \text{ kΩ}}$
$= 18\,182 \triangleq 85{,}2$ dB

Bild 3.1–13.
Einfluß der Gegenkopplung auf den Amplituden-Frequenzgang eines Verstärkers.

Grenzfrequenz ohne Gegenkopplung $f_o = \dfrac{f_T}{A_{uo}} = \dfrac{1 \text{ MHz}}{200\,000} = 5$ Hz

Grenzfrequenz mit Gegenkopplung $f_{of} = f_o \cdot V_o = \dfrac{f_T}{A_{uf}} = \dfrac{1 \text{ MHz}}{11} = 90{,}9$ kHz

Stromgesteuerte Spannungsgegenkopplung

Wird der Ausgangsstrom eines Verstärkers in einem Widerstand in eine dem Strom proportionale Spannung umgeformt und diese Spannung rückgeführt, findet wie im ersten Beispiel ein Vergleich von Spannungen statt. Die steuernde Ausgangsgröße ist jedoch der Strom.

Diese Art der Gegenkopplung wählt man häufig zur Stabilisierung der Betriebspunkte von einzelnen Transistorstufen. In der einstufigen Transistorschaltung von Bild 3.1-14b) erzeugt der Kollektorstrom I_C am Gegenkopplungswiderstand R_E einen Spannungsabfall, der gegen die Eingangsspannung u_1 geschaltet ist. Mit der Differenzspannung $u_1 - u_{RE} = u_{BE}$ wird der Transistor als Verstärker im Vorwärtszweig gesteuert.

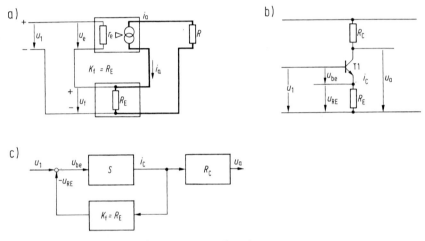

Bild 3.1-14. Stromgesteuerte Spannungsgegenkopplung
a) Allgemeiner Vierpol
b) Schaltung des einstufigen Verstärkers
c) Signalflußplan

Wie aus dem Signalflußplan Bild 3.1-14c) zu erkennen ist, ergibt sich die Schleifenverstärkung des Gegenkopplungskreises aus dem Produkt der Übertragungsbeiwerte

$$V_o = \frac{i_B}{u_{BE}} \cdot \frac{i_C}{i_B} \cdot \frac{u_{RE}}{i_C}$$

$$V_o = (S \cdot R_E)$$

Die Betriebsdaten der gegengekoppelten Schaltung werden in der gleichen Weise durch die Schleifenverstärkung V_o beeinflußt, wie die der spannungsgesteuerten Spannungsgegenkopplung, ausgenommen der Ausgangswiderstand z_2.

Spannungsverstärkung: $A_{uf} = \dfrac{A_{uo}}{1 + V_o} = \dfrac{S \cdot R_C}{1 + S \cdot R_E}$

Eingangswiderstand: $z_1 = r_e \cdot (1 + V_o) = r_{be} \cdot (1 + \dfrac{\beta}{r_{be}} \cdot R_E) = r_{be} + (\beta \cdot R_E)$

3.1 Transistorverstärker, Operationsverstärker

Der Ausgangswiderstand der Schaltung bleibt etwa $z_2 \approx R_C$. Um die Schleifenverstärkung V_o erhöht sich der Ausgangswiderstand des Transistors selbst, der als Stromquelle zu betrachten ist.
Ausgangswiderstand der Emitterschaltung mit Gegenkopplung: $z_2 = R_C$
Ausgangswiderstand des Transistors (als Stromquelle):

$$r_{af} = r_{ce} \cdot (1 + V_o) = r_{ce} \cdot (1 + S \cdot R_E)$$

Obere Grenzfrequenz des Transistors ohne Berücksichtigung von Kapazitäten (z. B. im Lastkreis) etwa: $f_{of} = f_o \cdot (1 + V_o)$

Spannungsgesteuerte Stromgegenkopplung

Diese Gegenkopplungsart wird gleichermaßen für einzelne Stufen wie für die Beschaltung von mehrstufigen Verstärkern verwendet. Wie in Bild 3.1-15a) dargestellt ist, hat der rückgeführte Strom i_f die entgegengesetzte Richtung zum Eingangsstrom i_e. Die beiden Ströme werden überlagert. Tatsächlich und meßbar fließt der Differenzstrom $i_e - i_f$.

Gegenkopplung eines einstufigen Transistorverstärkers

In der Schaltung von Bild 3.1-15b) wird der Gegenkopplungswiderstand R_f an die Ausgangsspannung angeschlossen. Ist der Widerstandswert von R_f, wie in der Praxis üblich, groß gegenüber R_C, wird die Ausgangsspannung u_a etwa in einen proportiona-

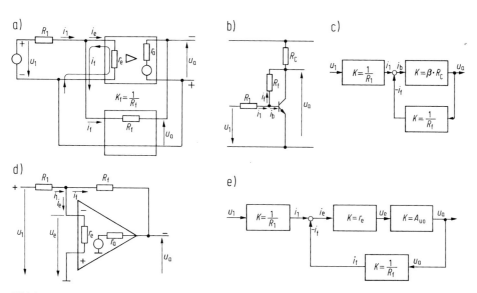

Bild 3.1-15. Spannungsgesteuerte Stromgegenkopplung
    a) Allgemeiner Vierpol
    b) und d) Verstärkerschaltungen
    c) und e) Signalflußpläne

len Strom i_f umgeformt und rückgeführt. Hierbei ist zu beachten, daß durch den Widerstand R_f sowohl der Gleichstrom I_B zur Betriebspunkteinstellung als auch der Signalstrom (überlagert) fließen. Eine Erhöhung des Eingangsstromes i_1 hat eine Verringerung der Ausgangsspannung u_a und des Rückführstromes i_f zur Folge. Der Eingangsstrom i_1 und der rückgeführte Strom i_f fließen über die Basis-Emitterstrecke des Transistors, jedoch mit entgegengesetzter Flußrichtung. Die Stromdifferenz i_b steuert den Transistor.

Im Eingangskreis muß immer ein Widerstand zur Umformung der Steuerspannung in einen Steuerstrom vorhanden sein. Durch eine Spannungsquelle mit einem theoretischen Innenwiderstand von null würde der Rückführstrom i_f abgeleitet und die Gegenkopplung wirkungslos. Der Innenwiderstand einer Steuerspannungsquelle hat die gleiche Wirkung wie ein Widerstand R_1.

Wie der Signalflußplan von Bild 3.1–15c) veranschaulicht, werden auch in diesem Beispiel einer Gegenkopplungsschaltung die Betriebsdaten durch den Soll-Istwert-Vergleich und die Auswirkungen der Schleifenverstärkung $V_o = (\beta \cdot R_C) \cdot 1/R_f$ beeinflußt.

Spannungsverstärkung:
Hier muß man unterscheiden
– Schaltung ohne R_1, jedoch mit Innenwiderstand. In diesem Falle wird die Spannungsverstärkung nicht beeinflußt. $A_{uf} = A_u$
– Schaltung mit R_1. Hierfür gilt:

$$A_{uf} = \frac{-u_a}{u_1} = \frac{i_1}{u_1} \cdot \frac{-u_a}{i_1}$$

dividiert man $i_b = i_1 - i_f$ durch i_b ergibt sich $\dfrac{i_b}{i_b} = \dfrac{i_1}{i_b} - \dfrac{i_f}{i_b}$ und

mit $\dfrac{i_f}{i_b} = V_o$ wird $i_1 = i_b \cdot (1 + V_o)$

$$A_{uf} = \frac{i_1}{u_1} \cdot \frac{-u_a}{i_b \cdot (1 + V_o)} = -\frac{\beta \cdot R_C}{R_1} \cdot \frac{1}{1 + V_o}$$

$$A_{uf} = -A_u \cdot \frac{1}{1 + V_o} \approx -\frac{R_f}{R_1}$$

Die Spannungsverstärkung wird etwa um den Faktor der Schleifenverstärkung verringert.

Eingangswiderstand ohne R_1: $z_1 = \dfrac{u_{be}}{i_b + i_f} = \dfrac{\dfrac{u_{be}}{i_b}}{\dfrac{i_b}{i_b} + \dfrac{i_f}{i_b}} = \dfrac{r_{be}}{1 + V_o}$

Der Eingangswiderstand der gegengekoppelten Schaltung wird als Folge des erhöhten Eingangsstromes etwa um die Schleifenverstärkung gegenüber dem nichtgegengekoppelten Zustand verringert.

Eingangswiderstand mit R_1: $z_1 \approx R_1$

Ausgangswiderstand:

$$z_2 = \frac{u_{ao} - u_a}{-i_a}; \quad u_{ao} = i_b \cdot \beta \cdot R_C$$

Bei einer Änderung der Ausgangsspannung als Folge einer Belastungsänderung ist

3.1 Transistorverstärker, Operationsverstärker

$$i_b = -i_f \text{ und } u_{ao} = -i_f \cdot \beta \cdot R_C$$

$$i_a = \frac{i_f \cdot \beta \cdot R_C + u_a}{r_a} = \frac{\frac{u_a}{R_f} \cdot \beta \cdot R_C + u_a}{r_a}$$

Mit der Schleifenverstärkung $V_o = \frac{1}{R_f} \cdot \beta \cdot R_C$ wird

$$i_a = \frac{u_a (1 + V_o)}{r_a}$$

$$z_2 = \frac{u_a}{i_a} = \frac{u_a \cdot r_a}{u_a (1 + V_o)} = \frac{r_a}{1 + V_o}$$

Der Ausgangswiderstand der gegengekoppelten Schaltung wird um den Faktor der Schleifenverstärkung verringert.
Die obere Grenzfrequenz wird etwa um die Schleifenverstärkung erhöht.

Gegenkopplung eines mehrstufigen Verstärkers

Wie die Schaltung (Bild 3.1-15d) zeigt, kann die spannungsgesteuerte Stromgegenkopplung auch bei mehrstufigen Verstärkern verwendet werden. Die gewünschte Spannungsverstärkung A_{uf} des gegengekoppelten Verstärkers wird durch zwei extern zugeschaltete Widerstände R_f und R_1 eingestellt. Ist die Verstärkung des nichtgegengekoppelten Verstärkers A_{uo} groß gegenüber der Verstärkung mit Gegenkopplung A_{uf}, dann ist die Schleifenverstärkung V_o groß, und die Spannungsverstärkung wird etwa

$$\boxed{A_{uf} = - \frac{R_f}{R_1}} \qquad (3.1\text{-}7)$$

Das Vorzeichen ergibt sich aus den Zählrichtungen der Spannungen und deutet auf die invertierende Betriebsweise der Verstärkerschaltung hin. Sind die genannten Voraussetzungen nicht gegeben, kann die Spannungsverstärkung mit Gegenkopplung anhand des Signalflußplanes (Bild 3.1-15e) hergeleitet werden:

$$A_{uf} = \frac{-u_a}{u_1} = \frac{i_1}{u_1} \cdot \frac{-u_a}{i_1} = \frac{1}{R_1} \cdot \frac{-u_a}{i_f + i_e} = \frac{1}{R_1} \cdot \frac{\frac{-u_a}{i_f}}{\frac{i_f}{i_f} + \frac{i_e}{i_f}}$$

$$= - \frac{1}{R_1} \cdot \frac{R_f}{1 + \frac{1}{V_o}}$$

$$A_{uf} = - \frac{R_f}{R_1} \cdot \frac{V_o}{1 + V_o}; \qquad V_o = r_e \cdot A_{uo} \cdot \frac{1}{R_f}$$

$r_e \ldots$ Eingangswiderstand des Verstärkers

Die Schleifenverstärkung V_o, die sich aus dem Signalflußplan ableiten läßt, ist für die praktische Anwendung schlecht geeignet, da der Verstärker mit dem Widerstand R_1 zum Spannungsverstärker wird. Es ist anschaulicher, die Spannungsverstärkung des gegengekoppelten Verstärkers A_{uf} mit der Leerlaufverstärkung A_{uo} in Beziehung zu setzen. Der Quotient aus A_{uf} und A_{uo} ergibt die Verstärkung eines nicht vorhandenen

Spannungsregelkreises. Diese Schleifenverstärkung, die mit V_{os} bezeichnet werden soll, kann zur Berechnung der Betriebsdaten verwendet werden. Vernachlässigt man den sehr kleinen Eingangssignalstrom i_e eines hochwertigen Verstärkers, wird $i_f + i_1 = 0$ und

$$\frac{u_1 - u_e}{R_1} + \frac{u_a - u_e}{R_f} = 0$$

$$\frac{u_1}{R_1} + \frac{u_a}{R_f} = u_e \left(\frac{1}{R_1} + \frac{1}{R_f}\right) = u_e \left(\frac{R_1 + R_f}{R_1 \cdot R_f}\right)$$

$$u_e = \frac{u_1}{R_1} \cdot \frac{R_1 \cdot R_f}{R_1 + R_f} + \frac{u_a}{R_f} \cdot \frac{R_1 \cdot R_f}{R_1 + R_f}$$

$$= u_1 \frac{R_f}{R_1 + R_f} + u_a \frac{R_1}{R_1 + R_f}$$

Für den invertierenden Verstärker wird mit $u_e = \dfrac{-u_a}{A_{uo}}$

$$\frac{-u_a}{A_{uo}} = u_1 \cdot \frac{R_f}{R_1 + R_f} + u_a \cdot \frac{R_1}{R_1 + R_f}$$

$$-u_a - u_a \cdot A_{uo} \frac{R_1}{R_1 + R_f} = A_{uo} \cdot u_1 \frac{R_f}{R_1 + R_f}$$

In diese Formel kann die Schleifenverstärkung des Verstärkers mit spannungsgesteuerter Spannungsgegenkopplung (hier mit V_{os} bezeichnet) eingesetzt werden.

Mit $V_{os} = A_{uo} \dfrac{R_1}{R_1 + R_f}$

$$u_a (1 + V_{os}) = -u_1 \cdot A_{uo} \frac{R_f \cdot R_1}{(R_1 + R_f) \cdot R_1} = -u_1 \cdot \frac{R_f}{R_1} \cdot V_{os}$$

$$A_{uf} = -\frac{u_a}{u_1} = -\frac{R_f}{R_1} \cdot \frac{V_{os}}{1 + V_{os}}$$

Eingangswiderstand mit Gegenkopplung:
Die Eingangsspannung u_e des Verstärkers selbst ist infolge der hohen Leerlaufverstärkung sehr klein. Der Eingang nimmt daher im statischen nicht übersteuerten Zustand angenähert Massepotential an. Mit dieser Voraussetzung wird:

$$z_1 = \frac{u_1}{i_1} = R_1$$

Ausgangswiderstand mit Gegenkopplung:
Ausgangsspannungsänderungen durch Spannungsabfall am Innenwiderstand r_a des Verstärkers werden weitgehend mit der Schleifenverstärkung ausgeregelt. Die Ausgangsspannung bleibt nahezu konstant. Der Ausgangswiderstand wird um die Schleifenverstärkung verkleinert.

$$z_2 \approx \frac{r_a}{V_{os}}$$

Frequenzverhalten mit Gegenkopplung:
Die obere Grenzfrequenz wird je nach Verlauf des Amplituden-Frequenzganges etwa um die Schleifenverstärkung V_{os} erhöht.

Stromgesteuerte Stromgegenkopplung

Diese Gegenkopplungsart wird selten verwendet. Für einstufige Transistorverstärker ist sie ungeeignet, und mehrstufige Verstärker enthalten meistens Leistungsendstufen mit geringen Ausgangswiderständen, also „Spannungsquellen".

3.1 Transistorverstärker, Operationsverstärker

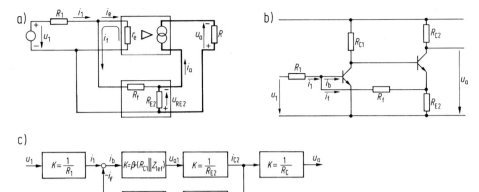

Bild 3.1-16. Stromgesteuerte Stromgegenkopplung
    a) Allgemeiner Vierpol
    b) Verstärkerschaltung
    c) Signalflußplan

Die Gegenkopplung des zweistufigen Verstärkers (Bild 3.1-16b) kann man als stromgesteuerte Stromgegenkopplung auffassen. Der Ausgangsstrom i_{C2} verursacht am Widerstand R_{E2} einen Spannungsabfall, der mittels R_f in den Rückführstrom i_f umgeformt wird. Für einen Stromvergleich ist auch hier ein Widerstand im Eingangskreis notwendig, wobei der Innenwiderstand der Steuerquelle den gleichen Einfluß hat wie ein Widerstand R_1.

Die Schleifenverstärkung kann anhand des Signalflußplanes (Bild 3.1-16c) ermittelt werden. Mit dem angenäherten Eingangswiderstand der zweiten Transistorstufe $ß_2 \cdot R_{E2}$ wird:

$$V_o = ß_1 \cdot (R_{C1} || (ß_2 \cdot R_{E2})) \cdot \frac{1}{R_{E2}} \cdot R_{E2} \cdot \frac{1}{R_f}$$

Die Betriebsdaten des gegengekoppelten Verstärkers werden in der gleichen Weise wie bei den vorhergehenden Beispielen beeinflußt.

	ohne R_1	mit R_1
Spannungsverstärkung	$A_{uf} \approx A_u$	$A_{uf} = \frac{R_f}{R_1} \cdot \frac{V_o}{1+V_o}$
Eingangswiderstand	$z_1 \approx r_{be1} \frac{1}{1+V_o}$	$z_1 = r_{be1}$
Ausgangswiderstand	$z_2 \approx R_{C2}$	$z_2 \approx R_{C2}$

Die obere Grenzfrequenz wird etwa um V_o erhöht.

Kombination von Gegenkopplungsarten

In der Schaltung von Bild 3.1-17 werden
- die stromgesteuerte Spannungsgegenkopplung in der ersten Stufe und
- die spannungsgesteuerte Spannungsgegenkopplung für den gesamten Verstärker
verwendet.

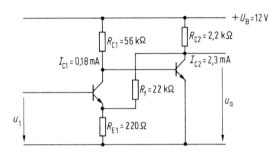

Bild 3.1-17. Zweistufiger Transistorverstärker mit kombinierter Gegenkopplung.

Der Widerstand R_{E1} übernimmt eine Doppelfunktion. Im einstufigen Verstärker dient er zur Stabilisierung und verringert dabei die Leerlaufverstärkung *(ohne Berücksichtigung von R_f)* auf etwa:

$$A_{uo} \approx \frac{S_1 \cdot (R_{C1} \| r_{be2})}{1 + S_1 \cdot R_{E1}} \cdot S_2 \cdot R_{C2}$$

Der Gegenkopplungswiderstand R_f ist zusammen mit R_{E1} als Spannungsteiler im Gegenkopplungskreis anzusehen und damit der Gegenkopplung der Schaltung von Bild 3.1-12b) vergleichbar. Die Spannungsverstärkung mit Gegenkopplung wird entsprechend der Beziehung (3.1-4)

$$A_{uf} = 1 + \frac{R_f}{R_1} \cdot \frac{V_o}{1 + V_o}$$

Der Eingangswiderstand wird mit (3.1-5)

$$z_1 = r_e \cdot (1 + V_o) = r_{be1} + (\beta_1 \cdot R_{E1}) \cdot (1 + V_o)$$

und der Ausgangswiderstand ergibt sich auf die gleiche Weise mit (3.1-6)

$$z_2 = \frac{r_a}{1 + V_o} = \frac{R_C}{1 + V_o}$$

Beispiel mit den Werten der Bauteile von Bild 3.1-17 und folgenden geschätzten Daten der Schaltung:

	Transistor T_1	Transistor T_2
Kollektorstrom	$I_{C1} = 0{,}18$ mA	$I_{C2} = 2{,}3$ mA
Stromverstärkung	$\beta_1 = 200$	$\beta_2 = 300$
Steilheit	$S_1 = 6{,}5$ mS	$S_2 = 83$ mS
Eingangswiderstand	$r_{be1} = 36$ kΩ	$r_{be2} = 3{,}6$ kΩ

Mit diesen Werten wird:

$$A_{uo} = \frac{6{,}5\text{ mS} \cdot (56\text{ k}\Omega \,\|\, 3{,}6\text{ k}\Omega)}{1 + 6{,}5\text{ mS} \cdot 220\ \Omega} \cdot 83\text{ mS} \cdot 2{,}2\text{ k}\Omega = 9 \cdot 183 = 1647$$

$$K_f = \frac{R_{E1}}{R_{E1} + R_f} = \frac{220\ \Omega}{220\ \Omega + 22\text{ k}\Omega} = 0{,}0099$$

$$V_o = A_{uo} \cdot K_f = 16{,}3$$

$$A_{uf} = 1 + \frac{22\text{ k}\Omega}{220\ \Omega} \cdot \frac{16{,}3}{1 + 16{,}3} = 101 \cdot 0{,}94 = 95$$

$$r_e = 36\text{ k}\Omega + (200 \cdot 220\ \Omega) = 80\text{ k}\Omega$$

$$z_1 = 80\text{ k}\Omega \cdot (1 + 16{,}3) = 1{,}38\text{ M}\Omega$$

$$z_2 = \frac{2{,}2\text{ k}\Omega}{1 + 16{,}3} = 135\ \Omega$$

Linearisierung von Kennlinien durch Gegenkopplung

Steuert man einen Verstärker mit nichtlinearer Kennlinie und der geringen Leerlaufverstärkung von etwa $A_{uo} \approx 12$ an, ergibt sich ein gegenüber dem Eingangssignal verzerrtes Ausgangssignal, wie im Bild 3.1–18b) dargestellt ist. Durch Beschaltungswiderstände $R_f = 100\text{ k}\Omega$ und $R_1 = 100\text{ k}\Omega$ für eine spannungsgesteuerte Spannungsgegenkopplung wird die Verstärkung mit $V_o = 12 \cdot 0{,}5 = 6$ auf

$$A_{uf} = 1 + \frac{100\text{ k}\Omega}{100\text{ k}\Omega} \cdot \frac{6}{1 + 6} = 1{,}71$$

verringert und das Übertragungsverhalten wesentlich verbessert. Mit Gegenkopplung verläuft die Kennlinie des Verstärkers flacher und mit größerer Linearität, da die Ausgangsspannung mit der Eingangsspannung verglichen wird und Abweichungen ausgeregelt werden. Je höher die Kreisverstärkung ist, um so geringer wird die Eingangsspannung u_e des nichtlinearen Verstärkers selbst im Verhältnis zu u_1 und um so

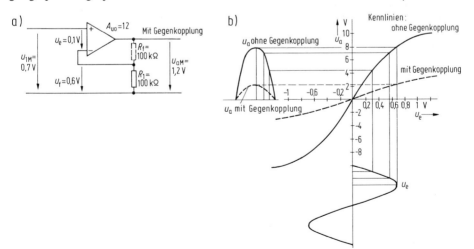

Bild 3.1–18. a) Schaltung des Verstärkers; Spannungen mit Gegenkopplung
b) Übertragungskennlinien mit und ohne Gegenkopplung

größer wird die rückgeführte Spannung u_f des linearen Übertragungsgliedes aus R_f und R_1. Die Linearität des gegengekoppelten Verstärkers nimmt zu. Für einen Momentanwert der Eingangsspannung von $u_1 \approx 0{,}7$ V ergeben sich die Spannungen von Bild 3.1-18a) und die Kurven im Diagramm von Bild 3.2-18b).

3.1.10 Mitkopplung

Eine *Mitkopplung* (Bild 3.1-19) ist vorhanden, wenn ein Teil der Ausgangsgröße gleichsinnig mit der Eingangsgröße wirkt. Die rückgeführte Größe unterstützt also bei der Mitkopplung die Eingangsgröße und hebt die wirksame Verstärkung an. Die Spannungsverstärkung des mitgekoppelten Verstärkers ist

$$A_{uf} = \frac{u_a}{u_1} = \frac{u_a}{u_e - u_f} = \frac{A_{uo}}{1 - A_{uo}K_f}.$$

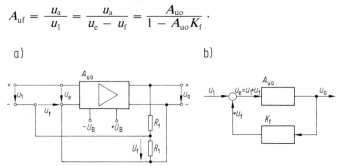

Bild 3.1-19. Spannungsmitkopplung
a) Schaltbild
b) Signalflußplan

Die *kritische Mitkopplung* ist bei $A_{uo}K_f = 1$ gegeben. In diesem Fall wird A_{uf} sehr groß (theoretisch: $A_{uf} \to \infty$). Ein kontinuierliches Steuern des Verstärkers ist hierbei nicht mehr möglich; der Verstärker kippt in eine Grenzlage. Die Mitkopplung erhöht die Neigung zur Instabilität. Sie wird angewandt, wenn Kipp- bzw. Schaltverhalten des Verstärkers erwünscht ist.

3.2 Operationsverstärker

3.2.1 Begriffe und Daten von Operationsverstärkern

Für hohe Ansprüche, wie sie z. B. in der analogen Rechentechnik und in der Steuer-, Meß- und Regeltechnik gestellt werden, mußte man nach besseren Schaltungen für Verstärker suchen. Man hatte herausgefunden, daß sog. *Differenzverstärker* besonders günstige Eigenschaften aufweisen. Sie können sowohl aus diskreten einzelnen Bauelementen aufgebaut als auch auf kleinen Siliziumscheiben integriert werden. Für diese hochwertigen Verstärker hat sich die Bezeichnung *Operationsverstärker* durchgesetzt. Integrierte Operationsverstärker haben den Vorteil eines relativ geringen Preises bei guten elektrischen Daten. Gegenüber diskret aufgebauten Verstärkern ist die verfügbare Ausgangsleistung geringer.
Was versteht man nun unter der Bezeichnung Operationsverstärker? Es sind dies Bausteine mit Differenzeingang und Daten, die dem Ideal eines Verstärkers sehr nahe

3.2 Operationsverstärker

kommen. In Tabelle 3.2-1 sind die erreichbaren Daten von Operationsverstärkern den idealen Daten gegenübergestellt.

Tabelle 3.2-1. Ideale und typische Daten von verschiedenen Operationsverstärkern

		ideale Daten	Daten des Standardverstärkers µA 741	Daten eines BIMOS Op-Verstärkers CA 3140	Daten eines Präzisions-Op-Verstärkers OP 77	Daten eines schnellen Op-Verstärkers OP 42
Spannungsverstärkung	$A_u(A_o)$	∞	200 000	100 000	8 000 000	260 000–900 000
Eingangswiderstand	Z_1	∞	2 MΩ	1,5 TΩ	45 MΩ	10^{12} Ω/6 pF
Ausgangswiderstand	Z_2	0	75 Ω	60 Ω	60 Ω	50 Ω
Ausgangsstrom	I_a	≫	20 mA	40 mA	22 mA	25 mA
Eingangs-ausgleichsspannung (offset voltage)	U_{io}	0	1 mV	5 mV	20 µV	0,3 mV
Eingangsruhestrom (bias current)	I_i	0	80 nA	10 pA	1,2 nA	80 pA
Eingangs-ausgleichsstrom (input offset current)	I_{io}	0	20 nA	0,5 pA	0,3 nA	4 pA
Gleichtakt-unterdrückung (CMRR)	k_{cr}	∞	90 dB	90 dB	140 dB	96 dB
Transitfrequenz (closed loop bandwidth)	f_T	≫	1 MHz	4,5 MHz	0,6 MHz	10 MHz
Änderungs-geschwindigkeit (slew rate)	S_{vo}	≫	0,5 V/µs	9 V/µs	0,3 V/µs	52 V/µs
Kleinsignal-Übertragungsverhalten (transient response) (risetime)	t_r	≪	0,3 µs	0,08 µs	—	0,8 µs
Großsignal-Grenzfrequenz		≫	10 kHz	100 kHz	3 kHz	1 MHz

Den Anwender interessiert im allgemeinen das Innenleben eines Operationsverstärkers (Op) nicht oder nur insoweit, als die Eingangs- und Ausgangsdaten Einfluß auf die Schaltungen haben, in denen der Op eingesetzt wird. Hierauf soll im folgenden eingegangen werden.

Bild 3.2-1 a) u. b) zeigt das Ersatzschaltbild, Schaltzeichen und die Grundbeschaltung eines Operationsverstärkers.

Wie können nun die hervorragenden Daten von Operationsverstärkern erreicht werden, und welche Besonderheiten sind beim Einsatz von Operationsverstärkern zu beachten? Als Eingangsschaltung dient, wie bereits erwähnt, bei den üblichen Operationsverstärkern eine Differenzstufe. Sie ist gegenüber der einfachen Schaltung von Bild 2.2-67 verbessert. Verbesserte Betriebsdaten erreicht man mit Darlingtonschaltungen,

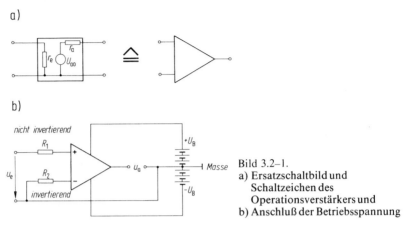

Bild 3.2-1.
a) Ersatzschaltbild und Schaltzeichen des Operationsverstärkers und
b) Anschluß der Betriebsspannung

Kaskodeschaltungen, Feldeffekt-Transistoren und Stromquellen, die Widerstände ersetzen. Die Ansteuerung erfolgt zwischen den beiden Basispunkten bei Differenzverstärkung. Wird zwischen Masse und Basispunkt von T_1 oder zwischen Masse und Basispunkt von T_2 angesteuert, so spricht man von asymmetrischer Ansteuerung. Der zweite Basispunkt muß bei asymmetrischer Ansteuerung immer mit Masse verbunden werden, da andernfalls kein Vorstrom für die Betriebspunkteinstellung fließen kann.
Es ist üblich, die beiden Transistoren von Differenzverstärkern bei Schaltungen mit diskreten Bauelementen gemeinsam auf einen Kühlkörper zu montieren, um Temperaturdifferenzen und damit unterschiedliche Temperaturdrift zu vermeiden. In integrierten Schaltungen kann sich auf den kleinen Kristallplättchen keine unterschiedliche Temperatur einstellen.
Trotz der hervorragenden Daten von Op-Verstärkern müssen einige Besonderheiten bei der Auslegung von Schaltungen beachtet werden. Die grundsätzlichen Betrachtungen über das Betriebsverhalten von Differenzverstärkern in Kapitel 2.2.10 können auf das Verhalten von Op-Verstärkern angewendet werden. Im Gegensatz zum einfachen Differenzverstärker von Bild 2.2–67 werden Op-Verstärker immer mit Bauelementen versehen, die das gewünschte Betriebsverhalten ermöglichen.

3.2.2 Fehler von Operationsverstärkern

Operationsverstärker werden durch außerhalb des Verstärkers zugeschaltete Bauelemente gegengekoppelt, man sagt „beschaltet". Erst durch diese Beschaltung und bei Beachtung einiger Grundregeln werden die Betriebsdaten des gegengekoppelten Verstärkers gut. Als Fehler sind Abweichungen des beschalteten Verstärkers gegenüber den idealen Daten zu sehen. Fehler können entstehen durch:
– Spannungsabfälle infolge von Eingangsströmen (Bias Current)
– Auswirkungen von Eingangsausgleichsströmen und -spannungen (Input Offset Voltage; Input Offset Current)
– Endliche Leerlaufverstärkung (Open Loop Gain)
– Unerwünschte Gleichtaktverstärkung (Common Mode Gain)
– Dynamische Fehler infolge endlicher Transitfrequenz bzw. Bandbreite und durch zu geringe Anstiegsgeschwindigkeit der Ausgangsspannung (Slew Rate)

3.2 Operationsverstärker

Fehler infolge von Eingangsströmen

Enthält die Eingangsschaltung eines Op-Verstärkers einen Differenzverstärker aus bipolaren Transistoren, werden zur Betriebspunkteinstellung Basisströme benötigt, die je nach Typ des Op-Verstärkers sehr unterschiedlich sein können, wie die Tabelle 3.2–1 zeigt. Diese Eingangsruheströme sind u. a. ein Gütemaß, und sie ergeben sich definitionsgemäß zu:

$$I_i = \frac{I_+ + I_-}{2}$$

Die Höhe der Eingangsströme hat Einfluß auf die sinnvolle Größe der Beschaltungsbauelemente bzw. auf die Fehler als Folge der Bauelemente. Liegen keine besonderen Anforderungen an den beschalteten Verstärker vor, wählt man Beschaltungswiderstände im Bereich von etwa 1 kΩ bis etwa 2 MΩ.

Am Beispiel einer typischen „invertierenden" Op-Verstärkerschaltung, die näher im folgenden Kapitel beschrieben wird, soll die Auswirkung von Eingangsruheströmen beschrieben werden. An den Widerständen R_1 und R_2 der Schaltung von Bild 3.2–2 erzeugen die Eingangsruheströme etwa gleiche Spannungsabfälle, und die Ausgangsspannung der Schaltung bleibt, abgesehen von Einflüssen durch nicht ideale Symmetrie der Verstärker, nahezu null. Aus dieser Erkenntnis ergibt sich eine wichtige *Auslegungsempfehlung für den Widerstand R_2*

$$R_2 \approx R_1 \mid\mid R_f$$

Wird der Widerstand R_2 entgegen dieser Empfehlung eingesetzt, ergeben sich Ströme in den Widerständen R_1 und R_f, die durch den Spannungsabfall an R_2 entstehen und den Leitwerten der Widerstände entsprechen. Unerwünschte Ausgangsspannungen sind die Folge. Wird z. B. an Stelle des vernünftigen Widerstandswertes $R_2 = 10$ kΩ

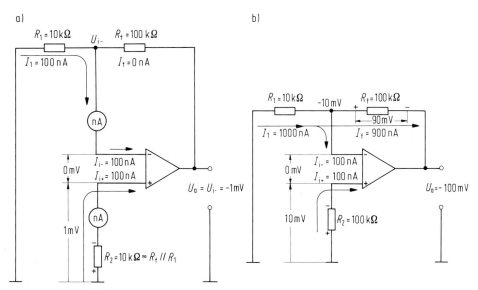

Bild 3.2–2. a) Einfluß der Eingangs-Ruheströme bei richtiger Wahl der Beschaltungswiderstände
b) Einfluß der Eingangs-Ruheströme bei falscher Wahl der Beschaltungswiderstände

ein Widerstandswert von 100 kΩ verwendet, fällt an R_2 eine Spannung von etwa U_{R2} = 100 nA · 100 kΩ = 10 mV ab. Nimmt man die Eingangsspannung vereinfachend mit null an, liegt die gleiche Spannung an dem Widerstand R_1 und erzeugt einen Strom von etwa $I_1 = U_{R1}/R_1 = 10$ mV/10 kΩ = 1000 nA. Hiervon fließen 100 nA als Eingangsruhestrom, und der Rest von 900 nA erzeugt einen Spannungsabfall von 90 mV an R_f. Am Ausgang des beschalteten Verstärkers entsteht ohne Eingangsspannung eine unerwünschte Spannung von −100 mV. Allgemein gilt:

$$U_{ai} = 1 + \frac{R_f}{R_1} \cdot (I_{i-} \cdot R_f \| R_1 - I_{i+} \cdot R_2)$$

Op-Verstärker erfordern in der Regel bei Speisung mit Doppelspannung keine besonderen Maßnahmen zur Betriebspunkteinstellung. Es muß jedoch immer gewährleistet sein, daß der Eingangsruhestrom I_i unter etwa gleichen Bedingungen in beiden Eingangskreisen fließen kann. Andernfalls entstehen an ungleichen Widerständen bzw. Bauelementen unterschiedliche Spannungsabfälle, die wie Steuerspannungen wirken. Es sind daher zu vermeiden
– hochohmige Widerstände von Steuerquellen
– Dioden in Sperrichtung
– Kapazitäten.
Gegebenenfalls muß ein Widerstand R_2 wie in der Schaltung von Bild 3.2–3 vorgesehen werden, der den Eingangsruhestrom führen kann.
Werden Op-Verstärker mit Sperrschicht-FETs oder MOS-FETs in der Eingangsdifferenzstufe verwendet, sind die Eingangsruheströme zu vernachlässigen, und die Beachtung der Widerstände in den Eingangskreisen ist wesentlich unkritischer.

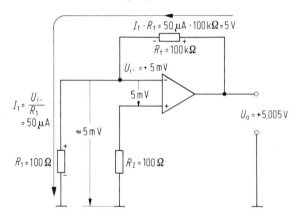

Bild 3.2–3. Einfluß der Eingangs-Ausgleichspannung (Input Offset Voltage) von z. B. 5 mV auf die Ausgangsspannung eines beschalteten Op-Verstärkers. Der Eingangs-Ruhestrom und der Eingangs-Ausgleichstrom wird vernachlässigt

Fehler infolge von Eingangsausgleichsströmen und -spannungen

Transistoren und andere Bauelemente von integrierten Schaltungen haben genauso wie Bauelemente in diskret aufgebauten Schaltungen geringfügig unterschiedliche Daten, die zu unterschiedlichen Eingangsströmen und unerwünschten Ausgangsspan-

3.2 Operationsverstärker

nungen bei Eingangsspannungen von null führen. Um am Ausgang null zu erreichen, sind für einen Op-Verstärker typische *Eingangsausgleichsströme I_{io} (Input Offset Current)* bzw. typische *Eingangsausgleichsspannungen U_{io} (Input Offset Voltage)* notwendig. Der Eingangsausgleichsstrom ergibt sich für eine Ausgangsspannung von null aus der Differenz der Eingangsruheströme:

$$I_{io} = I_+ - I_- \text{ für } U_a = 0 \text{ V}$$

Die Eingangsausgleichsströme und -spannungen unterliegen einer Temperaturdrift. Zusätzlich ändert sich die Eingangsausgleichsspannung bei Änderung der Betriebsspannung. Die Unterdrückung der Wirkung von Versorgungsspannungsänderungen $k_{SVR} = \Delta U_{io} / \Delta U_B$ wird in µV/V oder in dB angegeben. Häufig verwendet man in der englischen Literatur die Abkürzung *PSRR (Power Supply Rejection Ratio)*. Die Größen und deren Temperatureinfluß werden als Gütemaß von Op-Verstärkern in Datenblättern genannt. Die meisten Op-Verstärker können durch eine äußere Widerstandsbeschaltung, wie in Bild 3.2-3, für eine bestimmte Betriebssituation abgeglichen werden. Ändert sich die Temperatur, muß je nach Güte des Verstärkers und der Ansprüche an die Nullpunkt-Konstanz erneut ein Abgleich erfolgen.

Eingangsausgleichsströme und -spannungen werden nicht durch Gegenkopplung kompensiert.

Ohne Abgleich führen die Eingangsausgleichsspannung und der Eingangsausgleichsstrom zu einer Ausgangsspannung, die von der Spannungsverstärkung des beschalteten Verstärkers und den Widerstandsverhältnissen abhängen. Hierbei kann man die Eingangsausgleichsspannung als Spannungsquelle im Eingang des Verstärkers annehmen. Der Eingangsausgleichsstrom hat die gleiche Auswirkung wie unterschiedliche Eingangsruheströme. Sie erzeugen an den Beschaltungswiderständen Spannungsabfälle unterschiedlicher Größe. Bei niederohmigen Beschaltungswiderständen überwiegt der Einfluß der Ausgleichsspannung, bei hochohmigen der von Ausgleichsströmen. Die geringsten Fehler erhält man mit Beschaltungswiderständen in der Größenordnung von U_{io}/I_{io}. Für den „Urvater" der Op-Verstärker µA 741 wird

$$U_{io}/I_{io} = 1 \text{ mV}/20 \text{ nA} = 50 \text{ k}\Omega.$$

Wählt man R_2 bzw. $R_f \| R_1$ etwa 50 kΩ, hat man die geringsten Fehler zu erwarten. Die Fehler nehmen mit der Spannungsverstärkung zu, da die Fehlspannungen wie Steuerspannungen verstärkt werden. In der Praxis werden deshalb selten Verstärkungen mit Beschaltung von mehr als 200 gewählt.

Fehler infolge von endlicher Leerlaufverstärkung (Open Loop Gain)

Op-Verstärker haben im unbeschalteten (offenen) Zustand Leerlaufverstärkungen von etwa 22 000 (beim TAA 762) bis etwa 12 000 000! (beim OP 77). Durch Beschaltung wird diese Verstärkung in die Verstärkung mit Gegenkopplung A_{uf} und die Schleifenverstärkung V_0 aufgeteilt. Je höher A_{uf} gewählt wird, um so geringer ist die Verstärkung V_0 in der Regelschleife. Die meistens verwendeten Beziehungen für die Spannungsverstärkung mit Beschaltung für den nichtinvertierenden Verstärker

$$A_{uf} = 1 + \frac{R_f}{R_1} \text{ bzw. } A_{uf} = -\frac{R_f}{R_1} \text{ für den invertierenden Verstärker}$$

gelten nur für unendlich große Schleifenverstärkung. Je geringer die Schleifenverstärkung V_o ist, um so größer wird der Fehler der tatsächlichen Verstärkung gegenüber dem theoretischen Wert aus den Widerstandsverhältnissen.

$$A_{uf} = 1 + \frac{R_f}{R_1} \cdot \frac{V_o}{1+V_o} \quad \text{bzw.} \quad A_{uf} = - \frac{R_f}{R_1} \cdot \frac{V_o}{1+V_o},$$

(Siehe Kapitel 3.1.9).
Die Leerlaufverstärkung A_{ou} ist frequenzabhängig. Sie nimmt bei steigender Frequenz ab.

Fehler infolge von endlicher Gleichtaktunterdrückung
(Common Mode Rejection Ratio)

Wird ein Op-Verstärker z. B. zur Verstärkung der Meßspannung einer Meßbrücke wie in der Schaltung von Bild 3.3–9 verwendet, treten außer der Meßspannung auch sogenannte Gleichtaktspannungen auf. Gleichtaktspannungen ergeben sich aus dem Mittelwert der beiden Steuerspannungen zwischen Massepotential und Verstärkereingang:

$$U_{gl} = \frac{U_{e1} + U_{e2}}{2} \qquad (3.2\text{--}1)$$

Gleichtaktspannungen werden von handelsüblichen Verstärkern mit einer gewissen Gleichtaktverstärkung A_{uc} auf den Ausgang übertragen. Die Gleichtaktverstärkung kann aus der Verstärkung des beschalteten Verstärkers und des in den Datenblättern angegebenen Gleichtaktunterdrückungsfaktors k_{cr} (CMRR) berechnet werden.
Wird die Differenzverstärkung und die Gleichtaktverstärkung in dB eingesetzt, so ergibt sich die Gleichtaktunterdrückung *(Common Mode Rejection Ratio)* zu:

$$k_{cr} = A_u - A_{uc} \text{ in dB.} \qquad (3.2\text{--}2)$$

Setzt man die beiden Verstärkungen nicht im logarithmischen dB-Maß ein, so muß der Quotient aus A_u und A_{uc} gebildet werden. Für eine Gleichtaktverstärkung von beispielsweise $A_{uc} = -33$ dB, entsprechend 0,022, und eine Differenzverstärkung von 65 dB ergibt sich die Gleichtaktunterdrückung zu:

$$k_{cr} = 65 \text{ dB} - (-33 \text{ dB}) = 98 \text{ dB}.$$

Die Differenzverstärkung durch die Gleichtaktverstärkung dividiert ergibt die Gleichtaktunterdrückung von 98 dB.
Für einen anderen Verstärker sei die Differenzverstärkung mit 90 dB und die Gleichtaktunterdrückung mit 100 dB angegeben; hier ergibt sich die Gleichtaktverstärkung zu:

$$A_{uc} = A_u - k_{cr} = 90 \text{ dB} - 100 \text{ dB} = -10 \text{ dB}$$

$$A_{uc} = -10 \text{ dB} \triangleq 10^{\left(-\frac{10}{20}\right)} = 0{,}316. \qquad (3.2\text{--}3)$$

Wird mit einer Gleichtaktspannung von 5 V angesteuert, so ergibt sich bei diesem Verstärker eine Ausgangsspannung von 5 V $\cdot$ A_{uc} = 1,59 V, ein Wert, der nicht vernachlässigt werden kann. Die Gleichtaktunterdrückung ist im übrigen frequenzabhängig, wie Bild 3.2–4 zeigt.

3.2 Operationsverstärker

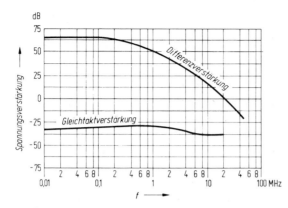

Bild 3.2-4. Frequenzabhängigkeit der Differenzverstärkung und der Gleichtaktverstärkung

Wie wichtig die Gleichtaktunterdrückung für manche Anwendungsgebiete ist, zeigt das vorstehende Beispiel. Man hat daher nach Wegen gesucht, die Gleichtaktunterdrückung zu erhöhen, ohne Nachteile in Kauf nehmen zu müssen. In üblichen Op-Verstärkerschaltungen werden u. a. aus diesem Grunde Widerstände durch Stromquellen ersetzt (siehe Kapitel 2.2.9).

3.2.3 Dynamische Fehler

Genau wie bei einzelnen Transistorstufen nimmt die Spannungsverstärkung von mehrstufigen Verstärkern mit steigender Signalfrequenz ab, und das Ausgangssignal wird zunehmend gegenüber dem Eingangssignal phasenverschoben. Die Neigung der Amplituden-Frequenz-Kennlinie und die Phasenverschiebung als Funktion der Frequenz hängen von den Kapazitäten und Widerständen der Transistoren, der Bauelemente und der Schaltung ab. Sie führen zu Zeitkonstanten, die in einem in der Regelungstechnik üblichen Amplitudenfrequenzgang, dem *Bode-Diagramm*, durch Geraden angenähert werden können, wie Bild 3.2–5 zeigt.

Bei Gegenkopplung eines Verstärkers wird das Eingangssignal mit dem Ausgangssignal verglichen. Verwendet man einen Spannungsvergleich, wird das Ausgangssignal entgegengeschaltet (subtrahiert). Beträgt die Phasenverschiebung 180°, wird das Ausgangssignal nicht mehr subtrahiert, sondern addiert. Die Eingangsspannung am Verstärker selbst wird größer, und der Verstärker kann schwingen, wenn die Schleifenverstärkung mindestens eins ist. Verstärker mit mehreren Stufen und somit mehreren Zeitkonstanten neigen bei Gegenkopplung zum Schwingen. Zusätzliche Bauelemente, wie Kondensatoren, können den Amplituden- und den Phasenfrequenzgang beeinflussen und das Schwingen verhindern. Meistens wird eine der Zeitkonstanten (in Bild 3.2–5 mit der Frequenz f_1) durch einen Kondensator vergrößert und als Folge die zweite Zeitkonstante (mit der Frequenz f_2) verringert. Auf diese Weise erreicht man eine Phasenverschiebung bis zu einer Verstärkung von etwa eins von höchstens 90°. Diese Korrektur – man sagt auch Kompensation – des Frequenzverhaltens verringert die Grenzfrequenz des Verstärkers ohne Gegenkopplung erheblich, wie Bild 3.2–5 zeigt.

Die Frequenzgang-Korrektur kann in integrierten Op-Verstärkern auf dem Chip selbst oder durch extern zuschaltbare Bauelemente erfolgen. Man unterscheidet integrierte Op-Verstärkerschaltungen

- ohne Frequenzgang-Kompensation
- mit Frequenzgang-Kompensation.

Die integrierten Op-Verstärkerschaltungen ohne Frequenzgang-Kompensation verlieren in der allgemeinen Elektronik durch immer bessere Schaltungen zunehmend an Bedeutung. Nur in zeitkritischen Fällen werden diese Verstärker eingesetzt, die mit Hilfe eines externen Kondensators oder eines Netzwerkes, für eine bestimmte Verstärkung mit Gegenkopplung kompensiert, eine höhere Grenzfrequenz erreichen.

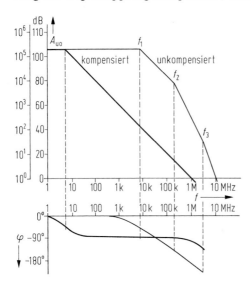

Bild 3.2–5. Amplitudenfrequenzgang und Phasenfrequenzgang eines Verstärkers mit und ohne Frequenz-Kompensation.

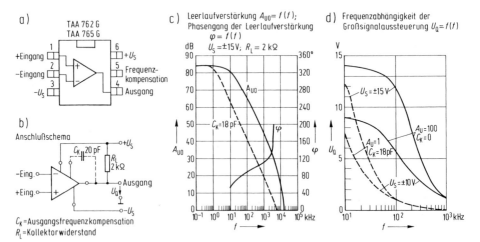

C_K = Ausgangsfrequenzkompensation
R_L = Kollektorwiderstand

Bild 3.2–6. a) PIN-Belegung des Op-Verstärkers TAA 762 G
b) Anschlußschema des TAA 762 G
c) Amplituden- und Phasenfrequenzgang des TAA 762 G
d) Mögliche Großsignalaussteuerung als Funktion der Frequenz

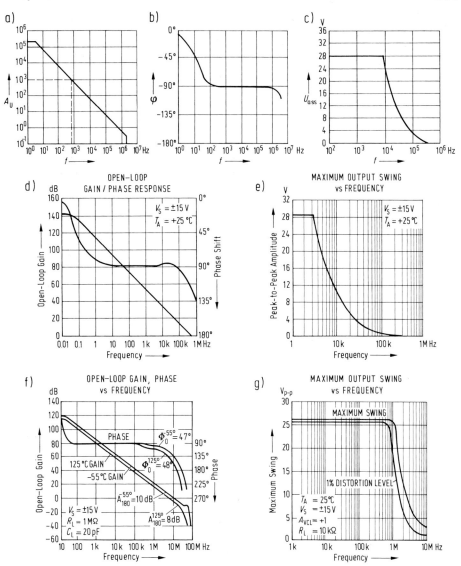

Bild 3.2–7. Gegenüberstellung der Amplituden- und Phasenfrequenzgänge von drei unterschiedlichen Op-Verstärkern.
a) Frequenzgang der Verstärkung (Gain)
b) Phasengang (Phase)
c) Aussteuergrenze (Maximum Output Swing) des Op-Verstärkers µA 741 ohne Gegenkopplung (Open Loop)
d) Frequenzgang der Verstärkung und Phasengang
e) Aussteuergrenze des Op-Verstärkers OP 77 (PMI)
f) Frequenzgang der Verstärkung und Phasengang
g) Aussteuergrenze des schnellen Op-Verstärkers OP 42 (PMI)

Das Bild 3.2–6 zeigt den Phasenfrequenzgang einschließlich des Einflusses eines Kompensationskondensators von 18 pF für einen besonders wirtschaftlichen Op-Verstärker mit der Typenbezeichnung TAA 762 G (Siemens) und das Anschlußschema. Wesentlich häufiger werden Op-Verstärker mit Frequenzgang-Kompensation verwendet, deren Amplituden durch interne Kompensationskondensatoren im wichtigen Frequenzbereich von Grenzfrequenz bis zur Transitfrequenz mit etwa 20 dB pro Dekade abfällt, wie Bild 3.2–7e) für einen OP 77 zeigt. Die Phasenverschiebung in diesem Frequenzbereich überschreitet nur geringfügig 90°. In Gegenkopplungsschaltungen mit ohmscher Last bleiben frequenzkompensierte OP-Verstärker stabil. Werden beschaltete Op-Verstärker mit kleinen rechteckförmigen Steuersignalen (von z. B. 20 mV) angesteuert, folgt das Ausgangssignal mit geringerer Flankensteilheit, als durch das Eingangssignal vorgegeben, und schwingt über, bevor ein statischer Wert erreicht wird. Die Anstiegszeit t_r (Risetime) und das Überschwingen (Overshoot) werden meistens in Datenblättern von Op-Verstärkern zusammen mit einer Meßschaltung und einem Diagramm angegeben (Bild 3.2–8).

Wie in Kapitel 3.1.9 beschrieben, nimmt die obere Grenzfrequenz bei Gegenkopplung um den Faktor der Schleifenverstärkung zu, bzw. sie ergibt sich aus der Transitfrequenz f_T (GBW; Gain Bandwidth) und der Verstärkung mit Gegenkopplung A_{uf}.

$$f_{of} = \frac{f_T}{A_{uf}}$$

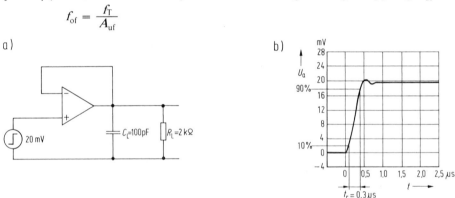

Bild 3.2–8. Einschwingverhalten eines Op-Verstärkers µA 741 bei Ansteuerung
  mit einem Sprungsignal von 20 mV.
  a) Meßschaltung
  b) Diagramm mit „Sprungantwort" und Risetime

Übersteuerungsverhalten von Op-Verstärkern

Die vorherigen Aussagen gelten nur für Betriebszustände, in denen der Op-Verstärker, und hier im besonderen die Eingangsstufe, im linearen Steuerbereich angesteuert werden. Dieser nichtübersteuerte Zustand stellt sich nur bei sehr kleinen Signalen von einigen Millivolt ein.

Die Übersteuerung eines Op-Verstärkers wird wie beim Differenzverstärker erreicht, sobald die Transistoren aus dem linearen Steuerbereich in den Sättigungsbereich gelangen. In der Steuerkennlinie eines Differenzverstärkers von Bild 2.2–70 ist eine Abflachung der Kennlinie oberhalb von etwa 50 mV zu erkennen. Sie nimmt mit steigender Steuerspannung zu und nähert sich einem Grenzwert. Bei welcher Steuerspan-

3.2 Operationsverstärker

nung eine Differenzstufe in den übersteuerten Zustand gelangt, hängt von der Schaltung ab.

In Eingangsstufen von Op-Verstärkern werden an Stelle von Widerständen meistens Stromquellenschaltungen verwendet. Sie führen dazu, daß die Eingangsstufen im übersteuerten Zustand konstanten Strom an die Koppelstufe liefern. Die Koppelstufe hat das Verhalten eines „Integrators", dessen Integrationszeit durch den Kompensationskondensator bestimmt wird. Beim Op-Verstärker μA 741 wird der Kondensator mit einer Kapazität von 30 pF im übersteuerten Zustand mit einem Konstantstrom von 15 μA geladen. Als Folge steigen die Spannung der Koppelstufe und die Ausgangsspannung linear mit der Zeit an. Die Flankensteilheit kann nicht durch höhere Eingangsspannung vergrößert werden.

Flankensteilheit der Ausgangsspannung (Slew Rate)

Die Ladungsmenge Q eines Kondensators ergibt sich aus $Q = C \cdot U_C = i_C \cdot t$. Ist der Ladestrom wie im Op-Verstärker konstant, ergibt sich die mittlere *Flankensteilheit der Ausgangsspannung* S_{VOav}, die auch als Spannungsanstiegsgeschwindigkeit oder *Slew Rate* bezeichnet wird, zu

$$S_{VOav} = \frac{U_C}{t} = \frac{i_C}{C} = \frac{15\ \mu A}{30\ pF} = 0{,}5\ \frac{V}{\mu s}$$

Das Betriebsverhalten bei Übersteuerung hat großen Einfluß bei Ansteuerung mit großen sinusförmigen und rechteckförmigen Signalen, wie das folgende Beispiel von Bild 3.2–9 zeigt.

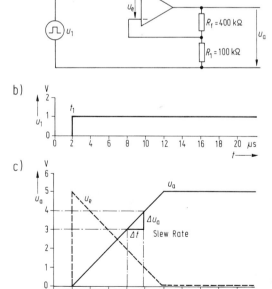

Bild 3.2–9.
Übersteuerung bei einem Spannungssprung der Eingangsspannung.
a) Beschalteter Verstärker $A_{uf} = 5$
b) Eingangsspannungssprung
c) Spannungen am Eingang und am Ausgang des Verstärkers

Ein als nichtinvertierender Verstärker beschalteter Op-Verstärker wird mit einer Spannung $u_1 = 1$ V zum Zeitpunkt t_1 angesteuert. Zu diesem Zeitpunkt ist die Ausgangsspannung noch null. Die Eingangsspannung von 1 V liegt in voller Höhe unmittelbar am Op-Verstärker. Als Folge der Übersteuerung steigt die Ausgangsspannung mit der möglichen Flankensteilheit von z. B. 0,5 V/μs an. Es fällt eine zunehmende Spannung am Teilerwiderstand R_1 ab, dadurch wird die Eingangsspannung am Op-Verstärker verringert. Kurz bevor die Ausgangsspannung etwa 5 V erreicht, wird die Übersteuerung aufgehoben und der Op-Verstärker in den linearen Bereich gesteuert.

Spannungsaussteuerungsgrenze (Output Voltage Swing)

Die Flankensteilheit einer sinusförmigen Steuerspannung ist im Nulldurchgang der Spannung am größten. Differenziert man

$$du_{(t)} = U_M \cdot \sin \omega t, \text{ wird } \frac{du_{(t)}}{dt} = u'_{(t)} = U_M \cdot \omega \cdot \cos(\omega t).$$

Für den Nulldurchgang, d. h. $t = 0$, wird $\omega \cdot t = 0$ und $\cos 0 = 1$,

$$u'_{(t=0)} = U_M \cdot \omega = U_M \cdot 2 \cdot \pi \cdot f.$$

Sobald mit steigender Frequenz der Steuerspannung die Flankensteilheit der Ausgangsspannung größere Werte annimmt als die mögliche Flankensteilheit des Op-Verstärkers, geht der Verstärker in den übersteuerten Betriebsbereich. Die Ausgangsspannung wird nicht mehr sinusförmig, sondern nähert sich bei weiterer Erhöhung der Frequenz einer dreieckförmigen Spannung mit abnehmender Amplitude (Bild 3.2–10). In Datenblättern von Op-Verstärkern wird meistens die Aussteuergrenze U_{oPP} (höchste zulässige Schwingungsbreite; Output Voltage Swing as a Function of Frequency) in Diagrammen wie in den Bildern 3.2–7c), e) und g) dargestellt.

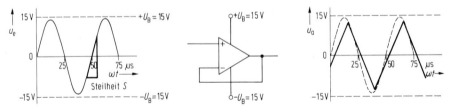

Bild 3.2–10. Eingangs- und Ausgangsspannung eines direkt gegengekoppelten Op-Verstärkers bei einer Betriebsspannung von ± −15 V und einer Signalfrequenz von 20 kHz. Steilheit: $S = 14$ V $\cdot$ $2 \cdot \pi \cdot 20\,000$ s^{-1} = 1,76 V/μs.

Berechnungsbeispiel:

In Datenblättern von elektronischen Bauelementen werden in der Regel typische, minimale und maximale Daten bzw. Fehler angegeben. Welche der Daten in die Fehlerrechnung eingesetzt werden müssen, hängt von der Aufgabenstellung ab. Darf ein bestimmter Fehler unter ungünstigsten Betriebsbedingungen (Worst Case) überschritten werden, sind die ungünstigsten Daten zu verwenden. Mit typischen Daten erhält man einen typischen Fehler des beschalteten Verstärkers. In der Fehlerrechnung wer-

3.2 Operationsverstärker

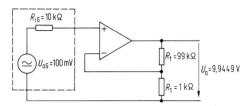

Bild 3.2-11.
Schaltung zur Berechnung der Fehler.

den alle Fehler addiert. Es ist jedoch unwahrscheinlich, daß alle Fehler mit typischen Werten auftreten und den Gesamtfehler in der gleichen Richtung beeinflussen.
Eine Spannungsquelle mit einem inneren Widerstand von $R_{iG} = 10$ kΩ liefert ohne Belastung eine Leerlauf-Gleichspannung von 100 mV. Diese Spannung soll auf 10 V verstärkt werden. Die Verstärkung des beschalteten Op-Verstärkers in Bild 3.2–11 muß

$$A_{uf} = \frac{U_a}{U_e} = \frac{10 \text{ V}}{100 \text{ mV}} = 100 \text{ betragen.}$$

Gewählt werden: Op-Verstärker µA 741 mit folgenden typischen Daten
$I_i = 80$ nA; $U_{io} = 1$ mV; $I_{io} = 20$ nA
$A_{uo} = 200\,000$ bei $U_B = \pm 15$ V
$f_1 = 1$ MHz (Gain Bandwidth; f_T... Transitfrequenz)
$k_{cr} = 90$ dB (CMRR); $S_{VO} = 0{,}5$ V/µs (Slew Rate)
$R_f = 99$ kΩ; $R_1 = 1$ kΩ

Ohne Berücksichtigung von Fehlern des Verstärkers und Toleranzen der Widerstände ergibt sich

$$U_a = 1 + \frac{R_f}{R_1} = 1 + \frac{99 \text{ k}\Omega}{1 \text{ k}\Omega} = 100.$$

In dem nachfolgenden Beispiel zur Berechnung der Ausgangsspannung mit Berücksichtigung der Fehler ist der Innenwiderstand der Steuerquelle nicht gleich der Paral-

Art des Fehlers	Berechnungsformel	Berechnungsbeispiel
Tatsächliche Verstärkung	$A_{uf} = 1 + \frac{R_f}{R_1} \cdot \frac{V_o}{1 + V_o}$	$V_o = A_{uo} \frac{R_1}{R_f + R_1} = 2000$ $A_{uf} = 100 \cdot \frac{2000}{1 + 2000} = 99{,}95$
Ausgangsspannung infolge Eingangsruhestrom	$U_{ai} = A_{uf} \cdot I_i \cdot ((R_f \| R_1) - R_{iG})$	$U_{ai} = 99{,}95 \cdot 80 \text{ nA} \cdot (990\,\Omega - 10 \text{ k}\Omega)$ $= -72{,}044$ mV
Ausgangsspannung infolge Eingangsausgleichstrom	$U_{aio} = A_{uf} \cdot \frac{I_{io}}{2} \cdot ((R_f \| R_1) + R_{iG})$	$U_{aio} = 99{,}95 \cdot 20 \text{ nA} \cdot 10{,}99 \text{ k}\Omega$ $= 21{,}969$ mV
Ausgangsspannung infolge Eingangsausgleichsspannung	$U_{auo} = A_{uf} \cdot U_{io}$	$U_{aio} = 99{,}95 \cdot 1 \text{ mV} = 99{,}95 \text{ mV}$
Ausgangsspannung infolge Gleichtaktverstärkung	$U_{aco} = \frac{A_{uf}}{k_{cr}} \cdot U_e$	$k_{cr} = 90 \text{ dB} \triangleq 10^{90/20} = 31\,623$ $U_{aco} = \frac{99{,}95}{31\,623} \cdot 100 \text{ mV} = 316 \text{ µV}$

lelschaltung von $R_\mathrm{f}\|R_\mathrm{l}$. Der Eingangsruhestrom muß daher berücksichtigt werden. Beim nichtinvertierenden Verstärker tritt eine kleine Gleichtaktspannung an R_l auf, die in der nachfolgenden Berechnung berücksichtigt wird. Dieser Einfluß kann normalerweise vernachlässigt werden.
Die Ausgangsspannung einschließlich der Spannungen infolge von Fehlern wird:

$$U_\mathrm{a} = U_\mathrm{e} \cdot A_\mathrm{uf} + U_\mathrm{ai} + U_\mathrm{aio} + U_\mathrm{auo} + U_\mathrm{aco}$$

$$U_\mathrm{a} = 100\ \mathrm{mV} \cdot 99{,}95 - 72{,}044\ \mathrm{mV} + 21{,}969\ \mathrm{mV} + 316\ \mathrm{\mu V} = 9{,}9449\ \mathrm{V}$$

Der Gesamtfehler gegenüber der Ausgangsspannung ohne Berücksichtigung von Fehlern beträgt:

$$F_\mathrm{rel} = \frac{x_\mathrm{a} - x_\mathrm{r}}{x_\mathrm{r}} = \frac{9{,}9449\ \mathrm{V} - 10\ \mathrm{V}}{10\ \mathrm{V}} = -5{,}5032 \cdot 10^{-3} \approx -0{,}55\ \%$$

Die obere Grenzfrequenz für kleine Signale beträgt:

$$f_\mathrm{af} = \frac{f_\mathrm{l}}{A_\mathrm{uf}} = \frac{1\ \mathrm{MHz}}{99{,}95} = 10{,}05\ \mathrm{kHz}$$

Wie aus dem Diagramm des Op-Verstärkers µA 741 von Bild 3.2–7c) zu ersehen ist, kann der Verstärker bei Ansteuerung mit einem sinusförmigen Signal und einer Amplitude von 100 mV ($U_\mathrm{ss} = 200\ \mathrm{mV}$) die Ausgangsspannung von $U_\mathrm{OPP} = 20\ \mathrm{V}$ unverzerrt liefern. Im Gegensatz hierzu wird dieAusgangsspannung bei sonst gleichen Verhältnissen durch den Verstärker OP 77 (Bild 3.2–7e) verzerrt. Hiermit darf die Ausgangsspannung höchstens $U_\mathrm{ss} = 10\ \mathrm{V}$ bzw. die Amplitude 5 V betragen.

3.3 Schaltungen mit Operationsverstärkern

In der Meßtechnik, Regelungstechnik und allgemein in elektronischen Schaltungen werden Verstärker mit unterschiedlichen Verstärkungsfaktoren und mit bestimmtem dynamischen Übertragungsverhalten benötigt. Es sind zusätzlich Schaltungen erforderlich, die Rechenoperationen, wie Addieren, Subtrahieren, Multiplizieren, Dividieren, Integrieren, Differenzieren usw., ausführen können. Das gewünschte Verhalten kann man durch passende Beschaltung eines Operationsverstärkers erreichen. Die folgenden Schaltungsbeispiele werden besonders in der analogen Rechentechnik und in der Regelungstechnik angewendet. Operationsverstärker werden daher vielfach anwendungsbezogen als *Rechenverstärker* oder *Regelverstärker* bezeichnet. Entsprechend dem Verhalten der Schaltungen spricht man auch von *analogen Schaltungen* mit Operationsverstärkern.
Der unbeschaltete Operationsverstärker hat bei niedrigen Signalfrequenzen proportionales Verhalten (*P-Verhalten*) mit sehr hoher Leerlaufspannungsverstärkung $A_\mathrm{uo} = \Delta U_\mathrm{a} / \Delta U_\mathrm{e}$, d. h. die Ausgangsspannung ändert sich proportional mit der Eingangsspannung. A_uo ist im allgemeinen größer als 10 000 ≙ 80 dB. Wird weiter vorausgesetzt, daß der Eingangswiderstand r_e des Operationsverstärkers größer als 100 kΩ ist, so ergeben sich für die Auslegung einer Schaltung einfache Bedingungen.

3.3.1 Nichtinvertierender Verstärker, Elektrometerverstärker (Operationsverstärker mit Spannungsgegenkopplung)

Die steuernde Eingangsspannung U_1 wirkt auf den nichtinvertierenden Eingang des Verstärkers. Damit haben die Eingangsspannung und die Ausgangsspannung dieselbe Polarität. Für die Spannungsgegenkopplung wird ein Teil der Ausgangsspannung am Spannungsteiler R_f/R_1 abgegriffen und der steuernden Eingangsspannung entgegengeschaltet (Bild 3.3-1).

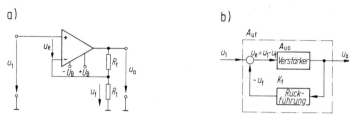

Bild 3.3-1
Operationsverstärker mit Spannungsgegenkopplung
a) Schaltbild   b) Signalflußplan

Bei der Herleitung der Formel für die Spannungsverstärkung mit Gegenkopplung wird von einem idealen Operationsverstärker mit $A_{uo} \to \infty$ ausgegangen. Damit sind die Eingangsspannung u_e und der Eingangsstrom des Verstärkers vernachlässigbar klein und werden mit Null angenommen. Beim idealen Verstärker fließt kein Eingangsstrom; die Widerstände R_1 und R_f bilden daher einen unbelasteten Spannungsteiler, und mit $u_e \to 0$ wird sich die Ausgangsspannung u_a so einstellen, daß $u_f \approx u_1$ wird. Damit wird

$$A_{uf} = \frac{u_a}{u_1} \approx \frac{u_a}{u_f}, \qquad (3.3\text{-}1)$$

und mit $u_f = [R_1/(R_1 + R_f)] u_a$ ist die

Spannungsverstärkung mit Spannungsgegenkopplung

$$\boxed{A_{uf} = \frac{u_a}{u_1} = 1 + \frac{R_f}{R_1}} \qquad (3.3\text{-}2)$$

Aus dieser Formel ist zu ersehen, daß die Spannungsverstärkung des beschalteten Verstärkers praktisch unabhängig von den Daten des Verstärkers wird und nur durch die äußeren Widerstände R_1 und R_f bestimmt ist. Das gilt jedoch nur für eine starke Gegenkopplung, d. h. daß die Leerlaufverstärkung $A_{uo} \gg A_{uf}$ ist. Der durch die endliche Leerlaufspannungsverstärkung auftretende Fehler ist im allgemeinen vernachlässigbar klein, zumal man bei modernen Operationsverstärkern von $A_{uo} > 50\,000$ ausgehen kann.
Der Fehler durch Vernachlässigung der endlichen Leerlaufverstärkung A_{uo} ist leicht errechenbar (siehe Kapitel 3.2-2).
Die Schaltung mit Spannungsgegenkopplung wird auch als Elektrometerverstärker bezeichnet. Sie zeichnet sich durch einen besonders hohen Eingangswiderstand (einige MΩ) aus. Gemäß Formel 3.1-5 errechnet sich der

Eingangswiderstand

$$z_1 = r_e(1 + V_o) \approx r_e \frac{A_{uo}}{A_{uf}}$$

r_e = Eingangswiderstand des Operationsverstärkers

Ein bestimmtes Widerstandsverhältnis $R_f : R_1$ kann mit unendlich vielen Widerstandswerten erreicht werden. Es stellt sich nun die Frage, welche Widerstandswerte zu verwenden sind. Der Spannungsteiler $R_f : R_1$ belastet den Verstärker mit $I_a = U_a/(R_f + R_1)$. Diese Belastung durch den Spannungsteiler sollte nicht größer als etwa 5 % des zulässigen Ausgangsstromes des Verstärkers sein. Damit verbleiben für die eigentliche Aufgabe des Verstärkers 95 % des zulässigen Ausgangsstromes.

Für die **Auslegung eines Spannungsteilers** wird allgemein die Belastung des Spannungsteilers berücksichtigt. Und zwar wählt man für den Querstrom I_q des Spannungsteilers etwa das 5- bis 10fache des Entnahmestromes des Spannungsteilers. Die Belastung des Spannungsteilers ist in Schaltung 3.3-1 die Gegenkopplung des Operationsverstärkers. Als Strom sind hierbei der Eingangsruhestrom I_B *(input bias current,* etwa 3 bis 800 nA) und der Eingangs-Offset-Strom I_o *(input offset current,* etwa 2 bis 50 nA) zu beachten. Sind diese Werte bekannt, so kann

$$R_f + R_1 = U_{a\,max}/10(I_B + I_o) \tag{3.3-3}$$

gewählt werden. Da der Wert $(I_B + I_o)$ kleiner als 0,5 % des Ausgangsstromes des Operationsverstärkers ist, kann für die Auslegung des Spannungsteilers als Richtwert für I_q etwa 1 % vom Ausgangsstrom des Operationsverstärkers gewählt werden. Mit $I_q \approx 0,01\, I_{a\,max}$ wird

$$R_f + R_1 \approx U_{a\,max}/0,01\, I_{a\,max}. \tag{3.3-4}$$

Aufgabe: Ein Operationsverstärker hat den Eingangswiderstand $r_e = 200$ kΩ, die Leerlaufspannungsverstärkung $A_{uo} = 100\,000$ und die Ausgangswerte $U_{a\,max} = 15$ V, $I_{a\,max} = 5$ mA.

a) Mit einer Spannungsgegenkopplung soll die Spannungsverstärkung $A_{uf} = 100$ eingestellt werden. Der Spannungsteiler ist zu berechnen.

Lösung:
Als Querstrom des Spannungsteilers werden 1 % des Ausgangsstromes $I_{a\,max}$ des Verstärkers gewählt.
Mit Formel 3.3-4 ist

$$R_f + R_1 \approx 15V/0{,}05mA = 300\ k\Omega;$$

R_f gewählt mit 220 kΩ (Normwert),
mit $A_{uf} = 1 + R_f/R_1 = 100$ ist $R_f/R_1 = 99$ und $R_1 = R_f/99 = 2{,}22$ kΩ.

b) Welchen Eingangswiderstand hat die Schaltung?
Der Eingangswiderstand errechnet sich mit Formel 3.2–4:

$$z_1 = r_e(1 + V_o) \approx r_e \cdot A_{uo}/A_{uf} = 200\ k\Omega \cdot 100\,000/100 = 200\ M\Omega.$$

3.3 Schaltungen mit Operationsverstärkern

Die Leerlaufspannungsverstärkung des Operationsverstärkers wird bei der Berechnung der Widerstände R_f und R_1 nicht berücksichtigt. Bei der Herleitung der Formel wurde von $A_{uo} \to \infty$ ausgegangen. Mit der endlichen Verstärkung $A_{uo} = 100\,000$ ist ein kleiner „Rechenfehler" vorhanden bzw. weicht die Ausgangsspannung um $\Delta U_a = U_a A_{uf}/A_{uo}$ ab. Diese Abweichung ist vernachlässigbar klein, oder die Verstärkung kann bei Ausführung von R_1 oder R_f als Potentiometer genau eingestellt werden.

Die Spannungsgegenkopplung wird in der Praxis seltener angewendet als die Stromgegenkopplung (Kapitel 3.3.2) mit Umkehrverstärker bzw. invertierendem Verstärker. Ein Grund hierfür ist, daß mit dem invertierenden Verstärker durch die Stromgegenkopplung das dynamische Verhalten einer Schaltung einfacher beeinflußt werden kann. Hinzu kommen bei der Spannungsgegenkopplung Fehler durch die Gleichtaktaussteuerung infolge einer endlichen Gleichtaktunterdrückung. Die Gleichtaktaussteuerung wird bei der Stromgegenkopplung kompensiert. Als Vorteil der Spannungsgegenkopplung ist jedoch der wesentlich höhere Eingangswiderstand hervorzuheben.

Direkte Spannungsgegenkopplung

Ein Sonderfall des Elektrometerverstärkers ist die *direkte Gegenkopplung* der gesamten Ausgangsspannung. Mit $R_f \to 0$ wird die *Spannungsverstärkung* $A_{uf} = 1 + R_f/R_1 \approx 1$.

Diese Schaltung gleicht der Kollektorschaltung (Emitter-Folger). Die erreichbaren Werte sind fast ideal. Der Eingangswiderstand wird sehr groß und der Ausgangswiderstand sehr klein. Der nichtinvertierende Verstärker wird daher als idealer *Impedanzwandler* (Bild 3.3-2) eingesetzt. Der Innenwiderstand der steuernden Spannungsquelle darf jedoch nicht beliebig groß sein, da der Ruhestrom des Operationsverstärkers fließen muß.

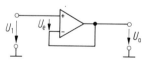

Bild 3.3-2
Operationsverstärker mit direkter
Spannungsgegenkopplung (Impedanzwandler)
Spannungsverstärkung $A_{uf} = U_a/U_1 = 1$
Eingangswiderstand $z_1 \to \infty$
Ausgangswiderstand $z_2 \to 0$

3.3.2 Invertierender Verstärker, Inverter, Umkehrverstärker (Operationsverstärker mit spannungsgesteuerter Stromgegenkopplung)

Der Operationsverstärker mit spannungsgesteuerter Stromgegenkopplung (Bild 3.3-3) ist eine sehr einfache Schaltung zum Einstellen einer gewünschten Spannungsverstärkung $A_{uf} = u_a/u_1$. Bei Verwendung ohmscher Widerstände hat die Schaltung proportionales Übertragungsverhalten; man spricht auch von einer *P-Beschaltung* oder von einem Verstärker mit *P-Verhalten*.

Im Gegensatz zur Spannungsgegenkopplung wird hier ein Strom i_f, der der Ausgangsspannung u_a proportional ist, auf den Eingang zurückgeführt. Der Strom i_f wirkt dem Eingangsstrom i_e entgegen, denn eine positive Eingangsspannung am invertierenden Eingang bewirkt eine negative Ausgangsspannung u_a.

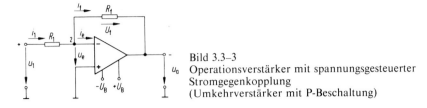

Bild 3.3-3
Operationsverstärker mit spannungsgesteuerter Stromgegenkopplung
(Umkehrverstärker mit P-Beschaltung)

Bei einem idealen Verstärker mit $A_{uo} \to \infty$, $u_e \to 0$ und $i_e \to 0$ wird $i_1 = i_f$, und Knotenpunkt 2 hat mit $u_e \to 0$ fiktiv Massepotential. Daraus folgt:

$$u_1 = i_1 R_1,$$

$$u_f = i_f R_f = -u_a.$$

Spannungsverstärkung $A_{uf} = \dfrac{u_a}{u_1} = -\dfrac{i_f R_f}{i_1 R_1}$.

Mit $i_f = i_1$ ist die *Spannungsverstärkung mit spannungsgesteuerter Stromgegenkopplung*

$$A_{uf} = -\frac{R_f}{R_1} \tag{3.3-5}$$

Wie bei der Spannungsgegenkopplung ist die Betriebsverstärkung A_{uf} unabhängig von den Daten des Verstärkers, sie ist ausschließlich durch das Widerstandsverhältnis R_f/R_1 bestimmt. Voraussetzung ist jedoch eine starke Gegenkopplung, d. h. $A_{uo} \gg A_{uf}$. Der Einfluß der Leerlaufverstärkung A_{uo} auf die Betriebsverstärkung $A_{uf} \approx R_f/R_1$ ist in Kapitel 3.2.2 erläutert.

Das Minuszeichen in Formel 3.3-5 berücksichtigt das invertierende Verhalten der Schaltung; bezieht sich also nicht auf die Spannungsverstärkung. In der Praxis werden vielfach nur die Spannungsbeträge errechnet. In diesem Fall kann das Minuszeichen in Formel 3.3-5 entfallen, und die Polaritäten werden innerhalb der Schaltung bestimmt.

Zahlenbeispiel

Die Ausgangsspannung $u_{a\,Meß} = 12{,}5\,\text{mV}$ eines Meßumformers (MU) soll auf 10 V verstärkt werden.

Gegeben ist ein Operationsverstärker mit:

Leerlaufverstärkung $A_{uo} = 80\,000 \triangleq 98\,\text{dB}$,
Grenzfrequenz $f_0 = 20\,\text{Hz}$,
Ausgangsspannung $U_{a\,max} = \pm 12\,\text{V}$.

a) Welche Spannungsverstärkung ist erforderlich?

$$A_u = \frac{u_a}{u_1} = \frac{u_{a\,OP}}{u_{a\,MU}} = \frac{10\,\text{V}}{12{,}5\,\text{mV}} = 800.$$

b) Welche Beschaltung ist für den Verstärker geeignet?

Gewählt wird eine Stromgegenkopplung mit einem Eingangswiderstand $R_1 = 10\,\text{k}\Omega$.

3.3 Schaltungen mit Operationsverstärkern

$$A_{uf} = \frac{u_a}{u_1} = \frac{R_f}{R_1} = 800.$$

$$R_f = A_{uf} \cdot R_1 = 800 \cdot 10 \text{ k}\Omega = 8 \text{ M}\Omega.$$

Zur Verwendung gelangen handelsübliche Widerstände. Damit die Schaltung abgeglichen werden kann, wird R_f als Trimmer ausgeführt (Bild 3.3-4).

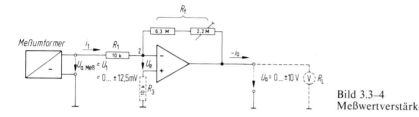

Bild 3.3-4
Meßwertverstärker

c) Bis zu welchen Signalfrequenzen kann der Verstärker eingesetzt werden?

Die Grenzfrequenz des beschalteten Verstärkers erhöht sich um den Faktor der Schleifenverstärkung V_0 (siehe Bild 3.1-13),

$$V_0 \approx \frac{A_{uo}}{A_{uf}} = \frac{80\,000}{800} = 100.$$

$$f_{of} = V_0 f_0 = 20 \text{ Hz} \cdot 100 = 2000 \text{ Hz}.$$

Hierbei ist zu beachten, daß bei der Frequenz f_{of} bereits eine Minderung der Verstärkung von 3 dB $\triangleq$ 30% vorhanden ist.

d) Der unbeschaltete Verstärker ändere seine Ausgangsspannung von 0 auf 5 V, ohne daß eine Eingangsspannungsänderung vorhanden ist (Grund: Nullpunktverschiebung infolge einer Drift). Wie groß ist der Fehler beim beschalteten Verstärker? Der Einfluß sämtlicher *Störgrößen* Z des Verstärkers wird durch die Gegenkopplung gemindert.

$$\Delta u_a = \frac{Z}{1 + V_0} \approx \frac{Z}{V_0} = \frac{5 \text{ V}}{100} = 0{,}05 \text{ V}.$$

e) Wie sieht die Steuerkennlinie des beschalteten Verstärkers aus?

Die Steuerkennlinie (Bild 3.3-5) ist durch den linearen Steuerbereich, der auch als Arbeitsbereich bezeichnet werden kann, und durch die Sättigungsbereiche gekennzeichnet. Die Steigung der Kennlinie ist mit der Verstärkung $A_{uf} = \Delta U_a / \Delta U_1$ und durch das invertierende Verhalten gegeben, d. h., eine positive Eingangsspannung u_1 bewirkt eine um A_{uf} größere negative Ausgangsspannung u_a. Die Sättigungsspannung hängt von der Höhe der Betriebsspannung des Verstärkers ab. In unserem Beispiel ist $u_{a\,max}$ mit $\pm$ 12 Volt gegeben.

Aus dem Rechenbeispiel ergeben sich einige Fragen:
1. Wie stark belastet der Verstärker den Meßumformer bzw. die steuernde Spannungsquelle?

2. Wovon hängt die Dimensionierung der Widerstände R_1 und R_f ab, da das Verhältnis R_f/R_1 für unendlich viele Widerstandskombinationen stimmen kann?
3. Welche Bedeutung hat der in Bild 3.3-4 gestrichelt eingezeichnete Widerstand R_3?

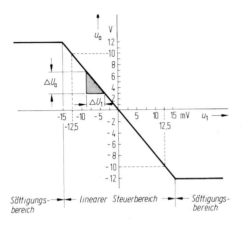

Bild 3.3-5
Steuerkennlinie des
Umkehrverstärkers $U_a = f(U_1)$

Die steuernde Spannungsquelle wird durch den Eingangsstrom $i_1 = U_1/z_1$ des Verstärkers belastet (z_1 = Eingangswiderstand des beschalteten Verstärkers). Dieser Widerstand ist praktisch durch R_1 bestimmt (siehe Kapitel 3.1.9).

$$z_1 \approx R_1.$$

Als Erklärung hierfür kann mit $u_e \to 0$ der Punkt 2 als auf annähernd Massepotential befindlich angesehen werden. Damit hat der Verstärker mit Stromgegenkopplung einen relativ niedrigen Eingangswiderstand im Vergleich zum Verstärker mit Spannungsgegenkopplung.

Man könnte nun geneigt sein, R_1 hochohmig zu wählen. Damit wird aber $R_f = A_{uf} R_1$ für viele Anwendungsfälle zu hochohmig (einige MΩ). In der Praxis werden für R_1 vielfach 10 kΩ oder 22 kΩ (in Sonderfällen bis zu 100 kΩ) gewählt. Nach Möglichkeit sollte $R_1 < r_e$ sein, damit die Rechenfehler klein gehalten werden. Der Rückführwiderstand R_f ist mit i_f eine Belastung des Verstärkerausgangs. R_f kann als Parallelwiderstand zum Lastwiderstand R_L betrachtet werden. Damit der Ausgang durch die Gegenkopplung nicht überlastet wird, gilt:

$$i_{a\,max} \geq \frac{U_{a\,max}}{R_f \| R_L}.$$

Der Widerstand R_3 in Bild 3.3-5 wird in Übersichtsschaltbildern im allgemeinen nicht gezeichnet. Schaltungstechnisch sollte R_3 zum symmetrischen Abschluß immer vorhanden sein, da der Operationsverstärker zum Einstellen des Betriebspunktes einen Ruhestrom braucht. Die Größe von R_3 ist nicht kritisch und sollte etwa der Parallelschaltung von R_1 und R_f entsprechen (siehe Kapitel 3.2.2).

$$R_3 \approx \frac{R_1 R_f}{R_1 + R_f}.$$

3.3 Schaltungen mit Operationsverstärkern

Die *Betriebsverstärkung* A_{uf} muß für viele Anwendungsfälle in weiten Grenzen einstellbar sein. Mit R_f als Potentiometer ist das möglich. $A_{uf} = 1$ bis 1000 erfordert aber z. B. mit $R_1 = 10\ k\Omega$ einen Widerstand $R_f = 10\ k\Omega$ bis $10\ M\Omega$. So hochohmige Potentiometer können mit einer Schaltung gemäß Bild 3.3-6 vermieden werden.

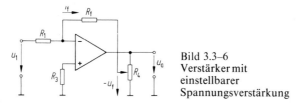

Bild 3.3-6
Verstärker mit einstellbarer Spannungsverstärkung

Hiernach wird durch den Spannungsteiler R_4 die Rückführgröße entsprechend dem Teilerverhältnis auf $i_f \sim u_f = K u_a$ vermindert. Die Betriebsverstärkung

$$A_{uf} = \frac{u_a}{u_1} = -\frac{R_f}{R_1 K} \qquad (3.3\text{-}6)$$

ist jetzt von dem Spannungsteilerverhältnis K des Potentiometers R_4 und von R_f/R_1 abhängig und damit in weiten Grenzen einstellbar.

3.3.3 Addition und Subtraktion von Signalen

Operationsverstärker können auch zur Addition und Subtraktion von Signalen (Spannungen und Ströme) verwendet werden. Bild 3.3-7 zeigt einen *Umkehraddierer,* wie er in der analogen Rechentechnik und in der Regelungstechnik benutzt wird. Für den Knotenpunkt 2 gilt unter Annahme eines idealen Verstärkers ($A_{uo} \to \infty$; $i_e \to 0$)

$$i_f = i_1 + i_2 + \ldots + i_n,$$
$$\frac{u_f}{R_f} = \frac{u_1}{R_1} + \frac{u_2}{R_2} + \ldots + \frac{u_n}{R_n};$$

mit $u_f = -u_a$ ist

$$-u_a = u_1 \frac{R_f}{R_1} + u_2 \frac{R_f}{R_2} + \ldots + u_n \frac{R_f}{R_n}. \qquad (3.3\text{-}7)$$

Die Spannungen u_1 bis u_n können positive oder negative Vorzeichen haben. Mit dieser Schaltung lassen sich Spannungen vorzeichenrichtig mit Signalumkehr am Ausgang addieren.

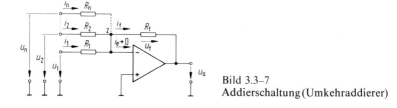

Bild 3.3-7
Addierschaltung (Umkehraddierer)

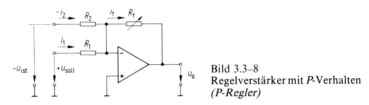

Bild 3.3–8
Regelverstärker mit P-Verhalten
(P-Regler)

Bild 3.3–8 zeigt als Anwendungsbeispiel einen P-Regler. Der Regler soll durch Vergleich des Sollwertes mit dem Istwert der Regelgröße die Regeldifferenz bilden und verstärken. Die beiden Spannungen U_{soll} und U_{ist} werden über die Widerstände R_1 und R_2 an den invertierenden Eingang des Regelverstärkers gelegt. Damit fließen proportional zu den Spannungen die Ströme i_1 und i_2. Ein Abbild der Regeldifferenz x_d = Sollwert − Istwert ist am Vergleichspunkt 2 mit $x_d \sim i_1 - i_2$ vorhanden. Man spricht von einem Sollwert-Istwert-Vergleich, ausgeführt als Stromvergleich. Wichtige Voraussetzungen für den Stromvergleich sind unterschiedliche Vorzeichen für die Spannungen U_{soll} und U_{ist} bezogen auf das Massepotential.

Bei Regelverstärkern wird meistens $R_1 = R_2$ ausgeführt. Damit ist die *Ausgangsgröße des P-Reglers*

$$-u_a = (U_{soll} - U_{ist}) \cdot \frac{R_f}{R_1}. \tag{3.3–8}$$

In der Regelungstechnik wird der Verstärkungsfaktor
$A_{uf} = u_a/(U_{soll} - U_{ist}) = (R_f/R_1)$ als *Übertragungsbeiwert* K_p *des P-Reglers* bezeichnet:

$$K_p = \frac{R_f}{R_1}. \tag{3.3–9}$$

Die Widerstandswerte von R_1 und R_2 in Schaltung 3.3–8 können zur Anpassung des Istwertes an den Sollwert verschieden ausgelegt werden. Maßgebend für den Sollwert-Istwert-Vergleich sind die Ströme i_1 und i_2. So können z. B. für einen Sollwert von 10 V und dem Istwert von 1 V die Widerstände $R_1 = 10$ kΩ und $R_2 = 1$ kΩ gewählt werden. Entsprechend Formel 3.3–7 gilt für die Ausgangsspannung des Regelverstärkers:

$$-u_a = u_{soll} \frac{R_f}{R_1} - u_{ist} \frac{R_f}{R_2}$$

Subtrahierschaltung

Eine *Subtrahierschaltung* zeigt Bild 3.3–9. Hierbei wird der Operationsverstärker als Differenzspannungsverstärker geschaltet; er verstärkt die Differenzspannung $u_2 - u_1$. Mit $R_1 = R_2$ und $R_3 = R_f$ ergibt sich die einfache Beziehung

$$u_a = \frac{R_f}{R_1} \cdot (u_2 - u_1) = A_{uf} \cdot u_d. \tag{3.3–10}$$

3.3 Schaltungen mit Operationsverstärkern

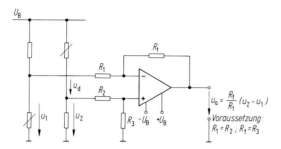

Bild 3.3-9
Subtrahierschaltung mit Brückenschaltung im Eingang

Die Subtrahierschaltung ist nicht so problemlos wie der Umkehraddierer nach Bild 3.3–7. Wenn die Differenz klein wird, können bei endlicher Gleichtaktunterdrückung relativ große Fehler auftreten. Die Subtrahierschaltung kann nur zu befriedigenden Ergebnissen führen, wenn Verstärker mit sehr hoher Gleichtaktunterdrückung verwendet werden. Warum verwendet man dann überhaupt die Subtrahierschaltung? Die Antwort ist bei Betrachtung der Polarität von u_1 und u_2 zu finden. Soll eine Differenz gebildet werden, so müssen u_1 und u_2 beim Umkehrverstärker unterschiedliches Vorzeichen haben, während sie bei der Subtrahierschaltung gleiche Polarität besitzen. Sofern u_1 und u_2 einer gemeinsamen Speisespannung zugeordnet sind, liegen ihre Polaritäten fest. Hierfür zeigt Bild 3.3-10 ein Beispiel mit einer Brückenschaltung am Eingang. Letztere kann z. B. Dehnungsmeßstreifen oder temperaturabhängige Widerstände enthalten. Aus der Schaltung erkennt man, daß die Spannungen u_1 und u_2 gleiche Polarität haben. $u_2 - u_1$ kann daher nicht mit dem Umkehraddierer ausgewertet werden.

Beispiel: Ein Differenzspannungsverstärker gemäß Bild 3.3–9 soll mit vier Dehnungsmeßstreifen (DMS) in Brückenschaltung als Meßumformer aufgebaut werden. Es soll z. B. eine Kraft mit Hilfe der DMS-Technik in eine elektrische Spannung umgeformt werden. Bild 3.3–10 zeigt die mechanische Anordnung und das Schaltbild.

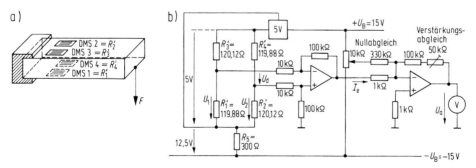

Bild 3.3–10. Kraftmessung mit Dehnungsmeßstreifen und Differenzspannungsverstärker
 a) mechanische Anordnung der Dehnungsmeßstreifen
 b) Schaltbild der zweistufigen Verstärkerschaltung

Für die Dimensionierung der Schaltung sind folgende Gesichtspunkte berücksichtigt:
a) Die *DMS-Brückenschaltung* wird von einem Festspannungsregler mit 5 V gespeist. Für die Dehnungsmeßstreifen mit $R_o = 120\,\Omega$ ist eine Widerstandsänderung $\Delta R = 0{,}1\,\%$ bei maximaler Kraft F angenommen. Bei der mechanischen Anordnung nach Bild 3.3-10a) werden die DMS 2 und 3 gedehnt und die DMS 1 und 4 gestaucht. Die Beträge der Widerstandsänderung der DMS auf der Oberseite und auf der Unterseite des Biegestabes sind gleich, ihre Vorzeichen sind verschieden. Damit ändern die oberen DMS ihren Widerstandswert auf $R_o + \Delta R = 120\,\Omega + 0{,}1\,\% = 120{,}12\,\Omega$ und die unteren DMS den Widerstandswert auf $R_o + \Delta R = 119{,}88\,\Omega$. Zum Ermitteln der Ausgangsspannung kann jeder Brückenzweig als unbelasteter Spannungsteiler betrachtet werden, und die Teilspannungen der Brücke können getrennt errechnet werden.

$$U_1 = U_B \cdot \frac{R_1'}{R_1' + R_3'} = 5\,\text{V} \cdot \frac{119{,}88\,\Omega}{119{,}88\,\Omega + 120{,}12\,\Omega} = 2{,}4975\,\text{V},$$

$$U_2 = U_B \cdot \frac{R_2'}{R_2' + R_4'} = 2{,}5025\,\text{V}.$$

Die Ausgangsspannung der Brückenschaltung ist die Differenzspannung

$$U_d = U_1 - U_2 = 5\,\text{mV}$$

Zum Vermeiden von *Fehlern durch die Gleichtaktverstärkung* sollte das Spannungsniveau am Mittelabgriff der Brückenschaltung bei null Volt liegen. Hierfür müssen am Widerstand R_5 12,5 V vorhanden sein, wenn $U_1 \approx U_2 \approx 2{,}5$ V und $-U_B = -15$ V berücksichtigt werden. Durch R_5 fließt der Strom der Brückenwiderstände $I = 5\,\text{V}/120\,\Omega = 41{,}7\,\text{mA}$; damit wird $R_5 = 12{,}5\,\text{V}/41{,}7\,\text{mA} = 300\,\Omega$.

b) Die *Berechnung der Spannungsverstärkung* und der Beschaltungswiderstände der Verstärker geht von einer gewünschten Ausgangsspannung $U_a = 7$ V aus. Mit $U_d = 5$ mV bei maximaler Kraft F ist die Spannungsverstärkung $A_u = U_a/U_d = 7\,\text{V}/5\,\text{mV} = 1400$. Für die Spannungsverstärkung $A_u = 1400$ ist eine zweistufige Verstärkung zweckmäßig, denn mit stärkerer Gegenkopplung werden mögliche Verstärkerfehler gemindert. Die Schaltung 3.3-10 berücksichtigt einen Verstärker mit der Spannungsverstärkung $A_{u1} = 100\,\text{k}\Omega/10\,\text{k}\Omega = 10$. Für die zweite Verstärkerstufe wird die Spannungsverstärkung $A_{u2} = A_u/A_{u1} = 1400/10 = 140$ benötigt. Als Eingangswiderstand für den zweiten Verstärker wurde $R_1 = 1\,\text{k}\Omega$ gewählt; damit sind für die Gegenkopplung des zweiten Verstärkers $R_f = R_1 \cdot A_{u2} = 1\,\text{k}\Omega \cdot 140 = 140\,\text{k}\Omega$ erforderlich (gewählt: 100 kΩ fest und 50 kΩ als Trimmer).

c) Es muß mit *Nullpunktverschiebungen* gerechnet werden. Zum einen können die Eingangsnullspannungen der Operationsverstärker und die Gleichtaktverstärkung Meßfehler verursachen. Zum anderen werden die Dehnungsmeßstreifen mit dem Aushärten des Klebers unterschiedlich vorgespannt. Hierdurch kann eine Brückenausgangsspannung von z. B. 3 mV vorhanden sein, ohne daß die Kraft F wirkt. Die Schaltung muß eine Nullpunkteinstellung haben. Für den Nullabgleich ist eine Addierschaltung gewählt. Der 330-kΩ-Eingangswiderstand für den Nullabgleich mit dem zweiten Verstärker berücksichtigt die mögliche Nullpunktverschiebung $U_{do} = 3\,\text{mV}$. Damit hat der erste Verstärker die Ausgangsspannung $U_{a1} = U_{do} \cdot A_{u1} = 3\,\text{mV} \cdot 10 = 30\,\text{mV}$ und der zweite Verstärker

3.3 Schaltungen mit Operationsverstärkern

den Eingangsstrom $I_1 = U_{a1}/1\ \text{k}\Omega = 30\ \mu\text{A}$. Dieser Strom muß mit dem Nullabgleich kompensiert werden. Ausgehend von der Betriebsspannung $U_B = \pm 15\ \text{V}$ und einer Potentiometereinstellung auf 10 V ergibt sich als Eingangswiderstand für den Nullabgleich $R_2 = 10\ \text{V}/30\ \mu\text{A} = 330\ \text{k}\Omega$.

Die Schaltung 3.3–10 hat den Nachteil, daß die Brückenspannungen U_1 und U_2 relativ niederohmig über die 10-kΩ-Eingangswiderstände gemessen werden. Besonders bei hochohmigen Widerstandsgebern sollten die Spannungen U_1 und U_2 leistungslos gemessen werden. Bild 3.3–11 zeigt eine Verstärkerschaltung mit sehr hochohmigem Eingangswiderstand und geringer Gleichtaktverstärkung. In dieser Schaltung sind dem Addierer V_3 zwei nicht invertierende Verstärker gemäß Schaltung 3.3–1 als Impedanzwandler vorgeschaltet. Hierdurch werden die Eingangsspannungen U_1 und U_2 rückwirkungsfrei verstärkt. Diese Schaltung mit drei Verstärkern wird als **Instrumentenverstärker** bezeichnet und ist als integrierter Schaltkreis erhältlich. Mit dem Aufbau als IC sind die Verstärker gleichen Temperaturbedingungen ausgesetzt. Die Offsetgrößen ändern sich damit gleichsinnig und kompensieren sich bei den Verstärkern V_1 und V_2. Als Fehler kann hierbei nur noch die Offsetspannung des Verstärkers V_3 auftreten. Dieser Fehler kann mit einer möglichst geringen Verstärkung von V_3 klein gehalten werden.

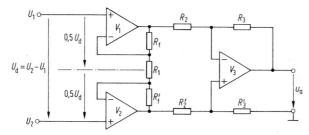

Bild 3.3–11. Subtrahierschaltung mit hohem Eingangswiderstand (Instrumentenverstärker).

Zum Ermitteln der Ausgangsspannung kann man die Schaltung symmetrisch aufgebaut betrachten. Die Eingangsverstärker V_1 und V_2 haben Spannungsgegenkopplung und die Spannungsverstärkung gemäß Formel 3.3–2 $A_{u1} = A_{u2} = 1 + R_f/0,5\ R_1$; die Subtrahierschaltung mit Verstärker V_3 hat die Spannungsverstärkung $A_{ud} = R_3/R_2$. Die Ausgangsspannung wird über die zwei Eingangsverstärker gebildet.

$$U_a = 0,5\ U_d \cdot A_{u1} \frac{R_3}{R_2} + 0,5\ U_d \cdot A_{u2} \frac{R'_3}{R'_2}$$

mit $A_{u1} = A_{u2}$ und $R_2 = R'_2$; $R_3 = R'_3$ wird

$$U_a = U_d \left(1 + \frac{R_f}{0,5\ R_1}\right) \frac{R_3}{R_2} = U_d \left(1 + \frac{2\ R_f}{R_1}\right) \frac{R_3}{R_2}$$

Die Spannungsverstärkung des Instrumentenverstärkers ist:

$$\boxed{A_u = \frac{U_a}{U_d} = \frac{U_a}{U_2 - U_1} = \left(1 + \frac{2\ R_f}{R_1}\right) \frac{R_3}{R_1}} \qquad (3.3-11)$$

Zum Einstellen der Spannungsverstärkung kann der Widerstand R_1 als Potentiometer ausgeführt sein. Da die Gleichtaktunterdrückung im wesentlichen durch das Verhält-

nis $R_2/R_3 = R'_2/R'_3$ bestimmt ist, sollten diese Widerstandsverhältnisse übereinstimmen. Es sind Präzisionswiderstände oder ein Widerstandsabgleich erforderlich.
Für den Instrumentenverstärker zum Anschluß an die DMS-Brückenschaltung (Bild 3.3-10) und zur Verstärkung der Brückenspannung $U_d = 5$ mV auf 7 V könnten für den diskreten Aufbau der Schaltung folgende Widerstandswerte verwendet werden:
$R_f = R'_f = 68$ kΩ, $R_1 = 1$-kΩ-Potentiometer, $R_2 = R'_2 = 1$ kΩ, $R_3 = R'_3 = 10$ kΩ.

Frequenzabhängige Schaltungen mit Operationsverstärkern

Bei den bisher betrachteten Schaltungen wurde der Verstärker mit ohmschen Widerständen beschaltet. Damit ist ein von der Signalfrequenz unabhängiges Übertragungsverhalten vorhanden, d. h., es ist A_{uf} = konst. für Frequenzen $f < f_0$. Ersetzt man die Widerstände R_1 und R_f durch Kapazitäten oder Induktivitäten, so resultiert ein definiertes, frequenzabhängiges Übertragungsverhalten. Mit Wechselstromwiderständen ist der *Frequenzgang des beschalteten Verstärkers* dann

$$\underline{F}(j\omega) = -\frac{\underline{Z}_f}{\underline{Z}_1} = \frac{\text{Rückführimpedanz}}{\text{Eingangsimpedanz}}.$$ (3.3-12)

3.3.4 Integrator

Durch einen Kondensator in der Rückführung gemäß Bild 3.3-12 stellt die Ausgangsspannung das zeitliche Integral der Eingangsspannung dar. Die Schaltung ist ein *Integrator* mit dem Frequenzgang

$$\underline{F}(j\omega) = \frac{U_a(j\omega)}{U_e(j\omega)} = -\frac{\underline{Z}_f}{\underline{Z}_1} = -\frac{1}{j\omega R_1 C_f} \triangleq \frac{K_I}{j\omega}.$$ (3.3-13)

mit $\underline{Z}_1 = R_1$ und $\underline{Z}_f = 1/j\omega C_f$.

Der Faktor $R_1 C_f$ ist eine Zeitkonstante und wird als *Integrierzeit* T_I bezeichnet:

$$T_I = R_1 C_f = 1/K_I.$$ (3.3-14)

Den Kehrwert nennt man *Integrierbeiwert* $K_I = 1/R_1 C_f$. Mit der Integrierzeit T_I sind sowohl der Frequenzgang als auch die Übergangsfunktion des Integrators bestimmt.

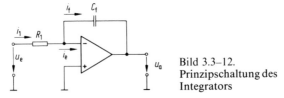

Bild 3.3-12. Prinzipschaltung des Integrators

Den *Frequenzgang* $\underline{F} = f(\omega)$ des Integrators zeigt Bild 3.3-13. Hierin ist $|\underline{F}| = |U_a|/|U_e|$ der Amplitudengang oder die Betragskennlinie; sie zeigt die frequenzabhängige

3.3 Schaltungen mit Operationsverstärkern

Verstärkung und ist eine Gerade, die mit 20 dB/Dekade fällt und bei der Kreisfrequenz $\omega = 1/T_1 = K_1$ den Wert 0 dB $\triangleq$ 1 hat. Die Phasenverschiebung des Ausgangssignals gegenüber dem Eingangssignal eines I-Gliedes ist mit $1/j = -j \triangleq -90°$ gegeben, wie es der Phasengang von Bild 3.3–13 zeigt. Es sei jedoch hervorgehoben, daß ein Integrator mit Operationsverstärker als invertierender Integrator bezeichnet werden kann. Sein Ausgangssignal hat zum gegebenen Eingangssignal eine zusätzliche Phasenverschiebung von 180°. Damit ist die Phasenverschiebung des invertierenden Integrators + 90°.

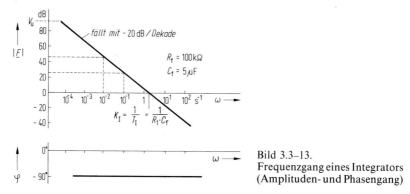

Bild 3.3–13.
Frequenzgang eines Integrators
(Amplituden- und Phasengang)

Das frequenzabhängige Verhalten des Integrators kann man sich auch mit Hilfe des Gegenkopplungsstromes i_f erklären, dessen Größe vom Blindwiderstand des Kondensators $X_C = 1/j\omega C_f$ abhängt. Bei niedrigen Signalfrequenzen ist dieser Widerstandswert groß und damit i_f klein. Wir haben bei niedrigen Frequenzen eine schwache Gegenkopplung und damit eine hohe Verstärkung. Praktisch ist die maximale Verstärkung des Integrators mit der Leerlaufverstärkung A_{uo} gegeben. Bei hohen Frequenzen wirkt mit steigendem i_f eine starke Gegenkopplung; für $\omega \rightarrow \infty$ strebt der Verstärkungsfaktor gegen Null.

Bodediagramm

Die Darstellung des frequenzabhängigen Übertragungsverhaltens, aufgeteilt in den *Frequenzgang der Amplitudenverstärkung* $|F| = U_a/U_e = f(\omega) = $ Betragskennlinie und den *Frequenzgang der Phasenverschiebung* $\varphi = f(\omega) = $ Phasenkennlinie, wird *Bodediagramm* genannt. Ein Bodediagramm zeigt also, wie ein Baustein mit sinusförmiger Eingangsgröße dieses Signal frequenzabhängig überträgt. Für die Betragskennlinie wird unabhängig von der Phasenverschiebung zwischen U_e und U_a das Verhältnis $U_a : U_e = |F|$ gebildet. Dieses Verhältnis wird meistens in Dezibel umgerechnet.

Dezibel ist eine logarithmische Maßeinheit. Sie wurde ursprünglich als Einheit für die Dämpfung eingeführt und ist der Logarithmus eines Leistungsverhältnisses. P_a/P_e in Bel (B) = lg (P_a/P_e). Meistens wird jedoch die Einheit Dezibel (dB) verwendet (10 dB = 1 B).

$$\text{Leistungsverhältnis} \quad \boxed{\frac{P_a}{P_e}\text{in Dezibel} = 10 \lg \frac{P_a}{P_e}(\text{dB}).} \qquad (3.3\text{--}15)$$

Für P_e kann eine Bezugsleistung P_o eingesetzt werden, die z. B. in der Tonfrequenztechnik mit $P_o = 1\,\text{mW}$ festgelegt wurde. Beträgt z. B. die Ausgangsleistung eines Verstärkers $P_a = 20\,\text{W} = 2 \cdot 10^4\,\text{mW}$, so kann der Leistungspegel am Ausgang des Verstärkers mit $10\lg 2 \cdot 10^4 = 43\,\text{dBm}$ angegeben werden. Der Zusatz m gilt als Hinweis auf die Bezugsleistung 1 mW.

$$\text{dBm} \triangleq 10 \cdot \lg P_a / 1\,\text{mW}.$$

Obwohl die dB-Angabe eine Maßzahl für das Verhältnis zweier Leistungen ist, drückt man oft auch die Verhältnisse zweier Spannungen oder Ströme oder den Übertragungsbeiwert $K = X_a / X_e$ oder auch Schallintensitäten in dB aus. Bei dem Verhältnis von Schallintensitäten ist P_o die Hörschwelle des durchschnittlichen menschlichen Ohrs.

Spannungsverhältnisse und Stromverhältnisse in dB:
Für die Umrechnung von Spannungsverhältnissen, von Stromverhältnissen und von Übertragungsbeiwerten K der Regelungstechnik in dB gilt:

Spannungsverhältnis $\quad \boxed{\dfrac{U_a}{U_e} \text{ in Dezibel} = 20\lg \dfrac{U_a}{U_e}\,(\text{dB})}$ $\qquad$ (3.3–16)

Merke: Leistungsverhältnisse und Schallintensitäten werden mit $10\lg(P_a/P_e)$ in dB umgerechnet, Spannungs- und Stromverhältnisse sind immer mit $20\lg(U_a/U_e)$ bzw. mit $20\lg(I_a/I_e)$ in dB umzurechnen!

Die Ursache hierfür ist mit $P = U \cdot I = I^2 R = U^2/R$ gegeben.

Mit $\dfrac{P_a}{P_e} \sim \dfrac{I_a^2}{I_e^2} = \dfrac{U_a^2}{U_e^2}$

$\dfrac{U_a}{U_e}\text{ in dB} = 10\lg \dfrac{U_a^2}{U_e^2} = 10\lg \left(\dfrac{U_a}{U_e}\right)^2 = 2 \cdot 10\lg \dfrac{U_a}{U_e}.$

Im Anwendungsbereich der Nachrichtentechnik gibt man vielfach Spannungsverhältnisse in dB bezogen auf eine bestimmte Bezugsspannung U_o an. U_o ist die Spannung, die bei Leistung $P_o = 1\,\text{mW}$ an einem bestimmten Widerstandswert vorhanden ist. Die Bezugswiderstände besitzen leider nicht einheitliche Werte. Es werden vielfach die Spannungswerte bei $P_o = 1\,\text{mW}$ an 600 Ω- oder 75 Ω- oder 60 Ω- oder 50 Ω-Widerständen gewählt. Hierdurch sind 0 dB bei unterschiedlichen Spannungswerten vorhanden, und zwar

mit $R_o = 600\,\Omega$ sind 0 dB bei 0,775 V vorhanden,
mit $R_o = 75\,\Omega$ sind 0 dB bei 0,274 V vorhanden,
mit $R_o = 60\,\Omega$ sind 0 dB bei 0,245 V vorhanden, und
mit $R_o = 50\,\Omega$ sind 0 dB bei 0,224 V vorhanden.

Eine weitere Variante ist der Bezugswert $U_o = 1\,\mu\text{V}$. Der Pegel 0 dB ist hiermit bei 1 μV vorhanden. Zum Kenntlichmachen des Bezugswertes 1 μV wird die Maßzahl in dBμV angegeben. Mit der Bezugsspannung 1 μV wird z. B. der Spannung 2 mV der Pegel $+66\,\text{dB}\mu\text{V} = 20 \cdot \lg 2\,\text{mV}/1\,\mu\text{V}$ zugeschrieben.

3.3 Schaltungen mit Operationsverstärkern

Beispiel: a) Die Spannungsverstärkung eines Verstärkers $A_u = U_a/U_e = 1000$ soll in dB umgerechnet werden.
A_u in dB $= 20 \lg A_u = 20 \cdot \lg 1000 = 60$ dB

b) Ein Spannungsverstärker hat bei der Grenzfrequenz einen Amplitudenabfall von 3 dB, d. h., der Verstärkungsfaktor $A_u = U_a/U_e$ ist bei der Grenzfrequenz um den Wert -3 dB gemindert. Was bedeutet die Angabe -3 dB?
$20 \lg X = -3$ dB, $\lg X = -3/20 = -0,15$
$X = 10^{-0,15} = 0,707 = 1/\sqrt{2}$.
Um den Faktor 0,707 ist die Verstärkung bei der Grenzfrequenz gemindert.
Eine Angabe $+3$ dB entspricht dem Faktor $\sqrt{2} = 1,414$.

Das Übergangsverhalten eines Bausteins kann nicht nur mit dem Frequenzgang, sondern auch mit der *Sprungantwort* bzw. der *Übergangsfunktion* beschrieben werden. Die Sprungantwort ist der zeitliche Verlauf der Ausgangsgröße bei sprungförmiger Änderung der Eingangsgröße. Die Sprungantwort wird Übergangsfunktion genannt, wenn die zeitliche Änderung der Ausgangsgröße durch Quotientenbildung auf die Sprunghöhe der Eingangsgröße bezogen wird. Die Sprungantwort eines *I*-Gliedes zeigt Bild 3.3-14. Der zeitliche Verlauf der Ausgangsgröße wird in diesem Bild für die sprungförmige Änderung der Eingangsspannung $\Delta U_e = 0,5$ V, $\Delta U_e = 1$ V und $\Delta U_e = 2$ V gezeigt.

Nach DIN 19226 ist das integrierende Verhalten mit der Integralgleichung

$$x_a(t) = K_I \int x_e(t) \cdot dt$$

beschrieben. Die Gleichung für die Ausgangsspannung des Integrators mit Operationsverstärker muß mit dieser Gleichung vergleichbar sein. Für Leser, die einige Grundkenntnisse der höheren Mathematik haben, wird die Zeitgleichung des Integrators hergeleitet. Es ist jedoch zu betonen, daß zum weiteren Betrachten des Integrators keine Kenntnisse der Integralrechnung erforderlich sind. Mit

$$i_1 = \frac{u_e}{R_1}; \quad i_f = i_C = C_f \cdot \frac{du_a}{dt} \quad \text{und } i_e \to 0$$

ist $\quad i_1 + i_f = \frac{u_e}{R_1} + C_f \cdot \frac{du_a}{dt} = 0.$

Durch Integration erhält man:

$$\boxed{-u_a(t) = \frac{1}{R_1 C_f} \int_0^t u_e(t) \, dt + (U_a)_{t=0}.} \qquad (3.3\text{-}17)$$

Hierin sind $1/R_1 C_f = 1/T_1 = K_I$ der Integrierbeiwert und $(U_a)_{t=0}$ der Anfangswert der Ausgangsspannung zur Zeit $t = 0$. Es ist $(u_a)_{t=0} = 0$, wenn der Kondensator C_f zur Zeit $t = 0$ entladen ist.
Mathematisch gesehen, wird dem Integrator das Integral der Spannung u_e über die Zeit gebildet.
Mit einer konstanten Eingangsspannung oder mit einem Mittelwert ist die Integralgleichung nicht erforderlich. Mit $U_e = $ konst. gilt:

$$-u_a(t) = \frac{1}{R_1 C_f} U_e t + (U_a)_{t=0} = K_I U_e t + (U_a)_{t=0}.\qquad (3.3\text{-}18)$$

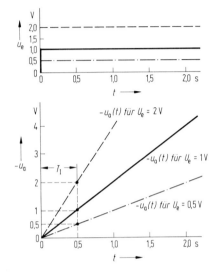

Bild 3.3-14.
Verlauf der Ausgangsspannung $u_a = f(t)$ des Integrators bei verschiedenen Eingangsgrößen U_e mit T_I = konstant und $(U_a)_{t=0} = 0$

Das ist die Gleichung einer Anstiegsfunktion mit der Steigung $K_I U_e$. Bild 3.3-14 zeigt den Verlauf der Ausgangsspannung $-u_a = f(t)$ für einen Eingangsspannungssprung verschiedener Größe. Die *Integrierzeit* T_I ist der Zeitabschnitt, in dem die Ausgangsgröße auf den Wert des Eingangsgrößensprunges aufsummiert wird. Die Änderungsgeschwindigkeit der Ausgangsgröße eines Integrators ist von der Eingangsgröße und von dem Integrierbeiwert $K_I = 1/T_I$ abhängig.

Beispiel: Gegeben ist ein Integrator mit $R_1 = 100\,\text{k}\Omega$ und $C_f = 5\,\mu\text{F}$. Damit ist:

Integrierzeit $T_I = R_1 C_f = 100\,\text{k}\Omega \cdot 5\,\mu\text{F} = 0{,}5\,\text{s}$.
Integrierbeiwert $K_I = 1/T_I = 2\,\text{s}^{-1}$.
Die Übergangsfunktion $-u_a = f(t)$ soll für einen Eingangsspannungssprung $\Delta U_e = 1\,\text{V}$ ermittelt werden.
Mit Gleichung 3.3-18 ist z. B. mit $t = 2\,\text{s}$:
$U_a = K_I U_e t = 2\,\text{s}^{-1} \cdot 1\,\text{V} \cdot 2\,\text{s} = 4\,\text{V}$.

Anwendungsbeispiele

I-Regler: In der Regelungstechnik wird der Integrator als Regler mit *I*-Verhalten oder als *I*-Regler bezeichnet. Seine Eingangsgröße ist die *Regeldifferenz* und seine Ausgangsgröße die *Stellgröße*. Da während eines Regelvorganges K_I konstant bleibt, ist die Änderungsgeschwindigkeit der Ausgangsgröße ($\Delta u_a / \Delta t$) proportional der Regeldifferenz. Wird die Regeldifferenz, d. h. die Eingangsgröße, Null, so bleibt beim *I*-Regler die jeweils vorhandene Ausgangsgröße bestehen. Zur Bildung der Regeldifferenz kann wie

3.3 Schaltungen mit Operationsverstärkern

in Bild 3.3-8 ein Widerstand R_2 zusätzlich auf den invertierenden Eingang geschaltet werden, wenn U_{ist} und U_{soll} entgegengesetztes Vorzeichen aufweisen.

Erzeugung einer Dreieckspannung

In Funktionsgeneratoren werden vielfach aus einer symmetrischen Rechteckspannung weitere Funktionen abgeleitet. Durch Integration einer symmetrischen Rechteckspannung erhält man beispielsweise eine Dreieckspannung gemäß Bild 3.3-15. Die so erhaltene Dreieckspannung wird u. U. nochmals integriert und ergibt eine angenähert sinusförmige Spannung (Bild 3.3-16).

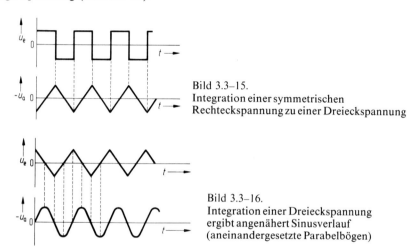

Bild 3.3-15.
Integration einer symmetrischen Rechteckspannung zu einer Dreieckspannung

Bild 3.3-16.
Integration einer Dreieckspannung ergibt angenähert Sinusverlauf (aneinandergesetzte Parabelbögen)

Bild 3.3-17 zeigt den Integrator, wie er zweckmäßig zu beschalten ist. Die zusätzlich eingezeichneten Widerstände R_3 und R_4 dienen zur Stabilisierung der Schaltung, denn die Fehler durch die endliche Gleichtaktunterdrückung, den Eingangsruhestrom und die Drift würden sonst aufsummiert, und der Integrator nach Bild 3.3-12 würde immer in eine Endlage „laufen". Der Widerstand R_3 dient zur Kompensation des Eingangsruhestromes ($R_3 \approx R_1$ wählen). Der Widerstand R_4 stabilisiert den Gleichspannungsbetriebspunkt bzw. bestimmt die Gleichspannungsverstärkung $A_{uf} = R_4/R_1$ und reduziert die Temperaturabhängigkeit der Ausgangsspannung. Für C_f sollten keine Elektrolytkondensatoren verwendet werden, da die relativ großen Leckströme dieser Kondensatoren eine Fehlerquelle sind.

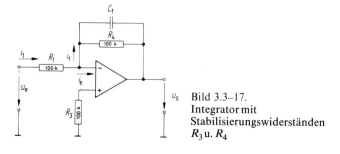

Bild 3.3-17.
Integrator mit Stabilisierungswiderständen R_3 u. R_4

3.3.5 Differentiator

Als Gegenstand zum Integrator wird jetzt in den Eingangskreis ein Kondensator C_1 und in die Rückführung ein Widerstand R_f geschaltet. Wir erhalten eine Schaltung mit

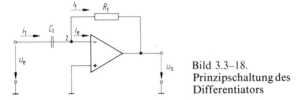

Bild 3.3-18.
Prinzipschaltung des Differentiators

differenzierendem Verhalten (D-Verhalten) oder einen Differentiator (Bild 3.3-18) mit dem Frequenzgang

$$\underline{F}(j\omega) = -\frac{\underline{Z}_f}{\underline{Z}_1} = -j\omega C_1 R_f \triangleq j\omega K_D \qquad (3.3\text{-}19)$$

mit $\quad \underline{Z}_f = R_f; \quad \underline{Z}_1 = \dfrac{1}{j\omega C_1}.$

Der Faktor $R_f C_1 = K_D$ ist eine Zeitkonstante und wird als *Übertragungsbeiwert* des D-Gliedes (*Differenzierbeiwert*) bezeichnet. Die grafische Darstellung des Frequenzganges $\underline{F}(j\omega)$ zeigt Bild 4.3-19. Hierin ist $|\underline{F}| = R_f C_1 \omega = K_d \omega$ die frequenzabhängige Verstärkung. Der Amplitudengang $|\underline{F}|$ eines Bausteines mit D-Verhalten ist eine Gerade, die mit 20 dB/Dekade steigt und bei der Kreisfrequenz $\omega = 1$ den Wert K_D hat. Das Argument von $\underline{F}$, d. h., die Phasenverschiebung des D-Gliedes ist $+j \triangleq 90°$. Bei dem Differentiator mit dem invertierenden Operationsverstärker, der zusätzlich eine Phasenverschiebung von 180° bewirkt, ist die Ausgangsspannung um $\varphi = -90°$ gegenüber u_e phasenverschoben.

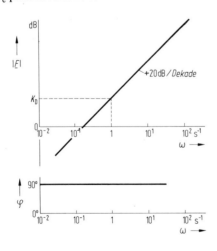

Bild 3.3-19.
Frequenzkennlinien des Differentiators
(Amplituden- und Phasengang)

3.3 Schaltungen mit Operationsverstärkern

Nach DIN 19226 ist die Gleichung im Zeitbereich für den Differentiator mit

$$x_a(t) = K_D \frac{dx_e(t)}{dt} \triangleq K_D \frac{\Delta x_e}{\Delta t}$$

beschrieben. Eine Gleichung mit demselben Aufbau erhält man auch für den Differentiator mit Operationsverstärker. Geht man von unendlicher Leerlaufspannungsverstärkung aus, so ist $i_e = 0$ und $i_1 + i_f = 0$,

$$C_1 \frac{\Delta u_e}{\Delta t} + \frac{u_a}{R_f} = 0,$$

$$\boxed{-u_a = R_f C_1 \frac{\Delta u_e}{\Delta t} \triangleq K_D \frac{\Delta x_e}{\Delta t}.} \qquad (3.3\text{--}20)$$

Die Ausgangsgröße u_a des Differentiators hängt also von der zeitlichen Änderung $\Delta u_e/\Delta t$ der Eingangsgröße und von $K_D = R_f C_1$ ab. Eine konstante Eingangsgröße verursacht beim Differentiator keine Ausgangsgröße. Auf einen Eingangsgrößensprung (Bild 3.3–20a) antwortet er dagegen mit einem „Nadel"-Impuls als Ausgangsgröße. Der Maximalwert des Nadelimpulses ist durch die Sättigungsspannung des Verstärkers bestimmt.

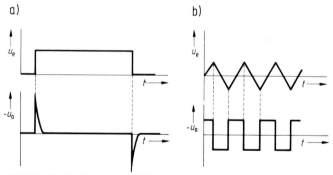

Bild 3.3–20. Verhalten des Differentiators
  a) bei sprungförmiger Änderung der Eingangsgröße
  b) mit Dreieckspannung als Eingangsgröße

Die Differentiation ist die Umkehr der Integration. Wird mit einem Integrator aus einer Rechteckspannung eine Dreieckspannung (Bild 3.3–15) erzeugt, so wird folglich mit einem Differentiator aus einer Dreieckspannung eine Rechteckspannung (Bild 3.3–20b) gebildet.
Die Schaltung des Differentiators nach Bild 3.3–18 ist problematisch, da Signale höherer Frequenz mit der Leerlaufverstärkung A_{uo} verstärkt werden. Dadurch tritt infolge von Störfrequenzen ein starkes Rauschen am Ausgang auf. Vermindertes Rauschen hat die Schaltung des Differentiators nach Bild 3.3–21. Mit Rücksicht auf die Eingangszeitkonstante $R_1 C_1$ sollte jedoch $\omega \ll 1/R_1 C_1$ sein. Mit einem Kondensator C_f ($R_f C_f \approx R_1 C_1$ wählen) kann das Rauschen des Differentiators weiter herabgesetzt werden, ohne daß der Frequenzbereich der Differentiation eingeschränkt wird.

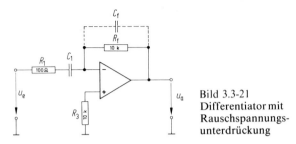

Bild 3.3-21
Differentiator mit
Rauschspannungs-
unterdrückung

3.3.6 *PI*-Schaltung

Der Frequenzgang eines Operationsverstärkers läßt sich durch eine Beschaltung nahezu beliebig verändern. In der Regelungstechnik werden Verstärker benötigt, die den Daten der Regelstrecke angepaßt werden können. Die Regelverstärker sollen z. B. die Zeitkonstanten der Regelstrecke kompensieren; sie sollen im stationären Zustand (Ruhezustand) zusammen mit der Regelstrecke sehr hohe Verstärkung haben, und beim Auftreten einer Regelabweichung soll aus Stabilitätsgründen die Verstärkung klein werden. Bild 3.3–22 zeigt einen Regelverstärker mit *PI*-Verhalten, der als Umkehrverstärker zusätzlich Signalumkehr bewirkt.

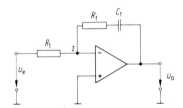

Bild 3.3–22.
Prinzipschaltung eines *PI*-Reglers

Frequenzgang des PI-Reglers

$$F(j\omega) = \frac{Z_f}{Z_1} = \frac{R_f}{R_1} + \frac{1}{j\omega \cdot R_1 C_f} = K_p + \frac{K_I}{j\omega} \qquad (3.3\text{-}21)$$

$$\underline{Z}_1 = R_1; \quad \underline{Z}_f = R_f + \frac{1}{j\omega C_f}.$$

$$|\underline{F}|(\omega) = \sqrt{K_p^2 + (K_I/\omega)^2} \qquad (3.3\text{-}22)$$

$$\varphi(\omega) = -\arctan 1/\omega t_n = -\arctan \omega_0/\omega \qquad (3.3\text{-}23)$$

Die Formeln 3.3–21 und 23 und der Phasengang in Bild 3.3–23 berücksichtigen nicht das invertierende Verhalten des Operationsverstärkers mit $\varphi = 180°$.
Im Bereich niedriger Signalfrequenzen ($\omega < 1/R_f C_f$) überwiegt beim *PI*-Regler das *I*-Verhalten und im Bereich höherer Frequenzen das *P*-Verhalten. Die beiden Komponenten *P* und *I* sind auch in Gleichung (3.3–21) erkennbar und können, wie in Bild 3.3–24, in Form eines Blockschaltbildes als eine Parallelschaltung von *P*-Regler und *I*-

3.3 Schaltungen mit Operationsverstärkern

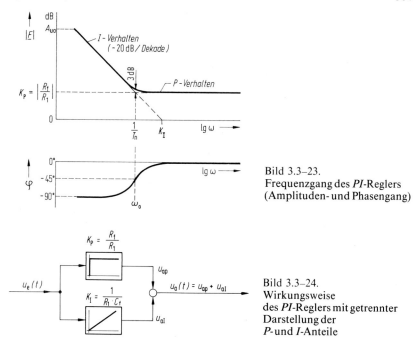

Bild 3.3–23.
Frequenzgang des PI-Reglers
(Amplituden- und Phasengang)

Bild 3.3–24.
Wirkungsweise
des PI-Reglers mit getrennter
Darstellung der
P- und I-Anteile

Regler betrachtet werden. Damit läßt sich die Sprungantwort des PI-Reglers ermitteln, die sich aus zwei Komponenten zusammensetzt.

Auf einen Eingangsgrößensprung reagiert der PI-Regler mit einer sofortigen Ausgangsgrößenänderung entsprechend dem P-Anteil ($u_a = K_p U_e$); das Integralverhalten läßt dann die Ausgangsgröße solange weiter ansteigen, wie das (konstante) Eingangssignal einwirkt. Nach dem Verschwinden des Eingangssignals (strich-punktiert in Bild 3.3–25) hält der PI-Regler (theoretisch) die Ausgangsspannung entsprechend dem zuletzt vorhandenen I-Anteil.

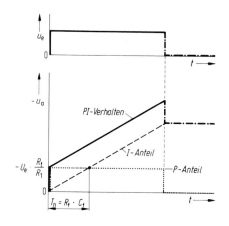

Bild 3.3–25.
Sprungantwort $U_a = f(t)$
des PI-Reglers $[(U_a)_{t=0} = 0]$

Ein Vergleich der Übergangsfunktion des *I*-Reglers (*I*-Anteils) mit dem *PI*-Regler zeigt, daß der *PI*-Regler seine Ausgangsgröße schneller aufbauen kann als ein reiner *I*-Regler. Die Zeit, die der *I*-Anteil benötigt, um eine gleich große Ausgangsgrößenänderung zu erzielen wie der *P*-Anteil, ist die *Nachstellzeit* T_n.

$$\boxed{T_n = R_f C_f = T_1 K_p = K_p / K_I = 1/\omega_0} \qquad (3.3-24)$$

ω_0 Eckfrequenz

3.3.7 *PD*-Schaltung

Das Übertragungsverhalten des *P*-Reglers mit *D*-Anteil vereinigt der *PD*-Regler nach Bild 3.3-26.

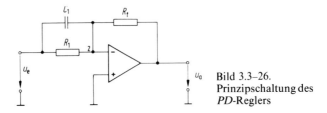

Bild 3.3-26. Prinzipschaltung des *PD*-Reglers

Frequenzgang des PD-Reglers:

$$\boxed{\underline{F}(j\omega) = \frac{\underline{Z}_f}{\underline{Z}_1} = \frac{R_f}{R_1}(1 + j\omega R_1 C_1) = K_p(1 + j\omega T_v) = K_p + j\omega K_D} \qquad (3.3-25)$$

$$|\underline{F}|(\omega) = \sqrt{K_p^2 + (\omega K_D)^2} \qquad (3.3-26)$$

$$\varphi(\omega) = \arctan \omega t_v = \arctan \omega/\omega_0 \qquad (3.3-27)$$

ω_0 Eckfrequenz

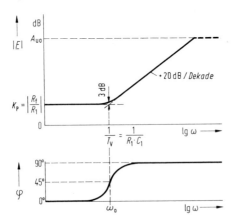

Bild 3.3-27. Frequenzgang des *PD*-Reglers (Amplituden- und Phasengang)

3.3 Schaltungen mit Operationsverstärkern

Aus der graphischen Darstellung (Bild 3.3-27) des Frequenzganges ist zu ersehen, daß der *PD*-Regler im Bereich niedriger Signalfrequenzen ($\omega < 1/R_1C_1$) *P*-Verhalten hat und mit höheren Frequenzen die Verstärkung entsprechend dem *D*-Verhalten anhebt. Die maximal mögliche Verstärkung wird jedoch durch die Leerlaufverstärkung A_{uo} und durch die Grenzfrequenz des Verstärkers festgelegt. Der Phasengang in Bild 3.3-27 berücksichtigt nicht $\varphi = 180°$ des invertierenden Operationsverstärkers.

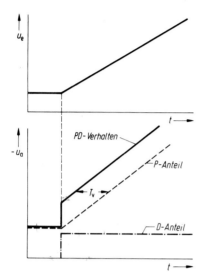

Bild 3.3-28.
Verhalten des *PD*-Reglers bei sich ändernder Eingangsgröße

Das Verhalten des *PD*-Reglers bei Einwirken einer Anstiegsfunktion als Eingangsgröße ist in Bild 3.3-28 zu erkennen (Die Anstiegsfunktion wird hier gewählt, weil sie im Gegensatz zur Sprungfunktion stetig und differenzierbar ist. Man beachte aber, daß die scheinbare Übereinstimmung des Verlaufs von u_{uo} in Bild 3.3-25 und 3.3-28 auf unterschiedlichen Eingangssignalen beruht!). Eine stetige Änderung der Eingangsgröße (Regeldifferenz) bewirkt beim *PD*-Regler eine sprungförmige Änderung der Ausgangsgröße entsprechend dem *D*-Anteil. Ohne daß sich die Eingangsgröße wesentlich geändert hat, kann sich die Ausgangsgröße, abhängig von der Änderungs*geschwindigkeit* der Eingangsgröße, stark ändern. Der Regler hat einen sogenannten *Vorhalt*. Bei Änderung der Eingangsgröße erreicht der *PD*-Regler mit Vorhalt eine bestimmte Ausgangsgröße schneller als ein *P*-Regler. Die Kenngröße für den Vorhalt (*D*-Anteil) ist die

$$\boxed{Vorhaltzeit\, T_v = R_1 C_1 \doteq 1/\omega_o.} \qquad (3.3\text{-}28)$$

ω_o Eckfrequenz

Die Vorhaltzeit ist die Zeit, um die ein *PD*-Regler schneller als ein *P*-Regler ist.
Schaltungstechnisch kann zur Unterdrückung des Rauschens vor den Kondensator C_1 wie beim Differentiator (Bild 3.3-21) ein Widerstand geschaltet werden.
Das *PD*-Verhalten erreicht man auch durch eine Querkapazität in der Rückführung (Bild 3.3-29). Damit der Querkondensator *C* weder den Eingang noch den Ausgang kurz-

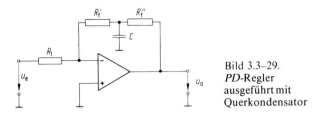

Bild 3.3–29.
PD-Regler
ausgeführt mit
Querkondensator

schließt, wird der Rückführwiderstand R_f, der den P-Anteil bestimmt, in R_f' und R_f'' geteilt (T-Schaltung).
Bei dieser Schaltung ist:

$$K_p = \frac{R_f' + R_f''}{R_1} \qquad (3.3-29)$$

und

$$T_v = \frac{R_f' R_f''}{R_f' + R_f''} \cdot C. \qquad (3.3-30)$$

3.3.8 PID-Schaltung

Die Ausgangsgröße eines PID-Reglers entspricht der Summe der Ausgangsgrößen eines P-, eines I- und eines D-Reglers. Diese Reglerausführung kann man mit einem Operationsverstärker im Prinzip nach Bild 3.3–30 lösen.

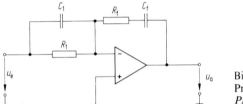

Bild 3.3–30.
Prinzipschaltung des
PID-Reglers

Frequenzgang des PID-Reglers:

$$\underline{F}(j\omega) = K_p \frac{(1 + j\omega T_n)(1 + j\omega T_v)}{j\omega T_n};$$

$$K_p = \frac{R_f}{R_1}; \quad T_n = R_f C_f; \quad T_v = R_1 C_1; \qquad (3.3-31)$$

$$\varphi(\omega) = \arctan \omega\, T_v - \arctan \frac{1}{\omega T_n} \qquad (3.3-32)$$

Der Frequenzgang ist in Bild 3.3–31 dargestellt. Wir erkennen, daß der Frequenzbereich mit I-Verhalten durch die Nachstellzeit T_n und die Leerlaufverstärkung A_{uo} begrenzt ist; P-Verhalten mit der Spannungsverstärkung $K_p = R_f/R_1$ überwiegt im Frequenzbereich $\omega = 1/T_n$ bis $\omega = 1/T_v$; bei Frequenzen $\omega > 1/T_v$ hebt die Schaltung entsprechend dem D-Verhalten die Verstärkung bis zur Leerlaufverstärkung A_{uo} an, sofern hier die Grenzfrequenz f_o des Verstärkers noch nicht erreicht ist.

3.3 Schaltungen mit Operationsverstärkern

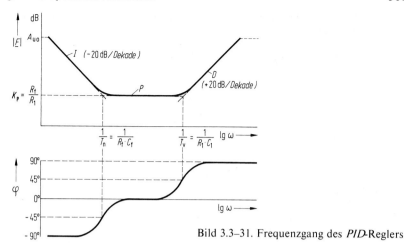

Bild 3.3-31. Frequenzgang des *PID*-Reglers

Die Formel 3.3-32 und der Phasengang in Bild 3.3-31 berücksichtigen nicht die Phasenverschiebung $\varphi = 180°$ des invertierenden Verstärkers.

Die Sprungantwort $u_a = f(t)$ des *PID*-Reglers bei sprungförmiger Änderung der Eingangsgröße (Bild 3.3-32) zeigt eine sofortige Änderung der Ausgangsgröße infolge der *P*- und *D*-Wirkung mit anschließendem linearen Anstieg aufgrund des *I*-Anteils. Der Differentialanteil verstärkt sehr stark die Signale höherer Frequenz. Störfrequenzen bewirken daher ein starkes Rauschen. Dieses Rauschen kann durch einen Vorwiderstand zu C_1 gemindert werden, damit wird aber auch die Verstärkung für Signale höherer Frequenz auf R_f/R_v herabgesetzt.

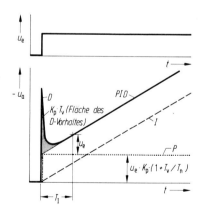

Bild 3.3-32.
Sprungantwort des *PID*-Reglers
$[(U_a)_{t=0} = 0]$

3.3.9 Verstärker mit Tiefpaßfilter (Glättungsglied)

Die Eingangsgrößen der Verstärker sind vielfach mit Störsignalen behaftet. Mit einem Tiefpaßfilter (siehe Kapitel 3.9.3) können Störsignale höherer Frequenz unterdrückt werden, während Signale tiefer Frequenz unverändert passieren. Ein Tiefpaßfilter in T-

Schaltung zur Glättung der Eingangsgröße des Verstärkers zeigt Bild 3.3–33. Er ist charakterisiert durch:

$$\text{Glättungszeitkonstante} \qquad T = \frac{R_1' R_1''}{R_1' + R_1''} \cdot C, \qquad (3.3\text{--}33)$$

$$\text{Grenzfrequenz} \qquad f_o = \frac{1}{2\pi T} = \frac{R_1' + R_1''}{2\pi R_1' R_1'' C}, \qquad (3.3\text{--}34)$$

$$\text{Spannungsverstärkung} \qquad K_p = \frac{R_f}{R_1' + R_1''}. \qquad (3.3\text{--}35)$$

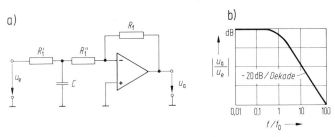

Bild 3.3–33. Tiefpaß-Filter (Glättungsglied) im Eingangskreis
a) Schaltbild
b) Frequenzgang

Mit dieser Schaltung werden Störsignale oberhalb f_o mit -20 dB/Dekade unterdrückt, d. h. der Einfluß der Störsignale wird ab der Grenzfrequenz umgekehrt proportional mit der Frequenz gemindert.

Das Tiefpaßfilter im Eingangskreis des Verstärkers kann als passiver Tiefpaß bezeichnet werden. Legt man den Kondensator in den Rückführzweig des Operationsverstärkers (Bild 3.3–34), so entsteht ein aktiver Tiefpaß mit dem Frequenzgang

$$F(j\omega) = \frac{Z_f}{Z_1} = \frac{R_f \| C_f}{R_1} = \frac{R_f}{R_1} \cdot \frac{1}{1 + jR_f C_f} = \frac{K_p}{1 + j\omega T}. \qquad (3.3\text{--}36)$$

Diese Gleichung zeigt das Verhalten eines Verzögerungsgliedes 1. Ordnung mit der genormten Bezeichnung PT_1-Glied.

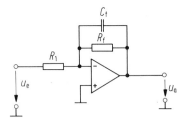

Bild 3.3–34.
Aktiver Tiefpaß erster Ordnung

Als Anwendungsbeispiel für die Schaltung 3.3–33 kann die Istwert-Glättung eines Regelkreises und für die Schaltung 3.3–34 die Simulierung eines PT_1-Verhaltens mit einem Analogrechner genannt werden. Die Schaltung 3.3–34 ermöglicht jede beliebige Verstärkung (Übertragungsbeiwert $K_p = R_f/R_1$) und die Nachbildung technischer Zeitkonstanten mit $T = R_f C_f$.

3.3 Schaltungen mit Operationsverstärkern

Eine übersichtliche Schaltung eines Tiefpasses 2. Ordnung zeigt Bild 3.3-35. Sie ist eine Kombination der Schaltungen 3.3-33 und 3.3-34.

Mit der Bedingung $R_f C_f = \dfrac{R_1' R_1''}{R_1' + R_1''} \cdot C_1$ bleibt die

Grenzfrequenz $f_o = \dfrac{1}{2\pi R_f C_f}$.

Signale oberhalb der Grenzfrequenz werden jetzt mit 40 dB/Dekade gemindert, d. h., Störsignale mit der Frequenz $10\,f_o$ werden um den Faktor $0{,}01 \triangleq -40\,\text{dB}$ gemindert.

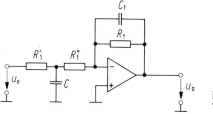

Bild 3.3-35
Tiefpaß zweiter Ordnung

Der Aufbau von Filtern höherer Ordnung mit der Reihenschaltung passiver RC-Glieder ist problematisch. Bei der Reihenschaltung würde jede RC-Filterstufe die davorliegende Stufe belasten und die Filtereigenschaften beeinflussen. Die Auslegung der Filter wird einfacher und lastunabhängig, wenn die einzelnen RC-Glieder mit einem Verstärker (Impedanzwandler) entkoppelt werden. Eine Schaltung mit der Reihenschaltung einfacher RC-Tiefpaßfilter mit Impedanzwandler ist in Bild 3.3-36 zu einem Tiefpaß 3. Ordnung zusammengeschaltet. Diese Schaltung verwirklicht die *Gauß*-Funktion eines Tiefpaßfilters, man spricht von einem *Gauß*-Filter.

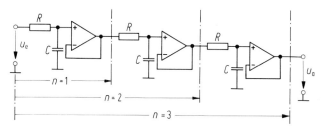

Bild 3.3-36. Tiefpaß dritter Ordnung zur Verwirklichung der *Gauß*-Funktion

Jede RC-Eingangsbeschaltung der Verstärker ist ein frequenzabhängiger Spannungsteiler mit dem Teilerverhältnis $\underline{X}_C : (R + \underline{X}_C)$.
Die Amplituden von Wechselspannungen oder Oberschwingungen höherer Frequenzen $(f > f_g)$ werden mit jedem RC-Eingangsspannungsteiler gemindert. Durch die direkte Gegenkopplung der Verstärker ist die Gleichspannungsverstärkung der Schaltung eins und das frequenzabhängige Übertragungsverhalten

$$F(j\omega) = \dfrac{\underline{U}_a}{\underline{U}_e} = \dfrac{1}{(1 + j\omega RC)^n} \qquad (3.3\text{-}37)$$

n Anzahl der Filterstufen

Grenzfrequenz einer Filterstufe $f_o = \dfrac{1}{2\pi RC}$. (3.3–38)

Jede Filterstufe bewirkt bei der Frequenz f_o einen Amplitudenabfall von 3 dB. Für die gesamte Filterschaltung ist bei f_o die Ausgangsspannung um $n \cdot 3$ dB gemindert. Als Grenzfrequenz f_g wird allgemein die Frequenz betrachtet, bei der insgesamt ein Signalabfall von 3 dB vorhanden ist (Bild 3.3–37). Für die *Gauß*-Filter höherer Ordnung ergeben sich damit Grenzfrequenzen f_g gemäß Tabelle 3.3–1.

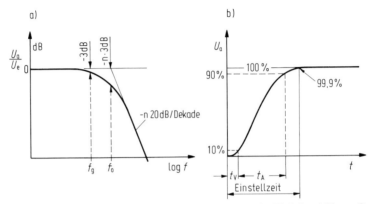

Bild 3.3–37. a) Frequenzgang und b) Sprungantwort, der Tiefpässe höherer Ordnung entsprechend der *Gauß*-Funktion
t_v = Verzugszeit; t_A = Anstiegszeit

Tabelle 3.3–1. Grenzfrequenz f_g und Phasenverschiebung bei 3 dB Amplitudenabfall für Tiefpaß entsprechend der *Gauß*-Funktion

n	f_g/f_o	Phasenverschiebung		Amplitudenabfall		Sprungantwort	
		$\varphi(f_g)$	$\varphi(f_o)$	bei $10 f_g$	bei $10 f_o$	t_A	t_v
1	1	$-45°$	$-45°$	20 dB	20 dB	$0{,}35/f_g$	$0{,}017/f_g$
2	0,644	$-65°$	$-90°$	33 dB	40 dB	$0{,}34/f_g$	$0{,}048/f_g$
3	0,509	$-81°$	$-135°$	43 dB	60 dB	$0{,}34/f_g$	$0{,}084/f_g$
4	0,435	$-94°$	$-180°$	52 dB	80 dB	$0{,}34/f_g$	$0{,}12/f_g$

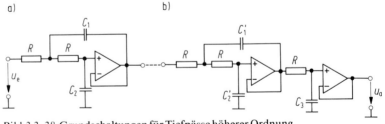

Bild 3.3–38. Grundschaltungen für Tiefpässe höherer Ordnung
a) Tiefpaß zweiter Ordnung, b) Tiefpaß dritter Ordnung,
die Reihenschaltung von a) und b) ergibt Tiefpaß 5. Ordnung

Der Nachteil des Gauß-Filters ist der relativ flache Einsatz des Amplitudenabfalls oberhalb der Grenzfrequenz f_g. Die Schaltung hat jedoch den Vorteil, daß bei sprungförmiger Änderung der Eingangsspannung (Rechteckfunktion) kein Überschwingen der Ausgangsspannung auftritt (Bild 3.3-37).
Es gibt viele Methoden zum Aufbau aktiver Tiefpaßfilter höherer Ordnung. Sehr häufig angewandte Schaltungen eines Tiefpasses zweiter Ordnung und eines Tiefpasses dritter Ordnung zeigt Bild 3.3-38. Mit diesen Schaltungen als Grundelemente können Filter hö-

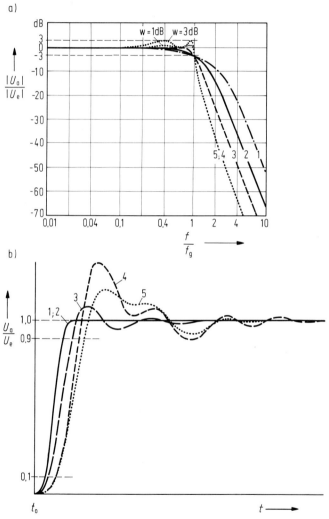

Bild 3.3-39. a) Frequenzgang der Verstärkung von Tiefpaßfiltern 4. Ordnung
b) Sprungantwort von Tiefpaßfiltern 4. Ordnung
 1 Gauß-Filter *4* Tschebyscheff-Filter, $w = 3$ dB
 2 Bessel-Filter *5* Tschebyscheff-Filter, $w = 1$ dB
 3 Butterworth-Filter

herer Ordnung durch Reihenschaltung aufgebaut werden. Tiefpaßfilter mit gerader Ordnungszahl werden mit der Reihenschaltung der Grundelemente a) realisiert, Tiefpaßfilter ungerader Ordnungszahl werden mit Grundschaltung b) abgeschlossen. Je nach Dimensionierung der RC-Glieder erhält man *Butterworth*-Filter oder *Bessel*-Filter oder *Tschebyscheff*-Filter. Einen Vergleich der Signalübertragungseigenschaften dieser Tiefpässe zeigt Bild 3.3–39.

Die Gegenüberstellung der Frequenzgänge und der Sprungantworten gibt Hinweise auf Gesichtspunkte zur Optimierung von Filter-Eigenschaften. Ideale Tiefpaßfilter sollen die Nutzsignale mit $f < f_g$ unverfälscht übertragen, und die Störsignale mit $f > f_g$ unterdrücken. Dieser Wunsch kann mit konstantem Übertragungsfaktor im Durchlaßbereich ($f < f_g$) und mit starkem Amplitudenabfall oberhalb der Grenzfrequenz f_g erreicht werden. Der Übergang vom Durchlaßbereich zum Sperrbereich ($f > f_g$) sollte sehr steil erfolgen. Ein steiler Amplitudenabfall hat jedoch für die Übertragung von Rechtecksignalen Nachteile. Hierfür zeigt die Sprungantwort, daß bei sprungförmiger Änderung der Eingangsspannung sich die Ausgangsspannung nur verzögert dem Endwert nähert und bei Filtern höherer Ordnung überschwingen kann.

Bei dem *Gauß*-Filter ist der Übergang vom Durchlaß- in den Sperrbereich sehr flach, und die Sprungantwort zeigt eine relativ große Steigzeit. Einen Vorteil hat die *Gauß*-Funktion – sprungförmige Änderung der Eingangsspannung bewirkt kein Überschwingen der Ausgangsspannung.

Das *Bessel*-Filter zeigt einen etwas steileren Amplitudenabfall für Frequenzen $f > f_g$. Bei nur sehr geringem Überschwingen der Sprungantwort ist die Steigzeit kleiner als beim *Gauß*-Filter.

Butterworth-Filter besitzen einen Frequenzgang, der im Durchlaßbereich ($f < f_g$) sehr lange konstant verläuft und erst kurz vor der Grenzfrequenz scharf abknickt. Die Sprungantwort zeigt jedoch ein Überschwingen.

Tschebyscheff-Filter haben oberhalb der Grenzfrequenz den steilsten Amplitudenabfall. Im Durchlaßbereich ist der Amplitudengang wellig, und die Sprungantwort zeigt ein starkes Überschwingen. Die *Tschebyscheff*-Filter werden nicht nur nach der Ordnungszahl, sondern auch nach der Welligkeit des Amplitudenganges (w in dB) unterschieden.

Dimensionierungs-Hinweise für die unterschiedlichen Filter-Charakteristiken gibt Tabelle 3.3–2. Die in der Tabelle enthaltenen Auslegungsfaktoren a_1 bis a_3 sind Werte zur Berechnung der Kondensatoren. Wählt man die Widerstandswerte (z. B. 1 kΩ bis 100 kΩ), so können die Kondensatoren mit den Formeln 3.3–39 bis 3.3–41 berechnet werden. Für Filter 4. und 5. Ordnung werden die Kondensatoren für die zweite Grundschaltung der Reihenschaltung mit den unteren Faktoren von a_1 und a_2 berechnet.

$$\boxed{C_1 = a_1/(2\pi f_g R)} \quad (3.3\text{–}39)$$

$$\boxed{C_2 = a_2/(2\pi f_g R)} \quad (3.3\text{–}40)$$

$$\boxed{C_3 = a_3/(2\pi f_g R)} \quad (3.3\text{–}41)$$

3.3 Schaltungen mit Operationsverstärkern

Beispiel: Ein Tiefpaß soll die Oberschwingung $f = 100$ Hz einer Gleichrichter-Brückenschaltung unterdrücken. Gewählt wird z. B. ein *Bessel*-Filter 4. Ordnung mit der Grenzfrequenz $f_g = 10$ Hz. Bei dieser Wahl werden die 100 Hz-Störsignale auf etwa 0,06 % gemindert. Das entspricht dem Amplitudenabfall 65,7 dB bei 10 f_g gemäß Tabelle 3.3–2.

Tabelle 3.3–2. Vergleich und Auslegung aktiver Filter

Filter-Charakteristik			Bessel	Butterworth	Tschebyscheff $w = 1\,dB$	Tschebyscheff $w = 3\,dB$
Anstiegszeit t_A bei		$n = 2$	$0{,}34/f_g$	$0{,}34/f_g$	$0{,}33/f_g$	$0{,}32/f_g$
		$n = 4$	$0{,}35/f_g$	$0{,}39/f_g$	$0{,}42/f_g$	$0{,}41/f_g$
Verzugszeit t_V bei		$n = 2$	$0{,}07/f_g$	$0{,}08/f_g$	$0{,}09/f_g$	$0{,}10/f_g$
		$n = 4$	$0{,}17/f_g$	$0{,}22/f_g$	$0{,}31/f_g$	$0{,}32/f_g$
Überschwingen bei		$n = 2$	0,4 %	4,3 %	15 %	27 %
		$n = 4$	0,8 %	11 %	22 %	35 %
Abnahme der Verstärkung bei $2f_g^+$) und		$n = 2$	9,8 dB	12,3 dB	13,9 dB	14,0 dB
		$n = 3$	12,0 dB	18,1 dB	25,1 dB	28,3 dB
		$n = 4$	13,4 dB	24,1 dB	34,9 dB	36,7 dB
		$n = 5$	14,0 dB	30,0 dB	46,9 dB	51,2 dB
Abnahme der Verstärkung bei $10f_g^{++}$) und		$n = 2$	35,9 dB	40 dB	42,5 dB	43,0 dB
		$n = 3$	51,2 dB	60 dB	68,5 dB	72,0 dB
		$n = 4$	65,7 dB	80 dB	92,9 dB	95,0 dB
		$n = 5$	79,1 dB	100 dB	119,6 dB	124,0 dB
Faktoren für die Auslegung der Filter						
2. Ordnung ($n = 2$)		a_1	0,907	1,414	2,217	3,102
		a_2	0,681	0,707	0,604	0,455
3. Ordnung ($n = 3$)		a_1	0,954	2,000	4,432	6,700
		a_2	0,500	0,500	0,271	0,178
		a_3	0,756	1,000	2,215	3,350
4. Ordnung ($n = 4$)		a_1	0,730	1,082	7,519	11,744
		a_1'	1,006	2,613	3,123	4,864
		a_2	0,670	0,924	0,149	0,094
		a_2'	0,387	0,383	1,271	1,050
5. Ordnung ($n = 5$)		a_1	0,724	1,236	11,553	18,236
		a_1'	1,044	3,236	4,418	6,963
		a_2	0,571	0,809	0,093	0,059
		a_2'	0,311	0,309	0,563	0,382
		a_3	0,665	1,000	3,577	5,613

+) $2f_g$ für Tiefpässe oder $0{,}5f_g$ für Hochpässe
++) $10f_g$ für Tiefpässe oder $0{,}1f_g$ für Hochpässe

Wählt man $R = 10\,\text{k}\Omega$, so sind folgende Kondensatoren erforderlich:
1. Grundschaltung nach Bild 3.3-38a

$$C_1 = a_1/(2\pi f_g R) = 0{,}73 /(6{,}28 \cdot 10\,\text{Hz} \cdot 10\,\text{k}\Omega) = 1{,}16\,\mu\text{F}$$
$$C_2 = a_2/(2\pi f_g R) = 0{,}67 /(6{,}28 \cdot 10\,\text{Hz} \cdot 10\,\text{k}\Omega) = 1{,}07\,\mu\text{F}.$$

2. Grundschaltung nach Bild 3.3-38a
$$C'_1 = a'_1/(2\pi f_g R) = 1{,}006/(6{,}28 \cdot 10\,\text{Hz} \cdot 10\,\text{k}\Omega) = 1{,}6\,\mu\text{F},$$
$$C'_2 = a'_2/(2\pi f_g R) = 0{,}387/(6{,}28 \cdot 10\,\text{Hz} \cdot 10\,\text{k}\Omega) = 0{,}616\,\mu\text{F}.$$

3.3.10 Verstärker mit Hochpaßfilter

Zur Unterdrückung von Gleichspannungssignalen und Signalen tiefer Frequenz kann in Reihe zum Verstärkereingang ein Kondensator geschaltet werden (Bild 3.3-40).

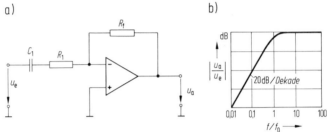

Bild 3.3-40. Hochpaß 1. Ordnung mit Umkehrverstärker
 a) Schaltbild
 b) Frequenzgang

Dieser Hochpaß (siehe auch Bilder 3.9-14 und 3.9-15) überträgt Signale hoher Frequenz proportional.

$$\text{Grenzfrequenz} \quad f_0 = \frac{1}{2\pi R_1 C_1}. \tag{3.3-42}$$

Hochpaß-Filter höherer Ordnung können ähnlich der Grundschaltung Bild 3.3-38 aufgebaut werden, indem man alle Widerstände gegen Kondensatoren und alle Kondensatoren gegen Widerstände austauscht (Bild 3.3-41). Die Auslegungsfaktoren a_1

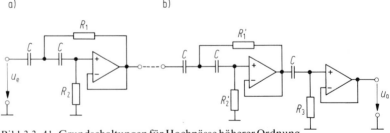

Bild 3.3-41. Grundschaltungen für Hochpässe höherer Ordnung
 a) Hochpaß 2. Ordnung, b) Hochpaß 3. Ordnung,
 die Reihenschaltung von a) und b) ergibt Hochpaß 5. Ordnung

3.3 Schaltungen mit Operationsverstärkern

bis a_3 der Tabelle 3.3–2 gelten jetzt für die Auslegung der Widerstände. Man wählt die Kapazität C der Kondensatoren und kann mit den Formeln 3.3–43 bis 3.3–45 die Widerstandswerte berechnen.

$$R_1 = 1/(2\pi a_1 f_g C) \qquad (3.3\text{–}43)$$
$$R_2 = 1/(2\pi a_2 f_g C) \qquad (3.3\text{–}44)$$
$$R_3 = 1/(2\pi a_3 f_g C) \qquad (3.3\text{–}45)$$

Die Frequenzgänge der Hochpässe sind bezogen auf die Grenzfrequenz f_g spiegelbildlich zum Verlauf der Freqenzgänge der Tiefpässe in Bild 3.3–39, bzw. die Frequenzgänge in Bild 3.3–39 gelten auch für Hochpässe, wenn die Frequenzachse mit f_g/f beschriftet wird.

Beispiel: Gesucht ist ein Hochpaß, der den Rundsteuerimpuls (Wechselspannung mit $f = 750$ Hz) überträgt, aber die Netzspannung mit $f = 50$ Hz und Gleichspannung unterdrückt.
Wählt man z. B. einen Hochpaß mit der Grenzfrequenz $f_g = 500$ Hz, so ist die Frequenz des 50-Hz-Störsignals eine Zehnerpotenz kleiner als die Grenzfrequenz. Ein Butterworth-Filter 4. Ordnung hat bei $0,1\,f_g$ die Amplitudenunterdrückung 80 dB und mindert das 50-Hz-Störsignal um den Faktor 0,0001. Für ein *Butterworth-Filter* 4. Ordnung ergeben sich mit den Formeln 3.3–43 bis 3.3–45 und mit den a-Faktoren der Tabelle 3.3–2 folgende Widerstandswerte, wenn $C = 0,01\,\mu\text{F}$ gewählt wird:
1. Grundschaltung nach Bild 3.3–41a
$R_1 = 1/(2\pi a_1 f_g C) = 1/(6{,}28 \cdot 1{,}082 \cdot 500\,\text{Hz} \cdot 0{,}01\,\mu\text{F}) = 29{,}4\,\text{k}\Omega$,
$R_2 = 1/(2\pi a_2 f_g C) = 1/(6{,}28 \cdot 0{,}924 \cdot 500\,\text{Hz} \cdot 0{,}01\,\mu\text{F}) = 34{,}5\,\text{k}\Omega$.
2. Grundschaltung nach Bild 3.3–41a
$R_1' = 1/(2\pi a_1' f_g C) = 1/(6{,}28 \cdot 2{,}613 \cdot 500\,\text{Hz} \cdot 0{,}01\,\mu\text{F}) = 12{,}2\,\text{k}\Omega$,
$R_2' = 1/(2\pi a_2' f_g C) = 1/(6{,}28 \cdot 0{,}383 \cdot 500\,\text{Hz} \cdot 0{,}01\,\mu\text{F}) = 83{,}1\,\text{k}\Omega$.

3.3.11 Aktive selektive Filter

Will man nur bestimmte Frequenzen verstärken oder unterdrücken, so benötigt man selektive Filter. Selektive Filter können sehr unterschiedlich aufgebaut sein. Man kann z. B. mit einem Resonanzkreis (Schwingkreis) bestimmte Frequenzen verstärken. Andererseits kann man mit einer Kombination von *Hochpaß* und *Tiefpaß* bestimmte Frequenzen unterdrücken, wenn die untere und die obere Grenzfrequenz zusammenfallen. Hier sollen mit einem Doppel-T-Filter und einem Operationsverstärker aktive selektive Filter aufgebaut werden.
Ein *Doppel-T-Filter* ist die Kombination von Hochpaß und Tiefpaß in T-Schaltung (Bilder 3.9–12b, 3.9–14b, 3.9–16). Es überträgt Signale hoher und tiefer Frequenz unverändert. In einem bestimmten Frequenzbereich werden jedoch die Signale stark unterdrückt. Bei der Resonanzfrequenz hat das Filter einen hohen Übertragungswiderstand.
Unter Berücksichtigung von

$$R_1 = R_2 = 2R_3$$

und

$$C_1 = C_2 = C_3/2$$

ist die Resonanzfrequenz

$$f_0 = \frac{1}{2\pi R_1 C_1}. \qquad (3.3\text{--}46)$$

Wird dem Doppel-T-Filter ein nichtinvertierender Operationsverstärker als Impedanzwandler ($A_u = 1$) nachgeschaltet (Bild 3.3-42), so erhöht sich die Sperrdämpfung um den Faktor der Leerlaufverstärkung A_{uo} des Operationsverstärkers. Mit dieser Schaltung kann leicht eine Sperrdämpfung von etwa -100 dB entsprechend dem Faktor 0,00001 erreicht werden (Bild 3.3-43); die Toleranz der Bauelemente muß jedoch $\leq 0,2\%$ sein. Filter zur selektiven Unterdrückung bestimmter Frequenzen nennt man auch *inverse Filter* oder *Kerbfilter*.

Zur Verstärkung bestimmter Frequenzen kann das Doppel-T-Filter in die Rückführung als Gegenkopplung des Operationsverstärkers geschaltet werden (Bild 3.3-44). Die frequenzabhängige Verstärkung dieses gegengekoppelten Verstärkers ist

$$\underline{F} = \frac{\underline{u}_a}{\underline{u}_e} = \frac{\underline{Z}_f}{\underline{Z}_1}. \qquad (3.3\text{--}47)$$

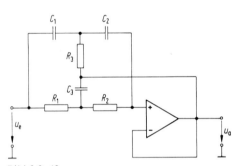

Bild 3.3-42.
Schaltbild eines Inversfilters (Kerbfilters)

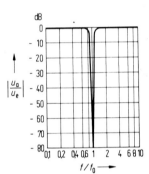

Bild 3.3-43.
Frequenzgang des Inversfilters (Kerbfilters)

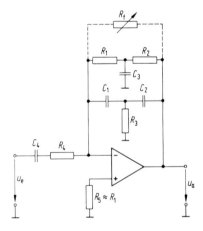

Bild 3.3-44.
Aktives selektives Filter durch Gegenkopplung mit Doppel-T-Filter

3.3 Schaltungen mit Operationsverstärkern

Hierin ist $\underline{Z}_f$ die Impedanz der Rückführung, also der Scheinwiderstand des Doppel-T-Filters. $\underline{Z}_f$ ist für die Resonanzfrequenz sehr groß; der Verstärker hat bei Resonanz praktisch keine Gegenkopplung und damit eine Verstärkung $A_{uf} \to A_{uo}$ (Bild 3.3–45). Bei allen anderen Frequenzen wirkt eine starke Gegenkopplung über das Doppel-T-Filter.

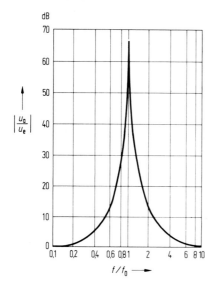

Bild 3.3–45. Frequenzgang des aktiven selektiven Filters

Der gestrichelt eingezeichnete Widerstand R_f kann zum Einstellen der Verstärkung bei Resonanz eingesetzt werden. Für $\underline{Z}_f \gg R_f$ ist

$$A_{uf} = -\frac{R_f}{R_4}. \tag{3.3–48}$$

Die Güte des Filters ist von der Toleranz der Bauteile untereinander abhängig. Mit einer Bauteile-Toleranz von etwa 0,5 % und handelsüblichen Operationsverstärkern ist eine maximale Güte $Q \approx 100$ möglich. Mit R_f verringert sich jedoch die Güte auf $Q \approx R_f/3R_1$.
Ein selektives Filter mit der Resonanzfrequenz $f_0 = 750$ Hz kann z. B. mit folgenden Widerstandswerten aufgebaut werden:

$R_1 = R_2 = 50 \text{ k}\Omega,$
$R_3 = R_1/2 = 25 \text{ k}\Omega,$
$C_1 = C_2 = 4,25 \text{ nF},$
$C_3 = 2C_1 = 8,5 \text{ nF},$
$R_4 = 10 \text{ k}\Omega,$
$C_4 \gg 1/(2\pi f_0 R_4) \approx 33 \text{ nF}.$

Diese Daten können sowohl für das Kerbfilter als auch für das Filter mit Verstärkungscharakteristik verwendet werden.

3.3.12 Komparator

In elektronischen Schaltungen müssen vielfach Spannungspegel verglichen werden. Es muß festgestellt werden, ob eine Spannung U_x größer oder kleiner als eine andere Spannung ist. Diese Aufgabe erfüllen Komparatoren. Die Schaltung 3.3–46 zeigt einen Operationsverstärker, der als Differenzverstärker geschaltet ist. Ein idealer Operationsverstärker mit der Leerlaufverstärkung $A_{uo} \to \infty$ schaltet die Ausgangsspannung immer beim Nulldurchgang seiner Eingangsspannung. Der Nulldurchgang ist in Schaltung 3.3–46a) gegeben, wenn die Spannung U_x größer oder kleiner als die Referenzspannung U_r wird.

In Schaltung 3.3–46a) ist u_x auf den nichtinvertierenden Eingang des Verstärkers geschaltet. Hiermit schaltet der Ausgang für $U_x > U_r$ auf $U_{a\,max}$ und für $U_x < U_r$ auf $U_{a\,min}$. Die Werte von $U_{a\,max}$ und $U_{a\,min}$ sind von der Betriebsspannung $\pm U_B$ abhängig. Das Schaltverhalten kann invertiert werden, wenn die Eingangsbeschaltung vertauscht wird. Mit U_x am invertierenden Eingang verläuft die Kennlinie umgekehrt, d. h., $U_a = U_{a\,max}$ ist bei $U_x < U_r$ und $U_a = U_{a\,min}$ ist bei $U_x > U_r$ vorhanden. Mit $U_r = 0$ bzw. Masseanschluß anstelle von U_r wirkt die Schaltung als Nullspannungsschalter, d. h., der Verstärker schaltet bei jedem Nulldurchgang der Spannung U_x.

Der Spannungsvergleich kann auch mit einer *Addierschaltung* im Eingang des Verstärkers durchgeführt werden. Die Addierschaltung zeigt Bild 3.3–46b) und ist im Kapitel 3.3.3 erläutert. Die Schaltschwelle ist vorhanden, wenn die Bedingung $U_r R_1 = U_x R_2$ erfüllt ist. Mit Widerständen $R_1 = R_2$ z. B. 10 kΩ ist der Wert der Schaltschwelle mit der Referenzspannung identisch.

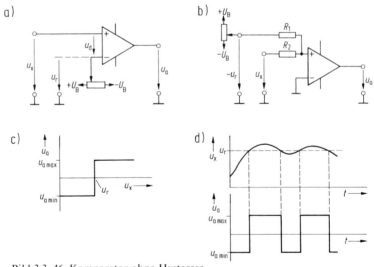

Bild 3.3–46. Komparator ohne Hysterese
    a) Schaltung als Differenzspannungsverstärker
    b) Schaltung mit Addierschaltung
    c) Steuerkennlinie
    d) Ein- und Ausgangssignal in Abhängigkeit von der Zeit

Den Eingangsspannungen U_x sind vielfach Oberschwingungen oder Einstreuungen überlagert. Diese Störgrößen, z. B. Rauschen und die Offsetspannung, können zu einem unerwünschten Umschalten führen, wenn U_x an der Schaltschwelle des Komparators liegt. In diesem Fall würde nicht die Spannung U_x, sondern die Oberschwingung bei jedem Über- oder Unterschreiten der Schaltschwelle den Ausgang umschalten. Durch einen Komparator mit Hysterese, die durch Mitkopplung des Verstärkers erreicht wird, kann das unerwünschte Umschalten gemindert werden. Bei der Schaltung 3.3-47a) wird ein Teil der Ausgangsspannung zur Referenzspannung U_r addiert und auf den nichtinvertierenden Eingang des Verstärkers zurückgeführt. Die Spannung U_4 wirkt als Mittkopplung. Geht man von einem idealem Operationsverstärker aus ($U_d \rightarrow 0$), so ist jetzt die

$$\text{Schaltschwelle } U_r + U_4 = U_r + (U_a - U_r)\frac{R_4}{R_3 + R_4} \quad (3.3\text{--}49)$$

Abhängig vom Schaltzustand des Verstärkers ist $U_a = U_{a\,max}$ oder $U_a = U_{a\,min}$ in die Formel einzusetzen. Es ergeben sich zwei unterschiedliche Schaltpunkte für steigende oder fallende Spannung U_x. Zur Vereinfachung der Berechnung der Schaltschwellen können für $U_{a\,max} \approx +U_B - 1V$ und für $U_{a\,min} \approx -U_B + 1V$ eingesetzt werden. Die Differenz der Schaltpunkte nennt man

$$\text{Hysterese} \quad \boxed{\Delta U \approx 2\, U_B \frac{R_4}{R_3 + R_4}} \quad (3.3\text{--}50)$$

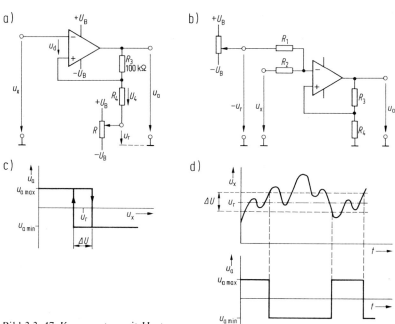

Bild 3.3-47. Komparator mit Hysterese
    a) Schaltung als mitgekoppelter Differenzverstärker
    b) Schaltung mit Addierschaltung
    c) Steuerkennlinie
    d) Einfluß der Hysterese auf das Schaltverhalten

Der Innenwiderstand des Spannungsteilers zur Einstellung von U_r ist in der Formel nicht berücksichtigt. Der Wert des Innenwiderstandes müßte zu R_4 addiert werden, denn der Fehler durch den Innenwiderstand kann beträchtlich sein. Mit z. B. $R_3 = 100\ \text{k}\Omega$, wird nach Formel 3.3–50 für die Hysterese $\Delta U = 65\ \text{mV}$ $R_4 \approx 220\ \Omega$ betragen. In gleicher Größenordnung liegt der Innenwiderstand eines bereits niederohmigen Spannungsteilers mit $R = 1\ \text{k}\Omega$. Der Fehler durch den Innenwiderstand kann mit der Addierschaltung 3.3–47 b) vermieden werden. Den Einfluß der Hysterese auf das Schaltverhalten des Komparators zeigt Bild 3.3–47d).

Für die Beschreibung des Komparators wurde ein Operationsverstärker verwendet. Es sei jedoch erwähnt, daß für Komparatoren mit kurzen Schaltzeiten spezielle integrierte Schaltkreise entwickelt sind, die als Komparatoren bezeichnet werden. Diese Schaltkreise sind im Prinzip sehr schnelle Operationsverstärker mit Ansprechzeiten (Response time) von etwa 0,2 µs bis 5 µs; für besonders schnelle Schaltvorgänge werden Komparatoren mit Ansprechzeiten von weniger als 10 ns angeboten. Das Schaltsymbol und die Beschaltung der Komparatoren ist wie bei Operationsverstärkern. Mit der äußeren Beschaltung können Komparatoren auch zu Multivibratoren, Pulsgeneratoren und Rechteck-Oszillatoren geschaltet werden (s. Kapitel 4.8 und 4.9).

3.4 Ausgangsleistung von Operationsverstärkern

Die monolithischen Chips von Operationsverstärkern werden häufig mit Kunststoff-Gehäusen unter der Bezeichnung DIP (mit sechs oder acht Anschlüssen) ummantelt. Andere Bauformen für die Oberflächen-Montage sind im Vordringen. Die Ausgangsströme der Op-Verstärker liegen bei etwa 20 mA bis 30 mA und die Grenzdaten der Verlustleistung dieser Gehäuse bei etwa 500 mW.

Zur Steuerung von z. B.
– Magnetventilen
– Lampen
– Schrittmotoren
– Lautsprechern

reicht der Ausgangsstrom bzw. die Ausgangsleistung der Op-Verstärker nicht aus. Die gewünschte höhere Ausgangsleistung läßt sich durch
– Leistungs-Operationsverstärker
– Leistungs-ICs für Phono-Geräte (z. B. TDA 2003)
– diskrete Leistungs-Transistoren

erreichen.

Leistungs-Operationsverstärker, wie der TCA 1365 (Siemens), enthalten
– einen thermischen Überlastschutz
– eine interne Leistungsbegrenzung
– einen Gleichspannungs-Kurzschlußschutz nach $+ U_B$ und $- U_B$.

Wie das Diagramm (Bild 3.4–1a) zeigt, ist der verfügbare Ausgangsstrom von der Betriebsspannung abhängig. Der sichere Arbeitsbereich des Verstärkers (Save Operation Area) ist schraffiert dargestellt.

Eine üblicherweise verwendete Gegenkopplung erfordert bei diesem Verstärker meistens eine Kompensation des Amplituden-Frequenzganges durch einen Kondensator, dessen Kapazität von der gewünschten Verstärkung mit Gegenkopplung A_{uf} abhängt. Wird z. B. eine Spannungsverstärkung von $A_{uf} = 10 \triangleq 20\ \text{dB}$ angestrebt, lassen sich für zwei unterschiedliche Kondensatoren folgende Grenzfrequenzen und Phasenver-

3.4 Ausgangsleistung von Operationsverstärkern

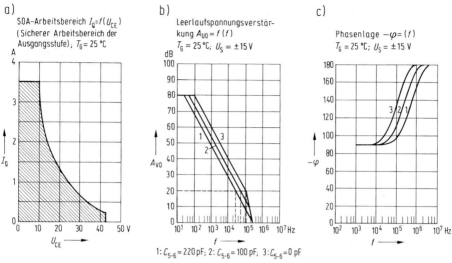

Bild 3.4–1. Kennlinien eines Leistungs-Op-Verstärkers TCA 1365 (Siemens)
a) Sicherer Arbeitsbereich
b) Amplituden-Frequenzgang
c) Amplituden-Phasengang

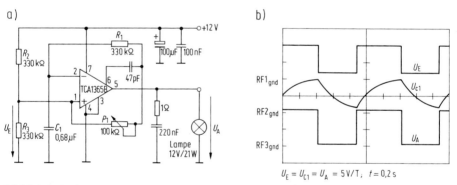

Bild 3.4–2. Oszillatorschaltung mit Leistungs-Op-Verstärker (*Siemens*)
a) Schaltbild „Warnblinker"   b) Spannungsverlauf

schiebungen (ohne Gegenkopplung) aus den Diagrammen der Bilder 3.4–1b) und c) ablesen:

Kapazität C	0 pF	100 pF	220 pF
Grenzfrequenz	100 kHz	50 kHz	30 kHz
Phasenverschiebung φ	140°	100°	90°
Phasenreserve 180° $-\varphi$	40°	80°	90°

Maßgebend für die Stabilität und das Einschwingverhalten eines Verstärkers ist der Sicherheitsabstand, Phasenreserve genannt, von der Phasenverschiebung 180° (Schwingbedingung) zur Phasenverschiebung φ bei der Grenzfrequenz des gegengekoppelten Verstärkers. Meistens wird eine Phasenreserve von 60° bis 90° angestrebt.

Bei geringeren Werten nimmt das Überschwingen nach Eingangsspannungsänderungen zu.

Das Schaltungsbeispiel von Bild 3.4–2 zeigt einen Oszillator für eine Warnblinkeinrichtung mit einem Leistungs-Op-Verstärker TCA 1365 A (Siemens). In der Schaltung von Bild 3.4–3 wird der gleiche Verstärker für eine einstellbare Spannungsquelle mit Ausgangsspannungen von etwa 1 V bis etwa 38 V verwendet. Die Referenzspannung für die Regelung liefert eine Z-Diode 6,8 V. Die Spannungsteilerwiderstände $R_2 = 58$ kΩ und $R_3 = 10$ kΩ kann man als Widerstände R_f und R_1 eines nichtinvertierenden Verstärkers ansehen. Hiermit wird die Verstärkung:

$$A_{uf} = 1 + \frac{R_f}{R_1} = 1 + \frac{58 \text{ k}\Omega}{10 \text{ k}\Omega} = 6,8$$

Mit der Referenzspannung von 6,8 V ergibt sich ein Einstellbereich von

$$U_a = U_{ref} \cdot A_{uf} = 6,8 \text{ V} \cdot 6,8 = 0 \text{ V bis } 46 \text{ V}.$$

Mit einer Speisespannung von 40 V sind jedoch nur etwa 38 V erreichbar.
Der Kondensator mit 100 pF zwischen den Anschlüssen 5 und 6 sorgt für die zuvor beschriebene notwendige Phasenreserve.

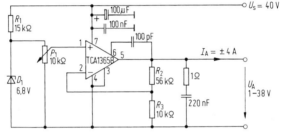

Bild 3.4–3. Einstellbare Spannungsquelle mit Leistungs-Op-Verstärker (*Siemens*)

Ist der Einsatz von Leistungs-Op-Verstärkern oder, allgemein, Leistungs-ICs nicht möglich oder nicht erwünscht, kann mit einfachen Mitteln eine Erhöhung der Ausgangsleistung erreicht werden.
Bild 3.4–4 zeigt eine Möglichkeit mit einem Transistor in Kollektorschaltung, wenn nur eine Ausgangsspannung gegenüber der Masse verlangt wird. Eine Umkehrung der

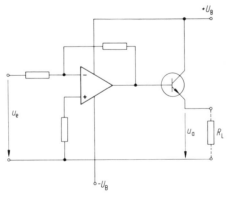

Bild 3.4–4. Schaltung zur Erhöhung der Ausgangsleistung eines Operationsverstärkers

3.4 Ausgangsleistung von Operationsverstärkern

Spannungsrichtung ist zwar am Operationsverstärker möglich, jedoch nicht am Transistor. Die Ausgangsspannung kann gerade so groß werden wie die Ausgangsspannung des Operationsverstärkers, da die Spannungsverstärkung etwa 1 ist. Operationsverstärker besitzen einen gewissen Innenwiderstand, der bei erhöhter Belastung zu einer Verkleinerung der Ausgangsspannung führt. Für einen typischen Operationsverstärker ist z. B. ein Strom von 20 mA bei 250 Ω Lastwiderstand zulässig. Wird ein Transistor mit $\beta = 50$ verwendet, so kann ein Lastwiderstand in der Kollektorschaltung von 5 Ω gewählt werden,

$$R_e \approx \beta R_L$$
$$R_L \approx \frac{R_e}{\beta} = \frac{250\ \Omega}{50} = 5\ \Omega.$$

Ein Ausgangsstrom von ungefähr 2 A ist dann möglich. Am Transistor entsteht bei statischer Ansteuerung die höchste Verlustleistung, wenn die Spannung U_{RL} gleich der Spannung am Transistor ist.

$$P_V = \frac{u_a I_{C\,max}}{2\cdot 2} = \frac{u_a^2}{4 R_L}.$$

Die Ausgangsleistung kann durch eine sog. Darlington-Schaltung (s. Abschnitt 2.2.13) weiter erhöht werden, wobei die Stromverstärkung den Wert $\beta_1\beta_2$ annimmt und sich der Eingangswiderstand weiter erhöht. Nachteilig wirkt sich bei dieser Schaltung die größere Steuerspannung aus, die sich nunmehr aus U_{BE1} und U_{BE2} zusammensetzt. Wenn die Verlustleistung der beiden Transistoren ausreicht, kann der Ausgangsstrom um den Faktor β_2 erhöht werden. Bei kleinen Spannungen macht sich die starke Krümmung der Steuerkennlinie u. U. störend bemerkbar. Sollen beide Kennlinienäste des Operationsverstärkers ausgenutzt werden, so kann die Schaltung wie in Bild 3.4–5 mit

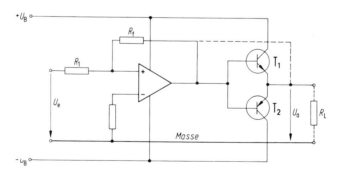

Bild 3.4–5. Schaltung zur Erhöhung der Ausgangsleistung von Operationsverstärkern für positive und negative Ausgangsspannung

zwei Komplementärtransistoren erweitert werden. Bei positiver Ausgangsspannung U_a wird Transistor 1, bei negativer Spannung Transistor 2 angesteuert. Einer der beiden Transistoren ist jeweils gesperrt. Die Transistoren arbeiten im Gegentakt-B-Betrieb, da kein Vorstrom zur Betriebspunkteinstellung fließt. Die Aussteuerung vom positiven in den negativen Bereich geht nicht linear vor sich. Wie bereits in Abschnitt 2.2.12 gezeigt, treten bei Aussteuerung mit Wechselspannung Verzerrungen auf. Bei niedrigen Signalfrequenzen kann die Gegenkopplung über den gesamten Verstärker vom Ausgang zum invertierenden Eingang vorgenommen werden, wie in Bild 3.4–5 gestrichelt eingezeichnet ist. Die Übernahmeverzerrung wird dadurch wesentlich verkleinert.

3.5 Transistorverstärker für kleine Gleichspannungen

In der Meßtechnik allgemein, besonders aber in der Verfahrenstechnik, wird häufig die Aufgabe gestellt, Gleichspannungen von wenigen mV zu verstärken. Die Innenwiderstände der Meßfühler sind dabei oft sehr hoch bzw. die Ströme, die die Meßfühler abgeben, sehr klein. Als Anwendungsbeispiele seien pH-Wert-Messungen, Messungen mit Dehnungsmeßstreifen und Temperaturmessungen mit Thermoelementen genannt. Übliche Gleichstromverstärker sind für solche Meßaufgaben meistens nicht geeignet, da die Drifteinflüsse oder die Offsetspannungen größer sind als die Meßsignale selbst. Seit einiger Zeit weisen hochwertige Operationsverstärker die notwendigen günstigen Drifteigenschaften und Offsetwerte auf. Diese Operationsverstärker enthalten z. T. eine Temperaturregelung auf der monolithischen Schaltung selbst.

Zur Verstärkung sehr kleiner Gleichspannungen verwendet man Verstärker, die nach drei verschiedenen Prinzipien arbeiten:

a) Zerhacker-Verstärker (Chopper-Verstärker),
b) diodenmodulierte Verstärker,
c) hochwertige Operationsverstärker.

3.5.1 Zerhacker-Verstärker

Bevor es Halbleiter-Bauelemente gab, wurde das Zerhackerprinzip mit kontaktbehafteten Schaltern verwendet. Wegen seines einfachen Aufbaues kann es zur Erläuterung des Chopper-Verfahrens dienen. In Bild 3.5–1 wird der Relaiskontakt d_1 mit einer bestimmten Frequenz ein- und ausgeschaltet. Die Ausgangsspannung U_a hat denselben Spitzen-

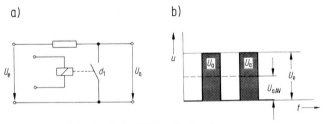

Bild 3.5–1. a) Prinzipschaltbild eines Zerhackers
b) zeitlicher Verlauf der Spannungen

wert wie die Eingangsspannung, wird jedoch nur so lange wirksam, wie der Relaiskontakt geöffnet wird. Ändert sich die Meßspannung während der Schließzeit des Kontak-

3.5 Transistorverstärker für kleine Gleichspannungen

tes, so wird die Änderung der Amplitude nicht erfaßt. Die Schaltfrequenz muß daher wesentlich größer sein als die Frequenz der Änderung der Meßspannung. Die mit Hilfe des Kontaktes erzeugte Rechteckspannung kann mit einem Wechselspannungsverstärker verstärkt werden. Der Vorteil des Wechselspannungsverstärkers liegt darin, daß man hier die Drifteinflüsse wesentlich besser beherrscht als bei Gleichspannungsverstärkern. Die verstärkte Wechselspannung wird sodann gleichgerichtet und in einem Tiefpaß der Mittelwert der Spannung gebildet. Die Frequenz der zu glättenden Gleichspannung bzw. der Spannung, deren Mittelwert gebildet werden soll, muß oberhalb der Knickfrequenz liegen. Nur unter dieser Bedingung ergibt der Tiefpaß die richtigen Werte.

Anstelle von mechanischen Schaltern mit Kontakten werden heute Transistorschalter verwendet, die keinem Verschleiß unterliegen und deren Schaltfrequenz wesentlich höher gewählt werden kann. Die Eigenarten des Transistors als Schalter müssen auch hier beachtet werden. Die Spannung zwischen Kollektor und Emitter wird bei Durchsteuerung nicht Null, sondern beträgt im Minimum etwa 50 mV. Diese Spannung kann nur verkleinert werden, wenn man die Kollektor- und Emitteranschlüsse vertauscht und der Transistor invers betrieben wird. Bei dieser Betriebsart geht die Restspannung auf etwa 5 mV zurück. Alle anderen Transistorwerte, wie Kurzschlußstromverstärkung und Sperrspannung, sind im inversen Betrieb wesentlich kleiner. Für Meßzerhacker eignen sich Feldeffekttransistoren (Bild 3.5-2), insbesondere die selbstsperrenden Typen, besser als Schalttransistoren. Bei Feldeffekttransistoren wird die Fehlspannung zwischen Drain und Source bei Strom Null ebenfalls Null. Zwischen der Spannung U_{DS} und dem Strom I_D herrscht nahezu Proportionalität, so daß der Vergleich mit einem ohmschen Widerstand naheliegt. Wird die Steuerspannung an einem pn-FET Null, so ist am Ausgang keine Spannung vorhanden, da im Gegensatz zu Transistoren keine Fehlspannung auftritt. Der Feldeffekttransistor ist durchgesteuert, und der Durchlaßwiderstand erreicht einen sehr kleinen Wert. Im gesperrten Zustand des Feldeffekttransistors fließt dagegen noch ein gewisser Reststrom, der am nachfolgenden Wechselspannungsverstärker als Meßfehler eingeht. Der *Fehlstrom* (offset current) kann die Größenordnung von 0,5 nA annehmen und steigt exponentiell mit der Temperatur an. Mit zwei Feldeffekttransistoren, von denen der eine in Reihe mit der Steuerspannung liegt, kann auch dieser Fehler vermieden werden (Bild 3.5-3). Die beiden Feldeffekttransistoren werden

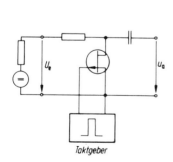

Bild 3.5-2.
Kontaktloser Zerhacker mit
FET-Transistor

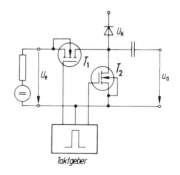

Bild 3.5-3.
Verbesserter Zerhackerverstärker
mit zwei *FET*-Transistoren

abwechselnd leitend. Die Meßspannung liegt am Ausgang, wenn T_1 leitend ist und T_2 sperrt. Die Meßspannung wird kurzgeschlossen, wenn T_2 leitet, jedoch ist der Widerstand von T_1 sehr groß, so daß die Meßspannungsquelle nicht belastet wird.
Eine galvanische Entkopplung erübrigt sich bei MOS-Feldeffekttransistoren, da kein Steuerstrom zum Fließen kommt und die Drain-Source-Strecke durch eine sehr hochohmige Oxidschicht getrennt ist. Die Spannungen eines taktfrequenzbestimmenden Multivibrators können direkt an die Gate-Punkte angeschlossen werden. Der Fehlstrom des zweiten Feldeffekttransistors T_2 kann durch den Sperrstrom einer Diode, wie sie in Bild 3.5–3 gezeigt ist, kompensiert werden. Hierzu ist eine einstellbare Spannung U_H notwendig. Die Ausgangsrechteckspannung wird mit Hilfe eines Wechselspannungsverstärkers verstärkt, phasenrichtig gleichgerichtet (vergl. Abschnitt 2.1–8 und Bild 2.1–46) und geglättet. Anstelle von Dioden können zur Gleichrichtung Transistoren verwendet werden, die den Vorteil kleinerer Durchlaßspannungen aufweisen und steuerbar sind. Die Chopperfrequenzen werden je nach Verwendungszweck gewählt. Sie liegen in der Größenordnung von etwa 3 bis 150 kHz. Chopperstabilisierte Meßverstärker zeichnen sich durch besonders geringe Zeit- und Temperaturdrift aus. Die Spannungsfehler sowie Verstärkungs- und Linearitätsfehler sind gering. Als typisch können folgende Richtwerte dienen:
Zeitdrift: 0,3 µV/h; Temperaturdrift: 0,3 µV/K; Spannungsfehler: 20 µV; Verstärkungs- und Linearitätsfehler: 0,2 bis 0,001 %.

3.5.2 Diodenmodulierte Verstärker

In Abschnitt 2.1.10 wird die Wirkungsweise einer Brückenschaltung mit Kapazitätsdioden beschrieben. Infolge der Widerstandsänderung der komplexen Widerstände entsteht eine Brückenspannung, die einem Wechselspannungsverstärker zugeführt wird. Die verstärkte Wechselspannung wird phasenrichtig in einem Ringdemodulator gleichgerichtet. Wie beim Chopper-Verstärker ist eine Glättung in einem Tiefpaß notwendig. Bild 3.5–4 zeigt das Prinzip eines diodenmodulierten Verstärkers. Die Brückenschal-

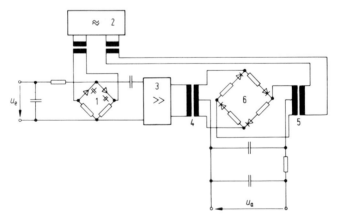

Bild 3.5–4. Prinzipschaltbild eines diodenmodulierten Verstärkers für kleinste Gleichspannungen, 1 Meßbrücke mit Kapazitätsdioden, 2 Oszillator, 3 Ws-Verstärker, 4 u. 5 Übertrager, 6 Ring-Demodulator

tung 1 wird von einem Oszillator 2 gespeist, dessen Spannung eine Frequenz von beispielsweise 150 kHz besitzt. Ohne Meßspannung U_e ist die Brücke abgeglichen, da die komplexen und die ohmschen Widerstände gleich groß sind. Das Auftreten einer Meßspannung führt zu einer Verstimmung der Brücke und damit zu einer Wechselspannung zwischen den Punkten A und B, die im Verstärker 3 verstärkt wird. Im Ringdemodulator der Brücke 6 wird die Spannung phasenrichtig gleichgerichtet, der arithmetische Mittelwert mit Hilfe des RC-Gliedes gebildet und dem Lastwiderstand zugeführt. Diodenmodulierte Verstärker zeichnen sich durch sehr großen Eingangswiderstand in der Größenordnung von $5 \cdot 10^{12} \, \Omega$ bei hoher Empfindlichkeit und geringer Drift aus.

3.6 Gleichrichterschaltungen

Die Erzeuger elektrischer Energie stellen ihren Kunden meistens nur Energie in Form des Wechselstromes zur Verfügung. Diese Entwicklung wurde durch die Vorteile beim Erzeugen, Übertragen und Verteilen des Wechselstromes begünstigt. In den Industrieländern besteht jedoch ein Bedarf an Gleichstrom, der etwa 20 bis 25 % der benötigten elektrischen Energie beträgt.

Gleichrichter haben die Aufgabe, Ein- und Mehrphasenwechselstrom in Gleichstrom umzuformen. Es ist üblich geworden, die Gleichrichtergeräte dem jeweiligen Verwendungszweck anzupassen, weil die auftretenden Spannungen (mV bis kV) und Ströme (mA bis kA) in zu weiten Bereichen liegen. Die wichtigsten Bestandteile einer Gleichrichteranlage sind die *elektrischen Ventile (Dioden)*, der *Transformator* zum Anpassen der Spannungen und die *Glättungseinrichtung* zur Glättung des welligen Gleichstromes. Hinzu kommen evtl. noch Einrichtungen für die Kühlung, Bedämpfung und Überwachung.

Für die Wahl der Art der elektrischen Ventile sind folgende Gesichtspunkte maßgebend: Höhe der Spannung, Stromstärke, Wirkungsgrad, Kühlung – d. h. Abführen der Verluste – Wartung, Betriebszuverlässigkeit, Lebensdauer, Überlastungsmöglichkeit, Abmessungen und Gewichte. Vergleicht man die Daten verschiedener elektrischer Ventile nach den vorgenannten Gesichtspunkten, so sind heute nur noch Siliziumdioden, Germaniumdioden und Selengleichrichter wirtschaftlich als Gleichrichter einsetzbar. Am häufigsten werden für Gleichrichterschaltungen *Siliziumdioden* verwendet. Das gilt besonders für Anlagen der Energietechnik mit hohen Strömen und hohen Spannungen. Es sei jedoch hervorgehoben, daß auch *Germaniumdioden* und *Selengleichrichter* eine große Bedeutung für Gleichrichteranlagen bis 100 V haben. *Röhrengleichrichter* (Vakuumdioden, Gasdioden, Quecksilberdampf-Stromrichter) werden für Neuanlagen praktisch nicht mehr eingesetzt.

Zum leichteren Verständnis der nachfolgenden Gleichrichterschaltungen werden die elektrischen Ventile und Transformatoren als ideale Bauelemente ohne Verluste angenommen. Für diesen Fall ist das elektrische *Ventil in Durchlaßrichtung* mit einem geschlossenen Schalter ohne Widerstand und in *Sperrichtung* mit einem geöffneten Schalter von unendlich großem Widerstandswert vergleichbar (vergl. Bild 2.1–2). Für den Strom- und Spannungsverlauf wird bei den Erläuterungen der Gleichrichterschaltungen ein ohmscher Widerstand als Verbraucher angenommen. Hierdurch werden die zeitlichen Verläufe von i und u übersichtlicher, da keine Phasenverschiebungen auftreten.

3.6.1 Einwegschaltung (E)

Die Einwegschaltung (Bild 3.6–1) zeigt das *Prinzip* der Gleichrichterschaltungen: Der Verbraucher liegt in Reihenschaltung mit dem elektrischen Ventil am speisenden Netz. Vergleicht man das Ventil mit einem Widerstand, dessen Wert von der Spannungspola-

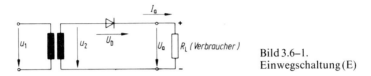

Bild 3.6–1. Einwegschaltung (E)

rität abhängt, so ist jede Gleichrichterschaltung eine Reihenschaltung von Widerständen. Mit dieser Überlegung lassen sich die Gleichrichterschaltungen auf die Grundlagen der Elektrotechnik zurückführen. Der Strom durch eine Reihenschaltung von Widerständen ist mit $i = u/R_{ges}$ bestimmt. Als Summe der Widerstände R_{ges} sind der Widerstand der Diode R_D und der Widerstand des Verbrauchers R_L wirksam. Damit gilt zu jedem Zeitpunkt $I = u/(R_D + R_L)$. Der Widerstandswert des Ventils R_D ist in Durchlaßrichtung vernachlässigbar klein im Vergleich zum Widerstand des Verbrauchers; im Idealfall ist $R_D = 0$. In Sperrichtung ist der Widerstandswert des Ventils sehr groß gegenüber dem Verbraucherwiderstand; im Idealfall ist in Sperrichtung $R_D = \infty$. Damit kann man sagen: *In Durchlaßrichtung* ist am Ventil mit $R_D = 0$ kein Spannungsabfall vorhanden, die gesamte Speisespannung liegt am Verbraucher R_L. *In Sperrichtung* verhindert der sehr große Widerstand der Diode den Stromfluß; die gesamte Speisespannung fällt somit am Ventil ab. Bild 3.6–2a zeigt die Verteilung der *Spannungszeitfläche* der Wechselspannung u_2 auf den Verbraucher und auf die Diode. Auf den Verbraucher

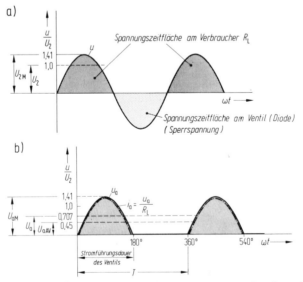

Bild 3.6–2. a) Verteilung der Wechselspannung u_2 auf Verbraucher und Diode
b) Spannungs- und Stromverlauf am Verbraucher

3.6 Gleichrichterschaltungen

wirkt nur die Spannungszeitfläche der Durchlaßrichtung, d. h. je Periode der Wechselspannung ist nur ein Spannungspuls vorhanden. Die Einwegschaltung wird daher auch als *einpulsige Schaltung* (*Pulszahl p* = 1) bezeichnet. Als Folge hiervon fließt ein lückenhafter Gleichstrom. Es stellt sich damit die Frage nach den Wirkungen der nicht konstanten Gleichspannung auf einen Verbraucher. Da Spannungsmesser außerdem Mittelwerte anzeigen, sei auf diese kurz eingegangen.

Der *arithmetische Mittelwert*, auch *Gleichrichtwert* oder *elektrolytischer Mittelwert* genannt, entspricht der Anzeige eines Drehspulinstrumentes, dient zur Berechnung von Elektrizitätsmengen und ist damit maßgebend für alle elektrolytischen Vorgänge. Mathematisch ist der arithmetische Mittelwert das Mittel der zeitabhängigen Werte und entspricht der Höhe einer Rechteckfläche mit dem Inhalt der Fläche zwischen dem Kurvenzug der Spannung bzw. des Stromes und der Zeitachse (Bild 3.6–3). Zur Kennzeichnung der arithmetischen Mittelwerte wird nach DIN 41785 der Index AV (*average*) verwendet.

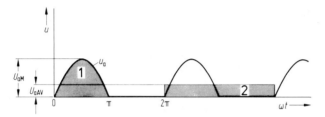

Bild 3.6–3. Zur Bildung des arithmetischen Mittelwertes bei Einweggleichrichtung.
Inhalt Fläche 1 = Inhalt Fläche 2

Mathematisch wird der Gleichrichtwert aus der Summe der von der Zeit abhängigen Produkte $u\Delta t$ bezogen auf die Periodendauer T errechnet

$$U_{a\,AV} = \frac{1}{T} \cdot \sum_{0}^{T} u\Delta t. \qquad (3.6-1)$$

Zum Ermitteln des arithmetischen Mittelwertes mit Formel 3.6–1 muß die Fläche unter dem Kurvenzug der Meßgröße in viele kleine Teilflächen $u\Delta t$ aufgeteilt werden. Die Summe der Teilflächen dividiert durch die Periodendauer ist der arithmetische Mittelwert. Als Ergebnis der Summierung erhalten wir für die Einwegschaltung

$$\boxed{U_{a\,AV} = 0{,}318\, U_{2M} = 0{,}45\, U_2.} \qquad (3.6-2)$$

U_{2M} Scheitelwert der Sekundärspannung u_2;
U_2 kennzeichnet den Effektivwert von u_2.

In der höheren Mathematik wird das Summenzeichen durch das Zeichen für die Integration ersetzt. Für den Gleichrichtwert der Spannung gilt dann allgemein:

$$U_{a\,AV} = \frac{1}{T} \cdot \int_{0}^{T} u\, dt$$

mit $\omega T = 2\pi$, $u = U_{2M} \cdot \sin \omega t$ und einer Stromführungsdauer von 0 bis π ist bei der Einweggleichrichtung

$$U_{a\,AV} = \frac{U_{2M}}{2\pi} \int_0^\pi \sin \omega t \cdot d\omega t = -\frac{U_{2M}}{2\pi} \cos \omega t \Big|_0^\pi = -\frac{U_{2M}}{2\pi} (\cos \pi - \cos 0),$$

$$U_{a\,AV} = -\frac{U_{2M}}{2\pi}(-1-1) = \frac{U_{2M}}{\pi} = 0{,}318\, U_{2M}.$$

Der *Effektivwert* ist der quadratische Mittelwert und ist als Meßgröße für Wechselströme und Wechselspannungen festgelegt. Seine Definition beruht auf der Überlegung, daß, im Einklang mit dem *Joules*chen Gesetz der Energieumsetzung in Wärme, einem Wechselstrom ein äquivalenter Gleichstrom entsprechen muß. Bei Betrachtung einer Periodendauer T ist $W = I^2 RT = \Sigma i^2 R \Delta t$, woraus folgt

$$\boxed{I = \sqrt{\frac{1}{T} \sum_0^T i^2 \Delta t}} \tag{3.6--3}$$

als Effektivwert des Stromes.

Angaben über Wechselspannungs- und -stromgrößen, z. B. bei einer Netzspannung von 220 V, beinhalten stets Effektivwerte. Letztere sind durch große Buchstaben (U, I) ohne Indexerläuterung gekennzeichnet. In Datenblättern für Halbleiter-Bauelemente werden die Effektivwerte meistens durch Index RMS zusätzlich hervorhoben (*root mean square*). Eine Erläuterung des Effektivwertes auf graphischem Wege vermittelt Bild 3.6–4.

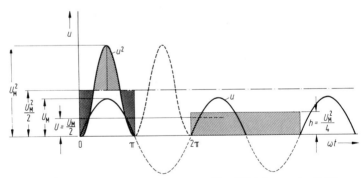

Bild 3.6–4. Zur Bildung des Effektivwertes. $\sqrt{h}$ = Effektivwert der Größe

Wird eine sinusförmige Größe quadriert, so ist das Ergebnis eine Kosinuslinie, die nur positive Werte und doppelte Frequenz hat. Zum Ermitteln des Effektivwertes muß die Fläche unter dem Kurvenzug u^2 in eine Rechteckfläche mit der Basis (Breite) der Periodendauer T umgewandelt werden. Bei sinusförmigen Größen ist das auch graphisch möglich. Die Mittellinie von u^2 ist in Bild 3.6–4 strichpunktiert eingetragen. Die Fläche oberhalb der Mittellinie (einfach schraffiert) ist gleich der (kreuzschraffierten) Fläche

3.6 Gleichrichterschaltungen

unterhalb der Mittellinie. Durch Herunterklappen der oberen Fläche erhält man also eine Rechteckfläche mit der Höhe $U_M^2/2$. Bei der Einwegschaltung wirkt nur eine Halbwelle während der Periodendauer T. Es muß die Fläche daher auf die Breite $T = 2\pi$ umgeformt werden. Die Höhe der Rechteckfläche ist dann $U_M^2/4$. Damit ist der *Effektivwert* bei der *Einwegschaltung*

$$U_a = \sqrt{U_M^2/4} = 0{,}5\, U_M = 0{,}707\, U_2. \tag{3.6-4}$$

Zur Beurteilung der nicht glatten Gleichströme und Gleichspannungen werden vielfach noch der Scheitelfaktor S, der Formfaktor F und die Welligkeit w herangezogen. Der

$$\boxed{\textit{Scheitelfaktor}\; S = \frac{\text{Maximalwert}}{\text{Effektivwert}}} \tag{3.6-5}$$

gibt an, um welchen Faktor der Maximalwert (Scheitelwert) größer ist als der Effektivwert. Der

$$\boxed{\textit{Formfaktor}\; F = \frac{\text{Effektivwert}}{\text{Gleichrichtwert}}} \tag{3.6-6}$$

ist ein Maß für die Welligkeit der Größe. Die Welligkeit w selbst ist das Verhältnis des Effektivwertes der Oberschwingung zum Gleichrichtwert.

$$\boxed{\textit{Welligkeit}\; w = \frac{\text{Effektivwert der Oberschwingung}}{\text{Gleichrichtwert}} = \sqrt{F^2 - 1}.} \tag{3.6-7}$$

Für die *Einwegschaltung* ergeben sich folgende Faktoren:

$$S = \frac{U_{aM}}{U_a} = \frac{1{,}41\, U_2}{0{,}707\, U_2} = 2{,}0, \tag{3.6-8}$$

$$F = \frac{U_a}{U_{a\,AV}} = \frac{0{,}707\, U_2}{0{,}45\, U_2} = 1{,}57, \tag{3.6-9}$$

$$w = \sqrt{1{,}57^2 - 1} = 1{,}21. \tag{3.6-10}$$

Der Wert $w = 1{,}21$ bedeutet, daß der Effektivwert der Oberschwingung 1,21mal größer als der arithmetische Mittelwert (Grundwert) ist. Vielfach wird die Welligkeit auch in Prozent angegeben.
Die Welligkeit des gleichgerichteten Wechselstroms ist bei der Einwegschaltung für viele Verbraucher zu groß. Da die Glättung des Stromes unverhältnismäßig große Mittel benötigt, wird die Einwegschaltung für Netzgeräte wenig verwendet. Außerdem ist bei der Einwegschaltung die Ausnutzung des Transformators sehr ungünstig, weil dieser, ebenso wie das Ventil, nur während einer Halbwelle Strom führt. Um Überlastungen zu vermeiden, muß die Typenleistung des Transformators größer als die gleichstromseitige Leistung sein.

Eine Zusammenstellung der Faktoren zur Berechnung der Gleichrichterschaltungen zeigt Tabelle 3.6–1. Mit dem folgenden Rechenbeispiel soll die Handhabung dieser Tabelle erläutert werden. Der Rechnungsgang mit dem Beispiel der Einwegschaltung kann unter Berücksichtigung der anderen Faktoren für jede Gleichrichterschaltung verwendet werden.

Tabelle 3.6–1. Zusammenstellung der Gleichrichterschaltungen

Schaltbild	$U_a = f(t)$	Gleichspannung U_a		
		$\dfrac{U_{a\,AV}}{U_2}$	$\dfrac{U_a}{U_2}$	$\dfrac{U_{a\,AV}}{U_{aM}}$
E Einwegschaltung		0,45	0,707	0,318
M Mittelpunktschaltung		0,9	1,0	0,637
B Brückenschaltung		0,9	1,0	0,637
S Drehstrom-Sternschaltung		1,17	1,19	0,826
DB Drehstrom-Brückenschaltung		Y 2,34 Δ 1,35	Y 2,34 Δ 1,35	0,955

Indizes
1   Primärseite des Transformators
2   Sekundärseite des Transformators

a
d   Ausgang der Gleichrichterschaltung

di   Ideelle Gleichstromgröße
AV   arithmetischer Mittelwert (average)

EFF
RMS   quadratischer Mittelwert (root mean square)

F   Durchlaßrichtung (forward on-state)
M   Scheitelwert (maximum)
R   Sperrichtung (reverse)

3.6 Gleichrichterschaltungen

F_u	w	Ventil $\frac{I_{F\,AV}}{I_{a\,AV}}$	$\frac{U_{RM}}{U_{a\,AV}}$	$\frac{I_{FM}}{I_{a\,AV}}$		$\frac{I_{F\,RMS}}{I_{a\,AV}}$	Transformator $\frac{I_2}{I_{a\,AV}}$	$\frac{P_{S1}}{P_{di}}$	$\frac{P_{Bau}}{P_{di}}$
1,57	1,21	1,0	3,14	R	*) 3,14	1,57	1,57	2,69	3,09
1,11	0,48	0,5	3,14	R	1,57	0,785	0,785	1,23	1,48*)
				L	1,0	0,707	0,707	1,11	1,34
1,11	0,48	0,5	1,57	R	1,57	0,785	1,11	1,23	1,23*)
				L	1,0	0,707	1,0	1,11	1,11
1,017	0,18	0,333	2,09	R	1,21	0,588	0,588	1,23	1,37*)
				L	1,0	0,577	0,577	1,21	1,35
1,0008	0,04	0,333	1,05		1,05	0,577	0,816	1,05	1,05

Formelzeichen

F_u Formfaktor der Gleichspannung $F_u = U_a / U_{a\,AV}$
w Welligkeit der Gleichspannung $w = U_{\text{Oberwelle EFF}} / U_{a\,AV} = \sqrt{F_u^2 - 1}$
P_{S1} Primärseitige Transformator-Scheinleistung
P_{Bau} Bauleistung des Transformators
U_2 Sekundärspannung des Transformators (Effektivwert der Strangspannung)
U_a Effektivwert der Gleichspannung
U_{RM} Sperrspannung des Ventils (Scheitelwert)
I_2 Sekundärstrom des Transformators (Effektivwert des Leiterstroms)
$I_{F\,AV}$ Strom eines Ventils (Durchlaßrichtung, arithmetischer Mittelwert)
P_{di} Ideelle Gleichstromleistung $P_{di} = I_{a\,AV} \cdot U_{a\,AV}$

*)   obere Zahl für Widerstandslast R
     untere Zahl für induktive Last L

Rechenbeispiel: Eine Gleichrichter-Einwegschaltung mit ohmscher Belastung soll als Ausgangsgrößen die arithmetischen Mittelwerte $U_{a\,AV} = 24\,\text{V}$ und $I_{a\,AV} = 1\,\text{A}$ haben. Die Betriebswerte der Dioden und die Auslegung des Transformators sind zu berechnen.

1. Berechnung der *Strombelastung der Dioden:*
   Da bei dieser Schaltung eine Diode in Reihe mit dem Verbraucher geschaltet wird, ist der Strom der Diode gleich dem Strom des Verbrauchers.
   Arithmetischer Mittelwert des Stromes:

   $$\frac{I_{F\,AV}}{I_{a\,AV}} = 1 \text{ aus Tabelle 3.6-1}; \qquad I_{F\,AV} = 1 \cdot I_{a\,AV} = 1\,\text{A};$$

   der *Effektivwert* des Stromes ist jedoch um den Faktor 1,57 größer.

   $$\frac{I_{F\,RMS}}{I_{a\,AV}} = 1{,}57 \text{ aus Tabelle 3.6-1}; \qquad I_{F\,RMS} = 1{,}57\, I_{a\,AV} = 1{,}57\,\text{A}.$$

   Scheitelwert des Stromes

   $$\frac{I_{FM}}{I_{a\,AV}} = 3{,}14; \qquad I_{FM} = 3{,}14\, I_{a\,AV} = 3{,}14\,\text{A}.$$

2. Berechnung der *Sekundärspannung des Transformators*

   $$\frac{U_{a\,AV}}{U_2} = 0{,}45; \qquad U_2 = \frac{U_{a\,AV}}{0{,}45} = \frac{24\,\text{V}}{0{,}45} = 53{,}3\,\text{V};$$

   der Sekundärstrom des Transformators ist bei dieser Schaltung identisch mit dem Verbraucherstrom $I_2 = I_{a\,RMS} = 1{,}57\,\text{A}$.

3. *Sperrspannungsbelastung* der Diode

   $$\frac{U_{RM}}{U_{a\,AV}} = 3{,}14; \qquad U_{RM} = 3{,}14\, U_{a\,AV} = 3{,}14 \cdot 24\,\text{V} = 75{,}4\,\text{V}.$$

   Dieser Spannungswert ist in Durchlaßrichtung der Diode gleich dem Scheitelwert der Spannung am Verbraucher, d. h. $U_{aM} = 75{,}4\,\text{V}$.

4. *Bauleistung des Transformators*
   In der Stromrichtertechnik fließen in den Wicklungen der Transformatoren oft nur Teilausschnitte der Sinusgröße, oder es fließen impulsförmige Ströme. Hierbei sind die Verluste des Transformators größer als bei sinusförmigen Strömen. Der Transformator muß größer gewählt werden – man sagt, der Transformator ist schlecht ausgenutzt. Zur Bestimmung der Bauleistung des Transformators sind die Effektivwerte von I_2 und U_2 zu berücksichtigen. Bei Anwendung dieser Werte ist bei der Einwegschaltung die Bauleistung des Transformators um den Faktor 3,09 größer als die ideale Gleichstromleistung.

   $$\frac{P_{Bau}}{P_{di}} = 3{,}09 = \frac{P_{Bau}}{I_{a\,AV} U_{a\,AV}}; \qquad P_{Bau} = 3{,}09\, I_{a\,AV} U_{a\,AV} = 74{,}2\,\text{VA}.$$

3.6.2 Mittelpunktschaltungen (M und S)

Die Gleichspannung U_a wird bei den Mittelpunktschaltungen aus zwei oder mehreren Spannungspulsen je Periode T gebildet. Die *2pulsige Mittelpunktschaltung* (M) zeigt Bild 3.6–5. Der Transformator hat eine Mittelanzapfung oder zwei Sekundärwicklungen.

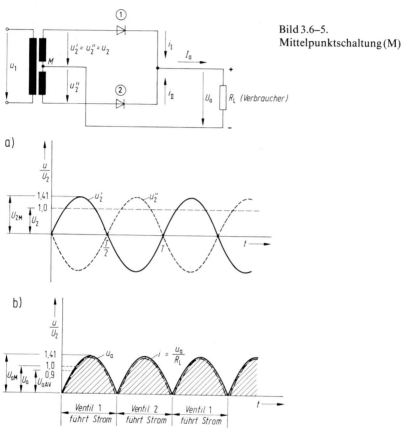

Bild 3.6–5. Mittelpunktschaltung (M)

Bild 3.6–6. a) Spannungen des Transformators
b) Spannung und Strom des Verbrauchers

Die Spannungen U_2' und U_2'' besitzen auf den Mittelpunkt M bezogen eine Phasenverschiebung von 180° (Bild 3.6–6). Aufgrund dieser Phasenverschiebung ist während der ersten Halbwelle das Ventil 1 stromführend und während der zweiten Halbwelle das Ventil 2. Der Gleichstrom I_a setzt sich aus den Teilströmen der Ventile 1 und 2 zusammen. Es sind jetzt zwei Strom- bzw. Spannungspulse je Periode vorhanden. In Tabelle 3.6–1 sind die Strom-Spannungsmittelwerte und weitere Faktoren der zweipulsigen Mittelpunktschaltung enthalten. Hieraus ist zu entnehmen, daß die Welligkeit der Gleichspannung $w = 0{,}48$ beträgt, d. h., die Oberwellenspannung hat eine Größe von 48 % des Gleichspannungsmittelwertes.

Für die *Auswahl eines Ventils* sind der Strom in Durchlaßrichtung und die maximale

Spannung in Sperrichtung wichtig. Jedes Ventil ist im Mittel mit dem halben Verbraucherstrom belastet; aber der Maximalwert I_{FM} ist gleich I_{aM}. Es stellt sich jetzt die Frage nach der Sperrspannung am Ventil. Die eine Seite des Ventils führt die Spannung des betreffenden Wicklungsstranges; an der anderen Seite des Ventils liegt während der Sperrzeit die Spannung des anderen Wicklungsstranges, denn das nicht betrachtete Ventil hat durchgeschaltet! Als Sperrspannung ist also die Summe von U_2' und U_2'' vorhanden. Mit $U_2' = U_2'' = U_2$ ist die Sperrspannung gleich der doppelten Transformatorspannung $U_R = 2U_2$. Für die Auswahl der Ventile muß der Scheitelwert der Sperrspannung berücksichtigt werden $U_{RM} = 2{,}82\,U_2 = 3{,}14\,U_{a\,AV}$. Die Sperrspannung ist bei der zweipulsigen Mittelpunktschaltung 3,14mal größer als der Gleichspannungsmittelwert.

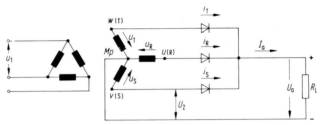

Bild 3.6–7. Sternschaltung (S) oder dreipulsige Mittelpunktschaltung

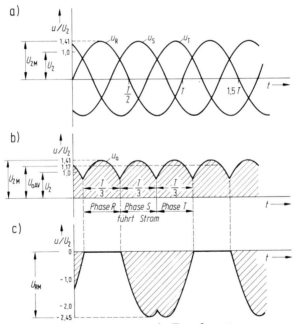

Bild 3.6–8. a) Sternspannungen des Transformators
b) Die Ausgangsspannung u_a der Sternschaltung entspricht den positiven oder negativen Kuppen der Sternspannungen, je nach Einbaurichtung der Ventile
c) Verlauf der Sperrspannung am Ventil R.
Im Sperrbereich liegt am Ventil die Außenleiterspannung.

Die *3pulsige Mittelpunktschaltung,* auch *Sternschaltung (S)* genannt, zeigt Bild 3.6–7. Hierfür ist ein Drehstrom-Transformator mit sekundärseitigem Sternpunkt oder ein Drehstromnetz mit Sternpunktleiter erforderlich. Der Sternpunkt ist ein Pol der Gleichspannung; der andere Pol wird von den zusammengeschalteten Ventilen gebildet. Je nach Einbaurichtung der Ventile ist der Sternpunkt der Minus- oder Pluspol. Den Ventilen werden die um 120° versetzten Sternspannungen u_R, u_S, u_T zugeführt (Bild 3.6–8). Von diesen drei Spannungen ist nur die mit dem höchsten positiven Augenblickswert wirksam. Das Ventil mit dem höchsten Augenblickswert in Durchlaßrichtung wird leitend und schaltet diesen Höchstwert auf den Verbindungspunkt der Ventile und damit auf die Plusklemme des Verbrauchers R_L. Da die beiden anderen Ventile transformatorseitig an einer kleineren bzw. negativeren Spannung liegen, sperren sie. Die Ausgangsspannung u_a der Gleichrichterschaltung entspricht während der Stromführungsdauer jedes Ventils der zugehörigen sekundären Sternspannung des Transformators. Aus Bild 3.6–8b ist zu erkennen, daß sich die Gleichspannung U_a aus Ausschnitten der Sternspannungen zusammensetzt. Der Mittelwert der Gleichspannung ist

$$\boxed{U_{a\,AV} = 1{,}17\, U_2.} \tag{3.6-11}$$

Die wellige Gleichspannung erzeugt einen welligen Gleichstrom $I_a = U_a/R_L$. Jedes Ventil und damit auch jede Transformator-Sekundärwicklung führt nur während eines Drittels der Periode Strom und damit auch nur ein Drittel des gesamten Verbraucherstromes.
Bei der Auslegung der Ventile muß auf den Stromscheitelwert geachtet werden, der gleich dem Maximalwert des Gleichstromes ist. Den Verlauf der Sperrspannung des Ventils der Phase *R* zeigt Bild 3.6–8c. Da zu jedem Zeitpunkt mindestens ein Ventil leitend ist, hat der Verbindungspunkt der Ventile immer das Potential der stromführenden Phase. An jedem sperrenden Ventil ist damit die Außenleiterspannung $\sqrt{3}\,U_2$ vorhanden, deren Höchstwert $U_{RM} = \sqrt{3} \cdot \sqrt{2} \cdot U_2 = 2{,}45\,U_2 = 2{,}09\,U_{a\,AV}$ ist.
Der Übergang der Stromlieferung von einem Ventil zum nächsten erfolgt nicht sprunghaft. Im Schnittpunkt zweier Transformatorspannungen übernehmen zunächst beide zugehörigen Transformatorwicklungen und beide Ventile den Gesamtstrom. Im Prinzip handelt es sich für diesen Zeitpunkt um den Parallelbetrieb zweier Ventile. Mit dem Anstieg z. B. der Spannung u_S werden die Ladungsträger des Ventils R zunehmend umgeladen; das Ventil R geht in den Sperrzustand, i_R kann nicht negativ werden, und Ventil S wird allein stromführend. Dieser Vorgang heißt *Kommutierung*. Während der Kommutierungsdauer sind die betreffenden Transformatorabwicklungen über die Ventile kurzgeschlossen.

3.6.3 Brückenschaltungen (B und DB; Graetz-Schaltungen)

Bei Gleichrichterschaltungen mit Halbleiterventilen werden vielfach Brückenschaltungen gegenüber den Mittelpunktschaltungen bevorzugt. Die Gründe hierfür sind:

1. Von der Wechselspannung werden bei Brückenschaltungen die positiven *und* negativen Halbwellen ausgenutzt; bei den Mittelpunktschaltungen nur die positiven *oder* die negativen.
2. Die Transformator-Baugrößen müssen bei Mittelpunktschaltungen größer gewählt werden, denn bei den Mittelpunktschaltungen fließt durch die Sekundär-

wicklungen ein pulsierender Gleichstrom, bei Brückenschaltungen ein Wechselstrom.
3. Die Sperrspannungsbelastung der Ventile ist bei Brückenschaltungen günstiger.

Zum Nachteil der Brückenschaltung muß aber gesagt werden, daß die doppelte Ventilanzahl benötigt wird, denn es sind stets zwei Ventile in Reihe gleichzeitig stromführend. Die Entscheidung, welcher Gleichrichterschaltung jeweils der Vorzug gegeben wird, hängt von der tolerierbaren Welligkeit (Pulszahl) des Gleichstromes und von preislichen Erwägungen ab.

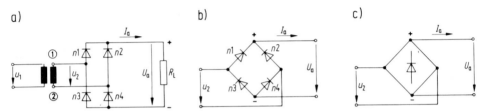

Bild 3.6–9. a) Brückenschaltung B
b) Darstellung in Brückenform
c) Kurzschaltzeichen

Die **Wechselstrom-Brückenschaltung (B)** ist eine zweipulsige Schaltung (Bild 3.6–9), d. h., während einer Periode sind zwei Spannungspulse wirksam. Man kann die Schaltung auch als Brücke (Bild 3.6–9b) oder mit dem Kurzschaltzeichen gemäß Bild 3.6–9c darstellen. An jede Sekundärklemme des Transformators werden zwei Ventile mit ent-

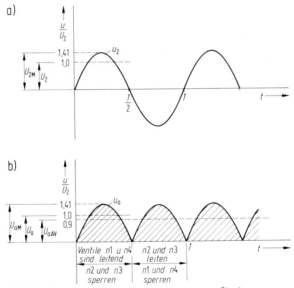

Bild 3.6–10. a) Transformatorspannung $u_2 = f(\omega t)$
b) Ausgangsspannung der Brückenschaltung (Verbraucherspannung)

3.6 Gleichrichterschaltungen

gegengesetzter Durchlaßrichtung (antiparallel) angeschlossen. Mit dieser Schaltung können beide Halbwellen der Wechselspannung dem Verbraucher als Gleichspannung zugeführt werden; der Transformator wird voll ausgenutzt.

Hat z. B. Klemme 1 des Transformators positives Potential, so fließt der Strom über n_1 zur Plusklemme des Verbrauchers und über n_4 zur negativen Klemme 2 des Transformators zurück. Bei der nächsten Halbwelle hat Klemme 2 positives Potential; der Strom fließ jetzt über n_2 wieder zur Plusklemme des Verbrauchers und über n_3 zur nunmehr negativen Klemme 1 zurück. Für den Verbraucher wirken beide Halbwellen in einer Richtung, am Verbraucher liegt eine Gleichspannung, die sich aus zwei Sinushalbwellen je Periode zusammensetzt (Bild 3.6-10b). Die Schaltung ist damit 2pulsig. Die Spannungs- und Stromverhältnisse sind vergleichbar mit den Werten der 2pulsigen Mittelpunktschaltung M (Tabelle 3.6-1). Unterschiede zwischen der Brückenschaltung B und der Mittelpunktschaltung M sind nur bei der Sperrspannungsbelastung und der Bauleistung des Transformators vorhanden. Als Sperrspannung liegt bei der Brückenschaltung die negative Halbwelle der Wechselspannung am Ventil, die Mittelpunktschaltung erfordert dagegen Ventile mit doppelter zulässiger Sperrspannung. Die strommäßige Belastung ist bei beiden Schaltungen gleich.

Die **Drehstrom-Brückenschaltung (DB)** ist eine 6pulsige Schaltung. Als Verbraucherspannung u_a wirken die höchsten positiven und negativen Augenblickswerte der drei Wechselspannungen u_R, u_S und u_T. Zum leichteren Verständnis kann man sich die Brückenschaltung in zwei Sternschaltungen aufgeteilt denken. Zu diesem Zweck ist in Bild 3.6-11 die strichpunktierte Linie zwischen dem Sternpunkt des Transformators und einer gedachten Mittelanzapfung M an R_L eingezeichnet. Betrachtet man M als den Be-

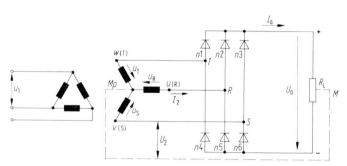

Bild 3.6-11. Drehstrom-Brückenschaltung (DB)

zugspunkt für alle Spannungen, so ist die obere Hälfte der Gleichrichterschaltung eine Sternschaltung, die die jeweils höchste positive Wechselspannung an die Plusklemme des Verbrauchers schaltet. Mit der „unteren Sternschaltung" werden die negativen Kuppen der Wechselspannung an die Minusklemme geschaltet (Bild 3.6-12a). Die Verbraucherspannung u_a ist der Spannungsunterschied zwischen der Plus- und der Minusklemme, also der jeweilige Abstand zwischen den positiven und negativen Maxima der Sternspannungen. Hieraus ermittelt sich der Verlauf von u_a in Bild 3.6-12b. Ihr Mittelwert ergibt sich aus der Fläche unter dem Kurvenzug von u_a und ist

$$\boxed{U_{a\,AV} = 2{,}34\,U_2 = 1{,}35\,U_{RS}.} \tag{3.6-12}$$

394   3 Lineare (analoge) Schaltungen mit elektronischen Bauelementen

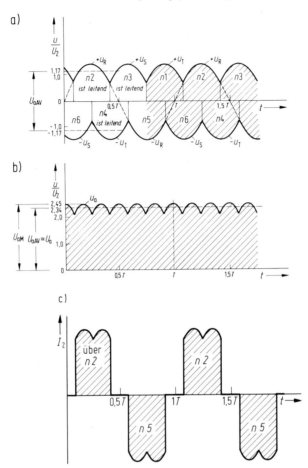

Bild 3.6–12. a) Die Ventile mit den höchsten positiven und negativen Werten der Sternspannungen sind leitend. An der Plus-Klemme des Verbrauchers R_L wirken die positiven Kuppen der Sternspannungen, an der Minusklemme die negativen.
b) Der Verlauf der Gleichspannung u_a ergibt sich aus der Summe der höchsten positiven und negativen Augenblickswerte.
c) Sekundärstrom (Phase R) des Transformators

Damit ein einheitlicher Vergleichswert besteht, wurde bei allen Gleichrichterschaltungen von der Phasenspannung u_2 (Sternspannung) ausgegangen. Bei Drehstromnetzen ist jedoch die Angabe der Außenleiterspannung üblich. Auch wenn von der Sternspannung ausgegangen wird, ist bei der Drehstrom-Brückenschaltung ein Sternpunkt nicht erforderlich, auch Transformatoren in Dreieckschaltung oder Drehstromnetze ohne Sternpunktleiter sind möglich. In Bild 3.6–12a ist die Stromführungsdauer jedes Ventils angedeutet. Jeweils zwei Ventile führen in Reihe gleichzeitig Strom, jedes Ventil führt

3.6 Gleichrichterschaltungen

während eines Drittels der Periode Strom. Die Gleichstrombelastung eines Ventils ist also

$$I_{FAV} = 0{,}33\, I_{aAV}.\qquad(3.6\text{--}13)$$

Der Spitzenstrom jedes Ventils ist jedoch gleich dem Spitzenstrom des Verbrauchers

$$I_{FM} = I_{aM}.\qquad(3.6\text{--}14)$$

Der Verlauf der Sperrspannung eines Ventils ist wie bei der Sternschaltung (S) in Bild 3.6–8c gleich dem Verlauf der Außenleiterspannung. Der Strom des Transformators ist bei der Drehstrombrückenschaltung ein nicht sinusförmiger Wechselstrom. Er setzt sich entsprechend den Ventilströmen aus Stromblöcken mit einer Stromdauer von jeweils 120° in der positiven und negativen Hälfte zusammen (Bild 3.6–12c).
Die Drehstrom-Brückenschaltung ist bei größeren Leistungen wegen ihrer günstigen Eigenschaften – die Welligkeit ist nur 4 % – die am häufigsten benutzte Schaltung.

3.6.4 Glättung der Gleichspannung bzw. des Gleichstromes

Die Ausgangsspannung U_a der Gleichrichterschaltungen weist infolge des Aneinanderreihens von Ausschnitten der Wechselspannung eine Welligkeit auf. Wir wollen jetzt versuchen, eine wellige Gleichspannung zu glätten, d. h., wir wollen die Oberschwingung, die vielfach als *Brummspannung* bezeichnet wird, verringern. Zum Vermindern der Oberschwingung bieten sich Wechselstromwiderstände an. Man verwendet Kondensatoren, die man als Lade- oder *Glättungskondensatoren* bezeichnet, oder Induktivitäten (sog. *Glättungsdrosseln*), außerdem verwendet man Siebschaltungen, die aus RC- oder LC-Gliedern bestehen.
Für die Wahl der Glättungseinrichtung sind die Leistung des Verbrauchers und die zulässige Welligkeit entscheidend. In der Antriebstechnik mit Leistungsbereichen von etwa 3 kW bis zu einigen 1000 kW wird fast ausschließlich mit Glättungsdrosseln gearbeitet. Bei kleineren und mittleren Leistungen ist der Ladekondensator vorherrschend, und für die Glättung leistungsschwacher Signale der Steuerungs- und Regelungstechnik werden Siebschaltungen verwendet.

Beim **Glätten mit Ladekondensator** wird der Kondensator parallel zum Verbraucher geschaltet und als Energiespeicher verwendet (Bild 3.6–13). Durch die Parallelschaltung ist zu jedem Zeitpunkt die Spannung am Verbraucher gleich der Kondensatorspannung. Beim Einschalten wird der Kondensator nahezu auf den Scheitelwert der Gleichrichter-Ausgangsspannung aufgeladen. Entsprechend dem Prinzip eines Energiespei-

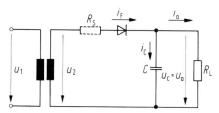

Bild 3.6–13. Einwegschaltung mit Glättungskondensator C, Schutzwiderstand zum Begrenzen des Ladestromes wird meistens vorgesehen

chers versucht der Kondensator die Spannung zu halten. Vermindert sich die Speisespannung entsprechend der Sinusform von u_2, so wird die Kondensatorspannung positiver als die Speisespannung, und das Ventil geht in den Sperrzustand über (Bild 3.6–14).

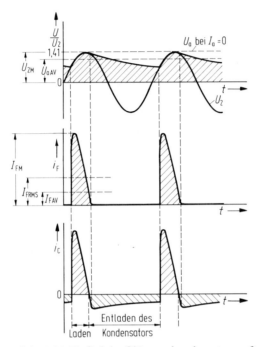

Bild 3.6–14. Einfluß des Glättungskondensators auf
a) den Verlauf der Verbraucherspannung u_a
b) den Verlauf des Ventilstromes i_F
c) den Verlauf des Kondensatorstromes i_C

Durch einen Verbraucher wird der Kondensator jedoch mit i_a entladen. Die Entladung verläuft nach einer e-Funktion mit der Zeitkonstanten $T_S = R_L C$. Mit zunehmender Belastung, d. h. mit kleinerem R_L, wird der Kondensator stärker entladen. Der Mittelwert der Ausgangsspannung U_a wird dann kleiner und die Oberschwingung (Brummspannung) größer.

Die Qualität der Glättung ist abhängig vom Verhältnis der Entladezeitkonstanten $T_S = R_L C$ zur Periodendauer der Oberschwingung. Relativ gute Glättung erreicht man, wenn die Entladezeitkonstante etwa den zehnfachen Wert der Periodendauer der Oberschwingung hat. Die Periodendauer der Oberschwingung ist bei der Einwegschaltung gleich der des Netzes. Bei mehrpulsigen Schaltungen ist die Periodendauer der Oberschwingung gleich der Netz-Periodendauer dividiert durch die Pulszahl. Die Glättung wird daher bei mehrpulsigen Schaltungen besser, wenn man von der Kapazität eines bestimmten Kondensators ausgeht. Das Prinzip der Glättung mit Kondensator bleibt auch bei mehrpulsigen Schaltungen erhalten – der Glättungskondensator wird immer parallel zum Verbraucher geschaltet.

3.6 Gleichrichterschaltungen

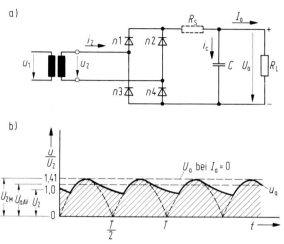

Bild 3.6–15. Brückenschaltung mit Glättungskondensator C,
a) Schaltbild
b) Spannungsverlauf

Der in den Schaltungen 3.6–13 und –15 vorhandene Widerstand R_S dient als *Schutzwiderstand*. Bei der Glättung mit Kondensator sind hohe Dioden-Spitzenströme vorhanden. Der Diodenstrom ist zwar im arithmetischen Mittel gleich dem Mittelwert des Verbraucherstromes, die Dioden sind jedoch nur kurzzeitig leitend. Nur wenn die Speisespannung u_2 positiver als u_a ist, führen die Dioden Strom (Bild 3.6–14). Der Kondensator wird also nur während der kurzen Ladezeit mit hohen Spitzenströmen geladen. In der restlichen Zeit fließt der Strom i_a aus dem Energiespeicher Kondensator. Der Schutzwiderstand hat die Aufgabe, den Ladestromstoß beim Einschalten und den periodischen Spitzenstrom zu mindern. Dadurch wird die Aufladezeit verlängert, aber auch die Verbraucherspannung lastabhängiger. Die Schaltung des Glättungskondensators in einer Ws-Brückenschaltung zeigt Bild 3.6–15. Diese Schaltung kann mit zwei Kondensatoren und mit Massepotential im Mittelpunkt auch für Netzgeräte mit positiver und negativer Ausgangsspannung (Bild 3.6–16) verwendet werden.

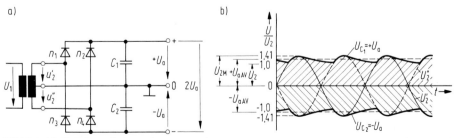

Bild 3.6–16. Brückenschaltung für symmetrische Ausgangsspannungen $\pm U_a$
a) Schaltbild
b) Spannungsverlauf

Auslegung des Glättungskondensators:
Für einfache Netzgeräte sollte die *Entladezeitkonstante* T_S etwa den zehnfachen Wert der Periodendauer der Oberschwingung haben.

$$T_S = 10\,T = \frac{10}{p \cdot f_{Netz}} \quad (p = \text{Pulszahl der Schaltung}); \qquad (3.6\text{--}15)$$

mit $T_S = R_L C$ wird

$$\boxed{C = \frac{T_S}{R_L} = \frac{10}{R_L \cdot p \cdot f_{Netz}}.} \qquad (3.6\text{--}16)$$

Beispiel: Ein Netzgerät mit Gleichrichter-Brückenschaltung, $U_a = 24$ V und $I_a = 1$ A soll einen Glättungskondensator erhalten.

$$R_L = U_a/I_a = 24\,\text{V}/1\,\text{A} = 24\,\Omega$$
$$C = \frac{10}{R_L \cdot p \cdot f_{Netz}} = \frac{10}{24\,\Omega \cdot 2 \cdot 50\,\text{Hz}} = 4167\,\mu\text{F}.$$

Dieser Rechnungsgang kann nur zum Bestimmen des Kondensators einfacher Netzgeräte verwendet werden. Als Berechnungsgrundlage hochwertiger Netzgeräte ist zusätzlich zu den Ausgangsdaten U_a und I_a die *Welligkeit w* gegeben. Zum Berechnen des Kondensators empfiehlt sich jetzt das *graphische Verfahren nach Schade.* Dieses Verfahren berücksichtigt die Welligkeit w in Abhängigkeit vom Produkt $\omega C R_L$ bei verschiedenen Widerstandsverhältnissen $(R_{tr} + R_S)/R_L$ (Bild 3.6–17). Der Innenwiderstand R_{tr} des

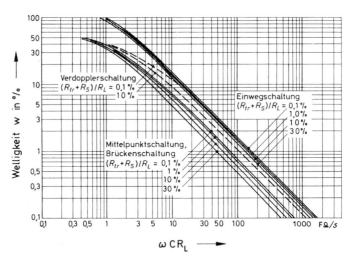

Bild 3.6–17. Welligkeit w der Verbraucherspannung in Abhängigkeit vom Produkt $\omega \cdot C \cdot R_L$ für Gleichrichterschaltungen mit Glättungskondensator

Transformators ist von seiner Bauleistung und Konstruktion abhängig (Bild 3.6–18). Die erforderliche Spannung U_2 des Transformators hängt ab von der gewünschten Verbraucherspannung, von R_L, R_{tr}, R_S und vom Glättungskondensator C (Bild 3.6–19).

3.6 Gleichrichterschaltungen

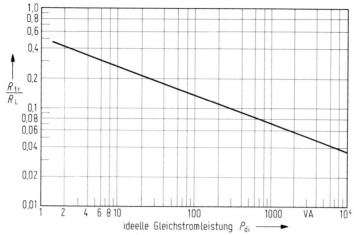

Bild 3.6–18. Richtwerte zur Bestimmung des Transformator-Innenwiderstandes

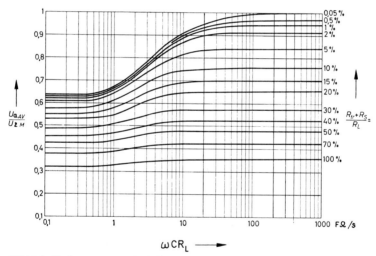

Bild 3.6–19. Spannungsverhältnis $U_{a\,AV}/U_{2\,M}$ in Abhängigkeit vom Produkt $\omega C R_L$ für Mittelpunktschaltung M und Brückenschaltung B

Mit Hilfe dieser Diagramme sollen nachstehend der Glättungskondensator, die Spannung des Transformators und die Belastung der Ventile für ein Netzgerät mit der Welligkeit w bestimmt werden.

Beispiel: Ein Netzgerät mit $U_a = 24$ V, $I_a = 1$ A in Brückenschaltung B mit Glättungskondensator soll eine zulässige Welligkeit $w = 1{,}0\%$ haben.
Verbraucherwiderstand $R_L = U_a/I_a = 24\,\text{V}/1\,\text{A} = 24\,\Omega$;
mit $P_{di} = U_{a\,AV} I_{a\,AV} = 24\,\text{V} \cdot 1\,\text{A} = 24\,\text{VA}$ ist gemäß Bild 3.6–18

$\dfrac{R_{tr}}{R_L} = 0{,}2$;   Transformator-Innenwiderstand $R_{tr} = 0{,}2 R_L = 4{,}8\,\Omega$.

Der *Schutzwiderstand* R_S wird mit 10% von R_L gewählt; $R_S = 2{,}4\,\Omega$.
Hieraus ergibt sich $(R_{tr} + R_s)/R_L = (4{,}8\,\Omega + 2{,}4\,\Omega)/24\,\Omega = 0{,}3 \triangleq 30\%$.
Mit diesem Wert kann aus der Kennlinienschar von Bild 3.6–17 für die Welligkeit $w = 1{,}0\%$ der Wert des Produktes $\omega C R_L$ mit 48 FΩ/s abgelesen werden. Damit ist dann:

$$C = \dfrac{48\,\text{F}\Omega/\text{s}}{\omega R_L} = \dfrac{48\,\text{F}\Omega/\text{s}}{2\pi f R_L} = 6370\,\mu\text{F}.$$

Zum Ermitteln der Transformatorspannung wird Bild 3.6–19 verwendet. Mit $\omega C R_L = 48$ FΩ/s und $(R_{tr} + R_s)/R_L = 30\%$ wird das Spannungsverhältnis $U_{a\,AV}/U_{2\,M} = 0{,}57$ abgelesen.
$U_{2\,M} = U_{a\,AV}/0{,}57 = 24\,\text{V}/0{,}57 = 42\,\text{V}$.
Sekundärspannung des Transformators $U_2 = 0{,}707 \cdot U_{2\,M} = 29{,}7\,\text{V}$.
Die *Strombelastung* eines Ventils in einer Ws-Brückenschaltung ist $I_{F\,AV} = 0{,}5 I_a$; damit ist der *arithmetische Mittelwert* $I_{F\,AV} = 0{,}5 \cdot 1\,\text{A} = 0{,}5\,\text{A}$.
Mit dem Glättungskondensator fließt dieser Strommittelwert nur während der kurzen Ladezeit des Kondensators. Der Strom I_F hat einen relativ hohen Spitzenwert. Mit $I_{F\,M}/I_{F\,AV} = 4{,}2$ aus Bild 3.6–20 ist der

Spitzenwert des Ventilstromes $I_{F\,M} = 4{,}2\,I_{F\,AV} = 2{,}1\,\text{A}$.

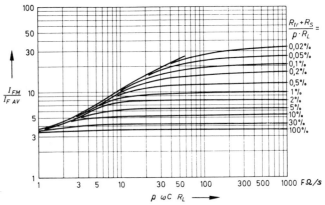

Bild 3.6–20. Verhältnis des Scheitelwertes zum arithmetischen Mittelwert des Ventilstromes (I_{FM}/I_{FAV})
$p = 1$ bei Einwegschaltung
$p = 2$ bei Mittelpunkt- und Brückenschaltung
$p = 0{,}5$ bei Spannungsverdoppler-Schaltung

Der *Effektivwert des Ventilstromes* ist mit $I_{F\,RMS}/I_{F\,AV} = 2{,}1$ aus Bild 3.6–21 unter Berücksichtigung von $(R_{tr} + R_s)/p R_L = 15\%$ zu ermitteln.
$I_{F\,RMS} = 2{,}1\,I_{F\,AV} = 1{,}05\,\text{A}$.

Bei der *Auslegung des Transformators* müssen besonders bei Schaltungen mit Glättungskondensatoren die pulsförmigen Ströme berücksichtigt werden. Bild 3.6–14b zeigt

3.6 Gleichrichterschaltungen

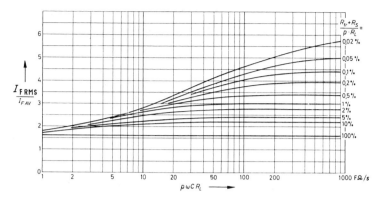

Bild 3.6–21. Verhältnis des Effektivwertes zum arithmetischen Mittelwert des Ventilstromes (I_{FRMS}/I_{FAV})
$p = 1$ bei Einwegschaltung
$p = 2$ bei Mittelpunkt- und Brückenschaltung
$p = 0,5$ bei Spannungsverdoppler-Schaltung

für die Einwegschaltung mit Glättungskondensator den pulsförmigen Strom. Da das Ventil und die Sekundärwicklung des Transformators in Reihe geschaltet sind, ist der Ventilstrom identisch mit I_2 des Transformators. Bei der Ws-Brückenschaltung kommen jedoch die negativen Strompulse hinzu, so daß bei der Brückenschaltung ein pulsförmiger Wechselstrom durch die Sekundärwicklung des Transformators fließt.
Zur Bestimmung der Bauleistung des Transformators müssen die Effektivwerte von I_2 und U_2 berücksichtigt werden. Der Effektivwert von I_2 kann mit $I_{F\,RMS}$ berechnet werden. $I_{F\,RMS}$ ist der Strom eines Ventils und damit nur eine Hälfte des Transformatorstromes. Durch die Sekundärwicklung des Transformators fließt zusätzlich auch der negative Strompuls der zweiten Brückenhälfte.

Effektivwert des Transformatorstromes

$$I_2 = \sqrt{I_F^2 + I_F^2} = \sqrt{2\,I_{F\,RMS}^2}\,;$$
$$I_2 = \sqrt{2}\cdot I_{F\,RMS} = \sqrt{2}\cdot 1{,}05\,\text{A} = 1{,}48\,\text{A}.$$

Bauleistung des Transformators $P_{Bau} \approx I_2 U_2 = \sqrt{2}\cdot 1{,}05\,\text{A}\cdot 29{,}7\,\text{V} = 44{,}1\,\text{W}.$
Damit ist die Bauleistung des Transformators um den Faktor 1,84 größer als die ideelle Gleichstromleistung. Dieser Faktor kann als Richtwert für die Bauleistung der Transformatoren für Ws-Brückenschaltungen mit Glättungskondensator herangezogen werden.
Gleichrichterschaltungen mit Glättungskondensator erfordern für höhere Verbraucherleistungen sehr große Kondensatoren. Außerdem führen die Ventile hohe periodische Spitzenströme und einen noch höheren Ladestromstoß beim Einschalten. Diese Nachteile können durch Glättungsdrosseln vermieden werden.
Eine **Glättungsdrossel** (**Glättungsinduktivität** *L*) wird stets in Reihe mit dem Verbraucher geschaltet (Bild 3.6–22). Sie hat allgemein das Bestreben, den einmal fließenden Strom aufrechtzuerhalten, und widersetzt sich jeder Änderung des Stromes, indem sie

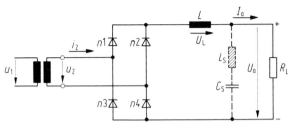

Bild 3.6–22. Brückenschaltung mit Glättungsdrossel

eine Gegenspannung – die *Selbstinduktionsspannung* $u_L = -L \cdot di/dt$ – erzeugt. Im Gegensatz zum Glättungskondensator, der die *Spannung* glättet, wird durch die Glättungsdrossel der *Strom* geglättet. Man kann die Glättungsdrossel auch als Wechselstrom-Widerstand betrachten, der in Reihe mit dem Verbraucher liegt. An der Glättungsdrossel soll nun der Wechselspannungsanteil, also die Oberwellenspannung, abfallen, während der gesamte Gleichspannungsanteil $U_{a\,AV}$ zum Verbraucher gelangt.
In diesem Fall müßte die Glättungsdrossel eine unendlich große Induktivität L ohne ohmschen Eigenwiderstand haben. Da dieser Idealfall nicht zu realisieren ist, müssen eine bestimmte Restwelligkeit und ein Spannungsverlust in Kauf genommen werden. Bei Verwendung einer Glättungsdrossel wird die Verbraucherspannung U_a auf den arithmetischen Mittelwert der welligen Gleichrichter-Ausgangsspannung „gezogen". Bild 3.6–23 zeigt den Verlauf von u_a und i_a einer Brückenschaltung B mit Glättungsdrossel. Der Ventilstrom ist jetzt durch Stromblöcke gekennzeichnet, die auch durch den Transformator fließen, so daß dieser sekundärseitig einen annähernden Rechteckstrom führt (Bild 3.6–23).
Die Berechnung der Glättungsdrossel geht über den Rahmen dieses Buches hinaus. Als Richtwert für die Auslegung der Drossel kann jedoch wieder – wie beim Glättungskondensator – die Zeitkonstante T_S herangezogen werden. Hierbei ist die Zeitkonstante $T_S = L/R_L$ (L = Induktivität der Glättungsdrossel). Wählt man die Zeitkonstante T_S mit dem zehnfachen Wert der Periodendauer der Oberschwingung, so ist das Glättungsergebnis relativ gut. Analog zur Formel 3.6–16 gilt als Richtwert für die
Auslegung der Glättungsdrossel

$$\boxed{L = \frac{10\,R_L}{p \cdot f_{Netz}}.}\qquad(3.6\text{–}17)$$

p = Pulszahl der Schaltung

Das Netzgerät 24 V, 1 A in Ws-Brückenschaltung benötigt damit eine Glättungsdrossel mit der Induktivität

$$L = \frac{10 \cdot 24\,\Omega}{2 \cdot 50\,\text{Hz}} = 2{,}4\,\text{H}.$$

Die Auslegung der Glättungsdrossel wird bei Berücksichtigung des Stromes I_a erschwert. Dieser Strom bewirkt eine Vormagnetisierung des Eisenkerns der Drossel. Die Induktivität der Drossel mit Eisenkern wird im Sättigungsbereich gemindert.

3.6 Gleichrichterschaltungen

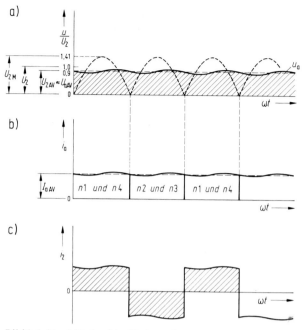

Bild 3.6–23. a) Verlauf der Verbraucherspannung u_a
b) Die Induktivität widersetzt sich jeder Änderung des Stromes, sie glättet den Strom.
Der Verbraucherstrom i_a setzt sich aus Stromblöcken zusammen.
c) Verlauf des Stromes i_2
(Sekundärstrom des Transformators)

Jede Glättungsdrossel hat einen ohmschen Widerstand, der mit Rücksicht auf den Wirkungsgrad klein gegenüber R_L sein sollte. Je nach Größe der Glättungsdrossel beträgt der Widerstandswert der Drossel etwa 2% bis 15% von R_L. Es sei noch erwähnt, daß eine einfache Drossel für die Glättung von Gleichstromnetzen meistens nicht ausreicht. Es sind zusätzliche Siebglieder erforderlich, die als Schwingkreise (L_S, C_S in Bild 3.6–22) auf die Frequenz der Oberschwingungen abgestimmt sind. Lediglich in der Antriebstechnik, wo durch die Gleichstrommaschinen eine Konstant*spannung* erzwungen wird und lediglich der Strom wellig ist, kommt man mit einer Drosselspule aus. Bei der Auslegung dieser Glättungsdrosseln wird, sofern gesteuerte Gleichrichter verwendet werden, besonderer Wert auf einen nicht lückenden Strom gelegt, d. h., der Strom i_a soll zu keinem Zeitpunkt den Wert Null annehmen.

3.6.5 Gleichrichterschaltung mit Spannungsvervielfachung

Die *Spannungs-Verdopplerschaltung* Bild 3.6–24 wird verwendet, wenn die gewünschte Gleichspannung U_a höher ist als die zur Verfügung stehende Transformatorspannung. Die gleichgroßen Kondensatoren C_1 und C_2 werden nacheinander auf die Schei-

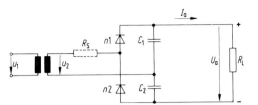

Bild 3.6–24. Spannungs-Verdopplerschaltung

telwerte U_{2M} aufgeladen, und zwar C_1 über n1 während der positiven und C_2 über n2 während der negativen Halbwelle. Die Entladung der Kondensatoren kann infolge der Ventile nur über den Verbraucher erfolgen. Die Verbraucherspannung wird damit aus der Summe der Kondensatorspannungen gebildet (Bild 3.6–25). Im Leerlauf ($I_a = 0$) ist

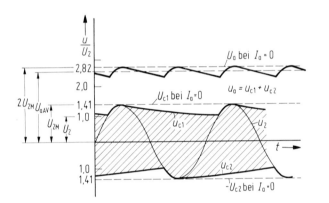

Bild 3.6–25. Verlauf der Spannungen bei der Spannungsverdopplerschaltung

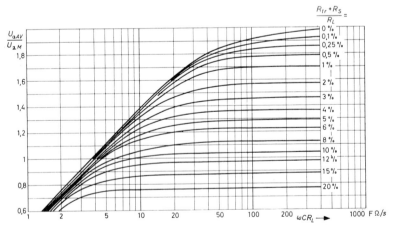

Bild 3.6–26. Spannungsverhältnis $U_{a\,AV}/U_{2\,M}$ der Spannungsverdoppler-Schaltung in Abhängigkeit vom Produkt $\omega \cdot C \cdot R_L$ für $C = C_1 = C_2$

3.6 Gleichrichterschaltungen

$U_{aAV} = 2\, U_{2M}$. Bei Berücksichtigung der Belastung und der Verringerung des Lade- und damit auch des Ventilstromes durch einen Schutzwiderstand R_S ergeben sich Spannungsverhältnisse gemäß den Kennlinien in Bild 3.6–26. Mit R_{tr} ist in Bild 3.6–26 der Innenwiderstand des Transformators berücksichtigt.

Der Mittelpunkt der Kondensatoren kann in Schaltung 3.6–24 als Bezugspunkt (Massepotential) verwendet werden. Wir erhalten dann in Bild 3.6–27 eine Schaltung mit positiver und negativer Ausgangsspannung. Diese Schaltung stellt im Prinzip zwei Einweg-

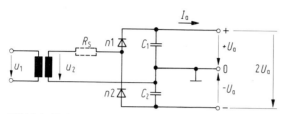

Bild 3.6–27. Spannungs-Verdopplerschaltung mit Spannungsaufteilung für positive und negative Ausgangsspannung

schaltungen dar, die im gemeinsamen Bezugspunkt galvanisch verbunden sind. Als Verlauf der Ausgangsspannungen $\pm u_a$ gelten die Spannungen u_{C_1} und u_{C_2} in Bild 3.6–25.

Eine weitere Erhöhung der Gleichspannung ist mit einer *Gleichrichter-Kaskadenschaltung* (Bild 3.6–28) möglich. Diese Schaltung wird zur Erzeugung von Hochspannungen z. B. in Fernsehgeräten und für Stoßspannungsgeneratoren in Hochspannungsprüffeldern verwendet.

Leerlauf-Ausgangsspannung $U_{a0} = 2\, n U_{2M}$. (3.6–18)
Maximale Sperrspannung einer Diode $U_{RM} = 2\, U_{2M}$. (3.6–19)
n Anzahl der Kaskadenstufen.

Mit der gezeigten dreistufigen Kaskadenschaltung wird die Ausgangsspannung ohne Belastung auf den sechsfachen Scheitelwert von U_2 angehoben. Jede weitere Stufe vervielfacht die Ausgangsspannung.

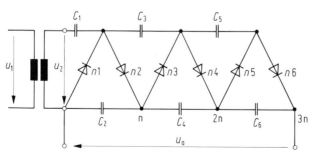

Bild 3.6–28. Gleichrichter-Kaskadenschaltung (Spannungsvervielfacher-Schaltung)

3.6.6 Präzisions-Gleichrichter mit Operationsverstärker

Die Schleusenspannung und die Durchlaßverluste der Dioden können bei Meßgeräten zu Anzeigefehlern führen. Besonders beim Messen von Spannungen $U \leq U_F$ können Meßfehler infolge der Diodenverluste mit Dioden in der Gegenkopplung eines Operationsverstärkers vermieden werden.

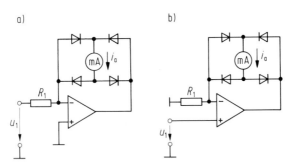

Bild 3.6–29. Präzisions-Mittelwert-Gleichrichter
 a) mit invertierendem Operationsverstärker
 b) in nichtinvertierender Schaltung mit sehr hochohmigem Eingangswiderstand

Bild 3.6–29 zeigt *Mittelwert-Gleichrichter* mit Brückengleichrichter in der Gegenkopplung des Operationsverstärkers. Die Arbeitsweise der invertierenden und der nichtinvertierenden Schaltung ist ähnlich. Sieht man von der unterschiedlichen Polarität der Ausgangsspannung ab, so zeigen sich Unterschiede im Wert des Eingangswiderstandes (siehe Kapitel 3.3.1 und 3.3.2).

Betrachtet sei die invertierende Schaltung und ein idealer Operationsverstärker mit der Leerlaufspannungsverstärkung $A_{u0} \to \infty$. Damit strebt zu jedem Zeitpunkt die Eingangsspannung U_e des Verstärkers gegen Null, und u_1 ist gleich $u_{R1} = i_1 R_1$ (siehe Kapitel 3.3.2). Die Spannungsverstärkung eines Verstärkers mit Gegenkopplung richtet sich nach dem Verhältnis der Widerstandswerte im Rückführzweig (2 Diodenwiderstände) zum Widerstandswert R_1. Für Ausgangsspannungen $U_a < U_F$ der Dioden ist keine Gegenkopplung vorhanden bzw. der Gegenkopplungswiderstand und die Spannungsverstärkung sind sehr groß. Auch kleinste Eingangsspannungen der Schaltung werden so verstärkt, daß die Durchlaßspannungen der Dioden überwunden werden. Durch das Meßwerk fließt unabhängig von der Nichtlinearität des Gleichrichters der Strom.

$$i_a = \frac{|u_1|}{R_1}. \tag{3.6-20}$$

Voraussetzung: Sperrstrom der Dioden $I_R \to 0$

Das Meßgerät zeigt den Gleichrichtwert des Ausgangsstromes I_a an. Dieser Wert ist dem arithmetischen Mittelwert der gleichgerichteten Eingangsgröße u_1 proportional und ist unabhängig von der Polarität von u_1.

In den Schaltungen 3.6–29 haben die Eingangsgröße u_1 und die Ausgangsgröße u_a kein gemeinsames Bezugspotential. Einen Präzisions-Gleichrichter mit gemeinsamem Be-

3.6 Gleichrichterschaltungen

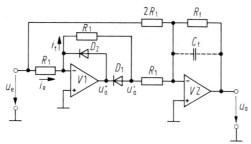

Bild 3.6–30. Präzisions-Mittelwert-Gleichrichter mit gemeinsamem Bezugspotential für Eingang und Ausgang

zugspotential für die Eingangs- und Ausgangsgröße zeigt Bild 3.6–30. Betrachten wir zuerst den beschalteten Verstärker V1. Dieser Verstärker wirkt als Inverter (Umkehrverstärker) mit der Verstärkung eins. Bei positiver Eingangsspannung ist eine negative Ausgangsspannung u'_a vorhanden, und der Verstärker erzwingt über Diode D_1 den Strom $i_f = i_e$. Mit dem Rückführwiderstand gleich dem Eingangswiderstand R_1 ist bei positiver Eingangsspannung $u'_a = -u_e$. Bei negativer Eingangsspannung wird der Verstärker über Diode D_2 gegengekoppelt, und u''_a hat leicht positives Potential. Jetzt ist Diode D_1 sperrend, und mit $i_f = 0$ liegt u'_a auf Null-Potential. Der Verstärker V1 wirkt also mit seiner Beschaltung wie ein Umkehr-Einweggleichrichter.

Der Verstärker V2 ist mit seiner Beschaltung ein Umkehr-Addierer, auf den die Eingangsspannungen u_e und u'_a wirken. Über die Bewertungswiderstände R_1 und $2R_1$ werden die invertierte Spannung $u'_a = -u_e$ des Einweggleichrichters und die nicht invertierte halbe Eingangsspannung u_e addiert.

$$-u_a = u_e \cdot \frac{R_f}{2R_1} + u'_a \cdot \frac{R_f}{R_1} = \frac{R_f}{R_1} \cdot \left(\frac{1}{2} u_e + u'_a\right)$$

Mit positiver Eingangsspannung ist $u'_a = -u_e$ und damit $u_a = u_e \cdot \frac{R_f}{2R_1}$; negative Eingangsspannung bewirkt $u'_a = 0$. Damit gilt für jeden Zeitpunkt:

$$\text{Ausgangsspannung } u_a = |u_e| \cdot \frac{R_f}{2R_1}. \tag{3.6–21}$$

Mit dem Kondensator C_f kann die Ausgangsspannung u_a geglättet werden (Glättungszeitkonstante $T = R_f C_f$). Damit erhalten wir für sinusförmige Eingangsspannungen die Ausgangsspannung

$$U_a = 0{,}9 U_e \frac{R_f}{2R_1}. \tag{3.6–22}$$

U_a Effektivwert der Ausgangsspannung
U_e Effektivwert der Eingangsspannung

Der Faktor 0,9 in Formel 3.6–22 kann bei dem Widerstandsverhältnis R_f/R_1 berücksichtigt werden. Damit kann für sinusförmige Größen die Ausgangsspannung den Effektivwert der Eingangsspannung angeben.

Präzisions-Spitzenwert-Gleichrichter: Für eine Spitzenwert-Messung wird meistens ein Kondensator auf den Maximalwert der Meßgröße aufgeladen und dann mit einer Diode verhindert, daß sich der Kondensator wieder entladen kann. In Schaltung 3.6–31

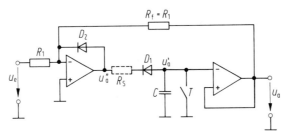

Bild 3.6–31. Präzisions-Spitzenwert-Gleichrichter

wird mit der Gegenkopplung $R_f = R_1$ die Spannungsverstärkung der gesamten Schaltung eins. Positive Eingangsspannungen werden bei der insgesamt invertierenden Schaltung $u_a = -u_e$ bewirken. Mit steigender Eingangsspannung wird über die Diode D_1 der Kondensator C auf den Maximalwert von $u'_a = u_a$ aufgeladen. Nimmt die Eingangsspannung ab, dann ist das Potential u'_a positiver als das von u''_a, und die Diode D_1 sperrt. Der Kondensator bleibt auf dem Spitzenwert von u'_a aufgeladen, weil der nachgeschaltete Verstärker praktisch unendlichen Eingangswiderstand hat und Diode D_1 sperrt. Die Gegenkopplung über D_2 verhindert bei negativer Eingangsspannung ein Ansteigen von u''_a. Die Dioden-Durchlaßspannung von D_1 geht infolge der Gegenkopplung R_f nicht in die Messung ein. Damit ist die

$$\text{Ausgangsspannung } U_a = -U_{eM}. \tag{3.6–22}$$

Zum Messen negativer Spitzenwerte müssen beide Dioden gedreht werden.

3.7 Schaltungen mit Thyristorbauelementen

3.7.1 Thyristor und Triac im Wechselstromkreis

Bild 3.7–1 zeigt die Einwegschaltung mit einem Thyristor bzw. einem Triac. Beide Bauelemente werden an Wechselspannung angeschlossen. Fehlt die Steuerspannung an den Steuerelektroden, dann liegt an beiden Bauelementen fast die gesamte Netzspannung und am Lastwiderstand nur eine kleine Spannung infolge des Sperrstromes. Wird ein Steuerimpuls jeweils im Nulldurchgang der Wechselspannung gegeben, so schalten beide Bauelemente in der positiven Halbwelle durch, und die Spannung liegt während der Zeit t_0 bis t_1 am Verbraucher. Während der negativen Halbwelle zündet dagegen nur der Triac, so daß die Spannung der negativen Halbwelle am Verbraucherwiderstand R_L abfällt, während der Thyristor von t_1 bis t_2 Sperrspannung aufnimmt. Am Verbraucher der Thyristorschaltung liegt eine pulsierende Gleichspannung, am Verbraucher im Triac-

3.7 Schaltungen mit Thyristorbauelementen

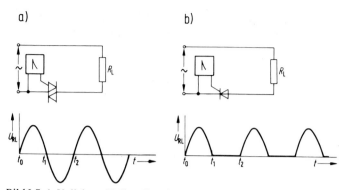

Bild 3.7–1. Voll- bzw. Halbwellen-Steuerung a) mit Triac, b) mit Thyristor

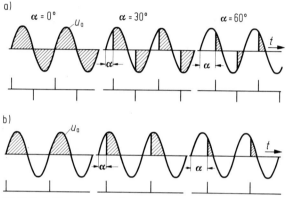

Bild 3.7–2. Phasenanschnittsteuerung a) mit Triac, b) mit Thyristor

Kreis die Wechselspannung. Werden die Impulse gegenüber dem Nulldurchgang der Spannung verzögert, so gelangen nur noch Teilausschnitte der Wechselspannung an die Verbraucher, wie Bild 3.7–2 für unterschiedliche Verzögerungen zeigt. Die Verzögerung wird in der Stromrichtertechnik in Winkelgraden angegeben und mit dem Winkel α bezeichnet. Dieser wird von dem Zeitpunkt an gerechnet, in dem eine Gleichrichterdiode den Strom übernehmen würde. Man bezeichnet diesen Punkt als natürlichen *Kommutierungspunkt*. Je später der Thyristor oder der Triac gezündet wird, d. h. je größer der Zündwinkel α ist, desto kleiner sind die Ausschnitte der Wechselspannung, die an den Verbraucherwiderständen liegen. Die Spannungszeitflächen und die arithmetischen Mittelwerte der Spannung werden damit kleiner. Man sieht, der Spannungsmittelwert der Gleichspannung kann mit dem Thyristor und der Effektivwert der Wechselspannung kann mit Hilfe des Triacs gesteuert werden. Es ergeben sich somit zwei Möglichkeiten, die Spannung zu steuern:

a) Die Thyristoren und Triacs werden im natürlichen Kommutierungspunkt gezündet, die Ausgangsspannung hängt von der Einschaltdauer ab (Bild 3.7–1). Diese Betriebsweise gleicht der eines Schützes oder Relais. Sie eignet sich u. a. zum Schalten von Heizgeräten und Motoren.

b) Die Spannung wird durch Veränderung des Zündwinkels α gesteuert. Diese Betriebsweise wird in der Stromrichtertechnik allgemein zur Erzeugung von steuerbaren und regelbaren Gleichspannungen bevorzugt (Bild 3.7-2).

Es gibt eine große Zahl von Stromrichterschaltungen, die in der speziellen Literatur beschrieben werden. An dieser Stelle sollen nur zwei besonders wichtige behandelt werden.

3.7.2 Wechselstrombrückenschaltung

Die Brückenschaltung mit Thyristoren ist wie die Schaltung mit Dioden aufgebaut. Anstelle von vier Gleichrichterdioden werden vier Thyristoren oder zwei Thyristoren und zwei Gleichrichterdioden verwendet (Bild 3.7-3). Die Thyristoren werden von einem Impulssteuergerät unter Zwischenschaltung von sog. *Zündübertragern* (*Impulsübertragern*) gezündet. Diese Maßnahme ist zur Potentialtrennung der Thyristoren untereinander notwendig, um Kurzschlüsse über die Impulsleitungen zu vermeiden.

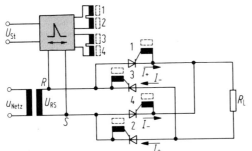

Bild 3.7-3.
Vollgesteuerte
Wechselstrom-Brückenschaltung mit Steuergerät

Wenn zwei Thyristoren in der Brücke verwendet werden, muß das Impulssteuergerät zwei Impulse abgeben, die elektrisch um 180° versetzt sind. Bei vier Thyristoren sind zwei weitere Impulse notwendig. Sie können durch Reihenschaltung der Zündübertrager gewonnen werden, da keine Zeitverschiebung gegenüber den ersten Impulsen notwendig ist. Impulssteuergeräte sind so aufgebaut, daß die Impulse gemeinsam mit Hilfe einer Steuerspannung elektrisch von Null bis 170° verschoben werden können. Für einen möglichen Zündwinkel von $\alpha = 60°$ zeigt Bild 3.7-4 die Strom- und Spannungsverhältnisse bei ohmscher Belastung. Vom Nulldurchgang der Spannung U_{RS} bis zum Zündzeitpunkt 60° später fließt kein Strom, und die Thyristoren 1 und 2 nehmen Sperrspannung in Blockierrichtung (Schaltrichtung) auf. Sobald die Impulsspannung an die Steuerelektroden der Thyristoren 1 und 2 gelangt, schalten diese durch, und die Spannung liegt am Lastwiderstand R_L. Der Strom wird vom Augenblickswert der Spannung und dem Lastwiderstand bestimmt. Sobald der Haltestrom durch den Thyristor in der Nähe des negativen Nulldurchgangs der Spannung unterschritten wird bzw. sich die Stromrichtung umkehren will, erlangen die Thyristoren 1 und 2 ihre Sperrfähigkeit in Sperrichtung wieder. Der Strom durch den Lastwiderstand bleibt bis zur Zündung der Thyristoren 3 und 4 Null. 60° nach dem Nulldurchgang der Spannung werden die Thyristoren 3 und 4 gleichzeitig gezündet und führen Strom bis zum nächsten Nulldurch-

3.7 Schaltungen mit Thyristorbauelementen

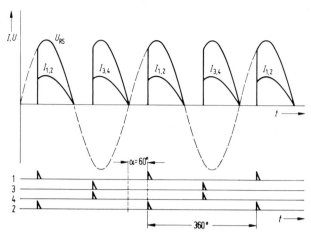

Bild 3.7–4. Spannung und Strom am Lastwiderstand bei einem Zündwinkel von $\alpha = 60°$

gang der Spannung. Während der Zeit von 180° bis zum Zündzeitpunkt 60° später nehmen alle vier Thyristoren Sperrspannung auf.

Da in einer Brückenschaltung immer zwei Thyristoren (1 und 2 oder 3 und 4) zu gleicher Zeit Strom führen können, müssen jeweils zwei Thyristoren zur selben Zeit gezündet werden. Durch Verschieben des Zündzeitpunktes α von Null bis 180° mit Hilfe einer Steuerspannung kann der Mittelwert der Gleichspannung vom Höchstwert U_{AV} bis zur Spannung Null stufenlos eingestellt werden. Die Welligkeit der Gleichspannung steigt mit größer werdendem Zündwinkel. Der Leistungsfaktor $\cos \varphi$ nimmt ab, da der Strom gegenüber der Wechselspannung des Netzes nacheilt.

Induktivitäten im Lastkreis

Häufig werden Thyristoren mit gemischter Last betrieben. Induktiv-ohmsche Belastung liegt z. B. bei Feldwicklungen von Gs-Motoren und Spulen mit Eisenkern vor. Im Ankerkreis von Gs-Motoren werden Glättungsinduktivitäten eingebaut, um den Gleichstrom zu glätten und dadurch die Kommutierung in der Gleichstrommaschine zu erleichtern. Bei induktiv-ohmscher Belastung sehen Strom- und Spannungsdiagramme von Thyristor-Stromrichtern anders aus. Induktivitäten im Stromkreis haben allgemein das Bestreben, den einmal fließenden Strom aufrechtzuerhalten. Sie widersetzen sich der Vergrößerung und Verkleinerung des Stromes aufgrund der Selbstinduktionsspannung $u_s = -L(di/dt)$. Der Strom wird infolgedessen geglättet. Theoretisch könnte man einen glatten, oberwellenfreien Gleichstrom mit einer unendlich großen Induktivität erzwingen. Praktisch kann man erreichen, daß der Strom in einer Thyristor-Stromrichterschaltung nicht bis auf den Wert Null absinkt. Das bedeutet für den einzelnen Thyristor, daß der Haltestrom im Nulldurchgang der Spannung nicht unterschritten wird, sondern über diesen Zeitpunkt hinaus fließt. Stromfluß entgegen der angelegten Netzspannung bedeutet: Energie wird zurück ins Netz geliefert. Diese Energie kann hier aber nur aus dem Energiespeicher der Induktivität (magnetisches Feld) stammen, sie kann nicht größer sein als die Energie, die in der Halbwelle davor aus dem Netz aufgenommen wurde.

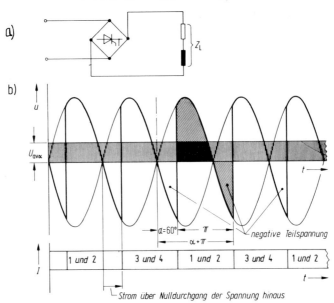

Bild 3.7–5. a) Thyristorgerät in Ws-Brückenschaltung mit induktivem Verbraucher
b) Spannungs- und Stromdiagramm für den Zündwinkel $\alpha = 60°$

Wie Bild 3.7–5 zeigt, liegt infolge der Selbstinduktionsspannung der Induktivität am Lastwiderstand eine negative Teilspannung. Der Mittelwert der Gleichspannung bzw. der Spannung am Verbraucher wird bereits bei einem Zündwinkel von 90° Null, wobei vorausgesetzt ist, daß der Strom nicht vorher Null wird. Man spricht in der Stromrichtertechnik von *Lücken des Stromes* bzw. von *nichtlückendem Strom*. Unter dieser Voraussetzung ergibt sich für den arithmetischen Mittelwert am Verbraucher ein einfacher mathematischer Zusammenhang mit dem Zündwinkel, wie Bild 3.7–6 zeigt. Es ist

$$U_{AV\alpha} = U_{AV} \cos \alpha. \tag{3.7-1}$$

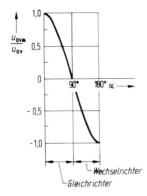

Bild 3.7–6.
Abhängigkeit der Ausgangsspannung eines Thyristors vom Zündwinkel α für Gleichrichter- und Wechselrichterbetrieb bei nichtlückendem Strom

3.7 Schaltungen mit Thyristorbauelementen

Dieses Ergebnis kann man durch Anwendung der Integrationsregeln untermauern.

$$U_{AV\alpha} = \frac{1}{2\cdot\pi m} \int_{\alpha}^{\alpha+2\pi/m} \pm\sqrt{2}\,U_{RMS}\cos\left(\omega t - \frac{\pi}{m}\right)d\omega t$$

$$= \pm\frac{\sin\frac{\pi}{m}}{\frac{\pi}{m}}\cdot\sqrt{2}\,U_{RMS}\cos\alpha$$

Hierin bedeutet m die Anzahl der Impulse pro Periode. Für eine Ws-Brückenschaltung ergibt sich z. B. mit $m = 2$:

$$U_{AV\alpha} = \frac{\sin\frac{\pi}{2}}{\frac{\pi}{2}}\sqrt{2}\,U_{RMS}\cos\alpha;\quad \sin\frac{\pi}{2} = 1.$$

$$U_{AV\alpha} = \frac{2\sqrt{2}\,U_{RMS}}{\pi}\cos\alpha = 0{,}9\,U_{RMS}\cos\alpha.$$

Bei 220 V Anschlußspannung und einem Winkel $\alpha = 60°$ ist die Spannung am Verbraucher:

$$U_{AV\alpha} = 0{,}9 \cdot 220\,V \cdot \cos 60° = 99\,V.$$

Wechselrichter-Betrieb

Bei einem Zündwinkel $\alpha = 90°$ und theoretisch unendlich großer Induktivität ergibt sich die Spannung am Verbraucher zu Null. Über diesen Zündwinkel hinaus kann sich die Spannung nicht mehr verändern, es sei denn, eine Batterie oder ein Generator ist anstelle eines Verbrauchers angeschlossen. Diese aktiven Bauelemente können Energie zurück ins Netz liefern. Im Falle der Energierückspeisung spricht man von Wechselrichterbetrieb. Da die Spannung und die Frequenz vom Netz vorgegeben sind, wird die Bezeichnung „netzgeführt" verwendet. Die Höhe der Spannung und des Stromes kann mit Hilfe des Zündwinkels zwischen 90° und 180° (elektrisch) eingestellt werden. Bis 180° wird in der Praxis nicht ausgesteuert, da die Gefahr besteht, daß man ungewollt den Winkel überschreitet und in den Gleichrichterbetrieb kommt.

3.7.3 Drehstrombrückenschaltung

Steht Drehstrom zur Verfügung, und überschreitet die verlangte Gleichstromleistung einige kW, dann bevorzugt man die Drehstrombrückenschaltung mit Thyristoren. Sie hat die Vorteile geringer Welligkeit der Ausgangsspannung, hoher Ausgangsspannung im Verhältnis zur Netzspannung und günstigerer Netzbelastung sowie guter Ausnutzung der Transformatoren, falls solche erforderlich sind. Die Zahl der notwendigen Thyristoren ist zwar doppelt so groß wie bei einer Sternschaltung, es überwiegen aber dennoch die genannten Vorteile der Brückenschaltung. Eine Drehstrombrückenschaltung kann man sich aus zwei Ds-Sternschaltungen zusammengesetzt denken, deren Spannungen sich zu jedem Zeitpunkt addieren. Die geometrische Summe der jeweiligen Sternspannungen führt zwangsläufig zu den Dreieckspannungen des Drehstromsystems. Am Verbraucherwiderstand liegen daher bei jeder Thyristorbrücke Teilausschnitte der Dreieckspannung. Die Lage der Impulse für den Zündwinkel 0° ist aus dem Spannungsdiagramm der Sternspannungen (Bild 3.7-7) leicht abzulesen. Die Thyristoren n1,

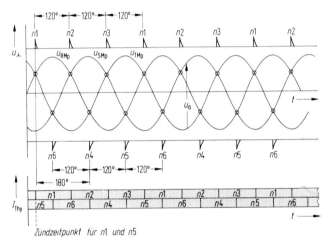

Bild 3.7-7. Sternspannungen eines Drehstromsystems und Lage der Impulse einer Ds-Brückenschaltung bei α = 0°

n2 und n3 benötigen Impulse, die um je 120° versetzt sind, genauso wie die Thyristoren n4, n5 und n6. Zwischen den beiden Sternschaltungen (n1; n4) besteht ein Impulsabstand von 180° (elektrisch) wie bei der Ws-Brücke. Ein Impulssteuergerät für eine Drehstrombrücke muß demnach sechs bzw. zwölf Impulse abgeben, die je 60° (elektrisch) voneinander entfernt sind. Jeder Thyristor erhält zwei Impulse, von denen der zweite 60° nach dem Hauptimpuls liegt, da immer nur zwei Thyristoren gleichzeitig Strom führen können. Würde nach Einschaltung der Spannung zu einem bestimmten Zeitpunkt nur der Thyristor n1 gezündet, so könnte kein Strom fließen, da der Thyristor n5 noch gesperrt ist. Die Spannung am Verbraucher kann stufenlos durch Verschiebung des Zündzeitpunktes eingestellt werden. Bei induktiver Last, d. h. bei Verwendung einer Glättungsinduktivität, ergibt sich der arithmetische Mittelwert am Verbraucher wie bei der Ws-Brückenschaltung. Die Spannung Null wird auch hier bei 90° erreicht. Bei größeren Winkeln ist Wechselrichterbetrieb möglich. Den Verlauf der Ausgangsspannung einer Drehstrombrückenschaltung mit unterschiedlichen Zündwinkeln für nichtlükkenden Strom zeigt Bild 3.7-8.

3.7 Schaltungen mit Thyristorbauelementen

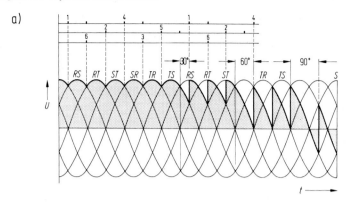

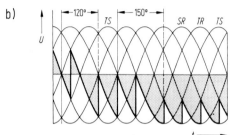

Bild 3.7–8. Ausgangsspannung einer Ds-Brückenschaltung bei unterschiedlichen Zündwinkeln (Gleichrichterbetrieb: $\alpha = 0°$ bis $90°$; Wechselrichterbetrieb $90°$ bis $180°$)

Thyristorstromrichter in der Antriebstechnik

Drehstrombrückenschaltungen werden in großer Zahl in der Antriebstechnik zur Ankerspeisung von Gleichstrom-Nebenschlußmotoren verwendet. Es lassen sich verhältnismäßig schnelle Drehzahl- und Spannungsregelungen aufbauen. In Bild 3.7–9 ist eine Drehzahlregelung eines Gleichstrom-Nebenschlußmotors im Prinzip dargestellt. Diese

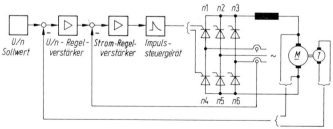

Bild 3.7–9. Thyristorstromrichter zur Ankerspeisung eines Gleichstromantriebes für *eine* Drehrichtung

Schaltung ist nur für eine Drehrichtung geeignet und erlaubt keine Bremsung mit entgegengesetzter Stromrichtung, da Thyristoren in Sperrichtung keinen Strom führen können. In vielen Fällen der Antriebstechnik wirkt sich diese fehlende Bremsmöglichkeit störend aus.

Mit zwei Thyristor-Ds-Brückenschaltungen (Bild 3.7–10) kann ein Gleichstrommotor sowohl abgebremst als auch die Drehrichtung umgekehrt werden. Man nennt diese Schaltung *Gegen-* oder *Antiparallelschaltung*. Zur Steuerung sind zwei Impulssteuergeräte notwendig. Meistens wird eine Stromregelung unterlagert.

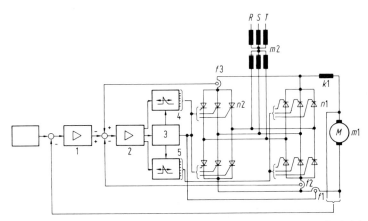

Bild 3.7–10. Zwei Ds-Brückenschaltungen in Antiparallelschaltung für beide Drehrichtungen,
1 Spannungsregelverstärker; 2 Stromregelverstärker; 3 Schaltglied; 4/5 Impulssteuergeräte; m1 Motor; m2 Transformator; k1 Drossel; f1, f2, f3 Meßwandler; n1, n2 Thyristoren

3.7.4 Thyristoren und Leistungs-Transistoren in Gleichstromkreisen

In der Wechselstromtechnik wird zwangsläufig der Haltestrom eines Thyristors zu irgendeinem Zeitpunkt einer Periode unterschritten. Der Thyristor gewinnt dann seine Sperrfähigkeit in Schaltrichtung wieder. Im Gleichstromkreis muß dagegen der Stromnulldurchgang erzwungen werden. In der einfachsten Form geschieht dies durch Abschalten der Spannungsquelle. In einem derartigen Stromkreis bringt der Thyristor den Vorteil, daß der Verbraucher nahezu ohne Zeitverzögerung (5 μs) eingeschaltet wird. Die Einschaltzeit ist etwa 5000mal kürzer als bei einem mechanischen Schütz. Für besondere Anwendungen kann diese kurze Einschaltzeit bereits ein großer Vorteil gegenüber einer kontaktbehafteten Schützsteuerung sein. Soll ein Thyristor wie ein kontaktbehaftetes Schaltgerät ausgeschaltet werden, so muß eine Zwangskommutierung vorgesehen werden. Hierzu ist ein elektrischer Energiespeicher notwendig. Man unterscheidet Thyristorschaltungen für Gleichstromkreise mit Löscheinrichtungen

  a) für einmalige Schaltvorgänge anstelle von kontaktbehafteten Geräten,

3.7 Schaltungen mit Thyristorbauelementen

b) für periodisch wiederkehrende Schaltvorgänge zum Stellen bzw. Steuern von Gleichstrommittelwerten (Gleichstrompulswandler).

In Bild 3.7-11 ist eine häufig verwendete Schaltung mit einem Löschkreis dargestellt. Sie dient zur Steuerung des Gleichspannungmittelswertes am Verbraucherwiderstand R_L.

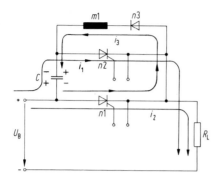

Bild 3.7-11. Thyristor mit Löschkreis zur Spannungssteuerung in einem Gleichstromkreis

Der Mittelwert ergibt sich aus dem Tastverhältnis. Je größer die Pausenzeit gemacht wird, desto niedriger ist der arithmetische Mittelwert der Spannung. Es ergeben sich zwei Möglichkeiten der Einstellung:
1. Die Pulsfrequenz wird konstant gehalten und die *Pulsbreite verändert;* diese Einstellung wird meistens verwendet (Bild 3.7-12a).
2. Die Pulsbreite wird konstant gehalten und die *Frequenz verändert.*

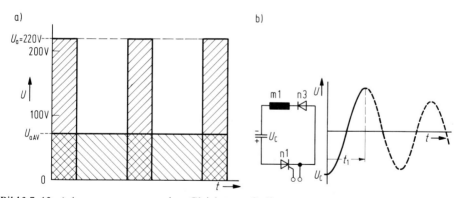

Bild 3.7-12. a) Ausgangsspannung eines Gleichstrom-Stellers
b) Umladevorgang zur Erzeugung der Hilfsspannung zur Löschung des Thyristors n1

Wirkungsweise

Der Gleichstromsteller mit Thyristoren (Bild 3.7-11) ist nur bei einer bestimmten Schaltfolge funktionsfähig:
a) Nach Einschalten der Betriebsspannung U_B muß immer zuerst der Löschthyristor n2 gezündet werden. Es fließt ein Ladestrom i_1 über den Kondensator C, n2 und

den Lastwiderstand. Sobald der abklingende Ladestrom den Haltestrom I_H des Thyristors n2 unterschreitet, gewinnt dieser seine Sperrfähigkeit zurück.

b) Jetzt kann der Haupt-Thyristor n1 gezündet werden, wobei die Pause zwischen der Zündung von n2 und n1 nicht zu groß sein darf, da sich der Kondensator infolge der inneren Verluste langsam entlädt. Nach der Zündung von n1 fließen zwei Ströme:
1. Der Hauptstrom i_2 bzw. Laststrom über R_L und
2. ein Strom i_3 über n1, die Diode n3 und die Induktivität m1 zum Kondensator. Dieser Strom wird über den Nulldurchgang der Spannung am Kondensator hinaus aufrechterhalten und lädt den Kondensator auf umgekehrte Polarität gegenüber a) um. Die Induktivität m1 ist in diesem Stromkreis der zweite Energiespeicher eines Schwingkreises. Die Resonanzfrequenz des Schwingkreises sollte wesentlich größer sein als die Schaltfrequenz des Stellers.

Eine Entladung des Kondensators in umgekehrter Richtung wird durch die Diode n3 verhindert (Bild 3.7–12b).

c) Wird nach einer bestimmten Zeit, von der der Mittelwert der Ausgangsspannung abhängt, erneut der Thyristor n2 gezündet, fließt der Strom i_1 in nahezu doppelter Größe von i_2 (die Spannungen U_B und U_C sind in Reihe geschaltet), und die Spannung am Lastwiderstand R_L wird positiver als die Betriebsspannung U_B. Der Thyristor n1 erhält Sperrspannung.

Bevor n1 wieder Spannung in Schaltrichtung aufnehmen kann, müssen alle Ladungsträger aus den beiden mittleren Schichten entfernt sein. Während der Freiwerdezeit t_q und einer zusätzlichen Sicherheitszeit muß die Spannung am Thyristor in Sperrichtung anliegen. Die Kapazität des Kondensators kann nach folgender Gleichung ungefähr errechnet werden:

$$\boxed{C = \frac{2 \cdot i_{1\,max} \cdot t_q}{U_B}}.$$

Beispiel: Bei einer Speisespannung von 220 V, einem Laststrom von 40 A und einer Freiwerdezeit von 20 µs ergibt sich die Kapazität des Löschkondensators zu

$$C = \frac{2 \cdot 40\,A \cdot 20 \cdot 10^{-6}\,s}{220\,V} = 7{,}3\,\mu F.$$

Die Zeit t_1 für den Umladevorgang des Kondensators C begrenzt den Stellbereich der Ausgangsspannung. Je höher die Resonanzfrequenz des Umschwingkreises gewählt wird, um so niedriger kann die Ausgangsspannung eingestellt werden. Die Größe der Induktivität kann mit Hilfe der Beziehung für die Resonanzfrequenz berechnet werden:

$$T = 2 \cdot \pi\sqrt{L \cdot C}; \qquad t_1 = \pi\sqrt{L \cdot C}.$$

T = Periodendauer des Umladevorganges

$$L = \frac{1}{C} \cdot \left(\frac{t_1}{\pi}\right)^2$$

Werden z. B. eine Schaltfrequenz von 100 Hz und eine Umschwingzeit von $t_1 = 0{,}3$ ms gewählt, ergibt sich die Induktivität:

$$L = \frac{1}{7{,}3\,\mu F} \cdot \left(\frac{0{,}3\,ms}{\pi}\right)^2 = 1{,}25\,mH.$$

3.7 Schaltungen mit Thyristorbauelementen

Außer dieser Schaltung sind einige andere Löschschaltungen mit Kondensatoren möglich, die in der speziellen Fachliteratur beschrieben werden.

Eine große Konkurrenz für Thyristoren in Gleichstromkreisen sind die im Kapitel 2.3.2. beschriebenen bipolaren Darlington-Transistoren als Leistungs-Module und die Leistungs-MOSFETs. Sie können in Gleichstromstellern kleiner und mittlerer Leistung mit geringerem Aufwand für die Steuerung eingesetzt werden.

Selbstgeführte Wechselrichter (Umrichter)

Selbstgeführte Wechselrichter wandeln Gleichspannung in eine Wechselspannung oder in Mehrphasen-Wechselstrom (Drehstrom) um. Wird die Netzspannung in eine Spannung mit anderer Frequenz umgeformt, verwendet man auch den Begriff Umrichter.

Die Frequenz der Ausgangsspannung kann konstant 50 Hz sein, wie im Falle von unterbrechungsfreien Stromversorgungen USV, oder steuerbar wie bei der Drehzahleinstellung von Drehstrom-Motoren. Sie wird, wie der Name sagt, im Gerät selbst erzeugt und nicht durch das Netz vorgegeben.

Für Wechselrichter-Betrieb eignen sich Leistungs-Bauelemente, mit denen der Gleichstrom geschaltet werden kann. Wie in Kapitel 2.3.2 beschrieben, bevorzugt man für kleine bis mittlere Leistungen Transistoren. Im mittleren Leistungsbereich bieten sich die Thyristor-Bauelemente GTO-Thyristoren, asymmetrisch sperrende Thyristoren und rückwärtsleitende Thyristoren an. Sehr große Leistungen lassen sich nur mit SCR-Thyristoren schalten.

Von diesen Bauelementen sind Transistoren und GTO-Thyristoren abschaltbar. Die übrigen Thyristor-Bauelemente erfordern eine Zwangsabschaltung durch Löschkreise. Die Wechselspannung der gewünschten Frequenz kann nach zwei Methoden erzeugt werden:

– Einschalten und Ausschalten der Gleichspannung mit der Frequenz der Grundschwingung, wie in den Bildern 3.7–13a) und b) dargestellt ist.

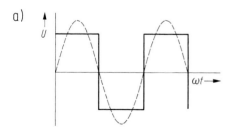
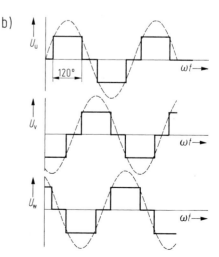

Bild 3.7–13.
Ausgangsspannungen von Wechselrichtern
a) Einphasig
b) Spannungen eines Drehstrom-Wechselrichters

– Schalten mit einem Vielfachen der gewünschten Grundschwingungsfrequenz mit einer jeweiligen Einschaltdauer, die dem Momentanwert der Sinusspannung entspricht (Bild 3.7-14). Die Spannungssteuerung erfolgt nach dem Pulsverfahren.

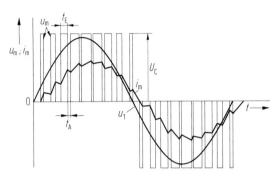

Bild 3.7–14. Ausgangsspannung und Ausgangsstrom einer Phase eines Drehstrom-Zwischenkreisumrichters mit Transistoren *(AEG)*

Bei beiden Verfahren setzt sich die Ausgangs-Wechselspannung aus rechteckförmigen Spannungszeitflächen zusammen. Die Wechselspannung enthält deshalb außer der erwünschten Grundschwingung unerwünschte Oberschwingungen unterschiedlicher Frequenz und Amplitude. Die Ausgangsspannung in Bild 3.7–14 hat einen geringeren Oberschwingungsanteil als die in Bild 3.7–13b). Am ungünstigsten ist der Spannungsverlauf in Bild 3.7–13a. Mit Resonanzkreisen (Saugdrossel-Kreise), die auf die Frequenz der Oberschwingung abgestimmt sind, erzielt man eine Annäherung an sinusförmigen Verlauf der Ausgangsspannung.

Das zuletzt genannte Verfahren setzt sehr kurze Schaltzeiten voraus, wie sie mit Transistoren erreicht werden können. Das Bild 3.7–15 zeigt die Schaltung eines Wechselrichters mit einem Netz-Gleichrichter zur Speisung eines Drehstrom-Asynchron-

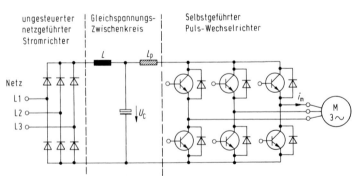

Bild 3.7–15. Umrichter mit Leistungstransistoren zur Steuerung der Drehzahl eines Drehstrom-Asynchron-Motors *(AEG)*

3.7 Schaltungen mit Thyristorbauelementen

Motors. Da der induktive Blindwiderstand mit der Frequenz zunimmt, benötigen Drehstrom-Motoren eine mit der Frequenz steigende Wechselspannung. In der Schaltung von Bild 3.7–15 wird die Wechselspannung in der Höhe und in der Frequenz

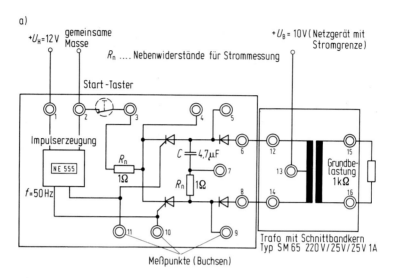

Bild 3.7–16a. Versuchsaufbau eines Wechselrichters

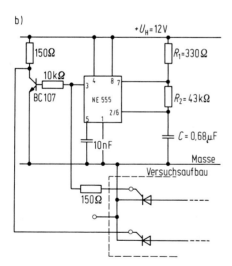

Bild 3.7–16b.
Zündspannungserzeugung für den Versuchsaufbau
Wechselrichter mit dem Zeitgeber-Baustein (Timer) NE 555. Der
Zeitgeber-Baustein ist als a-stabiler Multivibrator geschaltet.

durch Beeinflussung des Verhältnisses der Einschaltdauer zur Ausschaltdauer t_E/t_A gesteuert. Der Gleichrichter liefert eine vom Netz abhängige feste Gleichspannung. Der Kondensator und die Induktivität dienen zur Glättung der Gleichspannung.
Mit Thyristoren und Löschkreisen in Wechselrichtern sind nicht die kurzen Schaltzeiten für die Einstellung der Höhe der sinusförmigen Ausgangs-Wechsel-Spannung erreichbar. In diesen Schaltungen müssen die Netz-Gleichrichter durch steuerbare Bauelemente, z. B. SCR-Thyristoren mit Phasenanschnitt-Steuerung, ersetzt werden. Von der Vielzahl der Wechselrichterschaltungen mit Thyristoren soll nachfolgend das Prinzip eines Wechselrichters für eine Wechselspannung und ohmsche Belastung beschrieben werden. Das Bild 3.7–16 zeigt die Schaltung (Versuchsaufbau) mit zwei Thyristoren und einem Löschkreis.
Die beiden Thyristoren der Mittelpunktschaltung werden nacheinander in festen Zeitabständen von z. B. 10 ms gezündet. Der Löschkondensator bewirkt bei Zündung des einen Thyristors die Löschung des anderen Thyristors. Die Teilwicklungen des Transformators erhalten nacheinander entgegengesetzt gerichtete Ströme. In der Ausgangswicklung entsteht eine etwa rechteckförmige Wechselspannung. Der Transformator muß so bemessen sein, daß das magnetische Kernmaterial infolge des stetig ansteigenden Magnetisierungsstromes nicht in die Sättigung kommt. Die höchstmögliche Spannung, mit der der Transformator betrieben werden kann, ergibt sich aus der Beziehung für rechteckförmige Spannung:

$$U_B = 4 \cdot f \cdot B_M \cdot A_{Fe} \cdot N.$$

f Schwingfrequenz
B_M maximale magnetische Flußdichte
N Windungszahl

Die Spannung ist damit um 10% geringer als bei Sinusform. Der Kondensator C soll die Hilfsenergie zur Löschung der Thyristoren speichern. Er wird jeweils mit der gesamten Spannung über beiden Wicklungsteilen des Transformators (Punkte 12 und 14) geladen. Diese Spannung ist immer höher als die Betriebsspannung U_B. Der Strom durch den gerade gezündeten Thyristor ist daher größer als der Hauptstrom. Der Thyristor, der zuvor den Strom geführt hat, erhält Sperrspannung. Auch bei Wechselrichtern muß die Entladedauer größer sein als die Freiwerdezeit t_q der Thyristoren.

3.7.5 Zündgeräte (Steuergeräte) für Thyristor-Bauelemente

Im störungsfreien Betrieb werden Thyristoren und Triacs mit Hilfe von Steuerspannungen zwischen Steuerelektrode und Katode in den leitenden Zustand geschaltet. Es bieten sich die vorher erwähnten Zündmöglichkeiten zur Steuerung des Spannungsmittelwertes an:

   a) Zündung im Nulldurchgang der Spannung. Die mittlere Spannung wird durch die Einschaltdauer bestimmt (sog. Pulsgruppensteuerung).
   b) Zündung zu einem beliebigen Zeitpunkt einer Halbwelle der Wechselspannung. Die mittlere Spannung wird durch die Spannungszeitfläche am Verbraucher bzw. den Zündwinkel bestimmt (Anschnittsteuerung).
   c) Zündung und Löschung in Gleichstromkreisen in frei wählbaren Zeitintervallen. Die mittlere Spannung wird durch das Taktverhältnis bestimmt.

3.7 Schaltungen mit Thyristorbauelementen

An die Steuergeräte werden verschiedenartigste Anforderungen gestellt. Es gibt daher eine große Anzahl von Geräten mit unterschiedlichen Eigenschaften. Einige wichtige Prinzipien sollen nachfolgend erläutert werden.

Zündgeräte für Pulsgruppensteuerung

Bild 3.7–17 zeigt eine Triac-Schaltung für eine Temperaturregelung mit einem Nullspannungsschalter zur Pulsgruppensteuerung. Im Schaltungsbeispiel ist das Steuergerät integriert in einem Dual-inline-Gehäuse untergebracht. Die komplette Schaltung

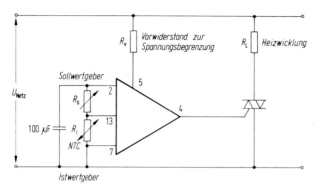

Bild 3.7–17. Temperaturregelung mit Nullspannungsschalter und Triac *(RCA)*

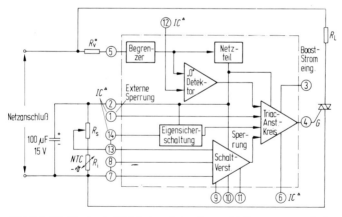

Bild 3.7–18. Blockschaltbild eines integrierten Nullspannungsschalters *(RCA)*

erfordert nur wenige Bauelemente außerhalb der integrierten Schaltung, wie Sollwerteinsteller, Istwertermittlung und einen Vorwiderstand zur Erzeugung der Speisespannung. Wie Bild 3.7–18 im Prinzip darstellt, enthält die integrierte Schaltung einen Netzteil, einen Komparator zur Erfassung des Nulldurchganges sowie einen Regel- und einen Triggerverstärker. Letzterer gibt einen Impuls an den Triac nur unter der Bedingung ab, daß der Komparator und der Regelverstärker gleichzeitig ansprechen.

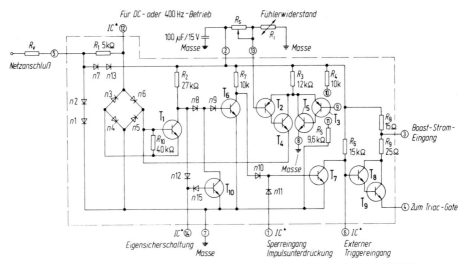

Bild 3.7–19. Schaltbild eines integrierten Nullspannungsschalters *(RCA)*

Die in Bild 3.7–19 aufgeführte Schaltung arbeitet mit 6 V Speisespannung, die mit Hilfe des außerhalb liegenden Vorwiderstandes und des Kondensators zur Glättung erzeugt wird. Der Gleichrichter ist integriert. Maßgebend für die Impulsabgabe des Bausteines ist die Spannung zwischen den Punkten 7 und 13. Sie wird durch die Widerstandswerte des Spannungsteilers bestimmt. Wird, wie im Beispiel, ein *NTC*-Widerstand verwendet, dann ergibt sich eine Impulsabgabe, die von der Temperatur abhängig ist. Mit der Spannung am *NTC*-Widerstand wird ein Differenzverstärker angesteuert.

Der Vorteil derartiger Anordnungen liegt darin, daß keine *HF*-Störungen und keine Prellfunken entstehen; außerdem sind sie wartungsfrei und beanspruchen wenig Raum.

Zündgeräte für Anschnittsteuerungen

Gleich- und Wechselspannungen können durch Änderung des Zündzeitpunktes α eingestellt werden. Das Steuergerät muß eine Zündspannung bzw. einen Zündstrom abgeben, die die Zündung zu einem gewünschten Zeitpunkt zwischen 0° und 180° (elektrisch) ermöglicht. Die Zündung muß synchron zum Netz erfolgen. Man kann zwei Gruppen unterscheiden, *Horizontal-* und *Vertikal-Steuerungen*.

Horizontal-Steuerung

Bei der Horizontal-Steuerung, die heute die größte Bedeutung hat, wird ein Impuls zum gewünschten Zeitpunkt an die Steuerelektrode des Thyristors oder Triacs geschaltet, der so hoch ist (3 bis 20 V), daß eine sichere Zündung stattfindet. Der Zündzeitpunkt wird nicht durch die (vertikale) Spannungs- bzw. Stromhöhe des Impulses, sondern durch die horizontale Verschiebung α gegenüber dem natürlichen Kommutierungspunkt festgelegt.

3.7 Schaltungen mit Thyristorbauelementen

Vertikal-Steuerung

Der Zündzeitpunkt bei Vertikal-Steuergeräten ist im Gegensatz zur Horizontal-Steuerung vom Zündverhalten des einzelnen Bauelementes abhängig. Die Temperatur des pn-Überganges spielt u. a. eine große Rolle. Meistens wird bei Vertikal-Steuergeräten die sinusförmige Steuerspannung gegenüber der Netzspannung verschoben. Hierzu eignen sich Drehtransformatoren und RC-Kombinationen. In Bild 3.7–20 ist die Zündung im Prinzip dargestellt. Hier ist die Steuerspannung um 30° gegenüber der

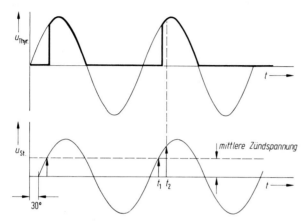

Bild 3.7–20. Prinzip der Vertikalsteuerung

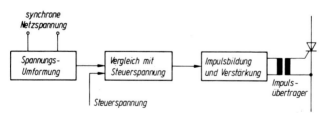

Bild 3.7–21. Blockbild eines Impulssteuergerätes

Netzspannung verschoben. Der Thyristor oder der Triac zündet im Zeitpunkt t_1, wenn die Steuerspannung eine Höhe erreicht hat, die den notwendigen Zündstrom zum Fließen bringt. Durch Streuwerte und unterschiedliche Temperaturen können abweichende Zündspannungen entstehen, die zu einer Verschiebung des Zündzeitpunktes (t_2) führen.

Für mittlere und große Stromrichteranlagen werden aus naheliegenden Gründen Horizontal-Steuergeräte verwendet. Das Prinzip zeigt Bild 3.7–21. Bei einem Teil dieser Steuergeräte wird aus der Netzspannung eine Dreieck- oder Sägezahnspannung erzeugt.

Die Dreieckspannung wird im Steuergerät mit der Steuerspannung z. B. eines Regelverstärkers verglichen und der Zündimpuls bei Spannungsgleichheit abgeleitet. Es gibt verschiedene andere Möglichkeiten, Dreieck- bzw. Sägezahnspannungen zu erzeugen. Im Prinzip sind alle Steuergeräte ähnlich. Das Steuergerät in Bild 3.7-22 gibt

426   3 Lineare (analoge) Schaltungen mit elektronischen Bauelementen

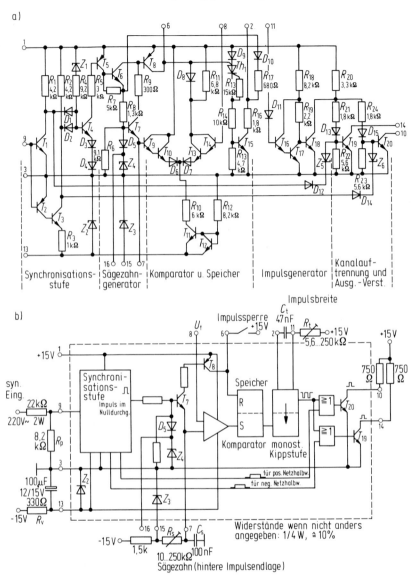

Bild 3.7-22. a) Integrierte Schaltung für die Phasenanschnittsteuerung mit Thyristoren (Telefunken)
b) Blockbild der Schaltung

zwei um 180° versetzte Impulse ab, die zur Anschnittsteuerung einer Ws-Brücke verwendet werden können. Bei Drehstromschaltungen ist es notwendig, die Anschlußspannung für die Steuergeräte um 30° bzw. 60° zu verschieben, da die natürlichen Kommutierungspunkte bei diesen Schaltungen 30° oder 60° später als der natürliche Nulldurchgang der Spannung liegen. Drehstrom-Brückenschaltungen setzen den drei-

3.7 Schaltungen mit Thyristorbauelementen

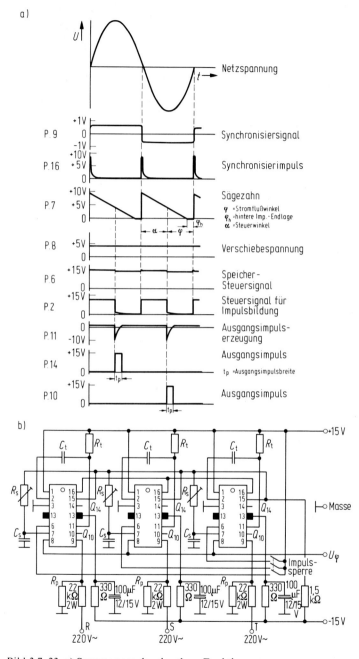

Bild 3.7–23. a) Spannungen der einzelnen Funktionsgruppen
b) Schaltungsanordnung zur Erzeugung der Impulse für eine Drehstromschaltung mit Thyristoren

fachen Aufwand voraus. Die einzelnen Steuergeräte einer Drehstromschaltung werden an die 120° gegeneinander verschobenen Drehspannungen angeschlossen. Die Verschiebung dieser Spannungen gegenüber den Spannungen an den Thyristoren richtet sich nach der Schaltung (30° bzw. 60°). Mit Trafos, die besondere Wicklungen haben, kann die gewünschte Phasenverschiebung beispielsweise in Schritten von 5° eingestellt werden.

Das Bild 3.7–22a zeigt eine Schaltung (integriertes Bauelement) für die Phasen-Anschnittsteuerung mit Thyristoren. Wie in Bild 3.7–22b zu erkennen ist, kann die Schaltung in Funktionsgruppen unterteilt werden. Die Ausgangsspannungen der einzelnen Funktionsgruppen sind in Bild 3.7–23a dargestellt.

a) Synchronisierstufe: Erfassung des Nulldurchgangs der Wechselspannung, die bei Ws-Brückenschaltungen auch phasengleich an der Thyristorbrücke anliegt.

b) Sägezahngenerator: Schaltung zur Erzeugung einer zur Netzspannung synchronen sägezahnförmigen Spannung mit Beginn und Ende im Nulldurchgang der Wechselspannung.

c) Komparator und Speicher: In dieser Schaltung wird die linear über der Zeit ansteigende Sägezahnspannung mit der Steuerspannung zur Verschiebung der Zündimpulse verglichen. Sobald die Sägezahnspannung die Steuerspannung erreicht, wird ein Impuls erzeugt. Geringe Steuerspannung führt zu früher Zündung. Auf diese Weise ist es möglich, den Zündwinkel α von etwa 0° bis etwa 180° stetig mit Hilfe der Steuerspannung zu verstellen.

d) Impulsgenerator: Erzeugung von Impulsen mit bestimmter Zeitdauer.

e) Kanal-Auftrennung und Ausgangsverstärkung: In dieser Stufe werden die Impulse für die Ansteuerung in der positiven und negativen Halbwelle erzeugt und leistungsverstärkt.

Für einfache Anwendungsfälle eignen sich Steuergeräte mit *Unijunktion*-(Doppelbasis-)Transistoren. Bild 3.7–24 zeigt eine derartige Anordnung. Der Verstellwiderstand R mit dem Kondensator C stellt eine Zeitkonstante dar, die für die Verzögerungszeit verantwortlich ist. Die Spannung am Kondensator steigt entsprechend der Zeitkonstante an, und der Unijunktion-Transistor schaltet bei einer bestimmten Spannung durch. Jetzt fließt ein Entladestrom über den Zündübertrager m_1. Ist der Kondensator entladen, so erlangt die Basis-Emitter-Strecke des Transistors ihre Sperrfähigkeit wieder, und die Aufladung beginnt von neuem bis zum wiederholten Durchbruch des Unijunktion-Transistors. Die Impulsdauer dieser Steuergeräte ist allgemein gering. Bei induktiver Last können Schwierigkeiten auftreten, wenn der Haltestrom am Ende des Impulses noch nicht überschritten ist.

Noch geringeren Aufwand erfordert eine Zündeinrichtung mit einem Diac und zwei RC-Kombinationen nach Bild 3.7–25. Die Kombination aus den Widerständen R_1, R_2 und dem Kondensator C_2 erlaubt eine Phasenverschiebung der Kondensatorspannung gegenüber dem Netz. Mit kurzgeschlossenen Widerständen R_1 und R_2 liegt die Kondensatorspannung u_C in Phase mit der Netzspannung. Große Widerstandswerte von $R_1 + R_2$ verursachen dagegen eine Nacheilung der Spannung u_C, die maximal 90° betragen kann. Die Spannung u_C geht dabei gegen Null. Das Bild 3.7–26 zeigt das Zeigerdiagramm und das Liniendiagramm für eine mittlere Einstellung. Die Darstellung ist idealisiert. In Wirklichkeit bricht die Spannung bei jeder Zündung infolge des Entladestromes zusammen und verursacht eine Zeitverschiebung und eine damit verbundene Hysterese. Die Zündung des Triac erfolgt nicht im Nulldurchgang der Spannung u_C, sondern erst, wenn die Kippspannung des Diac U_{BT} überschritten wird.

3.7 Schaltungen mit Thyristorbauelementen

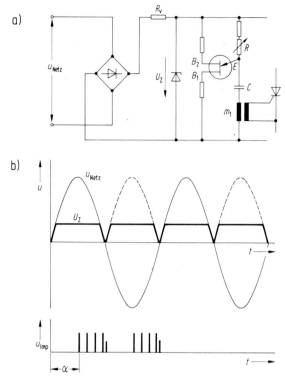

Bild 3.7–24. a) Schaltbild eines Impulssteuergerätes mit *Unijunktion*-Transistor
b) Impulslage zur Netzspannung

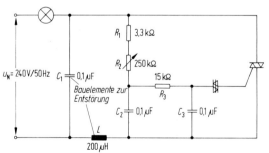

Bild 3.7–25.
RC-Netzwerk mit Diac zur Erzeugung von Impulsen für eine Lampensteuerung mit Triac (Dimmer)

Dadurch entsteht eine zusätzliche Zeitverzögerung um den Winkel γ. Der Zündwinkel α setzt sich aus den Winkeln β und γ zusammen. Zündwinkel von etwa 15° bis etwa 170° sind bei optimaler Auslegung der Bauteile möglich.
Das zweite *RC*-Glied aus R_3 und C_3 vermindert die Hysterese. Es verhindert die vollständige Entladung des Kondensators C_2.

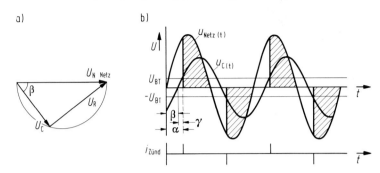

Bild 3.7–26. a) Zeigerdiagramm der Spannungen des Netzes, des Vorwiderstandes und des Kondensators mit dem Phasenverschiebungswinkel β
b) prinzipielle Entstehung des Zündwinkels α in einer Dimmerschaltung

Der Kondensator C_1 soll in Verbindung mit der Induktivität L HF-Störungen infolge der Anschnittsteuerung vom Netz fernhalten. Derartige Zündgeräte werden in Beleuchtungssteuerungen (light dimmer) und zur Steuerung kleiner Motoren, z. B. bei Bohrmaschinen und Staubsaugern, verwendet.

Zündgeräte für Gleichstrom-Pulswandler

Zur Zündung von Gleichstrom-Pulswandlern können Multivibratoren mit einstellbarem Tastverhältnis verwendet werden (Bild 3.7–16b).

3.8 Netzgeräte

Unter dem Begriff Netzgeräte sollen an dieser Stelle Geräte verstanden werden, die elektronische Schaltungen und Baugruppen mit der notwendigen Energie aus dem Wechsel- oder Drehstromnetz versorgen. In Deutschland stehen bis auf wenige Ausnahmen 220 V 50 Hz bzw. 380/220 V 3 ~ N (M_p) 50 Hz zur Verfügung, während besonders in außereuropäischen Ländern andere Spannungen (z. B. 127 V 60 Hz) üblich sind.
Die meisten elektronischen Geräte erfordern Gleichspannung oder Gleichstrom. Einige benötigen jedoch Wechselspannungsanschluß. Viele Schaltungen, hauptsächlich Transistorschaltungen der Analog- und Digitaltechnik, arbeiten nur in einem bestimmten, angegebenen Spannungsbereich einwandfrei. Hierzu muß die Speisespannungsquelle, einmal eingestellt, immer die gleiche Spannung abgeben. Man sagt, sie muß *stabilisiert* sein. Die große Zahl der Netzgeräte kann man willkürlich in Gruppen gemäß ihrer Ausgangsspannung und der Anforderung an die Konstanz aufteilen: Geräte mit Wechsel- bzw. Gleichspannungsausgang, wobei die Ausgangsspannungen unstabilisiert, stabilisiert oder hochstabilisiert sein können.

Anforderungen und Wirkungsweise

Unstabilisierte Netzgeräte haben die Aufgabe, die Wechselspannung des Netzes in eine größere oder kleinere Wechselspannung oder in eine Gleichspannung umzuformen. Bei

3.8 Netzgeräte

stabilisierten und hochstabilisierten Netzgeräten besteht darüber hinaus die Forderung, den einmal eingestellten Wert der Spannung oder des Stromes über einen langen Zeitraum unabhängig von Belastung, Temperatur und Speisespannungsänderung innerhalb angegebener Grenzen zu halten. Die physikalischen Größen, die eine Änderung der Ausgangsgröße bewirken können, bezeichnet man als *Störgrößen*.
Es gibt zwei Prinzipien der Stabilisierung:

a) Stabilisierung durch Begrenzung,
b) Stabilisierung durch Regelung.

Der erste Fall kann mit der Funktion eines Wehres in einem Fluß verglichen werden. Die Wasserhöhe im gestauten Oberlauf des Flusses bleibt nahezu konstant. Wassermengen, die zur Erhöhung des Wasserspiegels führen müßten, fließen über das Wehr ab, und es entsteht nur eine Niveauerhöhung von ΔH.
Bei der Stabilisierung durch eine Regelung wird der tatsächlich vorhandene Spannungs- oder Stromwert mit einem Sollwert verglichen und die Abweichung mit Hilfe eines Regelverstärkers weitgehend beseitigt. Geregelte Netzgeräte sind im allgemeinen leistungsfähiger als Begrenzungsschaltungen.

3.8.1 Netzgeräte mit Wechselspannungsausgang

Ein Wechselstromnetzgerät für unstabilisierte Spannung wird man selten als solches bezeichnen, da hierunter ein einfacher Transformator zur Spannungsanpassung (z. B. von 220 V auf 24 V) zu verstehen ist. Netzspannungsschwankungen und der innere Widerstand bzw. die Kurzschlußspannung sind maßgebend für die Konstanz der Spannung. Zur Stabilisierung von Wechselspannungen eignen sich z. B. sättigbare Induktivitäten mit Eisenkern. Bild 3.8–1 zeigt den prinzipiellen Aufbau der Schaltung. Die Induktivität

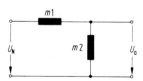

Bild 3.8–1.
Prinzipieller Aufbau eines
Netzgerätes mit sättigbarer „Drossel" $m2$

m_1 soll in dem vorgesehenen Betriebsbereich immer unterhalb der Sättigung betrieben werden. Die Induktivität m_2 ist dagegen so ausgelegt, daß die Sättigungsflußdichte des Eisens in jeder Wechselspannungshalbwelle erreicht wird. Unter der Voraussetzung, daß die sättigbare Induktivität m_2 eine nahezu konstante *Ummagnetisierungs-Spannungszeitfläche* aufweist, bleibt die Spannung an m_2 nahezu konstant, und m_1 nimmt die Spannungsänderung des Netzes auf. Gewisse Parallelen kann man zu einem Spannungsteiler mit Z-Diode ziehen. Die Stabilisierungseinrichtung gehört zu der Gruppe der Stabilisierungen durch Begrenzung. Die Induktivität m_1 wird meistens mit einem Luftspalt ausgeführt, um eine konstante Induktivität im gesamten Arbeitsbereich zu erhalten. Für die zweite Induktivität wird Eisen mit z-förmiger Magnetisierungskennlinie verwendet.

3.8.2 Netzgeräte mit Gleichspannungsausgang

Netzgeräte mit Gleichspannungs- oder Gleichstromausgang werden in großer Zahl zur Versorgung von elektronischen Schaltungen in Rundfunk- und Phonogeräten, Meßgeräten und Oszillografen, Laborgeräten, Gleichspannungs- und HF-Verstärkern, Regelgeräten, EDV-Anlagen und digitalen Steuerungen verwendet. Unstabilisierte Spannun-

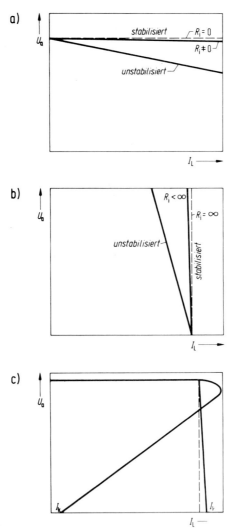

Bild 3.8–2. Kennlinien von stabilisierten und unstabilisierten Netzgeräten
 a) Spannungsnetzgerät (Idealfall: $R_1 = 0$)
 b) Stromnetzgerät (Idealfall: $R_i \to \infty$)
 c) Kennlinie eines Spannungs-Konstanthalters mit Strombegrenzung bzw. mit Rückfall-Charakteristik (fold back)

gen liefern Transformatoren mit nachgeschalteten Gleichrichtern in Einwegschaltungen und Ws- oder Ds-Brückenschaltungen. Zur Glättung der Gleichspannung werden Elektrolyt-Kondensatoren mit großer Kapazität verwendet, die kurzzeitige Netzspannungseinbrüche mildern. Bei der Dimensionierung von Transformatoren muß mit dem Effektivwert des Transformatorstromes gerechnet werden, der infolge der Stromspitzen wesentlich höher liegt als der Effektivwert des geglätteten Verbraucherstromes. Die Gleichrichterdioden werden im Einschaltmoment mit dem Ladestromstoß des Kondensators belastet, der den zulässigen Spitzenstrom I_{FSM} der Diode nicht überschreiten darf. Bei größeren Transformatoren mit geringen Kurzschlußspannungen muß gegebenenfalls ein Begrenzungswiderstand vorgesehen werden, der jedoch die Lastabhängigkeit des Netzgerätes vergrößert. Stabilisierte Netzgeräte sollen die Störeinflüsse unterdrücken oder ausregeln. Den größten Einfluß haben
  a) Netzspannungsschwankungen ($\pm$ 10 %),
  b) Lastschwankungen (100%),
  c) Temperaturänderungen (etwa 50 K).
Die gleichzeitig auftretenden Störgrößen und die Anforderungen an die Stabilisierung sowie die erforderliche Ausgangsleistung müssen bei der Wahl der Bauelemente und der Schaltung berücksichtigt werden. Für die Güte eines stabilisierten Netzgerätes sind folgende Faktoren maßgebend:
  a) Konstanz, besonders die Langzeitkonstanz, sowie Genauigkeit bei definierten Störgrößen,
  b) Stabilisierungsfaktor oder Regelfaktor bei den Störgrößen Last-, Netz- und Temperaturänderungen,
  c) Restwelligkeit,
  d) Ausregelzeit.
Die idealen Ausgangskennlinien eines Spannungs- und eines Stromkonstanthalters zeigen die Bilder 3.8–2a, b und c. Der Innenwiderstand eines Spannungskonstanthalters ist im Idealfall Null. Praktisch lassen sich einige mΩ erreichen. Im Gegensatz zur Spannungsquelle hat der Stromkonstanthalter einen unendlich großen Innenwiderstand, der jedoch in der Praxis nicht ausgeführt werden kann, da die Spannung gleichzeitig unendlich groß sein müßte. Praktisch ausgeführte Stromkonstanthalter haben einen differentiellen Innenwiderstand von einigen hundert kΩ.

3.8.3 Netzgeräte mit Z-Dioden-Stabilisierung

Alle Netzgeräte mit kleinen oder mittleren Leistungen werden an Wechselspannung angeschlossen. Die Wechselspannung wird, wie erläutert, mit Hilfe eines Transformators,

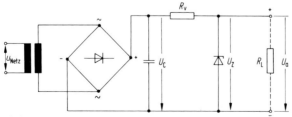

Bild 3.8–3. Stabilisiertes Netzgerät mit Z-Diode

mit Gleichrichtern und Kondensatoren in eine unstabilisierte geglättete Gleichspannung umgeformt.

Wie Bild 3.8–3 zeigt, wird an dieses unstabilisierte Netzgerät ein Vorwiderstand mit einer Z-Diode geschaltet. Der Augenblickswert der Spannung am Kondensator C_1 darf die Z-Dioden-Spannung U_z zu keinem Zeitpunkt unterschreiten bzw. der Z-Strom I_z sollte auf höchstens 10% seines Nennwertes absinken. Bei größeren Spannungseinbrüchen wandert der Betriebspunkt auf der Z-Dioden-Kennlinie in einen stark verschliffenen Bereich. Die Welligkeit der Ausgangsspannung nimmt damit zu, und die Ausgangsspannung selbst wird kleiner. Die Z-Diode ist immer nur in der Lage, eine Spannung auf einen bestimmten Wert zu *begrenzen*. In Bild 3.8–4 ist der Verlauf der Ausgangsspannung an der Z-Diode für richtige und falsche Auslegung dargestellt.

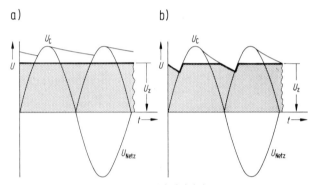

Bild 3.8–4. Ausgangsspannung a) bei richtiger,
b) bei falscher Auslegung des Glättungskondensators

Auslegungshinweise für Spannungsstabilisierungs-Schaltungen mit Z-Dioden

Es muß vorausgeschickt werden, daß sich diese Stabilisierungsschaltungen nur bis zu Belastungsströmen von einigen mA wirtschaftlich vertreten lassen. Bereits ab einer Stromhöhe von etwa 10 mA ist es sinnvoller, integrierte Spannungsregler zu verwenden. Bei der Wahl der Bauelemente müssen folgende Daten bekannt sein:

a) der höchstzulässige Z-Diodenstrom I_{zmax};
b) der minimale Z-Diodenstrom im nahezu geradlinigen Kennlinienbereich I_{zmin} (etwa $0,1 \cdot I_{zmax}$);
c) der Belastungsstrom und dessen Änderung I_{amax}; I_{amin};
d) die unstabilisierte Eingangsspannung und deren Änderung U_{emax}; U_{emin};

Allgemein gilt für die Schaltung von Bild 3.8–5:

$$I_z = I_e - I_a = \frac{U_e - U_a}{R_v} - I_a. \qquad (3.8\text{--}1)$$

Der Vorwiderstand R_v muß den Betrieb der Z-Diode innerhalb der Grenzwerte I_{zmax} und I_{zmin} gewährleisten. Mit den nachfolgend angegebenen Gleichungen können die Grenzwerte des Widerstandes R_v, in denen ein Widerstandswert gewählt werden kann, berechnet werden. Ergibt sich mit den verwendeten Daten ein Widerstandswert für R_{vmax},

3.8 Netzgeräte

der kleiner ist als der Widerstandswert R_{vmin}, ist die Schaltung in dieser Form nicht ausführbar. Eine Überschreitung des Betriebsbereiches der Z-Diode kann durch verschiedene Maßnahmen vermieden werden:

Wahl eines höheren Eingangswiderstandes und eines größeren Widerstandswertes von R_v.

Wahl einer Z-Diode mit größerem Belastungsstrom oder Wahl von mehreren Z-Dioden geringerer Z-Spannung, die in Reihe geschaltet werden.

$$R_{vmax} = \frac{U_{emin} - U_z}{I_{amax} + I_{zmin}}; \qquad R_{vmin} = \frac{U_{emax} - U_z}{I_{amin} + I_{zmax}}. \qquad (3.8-2)$$

Im allgemeinen erhält man ausreichende Glättung und Stabilisierung mit wirtschaftlich vertretbarem Aufwand bei einer Eingangsspannung von $U_e \approx 2 \cdot U_z$. In Formel 3.8.-2 können für U_z auch U_a und für I_{zmin} 0,1 I_{zmax} eingesetzt werden.

Glättung und Glättungsfaktor G

Wird die unstabilisierte Spannung U_e wie in Bild 3.8–3 aus dem Netz mit Hilfe eines Transformators, einer Gleichrichterbrücke und eines Glättungskondensators erzeugt, entsteht eine Gleichspannung mit einer Oberschwingung von 100 Hz. Die Welligkeit beträgt in der Regel 1 % bis 5 %. Die Spannung U_e von Bild 3.8–4 einschließlich Oberschwingung wird an die Stabilisierungsschaltung von Bild 3.8–5 angeschlossen.

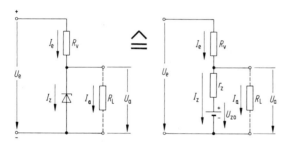

Bild 3.8–5. Z-Dioden-Stabilisierung und deren Ersatzschaltung als Spannungsteiler

Es kommt ein Strom I_z nach Gleichung 3.8–1 zum Fließen, der ebenfalls die Oberschwingung enthält und Spannungsabfälle an den Widerständen R_v und r_{zi} verursacht. Da der differentielle Widerstand r_{zi} klein gegenüber R_v ist, wird der Spannungsabfall an r_{zi} gering, ebenso die Welligkeit der Ausgangsspannung. Unter Anwendung der Spannungsteiler-Regel gilt:

$$\frac{\Delta U_e}{\Delta U_a} = \frac{R_v + r_{zi}}{r_{zi}} = 1 + \frac{R_v}{r_{zi}} = G. \qquad (3.8-3)$$

Das Widerstandsverhältnis bzw. Teilerverhältnis nennt man Glättungsfaktor G. Die Welligkeit der Eingangsspannung wird um den Glättungsfaktor G verringert.

$$u_{aOberschw} = \frac{u_{eOberschw}}{G}. \qquad (3.8-4)$$

In die Gleichung 3.8–3 ist der inhärente differentielle Widerstand r_{zi} einzusetzen, da sich die Sperrschichttemperatur der Z-Diode nicht auf den schnellen Wechsel der Oberschwingung – im Beispiel 100 Hz – einstellen kann.

Stabilisierung und Stabilisierungsfaktor S

Ziel einer Stabilisierungsschaltung ist es, die Ausgangsspannung U_a unabhängig von Eingangsspannungsänderungen und Laständerungen konstant zu halten. Dieses Ziel kann jedoch nur unvollkommen erreicht werden. Ein Maß für die Güte der Stabilisierung ist der Stabilisierungsfaktor *S*. Er ergibt sich aus dem Verhältnis der Eingangsspannungsänderungen, bezogen auf die Eingangsspannung, zu Ausgangsspannungsänderungen, bezogen auf die Ausgangsspannung. *S* gibt an, um welchen Faktor eine relative Änderung der Eingangsspannung verkleinert wird.

$$S = \frac{\frac{\Delta U_e}{U_e}}{\frac{\Delta U_a}{U_a}} = \frac{U_a}{U_e} \cdot \frac{\Delta U_e}{\Delta U_a} = \frac{U_a}{U_e}(1 + \frac{R_v}{r_{zstat}}) \qquad (3.8-5)$$

Hier setzt man den statischen differentiellen Widerstand r_{zstat} der Z-Diode ein, da Eingangsspannungsänderungen auch in großen Zeitabständen auftreten können. Auf diese Änderungen der Belastung stellt sich die Sperrschichttemperatur der Z-Diode ein, und der thermische differentielle Widerstand muß berücksichtigt werden.

Eine Stabilisierung wird um so besser, je höher die Eingangsspannung ist. Mit dieser Überlegung ergibt sich für den Quotienten U_a/U_e ein sehr kleiner Wert, der theoretisch gegen Null geht. Hieraus folgt für den höchstmöglichen Stabilisierungsfaktor

$$\boxed{S_{max} = \frac{U_a}{I_e r_z}} \qquad (3.8-6)$$

Der größtmögliche Stabilisierungsfaktor S_{max} wird häufig zu Überschlagsrechnungen verwendet.

Man sieht, der Stabilisierung sind durch den Widerstand der Z-Diode enge Grenzen gesetzt. Der Quotient U_a/r_z ist ein Maß für den möglichen Stabilisierungsfaktor. Die günstigsten Werte liefern Z-Dioden mit Durchbruchspannungen zwischen 4 V und 8 V. Die Ausgangsspannung ändert sich auch bei Änderungen des Belastungsstromes I_a. Der Laststrom ruft einen Spannungsabfall am resultierenden Innenwiderstand der Stabilisierungs-Schaltung hervor, um den die Ausgangsspannung vermindert wird. Im allgemeinen ist der differentielle Widerstand der Z-Diode klein gegenüber R_v und den übrigen Widerständen des Netzgerätes und bestimmt den Innenwiderstand. Wie sich aus dem Ersatzbild 3.8–5 ableiten läßt, ergeben sich Ausgangsspannungsänderungen zu:

$$\Delta U_a = \Delta I_a \cdot r_z.$$

Berechnungsbeispiel: Es soll eine stabilisierte Ausgangsspannung von $U_a = 12$ V erzeugt werden. Der Belastungsstrom kann $I_{amax} = 6$ mA und $I_{amin} = 0$ mA annehmen. Die Eingangsspannung $U_e = 24$ V (arithmetischer Mittelwert) wird wie in Bild 3.8–3 erzeugt und hat eine Welligkeit von 2 %. Es muß mit Netzspannungsänderungen von

± 10 % gerechnet werden. Für die Schaltung soll eine Z-Diode BZX 83 C12 mit $r_{zi} = 5\,\Omega$ (aus Kennlinie 2.1–28) und einem Temperaturkoeffizienten von $\alpha_z = 6 \cdot 10^{-4}/\text{K}$ verwendet werden. Die zulässige Verlustleistung beträgt 500 mW, der thermische differentielle Widerstand $r_{ztherm} = (U_z)^2 \cdot \alpha_z \cdot R_{thJA} = (12\,\text{V})^2 \cdot 6 \cdot 10^{-4}/\text{K} \cdot 300\,\text{K/W} = 26\,\Omega$.
Aus der Kennlinie von Bild 2.1–24 ergibt sich ein zulässiger Strom von $I_{zmax} = 40\,\text{mA}$. Hieraus $I_{zmin} \approx 0{,}1 \cdot I_{zmax} = 4\,\text{mA}$.
Es ergibt sich der Vorwiderstand R_v durch Berechnung der Grenzwerte mit den Gleichungen 3.8–2:

$$R_{vmax} = \frac{0{,}9 \cdot U_e - U_z}{I_{amax} + I_{zmin}} = \frac{0{,}9 \cdot 24\,\text{V} - 12\,\text{V}}{6\,\text{mA} + 4\,\text{mA}} = 960\,\Omega;$$

$$R_{vmin} = \frac{1{,}1 \cdot U_e - U_z}{I_{amin} + I_{zmax}} = \frac{1{,}1 \cdot 24\,\text{V} - 12\,\text{V}}{0\,\text{mA} + 40\,\text{mA}} = 360\,\Omega;$$

$$\text{gewählt: } 820\,\Omega.$$

Glättungsfaktor G nach Gleichung 3.8–3:

$$G = 1 + \frac{R_v}{r_{zi}} = 1 + \frac{820\,\Omega}{5\,\Omega} = 165.$$

Bei einer Welligkeit der Eingangsspannung von 2 % beträgt der Effektivwert der Oberschwingung der Ausgangsspannung:

$$u_{aOber} = \frac{W/\%}{100} \cdot U_e \cdot \frac{1}{G} = 0{,}02 \cdot 24\,\text{V} \cdot \frac{1}{165} = 2{,}9\,\text{mV}.$$

Mit dem statischen differentiellen Widerstand $r_{zstat} = r_{zi} + r_{zther}$ kann auch der Stabilisierungsfaktor S berechnet werden:

$$r_{zstat} = 5\,\Omega + 26\,\Omega = 31\,\Omega;$$

$$S = \frac{U_a}{U_e} \cdot \left(1 + \frac{R_v}{r_{zstat}}\right) = \frac{12\,\text{V}}{24\,\text{V}} \cdot \left(1 + \frac{820\,\Omega}{31\,\Omega}\right) = 13{,}7.$$

Eine Eingangsspannungsänderung von +10 % ergibt eine Änderung der Ausgangsspannung von:

$$u_a/\% = \frac{u_e/\%}{S} = \frac{10\,\%}{13{,}7} = 0{,}73\,\% \text{ entsprechend } 87\,\text{mV}.$$

3.8.4 Netzgeräte mit Transistoren als Regelverstärker

Man unterscheidet zwei Gruppen von Netzgeräten, Geräte mit *Serienstabilisierung* und solche mit *Parallel-* oder *Shuntstabilisierung*. Die letztgenannte Gruppe hat wegen des schlechten Wirkungsgrades geringe Bedeutung. Zunehmend große Bedeutung gewinnen Schaltnetzteile, die der Gruppe der Serienstabilisierung zuzurechnen sind. Das Bild 2.1–51 zeigt das Prinzipschaltbild.

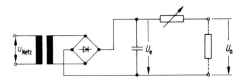

Bild 3.8–6.
Prinzip der Serienregelung

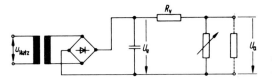

Bild 3.8–7.
Prinzip der Parallel-
oder
Shunt-Regelung

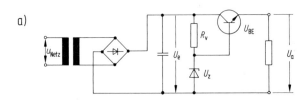

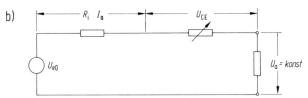

Bild 3.8–8. a) Einfaches transistorgeregeltes Netzgerät zur Spannungsstabilisierung
(Serienstabilisierung)
b) Ersatzschaltbild zu a) zur Bestimmung von P_{tot}

Die Bilder 3.8–6 und 3.8–7 zeigen die entsprechenden Grundschaltungen.
Das Bild 3.8–8a zeigt ein einfaches, transistorgeregeltes Netzgerät mit Serienstabilisierung. Auch hier darf die Spannung am Ladekondensator zu keinem Zeitpunkt die Spannung am Ausgang unterschreiten. Der Transistor ist in Kollektorschaltung geschaltet. Diese Grundschaltung eignet sich wegen ihres großen Eingangswiderstandes und sehr kleinen Ausgangswiderstandes gut zur Stabilisierung. Man kann die Kollektorschaltung auch als Regelkreis auffassen und in Form eines Signalflußplanes (vergl. Bild 2.2–46) wiedergeben. Als Vergleichsspannung bzw. Sollspannung dient die Z-Spannung, die Ausgangsspannung u_a stellt den Istwert und ΔU_{BE} die Regelabweichung dar. Störgrößen werden in diesem Kreis entsprechend dem Regelfaktor

$$R = \frac{1}{1 + V_u} \approx \frac{1}{1 + S R_L}$$

3.8 Netzgeräte

abgeschwächt. Störgrößen sind Änderungen der Speisespannung und Laststromänderungen. Die Konstanz der Sollwertspannung U_z ist von der Güte der Z-Zioden-Stabilisierung abhängig. Bei der Betrachtung der Stabilisierung des Netzgerätes muß man daher die Konstanz der Sollspannung U_z und die Auswirkungen von Störgrößen auf den Transistor getrennt betrachten. Die Abweichungen addieren sich. Der Innenwiderstand des Netzgerätes ergibt sich aus der Beziehung für die Kollektorschaltung

$$Z_a = \frac{h_{11e} + r_z}{1 + h_{21e}} \approx \frac{1}{S}$$

Hierbei ist der Innenwiderstand des Transformatorkreises vernachlässigt, da der Widerstand r_z der Z-Diode in der Parallelschaltung das Ergebnis bestimmt.

Durch die Z-Diode fließt der größte Strom, wenn die Eingangsspannung ihren Höchstwert erreicht und der Lastkreis offen ist, es fließt dann kein Basisstrom. Mit zunehmender Belastung des Netzgerätes erhöht sich der Basisstrom, und der Strom durch die Z-Diode nimmt im gleichen Maße ab. Bei niedrigster Eingangsspannung und höchster Belastung sollte der Z-Diodenstrom 10% seines Nennwertes aus den bereits genannten Gründen nicht unterschreiten.

Die Wahl des Transistors wird durch die Größe der Ausgangsspannung und der Ausgangsleistung des Netzgerätes sowie durch mögliche Änderungen der Netzspannung bestimmt. Unter Vernachlässigung der Steuerverlustleistung kann die Verlustleistung P_{tot} des Transistors errechnet werden (Bild 3.8–8b):

$$P_{tot} = U_{CE} I_C = U_{CE} I_a = (U_{e0} - R_i I_a - U_a) I_a.$$

Wenn der innere Widerstand R_i, der sich aus den Teilwiderständen des Transformators, Gleichrichters und Kondensators zusammensetzt, eine gewisse Größe erreicht, ergibt sich die höchste Belastung nicht bei dem höchsten Belastungsstrom I_a. Die Verlustleistung im Transistor erreicht ein Maximum, wenn der Spannungsabfall am Innenwiderstand $R_i I_a$ gerade so groß ist wie die Spannung U_{CE}. Für diesen Extremfall ergibt sich

$$P_{tot} = \frac{(U_{e0} - U_a)^2}{2(R_i + R_{CE})}.$$

U_{e0} Spannung am Kondensator bei Leerlauf.

Da in diesem Falle die beiden Widerstände gleich groß sind, gilt:

$$P_{tot} = \frac{(U_{e0} - U_a)^2}{4 R_i}.$$

Üblicherweise wird für $U_{e0} - U_a$ gewählt:

$$U_{e0} - U_a = 0{,}15 U_a + 2\,\text{V} + I_{a\,max} R_i.$$

In $0{,}15 U_a$ ist eine Regelreserve für Netzspannungsschwankungen enthalten. Mit der Spannung von 2 V wird mit Sicherheit die Sättigungsspannung $U_{CE\,sat}$ des Transistors überschritten, und $R_i I_{a\,max}$ berücksichtigt den Spannungsabfall bei Vollast.

3.8.5. Netzgeräte mit Operationsverstärkern und integrierten Spannungsreglern

Im Verhältnis zum Aufwand ist die erreichbare Stabilisierung von Schaltungen, wie in Bild 3.8–8, gut. Soll die Ausgangsspannung jedoch einstellbar sein, und wird eine höhere Konstanz gefordert, dann müssen Regelverstärker verwendet werden. Hierfür eignen sich wiederum Operationsverstärker hervorragend, da der Aufbau eigener Regelverstärker sich kaum mehr lohnt. Bild 3.8–9 zeigt eine Stabilisierungsschaltung mit Operationsverstärker. Die Güte der Stabilisierung ist vom Stabilisierungsfaktor S der Z-Dioden-Schaltung und deren Temperaturverhalten sowie vom Driftverhalten des Operationsverstärkers abhängig.

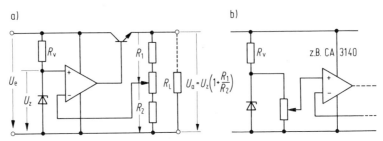

Bild 3.8–9. a) Spannungsstabilisierung mit einem Operationsverstärker und einem Leistungstransistor
b) mit Eingangsspannungsteiler

Weit häufiger als Operationsverstärker werden integrierte Spannungsregler eingesetzt, die auf dem Chip (Siliziumkristallplättchen) Schaltungen für folgende Funktionen enthalten:
– Referenzspannungsquelle
– Regelverstärker
– SOAR (Save Operating Area)-geschützter Leistungstransistor
– thermischen Überlastschutz
– temperaturkompensierte Kurzschlußstrombegrenzung

Diese Spannungsregler werden als Festspannungsregler mit Ausgangsspannungen 5 V, 6 V, 9 V, 12 V, 15 V und 24 V bei Ausgangsströmen bis zu etwa 5 A angeboten. Bei Ausgangsströmen ab etwa 3 A bieten Schaltnetzteile mit einem wesentlich besseren Wirkungsgrad eine alternative Lösung.

Festspannungsregler sind platzsparend und können daher zur Versorgung von Bauelementen direkt auf Leiterplatten eingebaut werden. Kurze Leitungswege helfen Spannungsabfälle und Störeinflüsse zu vermeiden. Die Schaltung von Bild 3.8–10 zeigt ein Doppelspannungs-Netzgerät mit zwei Festspannungsreglern.

An Stelle von Festspannungsreglern bieten sich einstellbare integrierte Spannungsregler wie μA 723 oder LM 317 an. In der Schaltung von Bild 3.8–11 wird die Beschaltung eines μA 723 für eine Ausgangsspannung dargestellt, die niedriger ist als die Referenzspannung von etwa 7,2 V. Mit wenigen Bauteilen kann die Ausgangsspannung des Reglers LM 317 im Bereich von 1,2 V bis 37 V eingestellt werden, wie

3.8 Netzgeräte

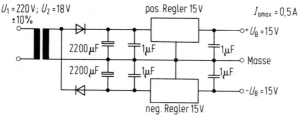

Bild 3.8-10. Stabilisiertes Netzgerät für positive und negative Betriebsspannung

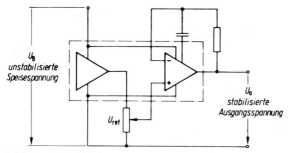

Bild 3.8-11. Stabilisierte einstellbare Spannungsquelle für Spannungen, die kleiner sind als U_{ref}

die Schaltung für geringe Ausgangs-Oberschwingung in Bild 3.8-12 mit einer Diode 1N 4002 und einem Kondensator 10 µF zeigt. Die Ausgangsspannung ist aus folgender Beziehung zu ermitteln:

$$U_a = 1{,}25 \text{ V} \cdot \left(1 + \frac{R_1}{R_2}\right); \quad R_2 = \frac{1{,}25 \text{ V} \cdot R_1}{U_a - 1{,}25 \text{ V}}$$

Für $U_a = 5$ V und $R_1 = 240 \ \Omega$ wird

$$R_2 = \frac{1{,}25 \text{ V} \cdot 240 \ \Omega}{5 \text{ V} - 1{,}25 \text{ V}} = 80 \ \Omega$$

Die meisten integrierten Spannungsregler besitzen eine Strombegrenzung und einen Kurzschlußschutz, der nach Auftreten eines Kurzschlusses die Spannung auf einen

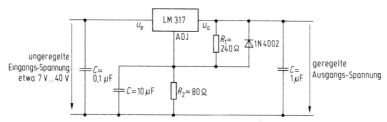

Bild 3.8-12. Schaltung mit einstellbarem Spannungsregler LM 317 für eine Ausgangsspannung von etwa 5 V

kleinen Wert begrenzt. Die Ausgangsspannung steht nach Beseitigung des Kurzschlusses und Wiedereinschaltung der Spannung erneut zur Verfügung. In der englischen Literatur wird diese Art des Kurzschlußschutzes als *fold back* bezeichnet (Bild 3.8–2c). Wird in Ausnahmefällen ein zusätzlicher Leistungstransistor zur Erhöhung des Ausgangsstromes verwendet, kann dieser mit Hilfe eines zweiten Transistors begrenzt werden, wie in Bild 3.8–13 dargestellt ist. Sobald der Spannungsabfall an R_1 die Schwellspannung von T2 überschreitet, beginnt dieser Transistor den Basisstrom von T1 abzuleiten.

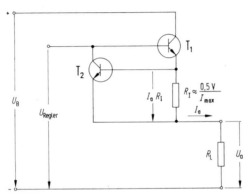

Bild 3.8–13. Schaltung zur Strombegrenzung eines Netzgerätes mit einem Transistor (T_2)

Schaltnetzteile

Gegenüberstellung

Die Ausgangsströme von linearen Festspannungsreglern und einstellbaren Spannungsreglern sind infolge des schlechten Wirkungsgrades begrenzt. Eine wesentliche Verbesserung ist nur durch Schalten der Spannung mit veränderbarem Tastverhältnis zu erreichen. Es haben sich zwei unterschiedliche Schaltungs-Konzepte durchgesetzt:
– Schalten auf der Niederspannungsseite des unstabilisierten Netzgerätes; sekundärgetaktete Netzteile,
– Gleichrichten der Netzspannung und Schalten auf der Netzseite; primärgetaktete Schaltnetzteile (SNT).

Der Vorteil der sekundärgetakteten Netzgeräte liegt in dem vergleichsweise geringen Schaltungsaufwand. Die Bauleistung des Transformators, der mit der Netzfrequenz von 50 Hz betrieben wird, liegt nur etwa um 30 % niedriger als bei einem Netzgerät mit linearem Festspannungsregler und 5 V Ausgangsspannung.

In primärgetakteten Schaltnetzteilen wird, wie der Name sagt, die gleichgerichtete und geglättete Netzspannung geschaltet. Die mit hoher Frequenz z. B. von 50 kHz getaktete Spannung wird mit einem Transformator, den man als Übertrager bezeichnet, weil der magnetische Kreis für hohe Frequenzen geeignet ist, umgeformt. Bei gleicher Wechselspannung kann die Anzahl der Windungen etwa um den Faktor der Frequenzerhöhung niedriger sein, wie die „Transformator-Formel" zeigt. Die Bauleistung und damit das Volumen nehmen im gleichen Maße ab.

3.8 Netzgeräte

$$U_{RMS} = 4 \cdot N \cdot B_{max} \cdot A_{Fe} \cdot f_{schalt}$$

$$N = \frac{1}{f_{schalt}} \cdot \frac{U_{RMS}}{4 \cdot B_{max} \cdot A_{Fe}}$$

N .... Anzahl der Windungen
B_{max} .. Flußdichte
A_{Fe} ... Eisenquerschnitt
f_{schalt} .. Schaltfrequenz

Der Nachteil von sekundärgetakteten Netzteilen ist der große Schaltungsaufwand. Der Einsatz der Geräte in der Elektronik und vor allem in Computern läßt erkennen, daß die Vorteile – kleine Bauweise und guter Wirkungsgrad – überwiegen.

Sekundärgetaktete Schaltnetzgeräte

In diesen Netzgeräten wird das Prinzip des Serienreglers angewendet. An die Stelle des Längsreglers mit einer hohen Verlustleistung von etwa $I_a \cdot (U_e - U_a)$ tritt ein elektronischer Schalter, ein MOSFET oder ein bipolarer Transistor. Im Transistor wird im eingeschalteten Zustand und während der Umschaltphase Verlustleistung umgesetzt. Sie ist im Vergleich zu der Verlustleistung in einem Längsregler sehr viel geringer, der Wirkungsgrad daher besser. Auf der Ausgangsseite des elektronischen Schalters dienen eine Induktivität und ein Kondensator als Energiespeicher. Die Freilaufdiode übernimmt den Strom, sobald der elektronische Schalter ausschaltet, wie in Bild 2.1–51 dargestellt ist.

Schaltregler werden von einer Reihe von Halbleiter-Herstellern angeboten. Auf dem Silizium-Chip sind außer den Bauelementen Induktivität und Kondensator alle erforderlichen Funktionen integriert. Die Freilaufdiode muß bei manchen Schaltkreisen außerhalb zugeschaltet werden. Derartige Schaltkreise eignen sich zur Erzeugung von stabilisierten Ausgangsspannungen, die
– kleiner sind als die Eingangsspannung,
– größer sind als die Eingangsspannung,
– invertiert sind (entgegengesetzte Polarität) gegenüber der Eingangsspannung.
Mit außerhalb des integrierten Schaltkreises zugeschalteten Leistungstransistoren erzielt man höhere Ausgangsleistungen. Das Bild 3.8–14 zeigt eine typische Schaltung für eine Abwärtsregelung auf $U_a = 5$ V.

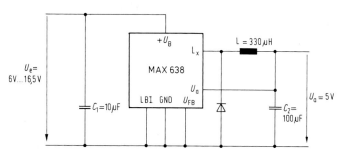

Bild 3.8–14. Sekundärer Schaltregler mit fester Ausgangsspannung von 5 V.
LBI ... Low Battery Input
U_{FB} ... Feedback

444   3 Lineare (analoge) Schaltungen mit elektronischen Bauelementen

Die Schaltung von Bild 3.8–15 mit einem linearen Festspannungsregler eignet sich für einen Versuchsaufbau zur Erklärung des Prinzips eines Schaltreglers. Bei Strömen, die geringer sind als 300 mA, arbeitet der Regler stetig, darüber als Schalter. Diese Schaltung hat in der Praxis seit einiger Zeit keine Bedeutung mehr.

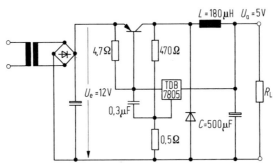

Bild 3.8–15. Schaltnetzteil mit Festspannungsregler $U_a = 5$ V als Schaltregler

Wirkungsweise und Berechnungshinweise

Die Eingangsspannung wird mit Hilfe des Transistorschalters periodisch ein- und ausgeschaltet. Die beiden Energiespeicher verhindern während der Ausschaltzeit ein Absinken der Ausgangsspannung auf Null. Das Diagramm von Bild 3.8–16 zeigt den

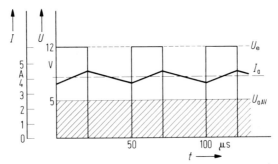

Bild 3.8–16. Ausgangsspannung, Eingangsspannung und Strom in der Induktivität eines Schaltnetzteiles

prinzipiellen Verlauf der Spannungen. Der arithmetische Mittelwert der Ausgangsspannung ergibt sich zu:

$$U_{aAV} = \frac{1}{t_{ein} + t_{aus}} \cdot U_e \cdot t_{ein} = f \cdot U_e \cdot t_{ein}.$$

f Schaltfrequenz

Der Transistorschalter bzw. der Regler wird eingeschaltet, sobald die Ausgangsspannung einen bestimmten Sollwert unterschreitet, und ausgeschaltet, sobald ein vorgegebener Spannungswert überschritten wird. Die Schalthysterese kann durch die Bauelemente der Schaltung vorgegeben werden.

3.8 Netzgeräte

Während der Einschaltzeit t_{ein} muß die Induktivität L die Spannungsdifferenz zwischen Eingangsspannung U_e und Ausgangsspannung U_a aufnehmen. Hierzu ist nach dem Gesetz der Selbstinduktionsspannung eine Stromänderung $\Delta I/\Delta t$ notwendig, wobei eine ideale Induktivität vorausgesetzt wird.

$$U_L = U_e - U_a = L \cdot \frac{\Delta I_L}{\Delta t}.$$

I_L Strom in der Induktivität

Die Folge ist ein über der Zeit linear ansteigender Strom. Im magnetischen Feld der Induktivität wird während der Zeit t_{ein} Energie gespeichert, die während t_{aus} über die Freilaufdiode an den Kondensator und den Lastkreis abgegeben wird.
Die Schaltfrequenz einer Schaltung kann durch Wahl der Bauelemente und der Stromänderung bestimmt werden. Üblich sind Schaltfrequenzen oberhalb der Hörschwelle von etwa 16 kHz. Wählt man z. B. nachfolgend aufgeführte Daten, können die Induktivität und die Glättungskapazität errechnet werden.

$$f = 20\,\text{kHz}; U_a = 5\,\text{V}; U_e = 12\,\text{V}; I_a = 4\,\text{A}; I_{a\,max} = 4{,}4\,\text{A}; \Delta U_a = 10\,\text{mV}.$$

Die Induktivität ergibt sich zu:

$$L = \frac{U_e - U_a}{2 \cdot (I_{a\,max} - I_a)} \cdot \frac{U_a}{U_e \cdot f} = \frac{12\,\text{V} - 5\,\text{V}}{2 \cdot (4{,}4\,\text{A} - 4\,\text{A})} \cdot \frac{5\,\text{V}}{12\,\text{V} \cdot 20\,\text{kHz}} = 0{,}18\,\text{mH}.$$

Mit der Induktivität L kann jetzt auch die Kapazität des Glättungskondensators berechnet werden:

$$C = \frac{U_a}{\Delta U_a \cdot 8 \cdot L \cdot f^2} \cdot \left(1 - \frac{U_a}{U_e}\right);$$

$$C = \frac{5\,\text{V}}{10\,\text{mV} \cdot 8 \cdot 0{,}18\,\text{mH} \cdot (20\,\text{kHz})^2} \cdot \left(1 - \frac{5\,\text{V}}{12\,\text{V}}\right) = 506\,\mu\text{F}.$$

Primärgetaktete Netzteile (SNT)

Zwischen gleichgerichteter und geglätteter Netzspannung und der wesentlich niedrigeren Ausgangsgleichspannung wird ein Übertrager, auch Wandler genannt, verwendet. Er übernimmt die Umformung der Eingangswechselspannung in eine Ausgangswechselspannung und die aus Sicherheitsgründen erforderliche galvanische Trennung. Die Leistungsübertragung kann nach zwei unterschiedlichen Prinzipien erfolgen. Man unterscheidet:
– Durchflußwandler
– Sperrwandler
Beim Durchflußwandler ist der Gleichrichter bzw. sind die Gleichrichter auf der Sekundärseite des Wandlers so geschaltet, daß in der Einschaltphase des elektronischen Leistungsschalters Strom auf der Sekundärseite fließt, man kann sagen „durchfließt". Sobald der Leistungsschalter ausschaltet, muß der Wandler entmagnetisiert werden. Hierzu dient beim Eintakt-Durchflußwandler eine Wicklung mit Freilaufdiode D1, wie im Bild 3.8–17a) dargestellt ist. Durchflußwandler eignen sich auch zur Erzeugung

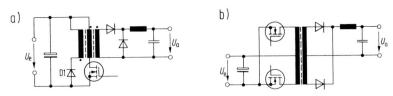

Bild 3.8–17. Prinzipschaltbilder von Durchflußwandlern (Siemens-Unterlagen)
a) Eintakt-Durchflußwandler mit Freilaufdiode D1
b) Gegentakt-Durchflußwandler

kleiner Ausgangsspannungen und für Ausgangsströme größer 5 A. Zur Begrenzung des Sekundärstromes muß eine Induktivität auf der Sekundärseite vorgesehen werden. Für größere Leistungen eignen sich besser Gegentakt-Durchflußwandler, Bild 3.8–17b).

Sperrwandler erfordern einen geringeren Schaltungsaufwand als Durchflußwandler. Das Bild 3.8–18a) zeigt die Prinzip-Schaltung. Die Diode auf der Sekundärseite sperrt die in der Einschaltphase (Leitphase) entstehende Ausgangsspannung, Bilder 3.8–18b) und c). Der Wandler speichert während dieser Zeit Energie im magnetischen Feld. Sobald der elektronische Schalter ausschaltet (Sperrphase), kehrt sich die Spannung an der Sekundärwicklung um, und die gespeicherte Energie fließt über die Diode zur Last bzw. zum Glättungskondensator ab. Das Bild 3.8–18c) zeigt den typischen, idealisierten Strom- und Spannungsverlauf eines Sperrwandlers bei zwei Eingangsspannungen.

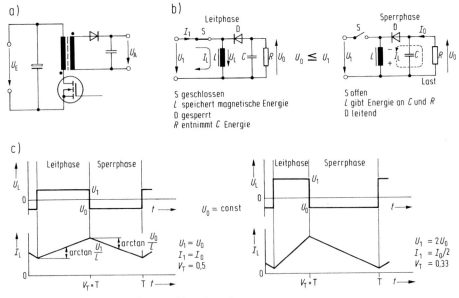

Bild 3.8–18. Sperrwandler (Siemens-Unterlagen)
a) Prinzip-Schaltbild eines Sperrwandlers
b) Schaltung zur Erklärung der Wirkungsweise
c) Ströme und Spannungen an der Induktivität bei unterschiedlichen Eingangsspannungen U_1

3.8 Netzgeräte

Schaltung eines primärgetakteten Eintakt-Durchflußwandlers

Aus der Vielzahl der möglichen Varianten für SNT soll eine typische Schaltung für eine Erklärung des Prinzips gewählt werden. Sie ist in Bild 3.8–19 dargestellt. Auf die Erklärung von Einzelheiten wird bewußt verzichtet, da sie den Rahmen des Buches überschreitet.

Das Bild 3.8–19 zeigt in der oberen Hälfte den Leistungsteil und darunter umrandet den Steuerteil. Im Leistungsteil wird mit der linken Brückenschaltung eine Hilfsspan-

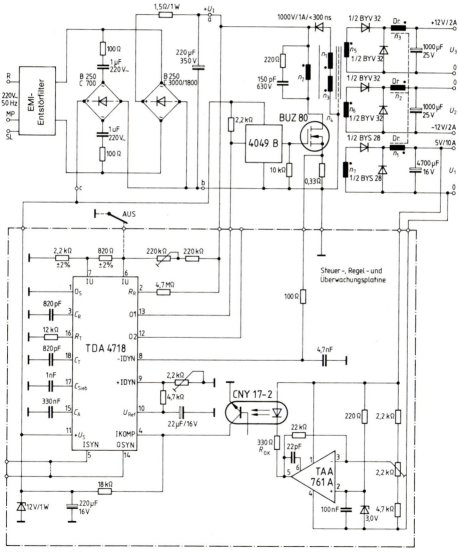

Bild 3.8–19. Schaltnetzteil (SNT) mit Durchflußwandler (Siemens)

Die Amplitudenbedingung besagt, daß der Oszillator nur dann schwingen kann, wenn der Verstärker die Abschwächung der Signale in der Schleife aufhebt. Mit $V_0 < 1$ erhalten wir eine gedämpfte Schwingung; bei $V_0 > 1$ steigt die Ausgangsspannung exponentiell an, und der Verstärker wird bis in seine Grenzlage aufgesteuert.

Die Phasen- und Amplitudenbedingung können wir zur komplexen Schleifenverstärkung $\underline{V}_0$ zusammenfassen und erhalten:

$$\underline{V}_0 = \underline{K}_1 \underline{K}_2 = |\underline{K}_1||\underline{K}_2| e^{j(\varphi_1 + \varphi_2)} = 1 \qquad (3.9\text{--}1)$$

mit der Schwingbedingung

$$|\underline{K}_1||\underline{K}_2| = 1 \text{ und } \varphi_1 + \varphi_2 = 0; 2\pi; 4\pi \ldots n2\pi$$

Das Prinzipschaltbild eines *LC-Oszillators* zeigt Bild 3.9–3. Der Schwingkreis $L_1 C_1$ bestimmt mit seiner Resonanzfrequenz $\omega_0 = 1/\sqrt{L_1 C_1}$ die Schwingfrequenz. Die Wech-

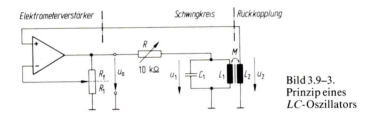

Bild 3.9–3. Prinzip eines *LC*-Oszillators

selspannung U_1 des Schwingkreises wird mit dem Übertrager L_1/L_2 auf den Elektrometerverstärker zurückgeführt, verstärkt und erneut in den Schwingkreis eingespeist. Die Eingangsspannung des Verstärkers ist die Spannung U_2 der Rückkopplungswicklung L_2.

$$U_2 = \frac{M}{L_1} \cdot U_1 \qquad (3.9\text{--}2)$$

Hierin ist M die Gegeninduktivität der beiden Wicklungen. Der Verstärkungsfaktor des Verstärkers ist einstellbar

$$K_1 = 1 + \frac{R_f}{R_1}. \qquad (3.9\text{--}3)$$

Mit Rücksicht auf den niederohmigen Ausgang des Verstärkers ist der Schwingkreis durch den Widerstand R bedämpft.

Ein Oszillator benötigt beim Einschalten im allgemeinen keinen Anstoß für den Schwingzustand; die Schaltung beginnt selbst zu schwingen, wenn im Ruhezustand die Schleifenverstärkung $V_0 > 1$ ist. Anschließend muß sich die Schleifenverstärkung amplitudenabhängig auf $V_0 = 1$ mindern oder durch eine amplitudenabhängige Regelung für die Resonanzfrequenz auf $V_0 = 1$ einstellen. Andernfalls könnte der Verstärker übersteuert werden, was eine verzerrte, nicht mehr sinusförmige Ausgangsspannung zur Folge hätte.

3.9.1 LC-Oszillatoren

Die Grundschaltung eines LC-Oszillators haben wir bereits mit Bild 3.9–3 kennengelernt. Kennzeichen der LC-Oszillatoren ist der frequenzbestimmende Schwingkreis mit der Resonanzfrequenz

$$\omega_0 = \frac{1}{\sqrt{LC}}. \tag{3.9-4}$$

Zur weiteren Unterteilung der LC-Oszillatoren können wir die Art der Rückkopplung bzw. die Anpassung der Rückführgröße an den Verstärker betrachten. In Bild 3.9–4 haben wir eine Übertragerkopplung vom Ausgang auf den Eingang des Verstärkers. Diese

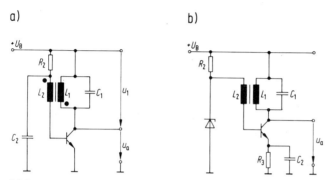

Bild 3.9–4. *LC*-Oszillator in *Meißnerschaltung*
a) mit Betriebspunkteinstellung durch konstanten Basisstrom
b) mit Betriebspunkteinstellung durch Stromgegenkopplung

transformatorische Rückkopplung ist Kennzeichen der sog. *Meißner-Schaltung*. Der frequenzbestimmende Schwingkreis im Kollektorkreis koppelt über die Wicklung L_2 die Spannung U_1 auf den Basiskreis. Damit die Phasenbedingung $\varphi = 0$ erfüllt ist, muß in dieser Schaltung die Signalumkehr der Emitterschaltung berücksichtigt werden, d. h. die Phasendrehung der Emitterschaltung $\varphi_1 = 180°$ muß über die Rückkopplung mit zusätzlicher Phasendrehung $\varphi_2 = 180°$ rückgängig gemacht werden. Man erreicht das, indem der Wickelsinn der Spulen L_1 und L_2 gegenläufig gewählt wird. Die Anschlüsse der Spulen mit gleicher Polarität sind in Bild 3.9–4a durch Punkte gekennzeichnet.
Das Übersetzungsverhältnis $L_1:L_2$ wählt man so, daß $K_1K_2 > 1$ wird. Dann setzt beim Einschalten der Betriebsspannung die Schwingung ein; die Amplitude steigt exponentiell an, bis der Transistor übersteuert wird. Mit der Übersteuerung sollte sich die Verstärkung so weit verringern, daß wieder $K_1K_2 = 1$ wird und die Schwingungsamplitude konstant bleibt. Diese Anpassung ist nicht problemlos, zumal der Ausgangswiderstand der Emitterschaltung niederohmig, der LC-Schwingkreis dagegen recht hochohmig ist. Außerdem sollte man den Basis-Gleichstromkreis möglichst niederohmig halten. Eine bessere Einstellung des Betriebspunktes ist mit einer Stromgegenkopplung gemäß Bild 3.9–4b möglich.
Den Übertrager des *Meißner*-Oszillators kann eine Spule mit Anzapfung ersetzen. Wir erhalten damit eine *induktive Dreipunktschaltung,* auch *Hartley*-Schaltung genannt

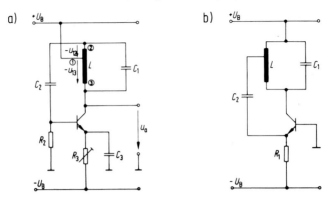

Bild 3.9-5. LC-Oszillator in *Hartleyschaltung*
a) mit Transistor in Emitterschaltung
b) mit Transistor in Basisschaltung

(Bild 3.9-5). Frequenzbestimmend sind die Induktivität L der gesamten Spule und der Kondensator C_1. Über den Kondensator C_2 wird ein Teil der Spannung des Schwingkreises auf die Basis geschaltet. Da diese Spannung $-U_{12}$ gegenüber der Kollektorspannung U_{13} um 180° phasenverschoben ist, haben wir die erwünschte Mitkopplung. Die Stärke der Mitkopplung kann durch die Lage der Anzapfung festgelegt werden. Mit dem Widerstand R_3 wird der Kollektorruhestrom eingestellt. Den *Hartley*-Oszillator mit Transistor in Basis-Schaltung zeigt Bild 3.9-5b.

Die Stärke der Rückkopplung kann auch durch einen kapazitiven Spannungsteiler (Bild 3.9-6) bestimmt werden. Diese Schaltung wird *kapazitive Dreipunktschaltung* oder *Colpitts*-Oszillator genannt. Als Schwingkreiskapazität C wirkt die Reihenschaltung der Kondensatoren

$$C = \frac{C_1 C_2}{C_1 + C_2}. \tag{3.9-5}$$

Bild 3.9-6.
Rückkopplung über kapazitive Dreipunktschaltung
(*Colpitts*-Oszillator mit Transistor in Basisschaltung)

3.9.2 Quarzoszillatoren

Für Oszillatoren mit hoher Frequenzkonstanz wird als Resonator ein Schwingquarz verwendet, der sich elektrisch wie ein Schwingkreis hoher Güte verhält; die erreichbare Frequenzstabilität liegt in der Größenordnung $\Delta f/f = 10^{-6}$ bis 10^{-10}.

3.9 Oszillatoren (Sinusoszillatoren)

Die Wirkung des *Schwingquarzes* beruht auf dem *piezoelektrischen Effekt*. An gegenüberliegenden Flächen mancher Kristalle – vor allem an Quarz (SiO_2) und Turmalin – treten elektrische Ladungen auf, wenn man die Kristalle mechanisch deformiert. Die Größe der Ladung ist proportional der mechanischen Deformierung und folgt auch sehr schnellen Wechselbewegungen. Dieser Effekt wird in der elektronischen Meßtechnik zum Messen von Zug, Druck, Beschleunigung und zur Erfassung mechanischer Schwingungen ausgenutzt. Der Vorgang läßt sich umkehren und heißt dann *reziproker piezoelektrischer Effekt*. Eine Wechselspannung an gegenüberliegenden Flächen eines Kristalls deformiert den Kristall mechanisch im Takt der Wechselspannung, so daß er bei Anlegen einer mit der Eigenfrequenz übereinstimmenden Wechselspannung mitschwingt. Die Eigenfrequenz oder Resonanzfrequenz der Schwingquarze ist sehr hoch (einige kHz bis etwa 200 MHz). Sie läßt sich anhand der geometrischen Abmessungen festlegen. Ein genauer Abgleich der Resonanzfrequenz ist bei der Herstellung durch Feinschleifen und bei einem fertigen Schwingquarz durch Reihenschaltung eines Kondensators möglich.

Das Verhalten des Schwingquarzes in Nähe der Resonanzfrequenz wird durch das Ersatzschaltbild 3.9-7a) gezeigt. Die Quarzinduktivität L und Quarzkapazität C sind durch die mechanischen Abmessungen bestimmt. Der Widerstand R_q berücksichtigt die Verluste, und C_H steht für die Halterungskapazität (Gehäuse- und Schaltkapazitäten).

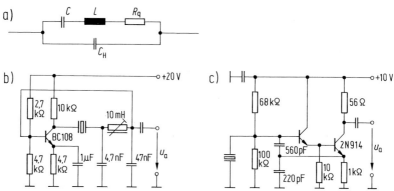

Bild 3.9–7. Quarzoszillatoren
a) Ersatzschaltbild eines Quarzschwingers
b) Serienresonanz-Quarzoszillator in Butlerschaltung für 50–500 kHz
c) Parallelresonanz-Quarzoszillator in Colpittsschaltung mit Darlingtonstufe für 6–15 MHz

Der Verlustwiderstand von Schwingquarzen variiert je nach Schnitt und Frequenzbereich bei Serienresonanz von 1 kΩ bis 1 MΩ. Eine allgemeingültige Schaltung für Quarzoszillatoren kann daher nicht angegeben werden. Bild 3.9–7b) zeigt einen Serienresonanz-Quarzoszillator in Butlerschaltung für 50–500 kHz und c) einen Parallelresonanz-Quarzoszillator in Colpittsschaltung für 6–15 MHz. Die für die Schaltungen genannten Frequenzbereiche sind nicht einstellbar, sondern die Frequenz wird durch die Grundfrequenz des verwendeten Quarzschwingers bestimmt. In Oszillatorschaltungen für höhere Frequenzen werden Obertonquarze eingesetzt, die auf ungeradzahligen Vielfachen der Grundfrequenz schwingen.

Die Belastung des Quarzschwingers sollte aus verschiedenen Gründen nicht über 2 mW und nicht unter 1 μW liegen. Große Belastungen beeinflussen die Frequenzstabilität, zu geringe Belastung und nicht ausreichende Schleifenverstärkung bewirken Anschwingprobleme. Bei nicht ausreichender Schleifenverstärkung kann z. B. in Schaltung 3.9–7b) der Kollektorwiderstand durch eine Drossel oder einen Schwingkreis ersetzt werden. Zum Mindern der Quarzbelastung wurde in Schaltung 3.9–7c) eine Darlingtonstufe eingesetzt.

3.9.3 RC-Oszillatoren

Im Niederfrequenzbereich bereitet die Herstellung von LC-Oszillatoren Schwierigkeiten, weil große Induktivitäten oder große Kapazitäten erforderlich werden. Sehr große Induktivitäten haben eine schlechte Güte, und große Kondensatoren werden unhandlich. Außerdem sind abstimmbare Kondensatoren nur bis etwa 1000 pF erhältlich. Oszillatoren für den Niederfrequenzbereich werden daher vorzugsweise mit RC-Netzwerken im Rückkopplungszweig aufgebaut.

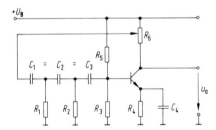

Bild 3.9–8.
RC-Oszillator mit Phasenschieber

Die einfachste Schaltung dieser Art ist ein *RC-Phasenschieber-Oszillator*. Ein Transistor (Bild 3.9–8) oder Operationsverstärker wird mit einem RC-Phasenschieber frequenzabhängig gegengekoppelt. Die RC-Glieder bewirken frequenzabhängig eine Phasenverschiebung des rückgeführten Signals. Bei der Phasendrehung $\varphi_2 = 180°$, also bei Signalumkehr in der Rückführung, wird aus der Gegenkopplung eine Mitkopplung. Mit den Phasendrehungen $\varphi_2 = 180°$ der Rückkopplung und $\varphi_1 = 180°$ des Transistors ist die Phasenbedingung $\varphi_1 + \varphi_2 = 0$ eines Oszillators erfüllt, die Schaltung schwingt mit der Frequenz, bei der $\varphi_2 = 180°$ ist. Voraussetzung ist jedoch, daß der Transistor oder Verstärker die Signalabschwächung (Amplitudenverlust) der Phasenschieberkette aufhebt und die Schleifenverstärkung $K_1 K_2 = 1$ wird. Haben die Kondensatoren C_1, C_2 und C_3 gleiche Größe, und sind R_1, R_2 und r_{BE} untereinander gleich, so ergibt sich:

$$\text{Schwingfrequenz} \quad f = \frac{1}{2\pi\sqrt{6}RC} = \frac{1}{15{,}4\,RC}; \qquad (3.9\text{-}6)$$

Verstärkungsfaktor $K_1 = 29$.

RC-Phasenschieberoszillatoren sind schlecht abstimmbar. Die Abstimmelemente R oder C müssen synchron verändert werden, andernfalls treten Schwierigkeiten bei der Amplitudenstabilisierung auf. Da mit der Schaltung nach Bild 3.9–8 außerdem keine gute Frequenzkonstanz erreichbar ist, hat sie in der Praxis wenig Bedeutung.

3.9 Oszillatoren (Sinusoszillatoren)

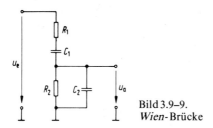

Bild 3.9-9.
Wien-Brücke

Eine wesentliche Verbesserung bringt ein Rückführnetzwerk, das als *Wien-Brücke* (Bild 3.9-9) geschaltet ist. Die *Wien-Brücke* ist ein frequenzabhängiger Spannungsteiler: bei sehr hohen Frequenzen kann man C_1 und C_2 kurzgeschlossen betrachten; die Ausgangsspannung U_a ist damit fast Null. Die Kombination $R_1 C_2$ stellt einen Tiefpaß dar, so daß bei hohen Frequenzen U_a eine Phasenverschiebung $\varphi = -90°$ gegenüber U_e hat. Bei sehr tiefen Frequenzen ist der kapazitive Widerstand von C_1 sehr groß gegenüber R_2; damit ist U_a auch hier fast Null. Die Kombination $C_1 R_2$ ist ein Hochpaß und bewirkt bei tiefen Frequenzen eine Phasenverschiebung $\varphi = +90°$. Zwischen den beiden Extremen hoher und tiefer Frequenzen gibt es einen Wert, bei dem die Ausgangsspannung ein Maximum und keine Phasenverschiebung zur Eingangsspannung hat. Den Verlauf der Amplitude und der Phasenverschiebung als Funktion der Frequenz (Bild 3.9-10) kann man mit der Gleichung für den Spannungsteiler (Wien-Brücke) in komplexer Schreibweise ermitteln.

$$\frac{U_a}{U_e} = \frac{\dfrac{1}{\dfrac{1}{R_2} + j\omega C_2}}{R_1 + \dfrac{1}{j\omega C_1} + \dfrac{1}{\dfrac{1}{R_2} + j\omega C_2}}.$$

Mit $R_1 = R_2 = R$ und $C_1 = C_2 = C$ ergibt sich hieraus:

$$\frac{U_e}{U_a} = 3 + j\frac{(\omega RC)^2 - 1}{\omega RC}. \tag{3.9-7}$$

Resonanzfrequenz

$$f_0 = 1/2\pi RC. \tag{3.9-8}$$

Maximale Ausgangsspannung bei Resonanzfrequenz

$$U_{a\,max} = \tfrac{1}{3} U_e. \tag{3.9-9}$$

Wird mit der Wien-Brücke ein Oszillator aufgebaut, so muß der Verstärker die Phasenverschiebung $\varphi = 0$ oder $n \cdot 2\pi$ haben. Es sind also zwei Transistoren in Emitterschaltung mit je $\varphi = 180°$ erforderlich, oder die Rückkopplung muß auf den nichtinvertierenden Eingang eines Operationsverstärkers erfolgen.
Bild 3.9-11 zeigt einen Wien-Brücken-Oszillator mit einem Operationsverstärker. Zum

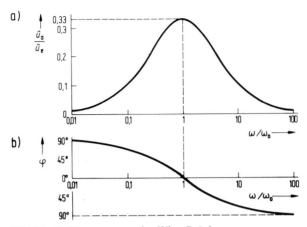

Bild 3.9-10. Frequenzgang der *Wien*-Brücke
a) Amplitudengang
b) Phasenkennlinie

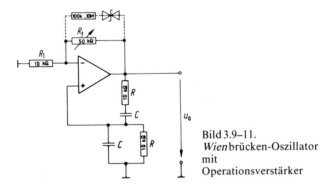

Bild 3.9-11.
*Wien*brücken-Oszillator
mit
Operationsverstärker

Erfüllen der Verstärkungsbedingung $K_1 K_2 = 1$ muß die Signalabschwächung der Wien-Brücke in Bild 3.9–11 mit $K_2 = 1/3$ durch den Verstärker mit

$$K_1 = 1 + \frac{R_f}{R_1} = 3$$

aufgehoben werden. Zum sicheren Anschwingen sollte man jedoch K_1 etwas größer als 3 einstellen und amplitudenabhängige Minderung der Verstärkung zur Stabilisierung der Amplitude wählen. Die Amplitudenstabilisierung ist in Bild 3.9–11 mit gegeneinander geschalteten Z-Dioden angedeutet.

Das Rückführnetzwerk eines Oszillators kann auch als *Doppel-T-Filter* ausgeführt sein (Bild 3.9–16). Dies besteht aus einer Parallelschaltung von *Tiefpaß* und *Hochpaß*.

Der **Tiefpaß** ist eine Schaltung, die Gleichspannungen oder Signale tiefer Frequenz unverändert überträgt. Bei hohen Frequenzen erhöht der Tiefpaß seinen Übertragungswiderstand und bewirkt eine Abschwächung und Phasenverschiebung der Signale. Zwei

3.9 Oszillatoren (Sinusoszillatoren)

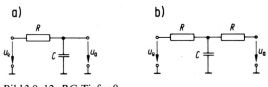

Bild 3.9-12. *RC*-Tiefpaß
a) einfachste Schaltung, b) T-Schaltung

einfache Schaltungen eines *RC*-Tiefpasses zeigt Bild 3.9-12. Wir wollen zunächst das frequenzabhängige Übertragungsverhalten des einfachsten *RC*-Tiefpasses nach Bild 3.9-12a untersuchen. Die Ausgangsamplitude und ihre Phase verändern sich durch den frequenzabhängigen Spannungsteiler mit den Widerständen R und $X_c = 1/j\omega C$. Gehen wir von dem unbelasteten Spannungsteiler aus, so ergibt sich der Frequenzgang:

$$\underline{F} = \frac{\underline{U}_a}{\underline{U}_e} = \frac{\frac{1}{j\omega C}}{R + \frac{1}{j\omega C}} = \frac{1}{1 + j\omega RC} = \frac{1}{1 + j\omega T_s}. \qquad (3.9\text{-}10)$$

$T_s = RC = 1/\omega_0$.

Das ist der Frequenzgang eines Verzögerungsgliedes 1. Ordnung. Für $\omega \ll 1/T_s$ ist $\underline{F} \to 1$ ($\triangleq 0$ dB), d. h., Gleichspannung oder Signale tiefer Frequenz werden unverändert übertragen. Für $\omega \gg 1/T_s$ gilt $\underline{F} \to 1/j\omega T_s$, d. h., bei Signalen hoher Frequenz vermindert sich der Übertragungsfaktor umgekehrt proportional mit der Frequenz, wobei $1/j = -j$ eine Phasenverschiebung von $-90°$ angibt, Bei $\omega T_s = 1$ haben wir die *Grenzfrequenz des Tiefpasses*

$$\omega_0 = \frac{1}{RC} = \frac{1}{T_s}. \qquad (3.9\text{-}11)$$

Die graphische Darstellung des Frequenzganges zeigt Bild 3.9-13. Hierin ist $|F| = 20 \lg |U_a|/|U_e|$ dB das frequenzabhängige Amplitudenverhältnis, auch Amplitudengang oder Betragskennlinie genannt. $\varphi = f(\omega)$ ist die Phasenkennlinie oder der Phasengang. Der Frequenzgang des Tiefpasses ist leicht konstruierbar. Er ist gekennzeichnet durch zwei Asymptoten mit dem Schnittpunkt bei der Grenzfrequenz ω_0 bzw. in normierter Darstellung bei $\omega/\omega_0 = 1$. Im Bereich tiefer Frequenzen haben wir eine Parallele zur 0-dB-Linie; für höhere Frequenzen hat die Asymptote eine Steigung von -20 dB/Dekade. Die größte Abweichung der Betragskennlinie von ihren Asymptoten liegt bei $\omega/\omega_0 = 1$ und beträgt -3 dB, d. h. bei ω_0 ist $U_a \approx 0.7\, U_e$.

Die Phasenverschiebung φ des Tiefpasses ist:

$$\tan \varphi = -R/X_C = -\omega RC = -\omega T_s = -\omega/\omega_0. \qquad (3.9\text{-}12)$$

Für $\omega \ll \omega_0$ strebt die Phasenverschiebung gegen 0 und für $\omega \gg \omega_0$ gegen $-90°$; bei $\omega = \omega_0$ ist $\varphi = -45°$.

Auf eine Gleichspannung mit Oberwellen wirkt ein Tiefpaß als *Glättungseinrichtung*, vorausgesetzt, seine Grenzfrequenz ist kleiner als die Frequenz der Oberschwingung. Je

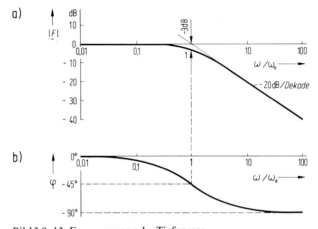

Bild 3.9–13. Frequenzgang des Tiefpasses
a) Amplitudenverhältnis $|F|\,\text{dB} = 20 \cdot \lg |U_\text{a}|/|U_\text{e}|$
b) Phasenkennlinie $\varphi = f(\omega/\omega_0)$

größer der Abstand der Störfrequenzen zur Grenzfrequenz ist, desto stärker wird die überlagerte Wechselspannung unterdrückt.

Der **Hochpaß** ist eine Schaltung, die Signale hoher Frequenz unverändert überträgt. Bei tiefen Frequenzen erhöht der Hochpaß seinen Übertragungswiderstand und bewirkt eine Abschwächung und Phasenverschiebung der Signale. Das Übertragungsverhalten

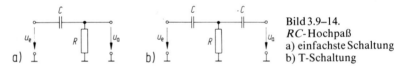

Bild 3.9–14.
RC-Hochpaß
a) einfachste Schaltung
b) T-Schaltung

des einfachen RC-Hochpasses (Bild 3.9–14a) läßt sich wie beim Tiefpaß mit der frequenzabhängigen Spannungsteilung durch die Widerstände $X_\text{C} = 1/j\omega C$ und R erklären. Der Frequenzgang dieses unbelasteten Spannungsteilers ist:

$$\underline{F} = \frac{U_\text{a}}{U_\text{e}} = \frac{R}{R + \dfrac{1}{j\omega C}} = \frac{1}{1 + \dfrac{1}{j\omega RC}} = \frac{1}{1 + \dfrac{1}{j\omega T_\text{s}}} = \frac{j\omega T_\text{s}}{1 + j\omega T_\text{s}}. \qquad (3.9\text{–}13)$$

$T_\text{s} = RC = 1/\omega_0$.

Für $\omega T_\text{s} \ll 1$ gilt $\underline{F} \to j\omega T_\text{s}$, d. h. Signale tiefer Frequenz werden mit fallender Frequenz in wachsendem Maße geschwächt, wobei j die Phasenverschiebung mit $\varphi = +90°$ angibt.
Für $\omega T_\text{s} \gg 1$ wird $\underline{F} \to 1$, d. h. Signale hoher Frequenz werden unverändert übertragen. Bei $\omega T_\text{s} = 1$ haben wir die *Grenzfrequenz ω_0 des Hochpasses*:

$$\omega_0 = \frac{1}{T_\text{s}} = \frac{1}{RC}. \qquad (3.9\text{–}14)$$

3.9 Oszillatoren (Sinusoszillatoren)

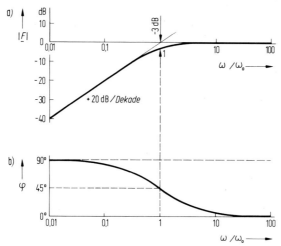

Bild 3.9–15. Frequenzgang des Hochpasses
a) Amplitudenverhältnis $|F|\,\mathrm{dB} = 20 \cdot \lg|U_a|/|U_e|$
b) Phasenkennlinie $\varphi = \mathrm{f}(\omega|\omega_0)$

Die graphische Darstellung dieses Frequenzganges zeigt Bild 3.9–15. Bis zu ω_0 steigt der Amplitudengang mit 20 dB/Dekade, d. h. linear. Bei der Grenzfrequenz selbst ist ein Amplitudenverlust von 3 dB vorhanden, d. h. es ist $U_a \approx 0{,}7\ U_e$. Signale höherer Frequenz werden mit dem Übertragungsfaktor eins übertragen; sie passieren ungeschwächt (Hochpaß). Die Phasenverschiebung des Hochpasses zeigt die Phasenkennlinie $\varphi = \mathrm{f}(\omega/\omega_0)$. Bei niedrigen Frequenzen ($\omega \ll \omega_0$) ist die Phasenverschiebung der Ausgangsspannung gegenüber der Eingangsspannung $+90°$, sie beträgt bei der Grenzfrequenz $+45°$ und tendiert für höhere Frequenzen gegen Null; bei $\omega \gg \omega_0$ ist U_a in Phase mit U_e.

Die Parallelschaltung von Tiefpaß in T-Schaltung und Hochpaß in T-Schaltung bildet ein **Doppel-T-Filter** (Bild 3.9–16). Diese Schaltung überträgt Signale tiefer Frequenz über die Widerstände R des Tiefpasses, und Signale hoher Frequenz werden unverändert übertragen, sofern man einen leistungslosen Signalfluß betrachtet. In einem bestimmten Frequenzbereich jedoch werden die Signale unterdrückt. Dieser Frequenzbereich mit Signalschwächung ist durch die Grenzfrequenzen des Tief- und Hochpasses gegeben.

Bei der sog. Resonanzfrequenz werden die Signale am stärksten unterdrückt. Für die in Bild 3.9–16 angegebene Schaltung ist die *Resonanzfrequenz* des *Doppel-T-Filters*

$$\omega_0 = \frac{1}{RC} \text{ bzw. } f_0 = \frac{1}{2\pi RC}. \tag{3.9–15}$$

Der Frequenzgang des Doppel-T-Filters (Bild 3.9–17) ergibt sich aus den Frequenzgängen des Tief- und Hochpasses. Auch die Phasenverschiebung ist eine Addition der Phasenwinkel von Tief- und Hochpaß. Bei Resonanz hebt die Phasenverschiebung des Tiefpasses die des Hochpasses auf ($\varphi = 0$).

Mit dem Doppel-T-Filter lassen sich bestimmte Frequenzen unterdrücken. Wird es z. B. als frequenzabhängige Gegenkopplung für einen Verstärker eingesetzt (Bild 3.9–18), so

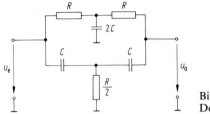

Bild 3.9–16.
Doppel-T-Filter

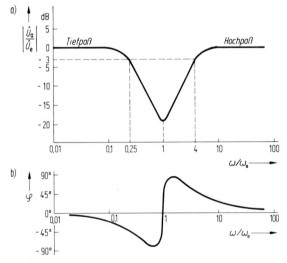

Bild 3.9–17. Frequenzgang des Doppel-T-Filters
a) Amplitudengang
b) Phasenkennlinie

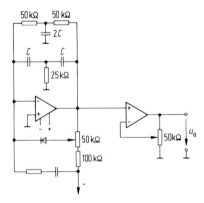

Bild 3.9–18.
Sinusoszillator mit
Doppel-T-Brücke
in der Rückführung

3.9 Oszillatoren (Sinusoszillatoren)

hat diese Schaltung bei der Resonanzfrequenz nur eine schwache Gegenkopplung; die Signalverstärkung bei der Resonanzfrequenz ist also groß. Durch die zusätzliche Beschaltung können die Schwingbedingungen eingestellt werden, und wir erhalten einen Sinusoszillator. Zur Entkopplung des Oszillators und des Verbrauchers ist ein Elektrometerverstärker vorhanden. Hiermit kann zusätzlich die Schwingamplitude eingestellt werden.

4 Digitale Schaltungen mit elektronischen Bauelementen

Der Begriff „digital" im Zusammenhang mit digitaler Schaltung ist ein Hinweis auf die Form der zu verarbeitenden Signale. Wir müssen die Informationsverarbeitung (Datenverarbeitung) und Steuerungstechnik in Analogtechnik und Digitaltechnik unterteilen.

Beim *Steuern mit analogen Signalen* handelt es sich um eine Signalverarbeitung mit Vergleichsgrößen. Die steuernden Signale bestimmen mit ihrer Größe nach gegebener Gesetzmäßigkeit die Ausgangsgröße, d. h. jedem Betrag der steuernden Eingangsgröße ist ein bestimmter Betrag der Ausgangsgröße zugeordnet. Man kann auch sagen, die Ausgangsgröße ist entsprechend der Eingangsgröße nachgebildet, oder die Ausgangsgröße ist der Eingangsgröße ähnlich. Diese Formulierung ergibt sich aus der freien Übersetzung des aus der griechischen Sprache kommenden Wortes „*analog*" mit „entsprechend" oder „ähnlich".
Analoge Signale haben meistens einen kontinuierlichen Verlauf. Es sind Größen, die von einer anderen Größe abhängen. Bild 4.1–1a zeigt eine mögliche analoge Abhängigkeit einer Größe von einer anderen.

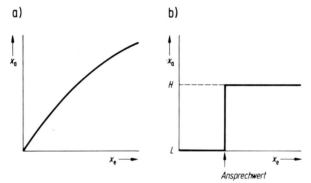

Bild 4.1–1. Verlauf der Ausgangsgröße als Funktion der Eingangsgröße
a) bei analoger Signalübertragung
b) bei digitaler Signalverarbeitung

Sieht man von den quasi stetigen Steuergeräten mit Schaltverhalten ab, so sind die Bauelemente und Baugruppen der analogen Steuerungstechnik kontinuierlich wirkende Geräte. Hierzu gehören Stellwiderstände, Stelltransformatoren, Transistoren bei Betrieb innerhalb des stetigen Steuerbereichs, Transistorverstärker, Thyristorverstärker und Transduktoren.

Die *Signale der Digitaltechnik* (digital = ziffernmäßig) entsprechen der Wertigkeit einer Ziffer. In der digitalen Steuerungstechnik werden heute fast ausschließlich zweiwertige Signale verwendet. Für das Wort „zweiwertig" sind die Ausdrücke *binär* oder *dual* üblich. Drei- und mehrwertige Signale haben untergeordnete Bedeutung. Die digitalen

4 Digitale Schaltungen

Signale werden durch eindeutige Potentialzustände oder durch andere eindeutig zweiwertige Aussagen gekennzeichnet. Das binär-digitale Signal kennt nur zwei elementare Informationen:

Signal vorhanden,
Signal nicht vorhanden.

Aus dem zeitlichen Verlauf einer digitalen Größe in Bild 4.1–2 erkennt man, daß die Höhe des Signals immer einen Einheitswert hat. Für den Einfluß des Signals auf eine Steuerung ist nur das Vorhandensein oder das Fehlen des Signals wichtig. Unabhängig von der physikalischen Größe ist ein Wechsel des binär-digitalen Signals vom Zustand „vorhanden" auf „nicht vorhanden" eine elementare Aussage wie „ja" und „nein". Eine solche Aussage ist eine Nachrichteneinheit, sie hat im technischen Sprachgebrauch die Bezeichnung „*bit*" (*binary digit* = zweiwertige Ziffer).

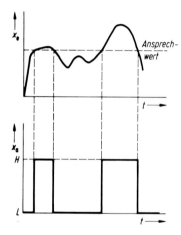

Bild 4.1–2.
Verlauf der digitalen Ausgangsgröße als Funktion der Zeit bei beliebiger Eingangsgröße. Das digitale Signal kennt nur zwei Zustände: Signal „vorhanden" oder „nicht vorhanden".

Die Wertigkeit einer digitalen Aussage wird mit *Null* (*logisch* „0") oder *Eins* (*logisch* „1") gekennzeichnet. Bei kontaktbehafteten Steuerungen mit Relais und Schützen wählt man für den offenen Kontakt den Signalwert „0" und für den geschlossenen Kontakt „1". In der kontaktlosen Steuerungstechnik mit elektronischen Bauelementen sind als Ausgangssignale Spannungspegel vorhanden. Man könnte nun dem Zustand „Spannung vorhanden" die Wertigkeit logisch „1" und dem Zustand „Spannung nicht vorhanden" logisch „0" geben. Diese Aussage ist jedoch nicht eindeutig, denn der Bezugspunkt der Spannung ist nicht festgelegt; es kann positive oder negative Spannung vorhanden sein. Nach *DIN 41785 Bl. 4* sind daher die zwei möglichen Wertebereiche der binären elektrischen Größen mit L (*low* ≙ *tief*) und H (*high* ≙ *hoch*) festgelegt. Damit hat der tiefere Spannungspegel L-*Signal* und der positivere Spannungspegel H-*Signal*. Die Elemente der Digitaltechnik müssen die zweiwertigen Signalzustände L und H zuverlässig realisieren. In der kontaktlosen digitalen Steuerungstechnik ist die zweiwertige Aussage meistens durch den „*leitenden*" oder „*nicht leitenden*" Zustand eines Halbleiterbauelements gegeben.

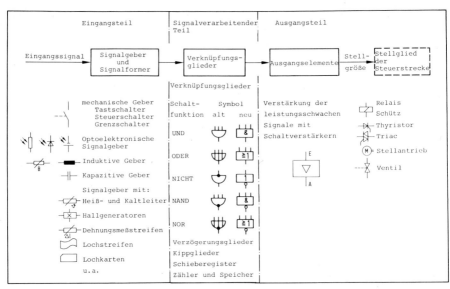

Bild 4.1-3. Aufbau einer digitalen Steuerung

Wir wollen die digitalen Schaltungen nach ihren Aufgaben innerhalb einer digitalen Steuerung unterteilen. Den Aufbau einer solchen zeigt Bild 4.1-3. Danach bilden die Elemente der Steuerung eine Kette, bestehend aus:

Eingangsteil (Signalgeber und Signalanpassung)
Signalverarbeitender Teil (Verknüpfungsglieder)
Ausgangsteil (Signalverstärkung)

Die Art und Form der Eingangssignale ist sehr vielfältig; es gibt z. B. Start- und Stoppsignale oder Signale für Grenzlage, Länge, Zeit, Drehwinkel, Drehzahl, Füllstand, Spannung usw. Signale wie „Start", „Stopp" und „Grenzlage" sind bereits digitaler Art. Die anderen genannten Signale sind meist in analoger Form gegeben, z. B. die Drehzahl als eine der Spannung eines Tachometergenerators proportionale Größe.

Der *Eingangsteil* der Steuerung hat die Eingangsgrößen zu erfassen und, wenn erforderlich, in digitale Einheitssignale entsprechend „L"- oder „H"-Signal umzuformen. Es sind also Geräte erforderlich, die man in Signalgeber und Signalformer unterteilen kann.

4.1 Digitale Signalgeber

Als Signalgeber, auch *Initiatoren* genannt, sind Geräte üblich, die kontaktlos und berührungslos arbeiten. Sie sind besonders geeignet für Steuerungen mit hoher Schalthäufigkeit. Es sei jedoch erwähnt, daß aus wirtschaftlichen Gründen vielfach Schaltgeräte der herkömmlichen Technik (Tastschalter, Nockenschalter u. dgl.) verwendet werden.

4.1 Digitale Signalgeber 465

Die besonderen Vorteile der berührungslosen und kontaktlosen Signalgeber sind: hohe Schaltzahlen; praktisch verzögerungsfreies Schalten; Unempfindlichkeit gegen Erschütterungen, Staub, Feuchtigkeit und chemisch aggressive Dämpfe; Konstanz der Eigenschaften trotz Alterung; Wartungsfreiheit. Die berührungslosen Signalgeber gibt es in induktiver, magnetischer, kapazitiver und optoelektronischer Ausführung.

4.1.1 Kontakt- und berührungslose induktive Geber

Induktive Geber sprechen beim Annähern von elektrisch leitenden Gegenständen an. Bild 4.1–4 zeigt den Aufbau und Bild 4.1–5 das vereinfachte Schaltbild eines *induktiven Näherungsschalters*. Als Hilfsenergie ist die Speisespannung U_S vorhanden. Der *Oszil-*

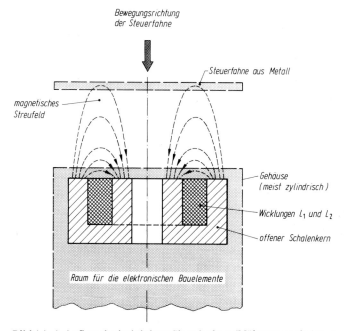

Bild 4.1–4. Aufbau des induktiven Signalgebers (Näherungsschalters)

lator (Kapitel 3.9) schwingt mit etwa 100 kHz, die durch den Schwingkreis $C_1 L_1$ bestimmt sind. Die Wicklung L_1 ist transformatorisch mit der Wicklung L_2 gekoppelt, denn beide Wicklungen befinden sich auf einem Schalenkern. Da dieser Schalenkern offen ausgeführt ist (Bild 4.1–4), schließt sich der magnetische Wechselfluß durch den Luftraum über den Spulen. Bringt man in das magnetische Streufeld einen elektrisch gut leitenden Gegenstand, so bilden sich in ihm Wirbelströme aus, die dem Schwingkreis Energie entziehen. Damit wird die Signalverstärkung über die Rückkopplung L_2 und Transistor T_1 kleiner als eins, und die Schwingungen setzen aus. Der Oszillator beginnt erst wieder zu schwingen, nachdem der leitende Gegenstand aus dem Streufeld entfernt wurde. Der Oszillator kennt also zwei Betriebszustände „Schwingung vorhanden" –

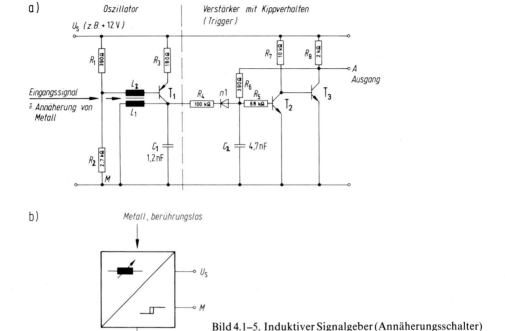

Bild 4.1-5. Induktiver Signalgeber (Annäherungsschalter)
a) vereinfachtes Schaltbild
b) Schaltsymbol

kein leitendes Material im Streufeld – und „Schwingung nicht vorhanden" – leitendes Material im Streufeld. Diese beiden Zustände werden von dem nachgeschalteten Verstärker mit Kippverhalten ausgewertet. Im Zustand „Schwingung vorhanden" wirkt die Wechselspannung des Oszillators auf R_4, n1 und C_2: die negative Halbwelle der Oszillator-Wechselspannung lädt den Kondensator C_2 auf. Die positive Halbwelle wird durch die Diode n1 gesperrt; der negativ aufgeladene Kondensator kann sich nicht entladen und behält negatives Potential. Dadurch wird der Transistor T_2 gesperrt, und am Ausgang A liegt L-Signal (der Kippverstärker ist in Abschnitt 4.2 erläutert). Im Zustand „Schwingung nicht vorhanden" entlädt sich der Kondensator C_2, und die Schaltstufe (T_2 und T_3) wird über die Widerstände R_6 und R_8 aufgesteuert: der Ausgang A hat H-Signal.

Die Genauigkeit der Ansprechwerte induktiver Geber beträgt etwa 0,1 mm. Hierbei hat die Dicke der Steuerfahne praktisch keinen Einfluß auf die Ansprechentfernung.

4.1.2 Kontakt- und berührungslose Geber mit Magnetbetätigung

Die Betätigungszustände werden hierbei durch einen *Hallgenerator*, auch *Hallsonde* genannt, ausgewertet. Bild 4.1-6 zeigt die Anordnung einer Hallsonde im magnetischen Kreis.

4.1 Digitale Signalgeber

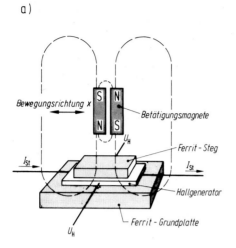

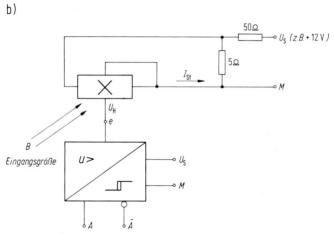

Bild 4.1–6. Berührungsloser Taster mit Magnetbetätigung *(Siemens)*
a) Aufbau
b) Prinzipschaltbild mit Kippverstärker

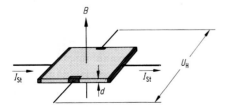

Bild 4.1–7. Prinzip des Hallgenerators (Hallsonde)

Sie ist ein dünnes Halbleiterplättchen (Bild 4.1-7), das in Längsrichtung von einem Steuerstrom I_{St} durchflossen wird, so daß in Querrichtung eine Spannung U_H (Hallspannung) entsteht, wenn das Plättchen gleichzeitig von einem Magnetfeld B durchsetzt wird. Ursache der Spannung $U_H \sim I_{St}B$ ist die Ablenkung der Ladungsträger durch das magnetische Feld.

Betrachtet man die Hallspannung U_H als die Ausgangsgröße des Gebers, so muß bei konstantem Steuerstrom das Betätigungselement als Eingangsgröße den magnetischen Fluß vorgeben oder beeinflussen. Im Prinzip würde als Betätigungselement ein Permanentmagnet ausreichen. Man verwendet jedoch zwei entgegengerichtete Permanentmagnete und erreicht bei der in Bild 4.1-6 eingetragenen Betätigungsrichtung einen Verlauf der Hallspannung U_H gemäß Bild 4.1-8. Dieser ist abhängig von der Position x der Betä-

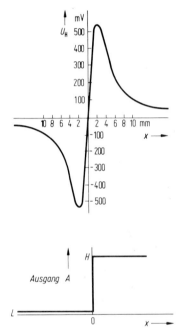

Bild 4.1-8.
Verlauf der Hallspannung U_H und der Spannung am Ausgang A abhängig von der Position x der Betätigungsmagnete

tigungsmagnete und wird durch einen positiven und negativen Spannungsbereich sowie einen steilen Nulldurchgang gekennzeichnet. Der positive oder negative Wert der Hallspannung hängt von der Richtung des magnetischen Flusses ab, der den Hallgenerator durchsetzt. Dieser magnetische Fluß ist der Differenzfluß der beiden Permanentmagnete. Je nach Stellung der Magnete ist der Differenzfluß Null (Mittellage), nach oben (linke Position) oder nach unten gerichtet (rechte Position).

Der steile Nulldurchgang ermöglicht eine exakte Schaltpunktauswertung durch einen Verstärker mit Kippverhalten und genauem Ansprechwert. Das bedeutet, daß bei einer bestimmten Spannung des Hallgenerators der Kippverstärker von L-Signal auf H-Signal umschaltet (Bild 4.1-8). Verstärker mit solchem Kippverhalten und definiertem Ansprechwert werden als *Schmitt-Trigger*, als Meßtrigger oder allgemein als Trigger (Kapitel 4.2) bezeichnet.

Die Schaltpunktgenauigkeit bzw. die Reproduzierbarkeit des Ansprechwertes beträgt etwa 0,01 mm bei einem Betätigungsabstand von 0,5 mm. Der Taster hat also eine hohe Schaltgenauigkeit und ist für den Einsatz an Präzisions-Werkzeugmaschinen geeignet.

4.1.3 Induktive Impulsgeber

Induktive Impulsgeber sind zum digitalen Messen von Drehzahlen geeignet. Eine Ausführung nach Bild 4.1–9 enthält ein Zahnrad aus magnetisch weichem Stahl und einen Tastkopf (Magnetkopf). Beim Drehen des Zahnrades ändert jeder Zahn den magnetischen Widerstand vor dem induktiven Tastkopf. Damit ändert sich auch der magnetische Kraftfluß in der Spule. Entsprechend dem Induktionsgesetz wird bei jedem Zahnwechsel eine Spannung in der Spule induziert. Die Amplitude und die Frequenz der Spannung sind proportional dem Produkt aus Drehzahl und Zähnezahl. Bild 4.1–9b zeigt die Abhängigkeit der Spannung des Tastkopfes von der Drehzahl.

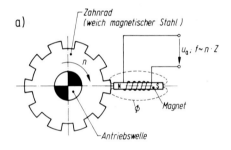

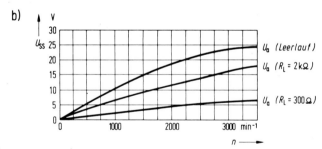

Bild 4.1–9. Induktiver Impulsgeber für digitale Drehzahlmessungen
   a) Aufbau
   b) Spannungsverlauf $U_a = f(n)$

Die Ausgangs-Wechselspannung des Tastkopfes kann mit einem Trigger in digitale L/H-Signale umgeformt werden. Meistens ist das jedoch nicht erforderlich, da die digitalen Zähleinrichtungen aus bistabilen Kippstufen aufgebaut sind, die auf die Änderung des Eingangssignals reagieren. Die Auswertung kleiner Drehzahlen ($n < 5\,\text{min}^{-1}$) kann wegen der geringen Ausgangs-Wechselspannung des Tastkopfes schwierig sein. Hier ist deshalb ein optoelektronischer Impulsgeber besser geeignet.

4.1.4 Kapazitive Signalgeber

Kondensatoren können als Meßumformer dienen, wenn die zu messende Größe die Kapazität des Kondensators verändert. Dies geschieht, wenn die mechanischen Abmessungen (Fläche bzw. Plattenabstand) oder das Dielektrikum des Kondensators verändert werden. Von den kapazitiven Meßumformern soll für die digitalen Steuerungen der kontaktlose kapazitive Taster erläutert werden.

Ein *kontaktloser kapazitiver Taster* besteht aus einer Tastfläche, einem Hochfrequenzschwingkreis (Oszillator) und einem Verstärker mit Kippverhalten (Trigger). Die Schaltung zeigt Bild 4.1–10. Die Tastfläche und die Erdoberfläche als Gegenelektrode bilden

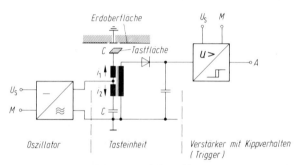

Bild 4.1–10. Kapazitiver kontaktloser Taster

einen Kondensator mit dem Dielektrikum Luft. Der Strom durch den Kondensator mit Tastfläche hängt nur von seiner Kapazität ab, wenn Frequenz und Ausgangsspannung des Oszillators konstant sind. Durch Annäherung eines Gegenstandes oder einer Person, im Extremfall durch Berühren der Tastfläche, ändert sich die Kapazität. Damit ändert sich der Differenzstrom $i_1 - i_2$ im Brückenkreis der Tasteinheit, und der Verstärker mit Kippverhalten (Trigger) wird angesteuert.

4.1.5 Optoelektronische Signalgeber

Signalgeber mit lichtempfindlichen Bauelementen arbeiten durch das Zusammenwirken einer Strahlungsquelle mit einem optoelektronischen Bauelement (Bild 4.1–16). Als *Strahlungsquelle* kommt z. B. bei einer Lichtschranke eine Lampe, bei Dämmerungsschaltern das Tageslicht oder bei Temperatur-Prüfeinrichtungen die Glühfarbe des Materials oder die Wärmestrahlung in Frage. Die Wellenlänge der Strahlung muß nicht im Bereich des sichtbaren Lichtes liegen. Gemäß Kapitel 2.4 ist die höchste Empfindlichkeit der optoelektronischen Bauelemente vielfach im infraroten oder ultravioletten Bereich. Eine Strahlungsquelle kann im allgemeinen ohne optische Hilfsmittel direkt auf das lichtempfindliche Bauelement einwirken; zur Bündelung der Strahlung sind in Bild 4.1–11 jedoch ein Kondensor K und eine Sammellinse L eingezeichnet.

Als Strahlungsempfänger dienen lichtempfindliche Bauelemente, die man in aktive und passive Typen einteilt. Zu den aktiven zählen lichtabhängige Spannungs- bzw. Stromquellen (Fotoelemente). Die passiven Bauelemente verändern ihren Widerstand mit der Lichtintensität (Fotowiderstände). Es sei jedoch hervorgehoben, daß auch Fotodioden

4.1 Digitale Signalgeber

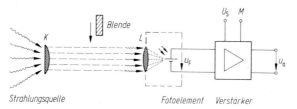

Bild 4.1-11. Prinzip eines Signalgebers mit optoelektronischen Bauelementen (Lichtschranke)

in Sperrichtung und Fototransistoren als lichtabhängige Widerstände betrachtet werden können.

Ausgangsgröße der optoelektronischen Bauelemente ist ein von der Strahlungsintensität und von der Wellenlänge abhängiger Spannungs-, Strom- oder Widerstandswert, der unmittelbar zum Steuern von Vorgängen verwendet werden kann. Mit Rücksicht auf die ggf. erforderliche Leistung wird jedoch meistens ein Verstärker vorgesehen. Als Beispiel hierfür zeigt Bild 4.1-11 ein Fotoelement, das mit seiner lichtabhängigen Ausgangsspannung U_F einen Gleichspannungsverstärker ansteuert.

Signalgeber der Steuerungstechnik sollen häufig nur zwischen den Zuständen „hell" oder „dunkel" unterscheiden. Es wird daher eine eindeutige Aussage entsprechend „ein" oder „aus" verlangt. Dies kann durch die Konstruktion des Signalgebers erfüllt werden, z. B. bei einer Lichtschranke oder einer optischen Lochkartenabtastung durch die Abdeckung oder Nichtabdeckung der Strahlungsquelle. In Fällen, wo sich die Lichtintensität kontinuierlich ändert oder Störlicht vorhanden ist, sollte ein Verstärker mit Ansprechschwelle und Kippverhalten (Trigger) verwendet werden.

Wichtig ist die Wahl der Art des Fotoleiters. Diese unterscheiden sich hinsichtlich der Lichtempfindlichkeit, der Wellenlänge der Strahlung, der Grenzfrequenz und der Temperaturabhängigkeit. Hinzu kommen noch Baugröße und Bauform. Bei der Vielzahl der Parameter kann ein eindeutiger Hinweis auf das eine oder andere Bauelement nicht gegeben werden. Für Signalgeber der *digitalen* Steuerungstechnik werden bevorzugt *Fotodioden* und *Fototransistoren* eingesetzt. Fotodioden zeichnen sich besonders durch ihre hohe Grenzfrequenz aus. Ihre Anstiegszeiten für den Fotostrom liegen im ns-Bereich.

Bild 4.1-12 zeigt eine in Sperrichtung geschaltete Fotodiode in Reihe mit einem Widerstand R_1. Die Schaltung ist ein *lichtabhängiger Spannungsteiler*, dessen Ausgangsspannung über einen Schaltverstärker ausgewertet werden kann.

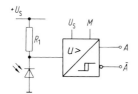

Bild 4.1-12.
Spannungsteiler mit Fotodiode steuert einen Verstärker bzw. einen Trigger

Ein Schaltungsbeispiel mit einem Fototransistor zeigt Bild 4.1-13. Im „Hell"-Zustand ist der Fototransistor leitend und steuert den Transistor T_2 durch. Diese Schalteinheit

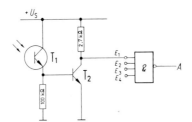

Bild 4.1–13.
Fototransistor mit Ansteuerung eines NAND-Gliedes geeignet für einen Lochkartenleser

kann durch weitere lichtempfindliche Einheiten zu einem optischen Lochkartenleser erweitert werden. Für die Dekodierung der Zeichen ist in Bild 4.1–13 ein NAND-Glied eingezeichnet.
Fototransistoren können sowohl lichtabhängig als auch über den herausgeführten Basisanschluß wie normale Transistoren gesteuert werden. Bei der Schaltung der *lichtabhängigen bistabilen Kippstufe* wird hiervon in Bild 4.1–14 Gebrauch gemacht. Im

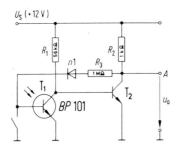

Bild 4.1–14.
Foto-Trigger mit Rückstelltaste unter Verwendung eines Fototransistors BP 101 (Siemens)

„Dunkel"-Zustand ist der Fototransistor T_1 gesperrt, und der Transistor T_2 wird über R_1 durchgesteuert. Der Ausgang A liegt über T_2 an Masse, d. h. U_a ist nahezu Null. Somit kann über den Rückkopplungswiderstand R_3 kein Strom zur Basis des Fototransistors fließen. Bei Lichteinfall wird der Fototransistor leitend; das Potential am Kollektor des Fototransistors verringert sich, der Transistor T_2 wird weniger angesteuert, und die Spannung am Ausgang A steigt. Letztere wirkt über die Rückkopplung R_3/n_1 gleichzeitig auf die Basis des Fototransistors, und die Schaltung kippt auf die maximale Ausgangsspannung. Dieser Zustand bleibt auch nach dem Unterbrechen des Lichtstrahles erhalten. Der Anfangszustand $U_a \approx 0$ wird durch eine Rückstelltaste gesetzt oder durch Abschalten der Speisespannung U_S erzwungen. Die Diode n 1 verhindert, daß der Rückkopplungswiderstand R_3 zum Basisableitwiderstand wird.
Eine Schaltung, die auf Lichtimpulse anspricht und sich nach einer bestimmten Zeit automatisch zurücksetzt, zeigt Bild 4.1–15. Durch die dynamische Rückkopplung ist eine *lichtgetriggerte, monostabile Kippschaltung* entstanden. Bei Belichtung schaltet der Fototransistor durch, und mit dem Signalhub am Kollektor des Fototransistors T_1 von H-Signal auf L-Signal wird über den Kondensator C das Basispotential am Transistor T_2 negativ; der Transistor T_2 sperrt, und Ausgang A hat hohes Potential. Dieser Schaltzustand ist jedoch nicht stabil, denn über den Widerstand R_2 wird der Kondensator positiv aufgeladen. Die Spannung an der Basis des Transistors T_2 steigt mit der Ladezeit-

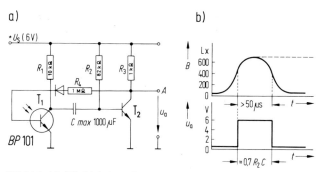

Bild 4.1-15. Mit Lichtimpulsen gesteuerte monostabile Kippschaltung
a) Schaltbild
b) Impulsdiagramm

konstante $T_S = R_2 C$ und schaltet nach etwa 0,7 T_S den Transistor T_2 durch. Die Länge des Ausgangsimpulses ist unabhängig von der Dauer des Lichtimpulses (Bild 4.1-15). Der Lichtimpuls muß zum Schalten jedoch eine Mindestlänge (etwa 50 µs) haben, die von der Grenzfrequenz des Fototransistors abhängt.

Unter der Bezeichnung *Photo-Schmitt* gibt es lichtgesteuerte Schmitt-Trigger in integrierter Dünnfilm-Hybridtechnik. Hierbei ist die komplette Schaltung in einem Gehäuse mit Sichtfenster untergebracht. Durch externe Bauelemente kann meistens die Ansprechempfindlichkeit und eine Schaltverzögerung festgelegt werden.

Die Einsatzmöglichkeiten der optoelektronischen Bauelemente sind sehr vielseitig. Hauptanwendungsgebiet sind Lichtschranken zur Produktionskontrolle (Schutz- und Zähleinrichtungen), Weg-, Winkel- und Längenmeßverfahren an Werkzeugmaschinen, Lochkarten- und Lochstreifenabtastung, Kontrolle von Zündvorgängen, Glutüberwachung u. a. m. Einige Grundanordnungen und Meßverfahren werden nachstehend beschrieben.

Das *Prinzip einer Lichtschranke* ist in Bild 4.1-11 enthalten. Der Abstand zwischen Strahlungsquelle und Strahlungsempfänger kann relativ groß sein und einige hundert Meter betragen. Bei kleinen Abständen können Lichtquelle L und Lichtempfänger F in einem Gehäuse untergebracht werden (Bild 4.1-16). Es entsteht damit eine gabelförmige

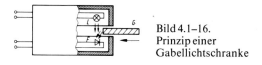

Bild 4.1-16.
Prinzip einer
Gabellichtschranke

Konstruktion, und man spricht von einer *Gabellichtschranke* oder einen *Schlitzinitiator*. Bringt man in den Spalt der Gabel einen Gegenstand G, so kann von dem optoelektronischen Bauelement der Zustand „vorhanden" oder „nicht vorhanden" festgestellt werden.

Eine Lichtschranke kann auch „einäugig" konstruiert werden, d. h. Strahlungsquelle und Empfänger sitzen in einem Gehäuse mit nur einem Sichtfenster. Bild 4.1-17 zeigt das Prinzip einer solchen Lichtschranke; sie wird allgemein als *Reflexions-Lichtschran-*

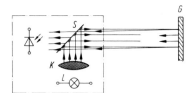

Bild 4.1–17.
Prinzip der
Reflexionslichtschranke

ke bezeichnet. Das Licht der Lampe L wird durch einen Kondensor K parallel gerichtet und fällt auf einen halbdurchlässigen Spiegel S, wird dann umgelenkt und kann von einem reflektierenden Gegenstand G zurückgeworfen werden. Es durchdringt den Spiegel und wird anschließend von einem Fotobauelement ausgewertet. Reflexionslichtschranken können zum Zählen von Teilen, Feststellen von Löchern in Papierbahnen, Überwachen von Flüssigkeitsständen, als Impulsgeber für Drehzahlmessungen u. a. m. verwendet werden.

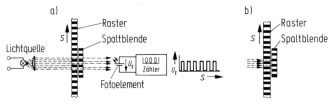

Bild 4.1–18. Prinzip der digitalen Weg- oder Drehwinkelmessung
   a) Raster in Hell-Position
   b) Raster in Dunkel-Position

Mit Bild 4.1–18 wird das Prinzip optoelektronischer Impulsgeber zum digitalen Messen von Wegen, Winkeln und Drehzahlen verdeutlicht. Die zu messende Strecke oder der Winkel wird in Teilstücke unterteilt. Der so entstehende Raster kann lichtdurchlässig (geätzte Glasscheibe, Lochscheibe) oder reflektierend ausgeführt werden. Jede Bewegung des Rasters gibt über die optische Abtastung Impulse, die ausgezählt werden können. Die Anzahl der Impulse ist ein Maß für den Weg oder den Drehwinkel. Dieses Meßverfahren nennt man *inkremental*, d. h. auf der Zunahme einzelner Meßschritte beruhend; es kann auch als *relativ* bezeichnet werden, da durch Löschen des Zählers jede beliebige Stellung des Rasters als neuer Nullpunkt festgelegt werden kann. Der Zähler kann auch nach einem bestimmten Zeitintervall abgelesen und wieder auf Null gesetzt werden. Man erhält dann eine bestimmte Impulszahl je Zeiteinheit, die dem Wert der Geschwindigkeit oder Drehgeschwindigkeit (Drehzahl) entspricht. Zwecks Erreichung einer hohen Genauigkeit sollten die Raster möglichst fein geteilt sein. Mit geätzten Glasscheiben erreicht man Strichabstände von etwa 0,005 mm.

Das vorgenannte Verfahren zur Weg- oder Winkelmessung hat Nachteile; einmal ist die Genauigkeit von der Rasterteilung abhängig, und zum andern kann die Festlegung des Bezugspunktes (Nullpunktes) schwierig sein. Diese Probleme kann man mit *codierten Meßverfahren* beseitigen. Diese sind durch das gleichzeitige Abtasten mehrerer Raster

4.1 Digitale Signalgeber 475

gekennzeichnet. In Anlehnung an die digitale Datenverarbeitung werden die Raster nach dem natürlichen Binärcode (*BCN*) oder einem binär-dezimalen Code (*BCD*) geteilt. Dadurch ist jedem Weg- oder Winkel-Schritt ein eindeutiger binärer Ausdruck, eine 1/0-Kombination, zugeordnet. Jeder Weg- oder Winkelschritt hat eine eindeutige 1/0-Kennzeichnung und kann jederzeit erkannt werden. Zählfehler sind damit ausgeschaltet. Bild 4.1-19 zeigt ein Rasterlineal mit Teilung nach dem *BCN*-Code. Ein codierter Raster kann auch in Scheibenform (Bild 4.1-19b) für die absolute Winkelmessung verwendet werden.

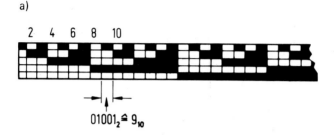

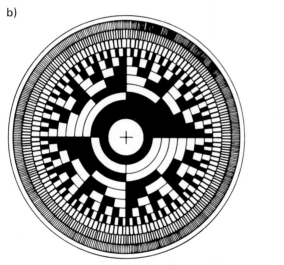

Bild 4.1-19. Codierte Geber als Positionsgeber zur
a) Wegmessung mit *BCN*-Code
b) Winkelmessung

Das Hauptproblem der codierten Meßverfahren ist die exakte Erfassung der Raster bzw. des Wechsels von Hell nach Dunkel. Zur Vermeidung von Fehlern wird vielfach eine Doppel-Abtastung verwendet, die wegen ihrer Anordnung *V-Abtastung* genannt wird. Bei der V-Abtastung (Bild 4.1-20) wird jeder Weg-/Winkel-Schritt mit einer voreilenden und einer nacheilenden Messung doppelt abgetastet. Eine V-Logik vergleicht

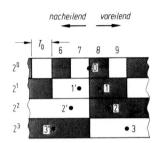

Bild 4.1–20.
Prinzip der V-Abtastung

den voreilenden binären Meßwert mit dem nacheilenden Meßwert und kann so eine einwandfreie Auswertung des Codes gewährleisten.
Das Meßergebnis eines codierten Weg- oder Winkelgebers ist fixiert und reproduzierbar. Spannungsausfall oder andere elektrische Störeinflüsse haben keinen bleibenden Fehler zur Folge. Winkelcodierer mit einer Codescheibe haben einen Meßbereich von 360°, da bei jeder weiteren Umdrehung sich die Codekombination wiederholt. Zur Winkelmessung mehrerer Umdrehungen werden deshalb Winkelcodierer mit weiteren Codescheiben ausgerüstet.

4.1.6 Signalgeber mit Dehnungsmeßstreifen, Heißleiter, Kaltleiter oder Feldplatte

Dehnungsmeßstreifen, Heißleiter, Kaltleiter und Feldplatten sind Bauelemente, die durch äußere Einflüsse (mechanische, thermische oder magnetisches Feld) ihren Widerstandswert verändern. Sie können wie veränderliche ohmsche Widerstände betrachtet werden und dementsprechend als Spannungsteiler oder als Widerstandsbrücke geschaltet werden. Bild 4.1–21 zeigt einen Spannungsteiler mit einem durch äußere Einflüsse veränderlichen Widerstand. Die analoge Ausgangsspannung des Spannungsteilers kann durch einen Verstärker mit definiertem Ansprechwert und Kippverhalten (Trigger) in ein digitales L/H-Signal umgeformt werden.

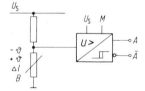

Bild 4.1–21.
Prinzip eines Signalgebers mit Dehnungsmeßstreifen, Heißleiter, Kaltleiter oder Feldplatte

4.2 Signalformung und Signalanpassung

Die Eingangssignale einer digitalen Steuerung entsprechen hinsichtlich der Signalgröße und Signalform vielfach nicht den Anforderungen digitaler Schaltkreissysteme. Systemfremde Signalgeber, die in einer Anlage verwendet werden sollen, können eine Signalformung, eine Signalverstärkung und eine Unterdrückung von Störeinflüssen er-

4.2 Signalformung und Signalanpassung

forderlich machen. Häufig müssen elektrische Signale beliebiger Kurvenform in digitale L/H-Signale umgeformt werden; so muß z.B. beim Überschreiten eines bestimmten Schwellwertes der Eingangsgröße das Ausgangssignal eines Umformers sich sprungförmig ändern und beim Unterschreiten wieder zurückkippen. Im Prinzip sind solche Umformer oder Anpassungsbausteine elektronische Schalter mit definierten Ansprech- und Rückfallwerten. Sie werden als *Kippschaltung, Schmitt-Trigger, Meßtrigger, Grenzwertgeber, Spannungswächter* oder *Spannungsdiskriminator* bezeichnet. Die häufigste Bezeichnung für einen Verstärker mit definiertem Ansprechwert und Kippverhalten ist *Schmitt-Trigger*.

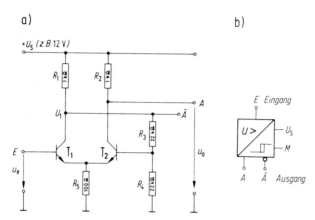

Bild 4.2–1. Schmitt-Trigger zur Formung eines Eingangssignals beliebiger Kurvenform in ein digitales Signal
a) Schaltbild
b) Symbol in der Digitaltechnik

Das Schaltbild eines emittergekoppelten Schmitt-Triggers zeigt Bild 4.2–1. Bei kleinen Eingangsspannungen U_e ist der Transistor T_1 gesperrt; der Kollektor von T_1 erhält über den Widerstand R_1 hohes Potential, und Ausgang $\overline{A}$ hat im unbelasteten Zustand nahezu 12 V entsprechend U_S. Über den Spannungsteiler R_3/R_4 wird der Transistor T_2 durchgesteuert. Das Potential des Ausganges A ist durch den Spannungsteiler R_2/R_5 bestimmt. In diesem stabilen Betriebszustand hat Ausgang A L-Signal und Ausgang $\overline{A}$ H-Signal. Bei steigender Eingangsspannung U_e bleiben die Ausgangspotentiale zunächst unverändert. Erst wenn die Eingangsspannung den Spannungsabfall am gemeinsamen Emitterwiderstand R_5 zuzüglich der Schwellspannung des Transistors T_1 überschreitet, wird T_1 angesteuert. Das Potential an $\overline{A}$ nimmt ab, und der Transistor T_2 beginnt zu sperren. Dadurch vermindert sich zunächst der Strom durch den gemeinsamen Emitterwiderstand R_5, und der Spannungsabfall R_5 verringert sich. Bei konstanter Eingangsspannung U_e vergrößert sich damit die Basis-Emitter-Spannung des Transistors T_1. Diese Mitkopplung leitet den Kippvorgang ein, so daß am Ende Transistor T_1 voll durchgesteuert und T_2 voll gesperrt ist. Damit hat Ausgang A hohes und Ausgang $\overline{A}$ niedriges Potential. Ein weiteres Steigern der Eingangsspannung kann die Höhe des Ausgangspotentials nicht ändern, die Schaltung ist bereits im Sättigungsbereich. Dieser Schaltzustand bleibt erhalten, bis die Eingangsspannung einen bestimmten Wert der

Basis-Emitter-Spannung von T_1 unterschreitet; dann kippt die Schaltung in die Anfangslage zurück. Folgende Größen sind von Bedeutung:

$$\text{Einschaltwert} \quad U_{e\,ein} \approx \frac{R_5}{R_2+R_5} \cdot U_s + 0{,}6\,\text{V}. \qquad (4.2\text{–}1).$$

$$\text{Rückschaltwert} \quad U_{e\,aus} \approx \frac{R_5}{R_2+R_5} \cdot U_s. \qquad (4.2\text{–}2)$$

Der *Schmitt-Trigger* ist also ein elektronischer Schalter mit einem bestimmten Ansprech- und Rückfallwert. Die Differenz zwischen diesen beiden Werten heißt Schalthysterese. Sie ist durch die Schwellspannung des Transistors T_1 und durch die Signalabschwächung im Spannungsteiler R_3/R_4 bestimmt. Alle Maßnahmen zum Verkleinern der Schalthysterese verschlechtern das Schaltverhalten. Das Schaltverhalten eines Schmitt-Triggers und die Formung eines Signals beliebiger Form in ein digitales Signal zeigt Bild 4.2–2.

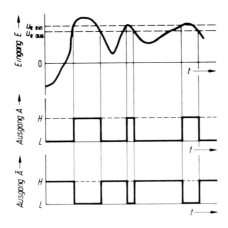

Bild 4.2–2.
Spannungsverlauf beim
*Schmitt-*Trigger. Der Ansprechwert
$U_{e\,ein}$ und der Rückfallwert $U_{e\,aus}$
bestimmen die Schaltpunkte.

Ein Signal beliebiger Form kann durch jeden Baustein mit Kippverhalten in ein digitales Signal geformt werden. Bild 4.2–3 zeigt einen zweistufigen Verstärker, bei dem das Signal des Ausganges A über den Widerstand R_4 zusätzlich auf den Eingang geschaltet ist. Durch diese Mitkopplung erhält der Verstärker kippendes (schaltendes) Verhalten. Liegt der Eingang E auf M-Potential (L-Signal), so ist T_1 gesperrt. Der Transistor T_2 wird über die Widerstände R_3 und R_5 angesteuert und ist leitend. Der Ausgang A liegt damit praktisch auf M-Potential. Eingang und Ausgang führen somit L-Signal. Steigert man die Eingangsspannung U_e, so werden Transistor T_1 auf- und T_2 im gleichen Maße zugesteuert. Am Ausgang A wird demzufolge im linearen Steuerbereich die Spannung u_a proportional mit der Eingangsspannung u_e ansteigen. U_a wird jedoch über R_4 auf die Basis von T_1 rückgekoppelt und verstärkt U_e. Das Ergebnis dieser Mitkopplung ist ein kippendes Verhalten. Die Schaltstufe kennt in dieser Form keinen Übergangsbereich, sondern nur die Schaltstellungen „Ausgangsspannung nicht vorhanden" oder „Ausgangsspannung vorhanden" entsprechend L- oder H-Signal.

4.2 Signalformung und Signalanpassung

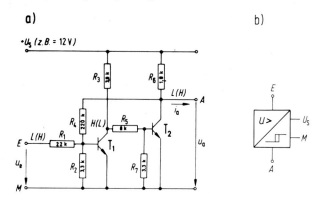

Bild 4.2–3. Transistorschaltstufe mit Kippverhalten durch überkritische Mitkopplung
a) Schaltbild
b) Symbol in der Digitaltechnik

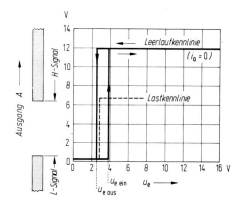

Bild 4.2–4.
Steuerkennlinie $U_a = f(U_e)$ der Transistorschaltstufe mit Kippverhalten. Der Ansprechwert $U_{e\,ein}$ und der Rückfallwert $U_{e\,aus}$ sind durch die Eingangsspannungsteiler R_1/R_2 und durch Rückführwiderstand R_4 bestimmt.

Die Steuerkennlinie der Schaltstufe zeigt Bild 4.2–4. Beim Erreichen einer bestimmten Eingangsspannung, dem Ansprechwert $U_{e\,ein}$, kippt der Ausgang von L-Signal auf H-Signal; wird die Eingangsspannung vermindert, so nimmt der Ausgang beim Erreichen des Rückkippwertes $U_{e\,aus}$ schlagartig L-Signal an. Die Umschaltpegel sind durch den Eingangsspannungsteiler R_1/R_2 und durch den Rückführwiderstand R_4 bestimmt.

Schaltendes Verhalten kann auch mit einem Operationsverstärker erreicht werden. Bild 4.2–5 zeigt einen *Operationsverstärker als Trigger* mit Ansteuerung über den nicht in-

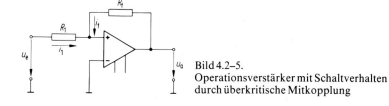

Bild 4.2–5.
Operationsverstärker mit Schaltverhalten durch überkritische Mitkopplung

vertierenden Eingang. Über den Rückführwiderstand R_f wird die Mitkopplung bewirkt. Die Schaltung ist eine *bistabile Kippstufe*. Sie hat zwei stabile Schaltstellungen, deren Potentiale durch die positive und die negative Sättigungsspannung des Operationsverstärkers bestimmt sind. In jeder Grenzlage der Ausgangsspannung hält sich die Schaltung über die Mitkopplung selbst, nur eine gegensteuernde Eingangsspannung U_e kann eine Umschaltung bewirken (Bild 4.2-6). Geht man von einem bestimmten Zustand der Schaltung aus, z. B. $u_e = 0$ und $u_a = +U_{a\,max}$, so können positive Eingangsspannungen den Schaltzustand nicht ändern, sondern lediglich eine stärkere Sättigung des Verstärkers bewirken.

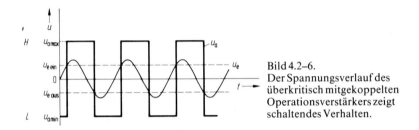

Bild 4.2-6.
Der Spannungsverlauf des überkritisch mitgekoppelten Operationsverstärkers zeigt schaltendes Verhalten.

Eine kleine negative Eingangsspannung ändert den Schaltzustand auch nicht; erst wenn mit der negativen Eingangsspannung der Strom $-i_1$ den Strom $+i_f$ kompensiert, d. h. $|-i_1| > i_f$ wird, kippt die Ausgangsspannung vom positiven Sättigungswert $U_{a\,max}$ auf den negativen Sättigungswert $U_{a\,min}$. Der Schaltvorgang wird von $u_e \sim i_1$ eingeleitet und läuft dann selbsttätig über die Rückführung R_f ab, so daß u_a sehr schnell auf $U_{a\,min}$ springt. Damit die Schaltung stabil arbeitet, muß die Bedingung der überkritischen Mitkopplung erfüllt sein. Das ist der Fall, wenn $A_{uo} R_1 / (R_1 + R_f) > 1$ ist (A_{uo} = Leerlaufverstärkung des Operationsverstärkers).
Hier ergeben sich folgende Kenngrößen:

Einschaltwert $\quad U_{e\,ein} = \dfrac{R_1}{R_f} U_{a\,min},$ \hfill (4.2–3)

Rückschaltwert $\quad U_{e\,aus} = \dfrac{R_1}{R_f} U_{a\,max},$ \hfill (4.2–4)

Schalthysterese $\quad \Delta U_e = U_{e\,ein} - U_{e\,aus} = \dfrac{R_1}{R_f} \cdot (U_{a\,max} - U_{a\,min}).$ \hfill (4.2–5)

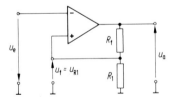

Bild 4.2-7.
Operationsverstärker mit Ansteuerung des invertierenden Eingangs und Mitkopplung über den nicht invertierenden Eingang

Kippverhalten kann ein Operationsverstärker auch bei Ansteuerung über den invertierenden Eingang erhalten (Bild 4.2–7). Über den Spannungsteiler R_f/R_1 muß jedoch ein Teil der Ausgangsspannung auf den nicht invertierenden Eingang zurückgeführt werden.
Durch diese Mitkopplung bekommt der Verstärker Schaltverhalten. Der Schaltzustand des Verstärkers kann nur mit Eingangsspannungen geändert werden, die größer als die Spannung U_f sind. Positive Eingangsspannung bewirkt Umschaltung auf die negative Sättigungsspannung $U_{a\,min}$ und negative Eingangsspannung Umschaltung auf die positive Sättigungsspannung $U_{a\,max}$. Die Umschaltpunkte sind festgelegt durch:

Einschaltwert $\quad U_{e\,ein} = \dfrac{R_1}{R_1 + R_f} U_{a\,min},$ (4.2–6)

Rückschaltwert $\quad U_{e\,aus} = \dfrac{R_1}{R_1 + R_f} U_{a\,max},$ (4.2–7)

Schalthysterese $\quad \Delta U_e = \dfrac{R_1}{R_1 + R_f} (U_{a\,max} - U_{a\,min}).$ (4.2–8)

Wir wollen jetzt die Signalpegel der Operationsverstärker-Schaltungen (Bilder 4.2–5 und 4.2–7) mit denen des *Schmitt*-Triggers (Bild 4.2–1) und des Schaltverstärkers (Bild 4.2–3) vergleichen. Es zeigen sich hierbei grundsätzliche Unterschiede. Die Ausgangsgröße beim Operationsverstärker hat abwechselnd positives oder negatives Potential, beim Schmitt-Trigger und Schaltverstärker dagegen positives oder M-Potential. Auch die Eingangssignale müssen bei den Schaltungen mit Operationsverstärkern positive und negative Werte annehmen können. Bei digitalen Steuerungen wird meistens nur mit der Spannungsrichtung (positiv *oder* negativ) gearbeitet. Daher sind Schaltungen mit Operationsverstärkern für digitale Steuerungen meistens nicht geeignet.
Zum Formen der Signale beliebiger Kurvenform in digitale Signale eignet sich sehr gut der Verstärker mit Kippverhalten nach Bild 4.2–3. Die Dimensionierung dieser Schaltung ist nicht problematisch; außerdem läßt sich der Triggerpegel sehr leicht verändern, was durch einen einstellbaren Eingangsspannungsteiler oder eine Hilfsspannung bewirkt werden kann.

4.3 Verknüpfungsglieder

Charakteristisch für die digitale Informationsverarbeitung ist das häufige Auftreten einiger weniger Grundformen für die Verknüpfungen der Signale. Es sind dies die *logischen* oder *Booleschen Grundverknüpfungen* zweier oder mehrerer Größen. Die Grundformen der Verknüpfungsfunktionen sind:
UND-Funktion (AND operation),
ODER-Funktion (OR operation),
NICHT-Funktion (negation).
Aus diesen Grundformen lassen sich die *NAND-Funktion und die NOR-Funktion* ableiten. Sie sind die negierte (verneinende) Aussage der *UND*-Funktion (*not and* ≙ *NAND*) und die negierte Aussage der *ODER*-Funktion (*not or* ≙ *NOR*). Neben den lo-

Tabelle 4.3–1. Vergleich technischer Daten von elektromechanischen, elektronischen und pneumatischen Steuerelementen

Kriterium	Bauelemente				
	elektromechanisch		elektronisch		pneumatisch
	Relais Schütze	Schutzrohr-kontakt-Relais	Transistoren Dioden	Integrierte Schaltkreise	
H-Signal	Spule erregt oder Kontakt geschlossen		positiverer Spannungspegel vorhanden		Druck vorhanden
L-Signal	Spule nicht erregt oder Kontakt nicht geschlossen		negativerer Spannungspegel vorhanden		Druck nicht vorhanden
Schaltzeit	10^{-1} bis 10^{-2} s	$\approx 10^{-3}$ s	10^{-4} bis 10^{-7} s	10^{-5} bis 10^{-8} s	10^{-1} bis 10^{-4} s
Schaltungen/s	1 bis 10	≈ 100	$\leq 10^7$	$\leq 10^8$	1 bis 1000
Betriebsspannung	bis 660 V $\approx$	bis 250 V $\sim$ 150 V $-$	5 bis 24 V $-$ Spez.-Ausf. bis 350 V $-$	4 bis 6 V $-$ Spez.-Ausf. bis 30 V $-$	
Steuerspannung	bis 220 V $\approx$	bis 220 V $\approx$	5 bis 24 V $-$	4 bis 6 V $-$	
Schaltleistung	Relais bis 4 kW, Leistungsschütze mehr als 100 kW	10 bis 250 VA	100 W und höher	1 W	
Ansprechleistung	0,3 bis 200 W	0,1 bis 0,3 W	3 mW bis 5 W	0,1 bis 1,5 mW	
Galvanische Trennung v. Eingang und Ausgang	ja	ja	keine	keine	möglich
Empfindlichkeit gegen:					
Staub	gering	keine	keine	keine	keine
Feuchtigkeit	gering	keine	gering	gering	keine*)
Erschütterung	gering	gering	keine	keine	gering
Temperatur	gering	gering	vorhanden	vorhanden	gering
Störspannungseinstreuungen	prakt. keine	prakt. keine	möglich	möglich	keine
Raumbedarf	relativ groß	relativ klein	klein	sehr klein	relativ groß
Bemerkungen	Verschleiß bewegter Teile, Kontaktabbrand	empfindlich gegen Überlastung	lageabhängig, empfindlich gegen Überlastung	lageunabhängig	explosionssicher

*) empfindlich gegen Feuchtigkeit in den Bauelementen.

4.3 Verknüpfungsglieder 483

gischen Verknüpfungen spielen die Speicher, Register, Zähler und Zeitglieder (Signalverzögerer) eine wichtige Rolle.

Gerätetechnisch können die Verknüpfungsglieder mit Relais, elektronischen Bauelementen oder pneumatischen Schaltelementen ausgeführt werden. Für die Wahl der gerätetechnischen Ausführungen sind technische und wirtschaftliche Gesichtspunkte maßgebend. Einen Vergleich der Eigenschaften der Verknüpfungsglieder, ausgeführt mit Relais, Halbleiter-Bauelementen und pneumatischen Elementen, zeigt Tabelle 4.3-1. Im Rahmen dieses Buches wird nur auf die Baugruppen mit elektronischen Bauelementen eingegangen. Zur Erläuterung der Aufgaben der Verknüpfungsfunktionen wird jedoch die Relaistechnik als allgemein gut verständliche Methode herangezogen.

4.3.1 Die Transistorschaltstufe als Grundbaustein digitaler Steuerungen und als NICHT-Glied

Jedes Bauelement, das nur zwei definierte Ausgangszustände hat, ist im weitesten Sinne ein Schalter. Damit ein Transistor als Schaltelement und nicht als stetiger Verstärker arbeitet, muß er durch Eingangssignale mit großer Flankensteilheit angesteuert werden, d. h. bereits die Eingangsgröße sollte nur die Signalzustände „*vorhanden*" oder „*nicht vorhanden*" haben. Durch dieses Ansteuern mit zweiwertigen (binären) Signalen wird der Transistor nur in den Zuständen „*voll leitend*" oder „*voll gesperrt*" betrieben. Transistorschaltstufen können mit npn- oder pnp-Transistoren aufgebaut werden (Bild 4.3–1). Die Wirkungsweise beider Systeme ist gleich. Lediglich die Richtung der Signale, d. h. die Polarität der Spannungen ist anders. Bei npn-Transistoren ist das steuernde Signal eine positive Spannung, bei pnp-Transistoren eine negative.

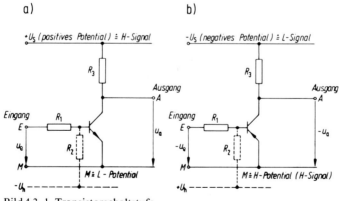

Bild 4.3–1. Transistorschaltstufe
a) mit *npn*-Transistor, b) mit *pnp*-Transistor

Es stellt sich jetzt die Frage nach der Zuordnung der Spannungspegel zu den Werten logisch 1 und logisch 0, d. h. ob die positive oder die negative Signalspannung dem Zustand logisch 1 entspricht. Grundsätzlich könnte man den Bezugspunkt M als 0-Potential mit logisch 0 und für die vorhandene Signalspannung logisch 1 festlegen. Dann entspräche bei der Technik mit npn-Transistoren die positive Signalspannung logisch 1 und in der Technik mit pnp-Transistoren die negative Signalspannung logisch 1. Zur Vermeidung der dann zusätzlich erforderlichen Kennzeichnung der Signalzustände mit Unterscheidung nach positiver oder negativer Logik werden, wie bereits erwähnt, nach DIN 41 785, Blatt 4 die beiden möglichen Signalzustände mit L (*Low* ≙ tief) und H (*High* ≙ hoch) bezeichnet. Damit hat der Schaltzustand mit dem tieferen Spannungspegel L-Signal und der positivere Signalpegel H-Signal.

Betrachten wir nun die Eingangsspannungen der Transistorschaltstufen von Bild 4.3–1. Ein npn-Transistor benötigt zum Durchsteuern eine positive Eingangsspannung bezogen auf Masse-Potential. Die zum Durchsteuern erforderliche Spannung ist damit positiver als alle Spannungspegel, die nicht zum Durchsteuern führen. Alle Spannungen, die eine npn-Transistorschaltstufe durchsteuern, entsprechen dem H-Signal; tiefere Spannungen, die den npn-Transistor nicht in den leitenden Zustand bringen, sind L-Signale. In der Technik mit pnp-Transistoren ist das umgekehrt. Ein pnp-Transistor benötigt eine negative Eingangsspannung. Bei einem pnp-Transistor ist also die zum Durchsteuern erforderliche Spannung negativer als der Bezugspunkt M; sie entspricht dem L-Signal. Das Bezugspotential M ist positiver als der zum Durchsteuern erforderliche Spannungspegel. Bei pnp-Transistorschaltstufen hat also die Masse H-Potential.

Transistorschaltstufen arbeiten meistens in der Emitterschaltung. Der Emitter ist damit der gemeinsame Anschlußpunkt für den Eingangs- und Ausgangskreis. Zusätzlich zur Speisespannung ist die Hilfsspannung U_h in Bild 4.3–1 (gestrichelt) eingetragen. Sie soll den Transistor ohne Ansteuerung sicher sperren. Bei Verwendung von Transistoren mit sehr kleiner Restspannung kann U_h entfallen.

Den Aufbau einer Schaltstufe ohne Hilfsspannung mit npn-Transistor zeigt Bild 4.3–2. Der konventionellen Technik entsprechend – Aufbau mit diskreten Bauelementen –, hat die Schaltstufe einen Eingangsspannungsteiler R_1/R_2, mit dem die Eingangsgröße auf den Pegel der Ausgangsgröße U_a angehoben wird. Damit kann der Ausgang einer Schaltstufe direkt weitere Schaltstufen ansteuern.

Die Steuerkennlinie $U_a = f(U_e)$ einer Schaltstufe mit $U_S = 12$ V zeigt Bild 4.3–2b. Solange die Eingangsspannung U_e unter der Schwellspannung liegt, ist der Transistor ge-

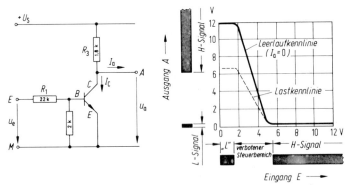

Bild 4.3–2. Schaltstufe mit *npn*-Transistor und Eingangsspannungsteiler
    a) Schaltbild
    b) idealisierte Steuerkennlinie

4.3 Verknüpfungsglieder

sperrt. Es fließt nur der vernachlässigbar kleine Kollektor-Reststrom. Die Ausgangsspannung $U_a = U_S - U_{R3} = U_S - (I_C + I_a)R_3$ ist im Idealfall mit $I_a = 0$ gleich der Speisespannung U_S. Mit steigender Eingangsspannung wird der Transistor aufgesteuert. Er führt dann den Kollektorstrom I_C, und die Ausgangsspannung U_a vermindert sich um den Spannungsabfall $U_{R3} = (I_C + I_a)R_3$. Der lineare Steuerbereich ist ein verbotener Bereich. Er muß mit Rücksicht auf die Verlustleistung schnell durchfahren werden. Bei genügend großer Eingangsspannung ist der Transistor dann voll leitend und bildet, idealisiert, einen Kurzschluß zwischen A und M. Praktisch geht die Ausgangsspannung auf den Wert der Kollektor-Restspannung $U_{CE0} \approx 0{,}2$ bis $0{,}5$ V zurück. Die Spannungsbereiche, in denen der npn-Transistor sicher sperrt bzw. voll leitend ist, sind mit H-Signal bzw. L-Signal gekennzeichnet. Für die gewählte Schaltung mit $U_S = 12$ V ist der Eingangsspannungsbereich 0 bis 2 V $\triangleq$ L und der Bereich 6 bis 12 V $\triangleq$ H.

Zusammenfassend kann festgestellt werden: *L-Signal am Eingang* der Schaltstufe bewirkt *H-Signal am Ausgang*. *H-Signal am Eingang* macht den Transistor leitend, und der *Ausgang* hat *L-Signal*. Der Transistor negiert jedes Eingangssignal. Die gezeigte Grundschaltung hat *NICHT*-Charakteristik, die einfache Schaltstufe ist ein *NICHT-Glied*. Das Eingangssignal muß kippendes Verhalten haben, damit der lineare Steuerbereich schnell durchfahren wird.

Die Umkehr eines Signals bzw. die Negation wird in *DIN 40 700, Teil 14* in der alten Ausführung durch einen Punkt und in der neuen Ausführung durch einen Kreis symbolisiert (Bild 4.3-3). Da in der praktischen Anwendung beide Darstellungen vorhanden sind, werden in diesem Buch die alten und die neuen Schaltzeichen gegenübergestellt.

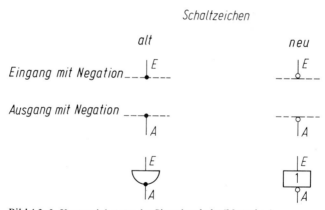

Bild 4.3-3. Kennzeichnung der Signalumkehr (Negation)

4.3.2 UND-Verknüpfung (Konjunktion), UND-Vorsatz, UND-Glied

Aufgabe und Wirkungsweise der UND-Verknüpfung wird in Bild 4.3-4 mit Hilfe der Relaistechnik veranschaulicht. Die UND-Verknüpfung oder die UND-Funktion ist dadurch gekennzeichnet, daß nur dann H-Signal am Ausgang A vorhanden ist, wenn alle

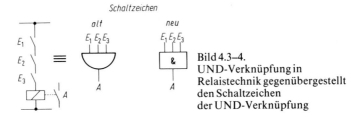

Bild 4.3-4.
UND-Verknüpfung in Relaistechnik gegenübergestellt den Schaltzeichen der UND-Verknüpfung

Eingänge E gleichzeitig den Signalzustand H haben. Mit den mathematischen Zeichen der Schaltalgebra sind nach *DIN 66 000* für die UND-Verknüpfung folgende Schreibweisen möglich:

$$A = E_1 \wedge E_2 \wedge E_3 = E_1 \cdot E_2 \cdot E_3 = E_1 E_2 E_3. \tag{4.3-1}$$

Das Zeichen „∧" für die UND-Verknüpfung kann weggelassen werden, wenn kein Mißverständnis möglich ist; steht das Zeichen „∧" nicht zur Verfügung, wie z. B. bei Maschinenschrift, ist ein Multiplikationszeichen zulässig. *Gelesen* wird die Gleichung aber immer:

A ist vorhanden, wenn E_1 und E_2 und E_3 vorhanden sind.

In der kontaktlosen Steuerungstechnik wird die UND-Verknüpfung meistens mit Dioden verwirklicht. Bild 4.3-5 zeigt einen UND-*Vorsatz*. Dieser strichpunktiert umrandete UND-Vorsatz wird auch als *passives* UND-*Glied* oder als UND-*Gatter* bezeichnet. Ein *aktives* UND-*Glied* erhält man, wenn dem UND-Vorsatz eine Schaltstufe nachgeschaltet wird.

Zur Erklärung der UND-Schaltung ist in Bild 4.3-5 die Signaleingabe angedeutet. Hierbei liegen die Eingänge E_1 und E_2 auf M, d. h. E_1 und E_2 haben L-Signal; E_3 ist auf U_S geschaltet und hat hohes Potential entsprechend H-Signal. Liegt an einem der Eingänge

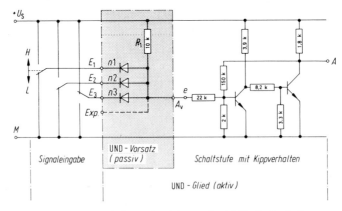

Bild 4.3-5. Gerätetechnische Ausführung der UND-Verknüpfung

4.3 Verknüpfungsglieder

tiefes Potential (L-Signal), so fließt Strom von U_S über den Widerstand R_1 und die betreffende Diode nach M. Betrachtet man die Diode in Durchlaßrichtung idealisiert als einen geschlossenen Schalter, dann ist der Ausgang A_v des UND-Vorsatzes mit M verbunden, d. h. A_v hat tiefes Potential (L-Signal). An der Diode ist jedoch die Schleusenspannung (etwa 0,3 bis 0,8 V) vorhanden, so daß der Ausgang A_v eine Spannung von ca. 0,3 bis 0,8 V hat. Dieser Wert liegt innerhalb des Spannungsbereichs des L-Signals; bei dieser Spannung spricht die nachgeschaltete Transistor-Schaltstufe noch nicht an.
Damit hat auch der Ausgang A L-Signal, sobald ein Eingang L-Signal hat. Führen alle beschalteten Eingänge hohes Potential (H-Signal), so fließt kein Strom über die Dioden n1 bis n3, die Dioden sperren. Der dem UND-Vorsatz nachgeschaltete Baustein, z. B. die in Bild 4.3–5 vorhandene Schaltstufe, wird jetzt über R_1 mit H-Signal angesteuert. Voraussetzung hierfür ist, daß der Spannungsabfall an R_1 nicht zu groß ist. Der Eingangswiderstand des nachgeschalteten Bausteines muß daher groß sein gegenüber R_1.

In Bild 4.3–5 ist ein mit „Exp." gekennzeichneter Erweiterungseingang, ein sog. *Expander-* oder *Extendereingang,* gestrichelt eingezeichnet. Solche Erweiterungseingänge sind bei vielen Systemen vorhanden und dienen zum Vergrößern der Anzahl der Eingänge durch weitere UND-Vorsätze oder Dioden.
Das Dioden-Gatter (Bild 4.3–5) überträgt immer den tiefsten Wert der Eingangsspannungen. Man nennt daher diese Dioden-Schaltung auch *Tiefstwertübertrager.*

Auf ein besonderes Verhalten des UND-Vorsatzes oder des UND-Gliedes sei hingewiesen: Jeder nicht benutzte Eingang wirkt wie ein mit H-Signal beschalteter Eingang. Diese Eigenart erklärt sich auf Grund des fehlenden Stromes durch die Eingangsdiode. Bei H-Potential am Eingang fließt kein Strom über die Diode. Dieser Zustand ist auch vorhanden, wenn der Eingang offen (nicht beschaltet) ist. Hierauf muß bei der Signaleingabe Rücksicht genommen werden. Die Eingänge müssen bei L-Signal eine galvanische Verbindung mit M haben. Das läßt sich mit kontaktbehafteten Eingangselementen nach Bild 4.3-6 erreichen. Der Widerstand R der Signalgeber muß im Vergleich zum Eingangswiderstand der Verknüpfungselemente niederohmig sein. Mit einem Kondensator parallel zum Widerstand R können bei dieser Schaltung zusätzlich Prellungen des Kontaktes unterdrückt werden.

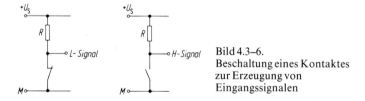

Bild 4.3–6.
Beschaltung eines Kontaktes zur Erzeugung von Eingangssignalen

Die beschriebene UND-Verknüpfung ist also erfüllt, wenn die benutzten Eingänge H-Signal führen; die nicht benutzten Eingänge können dann offen gelassen werden, denn sie täuschen grundsätzlich H-Signal vor. Diese Eigenschaft der Schaltung könnte man als Vorteil werten, da man die nicht benötigten Eingänge des UND-Gliedes einfach unbeachtet lassen kann. Ein Drahtbruch jedoch oder eine kalte Lötstelle in den Eingangsleitungen führt fälschlicherweise zum Erfüllen der UND-Bedingung; das UND-Glied könnte in diesem Falle ggf. eine folgenschwere falsche Entscheidung treffen. Um das zu

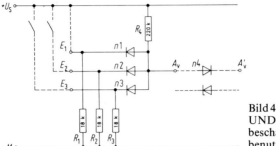

Bild 4.3–7.
UND-Vorsatz mit Eingangsbeschaltung, so daß ein nicht benutzter Eingang L-Signal hat

verhindern, ist bei einigen Systemen eine Eingangsbeschaltung (Bild 4.3–7) innerhalb des UND-Gliedes vorhanden. Sämtliche Eingänge werden über Widerstände auf M-Potential gelegt, so daß jeder nicht benutzte Eingang L-Signal hat, vorausgesetzt, die Widerstände R_1 bis R_3 sind niederohmig im Vergleich zu R_4. Die UND-Bedingung wird jetzt nur erfüllt, wenn sämtliche Eingänge (auch die nicht benutzten) H-Signal führen.
An die nicht benutzten Eingänge muß die Spannung U_S entsprechend H-Signal gelegt werden. In Bild 4.3–7 ist das bei Eingang E_1 gestrichelt angedeutet.
Das L-Signal am Ausgang A_v wird durch das Teilerverhältnis R_1 bis R_3/R_4 und durch die Schleusenspannung der Dioden auf etwa 1 bis 2 V angehoben. Diese Spannung darf den nachgeschalteten Baustein nicht ansteuern. Als Sicherung gegen das Ansteuern durch die Spannung des L-Signals kann eine Diode n4 (Bild 4.3–7) in Durchlaßrichtung oder eine Z-Diode in Sperrichtung vorgesehen werden. Bei Verwendung von mehrschichtigen Dioden mit hoher Schleusenspannung (etwa 1 bis 2 V) oder von Z-Dioden wird die Spannung des L-Signals voll unterdrückt, so daß am Ausgang A_v' bei L-Signal auch 0 Volt vorhanden ist.

4.3.3 ODER-Verknüpfung (Disjunktion), ODER-Vorsatz, ODER-Glied

Die ODER-Verknüpfung wird mit Hilfe eines Relais in Bild 4.3–8 veranschaulicht. Am Ausgang A des Relais ist H-Signal vorhanden (Arbeitskontakt geschlossen), wenn E_1 oder E_2 oder E_3 geschlossen ist. Diese Bedingung lautet ausgeschrieben:

$$A = E_1 \lor E_2 \lor E_3 = E_1 + E_2 + E_3. \qquad (4.3\text{–}2)$$

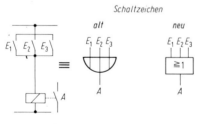

Bild 4.3–8.
ODER-Verknüpfung in Relaistechnik gegenübergestellt den Schaltzeichen der ODER-Verknüpfung

4.3 Verknüpfungsglieder

Diese Gleichung wird unabhängig von der Schreibweise des Zeichens für die ODER-Verknüpfung ($\vee$ oder +) immer folgendermaßen gelesen:

A ist vorhanden, wenn E_1 oder E_2 oder E_3 vorhanden ist.

In der kontaktlosen Steuerungstechnik wird die ODER-Verknüpfung meistens mit Dioden, vereinzelt auch mit Widerständen, verwirklicht. Der ODER-Vorsatz, in Bild 4.3–9

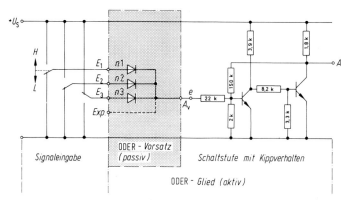

Bild 4.3–9. Gerätetechnische Ausführung der ODER-Verknüpfung mit Eingangsdioden (Diodengatter)

strichpunktiert umrandet, ist ohne eine nachfolgende Schaltstufe ein passiver Baustein. Ein am Eingang vorhandenes Signal wird durch den ODER-Vorsatz weder verstärkt noch geformt. Liegt an einem Eingang H-Signal, d. h. positive Spannung, so ist die betreffende Diode in Durchlaßrichtung gepolt, und das H-Potential kommt damit auch an den Ausgang A_v. Die Spannung am Ausgang A_v ist jedoch um den Wert der Schleusenspannung der Diode niedriger als die Spannung des Eingangssignals. Ist an mehreren Eingängen gleichzeitig H-Signal vorhanden, so wird stets das H-Signal mit der höchsten Spannung übertragen. Die Eingangsdioden mit Signalen geringerer Spannung oder mit L-Signal sperren. Man nennt daher die Diodenschaltung auch *Höchstwertübertrager*.

4.3.4 NAND-Verknüpfung, NAND-Glied

Die NAND-Verknüpfung ist die Zusammenfassung der UND-Verknüpfung mit der NICHT-Funktion; sie ist die negierte Aussage der UND-Verknüpfung (*not and* $\triangleq$ *NAND*). Vergleichen wir die Schaltfunktion mit dem Relais in Bild 4.3–10, so ist Signal am Ausgang A *nicht* vorhanden (Kontakt geöffnet), wenn E_1 und E_2 und E_3 vorhanden sind:

$$\overline{A} = E_1 \wedge E_2 \wedge E_3 = E_1 \cdot E_2 \cdot E_3 = E_1 E_2 E_3. \tag{4.3-3}$$

Aus der Schaltung des Relais in Bild 4.3–10 ist ferner zu ersehen, daß Signal am Ausgang A vorhanden ist (Kontakt geschlossen), wenn auf der Eingangsseite die UND-Verknüpfung nicht erfüllt ist, d. h.

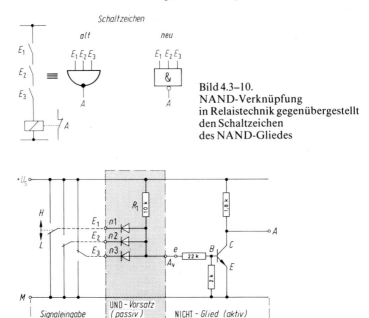

Bild 4.3–10. NAND-Verknüpfung in Relaistechnik gegenübergestellt den Schaltzeichen des NAND-Gliedes

Bild 4.3–11. Schaltungstechnischer Aufbau der NAND-Verknüpfung

Ausgang A ist vorhanden, wenn E_1 nicht oder E_2 nicht oder E_3 nicht vorhanden ist:

$$A = \overline{E_1} \vee \overline{E_2} \vee \overline{E_3} = \overline{E_1 \wedge E_2 \wedge E_3}.$$
(4.3–4)

Das NAND-Glied (Bild 4.3–11) besteht aus dem UND-Vorsatz und einer Umkehrstufe, dem sog. NICHT-Glied. Liegt auch nur einer der Eingänge auf M-Potential (L-Signal), so fließt über die betreffende Diode Strom von U_S über R_1 nach M; die Diode wirkt wie ein geschlossener Schalter und legt L-Signal an den Ausgang A_v. Liegt also an einem der Eingänge tiefes Potential, dann wird der nachfolgende Transistor nicht angesteuert, und Ausgang A hat hohes Potential (H-Signal). Haben sämtliche Eingänge H-Potential, so sperren die Dioden n1 bis n3. Der Transistor wird jetzt über R_1 angesteuert und schaltet im Idealfall das M-Potential (L-Signal) auf den Ausgang A.

4.3.5 NOR-Verknüpfung, NOR-Glied

Die NOR-Verknüpfung ist die Kombination der ODER-Verknüpfung mit der NICHT-Funktion (*not or* $\triangleq$ *NOR*). Die Schaltfunktion zeigt Bild 4.3–12.
Ausgang A ist nicht vorhanden (Kontakt geöffnet), *wenn E_1 oder E_2 oder E_3 vorhanden ist.*

$$\overline{A} = E_1 \vee E_2 \vee E_3 = E_1 + E_2 + E_3$$

4.3 Verknüpfungsglieder

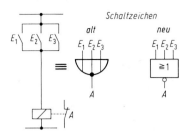

Bild 4.3–12.
NOR-Verknüpfung
in Relaistechnik gegenübergestellt
den Schaltbildern des
NOR-Gliedes

Durch Negation der Gleichung erhält man:

$$A = \overline{E_1 \vee E_2 \vee E_3} = \overline{E_1} \wedge \overline{E_2} \wedge \overline{E_3} \tag{4.3–4}$$

Der Ausgang A ist also vorhanden, wenn E_1 nicht und E_2 nicht und E_3 nicht vorhanden sind.
Schaltungstechnisch besteht das NOR-Glied aus dem ODER-Vorsatz und dem NICHT-Glied (Bild 4.3–13). Hat Eingang E_1 oder E_2 oder E_3 H-Signal, so wird der Transistor durchgesteuert und schaltet auf den Ausgang A L-Signal.

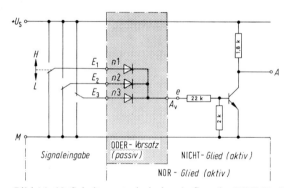

Bild 4.3–13. Schaltungstechnischer Aufbau der NOR-Verknüpfung

4.3.6 Zusammenstellung der Verknüpfungsglieder

Tabelle 4.3–2 zeigt die Schaltzeichen der Verknüpfungsglieder nach *DIN 40700, Teil 14*.

Die Tabelle ist zu einer Wahrheitstabelle erweitert und zeigt für Verknüpfungsglieder mit drei Eingängen die acht möglichen Eingangssignal-Kombinationen und den dazugehörenden Zustand des Ausganges A.
Aus der Wahrheitstabelle kann die Boolesche Gleichung der Funktion abgelesen werden. Man betrachtet dazu nur die Zeilen mit einer Lösung der Funktion, z. B. $A = H$. Eine Zeile der Tabelle ist eine UND-Verknüpfung; jede zweitere Zeile, die auch eine Lösung $A = H$ hat, ist eine ODER-Möglichkeit. Sind weniger Zeilen mit $A = L$ als mit $A = H$ vorhanden, so ist es einfacher, die Gleichung aus der Negation $\overline{A} = H$ aufzustellen.

Tabelle 4.3-2. Zusammenstellung der Schaltzeichen und Schaltfunktionen der Verknüpfungsglieder mit drei Eingangsvariablen

	UND	ODER	NAND	NOR
Schaltzeichen (veraltet)				
Schaltzeichen nach DIN 40700 Teil 14				
Boolesche Gleichung	$A = E_1 \wedge E_2 \wedge E_3$	$A = E_1 \vee E_2 \vee E_3$	$A = \overline{E_1 \wedge E_2 \wedge E_3}$	$A = \overline{E_1 \vee E_2 \vee E_3}$

	Eingangssignale			Ausgangssignale			
Nr.	E_1	E_2	E_3	A (Q)	A (Q)	A (Q)	A (Q)
1	L	L	L	L	L	H	H
2	L	L	H	L	H	H	L
3	L	H	L	L	H	H	L
4	L	H	H	L	H	H	L
5	H	L	L	L	H	H	L
6	H	L	H	L	H	H	L
7	H	H	L	L	H	H	L
8	H	H	H	H	H	L	L

4.3 Verknüpfungsglieder

UND-Funktion $\quad A = E_1 \wedge E_2 \wedge E_3$

ODER-Funktion $\quad \overline{A} = \overline{E_1} \wedge \overline{E_2} \wedge \overline{E_3}$

$\overline{\overline{A}} = \overline{\overline{E_1} \wedge \overline{E_2} \wedge \overline{E_3}} = A = E_1 \vee E_2 \vee E_3$

NAND-Funktion $\quad \overline{A} = E_1 \wedge E_2 \wedge E_3$

$\overline{\overline{A}} = \overline{E_1 \wedge E_2 \wedge E_3} = A = \overline{E_1 \wedge E_2 \wedge E_3}$

NOR-Funktion $A = \overline{E_1} \wedge \overline{E_2} \wedge \overline{E_3} = A = \overline{E_1 \vee E_2 \vee E_3}$

4.3.7 Parallelschalten von Verknüpfungsgliedern (Phantom-Verknüpfungen, WIRED-AND-, WIRED-OR-Verknüpfung)

Das Parallelschalten der Ausgänge von aktiven Verknüpfungsgliedern kann zur Überlastung der Bausteine und zu undefiniertem Signalzustand des gemeinsamen Ausgangs führen. Ausgänge von aktiven Verknüpfungsgliedern dürfen daher nur in Sonderfällen verdrahtet (*wired*) werden. In Bild 4.3-14 sind die Ausgänge von zwei Schaltgliedern verbunden. Da jedes Schaltglied getrennt angesteuert wird, kann der eine Ausgangs-

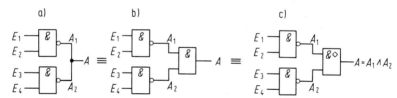

Bild 4.3-14. a) Durch Verbinden der Ausgänge zweier NAND-Glieder entsteht b) eine zusätzliche UND-Verknüpfung, die mit dem Schaltzeichen c) als „*wired* AND" oder *Phantom*-AND gekennzeichnet wird.

Transistor durchgesteuert und der andere gesperrt sein. Bei getrennter Betrachtung hätte der eine Ausgang L- und der andere H-Signal. Der gemeinsame, verdrahtete Ausgang hat immer L-Signal, sobald eine Schaltstufe durchgesteuert ist. In diesem Fall kann der Kollektorstrom I_C des leitenden Transistors fast doppelt so groß werden, wie bei der getrennten Schaltstufe.

Für verschiedene Anwendungsfälle bringt das Parallelschalten der Ausgänge Vorteile; die Schaltstufen werden niederohmiger, die Signallaufzeiten kürzer und der Aufwand an Verknüpfungsgliedern u. U. geringer. In den Datenblättern wird daher häufig der Hinweis „wired zulässig" gegeben. In Bild 4.3-14 sind die Ausgänge zweier NAND-Glieder verbunden. Die Parallelschaltung erzwingt L-Signal am Ausgang A sobald die eine oder andere Schaltstufe angesteuert ist. H-Signal ist am Ausgang A nur vorhanden, wenn A_1 und A_2 H-Signal haben.

$$\overline{A} = \overline{A_1} \vee \overline{A_2} = E_1 E_2 \vee E_3 E_4$$
$$A = A_1 \wedge A_2 = \overline{E_1 E_2} \wedge \overline{E_3 E_4} \qquad (4.3\text{-}5)$$

Durch die Verdrahtung der Ausgänge A_1 und A_2 ist eine zusätzliche UND-Verknüpfung entstanden, obwohl kein UND-Glied vorhanden ist. Man spricht daher von „*wired AND*" oder vom *Phantom*-UND. Im Logikschaltplan ist die Verbindungsstelle in das Symbol einer UND-Verknüpfung einzutragen (Bild 4.3–14c). Von einer WIRED-OR-Schaltung spricht man, wenn durch die Parallelschaltung eine ODER-Verknüpfung entsteht. Das Ersatzschaltbild für die WIRED-OR- oder *Phantom*-OR-Verknüpfung zeigt Bild 4.3–15.

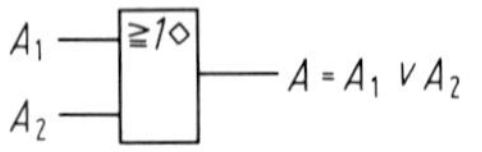

Bild 4.3–15. Symbol für *Phantom*-OR (*wired* OR)

4.3.8 Antivalenz oder exklusives ODER

Die ODER-Funktion ist erfüllt, wenn der eine oder der andere Eingang H-Signal hat. Die Schaltung schließt nicht aus, daß auch mehrere Eingänge gleichzeitig H-Signal haben dürfen. Beim EXKLUSIV-ODER soll der Ausgang nur H-Signal haben, wenn die Eingangssignale nicht übereinstimmen, d. h. wenn die Eingänge *antivalent* sind.

$$A = (E_1 \wedge \overline{E_2}) \vee (\overline{E_1} \wedge E_2). \tag{4.3–6}$$

Die Funktion „Exklusiv-ODER" kann mit den bekannten Verknüpfungsgliedern nach Bild 4.3–16 realisiert werden.

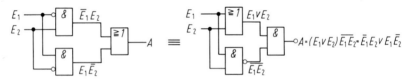

Bild 4.3–16. Aufbau der Exklusiv-ODER-Verknüpfung

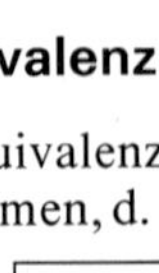

Bild 4.3–17. Schaltzeichen für Exklusiv-ODER-Glied

4.3.9 Äquivalenz-Funktion

Bei der Äquivalenz-Funktion hat der Ausgang nur H-Signal, wenn beide Eingänge übereinstimmen, d. h. wenn die Signalzustände der Eingänge gleich (äquivalent) sind.

$$A = (E_1 \wedge E_2) \vee (\overline{E_1} \wedge \overline{E_2}). \tag{4.3–7}$$

4.3 Verknüpfungsglieder

Die Äquivalenzfunktion wird mit Verknüpfungsgliedern nach Schaltbild 4.3-18 ausgeführt.

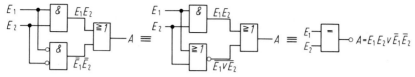

Bild 4.3-18. Aufbau und Symbol der Äquivalenz-Funktion

4.3.10 Rechenregeln für logische Verknüpfungen

Die Zusammenhänge zweiwertiger Aussagen wurden von *George Boole* im Jahre 1847 für die Probleme der Philosophie auf eine mathematische Grundlage gebracht. Erst 1938 wurden die Erkenntnisse von *Boole* durch *C. E. Shannon* auf die technischen Probleme der Schaltfunktionen angewandt. Für die mathematischen Methoden zum Rechnen mit zweiwertigen Variablen sind entsprechend der geschichtlichen Entwicklung folgende Ausdrücke üblich: *Boolesche Algebra, Schaltalgebra, logische Algebra* oder *Logistik*.

Kommutativgesetze: Die Reihenfolge der Variablen kann in der Booleschen Algebra genauso vertauscht werden wie in der allgemeinen Algebra.

Kommutatives Gesetz der Konjunktion:

$$A \wedge B \wedge C = B \wedge C \wedge A = C \wedge B \wedge A = \ldots \qquad (4.3\text{-}8)$$
$$A \cdot B \cdot C = B \cdot C \cdot A = C \cdot B \cdot A = \ldots$$

Kommutatives Gesetz der *Disjunktion:*

$$A \vee B \vee C = B \vee C \vee A = C \vee B \vee A = \qquad (4.3\text{-}9)$$
$$A + B + C = B + C + A = C + B + A = \ldots$$

Assoziativgesetz: Zum rechnerischen Bestimmen einer Schaltfunktion ist man nicht auf eine bestimmte Bindung der Variablen beschränkt. Bild 4.3-19 veranschaulicht das Assoziativgesetz der Konjunktion (UND-Funktion).

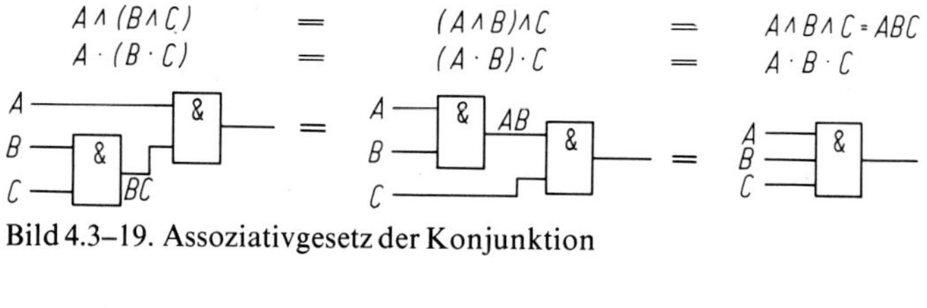

Bild 4.3-19. Assoziativgesetz der Konjunktion

Die Assoziation oder die Verbindung von Variablen kann auch für die Disjunktion (ODER-Funktion) angewandt werden (Bild 4.3-20).

$$A \lor (B \lor C) \quad = \quad (A \lor B) \lor C \quad = \quad A \lor B \lor C$$
$$A + (B + C) \quad = \quad (A + B) + C \quad = \quad A + B + C$$

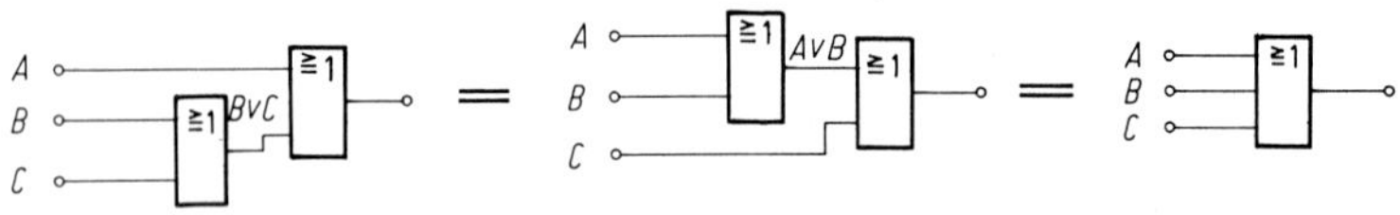

Bild 4.3–20. Assoziativgesetz der Disjunktion

Distributivgesetze: Mit den Distributivgesetzen können Ausdrücke, die sowohl UND- als auch ODER-Glieder enthalten, umgeformt werden. Diese Umformungsregeln sind vergleichbar mit dem Ausmultiplizieren von Klammerausdrücken der allgemeinen Algebra.

$$(A \land B) \lor (A \land C) \quad = \quad A \land (B \lor C)$$
$$(A \cdot B) + (A \cdot C) \quad = \quad A \cdot (B + C)$$

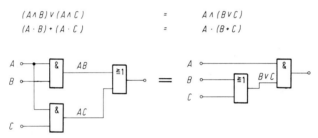

Bild 4.3–21. Schaltbild und Boolesche Gleichung des 1. Distributivgesetzes

$$(A \lor B) \land (A \lor C) \quad \quad A \lor (B \land C)$$
$$(A + B) \cdot (A + C) \quad \quad A + (B \cdot C)$$

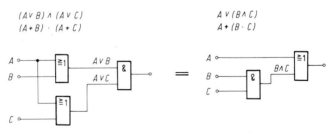

Bild 4.3–22. Schaltung und Gleichung des 2. Distributivgesetzes

Es müssen jedoch einige Grundregeln beachtet werden. Die Bilder 4.3–21 und 4.3–22 veranschaulichen die Distributivgesetze. Letztere eignen sich zum Vereinfachen von zweiwertigen Ausdrücken. Tabelle 4.3–3 zeigt eine Zusammenstellung von Gleichungen einschließlich einer Erläuterung mit Schaltbeispielen.

4.4 Digitalbausteine unterschiedlicher Schaltungstechnik (Schaltkreisfamilien)

Tabelle 4.3-3. Zusammenstellung von Booleschen Gleichungen und deren bildliche Darstellung durch Schaltbilder

Boolesche Gleichung		Schaltbeispiel
1. Schreibweise	2. Schreibweise	
$A \wedge (A \vee B) = A$ $A \wedge (A \vee 0) = A$ $1 \wedge (1 \vee 0) = 1$	$A \cdot (A + B) = A$ $A \cdot (A + 0) = A$ $1 \cdot (1 + 0) = 1$	
$A \vee (A \wedge B) = A$ $A \vee (A \wedge 0) = A$ $1 \vee (1 \wedge 0) = 1$	$A + A \cdot B = A$ $A + A \cdot 0 = A$ $1 + 1 \cdot 0 = 1$	
$A \wedge A = A$ $A \wedge 0 = 0$ $1 \wedge 1 = 1$ $1 \wedge 0 = 0$	$A \cdot A = A$ $A \cdot 0 = 0$ $1 \cdot 1 = 1$ $1 \cdot 0 = 0$	
$A \vee A = A$ $A \vee 0 = A$ $1 \vee 1 = 1$ $1 \vee 0 = 1$	$A + A = A$ $A + 0 = A$ $1 + 1 = 1$ $1 + 0 = 1$	

Gesetz nach De Morgan: Anhand dieser Gesetze können Negationen von Verknüpfungen umgeformt werden.

$$\overline{A \wedge B} = \overline{A} \vee \overline{B} = \overline{A \cdot B} = \overline{A} + \overline{B}. \quad (4.3\text{-}10)$$

$$\overline{A \vee B} = \overline{A} \wedge \overline{B} = \overline{A + B} = \overline{A} \cdot \overline{B}. \quad (4.3\text{-}11)$$

4.4 Digitalbausteine unterschiedlicher Schaltungstechnik (Schaltkreisfamilien)

In Abschnitt 4.3 sind die Funktion und ein einfacher Aufbau der Verknüpfungsglieder erläutert. Für viele Anwendungsfälle genügen diese Schaltungen allerdings nicht den Erfordernissen der Praxis. Die Entwicklung der Logik-Bauelemente ist eng verbunden mit der elektronischen Datenverarbeitung (EDV). Von hier kommen die Forderungen nach sehr schnellen, kompakten und komplexen Schaltungen. In der Industrie-Elektronik wird dagegen in erster Linie eine hohe Störsicherheit verlangt. Große *Störsicherheit* ist bei Industrieanlagen deshalb notwendig, weil die Schaltungen zusammen oder in unmittelbarer Umgebung mit Anlagen hoher Leistung arbeiten. Es treten elektromagnetische Einstreuungen, z. B. beim Schalten großer Motoren, auf, oder die Steuerleitungen müssen in Kabelbäumen geführt werden, die auch Leitungen für hohe Ströme und hohe

Spannungen enthalten. Größere Entfernungen lassen ferner keine eindeutige Festlegung von Bezugspunkten zu, wie z. B. der des Erdpotentials. Es ist daher erforderlich, daß die Bauelemente nicht nur eine innere Störsicherheit besitzen, sondern es muß der Schaltkreis in der Industrie-Elektronik auch statische und dynamische Störsicherheit gegenüber äußeren Störquellen aufweisen.

Die Forderung der EDV nach hoher Schaltgeschwindigkeit und die Forderung der Industrie-Elektronik nach hoher Störsicherheit können von einem Schaltkreissystem nicht gleichermaßen erfüllt werden; wirtschaftliche Gründe spielen hier eine bedeutende Rolle. Für die verschiedenen Anwendungsgebiete sind Digitalbausteine unterschiedlicher Schaltungstechnik entwickelt worden; man spricht auch von *Schaltkreisfamilien* oder *Logikfamilien*. Die wichtigsten dieser Schalttechniken sind:

4.4.1 DTL-Technik

Die Eingangsdioden der DTL-Technik (**D**iode-**T**ransistor-**L**ogic) (Bild 4.4–1) erhöhen mit ihrer Schleusenspannung den Signalhub und entkoppeln die Eingangssignale. Für

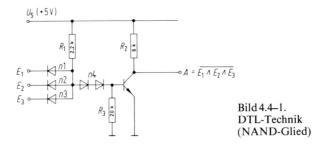

Bild 4.4–1. DTL-Technik (NAND-Glied)

einen höheren Störspannungsabstand können eine oder mehrere Dioden n4 in den Basiskreis des Transistors geschaltet werden. Dioden im Basiskreis verursachen bezüglich des Schaltverhaltens Schwierigkeiten. Beim Übergang vom leitenden in den nicht angesteuerten Zustand kann die in der Basis gespeicherte Ladung nur über den Basisableitwiderstand R_3 abfließen. Der Transistor bleibt so lange durchgesteuert, bis die Ladung über R_3 abgeleitet ist. Im Interesse kurzer Schaltzeiten sollte R_3 klein sein; das würde

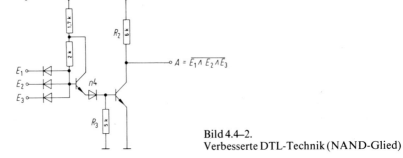

Bild 4.4–2. Verbesserte DTL-Technik (NAND-Glied)

4.4 Digitalbausteine unterschiedlicher Schaltungstechnik (Schaltkreisfamilien)

aber eine erhöhte Belastung der Steuerspannungsquelle bedeuten. Um dies zu vermeiden, muß R_3 groß ausgeführt werden. Damit hat dieser DTL-Schaltkreis recht lange Schaltzeiten.
Eine verbesserte Ausführung der DTL-Technik zeigt Bild 4.4–2. Anstelle einer Diode im Basiskreis ist ein Transistor eingesetzt, der mit seiner Basis-Emitterstrecke die Diode ersetzt und den Basisstrom für den Ausgangstransistor verstärkt. R_3 kann bei dieser Schaltung klein sein. Es können also kürzere Schaltzeiten erzielt werden.

4.4.2 DTLZ-Technik

Die integrierten Halbleiterschaltungen der DTLZ-Technik (*Diode-Transistor-Logic with Zener*-effect) sind für Anwendungen gedacht, bei denen es auf hohe Störsicherheit ankommt, wie z. B. in der Industrieelektronik. Die DTLZ-Technik ist eine Variante von DTL, bei der die Hubdioden n4 durch Z-Dioden ersetzt sind. Auf diese Weise werden ein hoher Störabstand (etwa 5 V) und eine geringe Temperaturabhängigkeit erreicht. Die Speisespannung U_S liegt bei etwa 12 bis 15 V und ist relativ hoch im Vergleich zur DTL-Technik, die mit etwa 4 bis 5 V arbeitet. Bild 4.4–3 zeigt als Grundschaltung der DTLZ-Technik das NAND-Glied. Man kann die DTLZ auch zu den HLL-Schaltungen (*High Level Logic*) zählen.

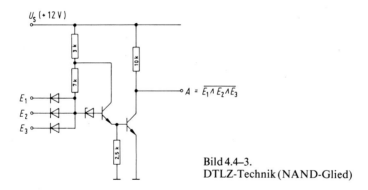

Bild 4.4–3.
DTLZ-Technik (NAND-Glied)

4.4.3 TTL-Technik

Die TTL-Technik (*Transistor-Transistor Logic*) ist eine Weiterentwicklung der DTL-Technik. Anstelle der Eingangsdioden wird ein Transistor mit mehreren Emittern (Multi-Emitter-Transistor) verwendet. Diese Schaltung hat besondere Bedeutung erlangt, da sie schneller ist und einfacher hergestellt werden kann als die DTL-Technik. Der Hauptvorteil der TTL besteht darin, daß der Multi-Emitter-Transistor immer im aktiven Bereich arbeitet. Damit fallen die Umladevorgänge der Sperrschicht- und Diffusionskapazitäten fort, und es können kurze Verzögerungszeiten von etwa 6 ns erreicht werden.

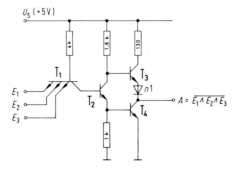

Bild 4.4–4.
TTL-Technik (NAND-Glied)
Diode $n1$ erzeugt eine
Vorspannung
zum sicheren Sperren von T_3

Liegt an einem Eingang der Schaltung (Bild 4.4–4) L-Signal, so wird die Basis des Transistors T_2 über die Kollektor-Emitterstrecke von T_1 niederohmig mit Masse verbunden. Der Transistor T_2 wird dadurch sehr schnell gesperrt, und Ausgang A hat H-Potential. Weitere Eingänge mit L-Potential bedeuten lediglich eine Parallelverbindung nach Masse. Haben sämtliche Eingänge eine Spannung entsprechend dem H-Potential, so wirkt der Eingangstransistor T_1 invers, d. h. Emitter und Kollektor vertauschen ihre Rollen, da die Emitterspannung höher wird als die Kollektorspannung. Der Eingangsstrom fließt dann über Emitter und Kollektor des Transistors T_1 zur Basis von Transistor T_2; letzterer wird niederohmig durchgesteuert, und Ausgang A hat L-Potential. Diese Schaltfunktion ist eine NAND-Funktion. Ein nicht benutzter Eingang wirkt wie ein Eingang mit H-Signal und erfordert damit keinerlei Berücksichtigung.

TTL-Schaltkreise haben meistens eine leistungsstarke Ausgangsstufe. Dadurch wird ein hoher Ausgangsfächer gewährleistet. Die Gegentakt-Ausgangsstufe (Transistoren T_3 und T_4) in Bild 4.4–4 hat außerdem den Vorteil, in beiden Schaltzuständen niederohmig zu sein. Dadurch werden auch bei kapazitiver Last kleine Schaltzeiten erreicht.

4.4.4 ECL-Technik

Die emittergekoppelte Schaltung (*Emitter-Coupled-Logic*) ist eine ungesättigte Schaltung, d. h. die Transistoren werden nicht übersteuert, sie arbeiten im linearen Bereich und im Sperrbereich der Transistor-Kennlinien. Hierdurch werden Schaltverzögerungen vermieden, die beim Übersteuern eines Transistors in Leitrichtung durch das Ableiten der überschüssigen Basisladung auftreten, und Verzögerungszeiten von etwa 1 ns erreicht.

Bild 4.4.5 zeigt ein ECL-Schaltglied, das im Eingangsteil einen Differenzverstärker und im Ausgangsteil einen invertierenden und einen nicht invertierenden Ausgang hat. Die Transistoren T_1 bis T_3 mit den Logikeingängen bilden eine Hälfte des Differenzverstärkers. Die andere Hälfte ist der Transistor T_4, an dessen Basis eine Referenzspannung liegt. Hat ein Eingang höheres Potential als die Referenzspannung U_{ref}, so fließt ein Strom über R_1 und erzeugt einen Spannungsabfall an R_1. Sind sämtliche Eingangsspannungen kleiner als U_{ref}, so entsteht der Spannungsabfall an R_2. Die Spannungen an R_1 oder R_2 steuern über Emitterfolger die Ausgänge A_1 und A_2. Die Ausgangsspannung liegt etwa 600 mV tiefer als die entsprechende Spannung an R_1 bzw. R_2. Bei richtiger Auslegung der Kollektorwiderstände werden die Transistoren nicht übersteuert. Die

Schaltung hat jedoch einen relativ hohen Leistungsverbrauch, da die meisten Transistoren dauernd Strom führen.

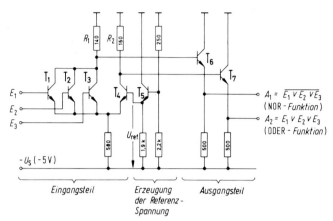

Bild 4.4–5. ECL-Technik (Schaltglied mit NOR- und ODER-Ausgang)

4.4.5 HLL-Technik

HLL-Schaltungen (*High Level Logic*) haben eine besonders hohe Störsicherheit. Sie unterscheiden sich von anderen Logikschaltungen durch einen hohen Speisespannungsbereich (U_S etwa 10 bis 20 V) und eine Schwellenspannung von etwa 7 V. Mit einem statischen Störabstand von etwa 6 V eignen sich HLL-Schaltungen besonders zum Steuern von Maschinen und Prozeßüberwachungsanlagen. Wegen ihrer großen Störsicherheit kann die Logik in unmittelbarer Nähe von Motoren und Leistungsschaltern und über lange Leitungen arbeiten, ohne daß Störungen im logischen Ablauf eintreten. Damit bieten sich diese Schaltungen für die Peripherie von Prozeßrechnern an. Die Rechner können durch eine Vielzahl von Leitungen und Meßfühlern, Kommandostellen und Befehlsempfängern verbunden sein. Störungen auf diesen Leitungen werden mit der HLL-Technik einfacher beherrscht als mit anderen Logik-Techniken. Bild 4.4–6 zeigt ein

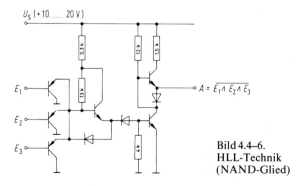

Bild 4.4–6.
HLL-Technik
(NAND-Glied)

NAND-Glied in HLL-Technik. Die Schaltung hat eine Fortschaltverzögerung von etwa 100 ns und besitzt damit auch eine große dynamische Störsicherheit. Mit einem externen Integrationskondensator zwischen dem Eingang und dem Ausgang kann die dynamische Störsicherheit zusätzlich erhöht werden.

4.4.6 MOS-Technik (NMOS- und CMOS-Technik)

Die MOS-Technik (*Metal Oxid Semiconductor*) ist durch hohe Funktionsdichte (geringer Platzbedarf) und niedrige Verlustleistung gekennzeichnet. Sie eignet sich daher besonders zum Aufbau hochintegrierter Schaltungen. Als verstärkende Elemente sind ausschließlich MOS-Feldeffekt-Transistoren enthalten.

MOS-Feldeffekt-Transistoren sind Isolierschicht-Feldeffekt-Transistoren (kurz: IG-FET). Diese sind im Prinzip hochohmige Widerstände, die über den Gate-Anschluß gesteuert werden. In Logik-Schaltungen werden meistens selbstsperrende IG-FETs verwendet. Weitere Bauelemente wie Dioden und Widerstände werden in dieser Technik nicht benötigt. Auch der Arbeitswiderstand ist in den Schaltungen ein IG-FET.

In der *NMOS-Technik* werden selbstsperrende MOS-FETs (*n-Kanal-MOS-FETs*) verwendet. Ein einfaches NICHT-Glied (Inverter) besteht aus der Reihenschaltung eines Arbeitswiderstandes und eines Transistors. In der NMOS-Technik (Bild 4.4–7) werden sowohl für den Arbeitswiderstand T_2 als auch für den Transistor T_1 selbstsperrende MOS-FETs verwendet. Mit U_e entsprechend dem H-Signal schaltet der Transistor T_1

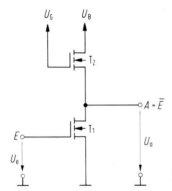

Bild 4.4–7.
NICHT-Glied in NMOS-Technik

durch, am Ausgang A liegt L-Signal. Damit der Arbeitswiderstand (MOS-FET T_2) nicht unendlich groß werden kann, wird die Hilfspannung U_G verwendet, die mindestens um die Schwellenspannung größer als die Betriebsspannung U_B ist. L-Signal am Eingang sperrt den Transistor T_1, und Ausgang A führt H-Signal. Der Eingangsstrom der MOS-FETs ist sehr klein, und der Arbeitswiderstand kann sehr hochohmig dimensioniert werden. Der Widerstandswert beeinflußt jedoch die Schaltzeiten, da die in der Schaltung vorhandenen Kapazitäten um so langsamer umgeladen werden, je kleiner der Drainstrom ist. Zum sicheren Sperren der Eingangs-FETs wird vielfach eine negative Substratvorspannung U_V vorgesehen. Typische Werte sind: $U_B = 5\,V$, $U_G = 12\,V$ und $U_V = -5\,V$.

4.4 Digitalbausteine unterschiedlicher Schaltungstechnik (Schaltkreisfamilien)

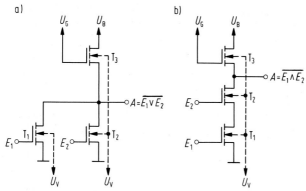

Bild 4.4–8. Standardschaltungen der NMOS-Technik
a) NOR-Glied, b) NAND-Glied

Bild 4.4–8 zeigt die Schaltung eines NMOS-NOR-Gatters und eines NMOS-NAND-Gatters. Die Schaltung der negativen Substratvorspannung ist in diesen Schaltungen gestrichelt angedeutet. Die unterschiedliche Wirkungsweise des NOR- und des NAND-Gatters ist a) durch die Parallelschaltung und b) durch die Reihenschaltung der Eingangstransistoren gegeben. Bei der Parallelschaltung genügt H-Signal an dem einen *oder* dem anderen Eingangstransistor zur Umschaltung des Ausgangs auf L-Signal. Bei der Reihenschaltung müssen der eine *und* der andere Eingangstransistor mit H-Signal angesteuert werden, damit der Ausgang L-Signal führt.

Günstigere Betriebsdaten erhält man, wenn der Arbeitswiderstand T_3 als Konstantstromquelle ausgeführt wird. Mit einem n-Kanal-MOS-FET muß hierfür der selbstleitende Typ verwendet werden (Bild 4.4–9). Die Eingangs-FETs müssen jedoch selbstsperrend bleiben. Mit T_3 als Konstantstromquelle ist die Stromaufnahme der Schaltung unabhängig von der Betriebsspannung, und die beiden Hilfsspannungen U_G und U_V entfallen.

Bild 4.4–9.
NOR-Glied in NMOS-Technik,
T_3 ist als Konstantstromquelle geschaltet

Die *CMOS-Technik verwendet komplementäre MOS-FETs*, die im Gegentakt arbeiten. Ein einfaches NICHT-Glied (Inverter) in CMOS-Technik zeigt Bild 4.4–10. Die komplementären selbstsperrenden MOS-FETs sind in Reihe geschaltet, und ihre Gates sind miteinander verbunden. Liegt am Eingang E L-Signal, leitet der p-Kanal-FET T_2, und der n-Kanal-FET T_1 sperrt. Der Ausgang nimmt H-Signal entsprechend U_B an. Mit H-Signal am Eingang sperrt T_2, und T_1 leitet. Die Ausgangsspannung strebt gegen Null entsprechend dem L-Signal. Im stationären Zustand mit H- oder L-Signal am Eingang sperrt immer ein Transistor in der Reihenschaltung. Im stationären Zustand fließt also kein Strom durch die Schaltung. Lediglich beim Signalwechsel fließt ein geringer Strom

Bild 4.4–10.
NICHT-Glied in CMOS-Technik

durch die Reihenschaltung. Die Stromaufnahme der Schaltung ist demnach proportional der Signalfrequenz und wird durch die Umladevorgänge der in der Schaltung vorhandenen Kapazitäten bestimmt. Da die angeschlossenen Schaltkreise wegen ihrer hohen Eingangswiderstände den Ausgang mit Gleichstrom so gut wie nicht belasten, ist die Verlustleistung der CMOS-Schaltungen äußerst gering. Ein weiterer Vorteil der CMOS-Technik ist die relativ niedrige Signalverzögerungszeit, denn der Ausgang ist mit L-Signal und mit H-Signal relativ niederohmig.

Die Signalpegel sind von der gewählten Betriebsspannung abhängig. Die Betriebsspannung kann zwischen 3 V und 15 V frei gewählt werden. Mit $U_B = 5$ V sind die Signalpegel der CMOS-Gatter gleich denen der TTL-Schaltungen, d. h., die Schaltungen sind kompatibel. Ein CMOS-Gatter kann also mit $U_B = 5$ V den Eingang einer TTL-Schaltung ansteuern.

Die Standardschaltung eines NOR-Gliedes und eines NAND-Gliedes in CMOS-Technik zeigt Bild 4.4–11. Die unterschiedliche Wirkungsweise des NOR- und des NAND-Gliedes ist a) durch die Parallelschaltung und b) durch die Reihenschaltung der MOS-FETs T_1 und T_2 gegeben. Wird bei dem NOR-Glied mit H-Signal an T_1 oder T_2 der Ausgang auf Massepotential (L-Signal) geschaltet, so muß beim NAND-Glied T_1 und T_2 angesteuert sein, damit der Ausgang auf L-Signal schaltet.

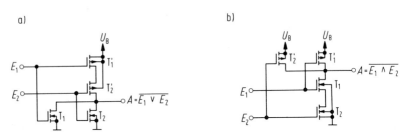

Bild 4.4–11. Standardschaltungen der CMOS-Technik
a) NOR-Glied, b) NAND-Glied

4.4.7 Vergleich der Logiktechniken

Der Anwender eines logischen Systems muß sich bei der Auswahl einer bestimmten Technik überlegen, welche Eigenschaften zur Problemlösung erforderlich sind. Leitgedanke sollte sein: nicht das schnellste, sondern immer das langsamste System verwenden, das noch die Geschwindigkeitsforderungen erfüllt. Langsame Systeme haben eine größere dynamische Störsicherheit. In Tabelle 4.4–1 sind die wichtigsten Daten digitaler Systeme zusammengestellt.

Tabelle 4.4-1. Richtwerte zum Vergleich der Logiktechniken

Technik	Betriebs-spannung V	Eingangsspannung H U_{IHmin} V	Eingangsspannung L U_{ILmax} V	Ausgangsspannung H U_{QH} V	Ausgangsspannung L U_{QL} V	Störabstand V	Verzögerungszeit ns	Verlustleistung je Schaltglied mW	Fan-Out
DTL	5	2,2	1,0	4 bis 5	0,4	0,6	20 bis 30	5 bis 20	7
DTLZ	12	7,5	4,5	10 bis 12	1,7	4 bis 5	100 bis 250	20 bis 55	10
TTL	5	2	0,8	2,5 bis 3,4	0,4	0,4 bis 1,0	8 bis 30	12 bis 20	10
ECL	−5	−1	−1,4	−0,8	−1,7	0,1 bis 0,4	2 bis 5	35 bis 80	20
HLL	10 bis 20	8	5	9 bis 19	1,5	4,5	100	25 bis 50	10
PMOS	+5, −12	3,5	1,0	3,5	0,8	0,8*)	100	0,5	20
NMOS	5 bis 12	2,2	0,8	2,4	0,4	0,4*)	30	0,5	20
CMOS	3 bis 15	3,5	1,5	4,9	0,05	1,5*)	30 bis 90	1 µW/kHz	50

*) Richtwerte für $U_B = 5$ V

4.4.8 Pegelumsetzer

Bauelemente einer Logikfamilie können im allgemeinen ohne zusätzliche Bauelemente miteinander verbunden werden. Es ist manchmal jedoch erforderlich, verschiedene Logiksysteme zu vereinigen. Die unterschiedlichen Logiktechniken können aber nicht unmittelbar miteinander verbunden werden, weil die Signalpegel, die Speisespannung und die Lastfaktoren nicht übereinstimmen. Zur Anpassung der Systeme werden daher Pegelumsetzer eingesetzt. Diese sind allgemein Transistorschaltstufen mit besonderer Anpassung für bestimmte Eingangs- und Ausgangspotentiale.

4.5 Speicherbausteine

Speicher dienen zum vorübergehenden oder dauernden Aufbewahren von Informationen; sie sollen vorhandene oder gewünschte Signalzustände fixieren.
In der kontaktbehafteten Steuerungstechnik wird die Speicherfunktion durch die Selbsthaltung eines Relais oder eines Schützes ausgeführt (Bild 4.5–1). Bei Betätigung

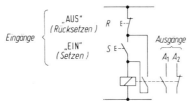

Bild 4.5–1.
Relais mit Selbsthaltung als „Signal"-Speicher

des Tasters „Ein" ($S \triangleq$ *Setzen*) zieht das Relais an und hält sich selbst über einen eigenen Kontakt; das kurzzeitig vorhandene digitale Signal „Ein" wird gespeichert, d. h. der Speicher wird gesetzt. Im gesetzten Zustand des Relaisspeichers hat jedes weitere Betätigen des Tasters „Ein" keinen Einfluß mehr auf den Signalzustand an den Ausgängen A_1 und A_2. Der gespeicherte Signalzustand steht zeitlich unbegrenzt an den Ausgängen zur weiteren Verarbeitung zur Verfügung. Gelöscht wird der Relaisspeicher durch Betätigen des Tasters „Aus" ($R \triangleq$ *Rücksetzen*). Im gelöschten Zustand des Speichers hat jedes weitere Betätigen des Tasters „Aus" keinen Einfluß mehr.
Eine besondere Eigenschaft des Relaisspeichers ist zu erkennen, wenn die Taster „Ein" und „Aus" gleichzeitig betätigt werden. Obwohl der Taster „Ein" betätigt ist, kann hierbei das Relais nicht anziehen, denn die Spannungszuführung ist durch den ebenfalls betätigten Taster „Aus" unterbrochen; das Signal „Aus" ist dominierend. Es handelt sich um einen Speicher mit dominierendem Löschen, d. h. Löschen hat Vorrang vor Setzen.
Zur Automatisierung vieler technischer Prozesse reicht die beschriebene „einfache" Speicherfunktion nicht aus. Es werden Speicher mit unterschiedlichem Betriebsverhalten benötigt, die in bestimmter Zusammenschaltung auch den Aufbau von *Zählern* und *Registern* erlauben.

4.5.1 Speicher (Flipflop)

Sämtliche Speicher der elektronischen (kontaktlosen) Steuerungstechnik werden mit bistabilen Kippschaltungen, auch *Flipflops* genannt, aufgebaut. Bistabile Kippschaltungen haben zwei stabile Schaltzustände, d. h. der Ausgangswert ist mit H-Signal oder L-Signal auch ohne Eingangssignal stabil. Das Umschalten von einem stabilen Zustand in den anderen wird durch ein kurzzeitig angelegtes Eingangssignal ausgelöst. Nach dem Kippvorgang bleibt der neue Schaltzustand stabil, d. h. der Schaltzustand bleibt erhalten, auch wenn das auslösende Eingangssignal nicht mehr vorhanden ist.

Eine bistabile Kippstufe kann mit zwei NOR-Gliedern aufgebaut werden, indem die Ausgänge der NOR-Glieder gekreuzt auf die Eingänge zurückgeführt werden (Bild 4.5–2). Die ODER-Funktion der NOR-Glieder wird durch die Eingangsdioden n1 und n2 bzw. n3 und n4 erfüllt, während die Transistoren T_1 und T_2 als NICHT-Glieder die jeweiligen Eingangssignale negieren.

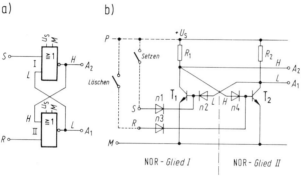

Bild 4.5–2. Speicherglied (bistabile Kippstufe oder auch Flipflop genannt)
    a) aufgebaut mit zwei gekoppelten NOR-Gliedern
    b) schaltungstechnischer Aufbau

Zur Erläuterung der Schaltung geht man zweckmäßig von einer Ruhelage der Kippstufe aus, die wir als den *Löschzustand des Speichers* festlegen wollen. Im Löschzustand soll der Ausgang $A_1 = $ L und der Ausgang $A_2 = $ H sein. In dieser Ruhelage mit $S = $ L und $R = $ L wirkt Ausgang A_2 mit H-Signal auf das NOR-Glied II bzw. über Diode n4 auf Transistor T_2; das H-Signal von A_2 wird negiert und erscheint am Ausgang A_1 als L-Signal. Das NOR-Glied I hat jetzt nur L-Signale an den Eingängen, und damit ist $A_2 = $ H. Durch die Rückkopplung der Ausgänge auf die Eingänge hält die Schaltung den Betriebszustand zeitlich unbegrenzt stabil. Soll die Kippschaltung in den anderen Betriebszustand umschalten, so ist das nur durch ein Eingangssignal möglich.

Das *Setzen des Speichers* wird mit H-Signal am Eingang S erzwungen. Mit $S = $ H und $R = $ L wird Transistor T_1 durchgesteuert, und Ausgang A_2 wird auf L-Signal umgeschaltet. Da $R = $ L und $A_2 = $ L ist, ist Transistor T_2 gesperrt und Ausgang $A_1 = $ H. Das H-Signal von A_1 hält über Diode n2 den Transistor T_1 leitend. Dieser Schaltzustand bleibt erhalten, auch wenn das Setzsignal S nicht mehr vorhanden ist. Weitere H-Signale auf S bewirken keine Änderung des Schaltzustandes, der Speicher bleibt gesetzt.

Rücksetzen oder *Löschen* des Speichers kann nur durch H-Signal am Eingang R erfolgen. $R = H (S = L)$ steuert Transistor T_2 durch, und Ausgang A_1 nimmt L-Signal an. Ist $S = L$ und $A_1 = L$, so hat Transistor T_1 keine Ansteuerung; Ausgang A_2 hat H-Signal, das über Diode n4 den Transistor T_2 durchgesteuert hält, auch wenn das löschende Signal R verschwindet. Weitere Signale $R = H$ bewirken keine Änderung des Schaltzustandes.

Welche Wirkungen zeigt der Speicher, wenn Setz- und Löschsignal gleichzeitig einwirken?
$S = H$ steuert Transistor T_1 durch, und $R = H$ steuert T_2. Beide Transistoren sind also leitend, und damit haben beide Ausgänge $A_1 = L$ und $A_2 = L$. Der Schaltzustand der Ausgänge wird jedoch unbestimmt, sobald die Eingänge R und S gleichzeitig L-Signal erhalten; das Flipflop kippt in eine nicht voraussagbare Ruhelage. Diese wird bestimmt durch die Eigenschaften der Bauelemente. Der Signalzustand $R = H$ und $S = H$ wird beim Flipflop aus NOR-Gliedern als „nicht erlaubt" betrachtet.

Es ist üblich, die vorgenannte Schaltung als *NOR-Flipflop* zu benennen. Obwohl der Name Flipflop aus dem Englischen kommt, wird in der amerikanischen Literatur vom *NOR-Latch* gesprochen. Mit Flipflop werden dort nur bistabile Kippstufen mit Vor- bzw. Zwischenspeicher bezeichnet.

Wir können jetzt die möglichen Schaltzustände des *NOR-Flipflops* in einer Übersicht (Tabelle 4.5–1) zusammenfassen.

Tabelle 4.5–1. Schaltverhalten der Kippschaltung aus zwei NOR-Gliedern (NOR-Flipflop)

Eingänge		Ausgänge					
		vor Signalgabe dh. $R = S = L$		mit Eingangssignalen		nach Signalgabe dh. $R = S = L$	
R	S	$A_1 = Q$	$A_2 = \overline{Q}$	$A_1 = Q$	$A_2 = \overline{Q}$	$A_1 = Q$	$A_2 = \overline{Q}$
L	H	L Löschzustand	H	H gesetzt	L	H Setzzustand bleibt	L
H	L	H Setzzustand	L	L gelöscht	H	L Löschzustand bleibt	H
L	L	vorhergehender Lösch- oder Setzzustand bleibt erhalten					
H	H	L oder H	H oder L	L	L	unbestimmte Ruhelage (nicht erlaubt)	

Die Ausgänge der Flipflops werden meistens nicht mit A_1 und A_2, sondern mit Q und $\overline{Q}$ bezeichnet. Mit der Bezeichnung A_1 und A_2 sollte darauf aufmerksam gemacht werden, daß $\overline{Q}$ nicht die Negation von Q sein muß. Bereits in Zeile 4 der Tabelle 4.5–1 ist der Signalzustand $A_1 (Q)$ gleich dem Signalzustand $A_2 (\overline{Q})$. Die Ausgänge Q und $\overline{Q}$ der Flipflops haben in den meisten Fällen jedoch entgegengesetzte Schaltzustände. Bild 4.5–3 zeigt das Symbol einer bistabilen Kippschaltung (Flipflop) nach DIN 40700, Teil 14. Hierbei sind die Ausgänge den Eingängen so zugeordnet, daß H-Signal am Eingang eines Feldes am Ausgang des gleichen Feldes H-Signal erzeugt. Soll eine Grundstellung (Anfangszustand oder Löschzustand) des Speichers markiert werden, so wird die Ausgangsseite mit H-Signal durch einen schwarzen Balken gezeichnet (Bild 4.5–3). Beson-

4.5 Speicherbausteine

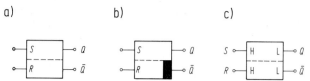

Bild 4.5–3. Schaltzeichen einer bistabilen Kippschaltung (Flipflop)
 a) allgemeine Darstellung
 b) mit Kennzeichnung des Anfangszustandes $\overline{Q}=$ H
 c) mit Hinweis auf das besonders Schaltverhalten: bei $R=$ H und $S=$ H ist $Q=$ L und $\overline{Q}=$ L

dere Signalzustände, wie z. B. der Schaltzustand mit $R=S=$ H in Zeile 4 der Tabelle 4.5–1 können in das Schaltzeichen eingetragen werden. In Bild 4.5–3c sind die Eingänge mit $R=$ H und $S=$ H und die Ausgänge $Q=$ L und $\overline{Q}=$ L beschriftet. Dieser Schaltzustand sollte bei dem NOR-Flipflop nicht zugelassen werden, da im Folgezustand mit $R=S=$ L die Ruhelage unbestimmt ist.

Die Gleichung des NOR-Flipflop $\quad Q = S\overline{R} + Q_0\overline{R}$ \hfill (4.5–1)

muß daher mit der Nebenbedingung $SR=$ L geschrieben werden. ($Q_0=$ Zustand vor dem Kippen (Umschalten); $Q=$ Zustand nach dem Kippen).
Eine bistabile Kippschaltung kann auch mit zwei rückgekoppelten NAND-Gliedern aufgebaut werden (Bild 4.5–4).

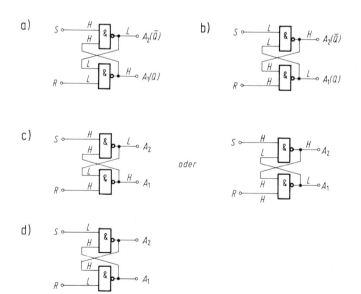

Bild 4.5–4. Steuerverhalten des NAND-Flipflops

Die Wirkungsweise dieses *NAND-Flipflop* (*NAND-Latch*) wollen wir in einzelnen Schritten erklären.

1. Setzen des Speichers mit $S = H$ und $R = L$ (Bild 4.5–4a). Für beide NAND-Glieder sind durch die Rückkopplungen eindeutige Schaltzustände definiert;
$A_2 = \overline{S \cdot A_1} = L$, $A_1 = \overline{A_2 \cdot R} = H$.
2. Löschen des Speichers mit $R = H$ und $S = L$ (Bild 4.5–4b). Als Ausgangssignale ergeben sich $A_1 = L$ und $A_2 = H$.
3. Mit $S = H$ und $R = H$ ändert sich der Schaltzustand des Speichers nicht, sondern bleibt so, wie er vor der Doppelansteuerung war (Bild 4.5–4c).
4. Ist weder Setz- noch Löschsignal vorhanden, also $R = S = L$, so sind die Ausgänge $A_1 = A_2 = H$ (Bild 4.5–4d).

$R = S = L$ sollte bei dem NAND-Flipflop nicht zugelassen werden, denn wenn R und S gleichzeitig auf H-Signal umgeschaltet werden, ist der Schaltzustand der Ausgänge nicht vorhersagbar.

Die Gleichung des NAND-*Flipflop* $\quad Q = S \cdot \overline{R} + Q_0 \cdot \overline{R}$ \hfill (4.5–2)

sollte als Nebenbedingung $R = S = L$ nicht zulassen.

4.5.2 Flipfloparten

Die erläuterten Speicher mit NOR- und NAND-Gliedern haben gezeigt, daß man gewünschte Signalzustände festhalten (speichern) kann. Die Speicher wurden durch statische Signale gesetzt oder gelöscht, je nachdem, ob die eine oder die andere Hälfte des Speichers zuletzt angesteuert war. Diese bistabilen Kippstufen werden Grundflipflops, Speicherflipflops, *ungetaktete Flipflops* oder *asynchrone Kippstufen* genannt.

Die Anwendungsmöglichkeiten der bistabilen Kippschaltungen sind nicht mit den Funktionen *Setzen* und *Löschen* erschöpft. Integrierte Halbleiterschaltungen mit hoher Funktionsdichte ermöglichen vielseitige Variationen. Es handelt sich hierbei um Erweiterungen der erläuterten Grundflipflops durch Vor- oder Zwischenspeicher. Man erhält damit Flipflops, die mit dynamischen Signalen oder durch eine bestimmte Impulsfolge – den *Takt* – gesteuert werden. Die statischen Eingangssignale R, S oder J, K sind dann lediglich vorbereitende Signale für die Umschaltrichtung. Erst der Taktimpuls löst die Umschaltung aus. Da mit dem Takt mehrere Flipflops synchron gesteuert werden können, spricht man bei taktgesteuerten Schaltungen von *synchronen Schaltungen* oder von *sequentiellen Schaltungen*.

Asynchrone Schaltungen können mit geringerem Aufwand realisiert werden als synchrone Schaltungen. Sie sind jedoch bei Serienbetrieb langsamer und haben eine höhere Störanfälligkeit als synchrone Schaltungen. Für viele Anwendungsfälle scheiden daher die asynchronen Schaltungen aus. Besonders seit der Einführung monolithisch integrierter Schaltungen sind die asynchronen Schaltungen etwas zurückgedrängt worden.

4.5.3 RS-Flipflop

Der Grundschaltung eines Flipflops aus zwei NAND-Gliedern (Nand-Flipflop oder RS-Grundflipflop genannt) können am Eingang zwei NAND-Glieder vorgeschaltet werden (Bild 4.5–5). Damit erhält man ein Flipflop, das nicht mehr direkt über die Eingänge S oder R gesetzt oder gelöscht werden kann. Es ist jetzt ein Tor vorhanden, und

4.5 Speicherbausteine

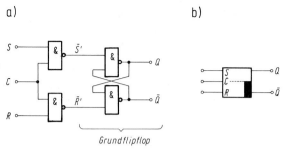

Bild 4.5-5. RS-Flipflop mit Taktansteuerung (RS-Auffangflipflop)
a) Schaltung mit NAND-Gliedern
b) Schaltzeichen

wir können mit Hilfe eines Taktimpulses am Eingang C (Takt ≙ engl. *clock*) bestimmen, wann das Flipflop kippen soll. Die Signale an R und S sind vorbereitende Eingänge, und Takteingang C ist der den Kippvorgang auslösende Eingang. Wir haben ein *RS-Flipflop* mit Taktansteuerung, das auch *RS-Auffangflipflop* genannt wird. Das Verhalten des RS-Flipflops mit Taktansteuerung kann aus der Tabelle 4.5–2 abgelesen werden. Bezeichnet man den Signalzustand vor dem Kippen mit Q_0 und nach dem Kippen mit Q, so kann man für das RS-Flipflop die Gleichung schreiben.

$$Q = S \cdot C + \overline{R \cdot C} \cdot Q_0 \quad \text{mit der Nebenbedingung } R \cdot S \cdot T = L \quad (4.5\text{–}3)$$

Die Nebenbedingung soll den Sonderfall des RS-Flipflops ausschließen, bei dem nach $R = S = H$ eine nicht bestimmte Ruhelage eintritt.

Tabelle 4.5–2. Wahrheitstabelle des RS–Flipflops

R	S	C	Q	$\overline{Q}$	Bemerkungen
L	L	L			vorhergehender Schaltzustand bleibt erhalten
L	L	H			vorhergehender Schaltzustand bleibt erhalten
L	H	L			vorhergehender Schaltzustand bleibt erhalten
L	H	H	H	L	setzen
H	L	L	H	L	gesetzt
H	L	H	L	H	löschen
H	H	L	L	H	gelöscht
H	H	H	H	H	„nicht erlaubte" Signalkombination

4.5.4 Flipflops mit Taktflankensteuerung

Die bisher erläuterten Flipflops wurden durch statische Signale gesteuert, d. h. nur das Vorhandensein dieser Signale bewirkte den Umschaltvorgang. Wir wollen jetzt Flipflops besprechen, die auf die *Änderung* eines Signalzustandes ansprechen. Der Schaltzustand soll also durch ein *dynamisches Signal* – durch die Taktflanke – geändert werden.

Der Kippvorgang wird meistens durch die steigende Flanke des Signals C eingeleitet und kommt erst mit der fallenden Flanke zustande. Man sagt, das Flipflop spricht auf die negative Signalflanke oder auf eine H/L-Änderung an. Das Impulsdiagramm in

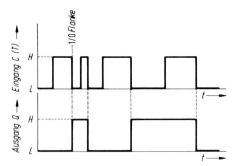

Bild 4.5–6. Impulsdiagramm einer Taktflankensteuerung,
jede H/L-Änderung des Eingangssignals schaltet

Bild 4.5–6 zeigt das Schaltverhalten: Jede Änderung des Signals von H- auf L-Signal führt zur Umschaltung. Bei einer anderen Schaltungstechnik kann das Schaltverhalten umgekehrt sein; es führt dann jede Signaländerung von L- auf H-Signal zur Umschaltung. Bild 4.5–7 zeigt die Symbole der dynamischen Eingänge bei einem *T-Kippglied* (Trigger-Flipflop), das a) auf eine 0/1-Änderung und b) auf eine 1/0-Änderung des Steuersignals anspricht. Da ein T-Kippglied durch Beschaltung eines JK-Flipflops entstehen kann, soll auf die Innenschaltung hier verzichtet werden.

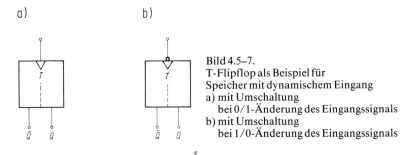

Bild 4.5–7.
T-Flipflop als Beispiel für
Speicher mit dynamischem Eingang
a) mit Umschaltung
  bei 0/1-Änderung des Eingangssignals
b) mit Umschaltung
  bei 1/0-Änderung des Eingangssignals

Das Prinzip der Taktflankensteuerung beruht auf einer Zwischenspeicherung der Eingangssignale, d. h. zwischen die Eingangslogik und das Ausgangsflipflop wird ein Zwischenspeicher geschaltet. Die Zwischenspeicherung kann durch eine RC-Kombination oder durch ein Grundflipflop erfolgen.

4.5.5 Master-Slave-Flipflop (MS-Flipflop)

Master-Slave-Flipflops sind Schaltungen mit Zwischenspeicher. Bild 4.5–8 zeigt die Prinzipschaltung und das Schaltzeichen eines JK-Master-Slave-Flipflops. Das JK-MS-Flipflop ist eine universell verwendbare bistabile Kippschaltung mit einem Steuereingang C und zwei statischen (vorbereitenden) Eingängen J und K. Die Bezeichnungen J und K sind bezugsfrei, sie haben keine besondere Bedeutung.

4.5 Speicherbausteine

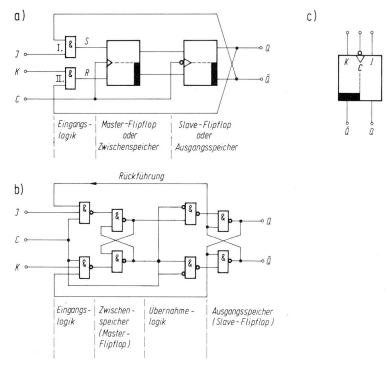

Bild 4.5–8. JK-Master-Slave-Flipflop
a) Prinzipschaltung
b) Schaltung mit
   NAND-Verknüpfungen
c) Schaltzeichen

Der Zwischenspeicher ist das Master-Flipflop (Meister ≙ engl. *master*) und der Ausgangsspeicher das Slave-Flipflop (Knecht ≙ engl. *slave*). Das Master-Flipflop gibt den Befehl zum Umschalten entsprechend der Eingangsinformation an das Slave-Flipflop weiter. Wir haben ein Meister-Knecht-Verhältnis. Bei dem JK-Flipflop sind im Gegensatz zum RS-Flipflop alle Eingangskombinationen zulässig; auch die Eingangssignale $J = K =$ H und $J = K =$ L geben eindeutiges Schaltverhalten. In Bild 4.5–8 ist das JK-MS-Flipflop mit zwei RS-Auffangflipflops aufgebaut, und die Ausgänge Q und $\overline{Q}$ sind auf die Eingangslogik rückgekoppelt. Für $J = K =$ L sperrt die Eingangslogik den Taktimpuls, er kommt nicht durch, und die Schaltung verharrt in der vorhandenen Ruhelage. Ist $J = K =$ H, so spricht bei $C =$ H nur der Teil der Eingangslogik an, an dem vom Ausgang Q oder $\overline{Q}$ H-Signal vorhanden ist. Mit $C =$ H wird der Zwischenspeicher gesetzt; im Verlauf der fallenden Taktflanke ($C =$ H → L) werden die Eingänge des Zwischenspeichers (Master-Flipflop) gesperrt. Infolge Änderung des Taktes C auf L-Signal wird durch den Taktnegator der Steuerimpuls für das Ausgangsflipflop (Slave-Flipflop) gegeben. Der Ausgang des Master-Flipflops wird nun mit der Verzögerungszeit des Taktnegators vom Slave-Flipflop übernommen. Das JK-MS-Flipflop schaltet also mit der negativen Taktflanke um; es schaltet bei der H/L-Änderung des Taktes C.

Solange die Eingangskombination $J = K =$ H vorhanden ist, kippt das Flipflop bei jeder negativen Taktflanke in die andere Ruhelage; es arbeitet wie ein Taktfrequenzuntersetzer 2:1 gemäß Impulsdiagramm Bild 4.5–6.

Durch $J =$ H und $K =$ L wird der Speicher gesetzt. Auch hierbei wird mit dem Takt $C =$ H die Eingangsinformation in den Zwischenspeicher übernommen, und während der negativen Taktflanke erfolgt die Umschaltung auf $Q =$ H und $\overline{Q} =$ L. Nach der Umschaltung sind weitere Signale $J =$ H und $K =$ L wirkungslos, denn das UND-Glied I der Eingangslogik ist mit $\overline{Q} =$ L gesperrt. Jetzt kann mit $K =$ H und $J =$ L das Flipflop rückgesetzt, d. h. gelöscht werden.

Wir haben jetzt ein universell einsetzbares Flipflop. Mit dem JK-MS-Flipflop können die Funktionen der anderen Flipfloparten nachgebildet werden. In Tabelle 4.5–3, Spalte 1, sind die Beschaltungen eines JK-Flipflops angegeben, die zur Umwandlung des Schaltverhaltens erforderlich sind. Die Tabelle zeigt ferner, wie man aus einer Flipflopart eine andere herstellen kann. Wir kennen jetzt Flipfloparten, mit denen Binärteiler (Untersetzerstufen), Zähler, Schiebe- und Speicherregister aufgebaut werden können.

Tabelle 4.5–3. Tabelle zur Umwandlung unterschiedlicher Flipflops ineinander

	JK	RS	T	Binär-Teiler	charakteristische Gleichung
JK		S=J, R=K	T	J=L, K=L	$Q = (J \wedge \overline{Q_0}) \vee (\overline{K} \wedge Q_0)$
RS	J,K,R		T, R	S, R	$Q = S \vee (\overline{R} \wedge Q_0)$ Nebenbedingung $S \wedge R =$ L
T	J,T,K	T		T=L	$Q = (T \wedge \overline{Q_0}) \vee (\overline{T} \wedge Q_0)$

4.6 Analog-Digital-Umsetzer (ADU)

Die Eingangsgrößen digitaler Rechenanlagen und digitaler Meßgeräte sind vielfach analoge Größen wie Spannung, Strom, Drehzahl, Druck usw. Analog-Digital-Umsetzer haben die Aufgabe, eine physikalische Größe von der analogen in die digitale Darstellungsform umzuformen. Zur Lösung dieser Aufgabe bieten sich mehrere Verfahren an:

4.6.1 Umsetzung einer Analoggröße in eine Frequenz

Eine digitale Messung ist vielfach ein Zählvorgang. Es liegt daher nahe, die analoge Größe in Impulse bestimmter Frequenz umzuformen und diese innerhalb einer bestimmten Zeiteinheit zu zählen.

4.6 Analog-Digital-Umsetzer (ADU)

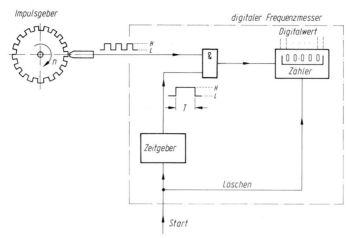

Bild 4.6–1. Prinzip der digitalen Drehzahlmessung (Drehzahl-Frequenz-Umsetzer)

Als Beispiel für die Umformung einer mechanischen Größe in eine Impulsfrequenz wollen wir das Prinzip einer *digitalen Drehzahlmessung* erläutern (Bild 4.6–1). Mittels eines induktiven oder optoelektronischen Impulsgebers werden Impulse erzeugt, deren Anzahl pro Zeiteinheit der Drehzahl proportional ist. Zu Beginn der Zählung sollte der Zähler auf Null gesetzt, d. h. gelöscht sein. Die Zeitbasis gibt dann während der Zeitspanne T H-Signal auf das UND-Glied (sog. Tor), so daß sämtliche Impulse innerhalb der Zeit T in den Zähler einlaufen können. Wird $T = 1$ s gewählt, und gibt der Impulsgeber $p = 60$ Impulse pro Umdrehung, so wird nach Ablauf einer Sekunde die Anzahl der Umdrehungen pro Minuten angezeigt. Allgemein gilt für den Zählerstand

$$Z = npT \qquad (4.6\text{–}1)$$

Das Zählergebnis Z hängt dekadisch mit der gemessenen Drehzahl n zusammen, wenn der Impulsgeber oder die Zeitbasis den Faktor 6 enthält. Üblich sind Impulsgeber mit $p = 60$ Impulsen pro Umdrehung; dann ist die Meßzeit $T = 1$ s oder $p = 600$ ($T = 0,1$ s) oder $p = 100$ ($T = 0,6$ s). Der Meßvorgang ist intermittierend, d. h. der Zähler fängt bei Null an, gibt nach der Meßzeit T das Ergebnis und muß dann wieder auf Null gesetzt werden. Mittels eines Anzeigespeichers kann jedoch der letzte Meßwert gespeichert werden, so daß in der Anzeigeeinheit nicht der Zählvorgang sichtbar ist.

Bei der digitalen Drehzahlmessung haben wir die Drehzahl in eine Frequenz umgeformt. Dieses Prinzip kann auch bei elektrischen Größen angewandt werden. Zur Umformung einer Signalspannung in eine der Spannung proportionale Frequenz benötigen wir einen *Spannungs-Frequenz-Umsetzer*. Den Aufbau eines solchen Umsetzers mit einem Integrator zeigt Bild 4.6–2. Am Eingang des Integrators liegt die Meßgröße u_e, die in eine Frequenz umgeformt werden soll. Der Integrator integriert die Spannung u_e über die Zeit. Bei konstanter Eingangsspannung U_e verläuft die Spannung u_a am Ausgang des Integrators nach der Funktion

$$-u_a(t) = \frac{1}{R_1 C_f} \cdot U_e t + (U_a)_{t=0} \qquad (4.6\text{–}2)$$

516 4 Digitale Schaltungen mit elektronischen Bauelementen

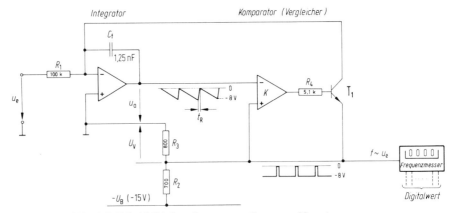

Bild 4.6–2. Schaltbild eines Spannungs-Frequenz-Umsetzers

Je größer die Eingangsspannung U_e ist, desto steiler ist der Anstieg der Ausgangsspannung u_a des Integrators. Letztere wirkt auf einen Operationsverstärker, der in dieser Schaltung als *Komparator* (Vergleicher) bezeichnet werden kann. Sobald u_a den Wert der Vergleichsspannung U_v erreicht, steuert der Komparator K den Transistor T durch; der Transistor wird leitend und hebt die negative Vergleichsspannung U_v auf nahezu 0 Volt an. Gleichzeitig entlädt sich der Kondensator C_f über den leitenden Transistor, bis die Ausgangsspannung u_a des Integrators 0 Volt hat. In diesem Moment schaltet der Komparator ($A_{uo} \to \infty$) seine Ausgangsspannung um und sperrt den Transistor. Damit beginnt erneut die Integration der Meßgröße u_e. Da der Anstieg der Spannung u_a linear mit der Eingangsspannung steigt, erhalten wir als Ausgangsgröße des Spannungs-Frequenz-Umsetzers Impulse, deren Frequenz vom Wert der Meßgröße abhängt. Unter der Voraussetzung, daß die Rückstellzeit $t_R = \triangle u_a R_2 C_f / U_B$ sehr klein gegenüber der Integrierzeit $T_1 = R_1 C_f$ ist, ergibt sich die Ausgangsfrequenz

$$f \approx \frac{u_e}{U_v R_1 C_f} \qquad (4.6\text{–}3)$$

Ändert sich die Meßgröße u_e, so ändert sich auch die Ausgangsfrequenz. Die Anzahl der Impulse während einer definierten Zeitspanne entspricht immer dem Integral der Eingangsspannung über dieses Zeitintervall. Mit den in Bild 4.6–2 eingetragenen Daten erhalten wir nach Gl. (4.6–3) bei $U_e = 10$ V eine Frequenz $f = 10$ kHz. Hierbei ist jedoch die Rückstellzeit nicht berücksichtigt, so daß die tatsächliche Frequenz etwas tiefer liegt. Schaltet man dem Spannungs-Frequenz-Umsetzer einen digitalen Frequenzmesser nach, so wird die Anordnung zu einem digitalen Spannungsmesser.

4.6.2 Analog-Digital-Umsetzer nach dem Zeitverfahren

Analog-Digital-Umsetzer nach dem Zeitverfahren formen den Wert der analogen Meßgröße in eine bestimmte Zeitspanne um. Nehmen wir als Beispiel eine Geschwindigkeitsmessung. Die Geschwindigkeit $v = s/t$ kann ermittelt werden, wenn s und t bekannt sind. Zur Ermittlung der Geschwindigkeit bieten sich nun zwei Methoden an:

4.6 Analog-Digital-Umsetzer (ADU)

Man kann erstens den Weg messen, der innerhalb einer bestimmten Zeitspanne zurückgelegt wird. Hiervon wollen wir hier keinen Gebrauch machen. Bei der zweiten Methode wird die Zeit gemessen, die für das Zurücklegen eines bestimmten (bekannten) Weges erforderlich ist, d. h. die Geschwindigkeitsmessung wird auf eine Zeitmessung zurückgeführt. Dieses Verfahren eignet sich auch zum Messen elektrischer Größen, wenn die elektrische Größe in eine Zeitspanne umgeformt wird.

Zum Umformen einer elektrischen Größe in eine dem Wert dieser Größe proportionale Zeitspanne dient ein *Sägezahnumsetzer.* Hierbei wird die Meßgröße u_e mit einer linear ansteigenden Sägezahnspannung u_S verglichen (Bilder 4.6–3 und 4.6–4). Der Vergleich

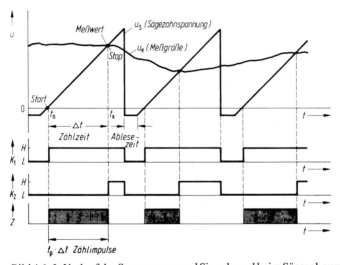

Bild 4.6–3. Verlauf der Spannungen und Signalpegel beim Sägezahnumsetzer

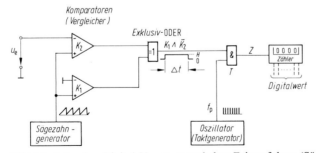

Bild 4.6–4. Analog-Digital-Umsetzer nach dem Zeitverfahren (Sägezahnumsetzer)

beginnt mit dem Spannungspegel 0 Volt der Sägezahnspannung. Dieser Zeitpunkt t_0 wird durch den Komparator (Vergleicher) K_1 bestimmt. Überschreitet die Sägezahnspannung das Nullpotential, so entsteht am Ausgang von K_1 H-Signal. Dieses H-Signal wirkt über die Exklusiv-ODER-Schaltung auf das UND-Glied (Tor) T, und jeder Impuls (H-Signal) des Oszillators wird auf den Zähler durchgeschaltet. Sobald die Sägezahnspannung u_S den Wert der Meßgröße u_e erreicht, schaltet der Ausgang des Komparators K_2 auf H-Signal. Mit H-Signalen von K_1 und K_2 hat der Ausgang der Exklusiv-ODER-Schaltung L-Signal, und das UND-Glied T sperrt den Durchgang weiterer Impulse vom Oszillator zum Zähler. Durch die Schaltpunkte der Komparatoren ist ein Zeitintervall $\Delta t = t_x - t_0$ bestimmt, das von der Meßgröße u_e abhängt. Bei einer konstanten Impulsfrequenz f_p des Oszillators registriert der Zähler in dem Zeitintervall Δt die Impulszahl

$$Z = f_p \Delta t. \qquad (4.6.-4)$$

Δt ist der Meßgröße u_e direkt proportional, sofern die Sägezahnspannung linear verläuft. Damit ist das Zählergebnis Z proportional der Meßgröße u_e. Bei geeigneter Wahl der Oszillatorfrequenz und des Sägezahn-Anstiegs gibt der Zähler als digitales Meßergebnis den Wert der Meßgröße u_e in Volt an. Nach jeder Messung muß der Zähler auf Null gesetzt werden und zählt dann in jeder Meßperiode erneut $Z = f_p \Delta t$ Impulse. Zum Zweck einer ruhigen Anzeige kann ein Anzeigespeicher das Zählergebnis aufnehmen, bis ein neues Zählergebnis zur Verfügung steht. Dann ändert sich der Anzeigewert nur, wenn sich die Meßgröße ändert.

Der Sägezahngenerator kann mit der Schaltung des Spannungs-Frequenz-Umsetzers (Bild 4.6-2) aufgebaut werden. Die Sägezahnspannung wird in diesem Fall am Ausgang des Integrators abgegriffen. Die erreichbare Genauigkeit des Sägezahnumsetzers ist durch die Linearität der Sägezahnspannung und die Konstanz der Oszillatorfrequenz bestimmt. Zusätzlich wird die Meßzeit Δt durch die Konstanz der Ansprechschwellen und der Ansprechgeschwindigkeit der Komparatoren beeinflußt. Bei üblichen Ausführungen lassen sich Meßgenauigkeiten von etwa 0,1 % des Endwertes erreichen. Es sei jedoch erwähnt, daß Oberwellen der Meßgröße das Meßergebnis beeinflussen, denn dieses ist durch den Augenblickswert bei t_x bestimmt. Daher ist ein Tiefpaßfilter am Eingang vorteilhaft.

4.6.3 Analog-Digital-Umsetzer nach dem Doppelintegrationsverfahren

Bei dem Doppelintegrationsverfahren (*Dual-Slope-Converter*) wird die Umwandlung auf zwei Schritte aufgeteilt. Man spricht daher auch vom *Zweischrittverfahren*. Im ersten Schritt der Umwandlung wird die Meßgröße u_e während eines konstanten Zeitintervalls T_1 integriert (Bild 4.6-5 und 4.6-6). Die Ausgangsspannung u_a des Integrators ändert sich während der konstanten Integrationszeit T_1 entsprechend.

In Bild 4.6-6 ist der Verlauf $u_a = f(t)$ für konstante Meßgrößen U_e eingetragen. Mit konstanter Meßgröße ändert sich $u_a(t)$ linear gemäß

$$u_a(t) = -\frac{1}{R_1 C_f} \cdot U_e T_1.$$

Der Höchstwert der Ausgangsspannung u_a des Integrators ist damit bei konstanter Integrationszeit durch die Meßgröße u_e bestimmt.
Im zweiten Schritt der Digitalisierung wird der Eingang des Integrators mit einem elektronischen Schalter S auf die konstante negative Referenzspannung U_{ref} umgeschaltet;

4.6 Analog-Digital-Umsetzer (ADU)

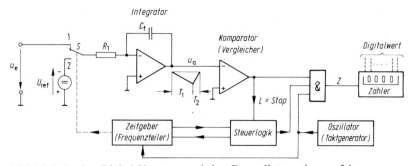

Bild 4.6–5. Analog-Digital-Umsetzer nach dem Doppelintegrationsverfahren

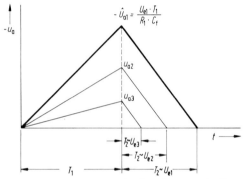

Bild 4.6–6. Spannungsverlauf am Ausgang des Integrators, die Entladezeit T_1 ist proportional der Meßgröße U_e

der Integrator wird entladen. Seine Ausgangsspannung u_a ändert sich jetzt linear, bis der als Komparator geschaltete Operationsverstärker den Spannungswert Null ermittelt. Die Zeitspanne T_2, die zur Entladung des Integrators benötigt wird, ist proportional dem Höchstwert von u_a und damit proportional der Meßgröße u_e:

$$T_2 = \frac{u_e}{U_{ref}} \cdot T_1. \tag{4.6–5}$$

Die Entladezeit T_2 wird für die Digitalisierung der Meßgröße u_e verwendet, indem während der Zeitspanne T_2 die Impulse des Oszillators mit dem Zähler gezählt werden. Zum Erfassen der Entladezeit T_2 dienen die Steuerlogik, der Komparator und das UND-Glied. Zu Beginn des Meßvorganges steht der Schalter S in Stellung 1. Nach Ablauf der konstanten Integrationszeit T_1 schaltet die Steuerlogik den Schalter S in Stellung 2 um und gibt gleichzeitig H-Signal auf das UND-Glied. Da der Integrator eine negative Ausgangsspannung hat, gibt auch der als Komparator geschaltete Operationsverstärker (Inverter) H-Signal auf das UND-Glied. Ab dem Augenblick der Umschaltung von S in Stellung 2 gelangen die Impulse des Oszillators in den Zähler. Der Zählvorgang wird beendet, sobald die Entladung des Integrators den Wert $u_a = 0$ erreicht und der Komparator mit L-Signal das UND-Glied für weitere Impulse sperrt. Die so erhaltene Zählzeit T_2 und die konstante Oszillatorfrequenz f_p bestimmen das Zählergebnis

$$Z = f_p T_2. \qquad (4.6-6)$$

Mit dem Doppelintegrationsverfahren können Umsetzgenauigkeiten von 0,01 % erreicht werden, wenn die Integrierzeit T_1 durch Frequenzteilung von der Oszillatorfrequenz bestimmt ist. In diesem Fall geht die Genauigkeit der Langzeit-Konstanz der Oszillatorfrequenz nicht in das Meßergebnis ein. Der Oszillator benötigt nur Kurzzeitkonstanz für die Meßperiode $T_1 + T_2$. Auch die Langzeit-Konstanz der Bauelemente R_1 und C_f geht nicht in das Meßergebnis ein, da sich Langzeitänderungen durch die Doppelintegration aufheben.

Beweis: Nach Ablauf von T_1 ist die Ausgangsspannung des Integrators

$$\hat{u}_a = -\frac{u_e T_1}{R_1 C_f}. \qquad (4.6-7)$$

Mit U_{ref} wird der Integrator um diesen Spannungswert innerhalb der Zeitspanne T_2 entladen.

$$\hat{u}_a = \frac{U_{ref} T_2}{R_1 C_f}. \qquad (4.6-8)$$

Durch Gleichsetzen der Gleichungen (4.6–7) und (4.6–8) erhalten wir

$$u_e T_1 = U_{ref} T_2. \qquad (4.6.9)$$

Nach Gl. (4.6–6) ist $T_2 = Z/f_p$.

T_1 wollten wir durch Teilung der Oszillatorfrequenz f_p bilden, also $T_1 = n/f_p$. Diese Werte, in Gleichung (4.6–9) eingesetzt, ergeben das Zählergebnis

$$Z = n \cdot \frac{u_e}{U_{ref}}. \qquad (4.6-10)$$

n ist der Faktor des Frequenzteilers zur Bestimmung der Integrationszeit T_1. Wir erkennen, daß das Meßergebnis vom Mittelwert der Meßgröße u_e während der Zeit T_1 bestimmt ist, und daß die Konstanz der Referenzspannung in das Meßergebnis eingeht. Da das Meßergebnis durch den Mittelwert der Meßgröße u_e während der Meßzeit T_1 bestimmt wird, werden Störspannungen unterdrückt, deren Periodendauer gleich T_1 oder ein ganzzahliges Vielfaches von T_1 ist. Die Frequenz f_p des Oszillators sollte daher so gewählt werden, daß T_1 gleich der Schwingungsdauer der Netzwechselspannung oder einem Vielfachen davon wird. Dann werden die Brumm-Störungen des Netzes unterdrückt. Analog-Digital-Umsetzer nach dem Doppel-Integrationsverfahren haben eine große Verbreitung gefunden.

4.6.4 Analog-Digital-Umsetzer mit schrittweiser Annäherung (Sukzessiv-Approximations-Wandler)

Die schrittweise Annäherung der digitalen Aussage an die gegebene analoge Eingangsgröße ist ein Vergleichsverfahren, auch *Wägeverfahren* genannt. Bei dieser Methode (Bild 4.6–7) befindet sich im Rückführzweig ein Digital-Analog-Wandler. Der D/A-

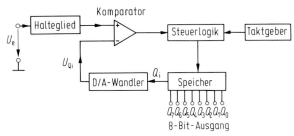

Bild 4.6–7. Analog-Digital-Umsetzer mit schrittweiser Annäherung

Wandler ist in dieser Schaltung ein Istwertgeber (Meßumformer) für den digitalen Ausgang des A/D-Umsetzers. Die digitale Ausgangsgröße wird mit dem D/A-Wandler in die analoge Form zurückgesetzt und über einen Komparator (Vergleicher) mit der analogen Eingangsgröße U_e verglichen.
Beim Beginn der Umsetzung wird mit der Steuerelektronik (Mikrocomputer) der Speicher auf Null gesetzt. Für den ersten Vergleich der Eingangsgröße U_e mit dem Ausgang des D/A-Wandlers wird das höchste Bit des Speichers auf „1" gesetzt. Handelt es sich z. B. um einen 8-Bit-Analog-Digital-Umsetzer, so hat der D/A-Wandler mit dem Eingang $Z = 10000000_2$ den halben Wert des Ausgangsspannungsbereichs. Die Ausgangsspannung des D/A-Wandlers beträgt $U_{Q8} = 2^8 U_{Q0}$. Dieser Wert wird über den Komparator mit der Eingangsspannung U_e verglichen. Ist der Ausgang des D/A-Wandlers kleiner als U_e, bleibt das höchstwertige Bit (MSB) gesetzt, und der verbleibende Rest $U_e - U_{Q8}$ wird mit der nächstniedrigen Stelle verglichen. Ist der Ausgang des D/A-Wandlers größer als U_e, wird das höchstwertige Bit zurückgesetzt, das der Wertigkeit folgende Bit wird eingeschaltet, und der Vergleich wird wiederholt. Es entsteht schrittweise eine Dualzahl, die innerhalb der Auflösung U_{Q0} (Wert des niedrigsten Bits) mit U_e übereinstimmt. Für die Zeit der Umsetzung der Eingangsgröße in die digitale Form muß der Wert von U_e mit einem Halteglied gespeichert werden.
Mit einem *Zahlenbeispiel* soll die schrittweise Umsetzung des Wertes 173 mit einem 8-Bit-Analog-Digital-Wandler verdeutlicht werden. Der 8-Bit-Meßbereich 11111111_2
$\triangleq 128 + 64 + 32 + 16 + 8 + 4 + 2 + 1 = 255_{10}$
wird in mehreren Schritten auf $10101101_2 = 173_{10}$ gesetzt.

Schritt	Wertigkeit	Auswertung		Ausgang	
1	$Q_7 = 1$ setzen $\triangleq 2^7 = 128$	128 < 173 Rest = 173 − 128 = 45	→	$Q_7 = 1$ bleibt $\triangleq$	128
2	$Q_6 = 1$ setzen $\triangleq 2^6 = 64$	64 > 45		$Q_6 = 0$ setzen	0
3	$Q_5 = 1$ setzen $\triangleq 2^5 = 32$	32 < 45 Rest = 45 − 32 = 13	→	$Q_5 = 1$ bleibt $\triangleq$	32
4	$Q_4 = 1$ setzen $\triangleq 2^4 = 16$	16 > 13		$Q_4 = 0$ setzen	0

5	$Q_3 = 1$ setzen $\hat{=} 2^3 = 8$	$8 < 13$ Rest $= 13 - 8 = 5$	$\rightarrow$	$Q_3 = 1$ bleibt $\hat{=}$ 8
6	$Q_2 = 1$ setzen $\hat{=} 2^2 = 4$	$4 < 5$ Rest $= 5 - 4 = 1$	$\rightarrow$	$Q_2 = 1$ bleibt $\hat{=}$ 4
7	$Q_1 = 1$ setzen $\hat{=} 2^1 = 2$	$2 < 1$		$Q_1 = 0$ setzen 0
8	$Q_0 = 1$ setzen $\hat{=} 2^0 = 1$	$1 = 1$	$\rightarrow$	$Q_0 = 1$ bleibt $\hat{=}$ 1

$$\Sigma\,173$$

Auch wenn mit diesem Umsetzungsverfahren viele Schritte erforderlich sind, so arbeitet ein A/D-Umsetzer mit der schrittweisen Annäherung jedoch wesentlich schneller als ein Umsetzer nach dem Integrationsverfahren. Die mittlere Umsetzungszeit mit der schrittweisen Annäherung beträgt für einen 10-Bit-A/D-Wandler etwa 10 µs und nach dem Integrationsverfahren etwa 5 ms. Die Umsetzer nach dem Integrationsverfahren sind jedoch wesentlich preisgünstiger als die Umsetzer nach dem Vergleichsverfahren.

Analog-Digital-Umsetzer sind als *monolithisch integrierte CMOS-Schaltungen* erhältlich. Für die unterschiedlichen Anwendungen werden die integrierten Schaltungen
  a) mit dual kodierten Parallelausgängen
  b) mit parallelen BCD-Ausgängen und
  c) mit *n*-Digit-BCD-Multiplexausgängen
angeboten. Die Schaltungen mit dual kodierten Parallelausgängen werden insbesondere für die digitale Datenverarbeitung mit Mikrocomputern zur Umsetzung analoger Eingangssignale in die duale Form benötigt. Schaltungen mit BCD-Ausgängen haben ihre Hauptanwendung bei der Ansteuerung von digitalen Anzeigeeinheiten.

4.7 Digital-Analog-Umsetzer (DAU)

Ein Digital-Analog-Umsetzer soll einen digitalen Wert in eine analoge Darstellungsform umsetzen. Häufig benötigt man für codierte digitale Werte eine Umsetzung in eine dem Digitalwert proportionale Spannung oder einen Strom.
Eine sehr einfache Schaltung für die Umwandlung einer Dualzahl in einen Strom zeigt Bild 4.7–1. Der DAU hat mehrere Eingänge, die durch die Schalter Q symbolisiert sind. Die Schalter sind dann als geschlossen zu betrachten, wenn an der betreffenden Stelle der Dualzahl eine logische Eins vorhanden ist bzw. wenn der Ausgang Q des betreffenden Flipflops eines Zählers H-Signal hat. Jeder Eingang besitzt eine Wertigkeit, die dem Code der digitalen Zahl entspricht und die mit den Widerstandswerten festgelegt wird.

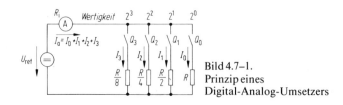

Bild 4.7–1.
Prinzip eines
Digital-Analog-Umsetzers

4.7 Digital-Analog-Umsetzer (DAU)

Die gewählte Wertigkeit der Eingänge entspricht in Bild 4.7–1 dem Dualcode. Als analogen Ausgangswert der Schaltung erhalten wir die Summe der Teilströme

$$I_a = I_0 + I_1 + I_2 + I_3,$$

$$I_a = U_{ref}\left(\frac{Q_0}{R} + 2\frac{Q_1}{R} + 4\frac{Q_2}{R} + 8\frac{Q_3}{R}\right). \tag{4.7-1}$$

Hierin muß für Q bei geschlossenem Kontakt *Eins* und bei geöffnetem Kontakt *Null* eingesetzt werden. Für reine Dualzahlen läßt sich die Schaltung durch weitere Eingänge mit Widerständen $R/2^5$, $R/2^6$ bis $R/2^n$ erweitern. Ein ausreichend linearer Zusammenhang zwischen dem Digitalwert und dem Strom I_a läßt sich nur erzielen, wenn der Innenwiderstand des Strommessers $R_i \ll R$ ist.

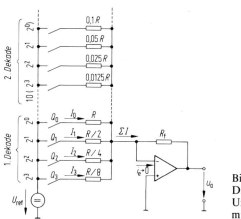

Bild 4.7–2.
Digital-Analog-Umsetzer
mit Umkehraddierer

Eine einfache Schaltung eines DAU mit Operationsverstärker zeigt Bild 4.7–2. Es handelt sich um einen Umkehraddierer, bei dem die Eingangswiderstände entsprechend der Wertigkeit der digitalen Stelle gewählt werden. Unter Berücksichtigung der Gleichung des Umkehraddierers ist die Ausgangsspannung

$$u_a = -U_{ref} \cdot \frac{R_f}{R} \cdot (8Q_3 + 4Q_2 + 2Q_1 + Q_0). \tag{4.7-2}$$

Hierin hat Q den Wert *Eins* bei geschlossenem und *Null* bei geöffnetem Schalter. Auch diese Schaltung kann für Dualzahlen höherer Stellenzahl mit weiteren parallelen Eingangswiderständen erweitert werden. In Bild 4.7–2 ist eine dekadische Erweiterung für Zahlen nach dem 8-4-2-1-BCD-Code angedeutet. Für jede weitere Dekade ist ein Widerstandsquartett erforderlich, dessen Widerstandswerte um den Faktor 0,1 je Dekade kleiner werden. Nach dieser Methode könnte man theoretisch eine vielstellige Zahl in eine proportionale Spannung umwandeln. Die Anforderungen an die Genauigkeit der Widerstände werden jedoch bei den Stellen höchster Wertigkeit sehr groß. Die Abweichungen der Widerstände höherer Stellen müssen wesentlich kleiner sein als der Wert der niedrigsten Stelle. Andernfalls gehen die Werte der niedrigen Stellen in den Fehlern der höheren Stellen unter. Bei dekadischem Aufbau sollten bereits die Widerstände der dritten Dekade um den Faktor 0,01 genauer sein als die Widerstände der ersten Dekade.

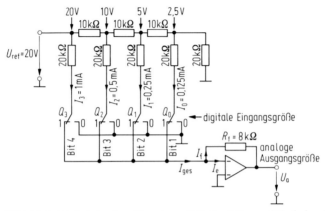

Bild 4.7–3. Digital-Analog-Umsetzer mit Kettenleiter und Umkehraddierer

Die Eingangsbeschaltung des Umkehraddierers kann auch mit einem *Kettenleiter* ausgeführt werden (Bild 4.7–3). Die Dimensionierung der Widerstände des Kettenleiters berücksichtigt die Wertigkeit einer Dualzahl, d. h., die Ströme in den Zweigen des Kettenleiters verhalten sich wie $2^0 : 2^1 : 2^2 : 2^3$. Die Summe der Ströme der Zweige mit $Q = 1$ wird dem gegengekoppelten Operationsverstärker zugeführt. Jeder Zweig des Kettenleiters entspricht einem Bit der Dualzahl. Mit einem idealen Operationsverstärker ($U_e \to 0$ und $I_e \to 0$) ist $I_f = I_{ges}$ und

$$U_a = -U_f = -I_{ges} R_f = -(I_0 + I_1 + I_2 + I_3) R_f.$$ (4.7–3)

Mit der Wahl von R_f kann die Dualzahl in jede gewünschte Spannung umgesetzt werden. In dem Schaltungsbeispiel mit $R_f = 8\,\text{k}\Omega$ bewirkt der Strom eines Bits multipliziert mit $R_f = 8\,\text{k}\Omega$ nachstehende Änderungen der Ausgangsspannung:

$$2^0 \triangleq 0{,}125\,\text{mA} \cdot 8\,\text{k}\Omega = 1\,\text{V}$$
$$2^1 \triangleq 0{,}250\,\text{mA} \cdot 8\,\text{k}\Omega = 2\,\text{V}$$
$$2^2 \triangleq 0{,}500\,\text{mA} \cdot 8\,\text{k}\Omega = 4\,\text{V}$$
$$2^3 \triangleq 1{,}000\,\text{mA} \cdot 8\,\text{k}\Omega = 8\,\text{V}$$

Die Addition der Spannungen der Bits mit $Q = 1$ ergibt den analogen Vergleichswert der digitalen Größe. In dem Schaltungsbeispiel 4.7–3 bewirkt z. B. die digitale Größe *1011* die Ausgangsspannung $U_a = 8\,\text{V} + 0\,\text{V} + 2\,\text{V} + 1\,\text{V} = 11\,\text{V} \triangleq 11_{10}$. Bei dieser Dimensionierung muß die Sättigungsspannung des Operationsverstärkers größer als 16 V sein, denn die Dualzahl *1111* bewirkt 16 V. Mit einem Widerstand $R_f = 5\,\text{k}\Omega$ erreicht die Ausgangsspannung bei 1111_2 den Wert $U_a = 5\,\text{V} + 2{,}5\,\text{V} + 1{,}25\,\text{V} + 0{,}625\,\text{V} = 9{,}375\,\text{V}$. Der Kettenleiter kann ohne Schwierigkeit erweitert werden. Mit Rücksicht

4.7 Digital-Analog-Umsetzer (DAU)

auf die Sättigungsspannung des Operationsverstärkers sollte der Widerstandswert von R_f so gewählt werden, daß auch mit weiteren Bits die Ausgangsspannung nicht größer als 10 V wird.

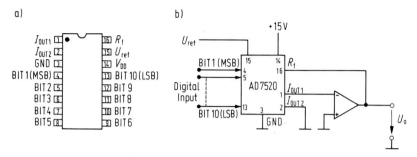

Bild 4.7–4. 10-Bit-Digital-Analog-Wandler mit Kettenleiter
    a) Anschlußanordnung der integrierten Schaltung AD 7520 (Fa. *Intersil*)
    b) Schaltung mit externem Operationsverstärker, der Widerstand R_f ist integriert

Die integrierte Schaltung eines 10-Bit-AD-Wandlers mit Kettenleiter zeigt Bild 4.7–4. Dieser Schaltkreis in Dünnfilmtechnologie kombiniert mit CMOS-Pegelumsetzer ist DTL-, TTL- und CMOS-kompatibel, d. h. die Ansteuerung der einzelnen Bits (Schalter) erfolgt mit den Spannungspegeln der digitalen Schaltkreise. Die Signalpegel für logisch „0" sollen kleiner als 0,8 V und für logisch „1" größer als 2,4 V sein. Der Rückführwiderstand des Umkehraddierers ist im Schaltkreis integriert. Der Operationsverstärker muß jedoch als externes Bauelement hinzugefügt werden. Mit dem integrierten Widerstand R_f ist bei dem digitalen 10-Bit-Eingangssignal 1111111111 die analoge Ausgangsspannung $U_a = -U_{ref}(1 - 2^{-10})$, und bei 0000000001 ist $U_a = -U_{ref}(2^{-10})$.

Mechanische Kontakte in den Eingängen der DAU haben eine untergeordnete Bedeutung. Sie werden ggf. verwendet, wenn die digitale Zahl von Hand eingestellt werden soll. Die Eingangsgrößen der DAU sind im allgemeinen Spannungspegel – H-Signale oder L-Signale. Diese Spannungspegel werden zur Ansteuerung elektronischer Schalter verwendet. Als elektronische Schalter können Transistoren eingesetzt werden, sofern es gelingt, den Spannungsabfall des leitenden Transistors genügend klein zu halten.

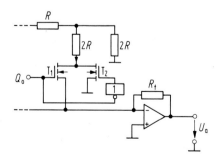

Bild 4.7–5.
MOS-Wechselschalter im Eingang des Digital-Analog-Wandlers mit Kettenleiter

Bild 4.7–5 zeigt die Ausführung der elektronischen Schalter in MOS-Technik. Diese Ausführung ist als Umschalter für die Ströme des Kettenleiters in Bild 4.7–3 geeignet. Als Schalter sind zwei selbstsperrende n-Kanal-FETs vorhanden, die über ein NICHT-Glied (Inverter) gegensinnig angesteuert werden. Mit H-Signal am digitalen Eingang Q_0 wird FET T_1 leitend und T_2 sperrend. Damit wird der Strom im Zweig des Kettenleiters auf den Umkehraddierer geschaltet. L-Signal am Steuereingang Q_0 bewirkt die Umschaltung, und der Strom des Kettenleiters fließt zum Bezugspotential. Mit dieser Umschaltung fließt im Kettenleiter immer ein konstanter Strom, unabhängig ob der digitale Eingang H- oder L-Signal führt.

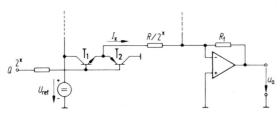

Bild 4.7–6. Komplementär-Transistoren als Schalter im Eingang eines Digital-Analog-Umsetzers

Der Schaltvorgang kann auch mit zwei *komplementären* Transistoren gemäß Bild 4.7–6 ausgeführt werden. Ein Eingangssignal, das größer als U_{ref} ist, macht den npn-Transistor T_1 invers leitend; mit einem negativen Eingangssignal wird dagegen der pnp-Transistor T_2 invers leitend. In jedem Schaltzustand ist also ein Transistor leitend, und der gemeinsame Emitteranschluß bleibt niederohmig. Damit werden die Transistorkapazitäten schnell umgeladen und die erreichbaren Schaltfrequenzen wesentlich vergrößert. Außerdem beeinflußt der Sperrstrom nicht mehr die Ausgangsspannung, denn er fließt über den leitenden Transistor ab. Die erreichbare Umsetzgenauigkeit mit Ansteuerung über Komplementärtransistoren liegt bei etwa 0,05 % des Endwertes.

Anstelle der Schalttransistoren können auch *Dioden* als Schalter verwendet werden (Bild 4.7–7). In dieser Schaltung sind für jede Stelle der Dualzahl Konstantstromquellen

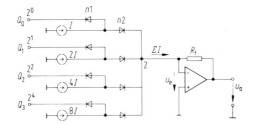

Bild 4.7–7.
Digital-Analog-Umsetzer mit Konstantstromquellen und Stromumschaltung über Dioden

mit der Wertigkeit der betreffenden Stelle vorhanden. Eine positive Steuerspannung, z. B. am Eingang Q_0, sperrt die Diode n1, und die Diode n2 wird mit der Spannung der Konstantstromquelle leitend. Der Konstantstrom fließt über den Summationspunkt 2. Eine negative Steuerspannung macht die Diode n1 leitend, und der Strom der Konstantstromquelle fließt über den Steuereingang ab. In diesem Fall ist die Diode n2 gesperrt, denn am Summationspunkt 2 liegt nahezu Massepotential, und vom Steuereingang wird negatives Potential auf die Diode geschaltet. Der Gesamtstrom im Summationspunkt ist gleich der Summe der Ströme der mit positiver Spannung (H-Signal) angesteuerten Konstantstromquellen. Berücksichtigt man einen idealen Verstärker mit $V_u \to \infty$, $u_e \to 0$ und $i_e \to 0$, so ist $u_a = - U_{R_f}$.

$$u_a = - R_f(8IQ_3 + 4IQ_2 + 2IQ_1 + IQ_0) \qquad (4.7{-}4)$$

Hierin ist Q für Eingänge mit H-Signal gleich *Eins* und für Eingänge mit L-Signal gleich *Null* zu setzen. Die Schleusenspannung der Dioden verursacht in dieser Schaltung keine Fehler, da die Konstantstromquellen unabhängig von der Schleusenspannung den Stromfluß erzwingen. Damit ist die Umsetzgenauigkeit dieser Schaltung von der Genauigkeit und Konstanz der Ströme, vor allem der höheren Stellen bestimmt. Die Schaltung kann mit reinem Stromausgang auch ohne Operationsverstärker und ohne R_f verwendet werden. Der Summenstrom ist dann proportional dem Wert der digitalen Größe.

4.8 Multivibrator (Astabile Kippstufe, Impulsgenerator)

Ein Multivibrator, auch astabile Kippstufe genannt, hat keinen stabilen Schaltzustand, sondern kippt in stetiger Folge von einem Schaltzustand in den anderen. Der Multivibrator ist eine selbstschwingende Schaltung; ein Steuereingang ist also nicht erforderlich. Bild 4.8–1 zeigt das Schaltzeichen und das Zeitverhalten eines Multivibrators. Seine

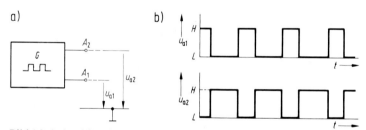

Bild 4.8–1. Astabile Kippstufe, auch Multivibrator genannt
 a) Symbol
 b) Zeitverhalten

Ausgangsspannung ist eine Rechteckspannung, und er wird daher auch als Rechteckgenerator, als Impulsgenerator und als Taktgeber bezeichnet. Den Aufbau eines Multivibrators mit diskreten Bauelementen zeigt Bild 4.8–2. Die Transistoren T_1 und T_2 steuern sich gegenseitig über die Rückführung vom Kollektor des einen auf die Basis des anderen Transistors. Wir haben durch die Kondensatoren C_1 und C_2 eine dynamische Mitkopplung, d. h. jede Änderung des Kollektorpotentials des einen Transistors wirkt umsteuernd auf den anderen Transistor. Die Schaltung hat keinen stabilen Schaltzustand, da keine Gleichstromrückkopplung vorhanden ist.
Den Spannungsverlauf der Signale zeigt Bild 4.8–3. Zur Zeit t_0 kippt Transistor T_1 in den leitenden Zustand, d. h. das Potential des Kollektors von T_1 springt vom hohen Potential

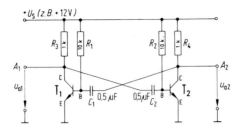

Bild 4.8–2.
Die Grundschaltung des Multivibrators ist durch die dynamischen Rückkoppelungen (C_1, C_2) gekennzeichnet.

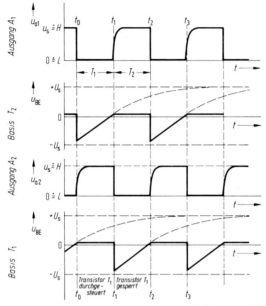

Bild 4.8–3. Spannungsverlauf beim Multivibrator. Die Ausgangsspannung der einen Hälfte wirkt über einen Kondensator als Eingangsgröße der anderen Hälfte.

auf Null. Diese Spannungsänderung am Ausgang A_1 wirkt über den Kondensator C_2 auf die Basis des Transistors T_2 und macht dessen Basispotential schlagartig negativ. Transistor T_2 sperrt daraufhin, und Ausgang A_2 nimmt hohes Potential entsprechend der Speisespannung U_S an.

Es stellt sich hier die Frage, warum die Basis von T_2 negatives Potential annehmen kann, wenn A_1 von H $\triangleq U_S$ auf L umschaltet. Der Grund hierfür ist, daß vor der Signaländerung der Kondensator C_2 über R_3 auf $+U_S$ aufgeladen wurde. Der zweite Anschluß des Kondensators C_2 an der Basis von T_2 liegt annähernd auf Nullpotential. Mit dem Umschalten des Ausganges A_1 auf niedriges Potential wird mit der gespeicherten Energie von C_2 der Signalhub auch auf die Basis von T_2 übertragen, die vor der Signaländerung annähernd Nullpotential hatte und nun auf negatives Potential gedrückt wird. Das negative Potential an der Basis von T_2 ist nicht stabil, denn über den Widerstand R_2

4.8 Multivibrator (Astabile Kippstufe, Impulsgenerator)

wird der Kondensator C_2 umgeladen. Entsprechend der Umladezeitkonstante $T_{S2} = R_2 C_2$ ändert sich die Spannung an der Basis von T_2 von etwa $-U_S$ in Richtung auf $+U_S$. Zum Zeitpunkt t_1 hat die Basisspannung einen positiven Wert erreicht, und der Transistor T_2 wird über R_2 angesteuert. Das Potential am Ausgang A_2 sinkt, wodurch die Rückkopplung von A_2 über C_1 auf T_1 ausgelöst wird. Der Transistor T_2 wird jedoch über R_2 im übersteuerten (gesättigten) Zustand gehalten. Wir haben kurzzeitig mit $A_2 = L$ und $A_1 = H$ einen quasistabilen Zustand. Die erneute Umschaltung wird erst bei t_3 ausgelöst, wenn die Umladung von C_1 positive Spannungen an der Basis von T_1 zuläßt. Dann wird T_1 bei $U_{BE} \approx 0{,}3$ V durchgesteuert, Ausgang A_1 ändert sich vom hohen Potential auf Null, und der erläuterte Vorgang wiederholt sich.

Die Umschaltfrequenz und die Signalbreite sind durch die Umladezeitkonstanten bestimmt. Für die Umschaltzeiten gelten folgende Richtwerte:

$$T_1 \approx 0{,}69 \, R_1 C_1, \tag{4.8-1}$$
$$T_2 \approx 0{,}69 \, R_2 C_2.$$

$$f = \frac{1}{T_1 + T_2}. \tag{4.8-2}$$

Mit den Daten in Bild 4.8–2 hat der Multivibrator eine Rechteckspannung von etwa 11 V und 140 Hz. Die Schaltfrequenz kann ohne Schwierigkeiten in weiten Bereichen (0,1 Hz bis 1 MHz) verändert werden. Da die Widerstände R_1 und R_2 durch die Basisströme der Transistoren festgelegt sind, sollten zum Ändern der Schaltfrequenz nur die Kapazitäten verändert werden. Bei der Auslegung der Widerstände R_1 und R_2 muß auf die Begrenzung der Basisströme geachtet werden, d. h. R_1 und R_2 dürfen nicht zu klein sein. Andererseits dürfen die Widerstände auch nicht zu groß sein, weil sonst die Transistoren nicht genügend übersteuert werden und die Rechteckspannung stark verschliffen wird. Es sollte der Übersteuerungsfaktor $m \geq 3$ sein.

Die Anstiegsflanke der Ausgangsspannung (Bild 4.8–3) ist verschliffen, was seine Ursache in der Belastung des Ausgangs durch den Koppelkondensator hat. Durch zusätzliche Widerstände in den Basiskreisen (R_5 und R_6 in Bild 4.8–4) kann dies bis zu einem gewissen Grad behoben werden. Bei der Grundschaltung des Multivibrators treten relativ

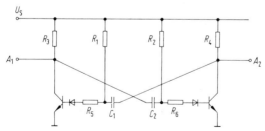

Bild 4.8–4. Multivibrator mit verbesserter Anstiegsflanke durch Basiswiderstände. Die Dioden schützen die Transistoren gegen die hohen negativen Basis-Emitterspannungen.

hohe Emitter-Basis-Sperrspannungen ($U_{EB} \approx -U_S$) auf, die bei großem U_S die zulässige Sperrspannung U_{EB0} überschreiten und die Transistoren bei den ersten Schwingun-

530 4 Digitale Schaltungen mit elektronischen Bauelementen

gen zerstören können. Durch Zwischenschalten von Dioden in die Basis-Kreise läßt sich ein Durchbruch in Sperrichtung verhindern.
Die gezeigten Schaltungen von Multivibratoren sind durch die dynamische Rückkopplung und die Signalnegation der Transistoren gekennzeichnet. Von dieser Überlegung ausgehend, kann ein Multivibrator auch mit NAND- oder NOR-Gliedern aufgebaut werden. Bild 4.8–5 zeigt einen solchen Aufbau mit zwei NAND-Gliedern. Die Schaltung gleicht im Aufbau der Schaltung nach Bild 4.8–2, lediglich die Symbole sind verändert.

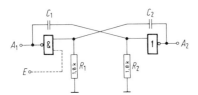

Bild 4.8–5.
Multivibrator aufgebaut mit NAND-Glied

Der gestrichelt eingetragene Eingang dient als Start/Stopp-Eingang für die Dauerschwingung (mit H-Signal am Eingang E setzt die Schwingung ein). Die Dimensionierung der Widerstände R_1 und R_2 wird durch die NAND-Glieder bestimmt. Die Widerstände müssen so gewählt werden, daß beim Entfernen der Kondensatoren jedes Schaltglied seinen Betriebspunkt in der Nähe des Umschaltpunktes hat. Der eingetragene Widerstandswert $R_1 = R_2 = 1,8$ kΩ gilt als Richtwert für die TTL-Technik. Die Frequenz des Multivibrators kann mit den Kondensatoren C_1 und C_2 in weiteren Bereichen eingestellt werden.

$$\text{Schaltfrequenz } f \approx \frac{1}{R_1 C_1 + R_2 C_2}. \tag{4.8-3}$$

Die Schaltung wird am besten mit $R_1 = R_2$ und $C_1 = C_2$ betrieben. Das Tastverhältnis (Impuls/Pause) ist dann eins. Bei unsymmetrischer Dimensionierung können Deformierungen der Rechteckausgangsspannung auftreten.
Für viele Schaltungen werden in der Praxis in verstärktem Maß integrierte, monolithische Linearverstärker (Operationsverstärker) eingesetzt. Auch ein Multivibrator kann mit einem Operationsverstärker realisiert werden (Bild 4.8–6). Die Schaltung mit OP ist

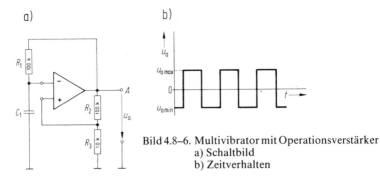

Bild 4.8–6. Multivibrator mit Operationsverstärker
a) Schaltbild
b) Zeitverhalten

durch eine starre Rückführung (R_2, R_3) auf den nichtinvertierenden Eingang und durch eine dynamische Rückführung (R_1, C_1) auf den invertierenden Eingang gekennzeich-

net. Die Spannung am nichtinvertierenden Eingang ist durch das Teilerverhältnis R_2/R_3 bestimmt.
Die Spannung am invertierenden Eingang verändert sich mit dem Ladevorgang des Kondensators C_1. Mit dem gleichzeitigen Wirken beider Eingangsspannungen kann man die Wirkungsweise dieser bistabilen Kippschaltung erklären: Die Ausgangsspannung u_a hält den Verstärker über den Spannungsteiler R_2/R_3 in einem quasistabilen Zustand. Jeder Ausgangsspannungszustand bewirkt aber ein Laden des Kondensators C_1, dessen Spannung den invertierenden Eingang steuert. Sobald die Kondensatorspannung die Höhe der Spannung am nichtinvertierenden Eingang erreicht hat, wird der Operationsverstärker umgesteuert. Der Verstärker wird erneut über den Teiler R_2/R_3 im Sättigungszustand gehalten, bis der Kondensator C_1 umgeladen ist und sich die Umschaltung wiederholt. Die Umschaltfrequenz ist damit durch die Zeitkonstante $T_{S1} = R_1 C_1$ und durch den Spannungsteiler R_2/R_3 gegeben und beträgt:

$$f = \frac{1}{2 R_1 C_1 \ln(1 + 2 R_3/R_2)}. \tag{4.8-4}$$

Das Tastverhältnis (Impuls/Pause) ist eins, wenn die positive und die negative Sättigungsspannung des Verstärkers den gleichen Wert haben.

Multivibrator mit integriertem Timer

Der Aufbau von Multivibratoren mit diskreten Bauelementen ist für Unterrichtszwecke üblich, hat aber in der Praxis wenig Bedeutung. In der industriellen Anwendung werden integrierte Schaltkreise, z. B. der Timer NE 555 verwendet. Dieser Schaltkreis ist mit einer äußeren Beschaltung vielseitig einsetzbar und gibt bessere Frequenzstabilität und besseres Schaltverhalten als der Aufbau mit diskreten Bauelementen.
Die Schaltung des integrierten Timers NE 555 (in Bild 4.8-7 strichpunktiert umrahmt) enthält zwei Komparatoren, die die Eingangssignale der Anschlußklemmen 2 und 6

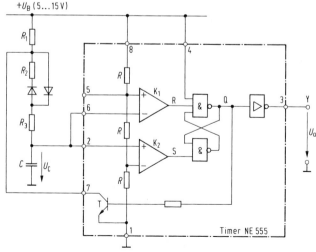

Bild 4.8-7. Multivibrator mit Timer NE 555

mit den Spannungen des internen Spannungsteilers vergleichen. Der interne Spannungsteiler legt die Umschaltschwellen für Komparator K_1 mit $+\frac{2}{3}U_B$ und für K_2 mit $+\frac{1}{3}U_B$ fest. Mit der äußeren Beschaltung des Timers in Bild 4.8–7 werden die Eingänge 2 und 6 von der Spannung U_C des Kondensators angesteuert.

Zur Erläuterung der Wirkungsweise des Timers wird die Spannung U_C kleiner als $\frac{1}{3}U_B$ angenommen. Damit haben der Setzeingang S des NAND-Flipflops L-Signal, Reseteingang R = H-Signal, Q = L-Signal und der Ausgang des Timers U_a = H-Signal. Mit Q = L ist der Transistor T gesperrt und der Kondensator C wird über die Reihenschaltung R_1 und R_3 nach einer e-Funktion aufgeladen, bis der obere Umschaltpegel $\frac{2}{3}U_B$ erreicht ist. Beim Überschreiten des oberen Umschaltpegels schaltet Komparator K_1 auf L-Signal; damit kippt das NAND-Flipflop auf Q = H-Signal; der Transistor T wird leitend und entlädt den Kondensator C über die Widerstände R_2 und R_3 bis zum unteren Umschaltpegel $\frac{1}{3}U_B$. Mit dem Unterschreiten von $\frac{1}{3}U_B$ wird erneut umgeschaltet. Den sich ergebenden Signalverlauf zeigt Bild 4.8–8.

Für die Auslegung der Schaltung gilt:

Ladezeit $\qquad t_1 \approx 0{,}69(R_1 + R_3)C \qquad\qquad$ (4.8-5)

Entladezeit $\qquad t_2 \approx 0{,}69(R_2 + R_3)C \qquad\qquad$ (4.8-6)

Frequenz $\qquad f = \dfrac{1}{t_1 + t_2} \approx \dfrac{1{,}44}{R_1 + R_2 + 2R_3} \qquad$ (4.8-7)

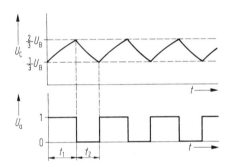

Bild 4.8–8.
Spannungsverlauf beim Multivibrator mit Timer

Die Klemme 5 des Timers ist ein *Modulationseingang*, über den die Pulsfrequenz geändert werden kann. Eine Modulationsspannung an Klemme 5 verändert die Umschaltpunkte der Komparatoren, und damit ändert sich die Pulsfrequenz. Mit steigender Modulationsspannung wird die Frequenz kleiner, mit abnehmender Spannung größer.

4.9 Monostabiles Kippglied (Univibrator, *Oneshot*)

Ein monostabiles Kippglied, auch Monoflop, Univibrator oder *Oneshot* genannt, hat nur *eine stabile* Ruhelage. Durch ein Eingangssignal wird das Kippglied in einen quasistabilen Zustand geschaltet. Nach Ablauf einer bestimmten Zeit kippt es dann selbsttätig in seine stabile Ruhelage zurück. Die Dauer des eingeschalteten quasistabilen Zustandes ist unabhängig von der Dauer des Eingangsimpulses. Bild 4.9–1 zeigt das

4.9 Monostabiles Kippglied (Univibrator, Oneshot)

Schaltsymbol und das Zeitverhalten eines monostabilen Kippgliedes. Wie das Zeitverhalten zeigt, können mit einem monostabilen Kippglied aus Eingangsimpulsen unterschiedlicher Form Impulse einheitlicher Form gewonnen werden. Dieses Verhalten ist mit dem eines Treppenhausautomaten vergleichbar, der durch einen Tastimpuls für eine bestimmte Zeit eingeschaltet wird.

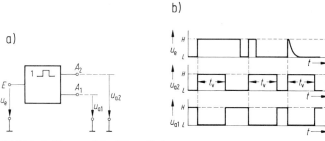

Bild 4.9–1. Monostabiles Kippglied
a) Schaltzeichen
b) Zeitverhalten

Der Aufbau eines monostabilen Kippgliedes kann sehr unterschiedlich sein. Bild 4.9–2 zeigt eine Schaltung mit kreuzweise gekoppelten Transistoren. Im Ruhezustand ist Transistor T_2 über R_2 durchgesteuert, Ausgang A_2 liegt auf Null-Potential. Damit ist Transistor R_1 mit L-Signal von A_2 gesperrt, und Ausgang A_1 hat hohes Potential entsprechend H-Signal.

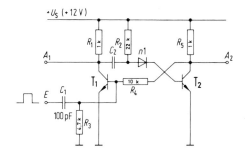

Bild 4.9–2.
Monostabile Kippschaltung mit überkreuzgekoppelten Transistoren

Kommt ein positiver Impuls an den Eingang E, so wird Transistor T_1 leitend; das Potential am Ausgang A_1 ändert sich von H- auf L-Signal. Dieser Signalhub wirkt auch auf den Kondensator C_2 und drückt das Basispotential des Transistors T_2 in den negativen Bereich, wodurch dieser sperrt und Ausgang A_2 hohes Potential bekommt. Dieser Zustand ist nicht stabil, denn der Kondensator C_2 wird über den Widerstand R_2 positiv aufgeladen. Nach einer bestimmten Zeit, die durch die Zeitkonstante $T_{S2} = R_2 C_2$ bestimmt ist, wird die Spannung am Kondensator größer als die Schleusenspannungen der Diode n1 und der Basis-Emitterstrecke von T_2. Transistor T_2 wird wieder über R_2 durchgesteuert, und die Schaltung kippt in die Ausgangslage (Ruhelage) mit A_1 = H und A_2 = L zurück.
Eine Schaltung, die auf negative Eingangsimpulse anspricht, zeigt Bild 4.9–3. Diese Schaltung ist mit einem Operationsverstärker bestückt. Durch eine negative Referenz-

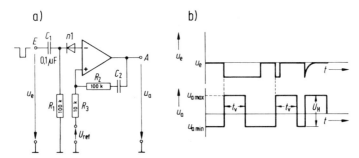

Bild 4.9-3. Monostabile Kippschaltung mit Operationsverstärker für negative Steuerimpulse
a) Schaltbild
b) Zeitverhalten

spannung U_{ref} wird der Verstärker im Ruhezustand über den nichtinvertierenden Eingang gesteuert; Ausgang A hat die negative Sättigungsspannung $U_{a\,min}$. Ein negativer Spannungsimpuls am Eingang E bewirkt über den invertierenden Eingang des Verstärkers ein Umsteuern der Ausgangsspannung auf den positiven Sättigungswert $U_{a\,max}$. Dieser positive Spannungshub wirkt über die Rückführung R_2, C_2 auf den nichtinvertierenden Eingang und hält den Ausgang für eine bestimmte Zeit im positiven Sättigungszustand. Dieser Zustand ist nicht stabil, denn der Kondensator C_2 wird mit der Zeitkonstante $T_{S2} = C_2(R_2 + R_3)$ auf die negative Referenzspannung umgeladen. Sobald der Umladevorgang so weit fortgeschritten ist, daß die Spannung am nichtinvertierenden Eingang etwa gleich der Spannung am invertierenden Eingang ist, kippt die Schaltung in ihre Ruhelage zurück. Die Einschaltdauer t_v des quasistabilen Zustandes ist damit durch die Zeitkonstante $T_{S23} = C_2(R_2 + R_3)$, durch den Spannungshub U_H und durch den Spannungsteiler R_2/R_3 gegeben:

$$t_v = C_2(R_2 + R_3)\ln\left(\frac{R_3 \cdot U_H}{(R_2 + R_3) U_{ref}}\right). \qquad (4.9\text{-}1)$$

Soll die Schaltung (Bild 4.9-3) auf positive Eingangsimpulse ansprechen, so muß U_{ref} positiv sein und die Diode in entgegengesetzter Richtung geschaltet werden.
Die monostabilen Kippschaltungen eignen sich als Impulsformer. Es lassen sich mit ihnen Impulse sowohl verlängern als auch verkürzen. Die gezeigten Grundschaltungen sind einfache Ausführungen, die zum Teil eine verhältnismäßig große Erholzeit zwischen den Eingangsimpulsen benötigen. Bei den angegebenen Widerstandswerten handelt es sich um Richtwerte; sie sollen als Experimentierwerte dienen und müßten mit den Grenzwerten der Transistoren abgestimmt werden. Aus wirtschaftlichen und räumlichen Gründen wird man bei industrieller Anwendung die Schaltungen nicht mit diskreten Bausteinen aufbauen, sondern monolithische Schaltkreise vorziehen.
Als Schaltungsbeispiele mit integrierten Schaltkreisen für Univibratoren werden nachstehend der Timer NE 555 und der digitale Langzeitgeber SAB 0529 verwendet. Bei dem analogen Schaltkreis NE 555 werden die Schaltzeiten von einigen µs bis zu einigen Minuten mit einem externen RC-Glied bestimmt. Die Schaltgenauigkeit ist also von externen Bauelementen abhängig. Der Langzeitgeber SAB 0529 wird digital programmiert, d. h., durch Beschaltung des ICs mit L- oder H-Signalen können

4.9 Monostabiles Kippglied (Univibrator, Oneshot)

Schaltzeiten von 1 s bis 31,5 Stunden sehr genau eingestellt werden. Als Zeitbasis dient die Netzfrequenz.
Die Schaltung des **Univibrators mit Timer NE 555** zeigt Bild 4.9–4. Zum Erläutern der Wirkungsweise der Schaltung sei das Eingangssignal U_e größer als $\frac{1}{3} U_B$ angenommen. Dieser Wert entspricht dem H-Signal. Mit U_e größer $\frac{1}{3} U_B$ hat der Komparator K_2 auf S = H-Signal geschaltet, und Komparator K_1 gibt mit U_C größer $\frac{2}{3} U_B$ auf R = L-Signal; damit schaltet das NAND-Flipflop mit Q = H-Signal den Transistor T

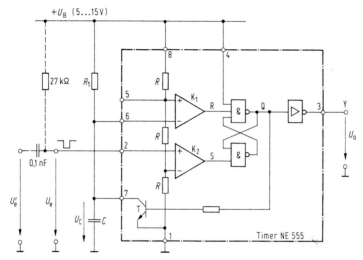

Bild 4.9–4. Monostabile Kippschaltung mit Timer NE 555

in den leitenden Zustand. Der Kondensator C wird entladen. In dieser stabilen Ruhelage der Schaltung mit U_e = H-Signal haben S = H-Signal, R = H-Signal, Q = H-Signal und der Ausgang U_a = L-Signal. Dieser Schaltzustand bleibt stabil, bis das Eingangssignal U_e von H-Signal auf L-Signal umschaltet. Mit U_e kleiner als $\frac{1}{3} U_B$ wird über den Komparator K_2 das NAND-Flipflop auf Q = L-Signal gesetzt und der Transistor T gesperrt. Über den Widerstand R_1 wird nun der Kondensator C aufgeladen, bis die obere Umschaltschwelle $U_C = \frac{2}{3} U_B$ überschritten wird. Damit wird der Ausgang des Univibrators wieder in die Ruhelage U_a = L-Signal zurückgeschaltet, wenn zwischenzeitlich auch U_e wieder H-Signal hat. Ein Festhalten von U_e auf L-Signal blockiert die Schaltung. Das kann mit einer RC-Eingangsbeschaltung, wie in Bild 4.9–4 angedeutet, vermieden werden. Damit ist die Einschaltdauer unabhängig von der Dauer des Einschaltimpulses. Einschaltimpulse, die während der Einschaltdauer wirken, werden von der Schaltung ignoriert. Den Signalverlauf der Schaltung zeigt Bild 4.9–5. Die Einschaltdauer t_1 ist mit der Aufladezeit des Kondensators C identisch.

$$\text{Einschaltdauer } t_1 \approx 1{,}1 \, R_1 C \tag{4.9–2}$$

Der **digitale Langzeittimer SAB 0529** mit Verzögerungszeiten von 1 Sekunde bis 31,5 Stunden kann Relais über Transistoren oder Triacs direkt ansteuern. Als Zeitbasis für die sehr genau programmierbaren Verzögerungszeiten dient die Netzfrequenz. Bild

536   4 Digitale Schaltungen mit elektronischen Bauelementen

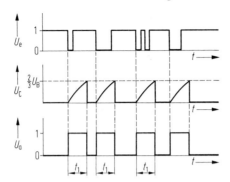

Bild 4.9–5.
Spannungsverlauf der monostabilen Kippschaltung

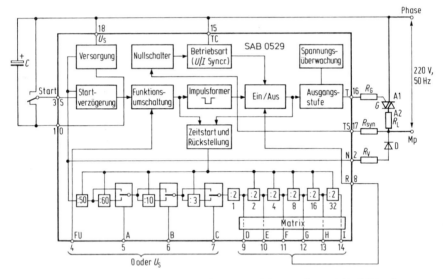

Bild 4.9–6. Blockschaltbild des programmierbaren, digitalen Timers SAB 0529 mit Beschaltung für eine triacgesteuerte ohmsche Last R_L *(Siemens)*

4.9–6 zeigt das Blockschaltbild des Timers SAB 0529 mit typischer Beschaltung für eine triacgesteuerte ohmsche Last R_L. Über die Eingänge *A, B* und *C* werden durch Teilung der Netzfrequenz 8 Grundzeiten digital programmiert, d. h., die Eingänge *A, B* und *C* werden mit $U_S \triangleq$ H-Signal oder O $\triangleq$ L-Signal beschaltet. Die sich ergebenden Grundzeiten zeigt Bild 4.9–7. Über die Eingänge D bis I und interne Flipflops mit der Wertigkeit 1, 2, 4, 8, 16 und 32 besteht die Möglichkeit, die eingestellte Grundzeit zu verlängern. Die gesamte Verzögerungszeit am Ausgang T ergibt sich aus der Multiplikation der eingestellten Grundzeit mit der Summe der Wertigkeiten der Anschlüsse D bis I, die mit Anschluß R verbunden sind.
Zahlenbeispiel: Mit A = L-Signal, B = H-Signal und C = L-Signal ist die Grundzeit 10 s eingestellt. Sind zusätzlich die Anschlüsse D $\triangleq$ 1 und F $\triangleq$ 4 und H $\triangleq$ 16 mit R verbunden, so wird die Grundzeit von 10 s mit dem Faktor 1 + 4 + 16 = 21

4.9 Monostabiles Kippglied (Univibrator, Oneshot)

Eingänge			Grundzeit	Maximale Verzögerungszeit bei f = 50 Hz
A	B	C		
L	L	L	1 s	63 s ($\approx$ 1 min)
L	L	H	3 s	189 s ($\approx$ 3 min)
L	H	L	10 s	630 s (10,5 min)
L	H	H	30 s	1890 s (31,5 min)
H	L	L	1 min	63 min ($\approx$ 1 h)
H	L	H	3 min	189 min ($\approx$ 3 h)
H	H	L	10 min	630 min (10,5 h)
H	H	H	30 min	1890 min (31,5 h)

Bild 4.9-7. Programmierung der Grundzeiten und die maximal möglichen Verzögerungszeiten durch Schalten der Anschlüsse D bis I auf R

verlängert; die Verzögerungszeit beträgt also insgesamt 210 s. In Bild 4.9-7 sind für die 8 Grundzeiten die maximal möglichen Verzögerungszeiten für Netzfrequenz 50 Hz genannt.

Der Schaltkreis erlaubt zwei Betriebsarten, die über den Anschluß FU der Funktionsumschaltung eingestellt werden:

a) *L-Signal an FU bewirkt eine monostabile Funktion,* eine sogenannte Einschaltwischfunktion (Univibrator). Der an T angeschlossene Triac schaltet mit der steigenden Flanke am Starteingang S ein und nach Ablauf der eingestellten Verzögerungszeit aus, und zwar unabhängig von der Länge des Startimpulses (Bild 4.9-8).

b) *H-Signal an FU bewirkt eine Rückfallverzögerung.* Der Triac schaltet mit steigender Flanke an S ein. Die fallende Flanke an S löst den Zeitablauf aus. Der Triac bleibt eingeschaltet, bis die eingestellte Verzögerungszeit abgelaufen ist (Bild 4.9-8).

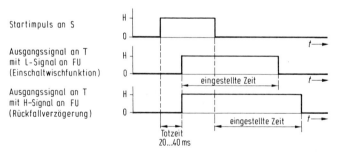

Bild 4.9-8. Signalverlauf der Betriebsarten Einschaltwischfunktion (monostabile Schaltung) und Rückfallverzögerung

Als Sicherheit gegen äußere Störungen und Schalterprellen hat der Starteingang S eine Totzeit von 20 ms bis 40 ms je nach Phasenlage des Wechselstromnetzes. Während laufender Verzögerungszeit kann die Rückstellung durch Unterbrechung der Verbindung zum Anschluß R erfolgen.

Mit dem Anlegen der Versorgungsspannung erfolgt auch der Zeitstart, wenn U_S an Anschluß S liegt; der Zeitstart beim Anlegen der Versorgungsspannung kann vermieden werden, wenn S an O liegt.

Die Anschlüsse TS *(Triacsynchronisation)* und TC *(Triacbetriebsart)* dienen zur Synchronisation des Ausganges T mit der Lastspannung oder dem Laststrom:

a) Mit Anschluß TC an U_S wird der Triac über den Ausgang T mit dem internen Nullspannungsschalter abhängig vom Nulldurchgang der Betriebsspannung angesteuert. Diese Spannungssynchronisation wird bei ohmscher Last bevorzugt.

b) Wird TC über einen Kondensator C_3 an O angeschlossen, erfolgt die Triacansteuerung abhängig vom Nulldurchgang des Stromes. Die Stromsynchronisation wird bei nichtohmscher Last bevorzugt.

c) Mit TC und TS an U_S wird der Ausgang T mit dem Startimpuls leitend. Mit dieser Schaltung ist Daueransteuerung des Triacs vorhanden. Anstelle des Triacs kann auch eine beliebige Last von maximal 100 mA geschaltet werden.

Die Versorgungsspannung U_S des Timers wird aus dem Netz über den Vorwiderstand R_V und die Gleichrichterdiode D gewonnen. Eine interne Z-Diode sorgt für eine stabilisierte Gleichspannung von 6,8 V. Die Glättung der Gleichspannung übernimmt der externe Elektrolytkondensator C zwischen U_S und O. Über den Widerstand R_V und den Anschluß N erhält der Timer auch die Netzfrequenz, die als Zeitbasis dient.

Der Timer SAB 0529 ist vielseitig einsetzbar. Für die Anwendung als Univibrator (monostabile Kippschaltung) sei nachstehend die Schaltung eines **Lichtzeitautomaten,** auch Treppenlichtautomat genannt (Bild 4.9–9), gezeigt. Für diesen Lichtzeitautomaten sind nur wenige externe Bauteile erforderlich. Die Einschaltzeit kann mit dem Binärschalter b in 10-s-Schritten von 10 s bis 10,5 min programmiert werden. Die Beleuchtung wird mit der Taste „Start" eingeschaltet. Wird die Starttaste vor Ablauf der Einschaltzeit erneut betätigt, so wird der Timer wieder auf die gesamte programmierte Zeit gesetzt. Die Dimensionierung der externen Bauelemente ist von der minimalen Lampenleistung P_L und dem verwendeten Triac abhängig. Folgende Daten sind in Bild 4.9–9 berücksichtigt: $U_N = 220$ V, 50 Hz, $P_{Lmin} = 100$ W, Triac TXC 18 E 60.

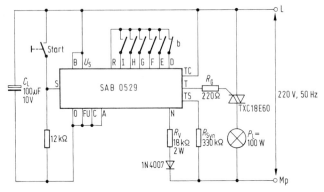

Bild 4.9–9. Lichtzeitautomat mit digitalem Langzeittimer SAB 0529 *(Siemens)*

Literaturverzeichnis

1. *Baeger/Bienert:* Prinzipien digitaler Kippschaltungen, Siemens Fachbücher.
2. *Bechteler:* Flüssigkeitsanzeigen, Siemens Bauteilereport 17 (74) 3.
3. *Bystron:* Leistungselektronik, Carl Hanser Verlag 1979.
4. *Bystron/Borgmeyer:* Grundlagen der Technischen Elektronik, Carl Hanser Verlag 1988.
5. *Fröhr, F., u. Orttenburger, V.:* Einführung in die elektronische Regelungstechnik, Siemens Fachbücher.
6. *Gad:* Feldeffektelektronik, Teubner Studienskripten 1976.
7. *Harms:* Linearverstärker, Vogel Verlag 1978.
8. *Hoffmann/Stocker:* Thyristor-Handbuch, Siemens Fachbücher.
9. *Hillebrand/Heierling:* Feldeffekttransistoren in analogen und digitalen Schaltungen, Franzis Verlag 1972.
10. *Hübner:* Moderne Analog-Schaltungen, Markt & Technik Verlag 1986.
11. *Mann/Schiffelgen:* Einführung in die Regelungstechnik, Carl Hanser Verlag 1989.
12. *Moerder/Henke:* Transistor-Rechenpraxis, Dr. Alfred Hüthig Verlag 1972.
13. *Reiß:* Integrierte Digitalbausteine, Siemens Fachbücher.
14. *Schmidt/Fenstel:* Optoelektronik, Vogel Verlag 1975.
15. *Schrüfer:* Elektrische Meßtechnik, Carl Hanser Verlag 1988.
16. Siemens Componente 21 (1983) Heft 3.
17. *Swoboda:* Thyristoren, Telekosmos Verlag.
18. *Tafel/Kohl:* Ein- und Ausgabegeräte der Datentechnik, Carl Hanser Verlag.
19. *Tholl:* Bauelemente der Halbleiterelektronik Band I u. II, Teubner, Stuttgart 1976/78.
20. *Tietze/Schenk:* Halbleiter-Schaltungstechnik, Springer Verlag 1986.
21. *Vahldiek:* Aktive RC-Filter, Oldenbourg Verlag 1972.

Sachwortregister

A

A-Betrieb 302
AB-Betrieb 302
Addierer, analoger 343
Äquivalenz-Funktion 494, 495
Aktiver Vierpol 99
Aktiver Filter 361 bis 371
Akzeptoren 18
Alphanumerische Anzeige 233
Analog-Digital-Umsetzer 514
Anode 28
Anstiegszeit 175, 364
Antivalenz-Funktion 494
ASCR 198, 209
Assoziatives Gesetz 495
Ausgangskennlinienfeld
– eines Fets 183, 189
– eines Transistors 95
Ausgangswiderstand
–, Basisschaltung 155
–, Emitterfolger-Schaltung 149

B

Backward-Diode 79
B-Betrieb 302
Bändermodell 13, 19
Bahnwiderstand (Diode) 27
Basis 83
Basisschaltung (Transistor) 152 ff.
Bessel-Filter 365, 366, 367
Betriebsbereich, zulässiger 112
Betriebspunkteinstellung 124
– Gegentaktverstärker 166, 304, 306
Betriebspunktstabilisierung 124
– durch Gleichspannungsgegenkopplung 126
– durch Gleichstromgegenkopplung 130
Bit 463
Bode-Diagramm 349, 354, 357
Boltzmann-Konstante 22, 255

Boolesche Algebra 488 bis 497
Bootstrap-Schaltung (Transistor) 136
Brückengleichrichter 386, 391 ff., 397
Butterworth-Filter 365, 366, 367

C

Chopper 378
Common Mode Rejection Ratio 162, 323, 328
CMOS-Technik 502
CMRR 162, 323, 328

D

Darlington-Schaltung 168, 199, 305
Dehnungsmeßstreifen (DMS) 273 ff., 345
Dezibel dB 350
Diac 211
Differentiator 354
Differentieller Eingangswiderstand 96
Differentieller Widerstand 33
Differenzverstärker 157 ff.
Diffusionskoeffizient 22
Diffusionslänge 22
Diffusionsspannung 24
Digital-Analog-Umsetzer 522
Digitaltechnik 462 ff.
Diode 28
–, Angaben in Datenblättern 39
–, Backward- 79
–, Bahnwiderstand 27
–, dynamisches Verhalten 39
–, Foto- 217 ff.
–, Gleichrichter- 46
–, Gunn- 81
–, Impatt- 82
–, Kapazitäts- 72
–, Leucht- 232 ff.
–, Lumineszenz- 232 ff.
–, Parallelschaltung 37

Sachwortregister

–, PIN- 80
–, Reihenschaltung 37
–, Richt- 62
–, Schalt- 69
–, Schottky- 64
–, Spitzen- 28, 62, 71
–, Trigger- 211
–, Tunnel- 77
–, Varactor- 77
–, Verlustleistung 49
–, Vierschicht- 82
–, Z- 51
Diodenkennlinie 31
Disjunktion 488, 495
Diskriminator 67
Distributives Gesetz 496
DMS-Widerstände 273 ff., 345
Donatoren 18
Doppel-T-Filter 370, 460
Doppelintegrationsverfahren 518
Dotieren 18
Drain 178
Drainschaltung 191
Drehstrom-Brückenschaltung
– mit Dioden 386, 393 ff.
– mit Thyristoren 413
Drehstrom-Umrichter mit Transistoren 420
Drehzahlmessung 515
Dreipunktschaltung, induktive 452
– kapazitive 452
DTL-Technik 498
DTLZ-Technik 499
Dual-Slope-Converter 518
Dunkelstrom 219, 221
Durchbruch zweiter Art 112
Durchbruchspannung 28, 112
Durchlaßkennlinie 32
Durchlaßspannung 32
Durchlaßstrom 32
Durchlaßverluste 43
Dynamische Kenndaten 114

E

ECL-Technik 500
Effektivwert 384
Eigenleitung 16
Eingang, invertierender 324
–, nicht invertierender 324
Eingangskennlinie eines Fets 183, 189
– eines Transistors 95
Eingangsnullspannung 346

Eingangsruhestrom 325
Eingangswiderstand
–, Basisschaltung 154
–, bei Gegenkopplung 135, 142, 312
–, differentieller 96
–, Emitterschaltung 140
–, Emitterfolger 149
Einschaltverhalten 176
Einschaltwert 478, 480
Einstellzeit 364
Einweggleichrichter 382, 395
Elektrometerverstärker 337
Emitter-Basis-Diode 84
Emitterfolger (Kollektorschaltung) 148
– Betriebpunkteinstellung 124
Emitterschaltung, Betriebsverhalten 84, 122 ff.
Emitter-Widerstand 126
Erholzeit 38
Ersatzschaltbilder
–, Kapazitätsdiode 75
–, Transistor 102, 135
Exklusiv-ODER-Schaltung 494

F

Feldeffekttransistor 178 ff., 200
Feldplatte 273
Fet 178, 200
– als steuerbarer Widerstand 194
– Angaben in Datenblättern 182
– Betriebspunkteinstellung 185
– Betriebsverhalten 188
– Drainschaltung 191
– Gateschaltung 193
– Kennlinien (BF 244) 183, 184
– Sourceschaltung 188
– Stromquelle 193
– Zerhacker 379
Filter 361 bis 371, 457, 460
Flipflop 507 ff.
Flüssigkristallanzeigen 240
Formfaktor 385
Fotodiode 217 bis 226
Fotoduodiode 228
Foto-Effekt 212
Fotoelement 217 ff., 470
Fotoemission 212
Fotoempfindlichkeit 213, 220
Fotokoppler 238
Foto-Lawinen-Diode 225
Fotomultiplier 214
Foto-PIN-Diode 225

Fotothyristor 230
Fototransistor 228, 472, 473
Fototrigger 472
Fotoverstärker 222, 225, 229
Fotowiderstand 215
Fotovervielfacher 214
Fotozeile 230
Fotozelle 213
Freiwerdezeit 205, 208
Frequenzabhängige Schaltungen 348 ff.
Frequenzgang
– der Stromverstärkung 144
– des beschalteten Operations-
verstärkers 313, 348 ff.
– Frequenzgang-Kompensation 330, 375

G

Galvanische Kopplung 298, 301
Gate 178, 201, 203
Gateschaltung 193
Gauß-Filter 363 ff.
Gegenkopplung 308 ff., 129, 130
– durch Emitterwiderstand 314
– Grundschaltungen beim Operations-
verstärker 336 ff.
– Kennlinien-Linearisierung 321
– durch Kollektor-Basis-Widerstand 315
– Spannungsgesteuerte Spannungs-
Gegenk. 309, 337
– Spannungsgesteuerte Strom-Gegenk. 315, 339
– Stromgesteuerte Spannungs-Gegenk. 314
– Stromgesteuerte Strom-Gegenk. 318
Gegentakt-AB-Betrieb 302
Gegentakt-Verstärker 132, 166, 305, 306
– Ausgangsleistung (mögliche) 306
Gehäusetemperatur 45
Generation 16
Germaniumdiode 28, 31
Glättungsfaktor 435
Glättungsdrossel 395, 402
Glättungsglied 361, 395
Glättungskondensator 395
Gleichrichterschaltungen 381 ff.
Gleichrichter mit Op.-Verstärker 406
Gleichspannungsverstärker für kleine
Gleichspannungen 378
Gleichstromverstärkung 92
Gleichtakteingangsspannung 328, 160

Gleichtaktunterdrückung 162, 328
Gleichtaktverstärkung 328
Graetz-Schaltung 391
Grenzfrequenz 114, 143
– eines Operationsverstärkers 330
GTO 209

H

Halbleiterbauelemente, Bezeichnungs-
schema 105
Hallgenerator 291, 466
Haltestrom 204
Hartley-Oszillator 452
Heißleiter 257
–, Kennlinie 258, 260
– Anlaß- 261
– Kompensations- und Meß- 262
– Regel- 263
HLL-Technik 501
h-Parameter 101
Hochfrequenzgleichrichtung 62, 65
Hochpaß 368, 458
Höchstwertübertrager 70, 489
H-Signal 463, 484

I

Impedanzwandler 149, 339
Impulsgeber 469, 473, 527
Impulsgenerator 427
Induktiver Signalgeber 465, 469
Infrarotstrahler, IRED 236
Initiator 464 ff.
Input bias current 163, 325
– offset current 327
– – voltage 327
Instrumentenverstärker 347
Integrator 348
Integrierbeiwert 351
Integrierzeit 348, 352
Intrinsic-Zahl 21
Inversbetrieb eines Transistors 379
Inverse Filter 370
Inverter 339
Invertierender Verstärker 124, 339 ff.
I-Regler 352
I-Verhalten 348 ff.

K

Kaltleiter 263
Kapazitätsdiode 72
Kapazitiver Taster 470
Kaskadenschaltung 405
Katode 28, 203
Kennlinien
– Backward-Diode 79
– Diode 31, 40
– Fet 183, 184
– Heißleiter 258, 260
– Kaltleiter 264, 265
– Kapazitätsdiode 74
– PIN-Diode 80
– Schottky-Diode 65
– Thyristor 202
– Transistor 91
– Tunneldiode 78
– Unijunction-Transistor 196
– Z-Diode 53, 55
Kerbfilter 470
Kettenleiter 524
Kippschaltung 477
–, astabile 527 ff.
–, bistabile 480, 507
–, monostabile 472, 532 ff.
Kleinsignalstromverstärkung 92, 103, 138
Kollektor 83
– -Basis-Kapazität 114
– -Schaltung, Betriebsverhalten 148
Kollektor-Basis-Diode 84
Kollektor-Basis-Gleichstromverhältnis 92
Kommutatives Gesetz 495
Kommutierung 391
Komparator 372 ff., 516, 531
Komplementär-Darlington-Schaltung 304
Kondensator 277
–, Dielektrika 278
–, Frequenzeinfluß 282
–, Güte 279
–, Kennzeichnung 283
–, Temperatureinfluß 271, 282
Kondensatoren 277
– Elektrolyt- 286
– Glimmer- 285
– Keramik- 284
Konjunktion 485, 495
Konstantspannungsquelle 432, 441
Konstantstromquelle mit Transistor 155 ff.
Koppelfaktor 239
Koppel-Kondensatoren 146, 298
Koppelstufe 165, 305

Kraftmessung mit DMS 345
Kreisverstärkung 126, 130, 311
Kühlkörper 45
Kurzschlußstromverstärkung 92

L

Lawineneffekt 18, 51
LCD-Anzeige 240
LC-Oszillator 450
LDR-Widerstand 215
LED-Anzeige 232
Leerlaufspannungsrückwirkung 102
Leistungsanpassung 296
Leistungs-Op-Verstärker 375
Leistungsverstärker 304
Leitfähigkeit von Halbleitern 13
Leitungsband 13
Leuchtdiode 232
Lichtmessung 222, 223
Lichtschranke 471, 473, 474
Lichtstärke 213, 234
Lichtzeitautomat 538
Light dimmer 429
Linearitätsverbesserung 321
Löcher 18
Logische Grundschaltungen 481 ff.
L-Signal 483, 484
Lumineszenzdioden 232
Luxmeter 222, 223

M

Majoritätsladungsträger 21
Master-Slave-Flip-Flop 512
Meißner Oszillator 451
Minoritätsladungsträger 21
Mitkopplung 322, 479, 480
Mittelpunktschaltung 389
Mittelwert, arithmetischer 383
–, quadratischer 384
Mittelwert-Gleichrichter 402
Modulator mit Kapazitätsdioden 77
MOS-Logik 502
MOSFET
– Aufbau, Schichtenfolge 180
– Daten 201
– Schaltnetzteil 446, 447
– Schaltverhalten 200
– -Zerhacker 379

– Multiplexansteuerung 235, 236
Multivibrator 527 ff.

N

Nachstellzeit 358
Näherungsschalter 465, 466, 467
NAND-Verknüpfung 489, 492
– -Flip-Flop 507
Negation 485
Netzgerät für 50-W-Verstärker 307
Netzgerät, einstellbar 440
Netzgeräte, stabilisierte 430
–, integrierte 441
– mit Operationsverstärkern 440
– mit Transistoren 437
–, Strombegrenzung 442
NICHT-Glied 483
N-Leitfähigkeit 21
NMOS-Technik 502
NOR-Flip-Flop 507
NOR-Latch 509
NOR-Verknüpfung 490 ff.
NPN-Transistor 83
Nullspannungsschalter 423
Numerische Anzeigeeinheit 233

O

ODER-Verknüpfung 488
Offene Spannungsverstärkung 327, 330
Offsetspannung 326
Offsetspannungsdrift 326
Offsetstrom 326
Oneshot 532
Open loop again 327
Operationsverstärker 322
–, Anwendung 336
–, Ausgangsleistungserhöhung 376
– Aussteuergrenze 331, 334
– Dynamisches Verhalten 329
– Fehler 324 ff.
– Fehler-Berechnung 335
– Frequenzgang: Kompensation 330
– Output Voltage Swing 334
– Slew Rate 333
– Übersteuerung 332
– Phasenreserve 375
Optoelektronik 212 ff.
Optoelektronischer Koppler 238
– -Signalgeber 470
Oszillatoren 375, 448 ff.

P

Paarbildung 16
PD-Regler 358
Phasenanschnittsteuerung 409
Phasenbedingung beim Oszillator 449
Phasenkompensation bei Operationsverstärkern 330
Phasenschieber-Oszillator 454
PID-Regler 360
Piezoelektrischer Effekt 453
PI-Regler 356
P-Leitfähigkeit 21
PNP-Transistor 83
PN-Übergang 21
Polaritätsanzeige 235
P-Regler 344
Proportionalglied 339, 344

Q

Quarzoszillatoren 452

R

Raumladungsdichte 23
Rauschen 114, 255
Rauschmaß 116
RC-Oszillatoren 454
– -Siebung 457
Rechteckformer 476
Rechteckgenerator 527
Rekombination 16
Richtungscharakteristik 224
RLT 210
RS-Flip-Flop 510
Rückkopplung 308, 337, 448

S

Sägezahngenerator 516
Sägezahnumsetzer 517
Sättigungsbereich 171
Schaltalgebra 491
Schalthysterese 373, 479
Schaltgerät 442 ff.
Schaltnetzteil 71, 442 ff.
Schaltzeit 69
Scheitelfaktor 385

Sachwortregister

Schleifenverstärkung 311
Schleusenspannung 28
Schmitt-Trigger 477
Schrittweises Annäherungsverfahren 521
Schwingkreis 449
Schwingquarz 453
SCR 202
Selektive Filter 369
Selektivverstärker 370
Serienstabilisierung 438
Shuntstabilisierung 438
Siebensegmentanzeige 233
Siebschaltungen 361 ff., 457
Signalgeber, digitaler 464
Siliziumdiode 31
Solarbatterien 226
Solarzellen 226
Source 178
Sourceschaltung 187, 188
Spannungs-Frequenz-Umsetzer 516
Spannungsgegenkopplung 130, 337
Spannungsquelle 97
Spannungsregler, einstellbar 440, 441
Spannungsrichtverhältnis 65
Spannungsrückwirkung 98
Spannungsstabilisierung 433
Spannungsverdoppler 403
Spannungsverstärkung 137, 141, 151, 155
Spannungsvervielfacher 403
Speicherbausteine 507
Speicherzeit 175
Sperrkennlinie 31
Sperrschichtfet 181
Sperrschichtkapazität 38, 113
Sperrschichttemperatur 45
Sperrspannung 24, 29
–, maximale einer Diode 42, 108
–, maximale eines Transistors 108
Sperrstrom 25, 31, 40
Spezifischer Widerstand 14
Spitzenstrom 42
Spitzenwert-Gleichrichter 408
Sprungantwort 351, 354, 357, 359, 361
Stabilisierungsschaltung mit Z-Diode 433
Stabilisierungsfaktor 436
Steilheit 93
Sternschaltung 386, 389
Störstellenleitung 18
Strahlungsspektrum 212
Strombegrenzung 432, 442
Stromgegenkopplung 340
Stromgenerator 155
Stromquelle 97, 155, 193

Stromspiegel-Schaltung 157
Strom-Strom-Gegenkopplung 318
Stromverstärkung 92, 103, 138
Substrat 178, 180
Subtrahierschaltung 343, 345, 347
Sukzessiv-Approximations-Verfahren 521

T

Taktflankenansteuerung 511
Taktimpulse 513
Talspannung 78
Talstrom 78
Temperaturkoeffizient 251, 257, 263
Temperaturspannung 22
T-Filter 457, 458
Thermisches Ersatzschaltbild 44, 109
Thyristor 202 ff.
– mit Löschkreis 417
– -schaltungen 408 ff.
– -steuergerät 422 ff.
– -Wechselrichter 420
Tiefpaß 361 ff., 457
Tiefstwertübertrager 70, 487
Transformatorkopplung 298, 299
Transistor 83 ff.
– - als Konstantstromquelle 155, 193
– -Betriebsbereiche 112
– -Daten 104
– -gehäuse 106
– -Grenzdaten 108
– -Grundschaltungen 120, 121
– -kapazitäten 113
– -kennlinien 90 ff.
– -kopplung 298
– - Leistungs-Modul 199
– -schalter 170
– -Verlustleistung 109 ff.
– -Verstärker 296
– -Vierpolersatzschaltbild 102
– -Vierpolgleichungen 103
– -zerhacker 378
Transitfrequenz 114, 115
Treiberstufe 165
Trennverstärker 240
Triac 210, 429
Trigger 477 ff.
Tschebyscheff-Filter 366, 367
TTL-Technik 499

545

U

Übergangsfunktion 351
Übernahmeverzerrung 167
Übersteuerungsbereich 171
U_{BE}-Vervielfacherschaltung 132, 304
Umkehraddierer 343, 524
Umkehrintegrator 348
Umkehrverstärker 339 ff.
UND-Verknüpfung 485 ff., 492
Ungesättigte Logik 500
Unijunction-Transistor 196
– -Impulssteuergerät 429
Univibrator 532

V

Valenzband 15
Verknüpfungsglieder 481 ff.
Verlustleistung 46, 49
Verlustleistungshyperbel 112
Verstärker für kleine Gleichspannungen 378
Verstärkungsfaktor 337, 340, 343
Vertikalsteuerung 425
Verzögerungszeiten 38, 175, 176
Verzugszeit 364
Vierpolgleichungen 103
Vierpolparameter 101
Vorhaltzeit 359

W

Wärmekapazität 44
Wärmewiderstand 44
Wahrheitstabelle 492
Warnblinker 375
Wechselrichter mit Thyristoren 421
Wechselstrom-Brücke mit Thyristoren 410
Wechselstrom-Eingangswiderstand 134, 137, 140, 149, 153
Wegmessung 474, 475
Welligkeit 385, 435
Widerstände 242 ff.
–, differentielle 33
–, DMS 273 ff.
–, Draht- 245
–, NTC 257 ff.
–, PTC 263 ff.
–, Schicht- 247
–, VDR- 270
–, veränderbare 255
Widerstands
– -abstufung 249
– -alterung 251
– -bauformen 243
– -frequenzabhängigkeit 253
– -gerade 123
– -grenzwerte 252
– -güte 252
– -kennzeichnung 249
– -material 245
– -nennwert 247
– -rauschen 255
– -reihen 250
Wien-Brücke 195, 455
– -Robinson-Oszillator 456
Winkelmessung 474, 475
Wired-AND 493
Wired-OR 493

Y

y-Parameter 100

Z

Z-Diode 51 ff.
–, Temperaturkoeffizient 56
Zeitautomat 538
Zeitgeber, analoger 535
–, digitaler 536
Zerhacker 378
Zündspannung 205
Zündstrom 205
Zündverzugszeit 208
Zündwinkel 410 ff.
Zweistufiger Verstärker 319